Springer-Lehrbuch

Springer
Berlin
Heidelberg
New York
Barcelona
Hongkong
London
Mailand
Paris
Singapur
Tokio

Wolfgang Walter

Gewöhnliche Differentialgleichungen

Eine Einführung

Siebente, neu bearbeitete und erweiterte Auflage
Mit 52 Abbildungen

Springer

Prof. Dr. Wolfgang Walter
Universität Karlsruhe
Mathematisches Institut I
76128 Karlsruhe, Deutschland
e-mail: wolfgang.walter@math.uni-karlsruhe.de

Bis zur 3. Auflage (1986) erschien das Werk in der Reihe *Heidelberger Taschenbücher* als Band 110

Mathematics Subject Classification (2000): 34-01

Die Deutsche Bibliothek – CIP-Einheitsaufnahme

Walter, Wolfgang:
Gewöhnliche Differentialgleichungen: eine Einführung / Wolfgang Walter.- 7., neubearb. und erw. Aufl.- Berlin;
Heidelberg; New York; Barcelona; Hongkong; London; Mailand; Paris; Singapur; Tokio: Springer, 2000
(Springer-Lehrbuch)
ISBN 3-540-67642-2

ISBN 3-540-67642-2 Springer-Verlag Berlin Heidelberg New York

ISBN 3-540-59038-2 6. Aufl. Springer-Verlag Berlin Heidelberg New York

Springer-Verlag Berlin Heidelberg New York
ein Unternehmen von Springer Science+Business Media

springer.de

© Springer-Verlag Berlin Heidelberg 1972, 1976, 1986, 1990, 1993, 1996, 2000

Satz: Datenerstellung durch Irene Redheffer unter Verwendung eines Springer TEX-Makropakets
Einbandgestaltung: *design & production* GmbH, Heidelberg

Gedruckt auf säurefreiem Papier   SPIN: 11368694   41/3111 – 5 4 3 2

Für
Wolfgang, Susanne und Katrin

Vorwort zur siebten Auflage

Dieses erprobte Lehrbuch bietet dem Studenten eine Einführung in die Theorie der gewöhnlichen Differentialgleichungen mit vielen Anwendungen aus verschiedenen Gebieten. Die in der 6. Auflage begonnene Überarbeitung des Textes wird in der Neuauflage abgeschlossen. Zahlreiche Änderungen kommen dem besseren Verständnis zugute. Die systematisch benutzten Begriffe der Funktionalanalysis werden auch bei der Texterweiterung sichtbar. Sie tragen zu eine Ökonomie des Denkens und Beweisens und damit zu einem tieferen Verständnis bei. Im Bereich der Differential-Ungleichungen werden jetzt auch die klassischen Sätze über Systeme und neuere Resultate über monotone Flüsse und Invarianz dargestellt. Bei den Gleichungen zweiter Ordnung sind auch nichtlineare Operatoren wie der radiale p-Laplace-Operator einbezogen. Die für das Studium der dynamischen Systeme unentbehrliche qualitative Theorie erhält eine breite Darstellung. Der Stoff und das Aufgabenmaterial wurden an vielen Stellen erweitert, und zahlreiche Lösungen und Lösungshinweise sind am Ende des Buches neu hinzugekommen.

Voraussetzungen. Für das Verständnis des Haupttextes genügt eine solide Kenntnis der Analysis in dem Umfang, wie er im allgemeinen in den ersten beiden Semestern behandelt wird (ohne die Integralsätze der Vektoranalysis) sowie eine Vertrautheit mit den Begriffen der linearen Algebra. Bei der Behandlung der Differentialgleichungen im Komplexen werden Sachverhalte über holomorphe Funktionen und ihre Integrale benötigt. Sie sind am Anfang von § 8 zusammengefaßt und werden im Teil C des Anhangs eingehender beschrieben und teilweise bewiesen. Die notwendigen Begriffe der Funktionalanalysis werden mit Beispielen eingeführt, und die benutzten Sätze werden bewiesen.

An vielen Stellen wird der Inhalt über das Unentbehrliche hinaus erweitert. Dies geschieht in einer Reihe von Abschnitten am Ende der Paragraphen, die als „Ergänzung" gekennzeichnet sind. Hier wird gelegentlich das Lebesguesche Integral und bei Beweisen der Schaudersche Fixpunktsatz benutzt. Im Anhang, Teil D, wird ein Beweis dieses außerordentlich nützlichen Satzes gegeben. Bei einer ersten Lektüre des Buches können die Ergänzungen und auch der § 13 zunächst übergangen werden.

Es folgen einige detaillierte Hinweise über die Ideen und methodischen Prinzipien, welche den Autor geleitet haben. Zwei Themenkreise üben einen profunden Einfluß auf die Darstellung des Themas aus: Funktionalanalysis und Differential-Ungleichungen.

Funktionalanalysis. Im Mittelpunkt steht — soweit der Haupttext betroffen ist — der Banachsche Fixpunktsatz, kurz *Kontraktionsprinzip* genannt. Dieses Prinzip findet in der Theorie der Differentialgleichungen ein ideales Anwendungsgebiet: es ist elementar und vielfach anwendbar.[1] Dabei liefert es nicht nur Existenz und Eindeutigkeit, sondern es beantwortet auch ganz ohne Mühe die Frage nach der stetigen Abhängigkeit von den Daten und Parametern — eine im Hinblick auf Anwendungen jeder Art entscheidende Eigenschaft. Hinzu kommen eine Fehlerabschätzung und die numerische Berechenbarkeit der Lösung durch sukzessive Approximation. Kurz gesagt, ein Probleme, das als Fixpunktgleichung formuliert werden kann und für das Kontraktionsprinzip zugänglich ist, ist ein „Well-Posed Problem" im Sinne von Hadamard; vgl. 12.I.

Die Stärke des Kontraktionsprinzips eröffnet sich erst bei der richtigen Wahl der Norm. So kann man etwa das Anfangswertproblem in den folgenden Fällen mit ein und derselben bewichteten Maximum-Norm behandeln:

– Differentialgleichungen und entsprechende Systeme im Reellen

– Funktional-Differentialgleichungen (Ergänzung II zu § 7)

– Volterrasche Integralgleichungen

– Singuläre Differentialgleichungen 2. Ordnung (Ergänzung zu § 6)

– Differentialgleichungen im Sinne von Carathéodory (ähnliche Norm)

– Differentialgleichungen im Komplexen (ähnliche Norm).

Bei nichtlinearen Randwertproblemen erhält man mit bewichteten Maximum-Normen, bei denen die erste Eigenfunktion als Gewicht eingeht, einen „besten" Satz; cf. 26.IX und 27.XIX. Bei den komplexen Systemen mit schwach singulären Stellen kann die Konvergenz der Reihenentwicklung ebenfalls auf das Kontraktionsprinzip zurückgeführt werden; vgl. dazu das Vorwort zur ersten Auflage. Der benutzte Banachraum H_δ hat auch andere nützliche Anwendungen.[2]

Es sei erwähnt, daß man auch das komplexe Anfangswertproblem (8.7) auf das Kontraktionsprinzip in H_δ zurückführen kann; man erhält so einen

---

[1]Einen Einblick in die Reichweite des Kontraktionsprinzips gibt ein bemerkenswertes Theorem von C. Bessaga (1959): Es sei S eine beliebige Menge und T eine Abbildung von S in sich mit der Eigenschaft, daß T einen eindeutigen Fixpunkt in S besitzt und dieser Punkt auch der einzige Fixpunkt von $T^2, T^3, \ldots$ ist. Dann gibt es eine Metrik auf S, die S zu einem vollständigen metrischen Raum und $T : S \to S$ zu einer Kontraktion macht. Man kann sogar Metriken angeben, für welche die Lipschitzkonstante beliebig klein ist.

[2]Dieser Raum — es ist eine Banachalgebra — kann für einen kurzen und eleganten Beweis von zwei fundamentalen Sätzen über Funktionen von mehreren komplexen Variablen benutzt werden, den Vorbereitungssatz und den Divisionssatz von Weierstraß. Der Beweis wurde von Grauert und Remmert verbreitet und findet sich u. a. in ihrem Buch *Coherent Analytic Sheaves* (Grundlehren 265, Springer 1984). Weitere Anwendungen findet man bei Walter (1992).

Potenzreihen-Beweis. Der hier beschrittene Weg über die Integralgleichung hat Vorteile; man erhält im linearen Fall die Lösung und eine Wachstumsschranke im ganzen Holomorphiegebiet (21.III).

Die Sätze über die stetige Abhängigkeit sowie die Holomorphie in Bezug auf komplexe Parameter folgen direkt aus dem Kontraktionsprinzip — ein bis heute nicht allgemein bekannter Sachverhalt. Bei der Differenzierbarkeit nach reellen Parametern wird eine Erweiterung des Kontraktionsprinzips, der Satz von Ostrowski (1967) über approximative Iteration, zugrunde gelegt. Ein Satz im Anhang D.VII, der teilweise auf Holmes (1968) zurückgeht, stellt eine Beziehung zwischen der Norm und dem Spektralradius eines linearen Operators her. Dieses Ergebnis gibt eine vertiefte Einsicht über die Rolle der bewichteten Normen; vgl. Anhang D.IX.

Differential-Ungleichungen. Dem Verfasser, der auch die erste Monographie über diesen Gegenstand geschrieben hat (1964, 1970), sind in der Literatur viele Fälle begegnet, wo in Unkenntnis von wesentlichen Sätzen über Differential-Ungleichungen der Gedankengang ohne sachliche Notwendigkeit kompliziert wird und dabei das Resultat mit unnötigen Einschränkungen behaftet ist. Die Unterscheidung zwischen schwachen und starken Ungleichungen ist fundamental. Bei partiellen Differentialgleichungen ist das nichts Neues: man hat schwache und starke Maximumprinzipien und Vergleichssätze. Anders bei gewöhnlichen Differentialgleichungen! Theorem 9.IX ist ein starker Vergleichssatz, der das Auftreten von strengen Ungleichungen genau beschreibt, während die meisten Lehrbücher es bei der Aussage „kleiner-gleich" bewenden lassen. Dieser Satz ist wesentlich bei der Behandlung der Sturm-Liouville-Theorie via Prüfer-Transformation, und er beweist seine Nützlichkeit bei der neuerdings behandelten nichtlinearen Sturm-Liouvilleschen Theorie; vgl. Walter (1997, 1998) und Reichel und Walter (1999).

Die Ergänzung I in § 10 bringt die beiden fundamentalen Sätze über Systeme von Differential-Ungleichungen, (i) den Vergleichssatz für quasilineare Systeme und (ii) den Satz von M. Müller für den allgemeinen Fall. Beide Sätze wurden in den 20er Jahren entdeckt. Quasimonotonie ist die hinreichende und notwendige Bedingung für die Ausdehnung der klassischen Theorie von einer skalaren Gleichung auf ein System von Gleichungen. Die Sätze (i) und (ii) wurden u. a. in der Populationsdynamik benutzt; es ist jedoch nicht allgemein bekannt, daß Ergebnisse über invariante Rechtecke Spezialfälle des Satzes von Müller sind. Satz 10.XII ist die starke Version von (i); er enthält M. Hirsch's Theorem über streng monotone Flüsse; vgl. Walter (1997).

In der Ergänzung zu § 26 wird ein neuer Zugang zu Minimalprinzipien dargestellt, der auch nichtlineare Differentialoperatoren und Lösungen im Sinne von Carathéodory umfaßt; vgl. Walter (1995). Das starke Minimumprinzip wird in 26.XIX so verallgemeinert, daß auch der erste Eigenwert einbezogen ist. In der Ergänzung II von § 26 über nichtlineare Randwertprobleme wird die Methode der Ober- und Unterfunktionen für die Existenz und „Serrin's sweeping principle" für die Eindeutigkeit dargestellt.

Verschiedenes. Hier werden einige Gegenstände vorgestellt, die aus sachlichen oder auch methodischen Gründen Interesse verdienen.

1. *Differentialgleichungen im Sinne von Carathéodory.* Das Anfangswertproblem wird in der Ergänzung II von § 10 und die Sturm-Liouville-Theorie unter Carathéodory-Bedingungen in 26.XXIV und 27.XXI behandelt. Unsere früheren Beweise für den klassischen Fall sind so angelegt, daß sie in der Regel übertragbar sind. Dies gilt insbesondere für das starke Vergleichsprinzip 10.XV und das starke Minimumprinzip in 26.XXV.

2. *Radiale Lösungen elliptischer Gleichungen.* Sie spielen eine aktive Rolle bei der Erforschung nichtlinearer elliptischer Probleme. Der radiale Laplace-Operator ist vom Sturm-Liouvilleschen Typ mit einer Singularität bei 0. Das entsprechende Anfangswertproblem ist in einer Ergänzung zu § 6 behandelt, während eine Ergänzung zu § 27 dem Eigenwertproblem und nichtlinearen Randwertproblemen für die Einheitskugel gewidmet ist.

Nichtlineare Differentialoperatoren zweiter Ordnung treten beim p-Laplace-Operator, bei Kapillarflächen und anderen Anwendungen auf. Das radiale Anfangswertproblem wird in 13.XV untersucht, Minimum- und Vergleichsprinzip sind in 26.XXVI abgeleitet.

3. *Die Separatrix* ist eine ausgezeichnete Lösung einer Differentialgleichung erster Ordnung, die das qualitative Verhalten aller Lösungen beschreibt. Die zugehörige Theorie wird in der Ergänzung von § 9 dargestellt; Differential-Ungleichungen spielen dabei eine wesentliche Rolle.

4. *Funktional-Differentialgleichungen*, insbesondere Gleichungen mit nacheilendem Argument, sind Gegenstand der Ergänzung II zu § 7; dazu gehört auch ein Vergleichssatz.

5. *Spezielle Anwendungen.* Genannt seien die allgemeine logistische Gleichung (Ergänzung zu § 2), allgemeine Räuber-Beute-Modelle in 3.VIII, invariante Mengen in 10.XVI, das Gummiband als ein Modell für nichtlineare Schwingungen in einem nichtsymmetrischen mechanischen System in 11.X, allgemeine nichtlineare Schwingungen mit und ohne Dämpfung in 11.XI und 30.IV.

6. *Exakte Numerik.* Wir geben Beispiele, bei denen das Zusammenspiel einer numerischen Prozedur mit geeigneten Ober- oder Unterfunktionen die mathematisch exakte Berechnung spezieller Werte einer Lösung ermöglicht. Der numerische Teil beruht auf einem von R. Lohner (1987, 1988) entwickelten Algorithmus, der *exakte Einschließungen* für die Lösung eines Anfangswertproblems berechnet; man vergleiche dazu 9.XVI, wo auch eine Anwendung auf Separatrizen gegeben wird. Bei Blow-up Problemen lassen sich scharfe Einschließungen für die Stelle mit blow-up gewinnen; vgl. 9.V. Der Aufgabenteil von § 8 enthält weitere Beispiele.

Es ist mir ein Bedürfnis, all jenen meinen Dank abzustatten, die an dieser Neuauflage mitgewirkt haben. Das Buch wurde zum ersten Mal in TEX gefaßt, und ich habe die gebotenen Möglichkeiten, neue Themen und Aufgaben einzubringen und Altes zu verändern, ausgiebig genutzt. Mein Dank richtet sich zuerst an Frau Irene Redheffer aus Los Angeles, die den Text in vorbildlicher

Weise geschrieben, auf Unstimmigkeiten hingewiesen und späte Änderungen
mit Geduld implementiert hat. Ich verdanke ihr sogar den Hinweis auf eine
bessere Schlußweise, und mehr kann sich ein Autor nicht wünschen. Herrn
Prof. Dr. R. Thompson (Utah State University) danke ich für die schönen Abbildungen und verschiedene Hinweise, ebenso Herrn Prof. Dr. Dr.h.c. R. Redheffer (UCLA) für guten Rat. Herr Priv.-Doz. Dr. Rudolf Lohner ist meinen
Wünschen auf Berechnung von Lösungen mit seinem Algorithmus bereit-
willigst entgegen gekommen, und sein Erfahrungsschatz war außerordentlich
hilfreich. Frau Marion Ewald war mir eine tatkräftige Hilfe, wenn Probleme
der Koordination auftauchten. Mit dem Springer-Verlag ist der Autor seit
über vierzig Jahen in erfreulicher und fruchtbarer Zusammenarbeit verbun-
den. Er hat auch das vorliegende Werk in gewohnter Sorgfalt betreut und
Hindernisse in großzügiger Weise beseitigt. Ihnen allen gilt mein herzlicher
Dank.

Karlsruhe, im Mai 2000   *Wolfgang Walter*

Aus dem Vorwort zur ersten Auflage

Dieses Buch entstand aus einführenden Vorlesungen über gewöhnliche Dif-
ferentialgleichungen, die vom Verfasser seit vielen Jahren für Studenten der
Mathematik und Physik, neuerdings auch der Informatik, an der Universität
Karlsruhe gehalten werden. ...

Da wir an mehreren wichtigen Stellen bewährte Beweismethoden aufgeben,
sind ein paar prinzipielle Bemerkungen wohl angebracht. Methodisch steht das
Kontraktionsprinzip, also der Fixpunktsatz für kontrahierende Abbildungen
im Banachraum, im Zentrum. ... Seine Flexibilität im Zusammenhang mit
unserem Gegenstand erweist sich vor allem bei der Verwendung geeigneter
bewichteter Maximum-Normen. Ein erstes Beispiel dafür findet sich in der
Arbeit von Morgenstern (1952); die in der Literatur vielfach gefundenen Hinweise auf spätere Autoren sind historisch nicht gerechtfertigt. Neu dürfte wohl
die Verwendung einer solchen Norm beim Beweis des Existenzsatzes für lineare
Systeme im Komplexen in § 21 sein. Dadurch werden erstens kompliziertere

Sachverhalte aus der Funktionentheorie umgangen (analytische Fortsetzung und Monodromiesatz werden entbehrlich). Zweitens ergeben sich, sozusagen nebenbei, die für die Behandlung der singulären Stellen wichtigen Wachstumseigenschaften der Lösungen. ...

Bei der Behandlung der linearen Systeme mit schwach singulären Stellen werden die entscheidenden Konvergenzbeweise ebenfalls durch Zurückführung auf das Kontraktionsprinzip in einem geeigneten Banachraum geführt. Diese neue Beweismethode wurde für den Fall holomorpher Lösungen, also bei Potenzreihenentwicklungen, von Harris, Sibuya und Weinberg (1969) entdeckt. Jedoch kann auch der logarithmische Fall auf diese Weise behandelt werden. Wenn wir diesen Weg anstelle der klassischen Majorantenmethode gewählt haben, so nicht nur, um ein Prinzip unter allen Umständen durchzuhalten. Vielmehr erscheint uns der neue Weg kürzer und einfacher, zumal auf diesem auch schwierigere Sachverhalte, welche über den Rahmen dieses Buches hinausgehen (Sätze von Lettenmeyer u. a.), bewältigt werden können, wie in der zitierten Originalarbeit auseinandergesetzt wird.

Bei der Fertigstellung des Buches wurde der Autor von einer Reihe von Mitarbeitern unterstützt. Das Manuskript schrieb Frau S. Hoffmann, die Abbildungen wurden von Frau B. Deimling gezeichnet, an den Korrekturarbeiten waren die Herren J. Dietrich, G. Lamott, R. und U. Lemmert, Dr. A. Voigt und Dr. P. Volkmann beteiligt. Ihnen allen sei für ihre of mühevolle Arbeit herzlich gedankt. Mit dem Springer-Verlag und insbesondere mit Herrn Dr. Peters verbindet den Autor eine langjährige freundschaftliche Zusammenarbeit. Sie hat sich auch bei diesem Buch in allen Phasen seiner Entstehung bewährt.

Karlsruhe, im August 1972   *Wolfgang Walter*

Inhaltsverzeichnis

Hinweise für den Leser

Bei Verweisen in einen anderen Paragraphen wird der Nummer einer Formel, eines Satzes,... die Nummer des betreffenden Paragraphen vorangestellt. So wird die Formel (7) in § 15 mit (15.7) bezeichnet, und Satz 15.III oder Folgerung 15.III bezieht sich auf den Satz bzw. die Folgerung im Abschnitt III von § 15. Wenn jedoch innerhalb des Textes von § 15 zitiert wird, so schreiben wir einfach (7), Satz III und Folgerung III. Ein Verweis auf B.III bezieht sich auf den Abschnitt III im Teil B des Anhangs.

Wenn hinter dem Namen eines Autors in Klammern eine Jahreszahl steht, etwa Perron (1926), so handelt es sich um einen Verweis auf das Literaturverzeichnis am Ende des Buches. Meine beiden Analysis-Bücher werden bei Verweisen als Walter 1 bzw. Walter 2 zitiert. Eine Zusammenstellung und kurze Erläuterung der verwendeten Bezeichnungen befindet sich ebenfalls am Ende des Buches.

Einleitung

Unter einer Differentialgleichung versteht man eine Gleichung, in welcher unabhängige Variable, Funktionen und Ableitungen von Funktionen auftreten. Ein Beispiel ist

$$y' + 2xy = 0; \tag{1}$$

hierin ist x die unabhängige Variable, y die gesuchte Funktion. Eine *Lösung* ist eine Funktion $y = \phi(x)$, für welche (1) identisch in x gilt, also $\phi'(x) + 2x \cdot \phi(x) \equiv 0$. Man rechnet leicht nach, daß die Funktion $y = e^{-x^2}$ eine Lösung ist:

$$\frac{d}{dx}(e^{-x^2}) + 2xe^{-x^2} \equiv 0 \quad \text{für} \quad -\infty < x < \infty.$$

Später werden wir sehen, daß sämtliche Lösungen von (1) durch $y = C \cdot e^{-x^2}$ gegeben sind, wenn C alle reellen Zahlen durchläuft.

Die Gleichung (1) ist eine *Differentialgleichung erster Ordnung*. So nennt man Differentialgleichungen, in welchen nur erste und keine höheren Ableitungen auftreten. Die allgemeine Differentialgleichung erster Ordnung lautet

$$F(x, y, y') = 0. \tag{2}$$

Die Funktion $y = y(x)$ ist *Lösung* von (2) in einem Intervall J, wenn $y(x)$ in J differenzierbar ist und

$$F(x, y(x), y'(x)) \equiv 0 \quad \text{für alle} \quad x \in J$$

gilt.

Treten in einer Differentialgleichung auch höhere Ableitungen auf, etwa bis zur n-ten Ordnung, so spricht man von einer *Differentialgleichung n-ter Ordnung*. Sie läßt sich immer in der Form

$$F(x, y, y', \ldots, y^{(n-1)}, y^{(n)}) = 0 \tag{3}$$

schreiben. Eine *Lösung* ist hier eine n-mal differenzierbare Funktion, welche, in F eingesetzt, die Gleichung (3) identisch befriedigt. Man nennt eine Differentialgleichung n-ter Ordnung *explizit*, wenn sie nach der höchsten Ableitung aufgelöst ist, also

$$y^{(n)} = f(x, y, y', \ldots, y^{(n-1)}), \tag{4}$$

sonst *implizit*. Bei den Differentialgleichungen erster Ordnung, mit denen wir uns zuerst beschäftigen werden, lautet die explizite Form der Differentialgleichung

$$y' = f(x, y). \tag{5}$$

Das Bisherige betraf *gewöhnliche Differentialgleichungen*, das sind Differentialgleichungen für Funktionen $y(x)$ *einer* unabhängigen Variablen x. Treten mehrere unabhängige Variable und damit partielle Ableitungen auf, so spricht man von *partiellen Differentialgleichungen*. So ist etwa

$$u_x + u_y = x + y$$

eine partielle Differentialgleichung erster Ordnung für eine gesuchte Funktion $u(x, y)$. Zum Beispiel ist $u(x, y) = xy$ eine spezielle Lösung. Eine partielle Differentialgleichung zweiter Ordnung ist die sog. „Potentialgleichung im Raum"

$$\Delta u \equiv u_{xx} + u_{yy} + u_{zz} = 0$$

für $u = u(x, y, z)$.

In diesem Buch werden wir uns nur mit den gewöhnlichen Differentialgleichungen befassen. Das Schwergewicht liegt bei den Differentialgleichungen im reellen Bereich; die unabhängige Variable x ist dann eine reelle Veränderliche und $y(x)$ eine reelle Funktion. Jedoch werden die grundlegenden Tatsachen über Differentialgleichungen im Komplexen behandelt.

Statt von einer *Lösung* spricht man auch von einem *Integral* einer Differentialgleichung oder, wenn die geometrische Interpretation der Lösung $y(x)$ als Kurve im Vordergrund steht, von einer *Lösungskurve* oder *Integralkurve*. Ferner nennt man *vollständiges Integral* oder *allgemeine Lösung* einer Differentialgleichung n-ter Ordnung (4) eine von x und n Parametern $C_1, \ldots, C_n$ (die in einer Punktmenge $M \subset \mathbb{R}^n$ variieren mögen) abhängende Funktion $y(x; C_1, \ldots, C_n)$ mit der Eigenschaft, daß bei willkürlicher Wahl der Parameter $(C_1, \ldots, C_n) \in M$ die Funktion $y(x; C_1, \ldots, C_n)$ eine Lösung der Differentialgleichung (4) darstellt und daß auf diese Weise alle Lösungen der Differentialgleichung erhalten werden. Dieser Begriff ist für die Theorie von geringer Bedeutung. Wichtig ist hier nur der Zusammenhang mit einfachen Beispielen, bei denen es manchmal gelingt, wirklich alle Lösungen in einer solchen, von n Parametern abhängenden Form explizit anzugeben.

Die Theorie der Differentialgleichungen ist von großer Bedeutung für Naturwissenschaft und Technik, insbesondere für die Physik, weil viele Naturgesetze die Form von Differentialgleichungen haben. Auch in anderen Bereichen der Wissenschaft, in denen mit mathematischen Modellen und Theorien gearbeitet wird, treten häufig Differentialgleichungen auf. Die folgenden drei Beispiele sollen einen ersten Eindruck von den Problemen vermitteln, die typisch für die Theorie der Differentialgleichungen sind. Sie behandeln alle die Bewegungen eines Körpers in einem Schwerefeld.

I. Der freie Fall. Wird ein zunächst festgehaltener Körper plötzlich losgelassen, so bewegt er sich unter dem Einfluß der Schwerkraft senkrecht nach unten. Der Verlauf des Vorgangs wird mathematich beschrieben durch eine Funktion $s = s(t)$, die angibt, welchen Weg s der Körper (genauer sein Schwerpunkt) zur Zeit t bereits zurückgelegt hat. Weitere interessierende Größen sind die zur Zeit t herrschende momentane Geschwindigkeit $v(t) = \dfrac{d}{dt} s(t) = \dot{s}(t)$ sowie die Beschleunigung $b(t) = \dfrac{d}{dt} v(t) = \ddot{s}(t)$. (Bei der Beschreibung von Vorgängen, bei denen die unabhängige Variable die Zeit darstellt, ist es üblich, diese nicht mit x, sondern mit t zu bezeichnen. Ableitungen werden dann nicht durch einen Strich, sondern durch einen Punkt angezeigt.) Die Mechanik lehrt uns, daß die Beschleunigung konstant, und zwar gleich der Erdbeschleunigung g ist. Die Weg-Zeit-Funktion $s(t)$ genügt also der Differentialgleichung 2. Ordnung

$$\ddot{s} = g. \tag{6}$$

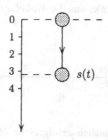

Hier ist es leicht, alle Lösungen zu finden. Nach einfachen Sätzen der Analysis folgt nämlich aus $\dot{v}(t) = g$, daß $v(t) = gt + C_1$, und ebenso aus $\dot{s}(t) = gt + C_1$, daß

$$s(t) = g\frac{t^2}{2} + C_1 t + C_2 \quad (C_1,\, C_2 \text{ konstant})$$

ist. Damit ist also das vollständige Integral der Differentialgleichung (6) gefunden.

Um aus dieser Vielfalt von Lösungen der Differentialgleichung (6) diejenige herauszufinden, welche den physikalischen Vorgang beschreibt, bedarf es der Kenntnis weiterer Bedingungen, der sog. *Anfangsbedingungen*. Nehmen wir etwa an, der Körper befinde sich zur Zeit $t = 0$ in Ruhe und werde dann losgelassen. Die entsprechenden Anfangsbedingungen lauten $s(0) = 0$ und $\dot{s}(0) = v(0) = 0$. Aus der ersten dieser Bedingungen ergibt sich $C_2 = 0$, aus der zweiten $C_1 = 0$, und man erhält die Lösung

$$s(t) = \tfrac{1}{2} g t^2.$$

Andere Anfangsbdingungen führen in entsprechender Weise zu anderen Lösungen.

II. Freier Fall aus großer Höhe. Nun sei der Körper sehr weit von der Erde entfernt. Die Annahme unter I, daß die Beschleunigung gleich g ist, gilt nur an der Erdoberfläche. Nach dem Gravitationsgesetz ziehen sich zwei Körper mit den Massen M (Erde) und m (Versuchskörper) im Abstand s mit der Kraft $K = \gamma \dfrac{Mm}{s^2}$ an (γ Gravitationskonstante). Für die Beschleunigung $\ddot{s}(t)$ gilt demnach

$$\ddot{s} = -\gamma M \cdot \frac{1}{s^2}. \tag{7}$$

Das Minuszeichen gibt an, daß die Kraft entgegengesetzt zur positiven s-Richtung ist. Diese Differentialgleichung zweiter Ordnung ist wesentlich schwieriger zu integrieren als die Gleichung (6). Die Lösungen lassen sich jedoch explizit angeben; wir werden darauf später in 11.VII zurückkommen. Als Anfangsbedingung hat man, wenn etwa zur Zeit $t = 0$ der Körper im Abstand R vom Erdmittelpunkt aus der Ruhelage losgelassen wird, $s(0) = R$, $\dot{s}(0) = 0$.

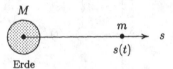

Eine einfache und gelegentlich erfolgreiche Methode zum Auffinden von Lösungen einer Differentialgleichung besteht darin, naheliegende Funktionsansätze (möglichst mit Parametern) daraufhin zu untersuchen, ob sie zu Lösungen führen. Versuchen wir es etwa im Falle der Gleichung (7) mit dem Ansatz

$$s(t) = a \cdot t^b.$$

Die Gleichung (7) lautet dann $ab(b-1)t^{b-2} = -\gamma M a^{-2} t^{-2b}$. Sie führt auf $b - 2 = -2b$, also $b = \frac{2}{3}$, und $a \cdot \frac{2}{3}(-\frac{1}{3}) = -\gamma M a^{-2}$, also $a = (9\gamma M/2)^{1/3}$. Die Lösung lautet $s(t) = a \cdot t^{2/3}$. Man sieht leicht, daß alle Funktionen

$$s(t) = a(c \pm t)^{2/3} \quad \text{mit} \quad a = (9\gamma M/2)^{1/3}, \quad c \text{ beliebig}, \tag{8}$$

Lösungen der Differentialgleichung (7) für $c \pm t > 0$ sind. Jedoch ist unter diesen Lösungen keine, die den obigen Anfangsbedingungen genügt. Zum Beispiel ist für die Lösung

$$s(t) = a \left(\frac{R\sqrt{2R}}{\sqrt{9\gamma M}} - t \right)^{2/3}$$

$s(0) = R$, aber $v(0) = \dot{s}(0) = -\sqrt{2\gamma M/R}$. Diese Lösung beschreibt also einen Körper, der zur Zeit $t = 0$ von der Stelle $s = R$ aus mit der Anfangsgeschwindigkeit $\sqrt{2\gamma M/R}$ zur Erde hin fällt.

Betrachten wir noch die spezielle Lösung ($c = 0$)

$$\bar{s}(t) = at^{2/3}. \tag{9}$$

Ihr entspricht eine Bewegung senkrecht nach oben, die nicht zur Erde zurückkehrt, $\bar{s}(t) \to \infty$ für $t \to \infty$, deren Geschwindigkeit $\bar{v}(t) = \frac{2}{3}at^{-1/3}$ jedoch gegen 0 strebt für $t \to \infty$. Die Geschwindigkeit im Abstand ϱ vom Erdmittelpunkt beträgt, wie man durch Elimination von t leicht berechnet,

$$v_\varrho = \sqrt{2\gamma M/\varrho}.$$

Setzt man für ϱ den Erdradius ein, so erhält man (mit $\varrho = 6,370 \cdot 10^8$ cm, $\gamma = 6,685 \cdot 10^{-8}$ dyn $\cdot$ cm$^2 \cdot g^{-2}$, $M = 5,97 \cdot 10^{27} g$)

$$v_\varrho = 1,12 \cdot 10^6 \text{ cm/sec} = 11,2 \text{ km/sec}.$$

Dies ist die bekannte „Fluchtgeschwindigkeit", jene Mindestgeschwindigkeit, die ein von der Erdoberfläche abgeschossener Körper haben muß, um nicht mehr zur Erde zurückzukehren (atmosphärische Einflüsse sind vernachlässigt). Vergleiche dazu die Aufgabe am Ende dieser Einleitung.

III. Bewegung im Gravitationsfeld zweier Körper (Satellitenbahn). Die folgenden Gleichungen (10) beschreiben die Bewegung eines kleinen Körpers (Satellit) im Kraftfeld zweier großer Körper (Erde und Mond). Dabei ist angenommen, daß die Bewegung der drei Körper in einer festen Ebene erfolgt und daß die beiden großen Körper mit konstanter Winkelgeschwindigkeit und konstantem gegenseitigem Abstand um ihren gemeinsamen Schwerpunkt rotieren. Insbesondere werden also die Störungen dieser Bewegungen durch den kleinen Körper vernachlässigt (das ist die Bedeutung der Adjektive „klein" und „groß"). In einem mitrotierenden Koordinatensystem, in welchem die beiden großen Körper als ruhend erscheinen, wird die Bahn des kleinen Körpers durch ein Funktionenpaar $(x(t), y(t))$ beschrieben, welches dem System von zwei Differentialgleichungen zweiter Ordnung

$$\ddot{x} = x + 2\dot{y} - \mu' \frac{x+\mu}{[(x+\mu)^2 + y^2]^{3/2}} - \mu \frac{x-\mu'}{[(x-\mu')^2 + y^2]^{3/2}}$$

$$\ddot{y} = y - 2\dot{x} - \mu' \frac{y}{[(x+\mu)^2 + y^2]^{3/2}} - \mu \frac{y}{[(x-\mu')^2 + y^2]^{3/2}} \tag{10}$$

genügt. Hierbei ist der Nullpunkt der Schwerpunkt der beiden auf der x-Achse gelegenen großen Körper, μ bzw. $\mu' = 1 - \mu$ das Verhältnis der Massen des auf der positiven bzw. negativen x-Achse gelegenen Körpers zur Gesamtmasse beider Körper. Ferner ist die Längeneinheit so gewählt, daß der Abstand der beiden großen Körper gleich 1 ist, die Zeiteinheit derart, daß die

Winkelgeschwindigkeit der Rotation ebenfalls gleich 1 ist (d. h. daß ein Umlauf 2π Zeiteinheiten dauert). In der Abbildung ist eine geschlossene Bahn wiedergegeben (die – insgesamt 48 – berechneten Bahnpunkte sind markiert). Dabei ist $\mu \approx 0,01213$ (das entspricht dem Massenverhältnis Erde – Mond), die Anfangsbedingungen lauten

$$x(0) = 1,2 \qquad y(0) = 0$$
$$\dot{x}(0) = 0 \qquad \dot{y}(0) \approx -1,04936.$$

Die Periode (Umlaufdauer) beträgt $T \approx 6,19217$.

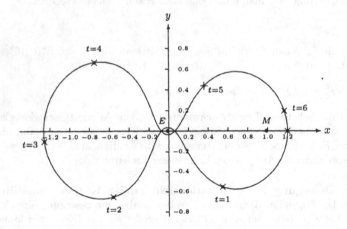

Periodische Bewegung im Schwerefeld von Erde und Mond

In diesen Beispielen sind sehr verschiedenartige Probleme angedeutet. Zunächst werden wir elementare Lösungsmethoden benutzen und dabei einige Klassen von Differentialgleichungen kennenlernen, deren Lösungen sich in geschlossener Form angeben lassen (Beispiele I, II). Aber hier gilt noch mehr, was bereits in der Integralrechnung bei der Bestimmung von Stammfunktionen in Erscheinung tritt: Die explizite Lösbarkeit ist die Ausnahme, nicht die Regel. Die eigentliche Theorie hat zum Ziel, allgemeine Existenz- und Eindeutigkeitssätze und verwandte Sätze (z. B. über die stetige Abhängigkeit der Lösungen von den verschiedenen Daten) aufzustellen sowie qualitative Aussagen über das Verhalten der Lösungen (Beschränktheit, Oszillationseigenschaften, Stabilität und asymptotisches Verhalten, ...) zu machen. Wichtig sind dabei auch Sätze über Ungleichungen; die folgende Aufgabe ist ein erstes Beispiel dafür.

Verschiedene wichtige Gegenstände können in diesem einführenden Werk nur gestreift werden. Dazu gehören die Untersuchungen über *periodische* Lösungen nichtlinearer Differentialgleichungen. Sie haben bedeutsame Anwendungen in der Mechanik (Schwingungen) und Himmelsmechanik (geschlossene

Bahnen), sind aber in der Regel mathematisch schwierig (einige Resultate in dieser Richtung werden in 3.VI–VII und 11.X-XI behandelt). Bei dem in Beispiel III beschriebenen „ebenen restringierten Dreikörperproblem" wurde die Frage nach der Existenz periodischer Bahnen erst vor kurzem befriedigend gelöst; vgl. Arenstorf (1963).

Auch das Problem der numerischen Lösung von Differentialgleichungen werden wir hier nicht behandeln. Es sei erwähnt, daß etwa im Zusammenhang mit der Raumfahrt (Steuerung von Flugkörpern) außerordentlich schwierige numerische Probleme auftreten. Heute gibt es wirkungsvolle numerische Verfahren für solche Aufgaben.

IV. Aufgabe. Man beweise die am Ende von Beispiel II aufgestellte Behauptung. Genauer zeige man: Ist $s(t)$ eine positive Lösung der Differentialgleichung (7) im Intervall $0 < t_0 \leq t < t_1$ ($t_1 = \infty$ zugelassen), $\bar{s}(t)$ die durch (9) gegebene Lösung, und ist $s(t_0) = \bar{s}(t_0)$, $0 < \dot{s}(t_0) = v(t_0) < \bar{v}(t_0)$, so ist $s(t) < \bar{s}(t)$ und $v(t) < \bar{v}(t)$ für $t_0 < t < t_1$. Dabei ist $s(t)$ zunächst monoton wachsend und dann von einer Stelle an monoton fallend, d. h. es liegt eine Rückkehrbahn vor.

Anleitung. Man leite eine Differentialgleichung für die Differenz $d(t) = \bar{s} - s$ ab und entnehme ihr, daß $\dot{d}$ monoton wachsend ist, solange d positiv ist. Man beachte $\ddot{s} < 0$ und $\bar{v}(t) \to 0$ für $t \to \infty$.

I. Differentialgleichungen erster Ordnung: Elementare Methoden

§ 1 Explizite Differentialgleichungen erster Ordnung. Elementar integrierbare Fälle

Wir betrachten hier die explizite Differentialgleichung erster Ordnung

$$y' = f(x,y). \tag{1}$$

Dabei sei die rechte Seite $f(x,y)$ auf einer Menge D der (x,y)-Ebene als reellwertige Funktion erklärt.

I. Lösung, Linienelement, Richtungsfeld. Es sei J ein Intervall (ein Intervall ohne nähere Spezifizierung darf offen, abgeschlossen, halboffen, eine Halbgerade oder die ganze Gerade sein). Die Funktion $y(x) : J \to \mathbb{R}$ ist eine Lösung der Differentialgleichung (1) (in J), wenn y in J differenzierbar ist und wenn graph $y \subset D$ ist und (1) gilt, d. h. also, wenn

$$(x,y(x)) \in D \quad \text{und} \quad y'(x) = f(x,y(x)) \quad \text{für} \quad x \in J$$

ist.

Die Differentialgleichung (1) gestattet eine einfache geometrische Interpretation. Geht eine Integralkurve $y(x)$ durch den Punkt $(x_0,y_0) \in D$, d. h. ist $y(x_0) = y_0$, so beträgt ihre Steigung an dieser Stelle $y'(x_0) = f(x_0,y_0)$. Durch die Differentialgleichung (1) wird also die Steigung der durch den Punkt (x_0,y_0) gehenden Lösungskurve vorgeschrieben: es ist $\tan \alpha = f(x_0,y_0)$. Diese Betrachtung läßt sich für jeden Punkt aus D darstellen. Sie führt auf die Begriffe *Linienelement* und *Richtungsfeld*.

Ein Zahlentripel (x,y,p) wird geometrisch so gedeutet, daß p die Steigung einer durch den Punkt (x,y) gehenden Geraden angibt (α mit $\tan \alpha = p$ ist also der Neigungswinkel dieser Geraden). Man nennt dieses Tripel (oder sein geometrisches Äquivalent) *Linienelement*. Die Gesamtheit aller Linienelemente der Form $(x,y,f(x,y))$ ist ein Richtungsfeld. Der Zusammenhang zwischen dem Richtungsfeld $(x,y,f(x,y))$ und der Differentialgleichung (1) läßt sich dann geometrisch so aussprechen:

Eine Lösung $y(x)$ der Differentialgleichung „paßt" auf das Richtungsfeld, d. h. in jedem Kurvenpunkt stimmt ihre Tangentenrichtung mit der Richtung

des Linienelements überein. Oder: Die Menge der Linienelemente $(x, y(x),$
$y'(x))$, $x \in J$, ist, wenn $y(x)$ in J Lösung ist, in der Menge aller Linienelemente
$(x, y, f(x, y))$, $(x, y) \in D$, enthalten.

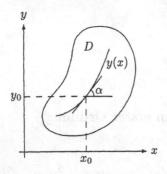

Steigung und Linienelement   Das Richtungsfeld

Man kann sich demnach einen groben Überblick über den Verlauf der Lösungen dadurch verschaffen, daß man das Richtungsfeld aufzeichnet und dann
versucht, Kurven einzuzeichnen, welche auf das Richtungsfeld passen. Dieses
Vorgehen legt die Vermutung nahe, daß es zu jedem Punkt (ξ, η) aus D genau
eine Lösungskurve $y(x)$ gibt, welche durch diesen Punkt geht. Die genaue
Formulierung dieser Vermutung führt auf das

II. Anfangswertproblem. Gegeben ist eine auf einer Menge D der (x, y)-
Ebene erklärte Funktion $f(x, y)$ und ein fester Punkt $(\xi, \eta) \in D$. Gesucht ist
eine in einem Intervall J (mit $\xi \in J$) differenzierbare Funktion $y(x)$, für welche

$$y'(x) = f(x, y(x)) \quad \text{in} \quad J, \tag{2}$$

$$y(\xi) = \eta \tag{3}$$

gilt. Man nennt (3) die *Anfangsbedingung*. Natürlich ist in (2) insbesondere
verlangt, daß graph $y \subset D$ ist (andernfalls wäre die rechte Seite von (2) gar
nicht definiert).

III. Bemerkungen. (a) *Differentialgleichung und Kurvenschar.* Der oben
skizzierte geometrische Gedankengang ist umkehrbar. Ist eine Schar von differenzierbaren Kurven gegeben, welche eine Menge D schlicht überdeckt (an-
alytisch formuliert: Eine Menge $M = \{\phi\}$ von differenzierbaren Funktionen,
deren Graphen paarweise disjunkt sind und die Vereinigung D haben), so
läßt sich dieser Kurvenschar eine Differentialgleichung $y' = f(x, y)$ zuordnen,
für welche diese Kurven Lösungen sind. Man definiert zu diesem Ziel, wenn
(x_0, y_0) ein beliebiger Punkt aus D und ϕ eine Funktion aus M mit $\phi(x_0) = y_0$
ist, $f(x_0, y_0) := \phi'(x_0)$.

Dieser Zusammenhang ist mathematisch nicht sehr ergiebig. Er vermittelt aber ein Bild von den Möglichkeiten, welche bei gewöhnlichen Differentialgleichungen auftreten können und ist überdies nützlich für die Konstruktion von Beispielen.

Wir gehen noch kurz auf einige abkürzende Redeweisen ein, die häufig benutzt werden.

(b) Es kann vorkommen (besonders bei Beispielen), daß eine Funktion nur auf einem Teilintervall ihres Definitionsbereiches einer vorgelegten Differentialgleichung genügt. So bedeutet etwa die Ausdrucksweise „$\phi(x)$ ist Lösung der Differentialgleichung im Intervall J", daß ϕ mindestens in J erklärt ist und daß die Restriktion $\phi|J$ Lösung im Sinne von I ist.

(c) Ist $\phi : J \to \mathbb{R}$ Lösung der Differentialgleichung (1) und ist j ein Teilintervall von J, so ist trivialerweise die Einschränkung $\psi = \phi|j$ ebenfalls Lösung von (1). Diese sieht man jedoch nicht als etwas wesentlich Neues an. Wenn z. B. formuliert wird, „das Anfangswertproblem besitzt genau eine Lösung, und diese existiert im Intervall J", so bedeutet das: Es existiert eine Lösung, welche J als Definitionsbereich hat, und jede andere Lösung ist Restriktion dieser Lösung.

Bevor wir in eine nähere Untersuchung des Anfangswertproblems eintreten, wollen wir die Verhältnisse an einigen einfachen Beispielen studieren.

IV. $\boxed{y' = f(x)}$

Die Funktion $f(x)$ sei stetig in einem Intervall J. Es ist also D ein „Streifen" $J \times \mathbb{R}$. Das Richtungsfeld ist unabhängig von y; das legt die Vermutung

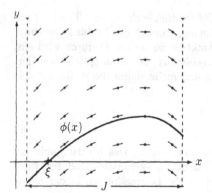

Richtungsfeld, wenn die rechte
Seite nur von x abhängt

nahe, daß man aus einer speziellen Lösung die übrigen Lösungen durch Parallelverschiebung in y-Richtung gewinnen kann. Die Analysis bestätigt diese Vermutung. Nach dem Hauptsatz der Differential- und Integralrechnung ist, wenn $\xi \in J$ fest gewählt wird,

$$\phi(x) := \int_\xi^x f(t)\, dt$$

eine Lösung der Differentialgleichung, und man erhält alle Lösungen in der Form

$$y = y(x; C) = \phi(x) + C,$$

wobei C eine beliebige Konstante ist (vollständiges Integral). Daraus folgt insbesondere, daß das Anfangswertproblem (2), (3) in diesem Fall genau eine Lösung besitzt, nämlich

$$y(x) = \phi(x) + \eta. \tag{4}$$

Sie existiert in ganz J.

Man beachte: Ist J nicht kompakt, so ist f möglicherweise nicht beschränkt und nicht über J integrierbar. Das oben definierte Integral $\phi(x)$ existiert jedoch für jedes $x \in J$, da $[\xi, x]$ ein kompaktes Teilintervall von J und f auf diesem stetig ist. Die Gleichung $\phi' = f$ gilt in ganz J.

Beispiel.

$$y' = x^3 + \cos x$$

hat die Lösungen

$$y(x; C) + \tfrac{1}{4}x^4 + \sin x + C.$$

Lautet die Anfangsbedingung $y(1) = 1$, so ist die zugehörige Lösung

$$y = \tfrac{1}{4}x^4 + \sin x - \sin 1 + \tfrac{3}{4}.$$

Das Auffinden der Lösungen einer Differentialgleichung vom Typ (IV) ist also ein reines Problem der Integralrechnung, nämlich das Problem, zu einer gegebenen Funktion $f(x)$ eine Stammfunktion zu finden. Dadurch wird ein Sprachgebrauch motiviert, der sich eingebürgert hat. Man spricht von der „Integration" einer Differentialgleichung und meint damit das Auffinden der Lösungen.

V. $\boxed{y' = g(y)}$

Die Funktion $g(y)$ sei stetig in einem Intervall J. Das Richtungsfeld ist von derselben Art wie in IV, nur sind x und y vertauscht. Dadurch wird nahegelegt, x und y zu vertauschen, d. h. die Lösungskurven in der Form $x = x(y)$ zu schreiben.

Die folgende zunächst rein formale Berechnung der Lösung

$$\frac{dy}{dx} = g(y) \iff \frac{dy}{g(y)} = dx,$$

also

$$\int \frac{dy}{g(y)} = \int dx = x + C \tag{5}$$

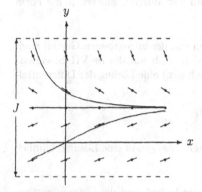

Richtungsfeld, wenn die rechte
Seite nur von y abhängt

ist naheliegend. Durch (5) wird, falls $g \neq 0$ ist, eine Funktion $x = x(y)$ definiert, deren Umkehrfunktion $y(x)$, wie wir in VII zeigen werden, in der Tat eine Lösung der Differentialgleichung darstellt. Will man die Lösung, welche einer Anfangsbedingung $y(\xi) = \eta$ genügt, berechnen, so hat man in (5) die Integrationskonstante so zu wählen, daß $x(\eta) = \xi$ ist, d. h.

$$x(y) = \xi + \int_\eta^y \frac{dz}{g(z)}. \tag{6}$$

Die hier behandelte Differentialgleichung ist ein Spezialfall der „Differential-gleichung mit getrennten Variablen", welche in VII untersucht wird. Nach dem dort bewiesenen Satz hat das Anfangswertproblem, wenn $g(\eta) \neq 0$ ist (dann ist $g \neq 0$ in einer Umgebung von η), in einer Umgebung der Stelle ξ genau eine Lösung $y(x)$. Man erhält sie aus der Formel (6) als Umkehrfunktion von $x(y)$. Ist $g(\eta) = 0$, so ist $y(x) \equiv \eta$ eine Lösung. Es kann aber durchaus vorkommen, daß in diesem Fall weitere Lösungen durch den Punkt (ξ, η) gehen, d. h., daß das Anfangswertproblem mehrere Lösungen besitzt. Man vergleiche dazu Beispiel 2 und die Betrachtungen unter VIII.

Durch die Art des Richtungsfeldes und durch die Integrationskonstante in Formel (5) wird angezeigt, daß man aus einer Lösung durch Verschiebung in x-Richtung wieder eine Lösung erhält: Mit $y(x)$ ist auch $\bar{y}(x) := y(x + C)$ eine Lösung. Es gilt nämlich

$$\bar{y}'(x) = y'(x + C) = g(y(x + C)) = g(\bar{y}(x)).$$

Beispiel 1.

$$y' = -2y.$$

Es ist $D = \mathbb{R}^2$. Nach dem Vorgehen von (5) ergibt sich

$$\frac{dy}{y} = -2dx \Longleftrightarrow \ln|y| = -2x + C \Longleftrightarrow |y| = e^{C-2x}.$$

Die allgemeine Lösung läßt sich, wenn man $\pm e^C$ durch C ersetzt, in der Form

$$y(x;C) = Ce^{-2x} \quad (C \in \mathbb{R})$$

angeben. Der Nachweis, daß alle Lösungen von der angegebenen Gestalt sind, läßt sich elementar führen (man kann sich auch auf die in VII bewiesene Eindeutigkeitsaussage stützen). Ist nämlich $\phi(x)$ eine Lösung der Differentialgleichung, so ist

$$(\phi e^{2x})' = \phi' e^{2x} + 2\phi e^{2x} = 0,$$

d. h. ϕe^{2x} ist konstant.

Durch jeden Punkt (ξ, η) der Ebene geht also genau eine Lösung, nämlich

$$y(x; \eta e^{2\xi}) = \eta e^{2(\xi - x)},$$

d. h. das Anfangswertproblem ist eindeutig lösbar, und die Lösung existiert in $\mathbb{R}$.

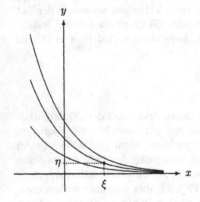

Lösungskurven $y = Ce^{-2x}$
der Differentialgleichung $y' = -2y$

Beispiel 2.

$$y' = \sqrt{|y|}.$$

Wieder ist $D = \mathbb{R}^2$. Aufgrund der Symmetrie des Richtungsfeldes ist, wenn $y(x)$ eine Lösung ist, auch die Funktion $z(x) = -y(-x)$ eine Lösung. In der Tat ist

$$z'(x) = y'(-x) = \sqrt{|y(-x)|} = \sqrt{|z(x)|}.$$

Es genügt also, positive Lösungen zu betrachten. Aus (5) ergibt sich

$$\int \frac{dy}{\sqrt{y}} = 2\sqrt{y} = x + C,$$

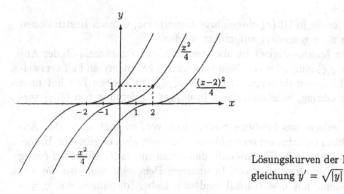

Lösungskurven der Differential-
gleichung $y' = \sqrt{|y|}$

also

$$y(x; C) = \frac{(x + C)^2}{4} \quad \text{in} \quad (-C, \infty) \quad (C \in \mathbb{R})$$

(man beachte, daß $\sqrt{y}$ positiv, also $x > -C$ ist, und zeige, daß die angegebene Funktion für $x < -C$ keine Lösung der Differentialgleichung ist). Hierdurch sind alle positiven Lösungen gegeben (das folgt aus der Eindeutigkeitsaussage in VII). Ferner ist $y \equiv 0$ eine Lösung, und $-y(-x; C)$ sind die negativen Lösungen.

Aus diesen Funktionen kann man Lösungen zusammensetzen, welche in ganz $\mathbb{R}$ existieren, z. B.

$$\phi(x) = \begin{cases} x^2/4 & \text{für} \quad x > 0 \\ 0 & \text{für} \quad -2 \leq x \leq 0 \\ -(x+2)^2/4 & \text{für} \quad x < -2. \end{cases}$$

Man beachte (und überzeuge sich davon!), daß ϕ auch an den „Nahtstellen" differenzierbar ist und der Differentialgleichung genügt.

Bei diesem Beispiel begegnen uns zwei wichtige Phänomene.

VI. Nicht-Eindeutigkeit. Lokale Eindeutigkeit. Offenbar hat in Beispiel 2 jedes Anfangswertproblem unendlich viele Lösungen. So sind etwa alle Lösungen durchden Punkt $(2, 1)$ gegeben durch

$$\phi(x; a) = \begin{cases} x^2/4 & \text{für} \quad x > 0 \\ 0 & \text{für} \quad a \leq x \leq 0 \quad (a \leq 0) \\ -(x-a)^2/4 & \text{für} \quad x < a \end{cases}$$

und

$$\psi(x) = \begin{cases} x^2/4 & \text{für} \quad x > 0 \\ 0 & \text{für} \quad x \leq 0 \end{cases}$$

(wir erinnern an die in III.(c) eingeführte Konvention, wonach Restriktionen von Lösungen nicht gesondert aufgeführt werden).

Die Art der Mehrdeutigkeit ist aber verschieden, je nachdem, ob der Anfangswert $\eta = y(\xi)$ Null oder von Null verschieden ist. Im ersten Fall verzweigen sich die Lösungen direkt an der Stelle (ξ, η), im zweiten Fall hat man zunächst *eine* Lösung, welche sich erst in einiger Entfernung von (ξ, η) verzweigt.

Liegt der zuletzt beschriebene Sachverhalt vor, so sagt man, das Anfangswertproblem sei *lokal eindeutig lösbar*. Das heißt also, es gibt eine Umgebung U der Stelle ξ mit der Eigenschaft, daß genau eine in U definierte Lösung des Anfangswertproblems existiert. In unserem Beispiel 2 sind also die Anfangswertprobleme mit $\eta \neq 0$ lokal eindeutig lösbar, diejenigen mit $\eta = 0$ dagegen nicht.

VII. $\boxed{y' = f(x)g(y)}$ **Differentialgleichung mit getrennten Veränderlichen.**

Auch diese Gleichung, welche die in IV und V behandelten Typen als Sonderfälle enthält, läßt sich durch Integration lösen. Nach der – zunächst heuristischen – Methode der *Trennung der Variablen* leitet man aus

$$\frac{dy}{dx} = f(x)g(y) \quad \text{die Gleichung} \quad \frac{dy}{g(y)} = f(x)\,dx$$

und durch Integration die Gleichung

$$\int \frac{dy}{g(y)} = \int f(x)\,dx \tag{7}$$

ab, aus der die Lösungen $y(x)$ durch Auflösung nach y gewonnen werden. Will man die durch den Punkt (ξ, η) gehende Lösung, so muß man durch geeignete Wahl der Integrationskonstante dafür sorgen, daß die Gleichung (7) für $x = \xi$, $y = \eta$ richtig ist. Das wird erreicht durch

$$\boxed{\int_\eta^y \frac{ds}{g(s)} = \int_\xi^x f(t)\,dt} \ . \tag{8}$$

Der folgende Satz gibt Bedingungen an, unter denen dieses Vorgehen gerechtfertigt ist. Er bezieht sich auf das Anfangswertproblem

$$y' = f(x)g(y), \quad y(\xi) = \eta \tag{9}$$

unter den Voraussetzungen

(V) Es sei $f(x)$ im Intervall J_x, $g(y)$ im Intervall J_y stetig und $\xi \in J_x$, $\eta \in J_y$.

Satz. *Es sei η ein innerer Punkt in J_y und $g(\eta) \neq 0$, und es gelte* (V). *Dann gibt es eine (falls ξ Randpunkt von J_x ist: einseitige) Umgebung von ξ,* *in der das Anfangswertproblem (9) genau eine Lösung $y(x)$ besitzt. Sie ergibt sich aus der Gleichung (8) durch Auflösung nach y.*

Beweis. Es sei an den folgenden Sachverhalt erinnert. Ist ϕ eine im Intervall J differenzierbare Funktion und $\phi'(x) \neq 0$ in J, dann besitzt ϕ eine im Intervall $J^* = \phi(J)$ differenzierbare Umkehrfunktion ψ.

Es werde die linke Seite von (8) mit $G(y)$, die rechte Seite von (8) mit $F(x)$ bezeichnet. In einer Umgebung von η ist $g(y) \neq 0$. Also existiert $G(y)$ in dieser Umgebung, und wegen $G' = 1/g \neq 0$ besitzt G eine Umkehrfunktion H. Aus (8), $G(y) = F(x)$, ergibt sich wegen $y \equiv H(G(y))$ durch Auflösen nach y die Funktion

$$y(x) = H(F(x)). \tag{10}$$

Wir wollen zeigen, daß $y(x)$ das Anfangswertproblem (9) löst. Mit F und H ist auch $y(x)$ differenzierbar, und aus der Identität $G(y(x)) = F(x)$ folgt durch Differentiation

$$G'(y(x)) \cdot y'(x) = F'(x) = f(x).$$

Wegen $G' = 1/g$ genügt also y der Differentialgleichung

$$y'(x) = f(x)g(y(x)).$$

Ferner folgt aus $F(\xi) = 0$, $G(\eta) = 0$, $H(0) = \eta$, daß $y(\xi) = H(F(\xi)) = \eta$ ist. Damit ist nachgewiesen, daß $y(x)$ eine Lösung des Anfangswertproblems (9) ist.

Es soll noch gezeigt werden, daß es außer dieser keine weiteren Lösungen gibt. Ist nämlich $z(x)$ eine weitere Lösung, so gilt, solange $g(z) \neq 0$ ist (also sicher in einer Umgebung von ξ),

$$\frac{z'(x)}{g(z(x))} = f(x).$$

Integriert man diese Identität zwischen ξ und x und wendet die Substitution $s = z(t)$ an, so erhält man

$$\int_\xi^x f(t)\, dt = \int_\xi^x \frac{z'(t)\, dt}{g(z(t))} = \int_\eta^{z(x)} \frac{ds}{g(s)}.$$

Diese Gleichung besagt aber nichts anderes, als daß $F(x) = G(z(x))$, also $z(x) = H(F(x)) = y(x)$ ist.

VIII. Der Fall $g(\eta) = 0$. Ist beim Anfangswertproblem (9) $g(\eta) = 0$, so kann eine Lösung sofort angegeben werden: $y(x) \equiv \eta$. Es kann jedoch eintreten, daß weitere Lösungen existieren, wie wir bereits aus V, Beispiel 2 wissen.

Satz. *Gelten die Voraussetzungen* (V) *von* VII, *ist* $g(\eta) = 0$ *und* $g(y) \neq 0$ *in einem Intervall* $\eta < y \leq \eta + \alpha$ *bzw.* $\eta - \alpha \leq y < \eta$ *(* $\alpha > 0$ *) und ist das uneigentliche Integral*

$$\int_{\eta}^{\eta+\alpha} \frac{dz}{g(z)} \quad bzw. \quad \int_{\eta-\alpha}^{\eta} \frac{dz}{g(z)}$$

divergent, so gibt es keine Lösung, die von oben bzw. unten in die Gerade $y = \eta$ *einmündet.*

Danach bleibt also eine Lösung $y(x)$, welche an einer Stelle $> \eta$ ist, in ihrem ganzen Verlauf $> \eta$ (entsprechend für $<$). Im besonderen hat, wenn η ein innerer Punkt von J_y ist und wenn beide Integrale divergieren, das Anfangswertproblem (9) nur die eine Lösung $y(x) \equiv \eta$. Das ist z. B. der Fall, wenn $g(y)$ an der Stelle η eine isolierte Nullstelle hat und einer Lipschitzbedingung

$$|g(y) - g(\eta)| = |g(y)| \leq K|y - \eta|$$

genügt, also insbesondere dann, wenn $g'(\eta)$ existiert.

Beweis. Wir nehmen an, es existiere eine Lösung $y(x)$ des Anfangswertproblems, die nicht identisch gleich η ist. Es gebe etwa (um einen der vier mögli-

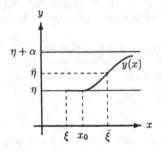

chen Fälle ins Auge zu fassen) rechts von ξ eine Stelle $\bar{\xi}$ mit $\eta < y(\bar{\xi}) = \bar{\eta} < \eta + \alpha$. Dann gilt nach (8) mit $(\bar{\xi}, \bar{\eta})$ anstelle von (ξ, η)

$$\int_{\bar{\eta}}^{y(x)} \frac{ds}{g(s)} = \int_{\bar{\xi}}^{x} f(t)\, dt,$$

jedenfalls solange $y(x)$ in dem Streifen $\eta < y(x) \leq \eta + \alpha$ verläuft. Angenommen, es sei x_0 die erste Stelle links von $\bar{\xi}$ mit $y(x_0) = \eta$. Dann ergibt sich aus der obigen Formel sofort ein Widerspruch, da für $x \to x_0$ das Integral auf der rechten Seite beschränkt bleibt, während das auf der linken Seite unendlich wird.

Man betrachte noch einmal die beiden Beispiele 1 und 2 von V. In Beispiel 1 ist $\int_0^{\pm\alpha} \frac{dy}{y}$ divergent, also $y \equiv 0$ die einzige Lösung durch den Nullpunkt, während in Beispiel 2 $\int_0^{\pm\alpha} \frac{dy}{\sqrt{|y|}}$ konvergent ist und mehrere Lösungen existieren. Es kann aber durchaus der Fall eintreten, daß das Integral konvergiert und trotzdem das Anfangswertproblem eindeutig ist; vgl. dazu das folgende

Beispiel 1.

$$y' = -x(\operatorname{sgn} y)\sqrt{|y|} = \begin{cases} -x\sqrt{y} & \text{für } y \geq 0 \\ x\sqrt{-y} & \text{für } y < 0. \end{cases}$$

Das Richtungsfeld ist symmetrisch zur x-Achse, d. h. mit $y(x)$ ist auch $-y(x)$ eine Lösung. Es genügt deshalb, positive Lösungen zu berechnen.

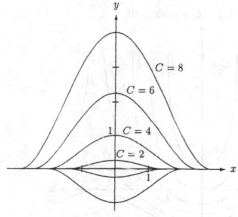

Lösungskurven der Differentialgleichung $y' = -x(\operatorname{sgn} y)\sqrt{|y|}$

Aus

$$\int \frac{dy}{\sqrt{y}} = 2\sqrt{y} = -\int x\,dx = \frac{1}{2}(C - x^2)$$

folgt (man beachte $\sqrt{y} > 0$)

$$y(x; C) = \frac{1}{16}(C - x^2)^2 \quad \text{in} \quad (-\sqrt{C}, \sqrt{C}) \quad (C > 0).$$

Setzt man diese Funktion fort, indem man $y(x; C) = 0$ für $|x| \geq \sqrt{C}$ definiert, so erhält man offenbar eine Lösung in $\mathbb{R}$. Wir haben damit die Lösungen $\pm y(x; C)$ für $C > 0$ und $y \equiv 0$. Dies sind nun alle Lösungen. Denn einerseits überdecken sie (d. h. ihre Graphen) die ganze Ebene, andererseits verschwindet $g(y) = \sqrt{|y|}$ nur für $y = 0$; jedes Anfangswertproblem mit $\eta \neq 0$ ist also nach VII lokal eindeutig lösbar.

Man erkennt (vgl. Bild), daß jedes Anfangswertproblem mit $y(\xi) = \eta$ $\neq 0$ eindeutig lösbar ist (nicht nur lokal, sondern auch im Großen). Bei der Anfangsbedingung $y(\xi) = 0$ existieren im Fall $\xi \neq 0$ unendlich viele Lösungen, im Fall $\xi = 0$ jedoch nur eine Lösung.

Beispiel 2.

$$y' = e^y \sin x.$$

Das Richtungsfeld ist symmetrisch zur y-Achse und periodisch mit der Periode 2π, d. h. mit $y(x)$ ist auch $u(x) = y(-x)$ und $v(x) = y(x + 2k\pi)$ Lösung. Durch Trennung der Veränderlichen (7) erhält man

$$\int e^{-y}\, dy = -e^{-y} = \int \sin x\, dx = -\cos x - C,$$

d. h.

$$y(x; C) = -\log(\cos x + C) \quad (C + \cos x > 0).$$

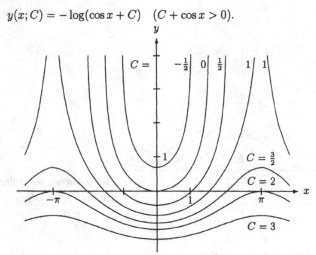

Lösungskurven der Differentialgleichung $y' = e^y \sin x$

Man überlege sich, daß damit alle Lösungen gefunden sind und daß jedes Anfangswertproblem eindeutig lösbar ist.

Dieses Beispiel zeigt ein neues wichtiges Phänomen, welches uns noch beschäftigen wird. Die Lösungen haben sehr verschiedenartiges Verhalten. Während sie im Fall $C > 1$ für alle x existieren und beschränkt sind, wachsen sie im Fall $-1 < C \leq 1$ sehr rasch an.

Betrachten wir etwa die Anfangsbedingung $y(0) = \eta$. Die entsprechende Lösung lautet

$$y(x; e^{-\eta} - 1) = -\log(\cos x + e^{-\eta} - 1),$$

speziell für $\eta = -\log 2$

$$y(x; 1) = -\log(1 + \cos x).$$

Diese Lösung existiert in $(-\pi, \pi)$ und ist nicht über dieses Intervall hinaus fortsetzbar. Sie strebt gegen ∞ für $x \to \pm\pi$. Lösungen mit $\eta < -\log 2$ existieren dagegen in $\mathbb{R}$ und sind beschränkt. Für $\eta > -\log 2$ existieren die Lösungen nur im Intervall $|x| < \arccos(1 - e^{-\eta})$, die Länge dieses Intervalls konvergiert gegen 0 für $\eta \to \infty$.

Aus dem Beispiel ersieht man zunächst, daß die Lösung eines Anfangswertproblems nicht notwendig in ganz $\mathbb{R}$, sondern eventuell nur in einem sehr kleinen Intervall existiert, und zwar auch dann, wenn die rechte Seite der Differentialgleichung in ganz $\mathbb{R}^2$ definiert und „glatt" ist. Man schaue sich daraufhin die Formulierung von Satz VII an. Es stellt sich die Frage, ob man überhaupt allgemeine Aussagen über den Definitionsbereich einer Lösung machen kann. Wir werden später sehen, daß eine Lösung sich immer bis zum Rande von D (D ist der Definitionsbereich der rechten Seite der Differentialgleichung) fortsetzen läßt. Ferner zeigt das Beispiel, daß sich das Verhalten von Lösungen „im Großen" sprunghaft ändern kann bei kleiner Änderung der Anfangswerte; man betrachte etwa die Lösungen für Anfangswerte (ξ, η) in der Nähe von $(0, -\log 2)$.

Die folgenden drei Typen von Differentialgleichungen lassen sich durch einfache Transformationen auf bisher schon behandelte Typen zurückführen. In allen drei Fällen sei die auftretende Funktion $f(s)$ stetig in einem Intervall.

IX. $\boxed{y' = f(ax + by + c),\ b \neq 0}$

Die Form der Differentialgleichung legt es nahe, statt $y(x)$ die Funktion

$$u(x) = ax + by(x) + c \tag{11}$$

zu betrachten. Ist $y(x)$ eine Lösung, so gilt für $u(x)$

$$u' = a + by'(x) = a + bf(u), \tag{12}$$

d. h. es liegt der lösbare Typus V vor. Umgekehrt ergibt sich aus einer Lösung $u(x)$ von (12) gemäß (11) eine Lösung $y(x)$ der ursprünglichen Differentialgleichung, wie man leicht nachrechnet. Man erhält also auf diese Weise genau die sämtlichen Lösungen.

Beispiel.

$$y' = (x + y)^2.$$

Für $u(x) = x + y(x)$ gilt

$$u' = u^2 + 1, \quad \text{also} \quad u = \tan(x + C)$$

(warum sind dies alle Lösungen?). Die allgemeine Lösung lautet demnach

$$y(x; C) = \tan(x + C) - x.$$

X. $\boxed{y' = f\left(\dfrac{y}{x}\right)}$ **Homogene Differentialgleichung.**

Für $u(x) = \dfrac{y(x)}{x}$ ergibt sich hier $(x \neq 0)$

$$y' = u + xu' = f(u),$$

also eine Differentialgleichung mit getrennten Veränderlichen für $u(x)$

$$u' = \frac{f(u) - u}{x}. \tag{13}$$

Auch hier sieht man sofort, daß jede Lösung $u(x)$ von (13) auf eine Lösung $y(x) = x \cdot u(x)$ der gegebenen Differentialgleichung führt.

Beispiel. Das Anfangswertproblem

$$y' = \frac{y}{x} - \frac{x^2}{y^2}, \quad y(1) = 1$$

wird in ein Anfangswertproblem für u

$$u' = -\frac{1}{xu^2}, \quad u(1) = 1$$

mit der Lösung

$$\int_1^u z^2 \, dz = -\int_1^x \frac{dt}{t}, \quad \text{d. h.} \quad \frac{u^3 - 1}{3} = -\log x$$

übergeführt. Die Lösung lautet also

$$y = x\sqrt[3]{1 - 3\log x} \quad \text{für} \quad 0 < x < \sqrt[3]{e} \approx 1,396.$$

XI. $\boxed{y' = f\left(\dfrac{ax + by + c}{\alpha x + \beta y + \gamma}\right)}$

Der Fall, daß die Determinante $\begin{vmatrix} a & b \\ \alpha & \beta \end{vmatrix} = 0$, also $a = \lambda\alpha, b = \lambda\beta$ ist, führt auf schon behandelte Typen. Ist diese Determinante $\neq 0$, so hat das lineare Gleichungssystem

$$\begin{aligned} ax + by + c &= 0 \\ \alpha x + \beta y + \gamma &= 0 \end{aligned} \tag{14}$$

genau eine Lösung x_0, y_0. Stellt man die Lösungskurven in einem parallel verschobenen $(\bar{x}, \bar{y})$-Koordinatensystem mit dem Nullpunkt an der Stelle (x_0, y_0) dar,

$$\bar{x} := x - x_0, \quad \bar{y} := y - y_0,$$

so wird eine Lösungskurve $y(x)$ im neuen System durch die Funktion

$$\bar{y}(\bar{x}) := y(\bar{x} + x_0) - y_0$$

beschrieben. Es gilt dann die Differentialgleichung

$$\frac{d\bar{y}(\bar{x})}{d\bar{x}} = y'(\bar{x} + x_0) = f\left(\frac{a(\bar{x} + x_0) + b(\bar{y}(\bar{x}) + y_0) + c}{\alpha(\bar{x} + x_0) + \beta(\bar{y}(\bar{x}) + y_0) + \gamma}\right)$$

$$= f\left(\frac{a\bar{x} + b\bar{y}(\bar{x})}{\alpha\bar{x} + \beta\bar{y}(\bar{x})}\right) = f\left(\frac{a + b\bar{y}/\bar{x}}{\alpha + \beta\bar{y}/\bar{x}}\right),$$

welche homogen ist und gemäß X behandelt werden kann.

Lösungsweg. Die Verschiebung des Koordinatensystems, also der Übergang von (x, y) zu $(\bar{x}, \bar{y})$, führt auf die entsprechende Differentialgleichung mit $c = \gamma = 0$. Man geht demnach folgendermaßen vor:

(i) Man bestimmt x_0, y_0 als Lösung von (14).

(ii) Man löst die Differentialgleichung mit $c = \gamma = 0$ nach der Methode von X (diese Gleichung ist homogen).

(iii) Ist $\bar{y}(\bar{x})$ eine Lösung dieser Gleichung, so erhält man mit der Substitution $\bar{x} = x - x_0$, $\bar{y} = y - y_0$ eine Lösung $y(x) := y_0 + \bar{y}(x - x_0)$ der ursprünglichen Gleichung.

Beispiel.

$$y' = \frac{y + 1}{x + 2} - \exp\frac{y + 1}{x + 2}.$$

Aus (14) ergibt sich $x_0 = -2$, $y_0 = -1$. Für $\bar{y}$ erhält man

$$\frac{d\bar{y}}{d\bar{x}} = \frac{\bar{y}}{\bar{x}} - \exp\frac{\bar{y}}{\bar{x}}$$

und für $u = \bar{y}/\bar{x}$ die Differentialgleichung

$$\bar{x}u' = -e^u,$$

woraus sich, wenn man die Integrationskonstante als $C = \log c$ ($c > 0$) schreibt,

$$-\int e^{-u}\, du = \int \frac{1}{\bar{x}}\, d\bar{x} \quad \text{oder} \quad e^{-u} = \log|\bar{x}| + C = \log c|\bar{x}|,$$

d. h. $u = -\log\log c|\bar{x}|$ (solange $c|\bar{x}| > 1$ ist) ergibt. Die Funktionen

$$y(x) = -1 - (x + 2)\log\log c|x + 2| \quad \text{für} \quad c|x + 2| > 1$$

sind Lösungen der ursprünglichen Gleichung.

Für die Lösung durch den Ursprung ist $c = \frac{1}{2} \exp e^{-1/2}$. Sie existiert für $x > 1/c - 2 = -0,9095$.

XII. Aufgaben. (a) Man bestimme im obigen Beispiel eine Lösung y mit der Eigenschaft $\lim\limits_{x \to 0+} y(x) = \infty$. Ist sie eindeutig bestimmt?

Für die folgenden Differentialgleichungen bestimme man alle Lösungen und speziell die Lösungen durch den Nullpunkt.

(b) $y' = \dfrac{y+1}{x+2} + \exp \dfrac{y+1}{x+2}$,

(c) $y' = \dfrac{x+y+1}{x+2} - \exp \dfrac{x+y+1}{x+2}$,

(d) $y' = \dfrac{x+2y+1}{2x+y+2}$,

(e) $y' = \dfrac{2x+y+1}{x+2y+2}$.

XIII. Aufgaben. Man bestimme alle Lösungen der Differentialgleichungen

(a) $y' = 3|y|^{2/3}$ $(y \in \mathbb{R})$,

(b) $y' = 3(\operatorname{sgn} y)|y|^{2/3}$ $(y \in \mathbb{R})$,

(c) $y' = \sqrt{|y|(1-y)}$ $(y \leq 1)$.

In jedem Fall fertige man eine Skizze an und bestimme die Menge aller Punkte (ξ, η), für welche das Anfangswertproblem nicht lokal eindeutig ist. Man löse die Anfangswertprobleme

(d) $y' = \dfrac{e^{-y^2}}{y(2x+x^2)}$, $y(2) = 0$,

(e) $y' = \dfrac{y \ln y}{\sin x}$, $y(\pi/2) = e^e$,

(f) $y' = \dfrac{\cos x}{\cos^2 y}$, $y(\pi) = \dfrac{\pi}{4}$,

und gebe jeweils das maximale Existenzintervall der Lösung an.
Man bestimme alle Lösungen der Differentialgleichungen

(g) $y' = (x - y + 3)^2$,

(h) $y' = \dfrac{2y(y-1)}{x(2-y)}$,

(i) $y = xy' - \sqrt{x^2 + y^2}$.

Man gebe eine Differentialgleichung erster Ordnung für die Kurvenscharen

(j) $\quad y = cx^2$,

(k) $\quad y = cx^2 + c$,

(l) $\quad y = cx^2 + (\text{sgn } c)c^2$

an (Parameter $c \in \mathbb{R}$).

XIV. Hypothesen zum Bevölkerungswachstum als Beispiel. Es sei $y(t)$ die Bevölkerungszahl der Erde zur Zeit t. Bezeichnet man den jährlichen relativen Bevölkerungszuwachs mit $c = c(t, y)$, so gilt $y' = cy$. Die folgende Hypothese geht davon aus, daß auf der Erde nur eine bestimmte Höchstzahl N von Menschen unter menschenwürdigen Bedingungen (was immer man darunter verstehen mag) leben kann, daß der relative Bevölkerungszuwachs nur von y (also nicht explizit von t) abhängt und daß er bei Annäherung an N gegen Null geht. Speziell wählen wir die Hypothesen

$$c = c(y) = \alpha(N - y)^k \quad \text{mit} \quad k = 0, 1, 2.$$

Dabei sei das Jahr 1969 als Ausgangsjahr gewählt $(t = 0)$; y_0 sei die Bevölkerungszahl der Erde im Jahr 1969, und c_0 sei der auf ein Jahr bezogene relative Bevölkerungszuwachs im Jahr 1969. Es ist $y_0 = 3,55 \cdot 10^9$ und $c_0 = 0,02$. Aus der Bedingung $c(y_0) = c_0$ ergibt sich $\alpha = c_0(N - y_0)^{-k}$.

Mißt man $y(t)$ und N in Vielfachen von y_0, d. h. setzt man $y(t) = y_0 u(t)$, $N = \beta y_0$, so ergibt sich aus $y' = c(y)y$, $y(0) = y_0$ das Anfangswertproblem

$$u' = c_0 \left(\frac{\beta - u}{\beta - 1} \right)^k u, \quad u(0) = 1 \quad (k = 0, 1, 2). \tag{15}$$

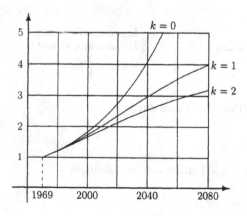

Bevölkerungszahl in Vielfachen von y_0 (Jahr 1969) unter verschiedenen Hypothesen ($\beta = 5$)

Für konstantes $c = c_0$ (Fall $k = 0$) ergibt sich die bekannte Wachstumsfunktion $u(t) = e^{c_0 t}$, für

$$k = 1: \quad c_0 t \;=\; (\beta - 1) \int_1^u \frac{ds}{s(\beta - s)} = \frac{\beta - 1}{\beta} \log \frac{(\beta - 1)u}{\beta - u}$$

$$k = 2: \quad c_0 t \;=\; (\beta - 1)^2 \int_1^u \frac{ds}{s(\beta - s)^2}$$

$$=\; \left(\frac{\beta - 1}{\beta}\right)^2 \left\{ \log \frac{(\beta - 1)u}{\beta - u} + \frac{\beta}{\beta - u} - \frac{\beta}{\beta - 1} \right\}.$$

Eine Auflösung nach u ist für $k = 1$ leicht möglich; sie ist jedoch für viele Fragestellungen gar nicht notwendig. Berechnen wir etwa (in Analogie zu einem wohlbekannten Begriff) die Doppelwertszeit. Die Bevölkerungszahl des Jahres 1969 verdoppelt sich, wenn man $\beta = 5$ setzt, bei der Hypothese $k = 0$ in $50 \cdot \log 2 = 34,7$ Jahren, im Fall $k = 1$ in $50 \cdot \frac{4}{5} \cdot \log \frac{8}{3} = 39,2$ Jahren, im Fall $k = 2$ in 44,8 Jahren.

Die logistische Gleichung. Im Fall $k = 1$ spricht man von der *logistischen Gleichung*. Sie wurde bereits 1838 von dem belgischen Mathematiker Pierre-François Verhulst (1804–1849) vorgeschlagen. Betrachten wir diese Gleichung mit geänderten Bezeichnungen etwas genauer:

$$\textit{logistische Gleichung} \quad u' = u(b - cu) \quad \text{mit} \quad b, c > 0. \tag{16}$$

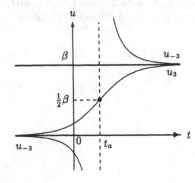

Logistische Gleichung.
Die Lösungen u_3 und u_{-3}
mit $t_a = \frac{1}{b} \log 3$

Der Zusammenhang mit (15) (Fall $k = 1$) wird durch

$$c = \frac{c_0}{\beta - 1}, \quad b = \beta c$$

hergestellt. Nach der Methode von VII erhält man die Lösungen

$$u_\gamma = \frac{b}{c} \cdot \frac{1}{1 + \gamma e^{-bt}} \quad \text{für} \quad \gamma \neq 0$$

sowie die beiden stationären Lösungen $u \equiv 0$ und $u \equiv b/c$ (der Leser möge dies nachprüfen). Dies sind alle Lösungen. Denn einerseits läßt sich jede Anfangsbedingung $u(t_0) = u_0$ durch eine dieser Lösungen befriedigen, andererseits geht nach VII und VIII durch jeden Punkt der Ebene genau eine Lösung.

(a) Jede Lösung u von (16) mit $u(t_0) > 0$ bleibt positiv für $t > t_0$ und strebt gegen b/c für $t \to \infty$.

(b) Genau dann ist $u_\gamma'' = 0$, wenn $u_\gamma = b/2c$ ist (Beweis mit (16)).

Im Populationsmodell beschreibt u_γ mit $\gamma > 0$ das Wachstum der Population, und b/c ist die Maximalzahl β. Prüfen wir nach, wie sich nach diesem Modell die Weltbevölkerung $y(t) = y_0 u(t)$ seit 1969 ($t = 0$) entwickelt hat. Es ist $u_\gamma(0) = 1$, also $\gamma = \beta - 1$ sowie $c(\beta - 1) = c_0 = 0,02$.

Man erhält für das Jahr 1990 ($t = 21$) unter der Annahme $\beta = 3$ ($b = 0,03$) die Bevölkerungszahl $y = 5,157$ Mrd., für $\beta = 5$ ($b = 0,025$) dagegen $y = 5,273$ Mrd. Tatsächlich betrug 1990 die Weltbevölkerung 5,321 Mrd. Die Annahme $\beta = 5$ bietet eine bessere Approximation; $\beta = 3$ entspricht etwa der von Demographen genannten Maximalzahl $N = y_0 \beta \approx 10$ Mrd.

Die *Trendwende*, nach der die zweite Ableitung negativ wird, also die jährliche Bevölkerungszunahme sinkt, tritt in diesem Modell gemäß (b) bei $\beta/2$ ein. Bei der Anwendung auf die Weltbevölkerung würde das bei der Annahme $\beta = 3$ bedeuten, daß die Trendwende um 1990 einsetzte ($N/2 = y_0\beta/2 \approx 5$ Mrd.). Gegen Ende des Jahrhunderts ist zumindest eine gewisse Stagnation bei der jährlichen Bevölkerungszunahme sichtbar; für eine eindeutige Aussage ist es noch zu früh. Man sollte dieses Modell auch nicht zu sehr strapazieren und im Auge behalten, daß es sich um das einfachste Wachstumsmodell mit beschränktem Wachstum handelt. Es kann qualitatives Verhalten sichtbar machen; die von vielen Einflüssen abhängige Wirklichkeit wird es nur unvollkommen widerspiegeln.

§ 2 Die lineare Differentialgleichung. Verwandte Differentialgleichungen

In der linearen Differentialgleichung

$$y' + g(x)y = h(x) \tag{1}$$

treten zwei gegebene Funktionen $g(x)$, $h(x)$ auf, von denen wir annehmen wollen, daß sie in einem Intervall J stetig sind. Ist $h(x) \equiv 0$, so spricht man von einer *homogenen*, andernfalls von einer *inhomogenen* linearen Differentialgleichung. Die Differentialgleichung (1) läßt sich mit Hilfe des Operators L

$$Ly := y' + g(x)y \tag{2}$$

in der Form

$$Ly = h(x) \quad (inhomogen) \quad \text{bzw.} \quad Ly = 0 \quad (homogen)$$

schreiben. Der Operator L ordnet also jeder in J differenzierbaren Funktion ϕ eine Funktion $\psi = L\phi = \phi' + g\phi$ zu. Statt $L\phi$ wird gelegentlich auch $L(\phi)$ geschrieben. Der Wert der Funktion $L\phi$ an der Stelle x wird mit $(L\phi)(x)$ bezeichnet.

Der Operator L ist linear, d. h. für zwei in J differenzierbare Funktionen ϕ, ψ und beliebige Konstanten $a, b \in \mathbb{R}$ gilt

$$L(a\phi + b\psi) = aL\phi + bL\psi. \tag{3}$$

I. $\boxed{Ly := y' + g(x)y = 0}$ **Homogene Gleichung.**

Sie gehört zum Typus 1.VII (getrennte Veränderliche). Gemäß (1.8) erhält man eine Schar von Lösungen

$$y(x; C) = C \cdot e^{-G(x)} \quad \text{mit} \quad G(x) = \int_\xi^x g(t)\, dt \quad (\xi \in J) \tag{4}$$

(es ist vorausgesetzt, daß g in J stetig ist). Man rechnet sofort nach, daß durch (4) für jedes reelle C eine Lösung dargestellt wird und daß durch jeden Punkt $(x_0, y_0) \in J \times \mathbb{R}$ genau eine Kurve dieser Schar geht. Nach den in 1.VII, VIII bewiesenen Sätzen gibt es durch jeden Punkt genau eine Lösung; das gilt auch für $y_0 = 0$, da das Integral $\int_0^\alpha \frac{dy}{y}$ divergiert. Durch (4) sind also sämtliche Lösungen dargestellt, und $y(x; C)$ ist die allgemeine Lösung.

Die der Anfangsbedingung $y(\xi) = \eta$ gehorchende Lösung lautet

$$y(x) = \eta \cdot e^{-G(x)} \quad \text{mit} \quad G(x) = \int_\xi^x g(t)\, dt.$$

Sie existiert in ganz J.

Bemerkung. Daß alle Lösungen durch (4) dargestellt sind, läßt sich auch unabhängig von 1.VII direkt nachprüfen. Ist ϕ eine Lösung von $L\phi = 0$ und $u(x) := e^{G(x)}\phi(x)$, so ist $u' = e^{G(x)}(g\phi + \phi') = 0$, also u konstant und damit ϕ von der Gestalt (4).

II. $\boxed{Ly = h(x)}$ **Inhomogene Gleichung.**

Man erhält Lösungen mittels eines von Lagrange stammenden Ansatzes, der sog. *„Methode der Variation der Konstanten“*. Sie besteht darin, daß man in der allgemeinen Lösung $y(x; C) = Ce^{-G(x)}$ der homogenen Gleichung die Konstante C durch eine Funktion $C(x)$ ersetzt und versucht, durch passende Wahl von $C(x)$ eine Lösung der inhomogenen Gleichung zu gewinnen. Der Ansatz lautet also

$$y(x) = C(x)e^{-G(x)} \quad \text{mit} \quad G(x) = \int_\xi^x g(t)\, dt.$$

Es ist

$$Ly \equiv y' + gy = \{C' - gC + gC\}e^{-G(x)} = C'e^{-G(x)},$$

also $Ly = h$ genau dann, wenn

$$C' = h(x)e^{G(x)} \iff C(x) = \int_\xi^x h(t)e^{G(t)}\,dt + C_0 \qquad (5)$$

ist.

Satz. *Das Anfangswertproblem*

$$Ly = y' + g(x)y = h(x), \quad y(\xi) = \eta, \qquad (6)$$

hat, wenn die Funktionen $g(x)$, $h(x)$ in J stetig sind und $\xi \in J$ ist, genau eine Lösung

$$y(x) = e^{-G(x)}\left\{\eta + \int_\xi^x h(t)e^{G(t)}\,dt\right\}. \qquad (7)$$

Sie existiert in ganz J.

Die durch (7) gegebene Funktion ist nach den Überlegungen bei (5) eine Lösung von $Ly = h$, und sie genügt offenbar der Anfangsbedingung.

Es ist also nur noch die Eindeutigkeit zu beweisen. Sie ergibt sich leicht aus der folgenden allgemeinen Bemerkung über lineare Operatoren.

Superposition von Lösungen. Darunter versteht man zunächst die Aussage, daß aus einer Lösung der Gleichung $Lu = f$ und einer Lösung von $Lv = g$ durch „Superposition" eine Lösung $w = u + v$ der Gleichung $Lw = f + g$ gewonnen wird. Das ergibt sich sofort aus $L(u + v) = Lu + Lv$. Allgemeiner gilt das

(a) *Superpositionsprinzip.* Für die Funktionen $y_i \in C^1(J)$ gilt:

Aus $Ly_i = h_i$ folgt $Ly = h$ mit $y = \sum \lambda_i y_i$ und $h = \sum \lambda_i h_i$.

Hierbei ist λ_i reell, und i durchläuft eine endliche Indexmenge. Das folgt sofort aus der für lineare Operatoren gültigen Identität $L\left(\sum \lambda_i y_i\right) = \sum \lambda_i Ly_i$.

Dazu ein Beispiel. Kennt man die Lösungen $y = y_k$ der Gleichungen $Ly = x^k$ für $k = 0, 1, 2, \ldots$, so kann man für jedes Polynom P eine Lösung von $Ly = P$ durch Superposition der y_k gewinnen.

(b) *Eindeutigkeit der Lösung.* Sind y, $\bar{y}$ zwei Lösungen der inhomogenen Differentialgleichung, so ist $L(y - \bar{y}) = Ly - L\bar{y} = 0$, d. h. $z(x) = y - \bar{y}$ ist eine Lösung der homogenen Differentialgleichung. Man erhält also alle Lösungen $y(x)$ der inhomogenen Gleichung in der Form

$$y(x) = \bar{y}(x) + z(x), \qquad (8)$$

wobei $\bar{y}(x)$ eine fest gewählte Lösung der inhomogenen Gleichung ist und $z(x)$ alle Lösungen der homogenen Gleichung durchläuft.

Wählt man hierin für $\bar{y}$ die Lösung

$$\bar{y}(x) = \int_{\xi}^{x} h(t)e^{G(t)-G(x)}\,dt,$$

sie ergibt sich aus (5) für $C_0 = 0$ und hat die Eigenschaft $\bar{y}(\xi) = 0$, so sind also nach I sämtliche Lösungen der inhomogenen Gleichung durch

$$y(x;C) = \bar{y}(x) + Ce^{-G(x)} \quad (C \in \mathbb{R})$$

gegeben (allgemeine Lösung). Aus $y(\xi;C) = C$ folgt dann sofort, daß das Anfangswertproblem nur eine Lösung besitzt, nämlich $y(x;\eta)$; vgl. (7).

Beispiel.

$$y' + y\sin x = \sin^3 x.$$

Es ist $G(x) = -\cos x$, also $z(x;C) = Ce^{\cos x}$ die allgemeine Lösung der homogenen Differentialgleichung $Lz = 0$ und

$$\bar{y}(x) = \int_{0}^{x} \sin^3 t \cdot e^{\cos x - \cos t}\,dt \qquad \text{(Substitution } s = \cos t\text{)}$$

$$= e^{\cos x}\int_{1}^{\cos x} (s^2 - 1)e^{-s}\,ds$$

$$= -e^{\cos x}\{(s^2 - 1) + 2s + 2\}e^{-s}\Big|_{1}^{\cos x}$$

$$= \sin^2 x - 2\cos x - 2 + 4e^{\cos x - 1}$$

eine Lösung der inhomogenen Differentialgleichung. Die allgemeine Lösung der inhomogenen Gleichung lautet demnach

$$y(x;C) = \sin^2 x - 2\cos x - 2 + C \cdot e^{\cos x}.$$

III. $\boxed{y' + g(x)y + h(x)y^{\alpha} = 0,\ \alpha \neq 1}$ **Bernoulli-Differentialgleichung.**

Diese Gleichung wird nach Jakob Bernoulli (1654–1705) benannt. Er und sein jüngerer Bruder Johann Bernoulli (1667–1748) haben die Mathematik ihrer Zeit wesentlich beinflußt.

Auf einfache Art läßt sich diese Gleichung in eine lineare Differentialgleichung umformen. Multipliziert man sie nämlich mit $(1 - \alpha)y^{-\alpha}$, so erhält man

$$(y^{1-\alpha})' + (1 - \alpha)g(x)y^{1-\alpha} + (1 - \alpha)h(x) = 0.$$

Für die Funktion $z = y^{1-\alpha}$ ergibt sich also die lineare Differentialgleichung

$$z' + (1 - \alpha)g(x)z + (1 - \alpha)h(x) = 0. \tag{9}$$

Aus einer Lösung $z(x)$ läßt sich eine Lösung $y(x) = (z(x))^{1/(1-\alpha)}$ der Bernoulli-Differentialgleichung gewinnen. Ist eine Anfangswertbedingung $y(\xi) = \eta$ vorgegeben, so hat man $z(\xi) = \eta^{1-\alpha}$ vorzuschreiben.

Der skizzierte Gedankengang gestattet es, vollständigen Aufschluß über die Bernoulli-Differentialgleichung zu gewinnen. Doch sind wegen der auftretenden Potenz y^α weitere elementare Überlegungen notwendig. Die Funktionen g, h seien etwa stetig in einem Intervall J. Zunächst werde vorausgesetzt, daß α keine ganze Zahl ist. Im Fall $\alpha < 0$ ist die Funktion y^α dann nur für positive y erklärt, das Definitionsgebiet der Differentialgleichung ist der Halbstreifen $J \times (0, \infty)$. Als Lösungen kommen also nur positive Funktionen $y(x)$ in Frage. Das bedeutet, daß nur positive Lösungen $z(x)$ von (9) betrachtet werden dürfen. Das Anfangswertproblem mit $\xi \in J$, $\eta > 0$ hat genau eine Lösung, denn für jede Lösung y ist $z = y^{1-\alpha}$ eine durch den Punkt $(\xi, \eta^{1-\alpha})$ gehende Lösung von (9), und es existiert nach Satz II genau eine solche Lösung z. Im Fall $\alpha > 0$ ist die Differentialgleichung sicher für $y \geq 0$ definiert, und $y \equiv 0$ ist eine Lösung. Da alle positiven Lösungen explizit angegeben werden können, läßt sich im Einzelfall leicht entscheiden, ob Lösungen von oben in die x-Achse einmünden. Das ist z. B. für die Gleichung $y' = \sqrt{y}$ der Fall (Beispiel 2 von 1.V).

Für ganze Zahlen α ist auch $y < 0$ zugelassen. Es sind zwei Fälle zu unterscheiden, da aus der Bernoulli-Differentialgleichung folgt

$$(-y)' + g(x)(-y) \pm h(x)(-y)^\alpha = 0 \begin{cases} + & \text{für } \alpha \text{ ungerade} \\ - & \text{für } \alpha \text{ gerade.} \end{cases}$$

α ungerade: Mit $y(x)$ ist auch $u(x) = -y(x)$ eine Lösung der Bernoulli-Differentialgleichung. Aus den positiven Lösungen von (9) ergeben sich also, abgesehen von $y \equiv 0$, alle Lösungen der Bernoulli-Differentialgleichung gemäß

$$y(x) = \pm(z(x))^{1/(1-\alpha)}.$$

α gerade: Ist y eine negative Lösung der Bernoulli-Differentialgleichung, so ist $u = -y$ eine Lösung der Bernoulli-Differentialgleichung mit h ersetzt durch $-h$. Entsprechend ist $v = u^{1-\alpha}$ eine positive Lösung von (9) mit h ersetzt durch $-h$, also $z = -v$ eine negative Lösung der ursprünglichen Gleichung (9). Aus einer negativen Lösung z von (9) erhält man also die negative Lösung $y = -(-z)^{1/(1-\alpha)}$ der Bernoulli-Differentialgleichung. Aus einer Lösung z von (9) beliebigen Vorzeichens ergibt sich eine Lösung

$$y(x) = |z(x)|^{1/(1-\alpha)} \cdot \operatorname{sgn} z$$

der Bernoulli-Differentialgleichung, und auf diese Weise erhält man (abgesehen eventuell von $y \equiv 0$) alle Lösungen (diese Formel stellt lediglich die eindeutige (!) Auflösung der Gleichung $z = y^{1-\alpha}$ nach y dar).

Beispiel.

$$y' + \frac{y}{1+x} + (1+x)y^4 = 0.$$

Die Differentialgleichung ist auch für negative y definiert. Für $z = \dfrac{1}{y^3}$ ergibt sich gemäß (9)

$$z' - \frac{3}{1+x}z - 3(1+x) = 0.$$

Offenbar ist $\phi = C(1+x)^3$ die allgemeine Lösung der homogenen Gleichung. Für die inhomogene Gleichung lautet also der Ansatz (durch Variation der Konstante) $z = C(x)(1+x)^3$, woraus sich nach einfacher Rechnung

$$C' = \frac{3}{(1+x)^2} \implies C(x) = \frac{-3}{1+x}$$

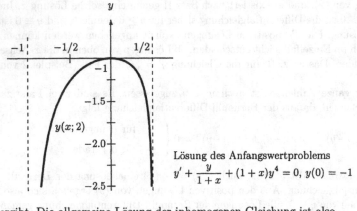

$y(x;2)$

Lösung des Anfangswertproblems
$$y' + \frac{y}{1+x} + (1+x)y^4 = 0, \ y(0) = -1$$

ergibt. Die allgemeine Lösung der inhomogenen Gleichung ist also

$$z(x;C) = C(1+x)^3 - 3(1+x)^2.$$

Da $\alpha = 4$ gerade ist, ergibt sich

$$y(x;C) = \frac{\text{sgn}\,(Cx + C - 3)}{\sqrt[3]{(1+x)^2|Cx + C - 3|}}.$$

Die Lösung durch den Punkt $(0,-1)$ lautet also

$$y(x;2) = -\frac{1}{\sqrt[3]{(1+x)^2(1-2x)}} \quad (-1 < x < \tfrac{1}{2}).$$

IV. $\boxed{y' + g(x)y + h(x)y^2 = k(x)}$ **Riccati-Differentialgleichung**[1].

---

[1] Riccati, Jacopo Francesco, 1676–1754, italienischer Mathematiker.

Die Funktionen $g(x)$, $h(x)$, $k(x)$ seien stetig in einem Intervall J. Im Fall $k(x) = 0$ liegt eine Bernoullische Gleichung vor. Gemäß (9) genügt die Funktion $z = 1/y$ der linearen Differentialgleichung

$$z' - g(x)z = h(x). \tag{9'}$$

Für $k = 0$ werden demnach alle Lösungen der Riccati-Gleichung durch $y = 0$ und $y = 1/z$ beschrieben, wenn alle Lösungen $z(x) \neq 0$ herangezogen werden. Ein einfaches Beispiel:

$$y' + 2xy^2 = 0 \implies z' = 2x, \quad z(x) = x^2 + c, \quad y(x) = \frac{1}{x^2 + c}.$$

Im Fall $k(x) \neq 0$ lassen sich die Lösungen, von Sonderfällen abgesehen, nicht in geschlossener Form angeben. Kennt man jedoch eine Lösung, so sind die übrigen explizit berechenbar. Für die Differenz zweier Lösungen y und ϕ, $u(x) = y(x) - \phi(x)$, gilt nämlich

$$u' + gu + h(y^2 - \phi^2) = 0,$$

also wegen $y^2 - \phi^2 = (y - \phi)(y + \phi) = u(u + 2\phi)$

$$u' + [g(x) + 2\phi(x)h(x)]u + h(x)u^2 = 0. \tag{10}$$

Die Differenz u genügt also einer Bernoulli-Differentialgleichung, welche gemäß III mittels der Transformation $z(x) = \dfrac{1}{u(x)}$ in die lineare Differentialgleichung

$$z' - [g(x) + 2\phi(x)h(x)]z - h(x) = 0 \tag{11}$$

übergeführt wird.

Kennt man also eine Lösung $\phi(x)$ der allgemeinen Riccati-Gleichung, so erhält man alle übrigen Lösungen in der Form

$$y(x) = \phi(x) + \frac{1}{z(x)}, \tag{12}$$

wobei $z(x)$ eine beliebige Lösung der Differentialgleichung (11) ist.

Beispiel.

$$y' - y^2 - 2xy = 2.$$

Eine spezielle Lösung lautet $\phi(x) = -\dfrac{1}{x}$. Für $z(x)$ erhält man dann nach (11) die lineare Differentialgleichung

$$z' + z\left(2x - \frac{2}{x}\right) + 1 = 0.$$

Die Lösungen der zugehörigen homogenen Differentialgleichung lauten $z(x) = Cx^2 e^{-x^2}$, woraus sich eine Lösung $\bar{z}$ der inhomogenen Gleichung nach der Formel

$$\bar{z}(x) = -x^2 e^{-x^2} \int \frac{e^{x^2}}{x^2}\, dx$$

$$= -x^2 e^{-x^2} \left\{ -\frac{1}{x} e^{x^2} + 2 \int e^{x^2}\, dx \right\}$$

$$= x - 2x^2 e^{-x^2} E(x) \quad \text{mit} \quad E(x) = \int_0^x e^{t^2}\, dt$$

ergibt. ($E(x)$ läßt sich durch die Fehlerfunktion mit imaginärem Argument ausdrücken.) Als allgemeine Lösung der obigen Riccati-Differentialgleichung erhält man

$$y(x; C) = -\frac{1}{x} + \frac{1}{x + x^2 e^{-x^2}(C - 2E(x))}$$

$$= \frac{-e^{-x^2}(C - 2E(x))}{1 + xe^{-x^2}(C - 2E(x))}.$$

Wegen $y(0; C) = -C$ läßt sich jedes Anfangswertproblem $y(0) = \eta$ sofort lösen.

V. Aufgaben. (a) *Isoklinen.* Man skizziere für die Differentialgleichung

$$y' = y^2 + 1 - x^2$$

das Richtungsfeld unter Zuhilfenahme der Isoklinen $y^2 + 1 - x^2 =$ const. (Isoklinen für die Differentialgleichung $y' = f(x,y)$ sind die Kurven $f(x,y) =$ const, auf denen das Richtungsfeld konstante Steigung hat.) Man bestimme sämtliche Lösungen (eine Lösung ist aus dem Richtungsfeld ersichtlich). Welche Lösungen existieren auf einem unendlichen Intervall, welche existieren in $\mathbb{R}$?

(b) Man bestimme alle Lösungen der Differentialgleichungen

$$y' + y \sin x = \sin 2x \quad \text{und} \quad y' - 3y \tan x = 1.$$

(c) Man löse das Anfangswertproblem

$$y' = x^4 y + x^4 y^4, \quad y(0) = \eta.$$

VI. Aufgabe. Welcher Bedingung muß die im halboffenen Intervall $0 < x \leq 1$ stetige Funktion $f(x)$ genügen, damit jede Lösung der Differentialgleichung

$$y' = f(x)y \quad \text{für} \quad 0 < x \leq 1$$

die Eigenschaft

$$\text{(a)} \quad y(x) \to 0 \quad \text{für} \quad x \to +0; \qquad \text{(b)} \quad \frac{y(x)}{x} \to 0 \quad \text{für} \quad x \to +0$$

besitzt?

Man untersuche dieselbe Frage für die Differentialgleichung

$$y' = f(x) y \log \frac{1}{y} \quad \text{für} \quad 0 < x \le 1,$$

wobei nur Lösungen mit $0 \le y(x) \le 1/e$ in Betracht gezogen werden.

VII. Aufgabe. Der Operator M_α. Es sei $M_\alpha = \alpha + d/dx$, also

$$M_\alpha y = y' + \alpha y \quad (\alpha \text{ reell}).$$

Man zeige: (a) $M_\alpha(e^{\beta x} y) = e^{\beta x} M_{\alpha+\beta} y$ für $\beta \in \mathbb{R}$.

(b) Ist $y(x) = z(t)$ mit $t = \alpha x$ ($\alpha \ne 0$), so ist $(M_\alpha y)(x) = \alpha(M_1 z)(t)$, also

$$(M_\alpha y)(x) = h(x) \Longleftrightarrow \alpha(M_1 z)(t) = h\left(\frac{t}{\alpha}\right).$$

(c) Für $k = 0, 1, 2, \ldots$ bestimme man eine Lösung $y = y_k$ von $M_\alpha y = x^k$.

(d) Mit P, Q sind Polynome vom selben Grad bezeichnet. Die Gleichung $M_\alpha y = P$ hat eine Lösung von der Form $y = Q$ und die Gleichung $M_\alpha y = e^{\beta x} P$ eine Lösung $y = e^{\beta x} Q$.

Anleitung. (c) Für $u = e^{\alpha x} y$ ist $u' = e^{\alpha x} M_\alpha y = e^{\alpha x} x^k$, also $u = \int e^{\alpha x} x^k \, dx$; partielle Integration. (d) benutzt (c) und (a).

Ergänzung: Verallgemeinerte logistische Gleichung

Wir betrachten eine Verallgemeinerung der logistischen Differentialgleichung $u' = u(b - cu)$, wobei, anders als in 1.XIII, b und c variabel sind. Unser Ziel ist es, einige Sätze über das asymptotische Verhalten der Lösungen für $t \to \infty$ und die Existenz von ausgezeichneten, insbesondere periodischen Lösungen abzuleiten. Es ist $u = u(t)$.

VIII. Die verallgemeinerte logistische Differentialgleichung

$$u'(t) = u(b(t) - c(t)u). \tag{13}$$

Es wird vorausgesetzt, daß b und c in $\mathbb{R}$ stetige, positive Funktionen sind. Wir betrachten nur positive Lösungen. Es handelt sich um eine Bernoullische Differentialgleichung. Für $y = 1/u$ erhält man, wenn $u(\tau) = u_0 > 0$ vorgeschrieben wird,

$$y' = -by + c, \quad y(\tau) = \frac{1}{u_0} = y_0,$$

also

$$y(t) = e^{-B(t)} \left(y_0 + \int_\tau^t c(s) e^{B(s)} \, ds \right) \quad \text{mit} \quad B(t) = \int_\tau^t b(s) \, ds. \tag{14}$$

Aus der Darstellung (14) für $1/u$ ergeben sich ohne Mühe die folgenden Aussagen.

(a) Eine Lösung u mit $u(\tau) > 0$ existiert und ist positiv für alle $t > \tau$. Auch „nach links" bleibt die Lösung positiv. Sie existiert entweder für alle $t < \tau$, oder es gibt ein $t_1 < \tau$ mit $u(t) \to \infty$ für $t \to t_1+$. Der zuletzt genannte Fall tritt ein, wenn es ein t_1 mit $y(t_1) = 0$ gibt, d. h. wenn $y_0 < \int\limits_{-\infty}^{\tau} c(s) e^{B(s)} ds$ ist.

(b) Sind u, v zwei Lösungen mit $u(\tau) < v(\tau)$, so ist $u < v$ im gemeinsamen Existenzintervall von u und v. Denn aus $u(t_0) = v(t_0)$ folgt mit (14) $u \equiv v$.

Satz 1. *Es sei* $\lim\limits_{t\to\infty} B(t) = \infty$. *Dann gilt für jede positive Lösung* u

$$\lim_{t\to\infty} u(t) = \lim_{t\to\infty} \frac{b(t)}{c(t)},$$

falls der Limes auf der rechten Seite existiert.

Dieser Satz stellt eine weitgehende Verallgemeinerung von 1.XIII.(a) dar. Er ergibt sich aus (14) mit der l'Hospitalschen Regel, wenn man y als Quotienten $Z(t)/N(t)$ mit $N(t) = e^{B(t)}$ schreibt. Mit $B(t)$ strebt auch $N(t)$ gegen ∞, die Voraussetzungen sind also erfüllt. Man erhält $Z'(t)/N'(t) = c(t)/b(t)$ und hieraus die Behauptung.

Im folgenden nennen wir eine Funktion g T-periodisch $(T > 0)$, wenn sie in $\mathbb{R}$ erklärt ist und $g(t+T) = g(t)$ für $t \in \mathbb{R}$ gilt.

Satz 2. *Sind die Koeffizienten* b *und* c T-*periodisch, so existiert genau eine positive* T-*periodische Lösung der Differentialgleichung* (13).

Es genügt zu zeigen, daß es genau eine Lösung u mit $u(0) = u(T) > 0$ gibt. Denn unter dieser Annahme ist $v(t) := u(t + T)$ eine Lösung von (13) mit $u(0) = v(0)$. Also genügen $y = 1/u$ und $z = 1/v$ derselben linearen Differentialgleichung mit demselben Anfangswert. Es ist also $y = z$ und $u = v$, d. h. u ist T-periodisch. Die Gleichung $u(0) = u(T)$ führt mit Hilfe von (14), worin $\tau = 0$ zu setzen ist, auf

$$y_0(e^{B(T)} - 1) = \int_0^T c(s) e^{B(s)} \, ds > 0.$$

Diese Gleichung ist wegen $e^{B(T)} > 1$ eindeutig nach y_0 auflösbar.

Im klassischen Fall ist die konstante Lösung $u = b/c$ ausgezeichnet. Es ist die einzige Lösung, welche für $t \to \infty$ und $t \to -\infty$ positive Grenzwerte besitzt, und für $t \to \infty$ streben alle positiven Lösungen gegen diese Lösung; vgl. 1.XIII.(a). Auch im allgemeinen Fall gibt es eine ausgezeichnete Lösung. Dazu bedarf es eines neuen Begriffs. Wir nennen eine Funktion $g : \mathbb{R} \to \mathbb{R}$ *positiv beschränkt*, wenn es zwei *positive* Konstanten α, β mit $\alpha < g(t) < \beta$ für $t \in \mathbb{R}$ gibt. Offenbar sind mit g_1, g_2 auch die Funktionen $g_1 g_2$, $g_1 + g_2$, g_1/g_2 positiv beschränkt.

Satz 3. *Die Koeffizienten b, c seien positiv beschränkt. Dann besitzt die Gleichung (13) genau eine positiv beschränkte Lösung u^*, und für jede positive Lösung u strebt $u(t) - u^*(t) \to 0$ für $t \to \infty$.*

Beweis. Wir bestimmen die zugehörige Funktion $y^* = 1/u^*$ nach (14), worin $\tau = 0$ zu setzen ist. Es gibt positive Konstanten $\alpha, \ldots, \delta$ mit $\alpha < b < \beta$, $\gamma < c/b < \delta$; sie erlauben die Abschätzungen

$$\alpha t < B(t) < \beta t \quad \text{für} \quad t > 0, \qquad \alpha t > B(t) > \beta t \quad \text{für} \quad t < 0,$$

$$I(t) := \int_{-\infty}^{t} c(s) e^{B(s)} \, ds < \delta \int_{-\infty}^{t} b(s) e^{B(s)} \, ds = \delta e^{B(s)} \Big|_{-\infty}^{t} = \delta e^{B(t)}$$

und ebenso $I(t) > \gamma e^{B(t)}$.

Es sei y^* die Lösung gemäß (14) mit $y_0 = I(0)$, also

$$y^*(t) = e^{-B(t)} \int_{-\infty}^{t} c(s) e^{B(s)} \, ds$$

(dies ist übrigens die kleinste in ganz $\mathbb{R}$ existierende positive Lösung; vgl. (a)). Aus der vorangehenden Abschätzung folgt $\gamma < y^* < \delta$. Da die Lösung $z(t) = e^{-B(t)}$ der homogenen linearen Gleichung $y' = -by$ unbeschränkt ist und alle Lösungen der inhomogenen Gleichung durch $y = y^* + \lambda z$ gegeben werden, ist y^* die einzige positiv beschränkte Lösung.

Aufgabe. Man beweise die letzte Behauptung von Satz 3.

§ 3 Differentialgleichungen für Kurvenscharen.
Exakte Differentialgleichungen

I. Verschiedene Formen einer Differentialgleichung für Kurvenscharen. Ist $f(x,y)$ in einem Gebiet (offene, zusammenhängende Menge) D definiert und etwa stetig, so bilden die Lösungen der Differentialgleichung $y' = f(x, y)$ eine Schar von Kurven, welche D überdecken (das ist, geometrisch gesprochen, der Inhalt des Existenzsatzes von Peano, welcher in § 7 bewiesen wird).

Umgekehrt kann man zu einer gegebenen, das Gebiet D einfach überdeckenden Kurvenschar eine Differentialgleichung erster Ordnug finden, so daß die Kurven dieser Schar die Lösungen der Differentialgleichung sind. Betrachtet man nämlich für einen beliebigen, aber festen Punkt $(\bar{x}, \bar{y}) \in D$ die durch diesen Punkt gehende Scharkurve $\phi(x)$ und definiert die Funktion f gemäß $f(\bar{x}, \bar{y}) = \phi'(\bar{x})$, so ist offenbar jede Scharkurve Lösung der Differentialgleichung $y' = f(x, y)$ (auf diesen Sachverhalt wurde bereits in 1.III hingewiesen).

Beispiel. Die Schar der konzentrischen Kreise

$$x^2 + y^2 = r^2 \quad (r > 0)$$

genügt der Differentialgleichung

$$y' + \frac{x}{y} = 0, \tag{1}$$

da die Gerade durch den Nullpunkt und den Punkt (x, y) den Anstieg $\dfrac{y}{x} = m$ und die dazu senkrechte Gerade, welche Tangente an den Kreis ist, den Anstieg $-\dfrac{1}{m}$ hat. Genau genommen sind nicht die Kreise, sondern die Funktionen

$$y(x; r) = \pm\sqrt{r^2 - x^2} \quad (r > 0 \text{ Parameter})$$

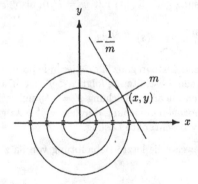

Lösungen der Differentialgleichung (1), und zwar im offenen Intervall $-r < x < r$. In den Punkten $x = \pm r$ wird $y = 0$ und die Ableitung unendlich, die Differentialgleichung verliert ihren Sinn. Ähnliche Schwierigkeiten werden immer dann auftreten, wenn Kurven mit unendlichen Ableitungen, also senkrechte Linienelemente, vorkommen.

Zur Vermeidung solcher Schwierigkeiten stellt man Kurven in symmetrischer Form dar, also entweder implizit, $F(x, y) \equiv C$, oder in Parameterdarstellung $x = x(t)$, $y = y(t)$. Entsprechend lautet eine symmetrische Darstellung einer Differentialgleichung erster Ordnung

$$g(x, y)\, dx + h(x, y)\, dy = 0 \tag{2a}$$

oder gleichbedeutend

$$g(x,y)\dot{x} + h(x,y)\dot{y} = 0 \quad \text{für} \quad x = x(t), \quad y = y(t), \tag{2b}$$

wobei $\dot{x} = dx(t)/dt$, $\dot{y} = dy(t)/dt$ ist. Dabei ist es sinnvoll,

$$g^2 + h^2 > 0 \tag{3}$$

vorauszusetzen (ist nämlich $g \equiv h \equiv 0$ in einem Gebiet D, so ist *jede* in D verlaufende Kurve $x = x(t)$, $y = y(t)$ Lösung von (2)). Ferner wird von einer Lösung verlangt, daß $x(t)$, $y(t)$ stetig differenzierbar sind und

$$\dot{x}^2(t) + \dot{y}^2(t) > 0 \tag{4}$$

ist, d. h. daß ein „glattes Kurvenstück" vorliegt. Auch diese Voraussetzung ist natürlich. Sie schließt z. B. Lösungen der Form $x(t) = \text{const}$, $y(t) = \text{const}$ aus. Ferner wird durch sie garantiert, daß die Kurve lokal (d. h. in einer Umgebung eines jeden Kurvenpunktes) explizit in der Form $y = \phi(x)$ oder $x = \psi(y)$ mit ϕ bzw. $\psi \in C^1$ darstellbar ist. Die Differentialgleichung (2b) ist äquivalent mit

$$g(x,y) + h(x,y)y' = 0 \quad \text{für} \quad y = y(x) \quad \left(y' = \frac{dy(x)}{dx} \right) \tag{2c}$$

in folgendem Sinne: Ist $y(x)$ eine Lösung von (2c), so kann man diese explizite Darstellung auch als Parameterdarstellung $x = t$, $y = y(t)$ auffassen, und es gilt dann (2b). Ist umgekehrt $x = \phi(t)$, $y = \psi(t)$ eine Lösung von (2b) und $\dot{\phi}(t_0) \neq 0$, so ist $\dot{\phi} \neq 0$ in einer Umgebung U von t_0; es existiert also eine Umkehrfunktion $t = t(x)$. Das den Werten $t \in U$ entsprechende Kurvenstück läßt sich dann explizit in der Form

$$y = y(x) = \psi(t(x))$$

darstellen, und diese Funktion $y(x)$ ist wegen

$$y'(x) = \dot{\psi}(t(x))\frac{dt(x)}{dx} = \frac{\dot{\psi}(t(x))}{\dot{\phi}(t(x))}$$

Lösung von (2c). Entsprechend ergibt sich, wenn $\dot{\psi}(t_0) \neq 0$ ist, eine Äquivalenz von (2b) mit der Differentialgleichung

$$g(x,y)\frac{dx}{dy} + h(x,y) = 0 \quad \text{für} \quad x = x(y). \tag{2d}$$

Der Fall $\dot{\phi}(t_0) = \dot{\psi}(t_0) = 0$ ist nach (4) ausgeschlossen.

Zusammenfassung. Man erhält als Lösungen von (2b), (2c) und (2d) zwar verschiedene Funktionen, aber genau dieselben Kurvenstücke, mit der Ausnahme, daß in (2c) die Kurvenpunkte mit vertikaler, in (2d) die Kurvenpunkte in horizontaler Tangente fehlen. Immer dann, wenn der geometrische Gesichtspunkt im Vordergrund steht, wenn man also an den Lösungs*kurven* interessiert ist, wird man zwischen den vier Formen der Differentialgleichung (2a)–(2d) nicht unterscheiden.

Schließlich sei noch bemerkt, daß (2b) invariant ist gegenüber Parametertransformationen: Mit $x(t)$, $y(t)$ ist auch $\bar{x}(\tau) = x(h(\tau))$, $\bar{y}(\tau) = y(h(\tau))$ Lösung von (2b), falls $h(\tau) \in C^1$ ist. – Die symmetrische Form der Differentialgleichung (1) für die Kreise mit dem Nullpunkt als Mittelpunkt lautet

$$x\,dx + y\,dy = 0.$$

II. Exakte Differentialgleichungen. Man nennt eine Differentialgleichung der Form (2) im Gebiet D *exakt*, wenn (g, h) ein Gradientenfeld ist, d. h., wenn eine in D stetig differenzierbare Funktion $F(x, y)$ existiert, so daß

$$F_x(x, y) = g(x, y), \quad F_y(x, y) = h(x, y) \quad \text{in } D \tag{5}$$

ist. Diese Funktion F wird *Stammfunktion* genannt.

Das vollständige (oder totale) Differential einer Funktion F ist definiert als $dF = F_x dx + F_y dy$. Eine Differentialgleichung ist also genau dann in D exakt, wenn sie in der Form

$$dF(x, y) = 0 \quad \text{mit} \quad F \in C^1(D) \tag{6}$$

darstellbar ist.

Mit dem Auffinden einer Stammfunktion ist das Problem der Integration der Differentialgleichung (2) im wesentlichen geleistet. Es gilt nämlich der

Satz. *Die Funktionen g, h seien im Gebiet D stetig. Ist die Differentialgleichung (2) in D exakt und ist $F \in C^1(D)$ eine Stammfunktion, so ist das Funktionenpaar $(x(t), y(t)) \in C^1(J)$ (mit Werten in D) genau dann eine Lösung der Differentialgleichung (2b), wenn $F(x(t), y(t))$ im Intervall J konstant ist. Ebenso ist $y(x)$ genau dann eine Lösung von (2c), wenn $F(x, y(x))$ konstant ist, und Entsprechendes gilt für (2d).*

Besteht außerdem die Bedingung (3), so erhält man durch Auflösen von

$$F(x, y) = \alpha \tag{7}$$

sämtliche Lösungskurven, und durch jeden Punkt von D geht genau eine Lösungskurve.

Der *Beweis* geht aus von der Identität

$$g \cdot \dot{x} + h \cdot \dot{y} = F_x \dot{x} + F_y \dot{y} = \frac{d}{dt} F(x(t), y(t)).$$

Das Funktionenpaar $(x(t), y(t))$ ist also genau dann eine Lösung von (2b), wenn $F(x(t), y(t))$ konstant ist.

Der zweite Teil der Behauptung ist eine Folge des Satzes über implizite Funktionen (Satz 4.5 in Walter 2). Ist $(\xi, \eta) \in D$ und wird $F(\xi, \eta) = \alpha$

gesetzt, so läßt sich die Gleichung (7) in einer Umgebung U dieses Punktes nach x oder y auflösen. Nach (5) und (3) ist nämlich $F_x \neq 0$ oder $F_y \neq 0$. Ist etwa $F_y(\xi, \eta) \neq 0$, so existiert nach dem genannten Satz in U eine eindeutige Auflösung von $F(x, y) = \alpha$ in der Form $y = y(x) \in C^1$, und aus der Identität $F(x, y(x)) = \alpha$ folgt durch Differentiation wieder (2c), d. h. y ist eine Lösung.

Beispiel.

$$(y^2 e^{xy} + 3x^2 y)\, dx + (x^3 + (1 + xy)e^{xy})\, dy = 0$$

ist im $\mathbb{R}^2$ exakt. Eine Stammfunktion ist

$$F(x, y) = y(e^{xy} + x^3).$$

Die Frage, wann eine Differentialgleichung exakt ist und wie man dann eine Stammfunktion findet, wird beantwortet durch den folgenden aus der Analysis bekannten

III. Satz über Stammfunktionen. *Sind die Funktionen $g(x, y)$, $h(x, y)$ in dem einfach zusammenhängenden Gebiet D stetig differenzierbar, so existiert eine Stammfunktion $F(x, y)$ mit der Eigenschaft (5) genau dann, wenn*

$$g_y \equiv h_x \quad \text{in } D \tag{8}$$

ist. Vgl. A.VI zum Begriff des einfachen Zusammenhangs.

Man erhält eine Stammfunktion als Kurvenintegral

$$F(\bar{x}, \bar{y}) = \int_{(\xi, \eta)}^{(\bar{x}, \bar{y})} \{g(x, y)\, dx + h(x, y)\, dy\},$$

wobei $(\xi, \eta) \in D$ ein fester Punkt ist und längs eines beliebigen, die Punkte (ξ, η) und $(\bar{x}, \bar{y})$ verbindenden Streckenzuges integriert wird.

Die Gleichung (8) ist gerade die Bedingung dafür, daß dieses Integral vom Wege unabhängig ist.

IV. Der integrierende Faktor (oder Eulersche Multiplikator). Die Differentialgleichung

$$y\, dx + 2x\, dy = 0 \tag{9}$$

ist nicht exakt. Man kann sie aber leicht zu einer exakten Differentialgleichung machen, etwa im Gebiet $x > 0$ durch Multiplikation mit $1/\sqrt{x}$:

$$\frac{y}{\sqrt{x}}\, dx + 2\sqrt{x}\, dy = 0$$

ist exakt, eine Stammfunktion lautet

$$F(x, y) = 2y\sqrt{x} \quad (x > 0).$$

Auch durch Multiplikation von (9) mit y erhält man eine exakte Differentialgleichung

$$y^2 \, dx + 2xy \, dy = 0 \quad \text{mit} \quad F(x,y) = xy^2.$$

Definition. Man nennt, wenn die Funktionen $g(x,y)$, $h(x,y)$ in D stetig
sind, jede in D stetige Funktion $M(x,y) \neq 0$ einen *integrierenden Faktor*
bezüglich der Differentialgleichung (2), wenn die Differentialgleichung

$$M(x,y)g(x,y) \, dx + M(x,y)h(x,y) \, dy = 0 \tag{10}$$

exakt ist.

Satz. *Ist D einfach zusammenhängend und $g, h, M \in C^1$, so ist M genau
dann ein Multiplikator, wenn $(Mg)_y = (Mh)_x$,*

$$M_y g + M g_y = M_x h + M h_x \tag{11}$$

ist.

Das folgt sofort aus Satz III.

Mit der Bestimmung eines Multiplikators M ist die Differentialgleichung
im wesentlichen gelöst, die Stammfunktion $F(x,y)$ ergibt sich dann nach Satz
III durch einfache Integrationen. Man beachte, daß es genügt, einen einzigen
Multiplikator M zu finden, daß dies aber eine unter Umständen schwierige
Aufgabe ist, da M Lösung einer *partiellen* Differentialgleichung (11) ist.

Gelegentlich läßt sich ein Multiplikator bestimmen, welcher nur von x
(oder nur von y) abhängt. Der Ansatz $M = M(x)$ führt auf

$$\frac{g_y - h_x}{h} = \frac{M'}{M} = (\log M)'. \tag{12}$$

Ein solcher nur von x abhängender Multiplikator existiert also genau dann,
wenn die linke Seite von (12) nur von x abhängt.

Beispiel.

$$(2x^2 + 2xy^2 + 1)y\dot{x} + (3y^2 + x)\dot{y} = 0.$$

Die Differentialgleichung ist nicht exakt, es ist aber – vgl. (12) –

$$\frac{g_y - h_x}{h} = 2x,$$

also $M = e^{x^2}$ ein Multiplikator. Eine Stammfunktion $F(x,y)$ wird aus den
beiden Gleichungen (5) bestimmt, welche hier lauten

$$F_x = e^{x^2} y(2x^2 + 2xy^2 + 1), \quad F_y = e^{x^2}(3y^2 + x).$$

Aus der zweiten dieser Differentialgleichungen ergibt sich sofort

$$F(x,y) = e^{x^2}(y^3 + xy) + \phi(x).$$

Die Funktion $\phi(x)$ ist dann so zu bestimmen, daß auch die erste dieser Gleichungen gilt. Das ist, wie man nachrechnet, für $\phi \equiv 0$ der Fall. Die Lösungen ergeben sich also aus

$$F(x,y) \equiv y e^{x^2}(x + y^2) = C.$$

Es sei bemerkt, daß man die Stammfunktion ebenso leicht aus der Formel von Satz III erhält. Wählt man $(\xi, \eta) = (0,0)$ und den im Bild angegebenen Streckenzug als Integrationsweg, so verschwindet das Integral längs der x-Achse, da dort $g = 0$ und $dy = 0$ ist, während das Integral über die vertikale Strecke gerade das obige F ergibt.

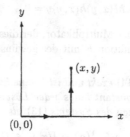

V. Ein System von zwei autonomen Differentialgleichungen. Im Zusammenhang mit der Gleichung (2) betrachten wir das System von zwei Differentialgleichungen für zwei Funktion $x(t)$, $y(t)$

$$\dot{x} = h(x,y), \qquad \dot{y} = -g(x,y). \tag{13}$$

Man nennt ein solches System *autonom*, weil in den rechten Seiten die Variable t nicht explizit auftritt. Das hat die Eigenschaft (a) zur Folge:

(a) Mit $x(t)$, $y(t)$ ist auch $(x(t+c), y(t+c))$ (c beliebig) Lösung von (13).

Phasenebene und Phasenportrait. Auch eine Lösung $(x(t), y(t))$ des Systems (13) läßt sich auffassen als Parameterdarstellung einer zugehörigen Lösungskurve in der xy-Ebene. Bei diesem Vorgehen nennt man die xy-Ebene auch *Phasenebene* und die von der Lösung erzeugte Kurve *Trajektorie* (auch *Orbit* oder *Bahnkurve*) der Differentialgleichung. Zeichnet man mehrere solche Trajektorien auf, so entsteht ein *Phasenportrait* oder *Phasenbild* des Systems (13). Man versieht dabei die Trajektorien mit Pfeilen, welche die durch die Lösung gegebene Orientierung im Sinne wachsender t angeben. Man kann sogar die Geschwindigkeit der Bewegung, also den Vektor $(\dot{x}(t), \dot{y}(t))$ näherungsweise im Phasenbild aufnehmen, indem man auf der Trajektorie für eine äquidistante Folge von t-Werten die zugehörigen Lösungspunkte besonders markiert. Dort, wo diese markierten Punkte dicht liegen, ändert sich die Lösung langsam, wo sie weiter auseinander liegen, entsprechend schneller.

Ein Phasenportrait gibt einen vorzüglichen Überblick über das qualitative Verhalten der Lösungen. Es ist deshalb von großer Bedeutung, daß man in manchen Fällen die Trajektorien ohne Kenntnis der Lösungen bestimmen kann. Dazu bedarf es einer Funktion $F(x, y)$, welche längs jeder Lösung (d. h. auf jeder Trajektorie) konstant ist. Eine solche Funktion F wird übrigens ein *erstes Integral* des Systems (13) genannt. Die Trajektorien sind dann implizit durch die Gleichungen $F(x, y) = \alpha$ bestimmt.

Zwischen der Gleichung (2) und dem System (13) besteht eine enge Beziehung. Eine Lösung von (13) ist offenbar Lösung der Gleichung (2b) und allgemeiner der Gleichung

$$M(x, y)g(x, y)\dot{x} + M(x, y)h(x, y)\dot{y} = 0. \tag{14}$$

Ist hierbei M ein Eulerscher Multiplikator, der diese Gleichung exakt macht, so existiert eine Stammfunktion F mit der gewünschten Eigenschaft. Halten wir fest:

(b) *Ist die Gleichung* (14) *exakt und ist F eine Stammfunktion, also* grad F = (Mg, Mh), *so ist F konstant längs jeder Lösung des Systems* (13). *Man erhält dann die Trajektorien des Systems* (13) *als*

Niveaukurven $K_\alpha : F^{-1}(\alpha) = \{(x, y) \in D : F(x, y) = \alpha\}.$

Beispiel. Für das System $\dot{x} = y$, $\dot{y} = -x$ lautet das zugeordnete System (2) $x\,dx + y\,dy = 0$. Die Funktion $F(x, y) = x^2 + y^2$ ist konstant längs jeder Lösung, die Trajektorien sind die Kreise um den Nullpunkt.

Hier ergeben sich nun einige Fragen.

(c) Sind die Niveaumengen K_α Kurven, kann man allgemeine Sätze über ihre Beschaffenheit aufstellen? Lokal ist K_α, wenn grad $F \neq 0$ ist, eine Kurve aufgrund des Satzes über implizite Funktionen. Globale Aussagen, insbesondere über geschlossene Jordankurven, sind im Anhang in den Abschnitten A.VII–VIII bewiesen.

(d) Ist man sicher, daß eine auf einer Niveaukurve beginnende Lösung auch die ganze Kurve durchläuft, oder „hört sie irgendwo auf"? Auch darüber sind in A.IX mehrere Aussagen bewiesen.

(e) Wie erhält man die Pfeilrichtung auf den Trajektorien? Sie ergibt sich i.a. ohne Mühe durch Betrachtung der Vorzeichen von g und h. Markierungen von Punkten für äquidistante t-Werte muß man dagegen numerisch bestimmen.

Betrachten wir dazu ein schönes Beispiel aus der Biomathematik.

VI. Das Räuber-Beute-Modell von Lotka-Volterra. Wir betrachten ein Modell, das die Wechselwirkung zweier Populationen R (Räuber) und B (Beute) beschreibt. Die Größe der Räuber-Population wird durch $y(t)$, jene der Beute-Population durch $x(t)$ beschrieben. In dem auf den amerikanischen

Biophysiker Alfred J. Lotka (1880–1949) und den italienischen Mathematiker Vito Volterra (1860–1940) zurückgehenden Gleichungssystem

$$\dot{x} = x(a - by), \quad \dot{y} = y(-c + dx) \tag{15}$$

sind a, b, c, d positive Konstanten. Es wird angenommen, daß die Beute-Population ausreichende (pflanzliche) Nahrung hat; bei Abwesenheit von Räubern ($y = 0$) vermehrt sie sich nach der Wachstumsgleichung $\dot{x} = ax$. Je nach Größe der Räuber-Population sinkt die Wachstumsrate von a auf $a - by$, sie kann sogar negativ werden. Anders die Räuber-Population. Ohne Beute ($x = 0$) nimmt sie gemäß $\dot{y} = -cy$ ab, je nach Größe der vorhandenen Beute nimmt der Nahrungsvorrat zu, die Wachstumsrate wächst auf $-c + dx$.

Bei der folgenden Analyse der Gleichung (15) benutzen wir den Existenz- und Eindeutigkeitssatz 10.VI. Danach gibt es zu jeder Anfangsbedingung $(x(0), y(0)) = (\xi, \eta)$ genau eine zugehörige Lösung von (15). Es gibt offenbar genau eine positive *stationäre* (d. h. konstante) *Lösung* $(x(t), y(t)) = (x_0, y_0) = (c/d, a/b)$.

In der Bezeichnung von (13) ist $g = y(c - dx)$ und $h = x(a - by)$. Nach Satz III ist $M(x, y) = 1/xy$ ein Multiplikator, denn für

$$\bar{g} = Mg = \frac{c}{x} - d, \quad \bar{h} = Mh = \frac{a}{y} - b$$

ist offenbar $\bar{g}_y = 0 = \bar{h}_x$. Eine Stammfunktion ist rasch gefunden,

$$F = G(x) + H(y) \quad \text{mit} \quad G(x) = c \log x - dx, \quad H(y) = a \log y - by.$$

Die Funktion G ist im Intervall $(0, x_0]$ streng monoton wachsend, in $[x_0, \infty)$ streng monoton fallend, und sie strebt gegen $-\infty$ für $x \to 0+$ und $x \to \infty$. Genauso verhält sich H in den Intervallen $(0, y_0]$ und $[y_0, \infty)$. Also hat F im ersten Quadranten $x, y > 0$ ein Maximum bei (x_0, y_0), es ist

$$F(x, y) < F(x_0, y_0) =: B \quad \text{und} \quad \text{grad } F \neq 0 \quad \text{für} \quad (x, y) \neq (x_0, y_0).$$

Aus den Sätzen A.VIII (wobei $A = -\infty$ ist) und A.IX im Anhang ergibt sich nun sofort der

Satz. *Für $-\infty < \alpha < B$ sind die Mengen $K_\alpha = F^{-1}(\alpha)$ geschlossene Jordankurven, die den stationären Punkt (x_0, y_0) umschließen. Alle positiven Lösungen der Lotka-Volterra-Gleichungen sind periodisch. Dabei nimmt $x(t)$ den größten und kleinsten Wert für $y(t) = y_0$ und $y(t)$ den größten und kleinsten Wert für $x(t) = x_0$ an.*

Wir beschreiben kurz den Verlauf einer Lösung $(x(t), y(t))$ mit dem Anfangswert (x_0, η), $\eta < y_0$ für $t = 0$. Sie verläuft auf der Kurve K_α mit $\alpha = F(x_0, \eta)$. Die Räuber-Population y hat ihren tiefsten Wert erreicht, sie beginnt zu wachsen, während das Wachstum der Beute-Population x sich verlangsamt und, wenn der Wert y_0 erreicht ist, zum Stillstand kommt. Jetzt nimmt x ab, y wächst langsamer, das Maximum von y wird dann erreicht, wenn x auf den Wert x_0 abgesunken ist, usw.

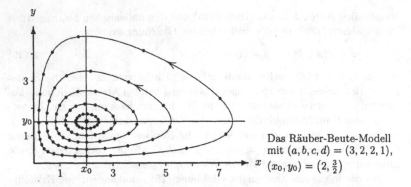

Das Räuber-Beute-Modell
mit $(a, b, c, d) = (3, 2, 2, 1)$,
$(x_0, y_0) = (2, \frac{3}{2})$

Es läßt sich auch direkt ohne Bezug auf A.IX zeigen, daß die obige Lösung tatsächlich in dieser Weise einen vollen Umlauf macht und nicht irgendwo „aufhört". Da die Lösungswerte $(x(t), y(t))$ auf der beschränkten Kurve K_α liegen, ist die Lösung beschränkt; sie existiert also nach Satz 10.VI für alle $t \geq 0$. Solange $y(t) < y_0$ ist, ist $\dot{x}(t)$ positiv, also $x(t) > x_0$ für kleine positive t. Aus $x \geq x_0 + \varepsilon$ folgt aber $\dot{y} \geq (-c + d(x_0 + \varepsilon)) = d\varepsilon y > 0$, also $y > \eta$ und damit $\dot{y} > d\varepsilon\eta > 0$. Also erreicht y den Wert y_0 zu einer Zeit t_1, wobei $x(t_1) > x_0$ ist. In ähnlicher Weise zeigt man, daß auch die anderen drei Teilstücke der Kurve K_α in der angegebenen Richtung durchlaufen werden und eine kleinste positive Zahl T mit $(x(T), y(T)) = (x(0), y(0))$ existiert. Die Funktion $(\bar{x}(t), \bar{y}(t)) = (x(t + T), y(t + T))$ ist nach V.(a) ebenfalls Lösung der Differentialgleichung mit demselben Anfangswert für $t = 0$ wie $(x(t), y(t))$. Nach dem Eindeutigkeitssatz sind beide Lösungen identisch, d. h. die betrachtete Lösung ist periodisch mit der Periode T.

Mittelwerte. Aufgabe. Für eine T-periodische Lösung $(x(t), y(t))$ des Systems (15) betrachten wir die Mittelwerte

$$x_m = \frac{1}{T} \int_0^T x(t)\, dt, \quad y_m = \frac{1}{T} \int_0^T y(t)\, dt.$$

Man zeige, daß $x_m = x_0$, $y_m = y_0$ ist. Der Mittelwert einer Lösung über eine Periode ist also gleich dem Wert der stationären Lösung.

Anleitung. Man integriere $\dot{x}/x$ und $\dot{y}/y$ von 0 bis T.

VII. Verallgemeinerte Räuber-Beute-Modelle. Aufgabe. (a) Man zeige, daß für die nichtnegativen Lösungen des Systems

$$\dot{x} = x(a - by^2), \quad \dot{y} = y(-c + dx^2)$$

dieselben qualitativen Aussagen wie beim Lotka-Volterra-Modell gelten; vgl. Satz VI. Bleibt die Aussage über Mittelwerte gültig?

Die Aussagen von Satz VI lassen sich auf wesentlich allgemeinere Systeme der Form

$$\dot{x} = \phi(x)\alpha(y), \quad \dot{y} = -\psi(y)\beta(x) \tag{16}$$

übertragen, und man kann sogar noch einen Schritt weiter gehen.

(b) Wir betrachten ein autonomes System der Form

$$\dot{x} = W(x,y)\bar{h}(y), \quad \dot{y} = -W(x,y)\bar{g}(x) \tag{17}$$

mit $W > 0$ (im Fall der Gleichung (16) ist $W = \phi(x)\psi(y)$). Die Funktionen $\bar{g}, \bar{h}$ seien in $[0,\infty)$ stetig und streng monoton fallend, und jede von ihnen besitze eine positive Nullstelle, etwa $\bar{g}(x_0) = 0$, $\bar{h}(y_0) = 0$. Man zeige direkt:

(i) Die Funktion $F(x,y) = G(x) + H(y)$ mit

$$G(x) = \int_{x_0}^{x} \bar{g}(s)\, ds, \quad H(y) = \int_{y_0}^{y} \bar{h}(s)\, ds$$

ist längs jeder Lösung der Gleichung (17) konstant.

(ii) Setzt man weiter voraus, daß $G(0+) = H(0+) = -\infty$ ist, so gilt die Aussage von Satz VI. Insbesondere sind alle positiven Lösungen periodisch.

(iii) Man diskutiere am Beispiel $\bar{g}(x) = 2(1-x)$, $\bar{h}(y) = 2(1-y)$, $W = 1$, wie sich das Lösungsverhalten ändert, wenn die Voraussetzung in (ii) verletzt ist.

VIII. Aufgaben. (a) Man bestimme alle Lösungen der Differentialgleichung

$$(\cos(x + y^2) + 3y)\, dx + (2y\cos(x + y^2) + 3x)\, dy = 0$$

in impliziter Form. In welchen Quadranten verläuft die Lösung durch den Nullpunkt (warum gibt es genau eine?)?

(b) Man bestimme alle Lösungen der Differentialgleichung

$$(xy^2 - y^3)\, dx + (1 - xy^2)\, dy = 0.$$

Es gibt einen Multiplikator $M = M(y)$.

Man skizziere das Richtungsfeld und zeichne einige Lösungskurven ein (etwa mit Hilfe der Isoklinen für die Steigungen 0; 1; -1; ∞). Gibt es eine Lösung durch den Nullpunkt, und wie lautet sie gegebenenfalls?

(c) Man bestimme alle Lösungen der Differentialgleichung

$$y(1 + xy)\, dx = x\, dy$$

in expliziter Form. Es existiert ein Multiplikator $M = M(y)$.

(d) Man leite eine Differentialgleichung für die Kurvenschar

$$(x - \lambda)^2 + y^2 = \lambda^2 \quad (\lambda > 0)$$

ab (Skizze!).

(e) Man bringe die lineare Differentialgleichung

$$y' + p(x)y = q(x)$$

auf die Form (2a) und bestimme einen integrierenden Faktor $M = M(x)$ und eine Stammfunktion F. Man vergleiche die aus $F(x,y) = \alpha$ gewonnenen Lösungen mit Satz 2.II.

§ 4 Implizite Differentialgleichungen erster Ordnung

Wir betrachten die implizite Differentialgleichung

$$F(x,y,y') = 0. \tag{1}$$

Dabei sei (ohne daß dies jedesmal besonders betont wird) die Funktion $F(x,y,p)$ in einer Menge D des dreidimensionalen Raumes stetig.

Die Differentialgleichung (1) definiert (ebenso wie die explizite Differentialgleichung) ein Richtungsfeld, nämlich die Menge aller Linienelemente (x,y,p), für die

$$F(x,y,p) = 0 \tag{2}$$

ist. Neu gegenüber der expliziten Differentialgleichung ist, daß jetzt ein Punkt $(\bar{x},\bar{y})$ „Träger" von mehreren Linienelementen sein kann. Das ist genau dann der Fall, wenn die Gleichung $F(\bar{x},\bar{y},p) = 0$ mehrere Lösungen p hat.

I. Reguläre und singuläre Linienelemente. Ist $F(\bar{x},\bar{y},\bar{p}) = 0$ und besitzt die Gleichung (2) in einer Umgebung $U \subset \mathbb{R}^3$ des Punktes $(\bar{x},\bar{y},\bar{p})$ eine eindeutige Auflösung in der Form

$$p = f(x,y) \quad \text{mit stetigem } f(x,y) \quad ((x,y) \in \bar{U}(\bar{x},\bar{y})) \tag{3}$$

(das bedeutet also, daß die in U gelegenen Linienelemente von (1) genau die Tripel $(x,y,f(x,y))$ mit $(x,y) \in \bar{U}$ sind), so ist $(\bar{x},\bar{y},\bar{p})$ ein *reguläres* Linienelement. Alle nicht-regulären Linienelemente werden *singulär* genannt. Eine Lösungskurve $y(x)$ von (2) heißt *regulär* bzw. *singulär*, wenn alle Linienelemente $(x,y(x),y'(x))$ regulär bzw. singulär sind. Schießlich ist (x,y) ein *singulärer Punkt* der Differentialgleichung, wenn es ein singuläres Linienelement (x,y,p) gibt.

Beispiel.

$$y'^2 = 4x^2.$$

Hier ist $F(x,y,p) = p^2 - 4x^2 = 0$ äquivalent mit $p = \pm 2x$. Linienelemente sind also die Tripel $(x,y,\pm 2x)$; Lösungen der Differentialgleichung sind die Parabeln $y = C + x^2$ und $y = C - x^2$. Lediglich für $x = 0$ ist eine (lokal

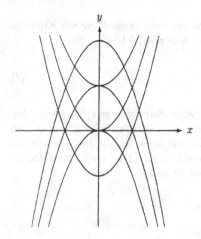

Lösungskurven der
Differentialgleichung $y'^2 = 4x^2$

eindeutige) Auflösung von (2) in der Form (3) unmöglich, d. h. singulär sind
die Linienelemente $(0, y, 0)$ und die Punkte $(0, y)$, also die y-Achse.

Satz. *Sind in einer Umgebung von $(\bar{x}, \bar{y}, \bar{p}) \in D$ die Funktionen $F(x, y, p)$
und $F_p(x, y, p)$ stetig und ist*

$$F(\bar{x}, \bar{y}, \bar{p}) = 0, \quad F_p(\bar{x}, \bar{y}, \bar{p}) \neq 0, \tag{4}$$

so ist $(\bar{x}, \bar{y}, \bar{p})$ ein reguläres Linienelement.

Nach dem bekannten Satz über implizite Funktionen ist nämlich unter
diesen Voraussetzungen eine Auflösung in der Form (3) möglich.

Danach ist also für ein singuläres Linienelement $(\bar{x}, \bar{y}, \bar{p})$

$$F(\bar{x}, \bar{y}, \bar{p}) = F_p(\bar{x}, \bar{y}, \bar{p}) = 0. \tag{5}$$

Man beachte jedoch, daß nicht jedes Linienelement mit der Eigenschaft (5)
notwendigerweise singulär ist. So ist etwa für $F(x, y, p) = [p - f(x, y)]^2$ jedes
Linienelement regulär (bei stetigem f), da die eindeutige Auflösung durch (3)
gegeben ist, während für alle Linienelemente (5) gilt.

II. Parameterdarstellung mit y' als Parameter. Es werde im folgenden einige Beispiele von geschlossen lösbaren impliziten Differentialgleichungen diskutiert. Die benutzten Ansätze haben alle gemeinsam, daß die
Lösungskurven in einer speziellen Parameterdarstellung mit $y' = p$ als Parameter beschrieben werden.

Gemeint ist damit folgendes. Wir betrachten Paare $(x(p), y(p))$ von in
einem Intervall J stetig differenzierbaren Funktionen mit der Eigenschaft

$$\dot{y}(p) = p \cdot \dot{x}(p). \tag{6}$$

Dabei ist $\dot{x} = dx/dp, \dot{y} = dy/dp$. Ist $\dot{x}(p) \neq 0$, so bedeutet dies gerade, daß die
dargestellte Kurve an der Stelle $(x(p), y(p))$ die Steigung p hat. Denn unter

dieser Voraussetzung ist bekanntlich eine explizite Darstellung der Kurve in
der Form $y = \phi(x)$ möglich, und aus $y(p) = \phi(x(p))$ folgt

$$\phi'(x(p)) = \frac{\dot{y}(p)}{\dot{x}(p)} = p. \tag{7}$$

Es sei nun eine beliebige Kurve in expliziter Form $y = \phi(x)$ gegeben. Man
erhält eine der Bedingung (6) genügende Parameterdarstellung, indem man
die Gleichung $p = \phi'(x)$ nach x auflöst. Bezeichnen wir die Umkehrfunktion
von ϕ' mit $x(p)$ und setzen $y(p) := \phi(x(p))$, so ist $(x(p), y(p))$ eine Parameterdarstellung der Kurve mit der Eigenschaft (6)

$$\dot{y}(p) = \phi'(x(p)) \cdot \dot{x}(p) = p \cdot \dot{x}(p),$$

wie zu erwarten war.

Zwei Beispiele. (a) $y = x^3$ für $x \in \mathbb{R}$. Aus $p = 3x^2$ folgt

$$\begin{aligned} x &= \xi(p) = \pm\sqrt{p/3} \\ y &= \eta(p) = \xi^3(p) \end{aligned} \quad (p \geq 0).$$

Jeder der beiden Zweige $x \geq 0$, $x \leq 0$ der kubischen Parabel besitzt also eine
Parameterdarstellung mit der Eigenschaft (6).

(b) $y = \sin x$. Es sei etwa $0 \leq x \leq \pi$. Aus $p = \cos x$ folgt

$$\begin{aligned} x &= \arccos p \\ y &= \sqrt{1 - p^2} \end{aligned} \quad (-1 \leq p \leq 1).$$

Wie lautet die entsprechende Darstellung im Intervall $\pi \leq x \leq 2\pi$?

Eine solche Darstellung einer Kurve $y = \phi(x)$ ist nur möglich, wenn $p = \phi'(x)$ nach x aufgelöst werden kann, also etwa für $\phi'' \neq 0$. Insbesondere lassen
sich Geraden nicht auf diese Weise in Parameterform darstellen. Darauf hat
man später zu achten.

Unser Vorgehen läßt sich folgendermaßen beschreiben. Es sei eine implizite
Differentialgleichung der Form (1) gegeben, und es sei $\phi(x)$ eine Lösung. Wenn
diese Lösungskurve eine Parameterdarstellung $(x(p), y(p))$ mit der Eigenschaft
(6) besitzt (das ist für $\phi'' \neq 0$ der Fall!), so folgt aus $F(x, \phi(x), \phi'(x)) \equiv 0$
durch Einsetzen von $x(p)$ wegen (7) die Gleichung

$$F(x(p), y(p), p) = 0. \tag{8}$$

Man versucht nun, aus den beiden Gleichungen (6) und (8) die Funktionen
$x(p)$, $y(p)$ zu bestimmen.

Die folgenden Gleichungstypen lassen sich mit dieser Methode behandeln.

III. $\boxed{x = g(y')}$

Es sei J ein Intervall und $g \in C^1(J)$. Hier ist $x(p) = g(p)$ gegeben, $y(p)$ ergibt sich aus (6). Die Lösungskurven lauten also

$$\begin{cases} x(p) = g(p) \\ y(p) = C + \displaystyle\int p\dot{g}(p)\, dp. \end{cases}$$

Offenbar können Geradenstücke als Lösungen nicht auftreten.

IV. $\boxed{y = g(y')}$

Es sei $g \in C^1(J)$. Ähnlich wie in III ergibt sich mit (6)

$$\begin{cases} y(p) = g(p) \\ x(p) = C + \displaystyle\int \frac{\dot{g}(p)}{p}\, dp. \end{cases}$$

Ferner ist die konstante Funktion $y = g(0)$ eine Lösung, falls $0 \in J$ ist.

V. $\boxed{y = xy' + g(y')}$ **Clairaut-Differentialgleichung**[3].

Es sei $g \in C^1(J)$. Aus $y(p) = x(p)p + g(p)$ folgt durch Differentiation

$$\dot{y} = p\dot{x} + x + \dot{g},$$

also in Verbindung mit (6) $x + \dot{g} = 0$, d. h.

$$\begin{cases} x(p) = -\dot{g}(p) \\ y(p) = -p\dot{g}(p) + g(p). \end{cases} \tag{9}$$

Dies ist jedoch nur *eine* Lösung. Man rechnet leicht nach, daß alle Geraden

$$y = cx + g(c) \quad (c \in J) \tag{10}$$

ebenfalls Lösungen sind. Ebenso bestätigt man ohne Schwierigkeit, daß der dem Parameterwert $p = c$ entsprechende Kurvenpunkt $(x(c), y(c))$ von (9) auf der Geraden (10) liegt und daß in diesem Punkt Kurve und Gerade dieselbe Steigung c haben. Die Geraden (10) bilden also Tangenten an die Kurve (9), jene Kurve ist *Enveloppe* der Geradenschar (10).

---

[3] Clairaut. Alexis Claude, 1713–1765, französischer Mathematiker und Astronom.

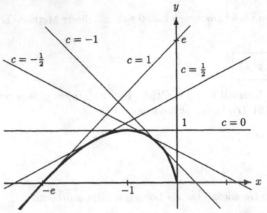

Lösungskurven der Clairaut-Differentialgleichung $y = xy' + e^{y'}$

Welche Voraussetzungen sind zu treffen, damit durch (9) eine Lösung definiert wird? Ist $g \in C^2(J)$, so ist offenbar $x, y \in C^1(J)$. Ist ferner $\ddot{g} \neq 0$ in J, so ist $\dot{x} \neq 0$ in J, d. h. die Kurve (9) gestattet eine explizite Darstellung $y = \phi(x)$ mit stetig differenzierbarem ϕ. Daß ϕ tatsächlich eine Lösung ist, folgt dann aus der zweiten Zeile von (9), wenn man beachtet, daß $\phi(x(p)) = y(p)$ ist. Man kann unter den gemachten Voraussetzungen weiter beweisen, daß damit alle Lösungen der Clairaut-Differentialgleichung gefunden sind, d. h., daß jede Lösung entweder die aus (9) gewonnene Funktion ϕ oder eine der Geraden (10) oder eine aus ϕ und Geradenstücken von (10) zusammengesetzte Funktion ist. Der nicht ganz kurze Beweis findet sich bei Kamke (Differentialgleichungen, Bd. I; S. 52–54).

Beispiel.

$$y = xy' + e^{y'}.$$

Lösungskurven sind die Geraden

$$y = cx + e^c \quad (c \in \mathbb{R})$$

und ihre Enveloppe

$$\left. \begin{array}{l} x = -e^p \\ y = (1-p)e^p \quad (p \in \mathbb{R}) \end{array} \right\} \Longleftrightarrow y = x\{\log(-x) - 1\} \quad (x < 0).$$

VI. $\boxed{y = xf(y') + g(y'))}$ **d'Alembert-Differentialgleichung[1].**

---

[1] d'Alembert, Jean Le Rond, 1717–1783, französischer Mathematiker, Philosoph und Schriftsteller. Zusammen mit D. Diderot (1713–1786) verfaßte er die „Encyclopédie" in 35 Bänden (1751–1780), ein Hauptwerk der Aufklärung.

Es gelte $f, g \in C^1(J)$. Differentiation von $y(p) = xf(p) + g(p)$ ergibt

$$\dot{y} = \dot{x}f + x\dot{f} + \dot{g},$$

also in Verbindung mit (6) die lineare Differentialgleichung

$$\dot{x} = \frac{x\dot{f}(p) + \dot{g}(p)}{p - f(p)},$$

aus welcher $x(p)$ und damit auch $y(p) = xf(p) + g(p)$ in geschlossener Form bestimmt werden kann. Eine Gerade $y = cx + d$ tritt als Lösung genau dann auf, wenn $f(c) = c$ ist; es ist dann $d = g(c)$.

VII. Integration durch Differentiation. Darunter versteht man das folgende Verfahren zur Lösung einer Differentialgleichung $F(x, y, y')$. Liegt eine Lösung in der Form $(x(p), y(p))$ vor, so gilt $F(x(p), y(p), p) = 0$, woraus durch Differentiation

$$F_x \cdot \dot{x} + F_y \cdot \dot{y} + F_p = 0$$

folgt. Hieraus und aus (6) lassen sich $\dot{x}, \dot{y}$ errechnen:

$$\dot{x} = -\frac{F_p}{F_x + pF_y}, \qquad \dot{y} = -\frac{pF_p}{F_x + pF_y}. \tag{11}$$

Es liegt also ein System von zwei Differentialgleichungen für zwei gesuchte Funktionen $x(p)$, $y(p)$ vor. In vielen Fällen tritt Separation ein, d. h. in der Differentialgleichung für $x(p)$ (oder $y(p)$) tritt auf der rechten Seite nur $x(p)$ (oder $y(p)$) auf. Zwei Beispiele mit Separation sind

$$\boxed{y = G(x, y')} \implies \dot{x} = \frac{G_p(x, p)}{p - G_x(x, p)}, \quad y(p) = G(x(p), p),$$

$$\boxed{x = H(y, y')} \implies \dot{y} = \frac{pH_p(y, p)}{1 - pH_y(y, p)}, \quad x(p) = H(y(p), p).$$

Die in III, IV und VI oben besprochenen Typen sind Sonderfälle hiervon, und zwar solche, bei denen die neue Differentialgleichung für $\dot{x}$ bzw. $\dot{y}$ explizit lösbar ist.

VIII. Aufgaben. Man bestimme für die Clairaut-Differentialgleichungen

(a) $y = xy' - \sqrt{y' - 1}$,

(b) $y = xy' + y'^2$

alle Lösungen in expliziter Form. Skizze!

(c) Man zeige, daß alle Lösungen der Differentialgleichungen

$$y = xy' + ay' + b \quad (a, b \text{ konstant})$$

Geraden durch einen festen Punkt sind. Ist die durch (9) gegebene „Enveloppe" eine Lösung?

(d) Man bestimme die Lösungen der Differentialgleichung

$$y = xy'^2 + \ln(y'^2)$$

in Parameterform.

II. Differentialgleichungen erster Ordnung: Theorie

§ 5 Hilfsmittel aus der Funktionalanalysis

Eine Reihe von Fragen aus der Theorie der Differentialgleichungen lassen sich unter Verwendung allgemeiner Begriffe, wie sie die Funktionalanalysis geprägt hat, besonders elegant behandeln. Wir werden funktionalanalytische Methoden zur Gewinnung von Existenz-, Eindeutigkeits- und Abhängigkeitssätzen benutzen. Für unsere Zwecke ist der Begriff des Banachraumes angemessen.

I. Linearer Raum. Eine Menge $L = \{a, b, c, \ldots\}$ wird *linearer Raum* (oder *linearer Vektorraum* oder auch nur *Vektorraum*) genannt, wenn in L eine Addition und eine Multiplikation mit „Skalaren", also reellen oder komplexen Zahlen, definiert sind (d. h., daß zwei Elementen $a, b \in L$ eindeutig ein Element $a + b \in L$ sowie einem Element $a \in L$ und einer Zahl λ eindeutig ein Element $\lambda a \in L$ zugeordnet ist) und wenn diese Zuordnungen den folgenden Gesetzen gehorchen:

L ist eine abelsche Gruppe bezüglich der Addition. Bezeichnen wir das neutrale Element mit θ und das zu a inverse Element mit $-a$, so gilt also für $a, b, c \in L$

$$(a + b) + c = a + (b + c)$$
$$a + b = b + a$$
$$a + \theta = a$$
$$a + (-a) = \theta.$$

Die Multiplikation mit Skalaren genügt für $a, b \in L$ und beliebige Zahlen λ, μ den Gesetzen

$$\lambda(a + b) = \lambda a + \lambda b$$
$$(\lambda + \mu)a = \lambda a + \mu a$$
$$\lambda(\mu a) = (\lambda \mu)a$$
$$1 \cdot a = a.$$

Je nachdem, ob dabei die Skalare λ, μ dem Körper der reellen oder der komplexen Zahlen entnommen sind, spricht man von einem *reellen* oder *komplexen* linearen Raum.

Eine nichtleere Teilmenge von L, die (mit den vorgegebenen Verknüpfungen) wieder einen linearen Raum bildet, wird (linearer) *Unterraum* von L genannt.

II. Normierter Raum. Es sei L ein reeller oder komplexer Raum. Eine für $a \in L$ erklärte, reellwertige Funktion $\|a\|$ wird „Norm" genannt, wenn sie die Eigenschaften

$$\|\theta\| = 0, \quad \|a\| > 0 \quad \text{für} \quad a \neq 0 \quad \textit{Definitheit,}$$

$$\|\lambda a\| = |\lambda| \cdot \|a\| \qquad\qquad\qquad \textit{Homogenität,}$$

$$\|a + b\| \leq \|a\| + \|b\| \qquad\qquad \textit{Dreiecksungleichung}$$

besitzt. Man sagt auch, der Raum L werde durch $\| \cdot \|$ „normiert".

Wir notieren für spätere Zwecke zwei einfache Folgerungen:

$$\|x_1 + \cdots + x_n\| \leq \|x_1\| + \cdots + \|x_n\|, \tag{1}$$

$$\big|\, \|x\| - \|y\| \,\big| \leq \|x - y\|. \tag{2}$$

Beide ergeben sich aus der Dreiecksungleichung.

Es sei erwähnt: Die Norm definiert einen Abstand (oder eine Metrik) $\varrho(x,y) = \|x - y\|$ mit den Eigenschaften $\varrho(x,y) = \varrho(y,x) > 0$ für $x \neq y$, $\varrho(x,x) = 0$,

$$\varrho(x,y) \leq \varrho(x,z) + \varrho(z,y) \qquad \textit{Dreiecksungleichung.}$$

Ein normierter Raum ist also ein metrischer Raum. Damit lassen sich die aus dem $\mathbb{R}^n$ bekannten Begriffe wie Kugel, ε-Umgebung, Umgebung, innerer Punkt, Randpunkt, offene und abgeschlossene Menge, ... auch für einen normierten Raum L in natürlicher Weise definieren.

Notation. Von nun an werden wir in jedem Vektorraum das Nullelement mit dem Symbol 0 bezeichnen. Eine Verwechslung mit der Zahl 0 ist wohl nicht zu befürchten. Elemente aus $\mathbb{R}^n$ werden durch Fettdruck kenntlich gemacht und Normen im $\mathbb{R}^n$ mit einfachen Betragsstrichen bezeichnet.

III. Beispiele. (a) *Der n-dimensionale Euklidische Raum* $\mathbb{R}^n$. Darunter verstehen wir die Menge aller n-Tupel reeller Zahlen

$$a = (a_1, \ldots, a_n) = (a_i).$$

Addition und skalare Multiplikation (λ reell) ist durch

$$a + b = (a_i + b_i), \qquad \lambda a = (\lambda a_i)$$

definiert. Der $\mathbb{R}^n$ kann auf verschiedene Weise normiert werden, z. B. durch

$$|a|_e = \sqrt{a_1^2 + \cdots + a_n^2} \quad \textit{Euklid-Norm},$$

$$|a| = |a_1| + \cdots + |a_n| \quad \textit{Summen-Norm},$$

$$|a| = \max_i |a_i| \quad \textit{Maximum-Norm}.$$

(b) Der n-*dimensionale komplexe* oder *unitäre Raum* $\mathbb{C}^n$ ist wie in Beispiel (a), nur mit komplexen a_i und λ, definiert. Bei der Euklid-Norm sind Absolutstriche zu setzen:

$$|a|_e = \sqrt{|a_1|^2 + \cdots + |a_n|^2}.$$

(c) Es sei $K \subset \mathbb{R}^n$ eine kompakte Menge und $C(K)$ die Menge aller auf K stetigen reellwertigen Funktionen $f(x) = f(x_1, \ldots, x_n)$. Dabei ist die Addition $h = f + g$ bzw. die skalare Multiplikation $k = \lambda f$, wenn $f, g \in C(K)$ und λ reell ist, in der natürlichen Weise erklärt:

$$h(x) = f(x) + g(x); \quad k(x) = \lambda \cdot f(x).$$

Als Norm kann man wählen

$$\|f\|_0 = \max\{|f(x)| \mid x \in K\} \quad \textit{Maximum-Norm}$$

oder allgemeiner eine *bewichtete Maximum-Norm*

$$\|f\|_1 = \sup\{|f(x)|p(x) \mid x \in K\},$$

wobei $p(x)$ eine fest vorgegebene Funktion mit $0 < \alpha \leq p(x) \leq \beta < \infty$ ist.

(d) Das letzte Beispiel wird bei der Behandlung von Differentialgleichungen im Komplexen benötigt. Es sei $G \subset \mathbb{C}$ ein Gebiet der komplexen Ebene und $H_0(G)$ die Menge der in G holomorphen (d. h. regulär-analytischen) und beschränkten Funktionen $u(z) : G \to \mathbb{C}$. Ist $p(z)$ eine in G reellwertige Funktion und $0 < \alpha \leq p(z) \leq \beta$ für geeignete positive Konstanten α, β, so ist durch

$$\|u\| = \sup_G |u(z)|p(z)$$

in $H_0(G)$ eine Norm definiert.

In allen Beispielen ist es einfach, sich von der Gültigkeit der Normgesetze zu überzeugen. Die Normen sind homogen, nicht negativ, sie verschwinden nur für die Nullfunktion, und sie sind endlich. Die Dreiecksungleichung schließlich ist in den ersten beiden Beispielen für die Euklid-Norm $|a|_e$ wohlbekannt, für die beiden anderen in (a) genannten Normen leicht nachprüfbar. Für Funktionenräume, wie sie in (c) und (d) vorkommen, gilt sie unter ganz allgemeinen Voraussetzungen: Die Menge G sei beliebig, die Funktionen f, g, p seien auf G erklärt; f und g dürfen komplexwertig sein, p sei reellwertig und ≥ 0. Setzt man

$$\|f\| = \sup\{|f(x)|p(x) \mid x \in G\}$$

und verlangt, daß die Normen von f und g endlich sind, so ist

$$|f(x) + g(x)|p(x) \le |f(x)|p(x) + |g(x)|p(x) \le \|f\| + \|g\| \quad \text{für} \quad x \in G;$$

daher gilt die Dreiecksungleichung $\|f + g\| \le \|f\| + \|g\|$.

IV. Konvergenz und Vollständigkeit. Der Begriff der Konvergenz einer Zahlenfolge läßt sich auf natürliche Weise auf einen normierten Raum L ausdehnen. Eine Folge $x_1, x_2, \ldots$ von Elementen aus L konvergiert „stark" oder „nach der Norm" gegen ein Element $x \in L$, wenn

$$\|x_n - x\| \to 0 \quad \text{für} \quad n \to \infty$$

gilt. Dafür schreiben wir auch

$$x_n \to x \quad (n \to \infty) \quad \text{oder} \quad \lim_{n \to \infty} x_n = x.$$

Entsprechend ist die Konvergenz bei unendlichen Reihen definiert:

$$\sum_{k=1}^{\infty} x_k = x \iff \left\| \sum_{k=1}^{n} x_k - x \right\| \to 0 \quad \text{für} \quad n \to \infty.$$

Eine Folge $x_1, x_2, \ldots$ wird *Cauchy-Folge* genannt, wenn sie dem *Cauchyschen Konvergenzkriterium* genügt: Zu jedem $\varepsilon > 0$ gibt es ein $n_0(\varepsilon)$, so daß $\|x_n - x_m\| < \varepsilon$ für $n, m \ge n_0(\varepsilon)$ ist; oder kurz, wenn

$$\lim_{n,m \to \infty} \|x_n - x_m\| = 0$$

ist. Bei den reellen und komplexen Zahlen hat bekanntlich jede Cauchy-Folge einen Grenzwert (das ist gerade der Inhalt des Cauchyschen Konvergenzkriteriums). Das ist jedoch nicht für alle normierten Räume richtig; es stellt vielmehr eine besondere Eigenschaft gewisser linearer Räume dar, die sog. Vollständigkeitseigenschaft.

Ein linearer normierter Raum L heißt *vollständig*, wenn jede Cauchy-Folge von Elementen aus L einen Grenzwert in L besitzt (im Sinne der Normkonvergenz).

V. Banachraum. Ein *Banachraum* ist ein vollständiger linearer normierter Raum, also eine Menge mit den Eigenschaften von I, II und IV.

Bei den Beispielen III.(a),(c) handelt es sich um reelle, bei III.(b),(d) um komplexe Banachräume. Die Vollständigkeit folgt bei den ersten Beispielen aus der Vollständigkeit des Raumes der reellen bzw. komplexen Zahlen.

Nimmt man im dritten Beispiel die Maximum-Norm $\|f\|_0$, so ist die Konvergenz nach der Norm identisch mit gleichmäßiger Konvergenz in K. In der Tat bedeutet ja, wenn (f_n) eine Cauchy-Folge ist, die Aussage $\|f_n - f_m\|_0 < \varepsilon$ für $m, n \ge n_0$ gerade, daß

$$|f_n(x) - f_m(x)| < \varepsilon \quad \text{für} \quad m, n \ge n_0 \quad \text{und alle} \quad x \in K \qquad (*)$$

ist. Die Vollständigkeit ergibt sich dann aus dem bekannten Satz, daß der Limes einer gleichmäßig konvergenten Folge stetiger Funktionen wieder stetig ist. Es gibt demnach eine Funktion $f \in C(K)$ derart, daß $\lim_{n\to\infty} f_n(x) = f(x)$ gleichmäßig in K gilt. Aus (*) folgt dann, wenn man x und n festhält und $m \to \infty$ streben läßt,

$$|f_n(x) - f(x)| \leq \varepsilon \quad \text{für} \quad n \geq n_0 \quad \text{und} \quad x \in K,$$

also $\|f_n - f\|_0 \leq \varepsilon$ für $n \geq n_0$. Damit gilt $f_n \to f$ im Sinne der Normkonvergenz, d. h. $C(K)$ is vollständig.

Diese Schlußweise ist auch für die Norm $\|f\|_1$ richtig. Denn ist $0 < \alpha \leq p(x) \leq \beta$ in K, so folgt

$$\alpha\|f\|_0 \leq \|f\|_1 \leq \beta\|f\|_0.$$

Beide Normen sind also äquivalent, d. h. Konvergenz nach der Maximum-Norm tritt genau dann ein, wenn Konvergenz nach der Norm $\|\cdot\|_1$ besteht.

Beim Beispiel (d) ergibt sich die Vollständigkeit in gleicher Weise, jedoch unter Benutzung der Tatsache, daß bei gleichmäßiger Konvergenz der Limes von holomorphen Funktionen wieder holomorph ist; vgl. dazu C.VI.

Es folgen einige allgemeine Hinweise über

Äquivalente Normen. Zwei Normen $\|\cdot\|$ und $\|\cdot\|'$ in einem Vektorraum L werden *äquivalent* genannt, wenn mit positiven Konstanten α, β die Ungleichungen $\|x\| \leq \alpha\|x\|'$ und $\|x\|' \leq \beta\|x\|$ für alle $x \in L$ gelten. Das bedeutet, daß die Konvergenz in einer der beiden Normen die Konvergenz in der anderen Norm nach sich zieht. Entsprechend ist der Raum L bezüglich der einen Norm vollständig, also ein Banachraum, wenn dies auch mit der anderen Norm zutrifft. Die Frage, wozu man überhaupt verschiedene Normen benötigt, führt uns direkt zum Kontraktionsprinzip IX. Es kann seine überragende Bedeutung erst dann entfalten, wenn für den jeweils speziellen Fall eine geeignete Norm gefunden werden kann – hierauf beruht häufig die Einfachheit und Eleganz des Beweises. Im Anhang D wird der funktionalanalytische Hintergrund aufgehellt; vgl. die Sätze D.VII und D.IX über die Verbindung mit dem Spektralradius. Übrigens sind im $\mathbb{R}^n$ alle Normen äquivalent; vgl. 10.III.

VI. Operatoren und Funktionale. Stetigkeit und Lipschitzbedingung.
Es seien E, F zwei reelle oder komplexe normierte Räume und $T : D \to F$ eine Funktion mit $D \subset E$. Es hat sich eingebürgert, solche Funktionen auch Operatoren, im Fall $F = \mathbb{R}$ bzw. $\mathbb{C}$ Funktionale zu nennen. Ein Operator $T : D \to F$ heißt *linear*, wenn D ein linearer Unterraum von E und $T(\lambda x + \mu y) = \lambda T(x) + \mu T(y)$ für $x, y \in D$ und $\lambda, \mu \in \mathbb{R}$ bzw. $\mathbb{C}$ ist. Statt $T(x)$ wird häufig einfach Tx geschrieben.

Man sagt, der Operator $T : D \to F$ sei *stetig* im Punkt $x_0 \in D$, wenn aus $x_n \in D$, $x_n \to x_0$ folgt $Tx_n \to Tx_0$. Äquivalent ist die δ-ε-Formulierung: Zu $\varepsilon > 0$ gibt es ein $\delta > 0$, so daß aus $x \in D$, $\|x - x_0\| < \delta$ folgt $\|Tx - Tx_0\| < \varepsilon$.

Der Operator T genügt in D einer *Lipschitzbedingung* (mit *Lipschitzkonstante* q), wenn

$$\|Tx - Ty\| \le q\|x - y\| \quad \text{für} \quad x, y \in D. \tag{3}$$

ist. Man überlegt sich leicht, daß ein solcher Operator stetig in D ist.

Man beachte, daß in diesen Ungleichungen Normen in E und Normen in F auftreten. Sie sind in der Bezeichnungsweise nicht unterschieden, weil bei unseren Anwendungen fast immer $E = F$ ist.

Zwei Bemerkungen. 1. Es gibt, wenn T einer Lipschitzbedingung genügt, immer eine kleinste Lipschitzkonstante. Denn ist q_0 das Infimum aller Zahlen q, für die (3) gilt (für alle $x, y \in D$), so gilt (3) bei festen x und y offenbar auch mit q_0 statt q.

2. *Der lineare Fall.* Ist T linear, so kann man sich in (3) auf $y = 0$ beschränken, d. h. (3) folgt aus

$$\|Tx\| \le q\|x\| \quad \text{für} \quad x \in D. \tag{3'}$$

Die kleinste Lipschitzkonstante wird in diesem Fall auch *Operatornorm* von T genannt und mit $\|T\|$ bezeichnet.

VII. Einige Beispiele. (a) Im Sonderfall $E = F = \mathbb{R}$ ist ein Operator T nichts anderes als eine reelle Funktion einer reellen Veränderlichen.

(b) Es sei $D = E = C(J)$, $J = [a, b]$, $F = \mathbb{R}$ und

$$Tf = \int_a^b f(t)\, dt.$$

Offenbar ist T ein lineares Funktional, welches einer Lipschitzbedingung (3) mit $q = b - a$ genügt, wenn man in $\mathbb{R}$ den Absolutbetrag, in E die Maximum-Norm nimmt.

(c) Es sei $D = E = F = C(J)$ und

$$(Tf)(x) = \int_a^x f(t)\, dt.$$

Der Operator T ist linear, und er genügt einer Lipschitzbedingung (3) mit $q = b - a$ (Maximum-Norm). Nimmt man dagegen eine bewichtete Maximum-Norm mit $p(x) = e^{-x}$ (vgl. III.(c)), so wird $q = 1 - e^{-(b-a)}$ (Übungsaufgabe!).

(d) Wir betrachten das Funktional $Tx = \|x\|$ von E nach $\mathbb{R}$ ($= F$). Aus der Gleichung (2) folgt unmittelbar, daß eine Lipschitzbedingung mit $q = 1$ besteht: *Die Norm in E ist ein stetiges Funktional*; es genügt sogar einer Lipschitzbedingung mit der Lipschitzkonstante 1.

VIII. Iterationverfahren in Banachräumen. Kontrahierende Abbildungen. Viele Existenzprobleme der Analysis – dazu gehören, wie wir sehen werden, auch Existenzprobleme bei gewöhnlichen Differentialgleichungen – lassen sich in einem geeigneten Banachraum B in Form einer Gleichung

$$x = Tx \tag{4}$$

schreiben. Hierbei ist T ein Operator $D \to B$ mit $D \subset B$. Eine Lösung von (4) nennt man einen *Fixpunkt* von T; es ist ein Punkt, der bei der Abbildung $x \to Tx$ „fest" bleibt.

Zur Gewinnung eines Fixpunktes benutzt man häufig ein Iterationsverfahren, das sog. *Verfahren der sukzessiven Approximation*, bei dem man, ausgehend von einem Element $x_0 \in D$, nacheinander die Elemente

$$x_1 = Tx_0, \, x_2 = Tx_1, \ldots, x_{n+1} = Tx_n, \ldots \tag{5}$$

bildet. Die zentrale Frage, wann diese Folge gegen eine Lösung der Gleichung (4) konvergiert, hängt aufs engste zusammen mit dem Begriff der kontrahierenden Abbildung. Die Abbildung $T : D \to B$ heißt *kontrahierend* oder eine *Kontraktion*, wenn sie einer Lipschitzbedingung (3) mit einer Lipschitzkonstante $q < 1$ genügt. Diese Bezeichnung weist darauf hin, daß der Abstand der Bildpunkte Tx, Ty kleiner ist als der Abstand der Urbildpunkte x, y. Grundlegend für die späteren Existenzbeweise ist der folgende

IX. Fixpunktsatz für kontrahierende Abbildungen (Kontraktionsprinzip). *Es sei D eine nichtleere, abgeschlossene Teilmenge eines Banachraumes B. Der Operator $T : D \to B$ sei eine Kontraktion, d. h. er genüge der Lipschitzbedingung (3) mit einer Konstante $q < 1$, und er bilde D in sich ab, $T(D) \subset D$. Dann hat die Gleichung (4) in D genau eine Lösung $x = \bar{x}$. Bildet man, ausgehend von einem beliebigen Element $x_0 \in D$, die „sukzessiven Approximationen" gemäß (5), so konvergiert die Folge (x_n) (im Sinne der Norm) gegen $\bar{x}$, und es besteht die Abschätzung*

$$\|x_n - \bar{x}\| \le \frac{1}{1-q} \|x_{n+1} - x_n\| \le \frac{q^n}{1-q} \|x_1 - x_0\|. \tag{6}$$

Beweis. Zuerst bemerken wir, daß wegen $T(D) \subset D$ aus $x_n \in D$ folgt $x_{n+1} \in D$; die Folge (x_n) läßt sich also gemäß (5) konstruieren, und sie liegt in D.

Wir beweisen zunächst die Abschätzung

$$\|x_{n+1} - x_n\| \le q^n \|x_1 - x_0\| \quad (n = 0, 1, 2, \ldots). \tag{7}$$

Sie ist offenbar für $n = 0$ richtig und läßt sich mit Induktion leicht nachweisen. Nehmen wir dazu an, (7) sei für den Index n bereits bewiesen. Aus (3) folgt dann

$$\|x_{n+2} - x_{n+1}\| = \|Tx_{n+1} - Tx_n\| \le q\|x_{n+1} - x_n\| \le q^{n+1}\|x_1 - x_0\|.$$

Also gilt (7) für den Index $n + 1$ und damit allgemein.

Aus der Identität $x - y = (x - Tx) + (Tx - Ty) + (Ty - y)$ folgt mit (1)

$$\|x - y\| \le \|x - Tx\| + \|Tx - Ty\| + \|Ty - y\| \quad \text{für} \quad x, y \in D.$$

Die rechte Seite dieser Ungleichung wird vergrößert, wenn man den Term $\|Tx - Ty\|$ durch $q\|x - y\|$ ersetzt (vgl. (3)). Bringt man diesen Ausdruck dann auf die linke Seite und dividiert anschließend durch $1 - q$, so erhält man die Ungleichung

$$\|x - y\| \le \frac{1}{1 - q}\{\|x - Tx\| + \|y - Ty\|\} \quad \text{für} \quad x, y \in D, \qquad (8)$$

aus der alle Behauptungen sehr rasch folgen. Man nennt die Größe $x - Tx$ den *Defekt* von x bezüglich der Gleichung (4) und entsprechend die Formel (8) eine *Defektungleichung*.

Sind x und y Fixpunkte von T, so ergibt sich aus (8) die Gleichung $\|x - y\| = 0$, also die Eindeutigkeit des Fixpunktes. Setzt man in (8) $x = x_{n+p}$ mit $p > 0$ und $y = x_n$, so erhält man mit (7)

$$\|x_{n+p} - x_n\| \le \frac{1}{1 - q}\{\|x_{n+p+1} - x_{n+p}\| + \|x_{n+1} - x_n\|\}$$

$$\le \frac{1}{1 - q}(q^{n+p} + q^n)\|x_1 - x_0\| \le Cq^n,$$

wobei $C = 2\|x_1 - x_0\|/(1 - q)$ ist. Die Folge (x_n) ist demnach eine Cauchy-Folge, sie besitzt wegen der Vollständigkeit von B einen Limes $\bar{x}$. Da D abgeschlossen ist, liegt $\bar{x}$ in D. Aus $x_n \to \bar{x}$ ergibt sich einerseits $Tx_n \to T\bar{x}$ wegen der Stetigkeit von T, andererseits $Tx_n = x_{n+1} \to \bar{x}$. Damit haben wir gezeigt, daß $\bar{x}$ der Fixpunkt von T ist. Die erste Ungleichung in (6) erhält man aus (8), wenn man dort $x = x_n$, $y = \bar{x}$ setzt, und die zweite Ungleichung ist dann eine Folge von (7). Damit ist dieser wichtige Satz vollständig bewiesen.

X. Bemerkungen. (a) Das Iterationsverfahren ist im Spezialfall $B = \mathbb{R}$ anschaulich leicht zu verfolgen. Dabei ist also $T(x)$ eine reelle Funktion einer reellen Variablen x. Sie sei etwa definiert in einem Intervall $D = [a, b]$. Die Voraussetzung $T(D) \subset D$ bedeutet, daß $a \le T(x) \le b$ für $x \in D$ ist. Die Lipschitzbedingung (3) ist nichts anderes als eine Abschätzung für den Differenzenquotienten

$$\left| \frac{T(x) - T(y)}{x - y} \right| \le q < 1.$$

Ist die Funktion $T \in C^1(D)$, so ist diese Abschätzung äquivalent mit $|T'(x)| \le q$ in D. Einer Lösung $\bar{x}$ der Gleichung

$$x = T(x)$$

entspricht geometrisch ein Schnittpunkt der Geraden $y = x$ mit der Kurve $y = T(x)$. Die Konstruktion (5) läßt sich geometrisch durchführen; im Bild

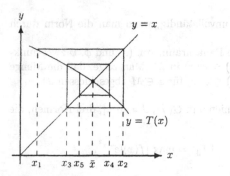

Das Iterationsverfahren
im Fall $T : \mathbb{R} \to \mathbb{R}$

ist $-1 < T'(x) < 0$. Man fertige eine entsprechende Skizze an für die drei Fälle $0 < T'(x) < 1$; $T'(x) \geq 1$; $T'(x) \leq -1$, und überzeuge sich dann, daß im ersten Fall das Verfahren der sukzessiven Approximation konvergent, in den beiden anderen Fällen dagegen divergent ist.

(b) Der vorangehende Fixpunktsatz geht auf Banach (1922) zurück und wird auch *Banachscher Fixpunktsatz* genannt. Stefan Banach (1892–1945, polnischer Mathematiker) ist einer der Begründer der Funktionalanalysis. In der zitierten Arbeit, seiner Dissertation, führt er den zentralen Begriff des normierten Raumes ein und legt das Fundament der entsprechenden Theorie.

XI. Aufgaben. (a) Es sei $M \subset \mathbb{R}^n$ eine beliebige Menge, $p(x)$ eine reellwertige, auf M stetige und positive Funktion, $C(M)$ der reelle bzw. komplexe lineare Raum der stetigen Funktionen $M \to \mathbb{R}$ bzw. $M \to \mathbb{C}$. Man zeige, daß die Untermenge $C(M; p)$ aller $f \in C(M)$, für welche

$$\|f\| := \sup\{|f(x)|p(x)| \mid x \in M\}$$

endlich ist, mit dieser Norm einen reellen bzw. komplexen Banachraum bildet.

(a_0) Es sei N eine abgeschlossene Teilmenge von M und $C_0(M; p)$ die Menge aller in N verschwindenden Funktionen aus $C(M; p)$. Man zeige, daß $C_0(M; p)$ ein abgeschlossener Unterraum von $C(M; p)$, also ein Banachraum ist.

Anleitung. Der Beweis beruht auf der Aussage $\|f\| \leq C \iff |f(x)| \leq C/p(x)$ in M. Eine Cauchy-Folge bezüglich dieser Norm ist „lokal gleichmäßig" konvergent, d. h. zu $x \in M$ gibt es eine Umgebung $U(x)$ derart, daß in $U(x) \cap M$ gleichmäßige Konvergenz herrscht. Man vergesse nicht den Nachweis, daß $C(M; p)$ ein linearer Raum ist.

Dieser Satz wird falsch, wenn p Nullstellen hat; vgl. dazu (b).

(b) Es sei L der Raum der für $0 \leq x \leq 1$ stetigen Funktionen $f(x)$ und $\|f\| = \max |x^2 f(x)|$. Man zeige, daß dadurch eine Norm definiert ist, daß der Raum L aber nicht vollständig ist.

Anleitung. Man betrachte die Folge f_n mit $f_n(x) = \min\{1/x, n\}$.

(c) Bleibt der Raum aus (b) unvollständig, wenn man die Norm durch $\max |x \cdot f(x)|$ ersetzt?

(d) Es seien $C(M;p)$ der reelle Banachraum von (a) und ϕ, ψ zwei Funktionen aus diesem Raum mit $\phi(x) \le \psi(x)$ in M. Man zeige, daß die Menge aller $f \in C(M;p)$ mit $\phi(x) \le f(x) \le \psi(x)$ für $x \in M$ abgeschlossen ist.

XII. Aufgaben. (a) Wir definieren in $C(J)$, $J = [0,a]$, drei Normen, die Maximum-Norm $\|f\|_0$ sowie

$$\|f\|' = \max_J |f(x)|e^{-ax}, \qquad \|f\|^* = \max_J |f(x)|e^{-x^2}.$$

Man berechne für den Operator T,

$$(Tf)(x) = \int_0^x t f(t)\,dt,$$

die entsprechenden Operatornormen $\|T\|_0$, $\|T\|'$, $\|T\|^*$.

(b) Man zeige, daß die Integralgleichung

$$y(x) = \frac{1}{2}x^2 + \int_0^x ty(t)\,dt, \quad x \in J = [0,a],$$

genau eine Lösung hat, und bestimme diese (b_1) durch Zurückführung auf ein Anfangswertproblem, (b_2) durch explizite Berechnung der sukzessiven Approximationen unter Benutzung von (a), etwa beginnend mit $y_0 = 0$.

(c) In $C^1(J)$, $J = [a,b]$, sei $\|f\|_0$ die Maximum-Norm und $\|f\|_1 := \|f\|_0 + \|f'\|_0$. Man zeige, daß dieser Raum mit der Norm $\|\cdot\|_1$ ein Banachraum, mit der Norm $\|\cdot\|_0$ jedoch kein Banachraum ist.

§ 6 Ein Existenz- und Eindeutigkeitssatz

Alle auftretenden Funktionen sind reellwertig. Wir betrachten das folgende Anfangswertproblem

$$y' = f(x,y) \quad \text{für} \quad \xi \le x \le \xi + a, \quad y(\xi) = \eta. \tag{1}$$

Die wesentliche Voraussetzung des folgenden Satzes lautet, daß f in dem Streifen $S : \xi \le x \le \xi + a$, $-\infty < y < \infty$ stetig ist und einer *Lipschitzbedingung bezüglich* y

$$|f(x,y) - f(x,\bar{y})| \le L|y - \bar{y}|. \tag{2}$$

genügt. Die auftretende *Lipschitzkonstante* $L \ge 0$ unterliegt dabei keiner Einschränkung. Man sagt auch, wenn (2) gilt, f sei *Lipschitz-stetig*.

I. Existenz- und Eindeutigkeitssatz. *Die Funktion* $f \in C(S)$ *genüge in S der Lipschitzbedingung* (2). *Dann hat das Anfangswertproblem* (1) *genau eine Lösung* $y(x)$. *Sie existiert im ganzen Intervall* $\xi \le x \le \xi + a$.

Der *Beweis* geschieht durch Zurückführung auf den Fixpunktsatz 5.IX. Dazu ist es notwendig, das Anfangswertproblem durch geeignete Umformulierung auf die Gestalt $y = Ty$ zu bringen. Es bezeichne J das Intervall $\xi \leq x \leq \xi + a$, und es sei $y(x)$ eine in J differenzierbare Lösung des Anfangswertproblems. Wegen der Stetigkeit von f ist $u(x) := f(x, y(x))$ in J stetig, also $y(x)$ sogar stetig differenzierbar. Aus dem Hauptsatz der Differential- und Integralrechnung folgt dann

$$y(x) = \eta + \int_\xi^x f(t, y(t))\, dt. \tag{3}$$

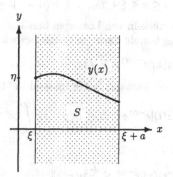

Umgekehrt genügt eine in J *stetige* Lösung von (3) der Anfangsbedingung $y(\xi) = \eta$; ferner ist die rechte Seite von (3), also auch $y(x)$ stetig differenzierbar und $y' = f(x, y)$. Das Anfangswertproblem ist also gleichwertig mit der Integral-Gleichung (3), die wir in der Form

$$y = Ty \quad \text{mit} \quad (Ty)(x) = \eta + \int_\xi^x f(t, y(t \tag{3'}$$

schreiben können. Der Integraloperator T ordnet jeder Funktion y aus dem Banachraum $C(J)$ der in J stetigen Funktionen (vgl. Beispiel 5.III.(c)) eine Funktion Ty aus demselben Raum zu.

Die Lösungen des Anfangswertproblems (1) sind also gerade die Fixpunkte des Operators T, aufgefaßt als Abbildung $B \to B$ mit $B = C(J)$. Nach dem Fixpunktsatz von 5.IX ist der Satz I vollständig bewiesen, wenn gezeigt werden kann, daß T einer Lipschitzbedingung (5.3) mit einer Lipschitzkonstante $q < 1$ genügt.

Normiert man den Raum $C(J)$ mit der Maximum-Norm $\|y\|_0 = \max\{|y(x)|\}$ $x \in J\}$, so ergibt sich für $y, z \in C(J)$ wegen (2)

$$|(Ty)(x) - (Tz)(x)| = \left| \int_\xi^x \{f(t, y(t)) - f(t, z(t))\}\, dt \right|$$
$$\leq \int_\xi^x L|y(t) - z(t)|\, dt \leq L\|y - z\|_0 (x - \xi), \tag{4}$$

also

$$\|Ty - Tz\|_0 \le La\|y - z\|_0.$$

T genügt also einer Lipschitzbedingung. Aber die Lipschitzkonstante ist nur dann < 1, wenn das Intervall klein ist, genauer, wenn $La < 1$, $a < \dfrac{1}{L}$ ist. Ist $a \ge \dfrac{1}{L}$, so kann man sich dadurch helfen, daß man ein n mit $b = \dfrac{a}{n} < \dfrac{1}{L}$ bestimmt und die Lösung nach dem obigen Verfahren nacheinander für die Intervalle

$$\xi \le x \le \xi + b, \, \xi + b \le x \le \xi + 2b, \ldots, \xi + (n-1)b \le x \le \xi + nb = \xi + a$$

bestimmt. Für das Anstückeln von Lösungen benötigt man VI.(b).

Ein eleganterer Weg besteht darin, mit einer bewichteten Maximum-Norm

$$\|y\| = \max\{|y(x)|e^{-\alpha x}| \; x \in J\} \quad (\alpha > 0) \tag{5}$$

zu arbeiten. Schätzt man jetzt das letzte Integral in (4) durch

$$L \int_\xi^x |y(t) - z(t)|e^{-\alpha t}e^{\alpha t} \, dt \le L\|y - z\| \int_\xi^x e^{\alpha t} \, dt \le L\|y - z\|\frac{e^{\alpha x}}{\alpha}$$

ab, so folgt also aus (4)

$$|(Ty)(x) - (Tz)(x)|e^{-\alpha x} \le \frac{L}{\alpha}\|y - z\|$$

und damit

$$\|Ty - Tz\| \le \frac{L}{\alpha}\|y - z\|.$$

Wählt man also z. B. $\alpha = 2L$, so genügt T einer Lipschitzbedingung mit der Lipschitzkonstante $\frac{1}{2}$. Diese Beweisvariante liefert also die Existenz in *einem* Schritt für das ganze Intervall.

II. Zusätze. (a) Der Satz zeigt, daß man, ausgehend von einer in J stetigen Funktion $y_0(x)$, die Folge der „sukzessiven Approximationen" gemäß

$$y_{k+1}(x) = \eta + \int_\xi^x f(t, y_k(t)) \, dt \quad (k = 0, 1, 2, \ldots), \tag{6}$$

zu berechnen hat und daß diese Folge nach der Norm und damit auch gleichmäßig in J gegen die Lösung $y(x)$ des Anfangswertproblems konvergiert. Man kann dieses Iterationsverfahren zur näherungsweisen numerischen Bestimmung einer Lösung benutzen. Dabei geht man zweckmäßig von einer Funktion $y_0(x)$ aus, welche der Lösung möglichst gut angepaßt ist. Wenn nichts über den Verlauf der Lösung bekannt ist, kann man $y_0(x) = \eta$ wählen.

(b) Eine hinreichende Bedingung für das Bestehen einer Lipschitzbedingung (2) lautet: f ist partiell nach y differenzierbar, und es ist $|f_y(x,y)| \le L$ (Beweis mit Mittelwertsatz).

(c) Ein entsprechender Existenz- und Eindeutigkeitssatz gilt für ein links vom Anfangswert gelegenes Intervall $J_- : \xi - a \leq x \leq \xi$ $(a > 0)$. Ist f im Streifen $S_- := J_- \times \mathbb{R}$ stetig und gilt in S_- die Lipschitzbedingung (2), so hat das Anfangswertproblem

$$y' = f(x, y) \quad \text{für} \quad \xi - a \leq x \leq \xi, \quad y(\xi) = \eta \qquad (1_-)$$

genau eine in J_- existierende Lösung.

Zum Beweis transformiert man das Problem mittels $\bar{y}(x) := y(2\xi - x)$, $\bar{f}(x, y) := -f(2\xi - x, y)$ (geometrisch gesprochen: durch Spiegelung an der Geraden $x = \xi$) auf das Anfangswertproblem

$$\bar{y}' = \bar{f}(x, \bar{y}) \quad \text{für} \quad \xi \leq x \leq \xi + a, \quad \bar{y}(\xi) = \qquad (1^*)$$

Offenbar genügt dann $\bar{f}$ den Voraussetzungen von Satz I. Außerdem sieht man sofort, daß durch $\phi(x) \mapsto \bar{\phi} := \phi(2\xi - x)$ eine umkehrbar eindeutige Abbildung von $C(J_-)$ auf $C(J)$ definiert wird, welche Lösungen von (1_-) in Lösungen von (1^*) überführt (und umgekehrt). Die Behauptung folgt dann aus Satz I. Wir bemerken, daß man als Alternative die Möglichkeit hat, den ursprünglichen Beweis direkt auf den vorliegenden Fall zu übertragen. Mit der Norm

$$\|y\| = \max |y(x)| e^{-\alpha|x-\xi|}$$

läßt sich die Existenz sowohl nach links als auch nach rechts beweisen (die Integralgleichung (3) gilt für beide Fälle). Häufig wird f nicht in einem ganzen Streifen, sondern nur in einer Umgebung des Punktes (ξ, η) definiert sein. Auf diese Situation bezieht sich der folgende

III. Satz. *Es sei* $R : \xi \leq x \leq \xi + a$, $|y - \eta| \leq b$ $(a, b > 0)$ *ein Rechteck, und* $f \in C(R)$ *genüge in* R *einer Lipschitzbedingung (2). Dann existiert genau eine Lösung des Anfangswertproblems* (1) *(mindestens) in einem Intervall* $\xi \leq x \leq \xi + \alpha$, *wobei*

$$\alpha = \min\left\{a, \frac{b}{A}\right\} \quad mit \quad A = \max_R |f|$$

ist.

Entsprechendes gilt für ein links von der Stelle (ξ, η) *gelegenes Rechteck.*

Zum *Beweis* setzt man f stetig auf dem Streifen $\xi \leq x \leq \xi + a$ $-\infty < y < \infty$ fort, etwa indem man

$$\bar{f}(x, y) = \begin{cases} f(x, \eta - b) & \text{für} \quad y < \eta - b, \\ f(x, y) & \text{in} \quad R, \\ f(x, \eta + b) & \text{für} \quad y > \eta + b \end{cases}$$

setzt. Diese Funktion $\bar{f}$ ist offenbar stetig in dem Streifen und genügt dort einer Lipschitzbedingung (2) mit derselben Lipschitzkonstante wie f. Nach

Satz I existiert also genau eine Lösung $y(x)$ des Anfangswertproblems mit $\bar{f}$. Diese Lösung ist, solange sie in R verläuft, auch Lösung des ursprünglichen Anfangswertproblems. Wegen $|\bar{f}| \leq A$ ist $|y'| \leq A$, d. h. die Lösung verläuft im Winkelraum zwischen den beiden vom Punkt (ξ, η) ausgehenden Geraden mit der Steigung $\pm A$ (vgl. Bild). Sie verläßt also R frühestens an der Stelle $\xi + \alpha$, wobei α die kleinere der Zahlen a und b/A ist.

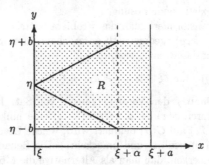

Auch hier besteht wieder die Möglichkeit, den Beweis von I direkt zu übertragen. Die stetige Fortsetzung von f kann dann umgangen werden. Dazu betrachtet man den (wie in I definierten) Operator T auf dem Banachraum B der in $[\xi, \xi + \alpha]$ stetigen Funktionen, genauer auf der Teilmenge D aller $\phi \in B$ mit graph $\phi \subset R$, d. h. $|\phi(x) - \eta| \leq b$. Um den Fixpunktsatz 5.IX anwenden zu können, muß man zunächst zeigen, daß D abgeschlossen ist und durch T in sich abgebildet wird. Man schließt dann weiter wie in I. Die Durchführung des Beweises sei als Übungsaufgabe empfohlen.

IV. Lokale Lipschitzbedingung. Definition. Die Funktion $f(x, y)$ genügt in $D \subset \mathbb{R}^2$ einer lokalen Lipschitzbedingung bezüglich y, wenn zu jedem $(x_0, y_0) \in D$ eine Umgebung $U = U(x_0, y_0)$ und eine Konstante $L = L(x_0, y_0)$ existieren, so daß f in $D \cap U$ einer Lipschitzbedingung

$$|f(x, y) - f(x, \bar{y})| \leq L|y - \bar{y}| \tag{2}$$

genügt.

Kriterium. *Ist D offen und besitzt $f \in C(D)$ eine in D stetige Ableitung f_y, so genügt f einer lokalen Lipschitzbedingung.*

Ist nämlich U eine kreisförmige Umgebung von $(x_0, y_0) \in D$ mit $\bar{U} \subset D$, so ist f_y beschränkt in U, etwa $|f_y| \leq L$, und aus dem Mittelsatz folgt dann für $(x, y), (x, \bar{y}) \in U$

$$f(x, y) - f(x, \bar{y}) = (y - \bar{y}) f_y(x, y^*) \quad \text{mit} \quad y^* \in (y, \bar{y}),$$

also (2).

Eine lokale Lipschitzbedingung ist also, im Gegensatz zur globalen Lipschitzbedingung, wie sie in Satz I verlangt wird, eine schwache Forderung. So gilt z. B. für die Funktion $f(x, y) = y^2$

$$|f(x, y) - f(x, \bar{y})| = |y^2 - \bar{y}^2| = |y + \bar{y}||y - \bar{y}|.$$

Diese Funktion genügt also im $\mathbb{R}^2$ (oder in einem Streifen $J \times \mathbb{R}$) einer lokalen Lipschitzbedingung, jedoch keiner Lipschitzbedingung.

Satz über lokale Lösbarkeit. *Ist D offen und genügt $f \in C(D)$ einer lokalen Lipschitzbedingung in D, so ist das Anfangswertproblem* (1) *für $(\xi, \eta) \in D$ lokal eindeutig lösbar, d. h. in einer Umgebung von ξ existiert genau eine Lösung.*

Das folgt sofort aus Satz III. Man konstruiert rechts von der Stelle (ξ, η) ein Rechteck von der Art, wie es in III vorkommt. In diesem Rechteck besteht, wenn es hinreichend klein gewählt ist, eine Lipschitzbedingung, und man kann Satz III anwenden. Nach links verfährt man entsprechend.

Unser Ziel ist es, weitergehende globale Aussagen über die eindeutige Fortsetzbarkeit dieser Lösung abzuleiten. Zunächst ein

V. Hilfssatz. *Es sei f in D definiert und $\Phi = \{\phi_\alpha\}_{\alpha \in A}$ $(A \neq \emptyset)$ eine Menge von Lösungen des Anfangswertproblems* (1); *dabei sei ϕ_α Lösung im Intervall J_α mit $\xi \in J_\alpha$. Für die Lösungsmenge Φ gelte bei beliebig gewählten $\alpha, \beta \in A$*

$$\phi_\alpha(x) = \phi_\beta(x) \quad \text{für} \quad x \in J_\alpha \cap J_\beta. \tag{E}$$

Dann existiert im Intervall $J := \bigcup_{\alpha \in A} J_\alpha$ genau eine Lösung ϕ mit der Eigenschaft $\phi|_{J_\alpha} = \phi_\alpha$ für alle $\alpha \in A$. (Man beachte $\xi \in J_\alpha$ für alle α.)

Man erhält diese Lösung, indem man zu $x \in J$ ein $\alpha \in A$ mit $x \in J_\alpha$ bestimmt und dann $\phi(x) := \phi_\alpha(x)$ setzt. Ist β ein weiterer Index mit $x \in J_\beta$, so ist nach Voraussetzung $\phi_\alpha(x) = \phi_\beta(x)$, d. h. die gegebene Definition ist eindeutig.

Ist a ein beliebiger Punkt aus J, so gibt es ein $\alpha \in A$ mit $a \in J_\alpha$. Also ist $[\xi, a] \subset J_\alpha$ und $\phi(x) = \phi_\alpha(x)$ in $[\xi, a]$. Hieraus ersieht man, daß ϕ in der Tat Lösung von (1) in J ist.

Wendet man diesen Hilfssatz auf die Menge *aller* Lösungen des Anfangswertproblems an, so wird durch (E) nichts anderes als die Eindeutigkeit ausgedrückt. Man erhält so das

Corollar. *Hat das Anfangswertproblem* (1) *wenigstens eine Lösung und gilt die Eindeutigkeitsaussage* (E) *für je zwei Lösungen, so existiert eine nicht fortsetzbare Lösung von* (1). *Alle übrigen Lösungen sind Restriktionen dieser Lösung.*

VI. Hilfssatz über die Fortsetzbarkeit von Lösungen. *Es sei* $D \subset$
$\mathbb{R}^2$ *und* $f \in C(D)$.

(a) *Ist* ϕ *im Intervall* $\xi \leq x < b$ *eine Lösung der Differentialgleichung*
$y' = f(x, y)$, *welche ganz in der kompakten Menge* $A \subset D$ *verläuft, so läßt*
sich ϕ *auf das abeschlossene Intervall* $[\xi, b]$ *als Lösung fortsetzen.*

(b) *Ist* ϕ *eine Lösung im Intervall* $[\xi, b]$, ψ *eine Lösung im Intervall* $[b, c]$
und gilt $\phi(b) = \psi(b)$, *so ist die Funktion*

$$u(x) := \begin{cases} \phi(x) & \text{für} \quad \xi \leq x \leq b, \\ \psi(x) & \text{für} \quad b < x \leq c \end{cases}$$

Lösung im Intervall $[\xi, c]$.

Beweis. (a) Auf A ist f beschränkt, etwa $|f| \leq C$. Also ist $|\phi'| \leq C$ und
damit ϕ gleichmäßig stetig in $[\xi, b)$. Es existiert also $\beta = \lim\limits_{x \to b-} \phi(x)$, und es ist
$(b, \beta) \in A$. Setzt man $\phi(b) = \beta$, so ist $\phi(x)$ und damit auch $f(x, \phi(x))$ stetig
in $[\xi, b]$. Die Gleichung

$$\phi(x) = \phi(\xi) + \int_\xi^x f(t, \phi(t)) \, dt$$

gilt für $\xi \leq x < b$. Der Grenzübergang $x \to b-$ zeigt, daß sie auch noch für
$x = b$ gültig ist. Daraus folgt, daß ϕ an der Stelle b (linksseitig) differenzierbar
und daß $\phi'(b) = f(b, \phi(b))$ ist.

(b) Es ist nur nachzuprüfen, ob u an der Stelle b der Differentialgleichung
genügt. Nun ist u an dieser Stelle links- und rechtsseitig differenzierbar, und
beide Ableitungen sind gleich, nämlich gleich $f(b, \phi(b))$. Damit ist alles bewiesen.

Wir kommen nun zu dem angekündigten zentralen Satz.

VII. Existenz- und Eindeutigkeitssatz. *Die Funktion* $f \in C(D)$ *ge-*
nüge in D *einer lokalen Lipschitzbedingung bezüglich* y, *wobei* $D \subset \mathbb{R}^2$ *offen*
ist. Dann hat für jedes $(\xi, \eta) \in D$ *das Anfangswertproblem*

$$y' = f(x, y), \quad y(\xi) = \eta \tag{7}$$

eine Lösung ϕ, *welche nicht fortsetzbar ist und nach links und rechts dem Rand*
von D *beliebig nahe kommt. Sie ist eindeutig bestimmt, d. h. alle Lösungen*
von (7) *sind Restriktionen von* ϕ.

Definition. Die Aussage „ϕ *kommt nach rechts* dem Rand von D beliebig nahe" ist folgendermaßen definiert: Ist G die abgeschlossenen Hülle von
graph ϕ und G_+ die Menge der Punkte $(x, y) \in G$ mit $x \geq \xi$, so gilt

(a) G_+ ist keine kompakte Teilmenge von D.

Äquivalent (und anschaulicher) ist die Formulierung: ϕ existiert nach
rechts in einem Intervall $\xi \leq x < b$ ($b = \infty$ zugelassen), und es liegt einer der
folgenden Fälle vor:

(b) $b = \infty$; die Lösung existiert für alle $x \geq \xi$;

(c) $b < \infty$, $\limsup\limits_{x \to b-} |\phi(x)| = \infty$; die Lösung wird „unendlich";

(d) $b < \infty$, $\liminf\limits_{x \to b-} \varrho(x, \phi(x)) = 0$, wobei $\varrho(x_0, y_0)$ der Abstand des Punktes (x_0, y_0) vom Rand von D ist; die Lösung „kommt dem Rand beliebig nahe".

In der Tat besagt (a), daß G_+ entweder unbeschränkt ist (Fall (b) oder (c)) oder beschränkt ist und Randpunkte von D enthält (Fall (d)).

Beweis. Eindeutigkeit. Wir beweisen die Aussage „Sind ϕ und ψ zwei Lösungen des Anfangswertproblems und ist J ein gemeinsames Existenzintervall beider Lösungen mit $\xi \in J$, so ist $\phi = \psi$ in J".

Nehmen wir an, diese Aussage sei falsch, und es gebe z. B. rechts von ξ Punkte $x \in J$ mit $\phi(x) \neq \psi(x)$. Dann existiert rechts von ξ ein erster Punkt $x_0 \in J$, von dem aus die Lösungen „auseinanderlaufen"; x_0 ist also die größte Zahl mit der Eigenschaft, daß $\phi(x) = \psi(x)$ für $\xi \leq x \leq x_0$ ist ($x_0 = \xi$ ist nicht ausgeschlossen).

Nun existiert aber, wie wir aus Satz IV wissen, eine lokale Lösung durch den Punkt $(x_0, \phi(x_0))$, und diese ist eindeutig bestimmt. Mit anderen Worten: Es ist $\phi(x) = \psi(x)$ in einer rechtsseitigen Umgebung von x_0. Das steht aber im Widerspruch zu unserer Annahme über x_0. Entsprechend wird die Eindeutigkeit nach links bewiesen.

Existenz. Nach Satz IV existiert eine lokale Lösung von (7), und für zwei beliebige Lösungen gilt nach dem bereits bewiesenen Teil die Eindeutigkeitsaussage (E) von V. Es existiert also nach Corollar V eine nicht-fortsetzbare Lösung ϕ, und wir haben lediglich zu zeigen, daß diese nach rechts dem Rande von D beliebig nahe kommt (Randannäherung nach links wird ebenso bewiesen).

Angenommen, (a) sei falsch. Dann ist G_+ kompakte Teilmenge von D, und ϕ existiert in einem endlichen Intervall $\xi \leq x < b$ oder $\xi \leq x \leq b$. Im ersten Fall ist Hilfssatz VI.(a) anwendbar, d. h. ϕ läßt sich auf $[\xi, b]$ fortsetzen. Im zweiten Fall ist $(b, \phi(b)) \in D$, und man kann nach Satz IV eine lokale Lösung ψ durch diesen Punkt bestimmen. Gemäß VI.(b) hat man damit ebenfalls eine Fortsetzung von ϕ erhalten.

Wir sind also in beiden Fällen auf einen Widerspruch zu der Aussage, daß ϕ nicht-fortsetzbar ist, gekommen. Damit ist der Satz vollständig bewiesen.

VIII. Integralgleichungen. Aufgabe. (a) *Existenzsatz.* Die Funktion $k(x, t, z)$ sei für $0 \leq t \leq x \leq a$, $-\infty < z < \infty$ stetig und genüge einer Lipschitzbedingung in z,

$$|k(x, t, z) - k(x, t, \bar{z})| \leq L|z - \bar{z}|,$$

die Funktion $g(x)$ sei für $0 \leq x \leq a$ stetig. Man zeige durch Anwendung des Fixpunktsatzes, daß die *Volterra-Integralgleichung*

$$u(x) = g(x) + \int_0^x k(x, t, u(t)) \, dt$$

genau eine in $0 \le x \le a$ stetige Lösung besitzt. (b) *Vergleichssatz*. Für die in $J = [0, a]$ stetigen Funktionen v, w sei

$$v(x) < g(x) + \int_0^x k(x, t, v(t))\, dt,$$

$$w(x) \ge g(x) + \int_0^x k(x, t, w(t))\, dt \text{ in } J.$$

Ist $k(x, t, z)$ monoton wachsend in z, so ist $v < w$ in J.
Anleitung. (a) Der zweite Beweis von Satz I ist übertragbar. (b) Aus $v < w$ in $[0, \xi)$, $v(\xi) = w(\xi)$ leite man einen Widerspruch ab.

IX. Aufgabe. Genügt $f(x, y)$ in der offenen Menge $D \subset \mathbb{R}^2$ einer lokalen Lipschitzbedingung bezüglich y und ist $A \subset D$ kompakt und f beschränkt auf A, so genügt f in A einer Lipschitzbedingung bezüglich y.

X. Aufgabe. Ist f in der offenen Menge D stetig und ϕ eine Lösung von (7) im Intervall $[\xi, b)$ mit $b < \infty$, welche nach rechts dem Rande von D beliebig nahe kommt, so liegt einer der beiden Fälle vor (sie können gleichzeitig eintreten):

(c′) $\phi(x) \to +\infty$ oder $-\infty$ für $x \to b-$;

(d′) $\varrho(x, \phi(x)) \to 0$ für $x \to b-$.

Damit ist die Aussage in VII verschärft.
Anleitung. Man zeige: Ist G_b der Durchschnitt von $\overline{\text{graph } \phi}$ mit der Geraden $x = b$, so gilt $G_b \subset \partial D$ (Rand von D).

XI. Bedingung von Rosenblatt. Aufgabe. Die Funktion $f(x, y)$ sei im Streifen $S = J \times \mathbb{R}$, $J = [0, a]$, stetig und genüge der Bedingung

$$|f(x, y) - f(x, z)| \le \frac{k}{x}|y - z| \quad \text{für} \quad 0 < x \le a \quad \text{und} \quad y, z \in \mathbb{R}$$

mit $k < 1$. Man zeige, daß das Anfangswertproblem

$$y' = f(x, y) \text{ in } J, \quad y(0) = \eta$$

genau eine Lösung besitzt und daß sich diese durch sukzessive Approximation berechnen läßt. Die obige Bedingung wurde von Rosenblatt (1909) angegeben.
Anleitung. Der Operator T,

$$(Tu)(x) := \int_0^x f(t, \eta + u(t))\, dt,$$

genügt im Banachraum B aller Funktionen $u \in C(J)$ mit endlicher Norm

$$\|u\| := \sup\{|u(x)|/x \mid 0 < x \le a\}$$

der Lipschitzbedingung (5.3). Die Fixpunkte von T sind, bis auf eine Konstante, die Lösungen des Anfangswertproblems.

Ergänzung: Singuläre Anfangswertprobleme

Wir betrachten hier ein singuläres Anfangswertproblem für eine Differentialgleichung 2. Ordnung

$$y'' + \frac{\alpha}{x} y' = f(x, y) \quad \text{in } J_0 = (0, b], \quad y(0) = \eta, \quad y'(0) = 0. \tag{8}$$

Es steht in engem Zusammenhang mit rotationssymmetrischen Lösungen der nichtlinearen elliptischen Differentialgleichung

$$\Delta u = f(r, u),$$

wobei $x \in \mathbb{R}^n$ and $r = |x|$ ist; vgl. Abschnitt XIV.

XII. Die Operatoren L_α und I_α. Im folgenden ist $J = [0, b]$, $J_0 = (0, b]$, $\alpha > 0$ und L_α der Differentialoperator

$$L_\alpha y = y'' + \frac{\alpha}{x} y' = x^{-\alpha} (x^\alpha y')'.$$

Hilfssatz. *Es sei* $y \in C(J) \cap C^2(J_0)$, y' *beschränkt und* $f(x) \in C(J)$. *Ist*

$$L_\alpha y = f(x) \quad \text{in } J_0, \quad y(0) = \eta, \tag{9}$$

so gilt $y \in C^2(J)$, $y'(0) = 0$, $\lim_{x \to 0+} y'(x)/x = y''(0) = f(0)/(\alpha + 1)$ *und*

$$y(x) = \eta + (I_\alpha f)(x) \quad \text{mit} \quad I_\alpha f = \int_0^x s^{-\alpha} \int_0^s t^\alpha f(t) \, dt \, ds. \tag{10}$$

Ist umgekehrt y *durch* (10) *definiert, so ist* y *Lösung von* (9) *mit den obigen Eigenschaften, insbesondere* $y \in C^2(J)$, $y'(0) = 0$.

Beweis. Wegen der Beschränktheit von y' strebt $x^\alpha y'(x) \to 0$ für $x \to 0+$. Aus $(x^\alpha y')' = x^\alpha f(x)$ folgt dann durch Integration

$$x^\alpha y'(x) = \int_0^x t^\alpha f(t) \, dt. \tag{11}$$

Auf den Quotienten

$$\frac{y'(x)}{x} = \frac{\int\limits_0^x t^\alpha f(t) \, dt}{x^{\alpha + 1}}$$

wenden wir die Regel von l'Hospital an. Durch Differentiation von Zähler und Nenner erhält man

$$\frac{x^\alpha f(x)}{(\alpha + 1) x^\alpha} \to \frac{f(0)}{\alpha + 1} \quad (x \to 0+).$$

Also strebt $y'(x)/x \to f(0)/(\alpha + 1)$ und insbesondere $y'(x) \to 0$ für $x \to 0+$. Nach einem bekannten Satz der Analysis (Hilfssatz 10.18 in Walter 1) ist dann $y \in C^1(J)$ und $y'(0) = 0$. Aus der Differentialgleichung (9) folgt nun $y''(x) \to f(0)/(\alpha + 1)$ für $x \to 0+$. Eine zweite Anwendung des genannten Hilfssatzes zeigt dann, daß $y \in C^2(J)$ ist und $y''(0)$ den angegebenen Wert hat.

Durch Integration von y' ergibt sich nun aus (11) die Gleichung (10). Man beachte, daß aus der Beschränktheit von f folgt $\left| \int_0^s t^\alpha f(t)\, dt \right| \leq Cs^{\alpha+1}$. Der Integrand $s^{-\alpha} \int_0^s t^\alpha f(t)\, dt$ in I_α ist also eine in J stetige Funktion.

Umgekehrt erhält man aus (10) durch Differentiation die Gleichung (11) und aus dieser, wie wir gesehen haben, die behaupteten Eigenschaften von y. Durch eine anschließende Differentiation von $x^\alpha y'$ ergibt sich schließlich die Differentialgleichung (9).

XIII. Existenz- und Eindeutigkeitssatz. *Die Funktion $f(x,y)$ sei in $J \times \mathbb{R}$ stetig und genüge einer Lipschitzbedingung bezüglich y; vgl. (2). Dann besitzt das Anfangswertproblem (8) mit $\alpha > 0$ genau eine Lösung $y \in C^2(J)$.*

Beweis. Nach dem vorangehenden Hilfssatz ist (8) äquivalent mit der Volterraschen Integralgleichung $y = \eta + I_\alpha f(\cdot, y)$, die man durch Vertauschung der Integrationsreihenfolge in der Form

$$y(x) = \eta + \int_0^x k(x,t) f(t, y(t))\, dt \tag{12}$$

schreiben kann. Dabei ist mit $z = t/x$

$$k(x,t) = t^\alpha \int_t^x s^{-\alpha}\, ds = \begin{cases} xz \log z, & \alpha = 1, \\[2mm] x(z^\alpha - z)/(1 - \alpha), & \alpha \neq 1. \end{cases} \tag{13}$$

Der Kern k ist in dem Dreieck $D : 0 \leq t \leq x \leq b$ stetig, und es ist $0 \leq z \leq 1$ sowie

$$k(x,x) = k(x,0) = 0 \quad \text{und} \quad k(x,t) \geq 0 \quad \text{in } D.$$

Die Behauptung folgt dann aus dem Satz von Aufgabe VIII.

XIV. Rotationssymmetrische Lösungen elliptischer Differentialgleichungen. Im folgenden ist $x \in \mathbb{R}^n$ $(n \geq 2)$, $r = |x|$ (Euklid-Norm) und Δ der Laplace-Operator

$$\Delta u = u_{x_1 x_1} + u_{x_2 x_2} + \cdots + u_{x_n x_n}.$$

Für *rotationssymmetrische* Funktionen $u(x) = y(|x|)$ (sie werden auch *radial* genannt) ist

$$\Delta u = y'' + \frac{n-1}{r}\, y' = L_{n-1}\, y;$$

vgl. etwa Walter 2, Abschnitt 7.26. Der hierdurch ausgedrückte Zusammenhang führt sofort zu dem folgenden

Existenz- und Eindeutigkeitssatz. *Die Funktion $f(r, z)$ sei in $J \times \mathbb{R}$ stetig und in z Lipschitz-stetig. Dann gibt es genau eine in der Kugel B_b : $|x| \leq b$ rotationssymmetrische Lösung $u \in C^2(B_b)$ der Differentialgleichung*

$$\Delta u = f(|x|, u) \quad in \quad B_b$$

mit vorgegebenem Anfangswert $u(0) = u_0$.

Dies ergibt sich ohne weiteres aus dem vorigen Satz. Man erhält die Lösung u in der Form $u(x) = y(|x|)$, wobei $y(r)$ die Lösung von (12) mit $\alpha = n - 1$, $\eta = u_0$ und r anstelle von x. ist. Eine Frage bedarf noch der Klärung. Während sich die C^2-Eigenschaft von y sofort auf u überträgt, solange $x \neq 0$ ist, ist dies für $x = 0$ nicht unmittelbar einsichtig. Der nächste Hilfssatz gibt darüber Aufschluß.

Hilfssatz. *Es sei $y \in C^2(J)$ und $y'(0) = 0$. Dann ist die Funktion $u(x) := y(|x|)$ $(x \in \mathbb{R}^n)$ in der Kugel B_b : $|x| \leq b$ zweimal stetig differenzierbar.*

Beweis. Die partiellen Ableitungen von u werden mit u_i und u_{ij} bezeichnet. Für $x \neq 0$ ist

$$u_i = \frac{x_i}{r} y', \quad u_{ij} = \frac{\delta_{ij}}{r} y' + \frac{x_i x_j}{r^2} \left(y'' - \frac{y'}{r} \right).$$

Wegen $|x_i/r| \leq 1$ strebt $u_i(x) \to 0$ für $x \to 0$. Mit $u_i(0) := 0$ erhält man eine in B_b stetige Funktion, und nach dem bereits oben benutzten Hilfssatz 10.18 aus Walter 1 ist $\partial u(0)/\partial x_i = 0$, also $u \in C^1(B_b)$. Genauso verfährt man mit den zweiten Ableitungen. Aus $y'(r)/r = (y'(r) - y'(0))/r \to y''(0)$ folgt $y'' - y'/r \to 0$ für $r \to 0+$, also $u_{ij}(x) \to \delta_{ij} y''(0)$ für $x \to 0$. Man definiert $u_{ij}(0)$ durch diesen Wert, erhält eine im Nullpunkt stetige Funktion sowie $(\partial u_i/\partial x_j)(0) = u_{ij}(0)$ nach dem genannten Hilfssatz. Damit ist der Beweis abgeschlossen und auch der vorangehende Satz bewiesen.

Über radiale Lösungen elliptischer Gleichungen gibt es zahlreiche Untersuchungen. Sie sind von Bedeutung in der Differentialgeometrie und in vielen Bereichen der angewandten Mathematik. Die Frage nach der Existenz ganzer (d. h. im $\mathbb{R}^n$ existierender) radialen Lösungen wurde im Fall $\Delta u + u^p = 0$ vollständig gelöst. Für die Gleichung $\Delta u + K(r)u^p = 0$ gab zuerst Ni (1982) umfassende Ergebnisse an.

XV. Vergleichssatz. Aufgabe. *Für die Funktionen $v, w \in C^1(J) \cap C^2(J_0)$ gelte*

$$L_\alpha v \leq f(x, v) \quad und \quad L_\alpha w \geq f(x, w) \quad in \quad J_0,$$

$$v(x) < w(x) \quad für \quad 0 < x < \varepsilon \quad (\varepsilon > 0), \quad v'(0) \leq w'(0).$$

Hieraus folgt, falls $f(x,y)$ in y monoton wachsend ist,

$$v < w \quad und \quad v' \le w' \quad in \ J_0.$$

Anleitung. Solange $v < w$ ist, wird auch $v' \le w'$ sein.

XVI. Aufgabe. Die Funktionen p und p_1 seien in $J = [0, b]$ stetig und in $J_0 = (0, b]$ positiv, und es sei $p_1(t)/p(x) \le Cx^{-\gamma}$ für $0 < t \le x \le b$ mit $0 \le \gamma < 1$. Wir betrachten das Anfangswertproblem

$$Ly = f(x, y) \quad in \ J_0, \quad y(0) = \eta, \quad y'(0) = 0,$$

wobei

$$Ly = \frac{1}{p_1(x)}(p(x)y')'$$

ist. Man zeige: Ist die Funktion $f(x, y)$ in $J \times \mathbb{R}$ stetig und genügt sie einer Lipschitzbedingung in y, so besitzt das Anfangswertproblem genau eine Lösung. Unter einer Lösung versteht man dabei eine Funktion $y \in C^1(J)$, für die $py' \in C^1(J_0)$ ist.

Anleitung. Man führe das Problem auf eine Volterra-Integralgleichung zurück und benutze den Satz von Aufgabe VIII.

§ 7 Der Existenzsatz von Peano

Wir haben bereits früher Beispiele von Differentialgleichungen

$$y' = f(x, y) \tag{1}$$

behandelt, bei denen die rechte Seite f keiner Lipschitzbedingung genügt, etwa $y' = \sqrt{|y|}$. Die grundsätzlich wichtige Frage, ob die Stetigkeit von $f(x, y)$ bereits ausreicht, um die Existenz einer Lösung zu beweisen, wurde zuerst von Peano[1] (1890) positiv beantwortet.

I. Existenzsatz von Peano. *Ist $f(x, y)$ in einem Gebiet D stetig, so geht durch jeden Punkt $(\xi, \eta) \in D$ mindestens eine Lösung der Differentialgleichung (1). Jede Lösung läßt sich nach rechts und links bis zum Rande von D fortsetzen.*

Letzteres soll natürlich heißen, daß jede Lösung eine Fortsetzung besitzt, welche nach rechts und links dem Rand von D beliebig nahe kommt; vgl. 6.VII.

Zum Beweis dieses Satzes bedarf es einiger Begriffsbildungen und Hilfssätze.

---

[1] Peano, Giuseppe, 1858–1932, italienischer Mathematiker und Logiker.

II. Gleichgradige Stetigkeit. Eine Menge $M = \{f, g, \ldots\}$ von Funktionen, welche alle im Intervall $J : a \leq x \leq b$ stetig sind, heißt *gleichgradig stetig*, wenn zu jedem $\varepsilon > 0$ eine Zahl $\delta = \delta(\varepsilon)$ existiert, so daß

$$|f(x) - f(\bar{x})| < \varepsilon \quad \text{für} \quad |x - \bar{x}| < \delta, \quad (x, \bar{x} \in J), \tag{2}$$

und zwar für alle $f \in M$ gilt.

Das Wesentliche an dieser Definition ist also, daß man für *alle* Funktionen aus M mit ein und demselben δ auskommt.

Beispiel. M sei die Menge aller Funktionen $f(x)$, welche in J einer Lipschitzbedingung mit der einheitlichen Lipschitzkonstante L

$$|f(x) - f(\bar{x})| \leq L|x - \bar{x}| \quad \text{für} \quad x, \bar{x} \in J$$

genügen. Die Menge M ist gleichgradig stetig. Hier kann man offenbar $\delta(\varepsilon) = \varepsilon/L$ setzen.

III. Hilfssatz. *Ist die Folge $f_1(x), f_2(x), \ldots$ in $J = [a, b]$ gleichgradig stetig und konvergiert sie für alle $x \in A$, wobei $A \subset J$ eine in J dichte Punktmenge ist, so konvergiert sie für alle $x \in J$, und zwar gleichmäßig. Ihr Limes $f(x)$ ist also eine in J stetige Funktion.*

Dabei nennt man die Punktmenge A „dicht" in J, wenn jedes Teilintervall von J mindestens einen Punkt von A enthält (Beispiel: $A = $ Menge aller rationalen Zahlen von J).

Beweis. Zu $\varepsilon > 0$ sei $\delta = \delta(\varepsilon)$ so bestimmt, daß (2) für alle Funktionen f_n gilt $(n \geq 1)$. Nun wird das Intervall J in p abgeschlossene Teilintervalle $J_1, \ldots, J_p$ zerlegt, wobei die Länge jedes J_i kleiner als δ sein soll. Zu jedem J_i existiert ein $x_i \in J_i \cap A$. Ferner gibt es nach Voraussetzung ein $n_0 = n_0(\varepsilon)$, so daß

$$|f_m(x_i) - f_n(x_i)| < \varepsilon \quad \text{für} \quad m, n \geq n_0 \quad \text{und} \quad i = 1, \ldots, p$$

ist. Nun sei x ein beliebiger Punkt aus J; es sei etwa $x \in J_q$. Wegen $|x - x_q| < \delta$ und (2) folgt aus der eben bewiesenen Ungleichung

$$|f_m(x) - f_n(x)| \leq |f_m(x) - f_m(x_q)| + |f_m(x_q) - f_n(x_q)|$$
$$+ |f_n(x_q) - f_n(x)| < 3\varepsilon \quad \text{für} \quad m, n \geq n_0.$$

Damit ist gezeigt, daß die Folge $f_n(x)$ in J gleichmäßig konvergiert.

Als weiteres wichtiges Hilfsmittel benötigen wir den auf die italienischen Mathematiker Giulio Ascoli (1843–1896) und Cesare Arzelà (1847–1912) zurückgehenden

IV. Satz von Ascoli-Arzelà. *Jede in $J = [a, b]$ gleichgradig stetige Folge von Funktionen $f_1(x), f_2(x), \ldots$, mit $|f_n(x)| \leq C$ (für $x \in J$, $n \geq 1$) enthält eine in J gleichmäßig konvergente Teilfolge.*

Beweis. Es sei $A = \{x_1, x_2, \ldots\}$ eine abzählbare, in J dichte Punktmenge (etwa die Menge aller rationalen Zahlen aus J). Die Zahlenfolge $a_n = f_n(x_1)$ $(n = 1, 2, \ldots)$ ist beschränkt, sie besitzt also eine konvergente Teilfolge. Anders gesagt: Die Funktionenfolge (f_n) besitzt eine Teilfolge, bezeichnen wir sie mit $(f_{1n}) = (f_{11}, f_{12}, f_{13}, \ldots)$, welche für $x = x_1$ konvergiert. Während die Zahlenfolge $(f_{1n}(x_1))$ also konvergent ist, wird die Folge $(f_{1n}(x_2))$ i. a. nicht konvergent sein; jedoch ist sie beschränkt und besitzt damit eine konvergente Teilfolge. Das heißt, die Funktionenfolge (f_{1n}) hat eine Teilfolge – wir benennen sie mit $(f_{2n}) = (f_{21}, f_{22}, f_{23}, \ldots)$ –, die an der Stelle $x = x_2$ konvergiert.

In dieser Weise fahren wir fort: Die Folge (f_{2n}) ist beschränkt, und eine passend gewählte Teilfolge wird an der Stelle x_3 konvergieren. Diese Teilfolge werde mit (f_{3n}) bezeichnet. Durch Wiederholung dieses Prozesses erhält man eine Reihe von Folgen

$$f_{11}, f_{12}, f_{13}, f_{14}, \ldots, \quad \text{konvergent für} \quad x = x_1,$$

$$f_{21}, f_{22}, f_{23}, f_{24}, \ldots, \quad \text{konvergent für} \quad x = x_1, x_2,$$

$$f_{31}, f_{32}, f_{33}, f_{34}, \ldots, \quad \text{konvergent für} \quad x = x_1, x_2, x_3,$$

etc.

Die k-te Zeile stellt eine Teilfolge der $(k-1)$-ten Zeile dar. Sie konvergiert für $x = x_1, \ldots, x_k$. Daraus ergibt sich, und das ist die wesentliche Idee des Beweises, daß die Diagonalfolge

$$f_{11}, f_{22}, f_{33}, f_{44}, \ldots$$

für alle $x = x_k$, d. h. für $x \in A$ konvergent ist. Sie ist nämlich, jedenfalls von ihrem k-ten Glied an, eine Teilfolge der k-ten Zeile $(k = 1, 2, \ldots)$. Die gleichmäßige Konvergenz dieser Diagonalfolge ergibt sich nun aus Hilfssatz III.

Den Existenzsatz von Peano beweisen wir zunächst in der folgenden schwächeren Form.

V. Satz. *Die Funktion $f(x, y)$ sei stetig und beschränkt im Streifen $S = J \times \mathbb{R}$ mit $J = [\xi, \xi + a]$, $a > 0$. Dann existiert mindestens eine in J differenzierbare (und damit stetig differenzierbare) Funktion $y(x)$, für welche*

$$y' = f(x, y) \quad \text{in } J, \qquad y(\xi) = \eta \tag{3}$$

ist.

Beweis. Die Aufgabe besteht darin, eine Funktion $y(x) \in C(J)$ zu finden, für die

$$y(x) = \eta + \int_{\xi}^{x} f(t, y(t)) \, dt \quad \text{in } J \tag{4}$$

ist. Dazu konstruieren wir für jedes $\alpha > 0$ eine „Näherungslösung" $z_\alpha(x) \in C(J)$ gemäß

$$z_\alpha(x) = \begin{cases} \eta & \text{für } x \leq \xi, \\ \eta + \displaystyle\int_\xi^x f(t, z_\alpha(t - \alpha))\, dt & \text{für } x \in J. \end{cases} \tag{5}$$

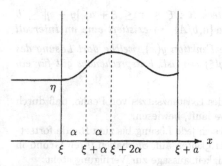

$$\eta$$

$$\alpha \quad \alpha$$

$$\xi \quad \xi + \alpha\, \xi + 2\alpha \qquad \xi + a$$

Die Näherungslösungen $z_\alpha(x)$

In der Tat ist dadurch z_α für $x \leq \xi + a$ eindeutig definiert. Ist nämlich $\xi \leq x \leq \xi + \alpha$, so ist in dem Integral $t - \alpha \leq \xi$, also $z_\alpha(t - \alpha) \equiv \eta$, d.h. das Integral ist wohldefiniert. Ist nun $\xi + \alpha \leq x \leq \xi + 2\alpha$, so ist $t - \alpha \leq x - \alpha \leq \xi + \alpha$, also $z_\alpha(t - \alpha)$ nach dem obigen bereits bekannt, d. h. das Integral ist definiert, usw. Man erhält so nach endlich vielen Schritten eine für $x \leq \xi + a$ stetige Funktion $z_\alpha(x)$, welche der Gleichung (5) genügt. Die Menge M dieser in J stetigen Funktionen $z_\alpha(x)$ (wir betrachten diese Funktionen im folgenden nur in J) ist gleichgradig stetig. Aus $|f| \leq C$ folgt nämlich $|z_\alpha'(x)| \leq C$, d. h. die z_α genügen in J der Lipschitzbedingung

$$|z_\alpha(x) - z_\alpha(\bar{x})| \leq C|x - \bar{x}|.$$

Die Folge $z_1(x), z_{1/2}(x), z_{1/3}(x), \ldots$ besitzt nach dem Satz von Ascoli-Arzelà eine gleichmäßig konvergente Teilfolge $(z_{\alpha_n}(x))$ $(n = 1, 2, 3, \ldots; \alpha_n > 0)$, wofür wir kurz $(z_n(x))$ schreiben. Ihr (stetiger) Limes heiße $y(x)$. Gemäß (5) ist also

$$z_n(x) = \eta + \int_\xi^x f(t, z_n(t - \alpha_n))\, dt. \tag{6}$$

Nun folgt aus den Ungleichungen

$$|z_n(t - \alpha_n) - y(t)| \leq |z_n(t - \alpha_n) - z_n(t)| + |z_n(t) - y(t)|$$

$$\leq C\alpha_n + |z_n(t) - y(t)|,$$

daß auch $z_n(t - \alpha_n)$ gleichmäßig in J gegen $y(t)$, also $f(t, z_n(t - \alpha_n))$ gleichmäßig in J gegen $f(t, y(t))$ konvergiert. Demnach ergibt sich aus (6), da der

Grenzübergang $n \to \infty$ unter dem Integralzeichen erlaubt ist, die Gleichung (4).

Damit ist der spezielle Satz V vollständig bewiesen, er entspricht dem Satz 6.I. Aus ihm ergibt sich der Existenzsatz von Peano in seiner allgemeinen Form in mehreren Schritten.

Zunächst beweist man genau wie in § 6, daß der Existenzsatz auch für einen links von der Stelle ξ gelegenen Streifen oder für ein Rechteck gilt. Der letztere Fall, er entspricht dem Satz 6.III, sei ausführlich formuliert.

VI. Satz. *Ist f in einem Rechteck $R : \xi \leq x \leq \xi + a$, $|y - \eta| \leq b$ stetig und ist $A = \max\limits_{R} |f|$, $\alpha = \min\{a, b/A\}$, so existiert eine im Intervall $\xi \leq x \leq \xi + a$ stetig differenzierbare Funktion $y(x)$, welche dort Lösung des Anfangswertproblems $y' = f(x, y)$, $y(\xi) = \eta$ ist. Entsprechendes gilt für ein links von ξ gelegenes Rechteck.*

Damit ist die erste Behauptung des Existenzsatzes von Peano, daß durch jeden Punkt aus D eine Integralkurve läuft, bewiesen.

Der zweite Teil, die Aussage, daß sich jede Lösung bis zum Rande fortsetzen läßt, weist gegenüber § 6 Schwierigkeiten auf. Sie haben ihren Grund in der Tatsache, daß uns keine Eindeutigkeitsaussage zur Verfügung steht.

Wir beschränken uns auf die Fortsetzbarkeit nach rechts und beweisen zunächst die folgende Zwischenbehauptung.

(Z) Ist ϕ eine Lösung im Intervall $\xi \leq x < b$ und A eine kompakte Teilmenge von D, so läßt sich ϕ über A hinaus fortsetzen, d. h. es existiert eine Fortsetzung $\bar{\phi}$ mit graph $\bar{\phi} \not\subset A$.

Die Menge A hat einen positiven Abstand, etwa $3\varrho > 0$, vom Rand von D. Ist $A_{2\varrho}$ die Menge der Punkte mit Abstand $\leq 2\varrho$ von A, so ist $A_{2\varrho}$ ebenfalls kompake Teilmenge von D, also $|f| \leq C$ in $A_{2\varrho}$. Bezeichnet $R(x_0, y_0)$ das Rechteck $x_0 \leq x \leq x_0 + \varrho$, $|y - y_0| \leq \varrho$, so ist $R(x_0, y_0) \subset A_{2\varrho}$, solange $(x_0, y_0) \in A$ ist.

Die gegebene Lösung ϕ läßt sich, falls graph $\phi \subset A$ ist, nach 6.VI.(a) zunächst auf $[\xi, b]$ fortsetzen. Nun setzen wir nach rechts weiter fort, indem wir auf das Rechteck $R(b, \phi(b))$ Satz VI anwenden. Es ergibt sich eine Lösung in $b \leq x \leq b + \alpha =: b_1$ mit $\alpha := \min\{\varrho, \varrho/C\}$. Liegt diese Fortsetzung noch ganz in A, so wiederholen wir den Prozeß mit $R(b_1, \phi(b_1))$, usw. Da bei jedem Schritt (solange ϕ in A ist) das Existenzintervall um die feste Zahl $\alpha > 0$ zunimmt, erhält man nach endlich vielen Schritten eine über A hinaus fortgesetzte Lösung. Damit ist (Z) bewiesen.

Der Rest des Beweises ist einfach. Wir betrachten eine Folge (A_n) von kompakten Mengen mit der Eigenschaft, daß $A_n \subset A_{n+1} \subset D$ für alle n und daß jedes Kompaktum $B \subset D$ in einem A_n enthalten ist (es sei etwa A_n die Menge der Punkte aus D mit Abstand $\geq \dfrac{1}{n}$ vom Rand von D und Abstand $\leq n$ vom Nullpunkt). Ist ϕ mit $\phi(\xi) = \eta$ eine Lösung in einem rechts von ξ gelegenen Intervall, die dem Rand von D nicht beliebig nahe kommt, so ist $\overline{\text{graph } \phi}$ eine kompakte Teilmenge von D, d. h. $\overline{\text{graph } \phi} \subset A_p$ für ein geeignetes p. Wir setzen ϕ gemäß (Z) über A_p hinaus fort, die Fortsetzung heiße ϕ_p; sie möge in $J_p = [\xi, b_p]$ existieren. Nun wird ϕ_{p+1} konstruiert. Ist ϕ_p nicht ganz in A_{p+1} enthalten, so setzen wir $\phi_{p+1} = \phi_p$. Liegt jedoch ϕ_p in A_{p+1}, so setzen wir in der obigen Weise die Funktion ϕ_p so weit nach rechts fort, bis sie A_{p+1} verläßt. Die erhaltene Fortsetzung heiße ϕ_{p+1}; sie existiert im Intervall $[\xi, b_{p+1}]$ mit $b_{p+1} \geq b_p$. Auf diese Weise fortfahrend erhält man eine Folge (ϕ_n) von Funktionen, wobei ϕ_n in $[\xi, b_n]$ definiert und (b_n) eine monoton wachsende Zahlenfolge ist. Ist $p \leq n < m$, so ist $\phi_n \equiv \phi_m$ in J_n. Es gibt also nach Hilfssatz 6.V genau eine in $[\xi, b)$ mit $b = \lim_{n \to \infty} b_n$ ($b = \infty$ zugelassen) definierte Lösung y mit der Eigenschaft, daß $y|J_n = \phi_n$ für jedes $n \geq p$ ist. Diese Funktion y ist die gesuchte Fortsetzung nach rechts der ursprünglichen Lösung ϕ. Denn offenbar ist y in keinem A_n, also in keinem in D gelegenen Kompaktum ganz enthalten.

In entsprechender Weise behandelt man den Fall der Fortsetzung nach links.

Bemerkung. Der Beweis von Satz V unterscheidet sich von dem in 6.I in einem wesentlichen Punkt. Dort war es möglich, eine Folge von Näherungen, welche gegen die Lösung konvergiert, explizit zu berechnen. Hier hat das Anfangswertproblem im allgemeinen mehrere Lösungen, und man darf nicht erwarten, daß die Folge der Näherungen eine ganz bestimmte dieser Lösungen approximiert. Man verwendet nun den Satz von Ascoli-Arzelà, welcher aussagt, daß wenigstens *eine* konvergente Teilfolge *existiert*. Er gibt jedoch kein Verfahren an, nach dem man eine solche Teilfolge gewinnen kann. Einen Existenzbeweis wie derjenige in § 6, welcher zugleich ein konstruktives Verfahren zur Gewinnung der Lösung enthält, nennt man einen *konstruktiven Beweis*. Der Beweis des Existenzsatzes von Peano ist dagegen nicht-konstruktiv.

Beim Beweis des Existenzsatzes von Peano wurden Näherungslösungen z_α gemäß der Integralrelation (5) konstruiert. Eine andere, in diesem Zusammenhang vielfach benutzte Methode zur Gewinnung von Näherungen ist

VII. Das Polygonzugverfahren von Euler und Cauchy. Bei ihm

werden als Näherungen für das Anfangswertproblem (3) Polygonzüge $u_\alpha(x)$ ($\alpha > 0$) in folgender Weise definiert.

Es sei $x_i = \xi + \alpha i$ ($i = 0, 1, 2, \ldots$). Für $\xi = x_0 \leq x \leq x_1$ wird $u_\alpha(x) = \eta + (x - x_0)f(\xi, \eta)$ gesetzt, d. h. u_α ist die Gerade durch den Punkt $(\xi, \eta) = (x_0, y_0)$ mit der Steigung $f(x_0, y_0)$. Im Intervall $x_1 \leq x \leq x_2$ ist u_α die Gerade durch den Punkt $(x_1, y_1) := (x_1, u_\alpha(x_1))$ mit der Steigung $f(x_1, y_1)$. Allgemein kommt man nach p Schritten bei einem Punkt (x_p, y_p) mit $y_p = u_\alpha(x_p)$ an und definiert dann für $x_p \leq x \leq x_{p+1}$: $u_\alpha(x)$ ist die Gerade durch (x_p, y_p) mit der Steigung $f(x_p, y_p)$.

Diese Konstruktion hat den Vorteil, sehr einfach und auch numerisch leicht durchführbar zu sein. Jedoch ist bei ihr der letzte Beweisschritt (Grenzübergang zur Lösung) schwieriger.

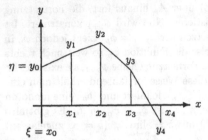

Das Polygonzugverfahren von Cauchy

Historisches. Die Methode der Polygonzüge geht auf den Schweizer Leonhard Euler (1707–1783), den größten Mathematiker des 18. Jahrhunderts, zurück (Band 1 seiner *Integralrechnung* von 1768). Der große französische Mathematiker Augustin-Louis Cauchy (1789–1857) hat um 1820 den ersten Existenzbeweis für das Anfangswertproblem gefunden (f und f_y stetig); er stützt sich auf das Polygonzugverfahren.

VIII. Aufgabe. Man beweise, daß die Volterra-Integralgleichung

$$y(x) = g(x) + \int_0^x k(x, t, y(t))\, dt$$

mindestens eine in $J = [0, a]$ stetige Lösung besitzt, wenn die Funktion $g(x)$ in J stetig ist und der „Kern" $k(x, t, z)$ für $0 \le t \le x \le a$, $-\infty < z < \infty$ stetig ist und einer Wachstumsbedingung $|k(x, t, z)| \le L(1 + |z|)$ genügt.

Anleitung. Es sei $C = \max |g(x)|$ und $D = \{v \in C(J)\,|\, |v(x)| \le \varrho(x)$ in $J\}$, wobei ϱ durch $\varrho' = L(1 + \varrho)$, $\varrho(0) = C + 1$ bestimmt ist. Schreibt man die Integralgleichung in der Form $u = Tu$, so gilt $T(D) \subset D$. Für den Nachweis nehme man die Integralgleichung für ϱ und eine entsprechende Ungleichung für $\sigma(x) = |u(x)|$ und zeige, daß $\phi = \varrho - \sigma$ die Ungleichung $\phi(x) \ge 1 + \int\limits_0^x L\phi\, dt$ befriedigt und daß hieraus $\phi(x) > 0$ folgt. Man benutze den Schauderschen Fixpunktsatz XII.

Als Anwendung zeige man, daß das Anfangswertproblem (6.8)

$$L_\alpha y = y'' + \frac{\alpha}{x}\, y' = f(x, y) \quad \text{in } J, \quad y(0) = \eta, \quad y'(0) = 0,$$

wobei $\alpha > 0$ ist, mindestens eine Lösung besitzt, wenn f in $J \times \mathbb{R}$ stetig ist und eine Abschätzung $|f(x, y)| \le L(1 + |y|)$ besteht.

Ein elliptisches Problem. Ähnlich wie in 6.XIV hat man damit einen Existenzsatz für rotationssymmetrische Lösungen der elliptischen Differentialgleichung

$$\Delta u = f(|x|, u) \quad \text{mit Anfangswert} \quad u(0) = u_0$$

gewonnen. Insbesondere existiert zu jedem Anfangswert eine ganze (d. h. in $\mathbb{R}^n$ existierende) rotationssymmetrische Lösung, wenn f in $[0,\infty) \times \mathbb{R}$ stetig ist und einer Abschätzung $|f(r,y)| \leq L(r)(1+|y|)$ mit einer in $[0,\infty)$ stetigen Funktion $L(r)$ genügt.

IX. Divergenz der sukzessiven Approximationen. Ist die rechte Seite $f(x,y)$ nicht Lipschitz-stetig in y, so konvergiert die Folge der durch sukzessive Approximation gewonnenen „Näherungen" i. a. nicht gegen die Lösung. Das Beispiel

$$y' = 2x - 2\sqrt{y_+}, \quad y(0) = 0 \quad \text{mit} \quad y_+ = \max\{y,0\}$$

zeigt, daß dieses Verhalten auch dann auftreten kann, wenn die Lösung eindeutig bestimmt ist.

Ausgehend von $y_0 = 0$ erhält man $y_1 = x^2$, $y_2 = 0, \ldots$, allgemein $y_{2n} = 0$, $y_{2n+1} = x^2$. Da f in y monoton fallend ist, ergibt sich die Eindeutigkeit der Lösung nach rechts aus dem Eindeutigkeitssatz 9.X.

Aufgabe. (a) Beginnt man die sukzessive Approximation mit $y_0 = \alpha x^2$ ($\alpha > 0$), so ergibt sich $y_1 = \phi(\alpha)x^2$, also $y_n = \alpha_n x^2$, wobei die α_n durch $\alpha_0 = \alpha$, $\alpha_{n+1} = \phi(\alpha_n)$ $(n = 0, 1, 2, \ldots)$ definiert sind. Man bestimme ϕ und zeige, daß ϕ genau einen Fixpunkt $\bar{\alpha}$ besitzt ($\bar{\alpha} = \phi(\bar{\alpha})$), und berechne diesen. Damit hat man die Lösung des Problems gefunden, $y = \bar{\alpha}x^2$. Schwieriger zu zeigen ist, daß für $0 < \alpha_0 < \bar{\alpha}$ alternierende Konvergenz vorliegt: $0 < \alpha_0 < \alpha_2 < \cdots < \bar{\alpha} < \cdots < \alpha_3 < \alpha_1 < 1$ sowie $\lim \alpha_n = \bar{\alpha}$.

(b) Man behandle in entsprechender Weise das obige Problem „nach links", d. h. man betrachte für $z(x) := y(-x)$ das Problem

$$z' = 2x + 2\sqrt{z_+} \quad \text{für} \quad x \geq 0, \quad z(0) = 0$$

und zeige: Beginnend mit $z_0 = \beta_0 x^2$ erhält man durch sukzessive Approximation $z_n = \beta_n x^2$, wobei $\beta_{n+1} = \psi(\beta_n)$, $\lim \beta_n = \bar{\beta}$ (unabhängig von $\beta_0 \in \mathbb{R}$) und $z = \bar{\beta}x^2$ die eindeutige Lösung ist.

Anleitung. Man zeige, daß die Bedingung von Rosenblatt in 6.XI erfüllt ist (man kann $z \geq 2x^2$ voraussetzen). Aus dem Satz von 6.XI erhält man die Eindeutigkeit und die Konvergenz des Iterationsverfahrens für jeden Startwert $z_0(x)$.

Ergänzung I: Funktionalanalytische Methoden

Wir gehen kurz auf einige funktionalanalytische Begriffsbildungen und Sätze ein, die geeignet sind, ein vertieftes Verständnis für den Existenzsatz von Peano und seinen Beweis zu vermitteln. Fundamental ist der Begriff

X. Kompaktheit. Eine Teilmenge A eines normierten linearen Raumes B heißt *kompakt*, wenn jede Folge (x_n) aus A eine konvergente Teilfolge mit

Limes in A besitzt. Die Menge $A \subset B$ heißt *relativ kompakt*, wenn $\bar{A}$ kompakt ist.

Im $\mathbb{R}^n$ sind genau die abgeschlossenen und beschränkten Mengen kompakt. Im allgemeinen Fall ist eine kompakte Menge zwar immer abgeschlossen und beschränkt, das Umgekehrte ist jedoch im allgemeinen nicht richtig.

Ein Operator $T : D \to B$ mit $D \subset B$ heißt *kompakt in* D, wenn $T(D)$ relativ kompakt ist.

Ist T ein kompakter Operator, so hat die Gleichung $x = Tx$ eine Lösung, falls es möglich ist, Näherungslösungen anzugeben. Es besteht nämlich der folgende

Fixpunktsatz. *Der Operator* $T : D \to B$ *sei stetig und kompakt in* D. *Dabei sei* D *eine abgeschlossene Teilmenge des normierten Raumes* B. *Ist die Gleichung*

$$x = Tx$$

in D *approximativ lösbar, so existiert eine Lösung in* D.

Dabei wird die Gleichung $x = Tx$ in D *approximativ lösbar* genannt, wenn zu jedem $\varepsilon > 0$ ein $x \in D$ mit $\|x - Tx\| < \varepsilon$ existiert.

Der *Beweis* ist einfach. Es existiert eine Folge (x_n) aus D mit $x_n - Tx_n \to 0$. Die Folge $(y_n) = (Tx_n)$ hat, da $T(D)$ relativ kompakt ist, eine konvergente Teilfolge. Nennen wir diese der Einfachheit halber wieder (y_n), so gilt also $y_n = Tx_n \to y \in B$ und damit $x_n = y_n + (x_n - Tx_n) \to y$, also $y \in D$, da D abgeschlossen ist. Wegen der Stetigkeit von T folgt $Tx_n \to Ty$, woraus sich in der Tat $y = Ty$ ergibt.

XI. Beispiel. Es sei J ein kompaktes Intervall und M eine Teilmenge des Banachraumes $C(J)$, versehen mit der Maximum-Norm. Ist M beschränkt und gleichgradig stetig, so ist M relativ kompakt.

Das ist offenbar gerade der Inhalt des Satzes von Ascoli-Arzelà.

Man kann den Existenzsatz von Peano in der Form von Satz V aus dem obigen Fixpunktsatz ableiten. Dabei ist also $D = B = C(J)$, ferner ist T gemäß

$$(T\phi)(x) = \eta + \int_{\xi}^{x} f(t, \phi(t))\, dt \quad \text{für} \quad \phi \in B$$

definiert. Man hat dann zu zeigen

(a) T ist stetig in B;

(b) T is kompakt in B;

(c) die Gleichung $x = Tx$ ist approximativ lösbar.

Man führe den Beweis durch. Zum Nachweis von (c) kann man die Näherungen $z_\alpha(x)$ benutzen; vgl. (5).

Noch einfacher wird der Beweis, wenn man ein wesentlich tiefer liegen-
des Hilfsmittel aus der Funktionalanalysis heranzieht, den in D.XII bewiesenen, auf den polnischen Mathematiker Juliusz Pavel Schauder (1899–1943)
zurückgehenden

XII. Fixpunktsatz von Schauder. *Es sei D eine abgeschlossene und
konvexe Menge eines Banachraumes B und T : D → B ein in D stet T : D →
B ein in D stetiger und kompakter Operator mit T(D) ⊂ D. Dann besitzt T
in D mindestens einen Fixpunkt.*

Dabei heißt D *konvex*, wenn mit $a, b \in D$ auch die Verbindungsstrecke,
also die Menge der Punkte $x = \lambda a + (1 - \lambda)b$ mit $0 \leq \lambda \leq 1$, in D liegt.

Man hat also, um den Existenzsatz von Peano auf den Fixpunksatz von
Schauder zurückzuführen, lediglich die beiden Eigenschaften XI.(a), (b) nachzuweisen.

XIII. Das Lemma von Zorn als Beweismittel. Wir haben Satz I aus
Satz V mittels einer expliziten Konstruktion von Fortsetzungen abgeleitet.
Man kann diesen Beweis auch mit Hilfe eines Satzes der Mengenlehre, des
Lemmas von Zorn, führen. Dazu einige Begriffe.

Die Menge M oder genauer das Paar $(M, \leq)$, heißt *geordnet*, wenn $\leq$ eine
transitive, antisymmetrishe Relation in M ist (d. h. aus $x \leq y$ und $y \leq z$
folgt $x \leq z$; aus $x \leq y$ und $y \leq x$ folgt $x = y$). Eine Teilmenge $N \subset M$ heißt
vollständig geordnet, wenn je zwei Elemente von N vergleichbar sind ($x \leq y$
oder $y \leq x$ für $x, y \in N$). Das Element $m \in M$ heißt *obere Schranke* von
N, wenn $x \leq m$ für alle $x \in N$ gilt. Das Element $m \in M$ heißt *maximales
Element* von M, wenn außer m selbst kein $x \in M$ mit $m \leq x$ existiert.

Lemma von Zorn. *Ist $(M, \leq)$ geordnet und besitzt jede vollständig geordnete Teilmenge von M eine obere Schranke in M, so existiert ein maximales
Element von M.*

Wir deuten kurz an, wie man Satz I mit diesem Lemma beweist. Es ist M
die Menge der Graphen *aller* Lösungen des gegebenen Anfangswertproblems,
geordnet durch Inklusion $\subset$. Eine vollständig geordnete Teilmenge von M
ist nun gerade eine Menge von Lösungen mit der Eindeutigkeitseigenschaft
(E) von 6.V. Sie hat nach dem Hilfssatz 6.V in der Tat eine obere Schranke.
Damit ist das Lemma anwendbar. Es existiert ein maximales Element, d. h.
eine nicht-fortsetzbare Lösung. Daß diese Lösung von Rand zu Rand läuft,
wird nun wörtlich wie in 6.VII bewiesen.

Ergänzung II: Funktional-Differentialgleichungen

Im Hinblick auf Anwendungen wählen wir als unabhängige Variable die
Zeit t. Während bei einer Differentialgleichung $y'(t) = f(t, y(t))$ die Ableitung
$y'(t_0)$ nur vom Wert der Funktion y zur Zeit t_0 abhängt, wird bei einer

Funktional-Differentialgleichung zugelassen, daß sie auch von der Vergangenheit, also von den Werten $y(t)$ für $t \le t_0$ beeinflußt wird.
Dazu ein Beispiel aus der Polpulationsdynamik. Die Gleichungen

$$\text{(i)} \quad y'(t) = ay(t) \qquad \text{bzw.} \qquad \text{(ii)} \quad y'(t) = ay(t-h) \qquad (h > 0)$$

beschreiben das momentane Wachstum einer Population der Größe $y(t)$ bei konstanter Wachstumsrate $a > 0$, bezogen auf die Population zur Zeit t bzw. zur Zeit $t - h$. Im Fall (i) erhält man die bekannte Wachstumsfunktion $y(y) = ce^{at}$. Auch im Fall (ii) gibt es eine exponentielle Lösung $y(t) = ce^{\alpha t}$; als Bedingung erhält man $\alpha = ae^{-\alpha h}$. Setzt man $a = h = 1$, so ergibt sich $\alpha \approx 0,567$, d. h. im Fall (i) wächst die Population wie e^t, im Fall (ii) wie $e^{0,567\,t}$, also wesentlich langsamer.

XIV. Differentialgleichungen mit nacheilendem Argument. Es sei $h(t)$ eine gegebene, in $J = [0, b]$ stetige Funktion mit $0 \le h(t) \le r$. Man nennt die Gleichung

$$y'(t) = f(t, y(t - h(t))) \quad \text{für} \quad t \in J \tag{7}$$

eine *Differentialgleichung mit nacheilendem Argument*. Dabei hat man als „Anfangswerte" die Funktion $y(t)$ im Intervall $J_- = [-r, 0]$ vorzuschreiben (sonst wäre die rechte Seite von (7) für t nahe 0 möglicherweise gar nicht definiert). Die Anfangsbedingung lautet also, wenn ϕ eine vorgegebene, in J_- stetige Funktion ist,

$$y(t) = \phi(t) \quad \text{für} \quad t \in J_- = [-r, 0]. \tag{8}$$

Es ist $J' = J \cup J_-$, und eine Lösung von (7), (8) gehört zu $C(J') \cap C^1(J)$.

Die für den Beweis von Satz V konstruierten Funktionen z_α sind nichts anderes als Lösungen solcher Anfangswertprobleme mit nacheilendem Argument, wobei speziell $\phi(t) = \eta$ und $h(t) = \alpha$ ist.

Satz. *Die folgenden Aussagen beziehen sich auf das Anfangswertproblem* (7), (8). *Dabei sei f im Streifen $S = J \times \mathbb{R}$ stetig, h mit $0 \le h(t) \le r$ in J stetig und ϕ in J_- stetig.*

(a) *Ist $h(t) > 0$ in J, so existiert genau eine Lösung in J'.*

(b) *Genügt f in S einer Lipschitzbedingung*

$$|f(t, y) - f(t, z)| \le L|y - z|,$$

so existiert genau eine Lösung in J', und sie läßt sich durch sukzessive Approximation gewinnen.

(c) *Ist $|f(t, y)| \le L(1 + |y|)$ in S, so existiert mindestens eine Lösung in J'.*

Beim *Beweis* von (a) geht man, wenn $h(t) \geq \alpha > 0$ ist, wie im Beweis zu V schrittweise mit Schrittweite α vor. Bei den Teilen (b) und (c) benutzt man die äquivalente Integralgleichung

$$y(t) = \begin{cases} \phi(t) & \text{für } -r \leq t \leq 0, \\ \phi(0) + \int_0^t f(s, y(s - h(s))) \, ds & \text{für } 0 \leq t \leq b, \end{cases} \quad (9)$$

welche die Form einer Fixpunktgleichung $y = Ty$ im Banachraum $C(J')$ hat. Für (b) wird der Beweis von Satz 6.I mit $\|u\|_\alpha = \sup\{|u(t)| e^{\alpha t} | t \in J'\}$ herangezogen; man beachte $|u(t - h(t))| \leq \|u\|_\alpha e^{\alpha t}$. Satz (c) entspricht dem Existenzsatz von Peano. Am einfachsten ist die Zurückführung auf den Schauderschen Fixpunktsatz (Übungsaufgabe!).

Aufgaben. (a) Für die Gleichung $y'(t) = y(t - h)$ bestimme man für $h = 1/2, 1/4, 1/8$ die Konstante α der exponentiellen Lösung $y = e^{\alpha t}$ und zeige, daß $\alpha = \alpha(h)$ fallend ist und für $h \to 0$ gegen 1 strebt.

(b) Man zeige, daß die Lösung des Anfangswertproblems

$$y'(t) = y(t - h) \quad \text{für } t \geq 0, \quad y(t) = 1 \text{ für } -h \leq t \leq 0 \quad (h > 0)$$

in der Form

$$y(t) = 1 + \sum_{k=1}^\infty a_k (t_k)^k \quad \text{mit } t_k = (t - (k - 1)h)_+, \quad s_+ = \max\{0, s\}$$

darstellbar ist. Wie lauten die a_k?

(c) Ist $e^{\alpha t}$ die zugehörige Exponentiallösung aus (a), so gilt

$$e^{\alpha t} < y(t) < e^{\alpha(t+h)} \quad \text{für } t > 0.$$

(d) Man zeige, daß Teil (b) des Satzes auf das Anfangswertproblem

$$y'(t) = y(\lambda t) \quad \text{für } t \geq 0, \quad y(0) = 1 \quad (0 \leq \lambda < 1)$$

anwendbar ist und berechne die Lösung.

(e) Man bestimme eine positive Lösung des Problems

$$y'(t) = \sqrt{y(t/2)} \quad \text{für } t \geq 0, \quad y(0) = 0.$$

Anleitung. (a) Sukzessive Approximation! (c) Die Ungleichung gilt für kleine positive t, und die Differenz zweier Lösungen ist monoton wachsend, solange sie positiv ist. (d) Sukzessive Approximation, beginnend mit $y_0(t) = 1$. (e) Die Lösung von $y' = \sqrt{y}$ gibt einen Hinweis.

XV. Der allgemeine Fall. Wir behandeln den Gleichungstyp

$$y'(t) = f(t, y(\cdot)) \quad \text{in } J \quad (10)$$

in Verbindung mit der Anfangsbedingung (8). Die Bezeichnung $y(\cdot)$ soll ausdrücken, daß $f(t, y)$ von den Werten von y aus $J' = J \cup J_-$ abhängen kann. Die Funktion f ist also eine Abbildung von $J \times C(J')$ nach $\mathbb{R}$. Über den

$$\text{Einsetzungsoperator} \quad F: \ (Fu)(t) = f(t, u(\cdot)), \quad t \in J, \quad\quad (11)$$

machen wir die Voraussetzungen $(u, v, u_n \in C(J'))$.

(a) F ist eine stetige Abbildung von $C(J')$ nach $C(J)$. Das bedeutet: (i) Ist u in J' stetig, so ist Fu in J stetig; (ii) ist (u_n) eine Folge aus $C(J')$, welche in J' gleichmäßig gegen u konvergiert, so konvergiert Fu_n gleichmäßig in J gegen Fu.

(b) F ist ein Volterra-Operator, d. h. der Wert von Fu an der Stelle t hängt nur von den Werten $u(s)$ für $s \le t$ ab.

Damit sind also Gleichungen mit voreilendem Argument wie $y'(t) = y(t + 1)$ ausgeschlossen. Dagegen sind für $f(t, u(\cdot))$ Ausdrücke wie

$$\int_0^t k(t, s, u(s), u(s - h))\, ds \quad \text{oder} \quad u(t - \sin u(t)) \quad (r = 1)$$

unter entsprechenden Voraussetzungen über k zugelassen.

Satz. *Unter den Voraussetzungen* (a), (b) *gilt für das Anfangswertproblem* (8), (10):

(c) *Ist f beschränkt, so existiert eine Lösung in J'.*

(d) *Genügt f einer Lipschitzbedingung von der Form*

$$|f(t, u(\cdot)) - f(t, v(\cdot))| \le L|u - v|_t \quad \text{in } J \quad \text{für} \quad u, v \in C(J'), \quad\quad (12)$$

wobei $|w|_t = \max\{|w(s)| \mid -r \le s \le t\}$ ist, dann gibt es eine eindeutig bestimmte Lösung in J'.

Der Beweis von (c) mit Hilfe des Schauderschen Fixpunktsatzes ist nicht schwierig. Im Fall (d) arbeitet man wieder mit der Norm $\|u\|_\alpha$ und beachtet $|u - v|_t \le \|u - v\|_\alpha e^{\alpha t}$.

Vergleichssatz. *Gelten für die Funktionen $v, w \in C(J') \cap C^1(J)$ die Ungleichungen*

$$v \le w \text{ in } J_-, v(0) < w(0), v'(t) \le f(t, v(\cdot)), w'(t) \ge f(t, w(\cdot)) \text{ in } J,$$

wobei f im zweiten Argument monoton wachsend ist, so ist $v < w$ in J.

Erfüllt f die Lipschitzbedingung (12), so ist die Voraussetzung $v(0) < w(0)$ entbehrlich, wenn die Behauptung zu $v \le w$ in J abgeändert wird.

Die Monotonie von f bedeutet, daß aus $u_1 \le u_2$ in J' folgt $f(t, u_1(\cdot)) \le f(t, u_2(\cdot))$.

Das Beweisprinzip des Vergleichssatzes 6.XV überträgt sich: Solange $u = w - v$ positiv ist, ist u monoton wachsend. Im zweiten Teil benutzt man die

Funktion $w_\varepsilon(t) = w(t) + \varepsilon e^{Lt}$ und zeigt mit Hilfe von (12), daß $w_\varepsilon'(t) \geq f(t, w_\varepsilon(\cdot))$ ist; der erste Teil ist dann auf v und w_ε anwendbar.

Bemerkung. In der Literatur wird die Abhängigkeit der Funktion f zum Zeitpunkt t häufig auf das Intervall $[t - r, t]$ beschränkt und die Notation $u'(t) = f(t, u_t)$ benutzt, wobei u_t die Funktion $u_t(s) = u(t + s)$, $s \in J_-$, ist. In diesem Rahmen ist eine globale Theorie, welche u. a. periodische Lösungen und Stabilität behandelt, weit entwickelt. Das Buch *Theory of Functional Differential Equations* von Jack Hale (Springer-Verlag, New York 1977) gibt eine vorzügliche Darstellung des Gebietes. Für unsere Ziele – Existenz, Eindeutigkeit, Vergleichssätze – ist der hier gewählte allgemeinere Rahmen angebracht.

XVI. Ein elementarer Beweis für den Existenzsatz von Peano.
Wir skizzieren eine Möglichkeit, den Existenzsatz von Peano ohne Benutzung eines Kompaktheitskriteriums zu beweisen. Es mögen die Voraussetzungen von Satz V gelten; insbesondere sei $|f(x, y)| \leq A$. Für $h > 0$ sei

$$f_h(\bar{x}, \bar{y}) := \max\{f(x, y)|\; \bar{x} \leq x \leq \bar{x} + h,\; \bar{y} - 3Ah \leq y \leq \bar{y} + Ah\}.$$

Führt man das Polygonzugverfahren (vgl. VII) einmal mit der Schrittweite h und der Funktion f_h (statt f), einmal mit der Schrittweite $h/2$ und der Funktion $f_{h/2}$ durch, so ergibt sich, wenn die erhaltenen Polygonzüge mit $y(x)$ bzw. $z(x)$ bezeichnet werden, $z \leq y$ in J. Man beweist dies mit Induktion nach den Stützstellen von y. Ist an einer solchen Stützstelle, etwa $\bar{x}$, $z(\bar{x}) \leq y(\bar{x}) - 2Ah$, so gilt die Ungleichung $z \leq y$ auch noch bis zur Stelle $\bar{x} + h$. Ist aber $y(\bar{x}) - 2Ah < z(\bar{x}) \leq y(\bar{x})$, so ist $f_{h/2}(\bar{x}, z(\bar{x})) \leq f_h(\bar{x}, y(\bar{x}))$, und daraus ergibt sich $z \leq y$ bis zur Stelle $\bar{x} + h/2$, und mit ähnlichem Schluß bis $\bar{x} + h$.

Führt man nun das Polygonzugverfahren in der beschriebenen Weise für $h = 2^{-n}$ durch, so ergibt sich eine monoton fallende Folge von Polygonzügen y_n. Der Nachweis, daß der Grenzwert dieser Folge eine Lösung des Anfangswertproblems ist, wird in der üblichen Weise durch Übergang zu einer Integralgleichung geführt. Es sei erwähnt, daß die so erhaltene Lösung das Maximalintegral ist (§ 9); vgl. dazu Walter (1971).

§ 8 Differentialgleichungen im Komplexen.
Potenzreihenentwicklung

In diesem Paragraphen bezeichnen z, w komplexe Zahlen und $w(z)$, $f(z, w)$ komplexwertige Funktionen von einer bzw. zwei komplexen Variablen.

I. Eigenschaften holomorpher Funktionen. Aus der Funktionentheorie werden die folgenden Begriffe und Tatsachen benötigt. Die Funktion $h(z)$ wird *holomorph* (auch *regulär-analytisch*) in einem Gebiet G der z-Ebene genannt, wenn $h(z)$ in G stetig ist und wenn die (komplexe) Ableitung $h'(z) = \lim_{s \to 0} (h(z+s) - h(z))/s$ in G existiert und stetig ist. Der komplexe Vektorraum der in G holomorphen Funktionen wird mit $H(G)$ bezeichnet. Ist $h \in H(G)$ und ist der Kreis $Z : |z - z_0| \le a$ in G gelegen, so existiert eine in Z absolut und gleichmäßig konvergierende Potenzreihenentwicklung

$$h(z) = \sum_{i=0}^{\infty} a_i (z - z_0)^i.$$

Entsprechend wird eine Funktion $f(z, w)$ holomorph in einer offenen Menge $D \subset \mathbb{C}^2$ genannt (dafür schreiben wir kurz $f \in H(D)$), wenn f und die partiellen Ableitungen f_z und f_w in D stetig sind. Ist dies der Fall und ist das Kreisprodukt $Z : |z - z_0| \le a$, $|w - w_0| \le b$ in D enthalten, so besitzt f eine in Z absolut und gleichmäßig konvergente Darstellung als Potenzreihe

$$f(z, w) = \sum_{i,j=0}^{\infty} c_{ij} (z - z_0)^i (w - w_0)^j.$$

Holomorphe Funktionen sind also beliebig oft stetig differenzierbar. Die Funktion $g(z) := f(h_1(z), h_2(z))$ ist holomorph, wenn die Funktionen $f(z, w)$, $h_1(z)$, $h_2(z)$ holomorph sind (wobei natürlich vorausgesetzt ist, daß der Wertebereich von $(h_1(z), h_2(z))$ im Definitionsgebiet von f liegt), und es gilt die Kettenregel

$$g'(z) = f_z(h_1(z), h_2(z)) h_1'(z) + f_w(h_1(z), h_2(z)) h_2'(z). \tag{1}$$

Es sei $h(z)$ holomorph in dem Gebiet G und $z = \zeta(t)$ ($\alpha \le t \le \beta$) ein glatter Weg in D. Dann ist

$$\overset{\zeta}{\int} h(z)\, dz = \int_{\alpha}^{\beta} h(\zeta(t)) \zeta'(t)\, dt \quad \textit{Wegintegral längs des Weges } \zeta. \tag{2}$$

Ist das Gebiet G *einfach zusammenhängend* (vgl. Anhang A.VI) und ζ ein geschlossener Weg in G, also $\zeta(\alpha) = \zeta(\beta)$, so ist $\overset{\zeta}{\int} h(z)\, dz = 0$. Das ist der Inhalt des *Integralsatzes von Cauchy*. Aus ihm ergibt sich leicht: Die Funktion

$$H(z) := \int_{z_0}^{z} h(\zeta)\, d\zeta \quad (z_0 \in G) \tag{3}$$

ist in G wohldefiniert, d. h. das Integral ist vom Integrationsweg unabhängig. Die Funktion H ist eine Stammfunktion zu h, d. h. sie ist holomorph in G, und es ist

$$H'(z) = h(z) \quad \text{in } G.$$

Es gilt wie im Reellen (Hauptsatz der Differential- und Integralrechnung)

$$h(z) = h(z_0) + \int_{z_0}^{z} h'(\zeta)\, d\zeta \quad (z, z_0 \in G). \tag{4}$$

Dieses Integral ist unabhängig von dem von z_0 nach z führenden und in G verlaufenden Weg. Dagegen ist der *Mittelwertsatz der Differentialrechung* nur in der folgenden Form gültig:

Ist die z_0 und z verbindende Strecke in G gelegen und ist $|h'(\zeta)| \leq L$ auf dieser Strecke, so ist

$$|h(z) - h(z_0)| \leq L|z - z_0|. \tag{5}$$

Das folgt sofort aus (4), indem man als Integrationsweg die geradlinige Verbindung der Punkte z_0, z wählt und die für jedes komplexe Integral gültige Abschätzung

$$\left|\int_\zeta h(z)\, dz\right| \leq \max_\zeta |h(z)| \cdot l(\zeta) \tag{6}$$

benutzt, in welcher $l(\zeta) = \int_\alpha^\beta |\zeta'(t)|\, dt$ die Länge des Weges ζ bedeutet.

Diese Tatsachen werden als bekannt vorausgesetzt; vgl. dazu Anhang C. Wege, Kurven und Wegintegrale werden im Anhang A.II-VII und C.II und ausführlicher in Walter 2, § 5 und § 6 erklärt.

II. Existenz- und Eindeutigkeitssatz im Komplexen. *Die Funktion $f(z, w)$ sei in einem Gebiet $D \subset \mathbb{C}^2$, das die Menge*

$$Z : |z - z_0| \leq a, \quad |w - w_0| \leq b$$

enthält, holomorph, und es sei $|f| \leq M$ in Z.

Dann existiert eine holomorphe Lösung $w(z)$ des Anfangswertproblems

$$w' = f(z, w(z)), \quad w(z_0) = w_0, \tag{7}$$

und zwar mindestens im Kreis $K : |z - z_0| < \alpha = \min\{a, b/M\}$. Sind v und w Lösungen in einem den Punkt z_0 enthaltenden Gebiet G, so ist $v = w$ in G.

Beweis. Auf der Menge

$$Z_1 : |z - z_0| \leq \alpha, \ |w - w_0| \leq b$$

sei $|f_w| \leq L$. Dann genügt f in Z_1 einer Lipschitzbedingung bezüglich w:

$$|f(z, w_1) - f(z, w_2)| \leq L|w_1 - w_2|. \tag{8}$$

Das folgt aus dem Mittelwertsatz (5) (wobei jetzt w die unabhängige Variable und z ein Parameter ist). Das Anfangswertproblem (7) ist aufgrund von (4) äquivalent mit der Integralgleichung

$$w(z) = w_0 + \int_{z_0}^z f(\zeta, w(\zeta))\, d\zeta. \tag{9}$$

Es sei B der Raum der im Kreis K holomorphen und beschränkten Funktionen $u(z)$; er sei durch

$$\|u\| = \sup_K |u(z)| e^{-2L|z-z_0|}$$

normiert. Dieser Raum ist vollständig, also ein Banachraum; vgl. Beispiel 5.III.(d). Es sei B_b die Menge aller $u \in B$ mit $|u(z) - w_0| \leq b$ für $z \in K$. Der Operator T,

$$Tu = w_0 + \int_{z_0}^z f(\zeta, u(\zeta))\, d\zeta,$$

ist erklärt für $u \in B_b$, 'und die Lösungen des Anfangswertproblems (7) sind gerade die Fixpunkte von T. Wir zeigen:

(a) T bildet B_b in sich ab;

(b) T genügt in B_b einer Lipschitzbedingung mit der Konstante $\frac{1}{2}$.

Zu (a). Für $u \in B_b$ ist

$$|(T(u)(z) - w_0| = \left| \int_{z_0}^z f(\zeta, u(\zeta))\, d\zeta \right| \leq M|z - z_0| \leq \alpha M \leq b. \quad (10)$$

Bei (b) wird wie in 6.I geschlossen. Man wählt den geradlinigen Integrationsweg $\zeta(t) = z_0 + t \cdot e^{i\phi}$, $\phi = \arg(z - z_0)$, $0 \leq t \leq |z - z_0|$, und erhält mit (8) und $|\zeta'| = 1$

$$|(Tu)(z) - (Tv)(z)| \leq \left| \int_{z_0}^z \{f(\zeta, u) - f(\zeta, v)\}\, d\zeta \right|$$

$$\leq L \int_0^{|z-z_0|} |u(\zeta(t)) - v(\zeta(t))| e^{-2Lt} e^{2Lt}\, dt$$

$$\leq L\|u - v\| \int_0^{|z-z_0|} e^{2Lt}\, dt$$

$$\leq \frac{1}{2} e^{2L|z-z_0|} \|u - v\|.$$

Daraus folgt (b), $\|Tu - Tv\| \leq \frac{1}{2}\|u - v\|$ für $u, v \in B_b$.

Nach dem Fixpunktsatz für kontrahierende Abbildungen besitzt T in B_b genau einen Fixpunkt w. Er ergibt sich als Limes im Sinne der gleichmäßigen Konvergenz in K einer Folge (u_n), die gemäß $u_0(z) = w_0$ (z. B.),

$$u_{n+1} = Tu_n \text{ oder ausführlich } u_{n+1}(z) = w_0 + \int_{z_0}^z f(\zeta, u_n(\zeta))\, d\zeta \quad (11)$$

konstruiert wird, $w(z) = \lim u_n(z)$.

Eindeutigkeit. (i) Es sei v eine weitere Lösung von (7) und $\alpha' \leq \alpha$ so gewählt, daß $|v(z) - w_0| < b$ im Kreis K': $|z - z_0| < \alpha'$ ist. Aus dem obigen Beweis (mit K' statt K) folgt dann $v = w$ in K'.

(ii) Nun seien v, w Lösungen im Gebiet G mit $v(z_1) \neq w(z_1)$. Verbindet man z_0 und z_1 durch einen in G gelegenen glatten Weg $z = \zeta(s)$ $(0 \leq s \leq l)$, so gibt es ein maximales $s' < l$ mit $v(\zeta(s)) = w(\zeta(s))$ für $0 \leq s \leq s'$. Da v und w an der Stelle $z' = \zeta(s')$ denselben „Anfangswert" haben, folgt aus (i) mit z' anstelle von z_0, daß v und w in einer Umgebung von z' übereinstimmen. Dieser Widerspruch zur Maximalität von s' zeigt, daß $v = w$ in G ist. Übrigens folgt dies auch aus (i) und dem Identitätssatz für holomorphe Funktionen.

III. Potenzreihenentwicklung. Die eindeutig bestimmte Lösung $w(z)$ des Anfangswertproblems (7) läßt sich wie jede holomorphe Funktion in eine Potenzreihe

$$w(z) = \sum_{n=0}^{\infty} a_n(z - z_0)^n \quad \text{für} \quad |z - z_0| < \alpha. \tag{12}$$

entwickeln. Ein wichtiges numerisches Verfahren besteht darin, die Koeffizienten dieser Entwicklung entweder vollständig oder teilweise zu bestimmen. Dabei kann man sich einer der beiden folgenden Methoden bedienen:

1. Methode. Durch Differentiation der Identität $w'(z) = f(z, w(z))$ lassen sich die höheren Ableitungen sukzessive berechnen:

$$\begin{aligned}
w' &= f, \\
w'' &= f_z + w' f_w, \\
w''' &= f_{zz} + 2w' f_{zw} + w'' f_w + w'^2 f_{ww}, \\
&\text{etc.}
\end{aligned} \tag{13}$$

Setzt man hierin die Argumente (z_0, w_0) ein, so erhält man nacheinander die Koeffizienten

$$a_n = \frac{w^{(n)}(z_0)}{n!}. \tag{14}$$

2. Methode (Potenzreihenansatz). Durch Einsetzen der Entwicklung (12) in die rechte Seite von

$$f(z, w) = \sum_{i,j=0}^{\infty} c_{ij}(z - z_0)^i (w - w_0)^j$$

erhält man aus der Gleichung (7) die Identität

$$\sum_{i=1}^{\infty} i a_i(z - z_0)^{i-1} = \sum_{i,j=0}^{\infty} c_{ij}(z - z_0)^i \left(\sum_{n=1}^{\infty} a_n(z - z_0)^n \right)^j. \tag{15}$$

Durch Koeffizientenvergleich ergeben sich Rekursionsformeln für die a_i. Diese Methode ist rechnerisch meist bequemer als die vorangehende.

Natürlich ist der Potenzreihenansatz auch dann angebracht, wenn man Differentialgleichungen im reellen Bereich, aber mit einer holomorphen rechten Seite, betrachtet.

Beispiel. Die spezielle Riccati-Gleichung (Johann Bernoulli 1694)

$$y' = x^2 + y^2, \quad y(0) = 1.$$

Der Ansatz

$$y(x) = \sum_{i=0}^{\infty} a_i x^i$$

führt auf die Identität

$$\sum_{i=1}^{\infty} i a_i x^{i-1} = x^2 + \left(\sum_{i=0}^{\infty} a_i x^i \right)^2 = x^2 + \sum_{i=0}^{\infty} x^i \sum_{j=0}^{i} a_j a_{i-j}$$

und der Koeffizientenvergleich auf

$$(i+1)a_{i+1} = \sum_{j=0}^{i} a_j a_{i-j} \quad \{+1 \quad \text{für} \quad i = 2\}. \tag{16}$$

Ausgeschrieben lauten die ersten Gleichungen wegen der Anfangsbedingung

$$a_0 = 1;$$

$$
\begin{array}{llll}
j = 0: & a_1 & = & a_0^2, & a_1 = 1; \\
1: & 2a_2 & = & 2a_0 a_1, & a_2 = 1; \\
2: & 3a_3 & = & 2a_0 a_2 + a_1^2 + 1, & a_3 = \tfrac{4}{3}; \\
3: & 4a_4 & = & 2a_0 a_3 + 2a_1 a_2, & a_4 = \tfrac{7}{6}.
\end{array}
$$

Die Entwicklung beginnt also mit

$$y(x) = 1 + x + x^2 + \frac{4x^3}{3} + \frac{7x^4}{6} + \cdots.$$

Aus der Rekursionsformel für die a_i ersieht man sofort, daß alle $a_i > 0$ sind. Jeder endliche Abschnitt der Potenzreihe stellt also eine „Unterfunktion" dar:

$$v(x) = 1 + x + x^2 + \frac{4x^3}{3} + \cdots + a_n x^n < y(x) \quad \text{für} \quad x > 0. \tag{17}$$

Im vorliegenden Fall lassen die ersten Glieder vermuten, daß nicht nur $a_i > 0$, sondern daß sogar $a_i \geq 1$ ($i \geq 0$) ist. Diese Ungleichung ist für kleine i richtig, sie läßt sich allgemein durch Induktion beweisen. Aus $a_j \geq 1$ ($j = 0, 1, \ldots, i$) und der Rekursionsformel folgt nämlich

$$(i+1)a_{i+1} = \sum_{j=1}^{i} a_j a_{i-j} \geq i + 1,$$

also $a_{i+1} \geq 1$. Es ist also

$$y(x) > 1 + x + x^2 + x^3 + \cdots = \frac{1}{1-x} \quad \text{für} \quad x > 0. \tag{18}$$

Hieraus erkennt man auch, daß die Lösung nach rechts höchstens bis zur Stelle $x = 1$ existiert. Kennt man jedoch $a_0, \ldots, a_n$ genau, so läßt sich (17) und (18) verbessern:

$$y(x) > v(x) + \frac{x^{n+1}}{1-x} \quad \text{für} \quad x > 0,$$

wobei $v(x)$ durch (17) gegeben ist. Diese Verbesserung gegenüber (17) resultiert aus einer Einsetzung aller a_i mit $i > n$ durch 1.

IV. Aufgaben. (a) Für die Lösung des Anfangswertproblems

$$y' = e^x + x \cos y, \quad y(0) = 0$$

gebe man den Anfang der Potenzreihenentwicklung (etwa bis zur vierten Potenz) an.

Man bestimme eine positive untere Schranke α für den Konvergenzradius dieser Reihe, etwa mit Hilfe der Formel von Satz II.

(b) Für die Lösung des Anfangswertproblems

$$y' = x^3 + y^3, \quad y(0) = 1$$

bestimme man die ersten Glieder der Potenzreihenentwicklung $y = \sum a_k x^k$. Man bestimme die Potenzreihenentwicklung der Lösung $u = \sum b_k x^k$ von

$$u' = u^3, \quad u(0) = 1$$

und zeige, daß $a_k \geq b_k$ ist. Daraus leite man eine obere Schranke für das maximale Existenzintervall $[0, a)$ der Lösung y nach rechts ab.

V. Wachstumsschranken. Der folgende Satz eignet sich dazu, Schranken für das Wachstum einer Lösung einer komplexen Differentialgleichung zu bestimmen. Er benutzt ein Resultat aus § 9.

Satz. *Es sei G ein Sterngebiet bezüglich z_0 (d. h. mit z ist auch die Verbindungsstrecke $\overline{z_0 z}$ in G gelegen) und $w \in H(G)$ eine Lösung des Anfangswertproblems (7): $w'(z) = f(z, w(z))$ in G, $w(z_0) = w_0$. Genügt f einer Abschätzung*

$$|f(z, w)| \leq h(|z - z_0|, |w - w_0|) \quad \text{für} \quad z \in G$$

($h(t, y)$ stetig und lokal Lipschitz-stetig in y) und ist $\psi \in C^1$ gemäß

$$\psi'(t) \geq h(t, \psi(t)) \quad \text{für} \quad t \geq 0, \quad \psi(0) \geq 0$$

bestimmt, so besteht die Abschätzung $|w(z) - w_0| \leq \psi(|z - z_0|)$.

Beweis als Übungsaufgabe. Man wende Satz 9.IX auf $\phi(t) = |w(z_0 + e^{i\alpha}t)$ $- w_0|$ (α reell) und $\psi(t)$ an. Es ist $\phi'_-(t) \leq h(t, \phi(t))$; vgl. B.IV und 9.I.(c).

Aufgabe. Man bestimme die Funktion $h(t, y)$ für das Beispiel IV.(a), berechne die Schranke $\psi(t)$ numerisch und bestimme eine untere Schranke für den Konvergenzradius.

§ 9 Ober- und Unterfunktionen. Maximal- und Minimalintegrale

In diesem Paragraphen sind alle vorkommenden Größen wieder reell.

I. Lemma. *Die Funktionen $\phi(x)$, $\psi(x)$ seien im halboffenen Intervall J_0 : $\xi < x \leq \xi + a$ differenzierbar, und es sei $\phi(x) < \psi(x)$ in einem Intervall $\xi < x < \xi + \varepsilon$ ($\varepsilon > 0$). Dann liegt genau einer der beiden folgenden Fälle vor:*

(a) *$\phi < \psi$ in J_0;*

(b) *Es gibt ein $x_0 \in J_0$ derart, daß $\phi(x) < \psi(x)$ für $\xi < x < x_0$ sowie*

$$\phi(x_0) = \psi(x_0) \quad und \quad \phi'(x_0) \geq \psi'(x_0) \tag{1}$$

ist.

Der *Beweis* ist einfach. Gilt (a) nicht, so gibt es eine erste Stelle $x_0 > \xi$ mit $\phi(x_0) = \psi(x_0)$. Für die linksseitigen Differenzenquotienten an der Stelle x_0 gilt ($h > 0$)

$$\frac{\phi(x_0) - \phi(x_0 - h)}{h} > \frac{\psi(x_0) - \psi(x_0 - h)}{h}, \tag{2}$$

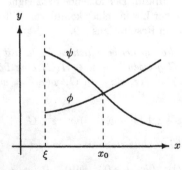

da links von dieser Stelle $\phi < \psi$ ist. Die Behauptung (1) folgt daraus für $h \to 0+$.

(c) Das Lemma gilt auch, wenn die Funktionen $\phi(x)$, $\psi(x)$ nur stetig angenommen werden. In (b) ist dann die Gleichung (1) durch

$$\phi(x_0) = \psi(x_0), \ D^- \phi(x_0) \geq D^- \psi(x_0) \ \text{und} \ D_- \phi(x_0) \geq D_- \psi(x_0) \ (1')$$

zu ersetzen.

Dabei sind D^-, D_- die linksseitigen oberen und unteren Ableitungen oder *Dini-Derivierten*. Sie sind gemäß

$$D^- \phi(x_0) = \limsup_{h \to 0+} \frac{\phi(x_0) - \phi(x_0 - h)}{h},$$

$$D_- \phi(x_0) = \liminf_{h \to 0+} \frac{\phi(x_0) - \phi(x_0 - h)}{h} \tag{3}$$

definiert. Für Dini-Derivierte sind die Werte $\pm\infty$ zugelassen. Offenbar folgt auch (1') aus (2).

II. Spiegelung am Anfangspunkt. Defekt. Unter dem *Defekt* $P\phi$ einer Funktion $\phi(x)$ bezüglich der Differentialgleichung $y' = f(x, y)$ versteht man die Funktion

$$P\phi = \phi' - f(x, \phi). \tag{4}$$

Der Defekt gibt an, „wie gut" ϕ der Differentialgleichung genügt. Lösungen $y(x)$ sind durch $Py = 0$ charakterisiert.

Wir bezeichnen den *Spiegelpunkt* von x bezüglich ξ mit $\bar{x} = 2\xi - x$ (gültig für $x < \xi$ und $x > \xi$) und betrachten Funktionen ϕ, $\bar{\phi}$ und f, $\bar{f}$, die durch die Gleichungen

$$\phi(x) = \bar{\phi}(\bar{x}) \quad \text{und} \quad f(x, y) = -\bar{f}(\bar{x}, y)$$

gekoppelt sind. Dann ist

$$\frac{d\phi(x)}{dx} - f(x, \phi(x)) = -\frac{d\bar{\phi}(\bar{x})}{d\bar{x}} + \bar{f}(\bar{x}, \bar{\phi}(\bar{x}))$$

oder, wenn $\bar{P}$ der Defekt bezüglich $\bar{f}$ ist, $(P\phi)(x) = -(\bar{P}\bar{\phi})(\bar{x})$. Mit diesen Formeln kann man jeden Satz über das Anfangswertproblem „rechts von ξ" überführen in einen Satz „links von ξ", und dabei werden Differential-Ungleichungen umgekehrt. Eine Lipschitzbedingung für f überträgt sich auf $\bar{f}$.

III. Satz. *Die Funktionen $\phi(x)$, $\psi(x)$ seien in J_0 : $\xi < x \leq \xi + a$ differenzierbar, und es gelte*

(a) $\phi(x) < \psi(x)$ *für $\xi < x < \xi + \varepsilon$ ($\varepsilon > 0$);*

(b) $P\phi < P\psi$ *in J_0.*

Dann ist

$$\phi < \psi \quad \text{in } J_0.$$

Über $f : D \to \mathbb{R}$ werden außer graph ϕ, graph $\psi \subset D$ keine weiteren Voraussetzungen benötigt. Der Satz bleibt für stetige Funktionen ϕ, ψ mit $D^-\phi$, $D^-\psi$ oder $D_-\phi$, $D_-\psi$ anstelle von ϕ', ψ' gültig.

Der *Beweis* beruht darauf nachzuweisen, daß der Fall (b) des Lemmas nicht eintreten kann. Ist nämlich $\phi(x_0) = \psi(x_0)$, so gilt an dieser Stelle wegen Voraussetzung (b)

$$\phi'(x_0) = P\phi + f(x_0, \phi(x_0)) < P\psi + f(x_0, \psi(x_0)) = \psi'(x_0),$$

also sicher nicht (1).

Wir formulieren den Satz für ein links von der Stelle ξ gelegenes Intervall.

Corollar. *Sind ϕ, ψ in $J_0^- : \xi - a \leq x < \xi$ $(a > 0)$ differenzierbar und gilt*

(a') $\phi(x) < \psi(x)$ *für* $\xi - \varepsilon < x < \xi$ $(\varepsilon > 0)$,

(b') $P\phi > P\psi$ *in* J_0^-,

so folgt

$$\phi < \psi \quad in \ J_0^-.$$

IV. Oberfunktionen, Unterfunktionen. Es sei $f(x, y)$ in D erklärt, $D \subset \mathbb{R}^2$ beliebig. Man nennt die Funktion $v(x)$ *Unterfunktion* bzw. die Funktion $w(x)$ *Oberfunktion* bezüglich des Anfangswertproblems

$$y' = f(x, y) \quad \text{in} \quad J : \xi \leq x \leq \xi + a, \quad y(\xi) = \eta, \tag{5}$$

wenn sie in J differenzierbar ist und wenn

$$\begin{aligned} v' &< f(x, v) \quad \text{in } J \quad \text{und} \quad v(\xi) \leq \eta, \\ w' &> f(x, w) \quad \text{in } J \quad \text{und} \quad w(\xi) \geq \eta \end{aligned} \tag{6}$$

ist. Natürlich ist insbesondere graph $v \subset D$, graph $w \subset D$ vorausgesetzt. Diese Begriffe wurden (in etwas allgemeinerer Form) von Perron (1915) eingeführt. Es sind auch die Bezeichnungen *Unterlösung* (engl. subsolution, lower solution) und *Oberlösung* (supersolution, upper solution) in Gebrauch. Eine Oberfunktion verläuft oberhalb, eine Unterfunktion unterhalb einer Lösung. Genauer: Ist v eine Unterfunktion, w eine Oberfunktion und y eine Lösung des Anfangswertproblems (5), so gilt

$$v(x) < y(x) < w(x) \quad \text{in} \quad J_0 : \xi < x \leq \xi + a. \tag{7}$$

Dies folgt sofort aus Satz III. Setzt man dort $\phi = v$, $\psi = y$, so gilt $P\phi < 0 = P\psi$, also (b). Ist $v(\xi) < \eta = y(\xi)$, so gilt auch (a); ist aber $v(\xi) = \eta = y(\xi)$, so ist nach (6) $v'(\xi) < f(\xi, \eta) = y'(\xi)$, also $v < y$ für $\xi < x < \xi + \varepsilon$ $(\varepsilon > 0)$. Entsprechend wird die zweite Ungleichung in (7) bewiesen.

Bemerkung. Ist beim Anfangswertproblem (5) J ein *links* an die Stelle ξ anschließendes Intervall $\xi - a \leq x \leq \xi$, so lauten die Bedingungen für eine

$$\begin{array}{ll} \text{Unterfunktion:} & v' > f(x,v) \quad \text{in } J, \quad v(\xi) \leq \eta, \\ \text{Oberfunktion:} & w' < f(x,w) \quad \text{in } J, \quad w(\xi) \geq \eta. \end{array} \tag{6'}$$

Ein geläufiges Verfahren zur Bestimmung von Ober- und Unterfunktionen besteht darin, durch „kleine" Abänderungen eine Funktion

$$f_1(x,y) < f(x,y) \quad \text{bzw.} \quad f_2(x,y) > f(x,y)$$

so zu bestimmen, daß die Anfangswertprobleme für die Differentialgleichung

$$v' = f_1(x,v) \quad \text{bzw.} \quad w' = f_2(x,w)$$

explizit gelöst werden können.

V. Beispiel. Wir betrachten das Beispiel von 8.III,

$$y' = x^2 + y^2, \quad y(0) = 1.$$

Für positive x erhält man aus $f_1(x,y) = y^2$

$$v' = v^2, \quad v(0) = 1 \implies v(x) = \frac{1}{1-x}.$$

Hiernach existiert die Lösung nach rechts höchstens bis zur Stelle $x = 1$. Man kann also $0 \leq x < 1$ voraussetzen und $f_2(x,y) = y^2 + 1$ setzen, woraus

$$w' = w^2 + 1, \quad w(0) = 1 \implies w(x) = \tan\left(x + \frac{\pi}{4}\right)$$

folgt. So ergibt sich ohne jeden numerischen Aufwand

$$\frac{1}{1-x} < y(x) < \tan\left(x + \frac{\pi}{4}\right)$$

sowie für die Asymptote b: $\pi/4 \leq b \leq 1$ mit $y(b-) = \infty$.

Man zeige, daß man mit dem Ansatz $w_1(x) = 1/(1 - ax)$ für $a = 16/17$ eine bessere Oberfunktion und damit die Abschätzung $16/17 \leq b \leq 1$ erhält.

Genauere Schranken gewinnt man durch Berechnung der Lösung mit dem Lohner-Algorithmus, der *exakte Schranken* liefert; vgl. XVI. Es sei etwa $y_0 < y(a) < y_1$. Dann erhält man aus $v' = a^2 + v^2$, $v(a) = y_0$ eine Unterfunktion

$$v(x) = a \tan(ax + c) \quad \text{mit} \quad a^2 + c = \arctan y_0/a;$$

ihre Asymptote b_1 erhält man aus der Gleichung $ab_1 + c = \pi/2$. Wegen $x < b < b_1$ ergibt sich aus $w_1 = b_1^2 + w^2$, $w(a) = y_1$ in derselben Weise eine Oberfunktion $w(x)$ mit der Asymptote $b_0 < b$. Man berechnet z. B. für $a = 31/32$ die Einschließung

$$y(a) \in 942{,}81425692^{308}_{082}$$

und gewinnt in der beschriebenen Weise

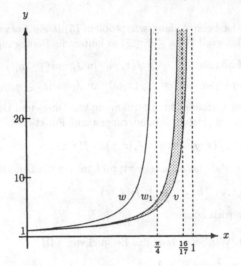

Ober- und Unterfunktionen für $y' = x^2 + y^2$, $y(0) = 1$.
Die Lösung verläuft in dem schraffierten Bereich.

$$b \in (b_0, b_1) = 0,96981\ 06539\ 3_{04}^{13},$$

eine erstaunlich genaue Schranke. Zur Schreibweise: $3, 2_2^5$ ist das Intervall von $3, 22$ bis $3, 25$.

Weitere Beispiele dieser Art werden in Walter (1996) behandelt.

VI. Maximal- und Minimalintegral. Definition und Satz. *Ist $f(x, y)$ in einem Gebiet D stetig, so gibt es zum Anfangswertproblem*

$$y' = f(x, y), \quad y(\xi) = \eta \quad mit \quad (\xi, \eta) \in D$$

zwei Lösungen $y_*(x)$, $y^*(x)$, welche beide nach links und rechts dem Rande von D beliebig nahe kommen und die folgende Eigenschaft haben:
Ist $y(x)$ eine weitere Lösung des Anfangswertproblems, so gilt

$$y_*(x) \leq y(x) \leq y^*(x) \tag{8}$$

(und zwar jede der Ungleichungen so weit, wie die darin auftretenden Funktionen beide definiert sind). Man nennt $y_*(x)$ die Minimallösung (Minimalintegral), $y^*(x)$ die Maximallösung (Maximalintegral) des Anfangswertproblems.

Beweis. Zunächst sei $f(x, y)$ in dem Streifen $J \times \mathbb{R}$, $J = [\xi, \xi + a]$, stetig und beschränkt. Es sei $y(x)$ eine Lösung des Anfangswertproblems (5) und $w = w_n(x)$ eine Lösung des Anfangswertproblems

$$w' = f(x, w) + \frac{1}{n} \quad in \ J, \qquad w(\xi) = \eta + \frac{1}{n} \quad (n = 1, 2, 3, \dots) \tag{9}$$

(hat (9) mehrere Lösungen, so wird eine davon ausgewählt). Wendet man Satz III auf $\phi = y$, $\psi = w_{n+1}$ und sodann auf $\phi = w_{n+1}$, $\psi = w_n$ an, so erhält man die Ungleichungen

$$y(x) < w_{n+1}(x) < w_n(x) \quad \text{in } J.$$

Die Folge w_n ist also monoton fallend, und sie hat einen Limes

$$y^*(x) = \lim_{n \to \infty} w_n(x) \geq y(x). \tag{10}$$

Dieser Grenzwert existiert wegen Hilfssatz 7.III sogar gleichmäßig, da nach (9) $|w_n'| \leq \sup |f| + 1$ und damit die Folge (w_n) gleichgradig stetig ist. Deshalb darf man in der zu (9) äquivalenten Integralgleichung

$$w_n(x) = \eta + \frac{1}{n} + \frac{1}{n}(x - \xi) + \int_\xi^x f(t, w_n(t)) \, dt \tag{9'}$$

den Grenzübergang $n \to \infty$ unter dem Integral durchführen und erhält die Integralgleichung

$$y^*(x) = \eta + \int_\xi^x f(t, y^*(t)) \, dt.$$

Die Funktion $y^*(x)$ ist also in J Lösung des Anfangswertproblems, und sie besitzt wegen (10) die in (8) geforderte Eigenschaft $y(x) \leq y^*(x)$ in J für jede Lösung.

Entsprechend wird das Minimalintegral $y_*(x)$ als Grenzwert der Folge $v_n(x)$ gewonnen; dabei hat man in (9) den Term $1/n$ durch $-1/n$ zu ersetzen.

Damit ist der Satz unter den speziellen Voraussetzungen bewiesen. Man leitet daraus den allgemeinen Satz in derselben Weise wie in § 7 ab. Das beim Existenzsatz von Peano beschriebene Fortsetzungsverfahren ist dahingehend zu modifizieren, daß bei jedem Fortsetzungsschritt nicht eine beliebige Lösung, sondern die Maximallösung ausgewählt wird.

VII. Bemerkungen. (a) Bei stetigem f ist das Anfangswertproblem genau dann eindeutig lösbar, wenn $y_*(x) \equiv y^*(x)$ ist.

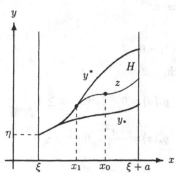

(b) Ist das Anfangswertproblem nicht eindeutig, so wird der ganze Bereich zwischen dem Minimal- und Maximalintegral von Lösungen des Anfangswertproblems ausgefüllt. Genauer:

Ist $f(x, y)$ in dem Streifen $J \times \mathbb{R}$ stetig, $J = [\xi, \xi + a]$, und ist $y_*(x)$ das Minimal- und $y^*(x)$ das Maximalintegral des Anfangswertproblems (5), so geht durch jeden Punkt der Menge

$$H = \{(x, y) | \ x \in J, \ y_*(x) \leq y \leq y^*(x)\}$$

eine Lösung des Anfangswertproblems (5). Beweis als Übungsaufgabe.

Anleitung. Wenn eine Lösung z durch einen Punkt $(x_0, z_0) \in H$ in ihrem Verlauf nach links z. B. auf y^* trifft, etwa $z(x_1) = y^*(x_1)$, $x_1 < x_0$, so kann man $z(x) = y^*(x)$ in $[\xi, x_1]$ setzen.

VIII. Satz. *Es sei f im Rechteck $R = J \times [\eta - c, \eta + c]$, $J = [\xi, \xi + a]$, stetig. Die Funktionen v, w seien in J differenzierbar, und es sei*

$$
\begin{aligned}
v' &\leq f(x, v) \quad \text{in} \quad J, \quad v(\xi) \leq \eta, \\
w' &\geq f(x, w) \quad \text{in} \quad J, \quad w(\xi) \geq \eta.
\end{aligned}
\tag{11}
$$

Dann gilt, wenn y_* bzw. $y^* \in C^1(J)$ die Minimal- bzw. Maximallösung des Anfangswertproblems (5) ist,

$$v \leq y^* \quad \text{und} \quad w \geq y_* \quad \text{in } J.$$

Natürlich ist vorausgesetzt, daß die Graphen aller vier Funktionen in R liegen.

Corollar. *Bei einem eindeutigen Anfangswertproblem sind die Ungleichungen (11), in denen das Gleichheitszeichen zugelassen ist, hinreichend dafür, daß v Unterfunktion und w Oberfunktion ($v \leq y \leq w$ in J) ist.*

Zum *Beweis* setzt man f als stetige und beschränkte Funktion auf den Streifen $J \times \mathbb{R}$ fort (vgl. den Beweis von 6.III) und bestimmt $w_n(x)$ nach der Gleichung (9). Es ist $v < w_n$ nach Satz III. Da die w_n gegen $y^*(x)$ konvergieren, folgt $v \leq y$ (man sieht leicht, daß y^* auch Maximallösung bezüglich der fortgesetzten Funktion f ist). Entsprechend wird bei der zweiten Ungleichung $y_* \leq w$ vorgegangen.

Beispiel.

$$y' = \sqrt{|y|}, \quad y(0) = 0.$$

Man rechnet leicht nach, daß

$$y^*(x) = \frac{x^2}{4}, \quad y_*(x) = 0 \qquad \text{für} \quad x \geq 0,$$

$$y^*(x) = 0, \qquad y_*(x) = -\frac{x^2}{4} \quad \text{für} \quad x \leq 0$$

ist.

Wir beschließen das Thema Differential-Ungleichungen mit einer Variante zu Satz III, bei der vorausgesetzt wird, daß die Funktion f einer lokalen Lipschitzbedingung in y genügt (der Leser sei an die Definition in 6.IV erinnert). Dieser Fall liegt in den meisten Anwendungen vor, insbesondere dann, wenn f_y stetig ist. Der folgende wichtige Satz bedarf nur schwacher Ungleichungen in der Voraussetzung, und er macht eine präzise Aussage über das Auftreten einer strengen Ungleichung in der Behauptung. Unser Beweis ist unabhängig von den früheren Ergebnissen.

IX. Satz. *Die Funktion $f : D \to \mathbb{R}$ genüge einer lokalen Lipschitzbedingung in y. Die Funktionen ϕ, ψ seinen in $J = [\xi, \xi + a]$ differenzierbar, und es gelte*

(a) $\phi(\xi) \leq \psi(\xi)$;

(b) $P\phi \leq P\psi$ in J.

Dann ist $\phi \leq \psi$ in J und genauer

$$\phi < \psi \text{ in } J \quad oder \quad \phi = \psi \text{ in } [\xi, c], \quad \phi < \psi \text{ in } (c, \xi + a] \quad (c \in J).$$

Corollar. *Für ein Intervall $J_- = [\xi - a, \xi]$ links von ξ lautet die Voraussetzung (b) $P\phi \geq P\psi$ in J_- und die Behauptung $\phi < \psi$ in J_- oder $\phi = \psi$ in $[c, \xi]$, $\phi < \psi$ in $[\xi - a, c]$ mit $c \in J_-$.*

Beweis. Ist die Behauptung $\phi \leq \psi$ falsch, so gibt es ein Intervall $I = [\alpha, \beta] \subset J$ mit $\phi(\alpha) = \psi(\alpha)$, $\phi > \psi$ in $(\alpha, \beta]$. In einer Umgebung U von $(\alpha, \phi(\alpha))$ genügt f einer Lipschitzbedingung mit der Konstante L. Wir wählen den Punkt β so nahe an α, daß die im folgenden auftretende Punkte $(x, \phi(x))$, $(x, \psi(x))$ in U liegen. Für $w = \phi - \psi$ ist $w(\alpha) = 0$, $w > 0$ in $(\alpha, \beta]$ und (wir schreiben kurz $f(\phi)$ anstelle von $f(x, \phi(x))$)

$$w' = \phi' - \psi' = P\phi + f(\phi) - (P\psi + f(\psi)) \leq f(\phi) - f(\psi) \leq Lw,$$

also

$$(w(x)e^{-Lx})' = (w' - Lw)e^{-Lx} \leq 0.$$

Die Funktion $w(x)e^{-Lx}$ ist also monoton fallend, und sie verschwindet für $x = \alpha$, d. h. es ist $w \leq 0$ in I. Mit diesem Widerspruch ist die Ungleichung $\phi \leq \psi$ bewiesen.

Zum Beweis der schärferen Aussage betrachten wir die Funktion $w = \psi - \phi \geq 0$. Es genügt offenbar nachzuweisen, daß aus $w(\alpha) > 0$ folgt $w(x) > 0$ für $x > \alpha$. Ist dies falsch, so gibt es ein Intervall $I = [\alpha, \beta] \subset J$ mit $w > 0$ in $[\alpha, \beta)$, $w(\beta) = 0$. Es sei L eine Lipschitzkonstante von f in einer Umgebung U des Punktes $(\beta, \phi(\beta))$, und α sei nahe an β. Ähnlich wie oben erhalten wir

$$w' = P\psi + f(\psi) - (P\phi + f(\phi)) \geq f(\psi) - f(\phi)$$
$$\geq -L(\psi - \phi) = -Lw \quad \text{in } I.$$

Hieraus folgt $(w(x)e^{Lx})' = (w' + Lw)e^{Lx} \geq 0$. Die Funktion $w(x)e^{Lx}$ ist also in I monoton wachsend und damit positiv im Widerspruch zur Annahme $w(\beta) = 0$. Damit ist der Satz bewiesen. Die entsprechende Aussage für J_- sei dem Leser anvertraut.

Folgerungen. (a) *Ober- und Unterfunktionen.* Es sei y eine Lösung des Anfangswertproblems

$$y' = f(x,y) \quad \text{in } J, \qquad y(\xi) = \eta. \tag{5}$$

Analog zu IV nennt man eine Funktion v mit den Eigenschaften

$$v \leq f(x,v) \quad \text{in } J \quad v(\xi) = \eta \quad \text{Unterfunktion.}$$

Für sie gilt nach dem Satz $v \leq y$ in J. Noch mehr: Ist $y = v$ in $J' = [\xi, c]$, so folgt $v'(x) = f(x,v(x))$ in J'. Es gilt also die strenge Ungleichung $v < u$ in $J_0 = (\xi, \xi + a]$, falls $v(\xi) < \eta$ ist oder eine Folge (x_n) aus J_0 mit $v'(x_n) < f(x_n, v(x_n))$ und $\lim x_n = \xi$ existiert (da bei der Anwendung des Satzes meist v gegeben und y die unbekannte Lösung ist, lassen sich diese Bedingungen nachprüfen). Entsprechend sind Oberfunktionen w definiert. Für das Intervall J_- lautet die Differential-Ungleichung für eine Unterfunktion $v' \geq f(x,v)$ und für eine Oberfunktion $w' \leq f(x,w)$.

(b) Trivialerweise enthält der Satz einen Eindeutigkeitssatz für das Anfangswertproblem (5).

(c) Sind y und z Lösungen der Differentialgleichung und ist $y(x_0) < z(x_0)$, so folgt $y < z$ im gemeinsamen Existenzintervall beider Lösungen.

X. Einseitige Lipschitzbedingung. Eine Teilaussage des vorangehenden Satzes, insbesondere die Eindeutigkeit nach rechts, läßt sich bereits unter der schwächeren Voraussetzung erbringen, daß f nur einer einseitigen Lipschitzbedingung der Form

$$f(x,y) - f(x,z) \leq L(y - z) \quad \text{für} \quad y > z. \tag{12}$$

genügt. Während die übliche Lipschitzbedingung besagt, daß der Differenzenquotient $(f(x,y) - f(x,z))/(y - z)$ zwischen $-L$ und L liegt, ergibt die einseitige Bedingung (12) nur, daß er $\leq L$ ist. Der Beweis des folgenden Satzes wird als Aufgabe gestellt, der Hinweis auf den vorgegangenen Beweis diene als Anleitung.

Satz. *Die Funktion f genüge einer lokalen einseitigen Lipschitzbedingung der Form* (12). *Dann folgt aus*

$$\text{(a)} \quad \phi(\xi) \leq \psi(\xi), \qquad \text{(b)} \quad P\phi \leq P\psi \quad \text{in } J = [\xi, \xi + a]$$

die Ungleichung $\phi \leq \psi$ in J. Insbesondere gilt ein Eindeutigkeitssatz „nach rechts" für das entsprechende Anfangswertproblem.

Bemerkungen. 1. Eine in y monoton fallende Funktion $f(x,y)$ genügt einer einseitigen Lipschitzbedingung (mit $L = 0$). Für solche Funktionen besteht also Eindeutigkeit nach rechts.

2. Für ein Anfangswertproblem nach links gilt der entsprechende Satz, wenn eine einseitige Lipschitzbedingung nach unten

$$f(x,y) - f(x,z) \geq -L(y-z) \quad \text{für} \quad y > z \qquad (12')$$

besteht. Man hat dann

(a) $\phi(\xi) \leq \psi(\xi)$,

(b') $P\phi \geq P\psi$ in $J_- = [\xi - a, \xi] \implies \phi \leq \psi$ in J_-.

3. Man gebe ein Beispiel einer in y monoton fallenden stetigen Funktion $f = f(y)$ an, für welche die schärfere Aussage von Satz IX falsch ist.

4. Sind v, w zwei Lösungen der Gleichung $y' = f(x,y)$ im Intervall $J = [0, b]$ mit $v(0) < w(0)$ und ist f stetig und monoton wachsend oder fallend in y, so ist (i) $v \leq w$ in J und (ii) $w - v$ monoton wachsend oder fallend. Beweis als Übungsaufgabe.

XI. Aufgabe. Die Funktion $f(x,y)$ sei für $x \geq 0$ definiert durch

$$f(x,y) = \begin{cases} 2x & \text{für} \quad y \geq x^2, \quad x \geq 0, \\ 2y/x & \text{für} \quad |y| < x^2, \quad x > 0, \\ -2x & \text{für} \quad y \leq -x^2, \quad x \geq 0. \end{cases}$$

Ist f stetig in $[0, \infty) \times \mathbb{R}$? Man gebe alle Lösungen des Anfangswertproblems

$$y' = f(x,y) \quad \text{für} \quad x \geq 0, \quad y(0) = \eta$$

an. Wie lautet die Maximal- und Minimallösung, für welche η herrscht Eindeutigkeit?

XII. Aufgabe. Man konstruiere Ober- und Unterfunktionen für die Anfangswertprobleme

(a) $y' = x^3 + y^3$, $y(0) = 1$;

(b) $y' = x + \sqrt{1 + y^2}$, $y(0) = 1$.

Im Fall (a) berechne man, wenn $0 \leq x < a$ das maximale Existenzintervall nach rechts ist, zwei Schranken $a_1 \leq a \leq a_2$ mit $a_2 - a_1 < 0,05$. Man vergleiche dazu Aufgabe 8.IV.(b).

Ergänzung: Separatrizen

Wir betrachten hier Differentialgleichungen

$$y' = f(x, y) \quad \text{für} \quad x \geq 0 \tag{13}$$

mit der folgenden zunächst vage formulierten Eigenschaft: Es gibt eine spezielle globale (d. h. in $[0, \infty$ existierende) Lösung ϕ, die dadurch gekennzeichnet ist, daß die Lösungen oberhalb ϕ und die Lösungen unterhalb ϕ jeweils Klassen mit gleichartigem Verhalten für große x bilden, während die Lösungen aus verschiedenen Klassen sich völlig verschieden verhalten. Zwei Beispiele werden den Sachverhalt illustrieren.

Beispiel 1. $\quad y' = x - 1/y \ (y > 0)$.

Beispiel 2. $\quad y' = x^3 + y^3$.

Im ersten Beispiel ist ϕ die einzige beschränkte globale Lösung. Die Lösungen oberhalb ϕ streben gegen ∞ für $x \to \infty$, während jede positive Lösung unterhalb ϕ nur in einem endlichen Intervall $[0, b)$ existiert und für $x \to b-$ gegen 0 strebt.

Im zweiten Beispiel ist ϕ die einzige globale Lösung. Die Lösungen oberhalb bzw. unterhalb ϕ streben gegen $+\infty$ bzw. $-\infty$, wenn x gegen den rechten Endpunkt des (endlichen) maximalen Existenzintervalls strebt.

Man nennt in diesem Zusammenhang die Lösungskurve $C = \text{graph } \phi$ eine *Separatrix*: Sie „separiert" die Lösungen mit verschiedenem Lösungsverhalten. In der Literatur findet man verschiedene Definitionen der Separatrix.

Die Theorie der Differential-Ungleichungen stellt die geeigneten Werkzeuge zur Behandlung solcher Probleme zur Verfügung.

XIII. Existenz globaler Lösungen. Lösungen der Gleichung (13), welche in $[0, \infty)$ existieren, werden *global* genannt. Die Funktion f sei auf der Menge $D: x \geq 0, \alpha < y < \beta \ (-\infty \leq \alpha < \beta \leq \infty)$ stetig und lokal Lipschitzstetig bezüglich y (etwa f_y stetig in D). Sind v, w zwei Funktionen mit den Eigenschaften $v \leq w$ und $Pv \leq 0 \leq Pw$ in $[0, \infty)$, so liegt jede Lösung y von (13) mit $v(0) \leq y(0) \leq w(0)$ zwischen v und w. Das ergibt sich sofort aus Satz IX. Der folgende Satz mit umgekehrten Differential-Ungleichungen ist weniger trivial.

Satz. *Existieren zwei in $[0, \infty)$ stetige und in $(0, \infty)$ differenzierbare Funktionen v, w, welche den Ungleichungen $v \leq w$ und $Pw \leq 0 \leq Pv$ in $(0, \infty)$ genügen, so besitzt die Differentialgleichung $y' = f(x, y)$ eine globale Lösung ϕ mit $v \leq \phi \leq w$ für $x \geq 0$.*

Beweis. Es sei y_n die (eindeutig bestimmte) Lösung des Anfangswertproblems

$$y' = f(x, y), \quad y(n) = w(n) \quad (n = 1, 2, 3, \dots). \tag{A_n}$$

Mit Satz IX, zweimal angewandt auf das links von der Stelle $x = n$ gelegene Intervall $[0, n]$, ergeben sich die Ungleichungen $v \leq y_n \leq w$ in $[0, n]$. Insbesondere ist $y_{n+1}(n) \leq w(n) = y_n(n)$, und hieraus folgt, wieder mit Satz IX, $y_{n+1} \leq y_n$ in $[0, n]$.

Es sei $a > 0$. Für $n > a$ gilt $v \leq y_{n+1} \leq y_n \leq w$ im Intervall $[0, a]$. Da die Folge (y_n) monoton fallend ist, existiert $\phi(x) := \lim y_n(x)$ in $[0, a]$. Die Funktion ϕ genügt dort den Ungleichungen $v \leq \phi \leq w$. Die Menge $M_a = \{(x, y) : 0 \leq x \leq a, \ v(x) \leq y \leq w(x)\}$ ist kompakt, und f ist beschränkt auf M_a, etwa $|f| < L$. Also sind die Funktionen y_n mit $n > a$ im Intervall $[0, a]$ Lipschitz-stetig mit der Lipschitzkonstante L. Aus dem Hilfssatz 7.III folgt dann die gleichmäßige Konvergenz im Intervall $[0, a]$.

Man zeigt nun in der üblichen Weise durch Übergang zur entsprechenden Integralgleichung $y_n(x) = y_n(0) + \int_0^x f(t, y_n(t))\, dt$, daß ϕ im Intervall $[0, a]$ eine Lösung von (13) ist. Da a beliebig ist, folgt hieraus der Satz.

Übrigens besteht die strenge Ungleichung $v < \phi < w$ in $[0, \infty)$, wenn es gegen ∞ strebende Punktfolgen $(x_n), (x'_n)$ mit $(Pv)(x_n) > 0$, $(Pw)(x'_n) < 0$ gibt. Das folgt aus Satz IX.

Wir merken an, daß man zur Konstruktion von ϕ auch die Lösungen $z = z_n$

$$z' = f(x, z), \quad z(n) = v(n) \tag{B_n}$$

benutzen kann. Es ist $v \leq z_n \leq z_{n+1} \leq y_{n+1} \leq y_n \leq w$ in $[0, n]$.

Wenden wir den Satz auf die beiden Beispiele an.

Beispiel 1. Für $v = e^{-x}$ gilt $Pv \geq 0$, während die Ungleichung $Pw \leq 0$

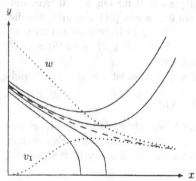

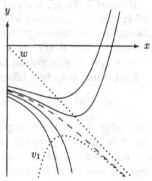

Beispiel 1 mit $v_1 = 1/(x + x^{-2})$, w as im Text (ϕ ist gestrichelt)

Beispiel 2 mit $v_1 = -x - 1/3x^2$, $w = -x$

durch die Funktion

$$w(x) = \begin{cases} 2 - x & \text{für} \quad 0 \leq x \leq 1, \\ 1/x & \text{für} \quad x > 1 \end{cases}$$

befriedigt ist. Es existiert also eine globale Lösung ϕ mit $e^{-x} < \phi(x) < 1/x$. Man zeige, daß $v_1 = 1/(x + x^{-2})$ eine untere Schranke ist.

Beispiel 2. Man kann $v = -(x+1)$, $w = -x$ wählen, wie man leicht sieht. Es gibt also eine den Ungleichungen $-(x+1) < \phi(x) < -x$ genügende globale Lösung ϕ. Man zeige, daß $v_1 = -x - 1/3x^2$ eine bessere untere Schranke ist.

XIV. Eindeutigkeit und Abschätzungen. Da die Charakterisierung der ausgezeichneten globalen Lösung von Fall zu Fall verschieden ist, können wir anstelle eines Eindeutigkeitssatzes lediglich ein Verfahren angeben, wie man im Einzelfall vorgehen kann. Dazu sei f_y in D stetig. Sind ϕ, ψ zwei globale Lösungen mit $\phi < \psi$, so genügt die Differenz $u = \psi - \phi > 0$ nach dem Mittelwertsatz der Gleichung

$$u' = \psi' - \phi' = f(x, \psi) - f(x, \phi) = f_y(x, y^*)u(x) \tag{14}$$

mit $\phi(x) < y^* < \psi(x)$. Hieraus lassen sich Aussagen über u gewinnen. Betrachten wir dazu die beiden Beispiele.

Beispiel 1. Die globalen Lösungen ϕ, ψ seien beschränkt; es gelte etwa $0 < \phi < \psi < L$. Hier ist $f_y(x, y) = 1/y^2 > 1/L^2 := \alpha$. Also ist

$$u' \geq \alpha u, \quad \text{woraus} \quad u(x) \geq u(0)e^{\alpha x}$$

folgt. Andererseits ist $u < L$. Dieser Widerspruch beweist die eingangs aufgestellte Behauptung, daß es nur eine beschränkte globale Lösung gibt. Sie strebt $\to 0$ für $x \to \infty$.

Beispiel 2. Es sei y eine Lösung und $y(a) \geq 0$ für ein $a > 0$. Aus der Differentialgleichung folgt leicht, daß es ein $b > a$ mit $y(b) > 0$ gibt. Da die Lösung des Anfangswertproblems $v' = v^3$, $v(b) = y(b)$ Unterfunktion zu y ist und ein $c < \infty$ mit $v(x) \to \infty$ für $x \to c$ existiert, gilt $y(x) \to \infty$ für $x \to c'$ mit $c' \leq c$, d. h. jede globale Lösung ist negativ.

Sind ϕ und ψ globale Lösungen mit $\phi < \psi < 0$, so ist $u = \psi - \phi > 0$ und

$$u' = \psi^3 - \phi^3 > \psi^3 - \phi^3 - 3\phi\psi(\psi - \phi) = u^3$$

sowie $u(0) > 0$. Hieraus ergibt sich ähnlich wie oben, daß u nur in einem endlichen Intervall $[0, b)$ existiert und für $x \to b$ gegen ∞ strebt. Es existiert also nur eine globale Lösung. Damit sind auch für das zweite Beispiel die eingangs gemachten Behauptungen bewiesen.

Bemerkung. In den beiden Beispielen läßt sich jede lokale Lösung nach links bis $-\infty$ fortsetzen (Beweis durch Betrachtung des Vorzeichens von f). Die ausgezeichnete Lösung existiert also in $\mathbb{R}$, und die Separatrix $C = \text{graph } \phi$ zerlegt die Ebene in zwei Gebiete G_1 (oberhalb C) und G_2 (unterhalb C). Ist y Lösung der Differentialgleichung mit dem Anfangswert $y(\xi) = \eta$, so gibt die Lage von (ξ, η) sofort Aufschluß über das qualitative Verhalten der Lösung y für wachsende positive x.

XV. Aufgaben. (a) Man zeige, daß das qualitative Verhalten von Beispiel 1 auch für die Differentialgleichung

$$y' = x^\alpha - y^{-\beta} \quad (y > 0) \quad \text{mit} \quad \alpha > 0, \quad \beta > 0$$

vorliegt.

(b) Man zeige, daß für die Differentialgleichung

$$y' = x^\alpha + |y|^\beta \text{sgn } y \quad \text{mit} \quad \alpha > 0, \quad \beta > 1$$

dieselben qualitativen Aussagen wie im Fall $\alpha = \beta = 3$ (Beispiel 2) gelten.

Anleitung. Man kann $w = -x^{\alpha/\beta}$ und $v = -ae^x$ mit geeignetem $a > 0$ nehmen. Eine bessere Wahl ist $v = -(a + x^{1+\alpha})$.

(c) Die Lösung der Differentialgleichung $y' = f(x,y)$ mit dem Anfangswert $y(0) = a$ werde mit $y(x;a)$ bezeichnet, und $[0, b_a)$ mit $0 < b_a \leq \infty$ sei das maximale Existenzintervall nach rechts. Man beweise den

Satz. *Die Funktion f sei in $D : x \geq 0, -\infty < y < \infty$ stetig und genüge einer lokalen Lipschitzbedingung in y. Es sei A die Menge der Anfangswerte a mit $y(x;a) \to \infty$ für $x \to b_a$. Zu jedem $b > 0$ gebe es Anfangswerte $a \in A$ und $a' \notin A$ mit $b_a, b_{a'} > b$. Dann ist*

$$\phi(x) = y(x; a_0) \quad \text{mit} \quad a_0 = \inf A$$

eine globale Lösung von (13).

(d) In der Differentialgleichung

$$y' = h(x) + g(y)$$

sei h in $[0, \infty)$ stetig und g in $\mathbb{R}$ lokal Lipschitz-stetig. Ferner konvergiere $g(y) \to \pm\infty$ für $y \to \pm\infty$, und die Integrale $\int\limits_\alpha^\infty dy/g(y)$ und $\int\limits_{-\infty}^{-\alpha} dy/g(y)$ seien konvergent (wir setzen $|g(y)| > 0$ für $|y| \geq \alpha$ voraus). Man zeige, daß dann eine globale Lösung existiert.

(e) Man zeige, daß die Differentialgleichung

$$y' = y^2 - x^2 \quad (x \geq 0)$$

eine Separatrix ϕ mit den folgenden Eigenschaften besitzt:

(i) ϕ ist die einzige in $[0, \infty)$ positive Lösung.

(ii) Eine Lösung $y > \phi$ existiert nur in einem endlichen Intervall $[0, b)$ und strebt nach unendlich für $x \to b-$.

(iii) Für eine Lösung $y < \phi$ strebt $x + y(x) \to 0$ für $x \to \infty$.

Anleitung. (e) Zu (i) kann man Satz XIII mit $v = x$, $w = a + x$ benutzen. Haben ϕ und $\psi > \phi$ die verlangten Eigenschaften, so genügt $u = \psi - \phi$ der Ungleichung $u' > u^2$. Daraus ergibt sich ein Widerspruch und auch ein

Beweis von (ii). Bei (iii) benutzt man $v = -x$ (Unterfunktion) und $w = \varepsilon - x$ (Oberfunktion) und zeigt, daß weder $y < v$ noch $y > w$ für alle großen x gelten kann.

(iv) Gibt es negative Lösungen, die nicht in $[0, \infty)$ existieren?

(f) Man untersuche die Differentialgleichung $y' = y^2 - x$ wie in (e).

Bemerkung. Im *American Mathematical Monthly* 94 (1987), S. 694, findet man Beispiel 1 als Problem 6551: „Prove that the differential equation $y' = x - 1/y$ has a unique solution in $[0, \infty)$ which is positive throughout and tends to zero at $+\infty$." Im Bd. 96 (1989) werden auf den Seiten 631–635 und 657–659 drei verschiedene Lösungen, jedoch keine allgemeine Methode angegeben.

XVI. Berechnung der Separatrix. Satz XIII liefert nicht nur die Existenz einer ausgezeichneten Lösung ϕ, er läßt sich auch für ihre numerische Bestimmung heranziehen. Durch Lösung der Anfangswertprobleme (A_n) und (B_n) erhält man obere und untere Schranken für $\phi(0)$. R. Lohner (1988) hat Algorithmen und Programme entwickelt, welche für eine große Klasse von Anfangswertproblemen *exakte* obere und untere Schranken der Lösung liefern; dabei wird die Progrmmiersprache PASCAL-XSC oder ACRITH-XSC benutzt, welche eine Weiterentwicklung der Intervallrechnung verwenden. Ich bin Herrn Dr. Lohner für die Berechnung der beiden Beispiele zu großem Dank verpflichtet. Sie hat zu folgenden überraschenden guten (und, wie gesagt, exakten) Schranken für $\phi(0)$ geführt:

Beispiel 1: $v(x) = 1/(x + 1/x^2)$, $w(x) = 1/x$, (A_n), (B_n) mit $n = 6$ ergibt

$$\phi(0) \in 1,28359\,87104\,63599\,52345\,264\frac{44}{30}.$$

Beispiel 2: $v(x) = -x - 1/3x^2$, $w(x) = -x$, $n = 5$ ergibt

$$\phi(0) \in -0,66727\,09125\,44323\,65855\,63\frac{57}{61}.$$

Aufgabe. Man zeige, daß die Differentialgleichung $y' = 1 - xy^2$ genau eine negative Lösung ϕ in $[0, \infty)$ hat, berechne $\phi(0)$ und beschreibe das Verhalten aller Lösungen, wenn x gegen den rechten Endpunkt des Existenzintervalls strebt.

III. Systeme von Differentialgleichungen erster Ordnung und Differentialgleichungen höherer Ordnung

§ 10 Das Anfangswertproblem für ein System erster Ordnung

I. Systeme von Differentialgleichungen. Richtungsfeld.

Die n Funktionen $f_1(x, y_1, \ldots, y_n), \ldots, f_n(x, y_1, \ldots, y_n)$ seien auf einer Menge D des $(n+1)$-dimensionalen $(x, y_1, \ldots, y_n)$-Raumes $\mathbb{R}^{n+1}$ definiert. Sie bilden die „rechte Seite" eines Systems von Differentialgleichungen erster Ordnung (in expliziter Gestalt)

$$
\begin{aligned}
y_1' &= f_1(x, y_1, \ldots, y_n) \\
&\vdots \qquad\qquad\vdots \\
y_n' &= f_n(x, y_1, \ldots, y_n).
\end{aligned}
\tag{1}
$$

Die Funktionen $(y_1(x), \ldots, y_n(x))$ bilden eine Lösung (oder ein Integraloder eine Integralkurve) des Systems (1) in einem Intervall J, wenn sie in J differenzierbar sind und, in (1) eingesetzt, diese Gleichungen identsich befriedigen; insbesondere muß also $(x, y_1(x), \ldots, y_n(x)) \in D$ sein für $x \in J$.

Wir machen im folgenden möglichst weitgehend von der Vektorschreibweise Gebrauch. Mit fetten Buchstaben werden n-dimensionale Spaltenvektoren bezeichnet, etwa

$$
\boldsymbol{a} = \begin{pmatrix} a_1 \\ \vdots \\ a_n \end{pmatrix}, \quad \boldsymbol{y}(x) = \begin{pmatrix} y_1(x) \\ \vdots \\ y_n(x) \end{pmatrix}, \quad \boldsymbol{f}(x, \boldsymbol{y}) = \begin{pmatrix} f_1(x, \boldsymbol{y}) \\ \vdots \\ f_n(x, \boldsymbol{y}) \end{pmatrix}.
$$

Eine Aussage „$\boldsymbol{y}(x)$ ist stetig, differenzierbar, ... " bedeutet, daß jede Komponente $y_\nu(x)$ stetig, differenzierbar, ... ist ($\nu = 1, \ldots, n$). Ebenso sind Ableitung und Integral einer Vektorfunktion $\boldsymbol{y}(x)$ komponentenweise zu interpretieren:

$$y'(x) = \begin{pmatrix} y_1'(x) \\ \vdots \\ y_n'(x) \end{pmatrix}, \quad \int_a^b y(x)\,dx = \begin{pmatrix} \int_a^b y_1(x)\,dx \\ \vdots \\ \int_a^b y_n(x)\,dx \end{pmatrix}.$$

Mit diesen Bezeichnungen lautet das System (1)

$$y' = f(x, y). \tag{1'}$$

Wie im Falle $n = 1$ ist die folgende geometrische Deutung naheliegend. Die Vektorfunktion $f(x, y)$ definiert in D ein Richtungsfeld. Jedem Punkt $(\bar{x}, \bar{y}) \in D$ wird eine Richtung $a = f(\bar{x}, \bar{y})$ zugeordnet, die also durch den $(n + 1)$-dimensionalen Vektor $(1, a)$ oder, was dasselbe bedeutet, durch die Gerade $y = \bar{y} + (x - \bar{x})a$ definiert ist. Bei dieser Deutung stellt eine Funktion $y(x)$ eine Raumkurve im $\mathbb{R}^{n+1}$ dar. Lösungen der Gleichung (1') sind dadurch ausgezeichnet, daß die Raumkurve $y(x)$ „auf das Richtungsfeld paßt". Beim

II. Anfangswertproblem fragt man nach einer Lösung, die durch den vorgegebenen Punkt $(\xi, \eta) \in D$ geht, für welche also neben der Differentialgleichung die Anfangsbedingung

$$y_\nu(\xi) = \eta_\nu \quad (\nu = 1, \dots, n) \quad \text{oder kurz} \quad y(\xi) = \eta \tag{2}$$

erfüllt ist. Das Anfangswertproblem ist äquivalent mit dem System von Integralgleichungen

$$y(x) = \eta + \int_\xi^x f(t, y(t))\,dt. \tag{3}$$

Genauer: Es sei f stetig in D und $(x, y(x)) \in D$ für $x \in J$. Ist $y(x)$ in J differenzierbar und genügt $y(x)$ in J der Differentialgleichung (1) sowie der Anfangsbedingung (2), so gilt (3) für $x \in J$ (man beachte, daß y' nach (1) stetig ist). Ist umgekehrt $y(x)$ eine in J stetige Lösung von (3), so ist $y(x)$ sogar stetig differenzierbar und genügt den Gleichungen (1) and (2).

In Übereinstimmung mit der früheren Bezeichnungsweise von 5.III.(a) stellt $|a|$ eine Norm für $a \in \mathbb{R}^n$ dar; eine spezielle Norm ist die Euklid-Norm

$$|a|_e = \sqrt{a_1^2 + \cdots + a_n^2}.$$

Wir beweisen nun den schon in 5.V angekündigten

III. Hilfssatz. *Im $\mathbb{R}^n$ sind alle Normen äquivalent, d. h., sind $|a|$, $|a|^*$ zwei beliebige Normen im $\mathbb{R}^n$, so gibt es Konstanten $\alpha > 0$, $\beta > 0$, so daß*

$$\alpha |a|^* \leq |a| \leq \beta |a|^* \quad \text{für} \quad a \in \mathbb{R}^n.$$

Beweis. Es genügt offenbar, den Satz für den Fall $|a|^* = |a|_e$ zu beweisen. Ist e_ν der ν-te Einheitsvektor (e_ν hat eine 1 an der ν-ten Stelle, sonst lauter Nullen), so folgt aus $a = \sum a_\nu e_\nu$

$$|a| \leq \sum |a_\nu e_\nu| = \sum |a_\nu||e_\nu| \leq |a|_e \sum |e_\nu| = \beta|a|_e.$$

Damit ist die zweite der Ungleichungen des Hilfssatzes bewiesen. Außerdem folgt hieraus sofort die Stetigkeit der Funktion $\phi(x) = |x|$ im gewöhnlichen Sinne (d. h. im Sinne der Euklid-Norm). Es ist nämlich nach (5.2)

$$|\phi(x) - \phi(y)| = \big||x| - |y|\big| \leq |x - y| \leq \beta|x - y|_e.$$

Nun sei E die Oberfläche der n-dimensionalen Einheitskugel, also die Menge der Vektoren a mit $|a|_e = 1$. Da E kompakt ist, nimmt die Funktion $\phi(x) = |x|$ ihr Infimum bezüglich E in einem Punkt $a_0 \in E$ an. Wegen $a_0 \neq 0$ ist also

$$|a| \geq |a_0| = \alpha > 0 \quad \text{für} \quad a \in E.$$

Damit ist auch die erste der Ungleichungen des Hilfssatzes nachgewiesen. Ist nämlich $b \neq 0$ ein beliebiger Vektor und $b = ca$ mit $c = |b|_e$, also $a \in E$, so ist

$$|b| = c|a| \geq \alpha c = \alpha|b|_e.$$

IV. Lipschitzbedingung. Die Vektorfunktion $f(x, y)$ genügt in $D \subset \mathbb{R}^{n+1}$ einer *Lipschitzbedingung* bezüglich y (mit der Lipschitzkonstante L), wenn

$$|f(x, y) - f(x, \bar{y})| \leq L|y - \bar{y}| \quad \text{für} \quad (x, y), (x, \bar{y}) \in D \tag{4}$$

ist.

Die Eigenschaft einer Funktion f, einer Lipschitzbedingung zu genügen, ist nach Hilfssatz III von der gewählten Norm unabhängig. Natürlich wird sich beim Übergang zu einer anderen Norm i. a. die Lipschitzkonstante L ändern.

Existiert zu jedem Punkt $(\bar{x}, \bar{y}) \in D$ eine Umgebung $U : |x - \bar{x}| < \delta$, $|y - \bar{y}| < \delta$ ($\delta > 0$), so daß f in $D \cap U$ einer Lipschitzbedingung genügt (die Lipschitzkonstante darf in verschiedenen Umgebungen verschieden sein), so sagt man, f genüge in D einer *lokalen Lipschitzbedingung* bezüglich y.

V. Hilfssatz. *Ist D konvex und sind in D alle Ableitungen $\partial f_\nu / \partial y_\mu$ stetig und beschränkt ($\mu, \nu = 1, \ldots, n$), so genügt f in D einer Lipschitzbedingung.*

Aus dem Mittelwertsatz

$$f_\nu(x, y) - f_\nu(x, \bar{y}) = \sum_{\mu=1}^{n} \frac{\partial f_\nu(x, y^*)}{\partial y_\mu}(y_\mu - \bar{y}_\mu)$$

folgt nämlich, wenn C eine Schranke für $|\partial f_\nu / \partial y_\mu|$ ist $(\mu, \nu = 1, \ldots, n)$,

$$|f_\nu(x, y) - f_\nu(x, \bar{y})| \le K \max_\mu |y_\mu - \bar{y}_\mu| \quad \text{mit} \quad K = nC, \tag{4'}$$

also eine Lipschitzbedingung bezüglich der Norm $|a| = \max_\nu |a_\nu|$.

Folgerung. *Ist D ein Gebiet und sind f und $\partial f / \partial y$ in D stetig, so genügt f in D einer lokalen Lipschitzbedingung bezüglich y.*

Nach diesen Vorbereitungen beweisen wir den folgenden

VI. Existenz- und Eindeutigkeitssatz. *Die Funktion $f(x, y)$ sei in dem Gebiet $D \subset \mathbb{R}^{n+1}$ stetig und genüge in D einer lokalen Lipschitzbedingung bezüglich y (es sei etwa $f \in C^1(D)$). Dann besitzt, wenn $(\xi, \eta) \in D$ ist, das Anfangswertproblem*

$$y' = f(x, y), \quad y(\xi) = \eta \tag{5}$$

genau eine Lösung. Sie läßt sich nach links und rechts bis zum Rande von D fortsetzen.

Der *Beweis* kann weitgehend wie in § 6 im Falle $n = 1$ geführt werden. Zunächst wird ein spezieller Satz bewiesen. Er entspricht dem Satz 6.I.

VII. Satz. *$f(x, y)$ sei in $J \times \mathbb{R}^n$, $J = [\xi, \xi + a]$, stetig und genüge dort der Lipschitzbedingung (4). Dann gibt es genau eine Lösung des Anfangswertproblems*

$$y' = f(x, y), \quad y(\xi) = \eta; \tag{6}$$

sie existiert in J.

Äquivalent mit (6) ist die Integralgleichung

$$y(x) = \eta + \int_\xi^x f(t, y(t)) \, dt \quad \text{in } J, \tag{7}$$

oder kurz

$$y = Ty \quad \text{mit} \quad (Tz)(x) = \eta + \int_\xi^x f(t, z(t)) \, dt. \tag{7'}$$

Dabei ist T ein Operator, der den Banachraum der in J stetigen Vektorfunktionen in sich abbildet. Als Norm $\| \cdot \|$ in diesem Banachraum wird

$$\|z\| = \max_J e^{-2Lx} |z(x)|$$

benutzt (mit der in (4) auftretenden $\mathbb{R}^n$-Norm). Mit genau derselben Schlußweise wie in § 6 zeigt man, daß T einer Lipschitzbedingung mit der Lipschitzkonstante $\frac{1}{2}$ genügt. Die Übertragung des Beweises von Satz 6.I auf den jetzigen Fall kann, da keine neuen Schwierigkeiten auftreten, dem Leser überlassen werden. Es werden dabei die beiden folgenden einfachen Tatsachen benötigt.

VIII Hilfssatz. *Ist $z(x)$ in einem Intervall $[a, b]$ stetig und $|\cdot|$ eine Norm im $\mathbb{R}^n$, so ist auch die skalare Funktion $\phi(x) = |z(x)|$ in $[a, b]$ stetig. Ferner gilt*

$$\left| \int_a^b z(x)\, dx \right| \leq \int_a^b |z(x)|\, dx.$$

Beweis. Aus $x_k \to x$ folgt nach (5.2)

$$|\phi(x_k) - \phi(x)| \leq |z(x_k) - z(x)| \to 0,$$

also die Stetigkeit von $\phi(x)$.

Ist $\varepsilon > 0$ gegeben, so gilt nach der Summendefinition des Integrals bei hinreichend feiner Zerlegung $a = x_0 < x_1 < \cdots < x_p = b$

$$\int_a^b z_\nu(x)\, dx = \sum_{i=1}^p (x_i - x_{i-1}) z_\nu(x_i) + \delta_\nu \quad \text{mit} \quad |\delta_\nu| < \varepsilon$$

für $\nu = 1, \ldots, n$ und ebenso

$$\int_a^b |z(x)|\, dx = \sum_{i=1}^p (x_i - x_{i-1}) |z(x_i)| + \delta \quad \text{mit} \quad |\delta| < \varepsilon.$$

Nach der Dreiecksungleichung ist also, wenn d den Vektor mit den Komponenten δ_ν bezeichnet,

$$\left| \int_a^b z(x)\, dx \right| \leq |d| + \sum_{i=1}^p (x_i - x_{i-1}) |z(x_i)|$$

$$\leq \int_a^b |z(x)|\, dx + |d| + |\delta|.$$

Da hierin $|d|$ und $|\delta|$ beliebig klein gemacht werden können, gilt die behauptete Integral-Ungleichung.

Der Fixpunktsatz 5.IX, auf welchen das Anfangswertproblem (6) damit zurückgeführt ist, zeigt darüber hinaus, daß die Lösung dieses Anfangswertproblems Grenzwert der Folge der sukzessiven Approximationen

$$y_{k+1}(x) = (T y_k)(x) = \eta + \int_\xi^x f(t, y_k(t))\, dt \quad (k = 0, 1, 2, \ldots) \qquad (8)$$

im Sinne der gleichmäßigen Konvergenz ist. Das Ausgangselement $y_0(x)$ kann dabei eine beliebige stetige Funktion sein.

Aus dem speziellen Satz wird nun mit einer Reihe von Schlüssen, welche völlig analog zum eindimensionalen Fall in § 6 verlaufen, der allgemeine Satz abgeleitet.

In § 7 und § 8 wurden zwei weitere Existenzsätze bewiesen. Auch ihre Beweise sind so angelegt, daß eine Übertragung auf den n-dimensionalen Fall auf der Hand liegt. Wir formulieren sie deshalb ohne Beweis.

IX. Existenzsatz von Peano. *Ist $f(x,y)$ in dem Gebiet D stetig und $(\xi, \eta) \in D$, so besitzt das Anfangswertproblem* (5) *mindestens eine Lösung. Jede Lösung läßt sich nach rechts und links bis zum Rande von D fortsetzen.*

X. Existenzsatz im Komplexen. *Die von $n + 1$ komplexen Variablen $(z, w) = (z, w_1, \ldots, w_n)$ abhängende Vektorfunktion $f(z, w)$ mit Werten in $\mathbb{C}^n$ sei in einem Gebiet $D \subset \mathbb{C}^{n+1}$ holomorph (d. h. jede Komponente sei nach allen $n + 1$ komplexen Variablen stetig differenzierbar), und es sei $(z_0, w_0) \in D$. Dann besitzt das Anfangswertproblem*

$$w' = f(z, w), \quad w(z_0) = w_0 \tag{9}$$

in einem Kreis $K : |z - z_0| < \alpha$ genau eine holomorphe Lösung $w(z)$, wobei sich $\alpha > 0$ wie in 8.II bestimmen läßt.

Die Lösung w (d. h. jede ihrer Komponenten $w_\nu(z)$) läßt sich in eine Potenzreihe um den Punkt z_0 mit einem Konvergenzradius $\geq \alpha$ entwickeln.

XI. Autonome Systeme. Wir stellen die Betrachtungen von 3.V in einen allgemeinen Rahmen. Man nennt das System (1) *autonom*, wenn die rechte Seite $f(x, y)$ nicht explizit von x abhängt. Es hat dann die Form

$$y' = f(y). \tag{10}$$

Dabei bezeichnen wir (von Anwendungen beeinflußt) die unabhängige Variable mit t und schreiben $y = y(t)$. Im folgenden wird vorausgesetzt, daß f in der offenen Menge $G \subset \mathbb{R}^n$ lokal Lipschitz-stetig ist. Anfangswertprobleme für (10) sind dann eindeutig lösbar, und die Lösung läßt sich nach Satz VI bis zum Rand von $D = \mathbb{R} \times G$ fortsetzen; vgl. die Definition in 6.VII. Im vorliegenden Fall bedeutet das:

(a) Eine Lösung y existiert in einem maximalen offenen Intervall $J = (a, b)$. Ist die „Halbtrajektorie" $y([c, b))$ (mit $c \in J$) in einer kompakten Teilmenge von G enthalten, so ist $b = \infty$; Entsprechendes gilt für das Intervall $(a, c]$.

(b) Ist y Lösung von (10) im Intervall $J = (\alpha, \beta)$, so ist $z(t) := y(t + c)$ Lösung im Intervall $J - c = (\alpha - c, \beta - c)$. Aus $z(t_0) = y(t_1)$ folgt also $z(t) = y(t + t_1 - t_0)$, da beide Lösungen für $t = t_0$ denselben Wert haben.

(c) *Phasenraum und Trajektorie (Orbit)*. Im Zusammenhang mit autonomen Systemen nennt man den Raum $\mathbb{R}^n$ den *Phasenraum* und die durch eine Lösung y mit dem maximalen Existenzintervall J erzeugte Kurve $C = y(J) \subset G$ die *Trajektorie* oder den *Orbit* der Lösung y. Ist z eine weitere Lösung und $z(t_0) \in C$, also $z(t_0) = y(t_1)$ mit $t_1 \in J$, so ist nach (b) $z(t) = y(t_1 - t_0 + t)$. Die Trajektorien von y und z stimmen also überein. Daraus folgt

(d) Zwei Trajektorien sind entweder disjunkt oder identisch. Durch jeden Punkt von G läuft genau eine Trajektorie. Die Trajektorien bilden das *Phasenportrait* der Differentialgleichung; vgl. 3.V.

(e) Die Differentialgleichungen $y' = f(y)$ und $y' = \lambda f(y)$ mit $\lambda > 0$ erzeugen dieselben Trajektorien, also dasselbe Phasenbild (mit gleicher Orientierung).

(f) *Periodische Lösungen.* Ist y eine Lösung und $y(t_0) = y(t_1)$ mit $t_0 \neq t_1$, so ist y periodisch mit der Periode $p = t_0 - t_1$. Das folgt aus der Überlegung bei (c), wenn man dort $y = z$ setzt. Das maximale Existenzintervall ist in diesem Fall $\mathbb{R}$. Bekanntlich hat eine nichtkonstante stetige periodische Funktion eine kleinste positive Periode T, die man auch *minimale Periode* nennt.

(g) *Kritische Punkte.* Ein Punkt $a \in G$ heißt *kritischer Punkt* (auch *Ruhepunkt, stationärer Punkt* oder *Gleichgewichtspunkt*) von f, falls $f(a) = 0$ ist. Ist a ein kritischer Punkt von f, so ist $y(t) \equiv a$ eine Lösung in $\mathbb{R}$. Ihr Orbit ist die Menge $\{a\}$.

(h) Existiert die Lösung y für $t \geq t_0$ und besitzt sie für $t \to \infty$ einen in G gelegenen Grenzwert $a = \lim_{t \to \infty} y(t)$, so ist a ein kritischer Punkt, d. h. $f(a) = 0$.

Beweis zu (h). Für eine reellwertige C^1-Funktion ϕ gelte $\lim_{t \to \infty} \phi'(t) = \alpha > 0$. Dann folgt $\lim_{t \to \infty} \phi(t) = \infty$, denn für große t ist $\phi'(t) > \alpha/2$. Nun folgt aus der Voraussetzung $\lim y'(t) = f(a)$. Aus der Annahme $f_k(a) \neq 0$ erhält man, indem man $\phi(t) = \pm y_k(t)$ setzt, einen Widerspruch.

Ergänzung I: Differential-Ungleichungen und Invarianz

Bleibt der Vergleichssatz 9.III für Systeme gültig, wenn die natürliche (komponentenweise) Ordnung von Punkten aus $\mathbb{R}^n$ zugrundegelegt wird? Es wird nicht überraschen, daß die Antwort im allgemeinen negativ ist. Zunächst behandeln wir jene Systeme, für die ein solcher Satz besteht. Später werden wir zeigen, wie man im allgemeinen Fall Schranken für Lösungen der Gleichung (1) erhalten kann.

Für $y, z \in \mathbb{R}^n$ sind Ungleichungen komponentenweise definiert,

$$y \leq z \iff y_i \leq z_i \quad \text{für} \quad i = 1, \ldots, n,$$

$$y < z \iff y_i < z_i \quad \text{für} \quad i = 1, \ldots, n.$$

XII. Monotonie und Quasimonotonie.
Die Funktion $f(x, z) : D \subset \mathbb{R}^{n+1} \to \mathbb{R}^n$ wird *monoton wachsend* in y genannt, falls aus $y \leq z$ folgt $f(x, y) \leq f(x, z)$, und *quasimonoton wachsend*, falls für $i = 1, \ldots, n$

aus $y \leq z, \ y_i = z_i, \ (x, y), (x, z) \in D$ folgt $f_i(x, y) \leq f_i(x, z)$.

Eine $n \times n$-Matrix $C = (c_{ij})$ wird *positiv* genannt, falls für alle Komponenten $c_{ij} \geq 0$ ist, und *wesentlich positiv* (engl. *essentially positive*), falls $c_{ij} \geq 0$ für $i \neq j$ gilt. Dieselbe Terminologie wird auch für Matrizen $C(x) = (c_{ij}(x))$ benutzt. In Verbindung mit Matrizenprodukten werden Vektoren $y, u, \ldots$ immer als Spaltenvektoren $y = (y_1, \ldots, y_n)^\top$ aufgefaßt.

Man sieht leicht, daß eine lineare Funktion $f(x, y) = C(x)y$ dann und nur dann quasimonoton wachsend ist, wenn $C(x)$ wesentlich positiv ist. Ist $D \subset \mathbb{R}^n$ eine offene und konvexe Menge und sind f und $\partial f / \partial y$ stetig in D, so ist f genau dann quasimonoton wachsend, wenn die Jacobi-Matrix $\partial f / \partial y$ wesentlich positiv ist. Ohne Konvexität ist das im allgemeinen falsch.

Ist die Matrix $C(x) + \lambda I$ für ein $\lambda > 0$ positiv, so ist $C(x)$ offenbar wesentlich positiv. Ist umgekehrt $C(x)$ wesentlich positiv und sind die Diagonalelemente von C nach unten beschränkt, so wird $C + \lambda I$ für großes $\lambda > 0$ positiv sein. Eine ähnliche Beziehung besteht zwischen monotonen und quasimonotonen Funktionen. Wieder ist es einsichtig, daß $f(x, z)$ quasimonoton wachsend ist, wenn $f(x, z) + \lambda z$ für große $\lambda > 0$ wachsend ist. Wenn umgekehrt $f(x, y)$ quasimonoton wachsend ist und einer Lipschitzbedingung in y genügt, dann ist $f(x, y) + \lambda y$ monoton wachsend in y für große λ. Kurz gesagt, eine glatte Funktion ist quasimonoton wachsend, wenn sie durch Addition eines Vielfachen der Identität monoton wachsend wird.

Die folgenden Sätze lassen sich zusammenfassen in einem allgemeinen

Übertragungsprinzip. *Die Theoreme von § 9 für eine skalare Gleichung lassen sich dann und nur dann auf Systeme übertragen, wenn $f(x, y)$ quasimonoton wachsend in y ist.*

Wie bisher benutzen wir die Bezeichnung $Pv = v'(x) - f(x, v)$ für den Defekt.

Vergleichssatz. *Ist f quasimonoton wachsend und sind v, w differenzierbar in $J = [\xi, \xi + a]$, so gilt*

(a) *Aus $v(\xi) < w(\xi)$, $Pv < Pw$ in J folgt $v < w$ in J.*

(b) *Aus $v(x) \leq w(x)$, $Pv \leq Pw$ in J folgt $v \leq w$ in J, falls $f(x, y)$ einer lokalen Lipschitzbedingung in y genügt. Genauer: Die Indexmenge $\{1, \ldots, n\}$ zerfällt in zwei Untermengen α und β mit der Eigenschaft*

$$i \in \alpha : \quad v_i < w_i \quad in \quad (\xi, \xi + a], \tag{11}$$

$$j \in \beta : \quad v_j = w_j \quad in \quad [\xi, \xi + \delta_j) \quad und \quad v_j < w_j \quad in \quad (\delta_j, \xi + a), \tag{12}$$

wobei $\delta_j > 0$ ist.

Im folgenden Satz ist $G \subset \mathbb{R}^n$ ein konvexes Gebiet.

(c) **Satz von M. Hirsch (1985).** *Die Funktion $f(y) \in C^1(G)$ habe eine wesentlich positive und irreduzible Jacobi-Matrix $\partial f(y)/\partial y$. Sind v, w Lösungen von $y' = f(y)$ mit Anfangswerten $v(\xi) \leq w(\xi)$, $v(\xi) \neq w(\xi)$, so ist $v(x) < w(x)$ für $x > \xi$.*

Beweis. Wenn (a) falsch ist, dann gibt es einen ersten Punkt $x_0 > \xi$ mit $v(x) \leq w(x)$ für $x \leq x_0$ und $v_i(x_0) = w_i(x_0)$ für einen Index i. Daraus folgt $v_i'(x_0) \geq w_i'(x_0)$ (man wende die Schlußweise von 9.I auf v_i und w_i an). Andererseits ist $Pv < Pw$ und $v \leq w$, $v_i = w_i$ an der Stelle $x = x_0$, woraus mit Quasimonotonie die Ungleichung

$$w_i' - v_i' > f_i(w) - f_i(v) \geq 0 \quad \text{für} \quad x = x_0$$

folgt. Damit ist ein Widerspruch erreicht. Hier und im folgenden wird das Argument x oder x_0 unterdrückt.

(b) Für $w = w(x)$ und $|z| < \delta$ $(\delta > 0)$ besteht eine Lipschitz-Abschätzung $|f(x, w + z) - f(x, w)| \leq L|z|$ in J (Maximum-Norm). Für $\varrho = e^{2Lx}$, $h = \varepsilon(\varrho, \ldots, \varrho)$, $\varepsilon > 0$, ist

$$h' = 2Lh > f(w + h) - f(w) \Longrightarrow P(w + h) > Pw.$$

Nach (a) ist also $v < w + h$ und damit, da ε beliebig ist, $v \leq w$ in J.

Zweiter Teil von (b): Wegen der lokalen Lipschitzbedingung gibt es ein $L > 0$ derart, daß $f(x, z) + Lz$ (komponentenweise) wachsend in z ist, jedenfalls für $v(x) \leq z \leq w(x)$. Für $u = w - v \geq 0$ ist also

$$e^{-Lx}(e^{Lx}u)' = u' + Lu = f(w) + Pw - f(v) - Pv + L(w - v)$$
$$\geq f(w) + Lw - (f(v) + Lv) \geq 0;$$

d. h., jede Komponente von $e^{Lx}u$ ist wachsend. Damit ist auch der zweite Teil von (b) bewiesen.

Aufgabe. Man beweise (c). *Anleitung.* f ist quasimonoton, also $v \leq w$ nach (b). Die Menge β sei nichtleer. Für $v = (v_\alpha, v_\beta), \ldots$ ist dann $v_\alpha < w_\alpha$ und damit $f_\beta(v_\alpha, v_\beta) \leq f_\beta(w_\alpha, v_\beta)$. Aus der Differentialgleichung folgt Gleichheit wegen $v_\beta = w_\beta$, andererseits $\partial f_\beta(y_\alpha, y_\beta)/\partial y_\alpha \geq 0$ und $\neq 0$.

Oberfunktion und Unterfunktion. Maximal- und Minimalintegral. Teil (a) des vorangehenden Satzes erlaubt es nun, Ober- und Unterfunktionen für das Anfangswertproblem (6) durch $v' < f(x, v)$, $v(\xi) < \eta$ und $w' > f(x, w)$, $w(\xi) > \eta$ einzuführen, woraus dann $v < y < w$ in J für jede Lösung y folgt. Im Fall (b) steht hier $\leq$ an allen Stellen. Das entspricht völlig den Ausführungen in 9.IV und 9.IX.

Ist f stetig und quasimonoton wachsend, so konstruiert man nun die Maximallösung y^* und die Minimallösung y_* von (6). Für diese Lösungen gilt dann

(d) $v(\xi) \leq \eta$, $v' \leq f(x, v)$ in $J \Longrightarrow v \leq y^*$ in J;

(e) $w(\xi) \geq \eta$, $w' \geq f(x, w)$ in $J \Longrightarrow w \geq y_*$ in J.

Die Beweise in 9.VI und 9.VIII übertragen sich.

Die bisher entwickelte Theorie geht zurück auf M. Müller (1926, 1927) und E. Kamke (1932). Das im „Übertragungsprinzip" enthaltene Programm ist damit durchgeführt bis auf den „nur dann" Teil. Daß die Quasimonotonie als Voraussetzung für den Vergleichssatz notwendig ist, wurde von Redheffer und Walter (1975) nachgewiesen.

Auch für nicht quasimonotone Systeme gibt es einen Satz über Differential-Ungleichungen, bei dem jedoch eine obere und eine untere Schranke für die Lösung *gleichzeitig* bestimmt werden. Er wurde ebenfalls von M. Müller gefunden (1927).

XIII. Der Satz von M. Müller für beliebige Systeme. *Es sei $f(x, y)$ lokal Lipschitz-stetig in y, und für differenzierbare Funktionen $y, v, w : J = [\xi, \xi + a] \to \mathbb{R}^n$ gelte $v \leq w$ in J, $v(\xi) \leq y(\xi) \leq w(\xi)$, $y' = f(x, y)$, und*

$$v_i' \leq f_i(x, z) \quad \text{für alle } z \in \mathbb{R}^n \quad \text{mit } v(x) \leq z \leq w(x), \ z_i = v_i(x),$$

$$w_i' \leq f_i(x, z) \quad \text{für alle } z \in \mathbb{R}^n \quad \text{mit } v(x) \leq z \leq w(x), \ z_i = w_i(x)$$

($x \in J$, $i = 1, \dots, n$). Dann ist

$$v \leq y \leq w \quad \text{in } J.$$

Bemerkung. Auf den ersten Blick erscheinen die Differential-Ungleichungen kompliziert, doch steckt in ihnen eine einfache geometrische Aussage über Intervalle im $\mathbb{R}^n$. Der Rand eines Intervalls

$$I = [a, b] = \{z \in \mathbb{R}^n : a \leq z \leq b\}, \quad \text{mit } a, b \in \mathbb{R}^n \text{ und } a \leq b$$

besteht aus $2n$ ebenen Flächen I_i und I^i, definiert durch $z \in I$, $z_i = a_i$ bzw. $z_i = b_i$ ($i = 1, \dots, n$). Im zweidimensionalen Fall ist I ein Rechteck mit achsenparallelen Seiten, a ist der linke untere und b der rechte obere Eckpunkt, I_1 und I^1 sind die beiden vertikalen Seiten (links und rechts), während I_2 und I^2 die beiden horizontalen Seiten (unten und oben) sind.

Wendet man diese Bezeichnung auf das Intervall $I(x) = [v(x), w(x)]$ an, so lautet die Differential-Ungleichung für v_i kurz $v_i' \leq f_i(x, z)$ für $z \in I_i(x)$. Definiert man weiter Ungleichungen zwischen einer reellen Zahl s und einer Menge $A \subset \mathbb{R}$,

$$s \leq A \Longleftrightarrow s \leq a \quad \text{für alle } a \in A,$$

und benutzt die vertraute Abkürzung $f_i(x, B) = \{f_i(x, z) : z \in B\}$, so lassen sich die Differential-Ungleichungen im Satz von Müller schreiben als

$$\boxed{v_i' \leq f_i(x, I(x)_i) \quad \text{und} \quad w_i' \geq f_i(x, I(x)^i), \ I(x) = [v(x), w(x)].}$$

Beweis. Wir führen ihn wieder in zwei Schritten und nehmen zunächst an, daß v, w überall strengen Ungleichungen genügen. Wenn die Behauptung falsch ist, so gibt es ein maximales $x_0 > \xi$ derart, daß $v < y < w$ in $[\xi, x_0]$ und z. B. $v_i(x_0) = y_i(x_0)$ ist. Daraus folgt $v_i' \geq y_i'$ für $x = x_0$. Andererseits genügt $z = y(x_0)$ den Relationen $v(x_0) \leq z \leq w(x_0)$, $v_i(x_0) = z_i$, woraus $v_i'(x_0) < f_i(x_0, y(x_0)) = y_i'(x_0)$ folgt, also ein Widerspruch.

Im zweiten Schritt können wir annehmen, daß f für die in Betracht kommenden Argumente einer Lipschitzbedingung $|f(x,y) - f(x,z)| \leq L|y - z|$ mit der Maximum-Norm $|\cdot|$ genügt. Aus den schwachen Ungleichungen für v, y, w ergeben sich strenge Ungleichungen für v_ε, y, w_ε, wobei $v_\varepsilon = v - \varepsilon h$, $w_\varepsilon = w + \varepsilon h$, $h = (\varrho, \ldots, \varrho)$, $\varrho = e^{2Lx}$ ist. Damit ist der erste Teil des Beweises anwendbar, und man erhält die Behauptung in der üblichen Weise durch Grenzübergang $\varepsilon \to 0+$.

Invariante Intervalle. Wir betrachten den wichtigen Spezialfall $v, w = $ const. Die Voraussetzungen im Satz von Müller lauten dann

$$\boxed{y(\xi) \in I, \ f_i(x, I_i) \geq 0 \ \text{und} \ f_i(x, I^i) \leq 0 \ \text{mit} \ I = [v, w]}$$

$(i = 1, \ldots, n)$, und behauptet wird $y(x) \in I$ for $x \in J$.

Diese Ungleichungen bedeuten, daß das Vektorfeld f auf dem Rand von I ins Innere von I weist. So haben wir etwa im Fall $n = 2$ die Ungleichungen $f_1 \geq 0$ auf der linken Seite und $f_1 \leq 0$ auf der rechten Seite und ebenso $f_2 \geq 0$ auf der unteren Seite und $f_2 \leq 0$ auf der oberen Seite von I. Dieses vorausgesetzt, haben wir dann die Aussage: Aus $y(\xi) \in I$ folgt $y(x) \in I$ für $x > \xi$. Man sagt, wenn letzteres gilt, I sei ein *invariantes Intervall* (*invariantes Rechteck* im Fall $n = 2$). Diese Überlegung zeigt, daß ein Satz über invariante Intervalle sich dem Satz von Müller als Spezialfall unterordnet.

XIV. Der Fall $n = 2$. Das Anfangswertproblem (5) lautet

$$y_1' = f_1(x, y_1, y_2), \ y_2' = f_2(x, y_1, y_2), \ y_1(\xi) = \eta_1, \ y_2(\xi) = \eta_2. \tag{13}$$

Der Einfachheit halber sei $f(x,y) = (f_1, f_2)$ lokal Lipschitz-stetig in y. Wir behandeln verschiedene Monotoniebedingungen in ihrem Bezug zu den Sätzen in den beiden vorangehenden Abschnitten. Das Verhalten von f_1 in der Variablen y_2 und das von f_2 in der Variablen y_1 ist dabei entscheidend. Es sei y die (eindeutige) Lösung von (13).

(a) **Fall (W,W).** Ist $f_1(t, y_1, y_2)$ in der Variablen y_2 und $f_2(t, y_1, y_2)$ in der Variablen y_1 monoton wachsend, so ist f quasimonoton wachsend. Es gilt also: Aus

$$v_1' \leq f_1(x, v_1, v_2), \ v_2' \leq f_2(x, v_1, v_2) \quad \text{und} \quad v_1(\xi) \leq \eta_1, \ v_2(\xi) \leq \eta_2$$

folgt $v_1 \leq y_1$ und $v_2 \leq y_2$ in J.

(b) **Fall (F,F).** Es sei f_1 in y_2 fallend und f_2 in y_1 fallend. Dann ist f nicht quasimonoton; das äquivalente System für $\bar{y}_1 = -y_1$ und y_2,

$$\bar{y}_1' = -f_1(x, -\bar{y}_1, y_2), \quad y_2' = f_2(x, -\bar{y}_1, y_2),$$

ist jedoch quasimonoton wachsend, d. h., für dieses System gelten die Aussagen von (a). Für das ursprüngliche System (13) bedeutet das: Aus

$$v_1' \geq f_1(x, v_1, v_2), \ v_2' \leq f_2(x, v_1, v_2) \quad \text{und} \quad v_1(\xi) \geq \eta_1, \ v_2(\xi) \leq \eta_2$$

folgt $v_1 \geq y_1$ und $v_2 \leq y_2$ in J. In diesem Fall wird $v = (v_1, v_2)$ gelegentlich als eine Ober-Unter-Lösung bezeichnet.

(c) **Fall (F,W).** Ist f_1 fallend in y_2 und f_2 wachsend in y_1, so läßt sich auch durch eine Transformation keine Quasimonotonie erzeugen. Wir stützen uns auf den Satz von Müller XIII. Die Bedingungen für v, w sind $v(\xi) \leq \eta \leq w(\xi)$, $v \leq w$ in J und

$$v_1' \leq f_1(x, v_1, w_2), \quad w_1' \geq f_1(x, w_1, v_2),$$

$$v_2' \leq f_2(x, v_1, v_2), \quad w_2' \geq f_2(x, w_1, w_2),$$

und hieraus folgt $v \leq y \leq w$.

Beispiel. Die FitzHugh-Nagumo-Gleichungen. Diese Gleichungen stellen ein einfaches Modell für die Fortpflanzung von Signalen in Neuronen dar. Sie werden meistens in der Form

$$\boxed{u' = \sigma v - \gamma u, \ v' = f(v) - u}$$

gegeben, worin $f(v) = -v(v - \kappa)(v - 1)$ mit $0 < \kappa < 1$ (typisch) und σ, γ positive Konstanten sind. Dabei repräsentiert $u(t)$ die Dichte einer chemischen Substanz und $v(t)$ ein elektrisches Potential; vgl. Jones und Sleeman (1983) für weitere Details. Mit der Bezeichnung $v = y_1$, $u = y_2$ erhält man

(d) $\quad y_1' = f_1(y_1, y_2) = f(y_1) - y_2, \quad y_2' = f_2(y_1, y_2) = \sigma y_1 - \gamma y_2.$

Hier ist f_1 fallend in y_2 und f_2 wachsend in y_1. Die Bedingungen für eine Unterfunktion $v = (v_1, v_2)$ und eine Oberfunktion $w = (w_1, w_2)$ sind gemäß (c):

$$v_1' \leq f(v_1) - w_2, \quad w_1' \geq f(w_1) - v_2,$$

$$v_2' \leq \sigma v_1 - \gamma v_2, \quad w_2' \geq \sigma w_1 - \gamma w_2.$$

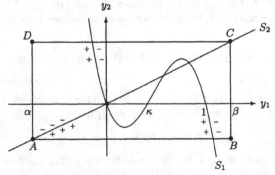

$S_1 : y_2 = f(y_1) = -y_1(y_1 - \kappa)(y_1 - 1)$ FitzHugh-Nagumo-Gleichungen
$S_2 : y_2 = by_1, \ b = \sigma/\gamma > 0$

In der Figur sind die Kurven $S_1 : f_1 = 0$ und $S_2 : f_2 = 0$ gezeichnet, und es ist angegeben, auf welcher Seite der Kurve die Komponente positiv oder negativ ist. Ein Rechteck $[A, C]$ $(A < C)$ mit den Ecken A, B, C, D ist invariant, wenn $v(t) \equiv A$ und $w(t) \equiv C$ den obigen Ungleichungen genügen. Das ist der Fall, wenn

$$A \text{ unterhalb } S_2, \quad C \text{ oberhalb } S_2,$$

$$D \text{ unterhalb } S_1, \quad B \text{ oberhalb } S_1$$

ist; z. B. muß auf der Seite AB die Komponente $f_2 \geq 0$, also der Punkt A unterhalb S_2 sein.

Die Gerade S_2 ist durch $y_2 = by_1$, $b = \sigma/\gamma$, gegeben. Wählen wir A und C auf S_2, d. h., $A = (\alpha, b\alpha)$, $C = (\beta, b\beta)$ mit $\alpha < 0 < \beta$ sowie $B = (\beta, b\alpha)$, $D = (\alpha, b\beta)$, so verbleiben zwei Bedingungen bezüglich S_1, nämlich

$$f(\alpha) \geq b\beta, \quad f(\beta) \leq b\alpha.$$

Diese Ungleichungen sind erfüllt, wenn $-\alpha = \beta$ eine große positive Zahl ist:

Es gibt beliebig große invariante Rechtecke, woraus folgt, daß alle Lösungen der FitzHugh-Nagumo-Gleichungen in $[0, \infty)$ existieren und beschränkt sind.

(e) *Aufgabe.* Finde Unter- und Oberfunktionen $v(t)$ und $w(t)$ derart, daß das Rechteck $[v(t), w(t)]$ für wachsende t schrumpft. Dazu wähle man A und C (also v und w) auf der Geraden

$$y_2 = ay_1 \quad \text{mit} \quad a = b + \varepsilon/\gamma \quad (\varepsilon > 0)$$

(diese Gerade ist etwas steiler als S_2). Man benutze den Ansatz $v(t) = (1, a)\alpha e^{-\delta(t-c)}$, $w(t) = (1, a)\beta e^{-\delta(t-c)}$ $(\alpha < 0 < \beta,\ \delta > 0)$ und stelle Bedingungen für f auf, so daß die Ungleichungen in (d) für $t \leq c$ gelten. Hieraus ergibt sich dann, daß jede Lösung für große t im Rechteck $R = [\alpha, \beta] \times [a\alpha, a\beta]$ verläuft.

(f) Man zeige: Wenn die Funktion f in den FitzHugh-Nagumo-Gleichungen stetig ist und der Bedingung $f(s)/s \to -\infty$ für $s \to \pm\infty$ genügt, dann existieren beliebig große invariante Rechtecke.

XV. Invariante Mengen im $\mathbb{R}^n$. Die Tangentenbedingung.

Eine Menge $M \subset \mathbb{R}^n$ wird im Bezug auf das System $y' = f(x, y)$ *(positiv) invariant* genannt, falls für jede Lösung y aus $y(a) \in M$ folgt $y(x) \in M$ für $x > a$ (solange die Lösung existiert). Die Grundvoraussetzung für Invarianz ist eine Tangentenbedingung, welche besagt, daß in einem Randpunkt $z \in \partial M$ der Vektor $f(x, z)$ entweder tangential zu M ist oder in das Innere von M weist. Hierzu muß eine Formulierung gefunden werden, die allgemein anwendbar ist und keine Glattheit des Randes von M benutzt. Die Tangentenbedingung wird in zwei Formen gegeben, wobei f in $G \supset J \times \overline{M}$, $J = [a, b]$, definiert ist:

$$\lim_{h \to 0+} \frac{1}{h} \operatorname{dist}(z + hf(x, z), M) = 0 \quad \text{für} \quad z \in \overline{M}, \quad x \in J, \quad (\mathrm{T}_d)$$

$$\langle n(z), f(x, z)\rangle \leq 0 \quad \text{für} \quad x \in J, \quad z \in \partial M,$$

wobei $n(z)$ die äußere Normale zu M im Punkt z ist. $\qquad (\text{T}_i)$

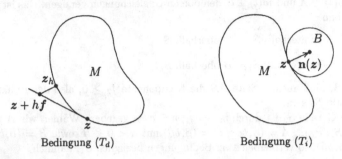

Bedingung (T_d) $\qquad\qquad\qquad$ Bedingung (T_i)

Tangentenbedingungen

Hier bezeichnet dist (z, M) den Abstand von z zu M und $\langle y, z \rangle$ das bekannte Innenprodukt $y_1 z_1 + \cdots + y_n z_n$. Der Vektor $n(z) \neq 0$ wird als *äußere Normale* zu M im Punkt $z \in \partial M$ bezeichnet, wenn die *offene* Kugel B mit Mittelpunkt $z + n(z)$ und Radius $|n(z)|$ zu M disjunkt ist. Anschaulich bedeutet dies, daß die Kugel B die Menge M im Punkt z berührt, $z \in \partial M \times \overline{B}$. Der Index d oder i in der Tangentenbedingung soll daran erinnern, daß die Distanz bzw. das Innenprodukt eingeht. Man sieht leicht, daß (T_d) für $z \in \text{int } \overline{M}$ gültig ist. Die folgenden Beziehungen zwischen (T_d) und (T_i) geben wir ohne Beweis.

(a) Aus (T_d) folgt (T_i).

(b) Ist f in $J \times \overline{M}$ stetig, so zieht (T_i) die Limesbeziehung (T_d) nach sich, sogar gleichmäßig auf kompakten Teilmengen von $J \times \overline{M}$.

XVI. Invarianzsatz (mit Eindeutigkeitsbedingung). *Die abgeschlossene Menge M ist für die Differentialgleichung $y' = f(x, y)$ invariant, wenn f die Tangentenbedingung (T_i) oder (T_d) erfüllt und die folgende „einseitige Lipschitzbedingung" besteht:*

$$\langle y_1 - y_2, f(x, y_1) - f(x, y_2)\rangle \leq L|y_1 - y|_e^2. \qquad (14)$$

Beweis. Es sei y eine Lösung von $y' = f(x, y)$ mit $y(a) \in M$ und $\varrho(x) = \text{dist } (y(x), M)$. Angenommen es gäbe ein $s > a$ mit $y(s) \notin M$, also $\varrho(s) > 0$. Es sei z ein Punkt aus ∂M mit $\varrho(s) = |y(s) - z|$. Für die Funktion $\sigma(x) = |y(x) - z|$ ist $\varrho(x) \leq \sigma(x)$, $\varrho(s) = \sigma(s)$, also $D^+\varrho(s) \leq \sigma'(s)$ ($D^+\varrho$ ist eine Dini-Derivierte). Offenbar ist σ differenzierbar nahe bei s und

$$\frac{1}{2}(\sigma^2)' = \sigma\sigma' = \langle y(x) - z, y'(x)\rangle = \langle y(x) - z, f(x, y(x))\rangle.$$

Nun ist $n(z) = y(s) - z$ eine äußere Normale im Punkt z, und aus (T_i) ergibt sich $\langle n(z), f(s, z) \rangle \leq 0$. Mit dieser Ungleichung erhält man an der Stelle $x = s$

$$\sigma\sigma' = \langle n(z), f(s, y(s)) \rangle \leq \langle n(z), f(s, y) - f(s, z) \rangle \leq L\varrho^2$$

und damit $D^+\varrho(s) \leq L\varrho(s)$. Da s beliebig war, ist $D^+\varrho \leq L\varrho$, solange $\varrho > 0$ ist. Es gibt ein Intervall $[b, c]$ derart, daß $\varrho(b) = 0$ und $\varrho > 0$ in $(b, c]$ ist. Nach Satz 9.VIII folgt jedoch $\varrho = 0$ in $[b, c]$, ein Widerspruch.

Zum Abschluß geben wir ohne Beweis einen weiteren

Invarianzsatz (Existenz). *Die Menge $M \subset \mathbb{R}^n$ sei offen, die Funktion $f(x, y) : [\xi, \xi + a] \times \overline{M} \to \mathbb{R}^n$ sei beschränkt und stetig, und sie genüge einer Tangentenbedingung (T_i) oder (T_d). Dann hat das Anfangswertproblem (6) für jedes $\eta \in \overline{M}$ eine für $\xi \leq x \leq \xi + a$ in $\overline{M}$ verlaufende Lösung.*

Ist $\overline{M}$ kompakt und f stetig in $[\xi, \infty) \times \overline{M}$, dann existiert eine globale und für alle $x \geq \xi$ in $\overline{M}$ verlaufende Lösung.

Bemerkungen. 1. Auf Nagumo (1942) geht die Bedingung (T_d) und auch der vorangehende Satz zurück. Um 1970 wurde die Invarianztheorie neu belebt. Bony (1969) formulierte die Bedingung (T_i) und bewies Satz XVI unter der Annahme, daß $f = f(y)$ lokal Lipschitz-stetig ist; dasselbe wurde von Brézis (1970) unter der Annahme (T_d) gezeigt. Die Aussagen XV.(a) und (b) gehen auf Redheffer (1972) bzw. Crandall (1972) zurück. Die Arbeit von Hartman (1972) und auch andere hier zitierten Arbeiten geben den Eindruck, daß die Resultate von Nagumo den Autoren unbekannt waren, denn aus ihnen ergibt sich die Invarianz, wenn nur f stetig und das Anfangswertproblem (6) eindeutig lösbar ist.

2. Der Invarianzsatz XVI überträgt sich mit Beweis auf Differentialgleichungen im Hilbertraum H (wobei f und y Werte in H annehmen und das Innenprodukt von H in (14) erscheint).

3. Man überzeuge sich, daß die Bedingung (14) schwächer als eine Lipschitzbedingung (4) ist und für $n = 1$ eine einseitige Lipschitzbedingung darstellt.

XVII. Beispiel aus der Biologie: Konkurrierende Arten. Wir betrachten nichtnegative Lösungen $(u(t), v(t))$ des autonomen Systems

$$u' = u(3 - u - 2v), \quad v' = v(4 - 3u - v). \tag{15}$$

Im biologischen Modell ist t die Zeit, und $u(t)$ und $v(t)$ beschreiben die Größe (Anzahl der Individuen) zweier Populationen, die sich von derselben beschränkten Nahrungsquelle ernähren. Ist v nicht vorhanden, so wird $u(t)$ durch die logistische Gleichung $u' = u(3 - u)$ bestimmt; ihre Wachstumsrate $3 - u$ vermindert sich bei Anwesenheit von v zu $3 - u - 2v$. Entsprechendes gilt für v.

Wir beschreiben das globale Verhalten der Lösungen für $t \to \infty$ und benutzen dazu die Phasenebene. Da u und v nichtnegativ sind, genügt es, den ersten Quadranten $Q = [0, \infty)^2$ in der uv-Ebene zu betrachten.

Schreibt man das System in der Form $(u', v') = F(u, v) = (f(u, v), g(u, v))$, so findet man, daß $f = 0$ auf der Geraden $\overline{BD}$ und der v-Achse und $g = 0$ auf der Geraden $\overline{AC}$ und der u-Achse ist; in der Figur ist die Richtung von F auf diesen Geraden angezeigt. Man erkennt weiter, daß

vier Ruhepunkte $(0, 0)$, $B = (3, 0)$, $P = (1, 1)$, $C = (0, 4)$

und

vier Regionen $E_1 - E_4$, wo sich das Vorzeichen von u' und v' nicht ändert,

vorhanden sind. Erste Beobachtung: Die Regionen E_2 und E_4 und ebenso Q sind positiv invariant.

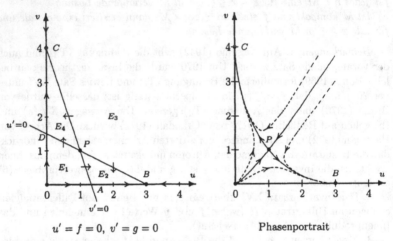

$u' = f = 0, \ v' = g = 0$ Phasenportrait

Betrachten wir eine Lösung (u, v), die (etwa für $t = 0$) in E_3 beginnt; in dieser Region ist $u' < 0$ und $v' < 0$. Die Lösung bleibt entweder in E_3 für alle $t > 0$ oder sie dringt in eine der Regionen E_2 (durch $\overline{BP}$) oder E_4 (durch $\overline{PC}$) ein (einen Ruhepunkt kann sie wegen der Eindeutigkeit des Anfangswertproblems in endlicher Zeit nicht erreichen). Ganz analog wird eine in E_1 startende Lösung entweder in E_1 bleiben oder in E_2 oder E_4 eintreten und dort verbleiben. Da jede Lösung beschränkt ist und die Komponenten $u(t)$ und $v(t)$ schließlich monoton sind, existiert

$$\lim_{t \to \infty} (u(t), v(t)) = (u_\infty, v_\infty) = P_\infty \in Q.$$

Nach XI.(h) ist $F(P_\infty) = 0$, d. h., jede Lösung $\neq 0$ konvergiert gegen B oder C oder P für $t \to \infty$. Im ersten Fall stirbt die v-Population aus, im zweiten Fall wird die u-Population ausgelöscht. Im dritten Fall strebt die Lösung zum stationären Zustand der Koexistenz in P. In E_1 und ebenso in E_3 gibt es genau eine Lösung (modulo Zeitverschiebung, vgl. XI.(b)), die für $t \to \infty$ gegen P strebt. Die zugehörigen Trajektorien bilden zusammen eine von 0 über P nach unendlich reichende Kurve, nennen wir sie K, die den ersten Quadranten in zwei Regionen teilt. Eine Lösung, die sich zu irgendeiner Zeit oberhalb bzw. unterhalb K befindet, strebt nach C bzw. B. Aufgrund dieser Eigenschaft wir die Kurve K auch eine *Separatrix* genannt. Ein Beweis zum dritten Fall (nicht einfach) wird unten in (d) skizziert.

Aufgaben. Man zeige:

(a) Die Regionen E_1 und E_3 und Q sind negativ invariant, und jede in E_1 beginnende Lösung strebt gegen 0 für $t \to -\infty$.

(b) Die Diagonale $u = v$ zerlegt Q in einen unteren Teil Q_* und einen oberen Teil Q^*. Die Regionen $(E_1 \cup E_4) \cap Q^*$ und $(E_2 \cup E_3) \cap Q_*$ sind positiv invariant, und eine Lösung, die in einer dieser Regionen startet, strebt nicht gegen P für $t \to \infty$.

(c) Es sei F die Punktmenge zwischen den Geraden $v = u$ und $v = 2u - 2$. Für $i = 1$ und $i = 3$ sind die Mengen $E_i' = E_i \cap F$ negativ invariant, und eine in $E_i \setminus E_i'$ startende Lösung strebt nicht gegen P.

(d) Es gibt eine eindeutige Lösung $(u^*(t), v^*(t))$, die in E_3' startet und gegen P strebt (dasselbe für E_1').

Anleitung zu (d). Es sei P der Ursprung eines Koordinatensystems $(\bar{u}, \bar{v})$, d. h., $u = 1 + \bar{u}$, $v = 1 + \bar{v}$. Aus (15) wird dann $\bar{u}' = -(1 + \bar{u})(\bar{u} + 2\bar{v}) =: \bar{f}$ und $\bar{v}' = (1 + \bar{v})(3\bar{u} + \bar{v}) =: \bar{g}$. Man betrachte die Differentialgleichung für Trajektorien in expliziter Form $\bar{v} = \bar{v}(\bar{u})$ (s. Gleichung (2c) in § 3):

$$\frac{d\bar{v}}{d\bar{u}} = \frac{\bar{g}}{\bar{f}} = \frac{(1 + \bar{v})(3\bar{u} + \bar{v})}{(1 + \bar{u})(\bar{u} + 2\bar{v})} =: \bar{h}(\bar{u}, \bar{v}).$$

Die Lösungen $\bar{v}_n$ mit Anfangswert $\bar{v}_n(1/n) = 2/n$ konvergieren monoton gegen eine Lösung $\bar{v}^*(\bar{u})$, welche die Trajektorie einer in E_3' verlaufenden und gegen P strebenden Lösung $(\bar{u}^*, \bar{v}^*)$ von (15) ist. Das ist die einzige Lösung mit diesen Eigenschaften, da $\bar{h}(\bar{u}, \bar{v})$ in E_3' und nahe bei 0 (= P) in $\bar{v}$ monoton fallend ist und damit die Differenz zweier Lösungen für $\bar{u} \to 0+$ monoton wächst.

Ergänzung II: Differentialgleichungen im Sinne von Carathéodory

Das Thema dieser Ergänzung ist eine von der Lebesgueschen Integrationstheorie inspirierte Erweiterung der Theorie. Sie wurde von Constantin Carathéodory (1873–1950) in seinem klassischen Lehrbuch über reelle Funktionen (1918) entwickelt; Sätze über Ungleichungen und Maximalintegrale kamen erst später hinzu. Im folgenden werden einige Tatsachen über das Lebesguesche Maß und Integral in $\mathbb{R}$ und absolutstetige Funktionen benötigt. Man findet diese Sätze mit Beweis u. a. in Walter 2, § 9. Für „fast überall" benutzt man die Abkürzung f.ü.

Lösung im Sinne von Carathéodory. Mit $L(J)$ bezeichnen wir die Klasse der in J meßbaren und über J integrierbaren Funktionen, mit $AC(J)$ die Klasse der in J absolutstetigen (= totalstetigen) Funktionen. Eine Funktion $y(x)$ heißt Lösung der Differentialgleichung (1) im Sinne von Carathéodory (kurz C-Lösung), wenn y im Intervall J totalstetig ist und der Differentialgleichung (1) fast überall in J genügt. Eine C-Lösung des Anfangswertproblems (5) liegt vor, wenn auch die Anfangsbedingung erfüllt ist.

Für die rechte Seite $f(x,y) : D \to \mathbb{R}^n$ verlangt man eine

Carathéodory-Bedingung: $f(x,y)$ ist stetig in y bei festem x und meßbar in x bei festem y. Diese Bedingung soll im folgenden gelten.

XVIII. Existenz- und Eindeutigkeitssatz. *Die Funktion* $f(x,y) :$ $S \to \mathbb{R}^n$ *mit* $S = J \times \mathbb{R}^n$, $J = [\xi, \xi + a]$, *genüge der Carathéodory-Bedingung. Ferner gelte eine der beiden Voraussetzungen:*

(a) *Es gibt ein* $h \in L(J)$ *mit* $|f(x,y)| \le h(x)$ *in* S;

(b) *Verallgemeinerte Lipschitzbedingung. Es gibt ein* $l(x) \in L(J)$ *mit* $|f(x,0)| \le l(x)$ *und*

$$|f(x,y) - f(x,\bar{y})| \le l(x)|y - \bar{y}| \quad in \quad S.$$

Dann existitiert in J *eine Lösung des Anfangswertproblems* (6) *im Sinne von Carathéodory. Im Fall* (b) *ist sie eindeutig bestimmt.*

Beweisskizze. Auch in diesem Fall können die Beweise von § 6 bzw. § 7 übertragen werden. Zunächst benötigt man einen

XIX. Hilfssatz. *Genügt* f *den Voraussetzungen von* XVIII *und ist ist* $u(x) \in C(J)$, *so ist* $f(x, u(x)) \in L(J)$.

Es genügt zu zeigen, daß $f(x, u(x))$ meßbar ist. Das ist der Fall, wenn u konstant ist, also auch, wenn u eine Treppenfunktion (konstant auf Intervallen) ist. Ist u stetig und (u_k) eine Folge von Treppenfunktionen mit $u_k \to u$, so gilt $f(x, u_k) \to f(x, u)$, woraus die Meßbarkeit folgt.

Der Hauptsatz der Differential- und Integralrechnung für das Lebesgue-Integral lautet

$$\psi \in L(J), \ \phi(x) = \phi(\xi) + \int_\xi^x \psi(t)\, dt \Longleftrightarrow \phi \in AC(J), \ \phi' = \psi \text{ f.ü.},$$

s. Walter 2, Satz 9.23. Wie im früheren Fall ist das Anfangswertproblem also äquivalent damit, eine in J stetige Lösung von (7) zu finden. Im Falle (b) zeigt man wieder, daß der Operator T in $C(J)$ einer Lipschitzbedingung mit der Lipschitzkonstante $\frac{1}{2}$ genügt. Dabei hat man aber eine andere Norm

$$\|z\| = \max_J |z(x)| e^{-2L(x)} \quad \text{mit} \quad L(x) = \int_\xi^x l(t)\, dt.$$

zu benutzen. Im Falle (a) kann man wie in § 7 die Näherungen z_α benutzen. Der Nachweis der gleichgradigen Stetigkeit der (z_α) ergibt sich dann aus

$$|z_\alpha(x_1) - z_\alpha(x_0)| \leq \int_{x_0}^{x_1} h(t)\,dt = H(x_1) - H(x_0) \quad (x_0 < x_1),$$

wobei $H(x) = \int_\xi^x h(t)\,dt$ in J gleichmäßig stetig ist.

Ohne Schwierigkeit gewinnt man darus den folgenden

XX. Existenz- und Eindeutigkeitssatz. *Es sei $D \subset \mathbb{R}^{n+1}$ offen. Für jede in D gelegene Menge $J \times K$, wobei $J \subset \mathbb{R}$ ein abgeschlossenes Intervall und $K \subset \mathbb{R}^n$ eine abgeschlossene Kugel ist, mögen die Voraussetzungen von XVIII (mit $J \times K$ anstelle von S) gelten. Dann hat das Anfangswertproblem (5) für $(\xi, \eta) \in D$ eine Lösung. Jede Lösung läßt sich nach links und rechts bis zum Rande von D fortsetzen. Im Fall (b) ist die Lösung eindeutig.*

Die nächsten beiden Sätze haben wichtige Anwendungen. Man beachte, daß alle Funktionen reellwertig sind.

XXI. Satz über Differential-Ungleichungen. *Die Funktion $f \colon D \subset \mathbb{R}^2 \to \mathbb{R}$ genüge einer lokalen verallgemeinerten Lipschitzbedingung in y, d. h., zu jedem kompakten Rechteck $R = J_x \times J_y \subset D$ (J_x, J_y kompakte Intervalle) existiere eine Funktion $l \in L(J_x)$ derart, daß*

$$|f(x,y) - f(x,\bar{y})| \leq l(x)|y - \bar{y}| \quad \text{für} \quad x \in J_x \quad \text{und} \quad y, \bar{y} \in J_y$$

ist. Die Funktionen $\phi, \psi \in AC(J)$ mit $J = [\xi, \xi + a]$ mögen den Voraussetzungen

(a) $\phi(\xi) \leq \psi(\xi)$,

(b) $P\phi \leq P\psi$ f.ü. in J mit $P\phi = \phi' - f(x, \phi)$

genügen. Dann ist entweder $\phi < \psi$ in J oder $\phi = \psi$ in $[\xi, c]$ und $\phi < \psi$ in $(c, \xi + a]$.

Entsprechendes gilt für das Intervall $J_- = [\xi - a, \xi]$ mit $P\phi \geq P\psi$ in (b).

Damit ist der wichtige Satz 9.IX auf Differentialgleichungen im Sinne von Carathéodory übertragen. Auch der Beweis von 9.IX ist übertragbar, wobei lediglich im Exponenten anstelle von Lx die Funktion $L(x) = \int l(x)\,dx$ tritt. Gestützt auf diesen Satz können nun genau wie in 9.IX *Ober-* und *Unterfunktionen* eingeführt werden.

Bemerkungen. 1. Der Satz 9.III mit strengen Ungleichungen läßt sich nicht auf C-Lösungen übertragen. Er wird schon für klassische Lösungen und stetiges f falsch, wenn die strenge Ungleichung in (b) auch nur an einer einzigen Stelle verletzt ist. Beispiel: $y' = \sqrt{|y|}$, $\phi(x) = x^3$, $\psi = 0$, $J = \left[-\frac{1}{10}, \frac{1}{10}\right]$.

Es gelten strenge Ungleichungen in (a) und in (b) für $x \neq 0$, jedoch ist $\phi > \psi$ für $x > 0$.

2. Der obige Vergleichssatz läßt sich auf quasimonotone Systeme übertragen; s. Abschnitt 16.VIII.

XXII. Maximal- und Minimalintegrale. Satz. *Es sei $J = [\xi, \xi + a]$ und $S = J \times \mathbb{R}$. Die Funktion $f : S \to \mathbb{R}$ genüge der Carathéodory-Bedingung, und es sei $|f(x,y)| \leq h(x) \in L(J)$ in S. Dann hat das Anfangswertproblem $y' = f(x,y)$, $y(\xi) = \eta$ eine Maximallösung y^* und eine Minimallösung y_*. Beide Lösungen existieren in J, und für $\phi, \psi \in AC(J)$ gilt*

$$\phi' \leq f(x,\phi) \ \text{f.ü. in } J, \quad \phi(\xi) \leq \eta \ \implies \ \phi \leq y^* \ \text{in } J,$$

$$\psi' \geq f(x,\psi) \ \text{f.ü. in } J, \quad \psi(\xi) \geq \eta \ \implies \ \psi \geq y_* \ \text{in } J.$$

Hieraus folgt $y_* \leq y \leq y^*$ für jede Lösung y.

Beweis. Für jede Lösung y ist offenbar $|y(x) - \eta| \leq \int_\xi^x h(t)\, dt =: H(x)$, also $|y(x) - \eta| \leq C := H(\xi + a)$. Es sei K das Intervall $[\eta - 3C - 2, \eta + 3C + 2]$. Wir benutzen den „Stetigkeitsmodul"

$$\delta_\alpha(x) = \sup \{|f(x,y)| - f(x,z)| : y, z \in K, \ |y - z| \leq \alpha\}$$

für $0 < \alpha < 1$. Es ist offenbar $0 \leq \delta_\alpha(x) \leq 2h(t)$, und es strebt $\delta_\alpha(x) \to 0$ (punktweise) für $\alpha \to 0+$, da $f(x,y)$ für festes x im Intervall K gleichmäßig stetig ist. Es sei w_α eine Lösung von

$$w_\alpha' = f(x,w_\alpha) + \delta_\alpha(x) \ \text{in } J, \quad w_\alpha(\xi) = \eta + \alpha. \qquad (\star)$$

Es ist $|w_\alpha'(x)| \leq 3h(x)$, und daraus folgt $|w_\alpha(x) - \eta - \alpha| \leq 3C$, also $|w_\alpha - \eta| < 3C + 1$.

Wir zeigen zuerst, daß $\phi < w_\alpha$ in J ist. Für die Differenz $u = w_\alpha - \phi$ ist $u(\xi) \geq \alpha > 0$ und $|\phi - \eta| \leq |w_\alpha - \eta| + |u|$. Ist $|u(x)| < \alpha$, so folgt $|\phi(x) - \eta| < 3C + 2$, also $w_\alpha(x), \phi(x) \in K$. Nach $(\star)$ ist dann an der Stelle x

$$u' = w_\alpha' - \phi' \geq f(x,w_\alpha) - f(x,\phi) + \delta_\alpha(x) \geq -\delta_\alpha(x) + \delta_\alpha(x) = 0.$$

Aus $u(\xi) \geq \alpha$ und $u' \geq 0$ f.ü. in jedem Intervall, in dem $-\alpha < u < \alpha$ ist, folgt in bekannter Weise, daß $u \geq \alpha$, also $\phi < w_\alpha$ in J ist.

Aus der Abschätzung $|w_\alpha'(x)| \leq 3h(x)$ folgt, daß die Familie $\{w_\alpha\}$ gleichgradig stetig ist. Nach dem Satz 7.IV von Ascoli-Arzelà gibt es, wenn (α_n) eine Nullfolge ist, eine Teilfolge (β_n) derart, daß die Folge (w_{β_n}) gleichmäßig in J konvergiert. Bezeichnen wir den Limes mit $y^*(x)$, so ist offenbar $\phi \leq y^*$ in J. Betrachtet man nun die zum Anfangswertproblem $(\star)$ äquivalente Integralgleichung für w_α und setzt $\alpha = \beta_n$, so erhält man für $n \to \infty$ eine Integralgleichung für y^*, welche zeigt, daß y^* eine Lösung des Anfangswertproblems für $y' = f(x,y)$ ist. Hier wurde benutzt, daß $\int_\xi^x \delta_{\beta_n}(t)\, dt \to 0$ strebt für $n \to \infty$. Das folgt aus dem Satz von der majorisierten Konvergenz (Satz

9.14 in Walter 2), da $\delta_{\beta_n}(t)$ punktweise gegen 0 strebt. Wegen $\phi \le y^*$ ist y^* die Maximallösung.

Bemerkungen. 1. *Globale Maximalintegrale.* Unter den Voraussetzungen von Satz XX läßt sich nun mit Hilfe des obigen lokalen Existenzsatzes zeigen, daß ein Maximalintegral y^* und ein Minimalintegral y_* in einem maximalen offenen Intervall existieren und nach links und rechts dem Rand von D beliebig nahe kommen. Das Vorgehen entspricht dem von Satz 9.VI.

2. *Ober- und Unterfunktionen.* Auch hier nennt man, wenn die Voraussetzungen des Satzes gelten, ϕ eine Unterfunktion und ψ eine Oberfunktion für das Anfangswertproblem. Der Satz zeigt, daß die maximale Lösung das Supremum aller Unterfunktionen und die minimale Lösung das Infimum aller Oberfunktionen ist.

3. *Systeme von Differentialgleichungen.* Satz XXII läßt sich auf Systeme übertragen, deren rechte Seite $f(x, y)$ quasimonoton wachsend in y ist. Der obige Beweis bedarf jedoch einer Modifikation. Wenn die Ungleichung $\phi < w_\alpha$ nicht in J gültig ist, dann gibt es einen ersten Punkt $c > \xi$ derart, daß $\phi < w_\alpha$ für $\xi \le x < c$ und $\phi_i(s) = w_{\alpha i}(c)$ ist. Man betrachtet nun $u = w_{\alpha i} - \phi_i$ in einem Intervall $c - \varepsilon \le x \le c$, wo $0 < u \le \alpha$ ist und erhält $u' \ge 0$ in diesem Intervall; dabei wird die Quasimonotonie benutzt. Daraus folgt dann $u(c) > 0$ im Widerspruch zur Annahme.

4. *Aufgabe.* Im Anfangswertproblem (5) sei $\xi = \eta = 0$ und $f(x, y) = y/x$ für $0 < x \le 1$, $x \log x \le y \le 0$ sowie $f(x, y) = 0$ für $y \ge 0$ und $f(x, y) = \log x$ für $y < x \log x$. Man zeige, daß Satz XXII anwendbar ist, und bestimme y_*, y^* und eine negative Funktion $z(x)$ mit den Eigenschaften $z(0) = 0$, $z' = f(x, z) + 1$. Gibt es eine positive Funktion z mit diesen Eigenschaften? Man skizziere einige Lösungen.

XXIII. Abschätzung von Lösungen. (a) Mit $y(x)$ ist auch $\phi(x) := |y(x)|$ im Intervall J absolutstetig und
$$|\phi'(x)| \le |y'(x)| \quad \text{f.ü. in} \quad J.$$

Die Absolutstetigkeit von ϕ ergibt sich aus der mit Hilfe von (5.2) gewonnenen Abschätzung
$$|\phi(x_2) - \phi(x_1)| \le |y(x_2) - y(x_1)|.$$

Dividiert man beide Seiten durch $x_2 - x_1 > 0$, so erhält man die Ungleichung $|\phi'| \le |y'|$ durch Grenzübergang $x_2 \to x_1+$ bzw. $x_1 \to x_2-$.

Satz. *Es sei y eine C-Lösung des Systems* (1) *im Intervall $J = [\xi, \xi + a]$, und es bestehe eine Abschätzung*
$$|f(x, y)| \le \omega(x, |y|) \tag{16}$$
wobei $\omega(x, r)$ in $J \times [0, \infty)$ erklärt ist und einer lokalen verallgemeinerten Lipschitzbedingung in r genügt. Ist die Funktion $\varrho \in AC(J)$ und gilt
$$\varrho' \ge \omega(x, \varrho) \quad \text{f.ü. in} \quad J, \quad \varrho(\xi) \ge |y(\xi)|,$$

so folgt

$$|y(x)| \leq \varrho(x) \quad in \quad J. \tag{17}$$

Beweis. Es sei $\phi(x) = |y(x)|$. Aus (16) und (a) folgt $\phi' \leq |f(x,y)| \leq \omega(x,\phi)$. Die Behauptung ergibt sich dann aus Satz XXI mit ω statt f.

XXIV. Aufgaben. (a) Man zeige, daß die Abschätzung (17) mit der Euklid-Norm auch unter der schwächeren Voraussetzung $\langle y, f(x,y) \rangle \leq |y|_e \omega(x, |y|_e)$ gilt. Dabei ist $\langle \cdot, \cdot \rangle$ das Skalarprodukt im $\mathbb{R}^n$.

(b) Man zeige: Die Maximallösung (vgl. Satz XXII) hängt rechtsseitig stetig vom Anfangswert η ab.

(c) Man zeige, daß bei der Differentialgleichung mit getrennten Veränderlichen

$$y' = f(x)g(y), \quad f \in L(J_x), \quad g \in C(J_y)$$

die früheren Sätze mutatis mutandis gelten: Ist $\xi \in J_x$, η innerer Punkt von J_y, so gibt es eine Lösung im Sinne von Carathéodory mit $y(\xi) = \eta$. Ist $g(\eta) \neq 0$, so ist sie lokal eindeutig bestimmt, ebenso, wenn η isolierte Nullstelle von g und $\left| \int_{\eta}^{\eta \pm \alpha} g^{-1}(s)\,ds \right| = \infty$ ist. Die Lösungsformel (1.8) bleibt gültig.

(d) Man löse das Anfangswertproblem $(n = 3)$

$$y' = \begin{pmatrix} y_2 y_3 \\ -y_1 y_3 \\ 2 \end{pmatrix} \quad \text{mit} \quad y(0) = \begin{pmatrix} 0 \\ 1 \\ 0 \end{pmatrix}$$

durch Iteration. Wie lautet die k-te Approximation $y_k(x)$, wenn man von $y_0(x) = y(0)$ ausgeht?

§ 11 Das Anfangswertproblem für Differentialgleichungen n-ter Ordnung. Elementar-integrierbare Typen

I. Transformation auf ein äquivalentes System erster Ordnung. Es werden Differentialgleichungen n-ter Ordnung in expliziter Gestalt

$$y^{(n)} = f(x, y, y', \ldots, y^{(n-1)}) \quad (n \geq 1) \tag{1}$$

untersucht. Die Funktion $y(x)$ ist eine Lösung dieser Differentialgleichung in einem Intervall J, wenn sie in J n-mal differenzierbar ist und die Gleichung

(1) identisch in $x \in J$ besteht. Die Gleichung (1) läßt sich auf ein System von n Differentialgleichungen erster Ordnung für n Funktionen $y_1(x), \ldots, y_n(x)$

$$
\begin{aligned}
y_1' &= y_2 \\
y_2' &= y_3 \\
&\ \vdots \\
y_{n-1}' &= y_n \\
y_n' &= f(x, y_1, y_2, \ldots, y_n).
\end{aligned}
\tag{2}
$$

transformieren. Ist nämlich $y(x)$ eine Lösung von (1), so ist die Vektorfunktion $y = (y_1, \ldots, y_n) := (y, y', \ldots, y^{(n-1)})$ eine Lösung von (2); ist umgekehrt y eine (differenzierbare) Lösung von (2) und setzt man $y_1(x) =: y(x)$, so sieht man, daß $y(x)$ n-mal differenzierbar ist, daß $y_2(x) = y'(x), \ldots, y_n(x) = y^{(n-1)}(x)$ ist und daß die Gleichung (1) besteht. Die Gleichung (1) und das System (2) sind also in diesem Sinne äquivalent.

In gleicher Weise lassen sich auch Systeme von Differentialgleichungen n-ter Ordnung zu Systemen erster Ordnung umformen, indem man die Ableitungen niedrigerer Ordnung als neue Funktionen einführt. So lauten z. B. die Bewegungsgleichungen eines Massenpunktes im dreidimensionalen Raum, wenn ein Kraftfeld $k(t, x)$ vorliegt (Masse 1),

$$\ddot{x} = k(t, x) \quad \text{für} \quad x = x(t)$$

oder ausführlich mit $x = (x, y, z)$, $k = (f, g, h)$

$$
\begin{aligned}
\ddot{x} &= f(t, x, y, z), \\
\ddot{y} &= g(t, x, y, z), \\
\ddot{z} &= h(t, x, y, z).
\end{aligned}
$$

Dieses System ist äquivalent mit dem folgenden System von sechs Differentialgleichungen erster Ordnung für sechs gesuchte Funktionen x, y, z, u, v, w

$$
\begin{aligned}
\dot{x} &= u, & \dot{u} &= f(t, x, y, z), \\
\dot{y} &= v, & \dot{v} &= g(t, x, y, z), \\
\dot{z} &= w, & \dot{w} &= h(t, x, y, z).
\end{aligned}
$$

Kehren wir zur Gleichung (1) zurück. Das Anfangswertproblem für das äquivalente System (2) besteht darin, an einer Stelle ξ die Werte der Funktionen $y_1, \ldots, y_n$ vorzugeben. Das ergibt also für die Gleichung (1) eine Anfangsbedingung

$$y(\xi) = \eta_0, \ y'(\xi) = \eta_1, \ \ldots, y^{(n-1)}(\xi) = \eta_{n-1}. \tag{3}$$

Zum Beispiel lautet das Anfangswertproblem für eine Differentialgleichung zweiter Ordnung

$$y'' = f(x, y, y'), \quad y(\xi) = \eta_0, \quad y'(\xi) = \eta_1.$$

Aufgrund dieser Zuordnung des Anfangswertproblems (1), (3) zu einem Anfangswertproblem für das System (2) lassen sich alle früher abgeleiteten Sätze über Systeme für den jetzigen Fall nutzbar machen. Die rechte Seite des Systems (2), welche wir früher mit $f = (f_1, \ldots, f_n)$ bezeichnet haben, ist von der speziellen Gestalt

$$f_i(x, y_1, \ldots, y_n) = y_{i+1} \quad (i = 1, \ldots, n-1)$$

$$f_n(x, y_1, \ldots, y_n) = f(x, y_1, \ldots, y_n).$$

Sie ist also stetig bzw. holomorph, wenn f stetig bzw. holomorph ist, und sie genügt einer Lipschitzbedingung, wenn f einer Lipschitzbedingung

$$|f(x, y) - f(x, \bar{y})| \le L|y - \bar{y}| \tag{4}$$

genügt. Ist z. B. $f(x, y_1, \ldots, y_n)$ in einem Gebiet $D \subset \mathbb{R}^{n+1}$ stetig und sind die partiellen Ableitungen $\partial f / \partial y_i$ ebenfalls stetig in D, so genügt f einer lokalen Lipschitzbedingung. Fassen wir zusammen.

II. Existenzsatz von Peano. *Die Funktion $f(x, y)$ sei in einem Gebiet $D \subset \mathbb{R}^{n+1}$ stetig, und es sei $(\xi, \eta_0, \ldots, \eta_{n-1}) \in D$. Dann besitzt das Anfangswertproblem (1), (3) mindestens eine Lösung. Jede Lösung läßt sich bix zum Rande von D fortsetzen.*

III. Eindeutigkeitssatz. *Genügt f darüber hinaus in D einer lokalen Lipschitzbedingung (4), so gibt es genau eine Lösung. Das ist insbesondere der Fall, wenn $f \in C^1(D)$ ist.*

IV. Existenzsatz im Komplexen. *Ist $f(z, w_1, \ldots, w_n)$ eine in $D \subset \mathbb{C}^{n+1}$ holomorphe Funktion der $n+1$ komplexen Veränderlichen $z, w_1, \ldots, w_n$, so existiert genau eine in einer Umgebung des Punktes $(z_0, \zeta_0, \zeta_1, \ldots, \zeta_{n-1}) \in D$ holomorphe Funktion $w(z)$, welche der Differentialgleichung*

$$w^{(n)} = f(z, w, w', \ldots, w^{(n-1)})$$

und der Anfangsbedingung

$$w(z_0) = \zeta_0, \ w'(z_0) = \zeta_1, \ \ldots, \ w^{(n-1)}(z_0) = \zeta_{n-1}$$

genügt. Sie läßt sich in eine Potenzreihe

$$w(z) = \sum_{k=0}^{\infty} a_k (z - z_0)^k$$

entwickeln.

Zum Beispiel ergibt sich für das Anfangswertproblem

$$y'' + y = 0, \quad y(0) = \eta_0, \quad y'(0) = \eta_1,$$

wenn man den Ansatz $y(x) = a_0 + a_1 x + a_2 x^2 + \cdots$ macht, die Rekursionsformel

$$a_0 = \eta_0, \quad a_1 = \eta_1, \quad k(k-1)a_k + a_{k-2} = 0 \qquad (k = 2, 3, \ldots).$$

Man sieht leicht, daß man im Fall

$$\eta_0 = 1, \ \eta_1 = 0 \text{ auf die Cosinusreihe} \quad y = 1 - \frac{x^2}{2!} + \frac{x^4}{4!} - + \cdots = \cos x,$$

$$\eta_0 = 0, \ \eta_1 = 1 \text{ auf die Sinusreihe} \quad y = x - \frac{x^3}{3!} + \frac{x^5}{5!} - + \cdots = \sin x,$$

im allgemeinen Fall also auf $y = \eta_0 \cos x + \eta_1 \sin x$ geführt wird.

Im folgenden betrachten wir einige Typen von Differentialgleichungen zweiter Ordnung, welche sich vollständig integrieren oder auf einfachere Differentialgleichungen zurückführen lassen.

V. $\boxed{y'' = f(x, y')}$

Hier handelt es sich offenbar um eine Differentialgleichung erster Ordnung für $z(x) = y'(x)$, nämlich

$$z' = f(x, z).$$

Lautet die Anfangsbedingung $y(\xi) = \eta_0$, $y'(\xi) = \eta_1$, so hat man die Lösung z mit $z(\xi) = \eta_1$ zu suchen und setzt dann

$$y(x) = \eta_0 + \int_\xi^x z(t)\, dt.$$

VI. $\boxed{y'' = f(y, y')}$

Führt man, wenn $y(x)$ eine Lösung und $x(y)$ die Umkehrfunktion davon ist, als neue Funktion

$$p(y) = y'(x(y))$$

ein, so ergibt sich $p'(y) = y''(x(y))/p(y)$, also die Differentialgleichung erster Ordnung

$$p' = \frac{1}{p} f(y, p) \quad \text{für} \quad p = p(y) \qquad \left(p' = \frac{dp}{dy} \right).$$

Ist $p(y)$ eine Lösung dieser Gleichung, so gewinnt man daraus

$$x(y) = \int \frac{1}{p(y)}\, dy$$

und $y(x)$ als Umkehrfunktion.

Beispiel.

$$y'' = y'^2 \cdot \sin y, \quad y(0) = 0, \quad y'(0) = 1.$$

Für $p(y)$ folgt

$$p'(y) = p \cdot \sin y \quad \text{mit} \quad p(0) = y'(0) = 1,$$

also

$$p(y) = e^{1 - \cos y},$$

$$x(y) = \int_0^y e^{\cos s - 1} \, ds.$$

VII. $\boxed{y'' = f(y)}$

Es handet sich um einen Sonderfall von VI. Ist $F(y) = \int f(y) \, dy$ eine Stammfunktion zu $f(y)$ und $y(x)$ eine Lösung, so folgt aus der Differentialgleichung nach Multiplikation mit $2y'$

$$(y'^2)' = 2y'y'' = 2y'f(y) = 2\frac{d}{dx}F(y(x)),$$

also

$$y'^2 = 2F(y) + C.$$

Das ist eine Differentialgleichung, in welcher die unabhängige Veränderliche nicht auftritt,

$$y' = \pm\sqrt{2F(y) + C}.$$

Dabei sind das Vorzeichen und die Konstante C durch Angabe einer Anfangsbedingung $y(0) = \eta_0$, $y'(0) = \eta_1$ eindeutig festgelegt, falls $\eta_1 \neq 0$ ist. Die letzte Differentialgleichung hat dann bei stetigem f eine eindeutig bestimmte Lösung $y(x)$ mit $y(0) = \eta_0$ (Satz 1.VII). Im Fall $\eta_1 = 0$ ist die Lage etwas verwickelter; es kann Mehrdeutigkeit vorliegen.

Im folgenden diskutieren wir einige Beispiele aus der Physik.

VIII. Die Kettenlinie. Darunter versteht man die Kurve, welche eine an zwei Punkten aufgehängte Kette (ein ideal biegsames, keine Steifigkeit besitzendes Seil) unter dem Einfluß der Schwerkraft einnimmt. Es seien (a, y_a), (b, y_b) mit $a < b$ die beiden Aufhängepunkte in der xy-Ebene, ϱ die als konstant angenommene Dichte (Masse pro Längeneinheit) der Kette und g die in Richtung der negativen y-Achse wirkende Erdbeschleunigung. Zur Bestimmung der Kurvenform – sie werde durch die Funktion $y(x)$ beschrieben – machen wir ein Gedankenexperiment: Wir schneiden die Kette am Ort

$(x, y(x))$ durch, entfernen den rechten Teil und ersetzen ihn durch eine Kraft $k_x = (H_x, V_x)$ derart, daß der linke Kettenteil in Ruhe bleibt. Es ist dann

$$k_x = (H_x, V_x) \quad \text{mit} \quad y'(x) = \frac{V_x}{H_x}$$

(diese letzte Gleichung drückt das Fehlen von Steifigkeit aus). Würde man den linken Teil entfernen und den rechten belassen, so würde das durch die Kraft $-k_x$ geleistet.

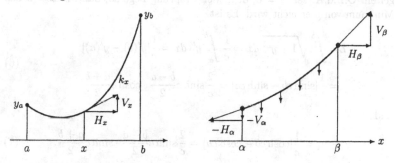

Betrachten wir nun ein Teilstück der Kette zwischen α und β, so wird es durch die Kräfte $-k_\alpha = -(H_\alpha, V_\alpha)$ (links) und $k_\beta = (H_\beta, V_\beta)$ (rechts) in Ruhe gehalten. Die Summe der Kräfte ist also Null. Aufspaltung in Horizontal- und Vertikalkomponente führt auf

$$H_\beta - H_\alpha = 0 \implies H_x = \text{const} = H,$$

$$V_\beta - V_\alpha - \varrho g \int_\alpha^\beta \sqrt{1 + y'^2} \, dx = 0$$

(das Integral mißt die Länge L des Kurvenstücks, das mit der Kraft $\varrho g L$ nach unten gezogen wird; vgl. Walter 2, Abschnitt 5.14). Die zweite Gleichung läßt sich wegen $V_\beta - V_\alpha = \int_\alpha^\beta V'(x) \, dx$ und $V = Hy'$ in der Form

$$\int_\alpha^\beta \left\{ Hy'' - \varrho g \sqrt{1 + y'^2} \right\} dx = 0$$

schreiben. Nun kommt ein wohlbekannter Schluß: Da α, β beliebig wählbar sind, muß der Integrand verschwinden, und man erhält die

Gleichung der Kettenlinie $\quad y'' = c\sqrt{1 + y'^2} \quad$ mit $\quad c = \dfrac{\varrho g}{H} > 0.$

Diese Gleichung ist vom Typ V. Aus der für $y' = z$ gültigen Differentialgleichung $z' = c\sqrt{1 + z^2}$ erhält man ohne Mühe $\operatorname{Arsinh} z = c(x + A)$, also $z = y' = \sinh c(x + A)$. Die allgemeine Lösung lautet dann

$$y = B + \frac{1}{c} \cosh c(x + A) \quad (A, B \text{ beliebig}).$$

Bemerkung. Die Gleichung der Kettenlinie (und ihre obige Herleitung) gilt auch dann, wenn die Dichte ϱ variabel ist.

Die Randwertaufgabe. Gegeben sind dabei die Abstände $b - a$ und $y_b - y_a$ sowie (meistens) die Länge L der Kette; es muß natürlich

$$L^2 > (b-a)^2 + (y_b - y_a)^2 \tag{5}$$

gelten. O.B.d.A. sei $A = 0$, d. h. der Ursprung liege so, daß für $x = 0$ das Minimum von y erreicht wird. Es ist

$$L = \int_a^b \sqrt{1 + y'^2}\, dx = \frac{1}{c} \int_a^b y''\, dx = \frac{1}{c}[y'(b) - y'(a)]$$

$$= \frac{1}{c}[\sinh cb - \sinh ca] = \frac{2}{c} \sinh c\frac{b-a}{2} \cdot \cosh c\frac{a+b}{2} \tag{6}$$

und

$$y_b - y_a = \frac{1}{c}[\cosh cb - \cosh ca] = \frac{2}{c} \sinh c\frac{b-a}{2} \cdot \sinh c\frac{a+b}{2}. \tag{7}$$

Durch Quadrieren folgt

$$L' := \sqrt{L^2 - (y_b - y_a)^2} = \frac{2}{c} \sinh c\frac{b-a}{2}. \tag{8}$$

Aus dieser Gleichung ist c zu bestimmen. Wir bringen sie in die Form einer durch Iteration lösbaren Fixpunktgleichung $\xi = \phi(\xi)$. Für $\xi = c/2$ erhält man $\xi = (\sinh(b-a)\xi)/L'$ oder (Übergang zur Umkehrfunktion)

$$\xi = \frac{1}{b-a} \operatorname{Arsinh}\,(L'\xi). \tag{9}$$

Bezeichnet ϕ die rechte Seite von (9), so ist $\phi'(0) > 1$ wegen $L' > b - a$. Da Arsinh t für $t \geq 0$ konkav ist und für große t wie $\ln t$ wächst, existiert genau ein positiver Fixpunkt ξ. Der Leser mache sich anhand einer Skizze klar, daß bei der Iteration $x_{n+1} = \phi(x_n)$ für jeden Startwert $x_0 > 0$ Konvergenz gegen ξ eintritt.

Im Spezialfall $y_a = y_b$ ist $a = -b < 0$ und $L = L'$, im allgemeinen Fall muß man, nachdem c bestimmt ist, a aus (7) unter Beachtung von (8) und $a + b = (b - a) + 2a$ bestimmen:

$$a = \frac{1}{c}\operatorname{Arsinh}\,\frac{y_b - y_a}{L'} - \frac{b-a}{2}. \tag{10}$$

Historisches. Galilei meint im 2. Gespräch der *Discorsi* (1638), die Kettenlinie sei eine Parabel. Ihre wahre Gestalt haben 1691 unabhängig voneinander Leibniz, Johann Bernoulli und Huygens gefunden. Von Leibniz stammt der Name *catenaria* (von lat. catena, Kette) für Kettenlinie.

Beispiel. Es sei $b - a = 200$, $y_b - y_a = 100$, $L = 240$, also $L' = 20\sqrt{144 - 25}$ $= 218,1742$. Durch Iteration in (9) ergibt sich $c = 2\xi = 0,007287$ und $a = -39,114$. Die Kette wird also durch

$$y(x) = 137,237 \cdot \cosh(0,007287x) + B$$

beschrieben, ihr Durchhang $D = \min\{y_a, y_b\} - \min y(x)$ beträgt

$$D = y(a) - y(0) = \frac{1}{c}(\cosh ca - 1) = 5,612.$$

IX. Aufgaben über Kettenlinien. (a) Bei festen Werten von $b - a$ und $y_b - y_a$ ist die Horizontalkomponente der Kraft H eine Funktion von L. Man zeige: $H = H(L)$ ist monoton fallend und strebt gegen ∞ für $L \to \sqrt{(b-a)^2 + (y_b - y_a)^2}$ und gegen 0 für $L \to \infty$.

(b) Es sei $b - a = 200$, $L = 240$, $y_a = y_b$. Wie groß ist der Durchhang?

(c) Es sei $b - a = 200$, $y_a = y_b$, $D = 20$. Wie groß ist L?

(d) Es sei $y_a = y_b$ und Spannweite = Durchhang = 1 m. Wie lang ist die Kette?

(e) Beschreibt $y(x) = (1/c)\cosh cx$ eine Kettenlinie und $z(x) = \alpha + \beta x^2$ eine Parabel mit $y(0) = z(0)$, $y(b) = z(b)$, so ist $y < z$ in $(0, b)$.

(f) (*Rettungsversuch für Galilei*) Für welche Dichtefunktion $\varrho = \varrho(x)$ ist die Parabel $y = \alpha + \beta x^2$ eine Lösung der Gleichung der Kettenlinie? Man interpretiere das Ergebnis anhand von (e).

X. Nichtlineare Schwingungen. Wir betrachten die Differentialgleichung

$$\ddot{x} + h(x) = 0 \quad \text{für} \quad x = x(t). \tag{11}$$

Dabei sei h in $\mathbb{R}$ lokal Lipschitz-stetig und $h(0) = 0$, $xh(x) > 0$ für $x \neq 0$.

(a) Mit $x(t)$ sind auch die Funktionen $x(t + c)$ und $x(-t)$ Lösungen von (11).

Nach VII ist die Funktion

$$E(x, \dot{x}) = \frac{1}{2}\dot{x}^2 + H(x) \quad \text{mit} \quad H(x) = \int_0^x h(s)\, ds \tag{12}$$

konstant für jede Lösung von (11), und aus der Anfangsbedingung $x(0) = x_0$, $\dot{x}(0) = v_0$ erhält man $E(x, \dot{x}) = \alpha$ mit $\alpha = E(x_0, v_0)$. Ist dabei $v_0 > 0$, so folgt $\dot{x} = \sqrt{2(\alpha - H(x))}$, und man erhält die Lösung nach 1.V in der Form

$$\sqrt{2}\, t = \int_{x_0}^{x(t)} \frac{ds}{\sqrt{\alpha - H(s)}} \quad \text{mit} \quad \alpha = E(x_0, v_0) > 0. \tag{13}$$

In der mechanischen Deutung beschreibt $x(t)$ die Bewegung eines Massenpunktes der Masse 1, wobei $x = 0$ der Ruhelage entspricht und $-h(x)$ die

Größe der „Rückstellkraft" angibt (sie hat das umgekehrte Vorzeichen wie x, daher der Name). In (12) ist E die *Energiefunktion* als Summe der kinetischen Energie $\frac{1}{2}\dot{x}^2$ und der potentiellen Energie $H(x)$ (bei der Bewegung von x nach $x + dx$ wird die Arbeit $h(x)\, dx$ aufgewandt). Die Gleichung $E(x(t), \dot{x}(t)) = $ const drückt aus, daß bei einer Schwingung ohne Reibung, wie sie hier betrachtet wird, ein fortwährender Austausch zwischen kinetischer und potentieller Energie stattfindet und die Gesamtenergie E konstant bleibt.

Wir schreiben die Gleichung (11) als autonomes System

$$\dot{x} = y, \quad \dot{y} = -h(x). \tag{11'}$$

In 3.V wurde beschrieben, wie man für solche Systeme ein Phasenportrait gewinnt, aus dem das qualitative Verhalten der Lösungen ablesbar ist. Man erhält die Trajektorien in der xy-Ebene als Niveaumengen von $E(x, y)$. Offenbar ist $H(x) > 0$ für $x \neq 0$, also $0 = E(0, 0) < E(x, y)$ für $(x, y) \neq 0$.

Satz. *Es strebe $H(x) \to \infty$ für $x \to \pm\infty$. Dann sind alle Lösungen der Gleichung (11) periodisch. Die Extremwerte von $x(t)$ werden für $\dot{x}(t) = 0$, die Extremewerte von $\dot{x}(t)$ für $x(t) = 0$ angenommen.*

Beweis. Nach (11') ist $x(t)$ streng monoton wachsend bzw. fallend für $y > 0$ bzw. $y < 0$, und Ähnliches gilt für $y(t)$. Daraus folgt die Aussage über Extremwerte. Der Rest ergibt sich aus A.VIII–IX. Ein direkter Beweis sei angedeutet.

Die Gleichung $E(x, y) = \alpha > 0$ beschreibt eine geschlossene Jordankurve K_α, welche den Nullpunkt umschließt und symmetrisch zur x-Achse ist,

$$y = \pm\sqrt{2(\alpha - H(x))} \quad \text{für} \quad r_1 \leq x \leq r_2,$$

wobei $r_1 < 0 < r_2$ und $H(r_1) = H(r_2) = \alpha$ ist. Diese Zahlen sind wegen der strengen Monotonie von H in $(-\infty, 0]$ und in $[0, \infty)$ eindeutig bestimmt.

Es sei etwa $(x(t), y(t))$ eine Lösung von (11') mit den Anfangswerten $x(0) = x_0 > 0$, $y(0) = 0$. Wegen der Beschränktheit von K_α existiert diese Lösung in $\mathbb{R}$; vgl. 10.XI.(a). Ähnlich wie beim Räuber-Beute-Modell in 3.VI zeigt man, daß die Lösung die ganze Kurve K_α durchläuft und periodisch ist (zunächst ist $\dot{y} < 0$; $y(t)$ ist streng monoton fallend, solange $x(t) > 0$ ist; aus $y \leq -\varepsilon$ folgt $\dot{x} \leq -\varepsilon$, also gibt es ein $t_1 > 0$ mit $x(t_1) = 0$; usw.).

Wir behandeln einige Beispiele.

(b) *Der harmonische Oszillator.* Im linearen Fall $h(x) = \omega^2 x$ erhält man die

Gleichung des harmonischen Oszillators $\ddot{x} + \omega^2 x = 0$

mit $\omega > 0$. Alle Lösungen sind durch $x(t) = r \sin \omega(t+c)$ gegeben ($r \geq 0$). Hier ist $2E(x, y) = y^2 + \omega^2 x^2$. Die Trajektorien sind also Ellipsen $y^2 + \omega^2 x^2 = 2\alpha$. Die *Schwingungsdauer*, das ist die kleinste positive Periode T, ist für alle

Lösungen gleich, $T = 2\pi/\omega$. Man nennt $\nu = 1/T = \omega/2\pi$ die *Frequenz* (Zahl der Schwingungen pro Sekunde), ω die *Kreisfrequenz* und r die *Amplitude* der Schwingung.

Bei elastischen Körpern spricht man vom Hookeschen Gesetz (linearer Zusammenhang zwischen Dehnung und Spannung). Das klassische Beispiel ist eine an einer Spiralfeder aufgehängte Masse; dabei ist $k = \omega^2$ die Federkonstante.

(c) *Masse am Gummiband.* Ein Gummiband sei am oberen Ende A befestigt und hänge senkrecht nach unten. Das untere Ende B sei der Ursprung einer senkrecht nach unten orientierten x-Achse. Zieht man B nach unten, so gelte das Hookesche Gesetz, $h(x) = kx$ mit $k > 0$. Drückt man dagegen B nach oben, so gibt es, anders als bei der Spiralfeder, keine Rückstellkraft. Wir bringen nun in B die Masse m an. Die vertikale Bewegung, beschrieben durch $\xi(t)$, ist durch die Gleichung

$$m\ddot{\xi} = mg - k\xi_+ \quad \text{mit} \quad \xi_+ = \max\{\xi, 0\}$$

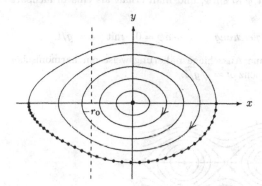

Masse am Gummiband

bestimmt (g Erdbeschleunigung). Für die Ruhelage r_0 ergibt sich $r_0 = mg/k$. Wir setzen $\xi(t) = r_0 + x(t)$ und $b = k/m > 0$ und erhalten

$$\ddot{x} + h(x) = 0 \quad \text{mit} \quad h(x) = (g + bx)_+ - g$$

(der Leser skizziere h). Hier ist

$$H(x) = \begin{cases} \frac{1}{2}bx^2 & \text{für} \quad x \geq -r_0, \\ -\frac{1}{2}g(r_0 + 2x) & \text{für} \quad x < -r_0. \end{cases}$$

Für kleine Ausschläge sind die Orbits

$$K_\alpha: \quad E(x, y) = \frac{1}{2}y^2 + H(x) = \alpha \quad \text{mit} \quad \alpha > 0$$

Ellipsen, das System verhält sich wie ein harmonischer Oszillator. Für $\alpha > H(r_0)$ nimmt $\xi(t) = r_0 + x(t)$ auch negative Werte an, der Orbit ist aus Ellipse und Parabel zusammengesetzt.

Das obige Beispiel ist typisch für mechanische Systeme, welche bezüglich der Ruhelage nicht symmetrisch sind. Die Kraftfunktion h ist dann keine ungerade Funktion. Diese Situation liegt auch bei Hängebrücken vor, wo derzeit eine nichtlineare Theorie ihrer Schwingungen entsteht; vgl. dazu McKenna und Walter (1990) und Lazer und McKenna (1990).

(d) *Das mathematische Pendel.* Eine (schwerelose) Stange sei am einen Ende A drehbar aufgehängt, am anderen Ende B befinde sich die Masse m. Sie bewege sich unter dem Einfluß der senkrecht nach unten wirkenden Schwerkraft gm in einer Ebene. Bezeichnet ϕ den Winkel zwischen der Senkrechten und der Stange, so wirkt auf den Massenpunkt B die tangentiale Komponente $-mg\sin\phi$ der Schwerkraft. Beschreibt man die Bewegung durch $\phi(t)$, so ist $s(t) = l\phi(t)$ der zurückgelegte Weg (vom tiefsten Punkt an gemessen), und aus $m\ddot{s} = -mg\sin\phi$ erhält man die

Gleichung des mathemtischen Pendels $\ddot{\phi} + a\sin\phi = 0$ mit $a = g/l$.

Für kleine Werte von $|\phi|$ ist $\phi \approx \sin\phi$, und man erhält als eine brauchbare Näherung die

linearisierte Pendelgleichung $\ddot{\phi} + a\phi = 0$ mit $a = g/l$.

Das Pendel ist also für kleine Ausschläge näherungsweise ein harmonischer Oszillator mit der Kreisfrequenz $\omega = \sqrt{g/l}$.

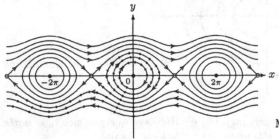

Mathematisches Pendel

Für das mathematische Pendel erhält man $H(\phi) = a(1 - \cos\phi)$, $0 \leq H(\phi) \leq 2a$, und $E(\phi, \dot{\phi}) = \frac{1}{2}\dot{\phi}^2 + H(\phi) \geq 0$. Die frühere Voraussetzung $\phi h(\phi) > 0$ für $\phi \neq 0$ ist hier verletzt. Sie gilt für $|\phi| < \pi$, und entsprechend sind die Niveaumengen

$$K_\alpha: \quad \dot{\phi}^2 = 2(\alpha - a(1 - \cos\phi))$$

in der $(\phi, \dot{\phi})$-Ebene nur für $0 < \alpha < 2a =: \alpha_0$ geschlossene Kurven. Ihr entsprechen periodische Schwingungen mit einem maximalen Ausschlag $< \pi$. Für $\alpha > \alpha_0$ sind die K_α unbeschränkte Wellenlinien. Die entsprechenden Lösungen beschreiben fortwährende Drehungen um den Aufhängepunkt A; man erhält sie z. B. aus der Anfangsbedingung $\phi(0) = 0$, $\dot{\phi}(0) = v_0$ mit $\frac{1}{2}v_0^2 > \alpha_0$ ($v_0 > 0$ bzw. < 0 wird durch die obere bzw. untere Wellenlinie beschrieben). Die beiden Fälle $0 < \alpha < \alpha_0$ und $\alpha > \alpha_0$ mit völlig verschiedenem Verhalten werden getrennt durch die Menge K_{α_0}, die man *Separatrix* („die Trennende") nennt. Die zugehörige Lösung $\phi(t)$, etwa mit dem Anfangswert $\phi(0) = 0$, $\dot\phi(0) = \sqrt{2\alpha_0}$, ist monoton wachsend und strebt für $t \to \infty$ gegen π (der Leser mache sich die zugehörige Pendelbewegung klar). Schließlich erhält man für $\alpha = 0$ die stationären Lösungen $\phi(t) \equiv 2k\pi$.

Physikalisch ist $v = l\dot\phi$ die Geschwindigkeit des Massenpunktes, also, wenn die Masse $m = 1$ ist, $\frac{1}{2}l^2\dot\phi^2$ die kinetische und $l^2 H(\phi) = l(1 - \cos\phi)$ die potentielle Energie (bei der Bewegung von $\phi_0 = 0$ nach ϕ wird die Masse um den Betrag $l(1 - \cos\phi)$ gehoben). Übrigens erhält man durch Differentiation der Gesamtenergie $E(\phi, \dot\phi) = $ const sofort die Pendelgleichung.

XI. Aufgaben über nichtlineare Schwingungen. Die Funktion h sei in $\mathbb{R}$ stetig, und es gelte $xh(x) > 0$ für $x \neq 0$; H und E seien wie in (12) definiert. Man zeige:

(a) Die Stetigkeit von h genügt für die eindeutige Lösbarkeit jedes Anfangswertproblems für die Gleichung (11) (vgl. Aufgabe XIII). Satz X bleibt gültig.

(b) Es strebe $H(x)$ gegen A für $x \to -\infty$ und gegen B für $x \to \infty$, und es sei $0 < A \leq B < \infty$. Für die Lösung $x(t)$ mit $x(0) = \xi$, $\dot x(0) = \eta$ beschreibe man das globale Verhalten (periodisch bzw. Verhalten für große $|t|$) und benutze dabei die Fallunterscheidung (i) $0 < E(\xi, \eta) < A$; (ii) $A \leq E(\xi, \eta) < B$; (iii) $E(\xi, \eta) \geq B$. Man skizziere das Phasenportrait.

(c) Für welche Werte von A, B (vgl. (b)) ist die folgende Aussage richtig? Jede Lösung der Differentialgleichung, welche eine Nullstelle und deren erste Ableitung eine Nullstelle besitzt, ist periodisch.

(d) Zusätzlich sei h ungerade. Dann sind mit $x(t)$ auch $v(t) := x(c - t)$ und $w(t) := -x(t)$ Lösungen der Differentialgleichung. Ferner gilt für jede Lösung x

$$x(c) = 0 \implies x(c + t) = -x(c - t),$$
$$\dot x(d) = 0 \implies x(d + t) = x(d - t).$$

Die Lösungen haben also dieselben Symmetrieeigenschaften wie die Sinusfunktion.

(e) *Die Schwingungsdauer.* Es bezeichne V die Dauer der positiven Viertelschwingung mit dem Anfangspunkt $(0, v_0)$ und dem Endpunkt $(r, 0)$ ($v_0 > 0$, $r > 0$ größter Ausschlag). Nach (13) mit $\alpha = H(r) = \frac{1}{2}v_0^2$ ist

$$V = V(r) = \frac{1}{\sqrt{2}} \int_0^r \frac{ds}{\sqrt{H(r) - H(s)}}.$$

(f) Bei symmetrischem Kraftgesetz (h ungerade) ist $T = 4V$ die Schwingungsdauer.

(g) Aus $h(x) \leq h^*(x)$ für $x > 0$ folgt $V(r) \geq V^*(r)$. Ist dabei $h(c) < h^*(c)$, so gilt $V(r) > V^*(r)$ für $r \geq c$.

(h) Ist $h(x)/x$ schwach bzw. streng monoton wachsend [fallend], so ist $V(r)$ schwach bzw. streng monoton fallend [wachsend]. Zur Illustration berechne man $V(r)$ für $h(x) = x^\alpha$ $(\alpha > 0)$.

(i) Existiert $h'_+(0) = \omega^2$, so ist $\lim_{r \to 0} V(r) = \pi/2\omega$, d. h. das System ist für kleine Ausschläge näherungsweise ein harmonischer Oszillator.

(j) Für das mathematische Pendel (vgl. X.(d)) ist (mit $1 - \cos\alpha = 2\sin^2\frac{\alpha}{2}$)

$$V(r) = \frac{1}{2\sqrt{a}} \int_0^r \frac{ds}{\sqrt{\sin^2\frac{r}{2} - \sin^2\frac{s}{2}}} = \frac{1}{\sqrt{a}} \int_0^{\pi/2} \frac{du}{\sqrt{1 - k^2\sin^2 u}},$$

wobei $k = \sin r/2$ ist (Substitution $\sin s/2 = k\sin u$). Hier tritt das elliptische Integral erster Gattung auf. Durch Entwicklung von $(1 - x)^{-1/2}$ ergibt sich

$$V(r) = \frac{\pi}{2\sqrt{a}}(1 + a_1 k^2 + a_2 k^4 + \cdots),$$

insbesondere $V(0) = \pi/2\sqrt{a}$ in Übereinstimmung mit (i) und X.(b) (es ist $a = \omega^2$). Man berechne a_1, a_2. Um wieviel Prozent verlängert sich die Schwingungsdauer des mathematischen Pendels bei einem maximalen Ausschlag von $5°$ ($10°$; $15°$; $20°$)?

Anleitung. (g) Man betrachte die Differenz $H(r) - H(s)$.

(h) Man betrachte $V(r)$ und $V(qr)$ mit $q > 1$ und schreibe $V(qr)$ als Integral von 0 bis r. Der Quotient der entsprechenden H-Differenzen ist gleich $[f(r) - f(s)]/[g(r) - g(s)]$ mit $f(x) = H(qx)$, $g(x) = q^2 H(x)$. Der verallgemeinerte Mittelwertsatz der Differentialrechnung (10.10 in Walter 1) hilft.

(i) Man benutze (g).

Bemerkungen. 1. Die Abhängigkeit der Schwingungsdauer von der Funktion h wurde 1961 von Z. Opial (Ann. Polon. Math. 10, 49–72) eingehend untersucht; dort finden sich auch (g) und (h). In dem Buch von Reissig, Sansone und Conti (1963) sind diese und zahlreiche weitere Ergebnisse dargestellt.

2. Galilei behandelt in seinem letzten großen Werk *Discorsi* (1638) auch die Pendelbewegung. Er teilt zwei Gesetze über die Schwingungsdauer mit: (i) „Bei Pendeln verschiedener Längen verhalten sich die Zeiten wie die Quadratwurzeln aus den Längen" (S. 84); (ii) die Schwingungsdauer ist unabhängig vom Ausschlag (S. 226). Die Formel in (j) zeigt, daß (i) (bei gleichem maximalen Ausschlag) richtig ist, nicht jedoch (ii).

XII. Der freie Fall. In der Einleitung wurde das Beispiel des freien Falls aus großer Höhe besprochen. Das Anfangswertproblem

$$m\ddot{r} = -\gamma\frac{Mm}{r^2}, \quad r(0) = R, \quad \dot{r}(0) = v_0$$

beschreibt den Fall eines Körpers der Masse m, dessen Abstand $r(t)$ vom Erdmittelpunkt zur Zeit $t = 0$ gleich R ist und dessen Anfangsgeschwindigkeit v_0 beträgt. Aus

$$\frac{d}{dt}\dot{r}^2 = -2\gamma M \frac{\dot{r}}{r^2}$$

ergibt sich, daß die

$$Energiefunktion \qquad E(r,\dot{r}) = \frac{1}{2}\dot{r}^2 - \frac{\gamma M}{r}$$

konstant ist. Dabei ist $\frac{1}{2}\dot{r}^2$ die kinetische und $-\gamma M/r$ die potentielle Energie. Letztere ist so normiert, daß sie im Unendlichen verschwindet; sie ist also negativ. Die Trajektorien sind durch $E(r,\dot{r}) = \alpha$ bestimmt. Für $\alpha \geq 0$ laufen sie ins Unendliche, für $\alpha < 0$ sind es Rückkehrkurven (der senkrecht nach oben geworfene, zur Erde zurückfallende Körper). Die kleinste Gesamtenergie für eine Bewegung ohne Rückkehr ist $\alpha = 0$. Die entsprechende Differentialgleichung lautet

$$\dot{r} = \sqrt{2\gamma M/r} \qquad\qquad (14)$$

mit den Lösungen

$$r(t) = a(t + c)^{2/3}, \quad a = \sqrt[3]{9\gamma M/2}.$$

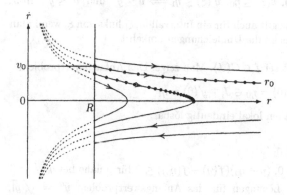

Freier Fall

Es sei etwa R der Erdradius. Als Geschwindigkeit dieser Bewegung im Abstand R vom Erdmittelpunkt ergibt sich aus (14)

$$v_0 = \sqrt{2\gamma M/R} \approx 11,2 \, \text{km/sec}.$$

Das ist die sog. „Fluchtgeschwindigkeit", welche eine Rakete mindestens benötigt, um dem Anziehungsbereich der Erde zu entfliehen; die zugehörige Lösung ist im Phasenbild mit r_0 bezeichnet.

XIII. Differential-Ungleichungen zweiter Ordnung. Wir betrachten Ungleichungen in bezug auf das Anfangswertproblem

$$y'' = f(x, y, y') \text{ in } J = [\xi, b], \quad y(\xi) = \eta_0, \quad y'(\xi) = \eta_1. \tag{15}$$

Die Funktion $f(x, y, p)$ sei in $J \times \mathbb{R}^2$ stetig und in y wachsend. Das entsprechende System für $y = (y, y')$ ist dann quasimonoton wachsend.

Vergleichssatz. *Genügen* $v, w \in C^2(J)$ *den Ungleichungen*

(a) $Pv < Pw$ *in* J, *wobei* $Pv = v'' - f(x, v, v')$ *der Defekt ist,*

(b) $v(\xi) \leq w(\xi)$, $v'(\xi) \leq w'(\xi)$,

so ist $v < w$ *und* $v' < w'$ *in* $(\xi, b]$.

Genügt f *einer lokalen Lipschitzbedingung in* y *und* p, *so folgt aus* $Pv \leq Pw$ *in* J *und* (b), *daß* $v \leq w$ *und* $v' \leq w'$ *in* J *ist.*

Beweisskizze. Ist $v(a) \leq w(a)$, $v'(a) = w'(a)$ $(a \in J)$, so folgt $v''(a) < w''(a)$ nach (a). An der Stelle $a = \xi$ ist also $v' < w'$ oder $v'' < w''$. Ist die Behauptung falsch, so gibt es ein c in J mit $v' < w'$ in (ξ, c) und $v'(c) = w'(c)$ sowie $v(c) < w(c)$. Für $a = c$ folgt $v''(c) < w''(c)$. Damit ist $w' - v'$ monoton wachsend nahe bei c. Widerspruch!

Anwendungen. 1. Nun lassen sich Ober- und Unterfunktionen für das Problem (15) einführen, und man erhält in der üblichen Weise eine Maximallösung y^* und eine Minimallösung y_*. Es gilt dann

$$v'' \leq f(x, v, v'), \ v(\xi) \leq \eta_0, \ v'(\xi) \leq \eta_1 \Longrightarrow v \leq y^* \text{ und } v' \leq y^{*\prime} \text{ in } J.$$

2. Der Vergleichssatz gilt auch für ein Intervall $[a, \xi]$ links von ξ, wenn man bei den ersten Ableitungen die Ungleichungen umkehrt.

XIV. Aufgabe. Es sei $f \in C(J)$. Man zeige: Das Anfangswertproblem

$$y'' = f(y), \quad y(0) = \eta_0 \in J, \quad y'(0) = \eta_1$$

ist in den folgenden Fällen lokal eindeutig lösbar.

(a) $\eta_1 \neq 0$;

(b) $\eta_1 = 0$, $f(\eta_0) \neq 0$;

(c) $\eta_1 = 0$, $f(\eta_0) = 0$, $(y - \eta_0)(f(y) - f(\eta_0)) \leq 0$ für y nahe bei η_0.

(d) Man gebe alle Lösungen für das Anfangswertproblem $y'' = \sqrt{|y|}$, $y(0) = y'(0) = 0$ an.

XV. Aufgabe. Die Funktion $f(x, y)$ sei im Streifen $J \times \mathbb{R}$ (J offenes Intervall) stetig und lokal Lipschitz-stetig in y, und es sei $f(x, y) \cdot y > 0$ für $y \neq 0$. Man zeige: Für die Anzahl N der Nullstellen und die Anzahl E der lokalen Extrema einer Lösung $y \not\equiv 0$ der Differentialgleichung $y'' = f(x, y)$ gilt $E + N \leq 1$. Man betrachte die Fälle $f = y$ und $f = (\text{sgn } y)\sqrt{|y|}$.

§ 12 Stetige Abhängigkeit der Lösungen

Das Problem, von welchem hier die Rede ist, drängt sich auf, wenn man die Beschreibung eines physikalischen Prozesses durch Differentialgleichungen betrachtet. In die Differentialgleichung und die Anfangswerte gehen dabei eine Reihe von Zahlenwerten ein, die sich aus Messungen ergeben (Anfangslage, Anfangsgeschwindigkeit, Masse, Gravitationskonstante, ...) und infolgedessen nur ungenau bekannt sind. Man wird aufgrund der physikalischen Erfahrung erwarten, daß die Lösungen (etwa eines Anfangswertproblems, welches einen Bewegungsablauf beschreibt) „unempfindlich" gegen kleine Änderungen dieser Zahlenwerte sind. Dieser Sachverhalt soll hier genauer präzisiert und erforscht werden.

I. Allgemeines. Well-Posed Problem. An eine mathematische Aufgabe, welche einen wohldefinierten, eindeutig ablaufenden physikalischen Prozeß beschreibt, werden drei allgemeine Forderungen gestellt:

(a) *Existenz.* Die Aufgabe soll mindestens eine Lösung besitzen.

(b) *Eindeutigkeit.* Die Aufgabe soll nur eine Lösung besitzen.

(c) *Stetige Abhängigkeit.* Die Lösung soll stetig von den vorliegenden Daten, bei einem Anfangswertproblem also von der rechten Seite der Differentialgleichung und vom Anfangswert, abhängen. Oder anders gesagt: Bei „kleiner" Änderung von rechter Seite und Anfangswert soll sich die Lösung auch nur um „wenig" ändern.

Für Aufgaben, welche diesen drei Postulaten genügen, hat sich die Redeweise *Well-Posed Problem* eingebürgert. Der deutsche Begriff „Sachgemäß gestelltes Problem" wird nicht einheitlich benutzt.

Die Frage, unter welchen Umständen diese Forderungen physikalisch sinnvoll sind, soll uns hier nicht weiter beschäftigen. Es gibt Beispiele, wo bei kleiner Änderung ganz neue Phänomene auftreten (etwa Resonanzerscheinungen), wo also (c) eine unsachgemäße Forderung ist. Vielmehr soll, nachdem die Probleme (a), (b) im Falle eines Anfangswertproblems bereits früher untersucht worden sind, jetzt das Problem (c) behandelt werden.

II. Differentialgleichungen für komplexwertige Funktionen einer reellen Veränderlichen. Wir wollen zunächst den Begriff des Anfangswertproblems erweitern, indem wir zulassen, daß die auftretenden Funktionen komplexwertig sind, wobei jedoch x nach wie vor eine reelle Variable ist. Da $\mathbb{C}$ und $\mathbb{R}^2$ (und ebenso $\mathbb{C}^n$ und $\mathbb{R}^{2n}$) als Mengen, als metrische Räume und in bezug auf die additive Struktur identisch sind, ist eine komplexwertige Funktion $y : J \to \mathbb{C}$ nichts anderes als ein Paar reeller Funktionen

$$y(x) = (u(x), v(x)) = u(x) + iv(x) \quad \text{mit} \quad u = \operatorname{Re} y, \ v = \operatorname{Im} y,$$

$(i = \sqrt{-1})$. Schreiben wir entsprechend $y = (u, v)$ für $y \in \mathbb{C}^n$ $(u, v \in \mathbb{R}^n)$ sowie für $f(x, y) : J \times \mathbb{C}^n \to \mathbb{C}^n$

$$f(x, y) = (g(x, u, v), h(x, u, v)),$$

so ist das „reell-komplexe" System von n Differentialgleichungen

$$y' = f(x, y) \tag{1}$$

identisch mit einem reellen System von $2n$ Differentialgleichungen

$$u' = g(x, u, v),$$
$$v' = h(x, u, v). \tag{2}$$

Ebenso ist Stetigkeit bzw. Lipschitz-Stetigkeit in y für f äquivalent mit Stetigkeit bzw. Lipschitz-Stetigkeit in (u, v) für g und h.

Deshalb bleiben die früheren Sätze über reelle Systeme für die Systeme mit komplexwertigen Funktionen gültig. Man kann sich übrigens von diesem Sachverhalt auch direkt überzeugen, da die früheren Beweise ohne Änderung gültig bleiben. Natürlich ist dann $C(J)$ der Banachraum der komplexwertigen, in J stetigen Funktionen.

Beispiel. In der Differentialgleichung

$$y' = \lambda y + g(x)$$

seien $\lambda = \mu + i\nu$ und $g(x) = h(x) + ik(x) \in C(\mathbb{R})$ komplex. Äquivalent ist das reelle Sysytem

$$u' = \mu u - \nu v + h(x),$$
$$v' = \nu u + \mu v + k(x).$$

Die allgemeine Lösung lautet formal wie im Reellen

$$y(x; C) = Ce^{\lambda x} + \int_0^x e^{-\lambda(x-t)} g(t)\, dt \quad (C \in \mathbb{C}!).$$

Beweis als Übungsaufgabe.

Vom praktischen Standpunkt aus ist es oft bequemer, mit (1) statt mit (2) zu arbeiten (vgl. das obige Beispiel). Gewichtiger ist ein theoretischer Grund. Im Beispiel ist die rechte Seite der Differentialgleichung eine holomorphe Funktion des Parameters $\lambda \in \mathbb{C}$. Dieser Fall tritt häufig auf, und ein wichtiger Satz besagt, daß dann auch die Lösung holomorph in λ ist (im Beispiel ist dieser Sachverhalt evident). Der angedeutete Satz, welchen wir im nächsten Paragraphen beweisen werden, wird u.a. bei der Theorie der Eigenwertprobleme benötigt.

Hinweis. Alle Sätze dieses Paragraphen gelten sowohl für Systeme mit reellwertigen als auch mit komplexwertigen rechten Seiten und Lösungen bzw. Näherungslösungen; dabei ist x immer reell.

Der folgende Abschätzungssatz bezieht sich auf ein Anfangswertproblem

$$y' = f(x, y) \quad \text{in } J, \quad y(\xi) = \eta. \tag{3}$$

Er gibt eine Abschätzung für die Differenz $z(x) - y(x)$, wobei $y(x)$ eine Lösung und $z(x)$ eine Näherungslösung dieses Anfangswertproblems ist. Wie gut die Näherung $z(x)$ ist, wird durch die beiden Größen

$$z(\xi) - \eta \quad \text{und} \quad z' - f(x, z) \quad (Defekt)$$

beschrieben. Im Satz III wird für die Differenz $|z(x) - y(x)|$ eine Schranke $\varrho(x)$ angegeben, in die eine Abschätzung des Defekts (b) und eine Abschätzung der Anfangsabweichung (a), darüber hinaus aber außerdem eine Abschätzung (d) von f, etwa eine Lipschitzbedingung, eingehen.

III. Abschätzungssatz. *Die Vektorfunktionen $y(x)$, $z(x)$ und die reellwertige Funktion $\varrho(x)$ seien im Intervall $J : \xi \leq x \leq \xi + a$ differenzierbar, die reellwertigen Funktionen $\delta(x)$ in J und $\omega(x, z)$ in $J \times \mathbb{R}$ erklärt, und es gelte*

(a) $|z(\xi) - y(\xi)| < \varrho(\xi)$,

(b) $y' = f(x, y), \ |z' - f(x, z)| \leq \delta(x)$ in J,

(c) $\varrho' > \delta(x) + \omega(x, \varrho(x))$ in J,

(d) $|f(x, y) - f(x, z)| \leq \omega(x, |y - z|)$ in J.

Dann ist

$$|z(x) - y(x)| < \varrho(x) \quad \text{in } J.$$

Ist $\omega(x, y)$ stetig und lokal Lipschitz-stetig in y, so bleibt der Satz mit $\leq$ an allen Stellen gültig. Über die Funktion f wird nur vorausgesetzt, daß sie in einer Menge $D \subset J \times \mathbb{R}^n$ bzw. $J \times \mathbb{C}^n$ erklärt und graph y, graph $z \subset D$ ist.

Zum Beweis benötigen wir den folgenden

IV. Hilfssatz. *Ist die Vektorfunktion $g(x)$ an der Stelle x_0 differenzierbar, so ist die skalare Funktion $\phi(x) = |g(x)|$ an dieser Stelle stetig (s. 10.VIII) und*

$$D\phi(x_0) \leq |g'(x_0)| \quad \text{für jede Dini-Derivierte.}$$

Der *Beweis* ergibt sich für $D = D^-$ aus ($h > 0$)

$$\frac{\phi(x_0) - \phi(x_0 - h)}{h} = \frac{|g(x_0)| - |g(x_0 - h)|}{h} \leq \left| \frac{g(x_0) - g(x_0 - h)}{h} \right|$$

für $h \to 0+$ und ähnlich für $D = D^+$.

In B.IV wird mehr bewiesen: die einseitigen Ableitungen existieren, und es ist $-\|g'(x)\| \leq \phi'_-(x) \leq \phi'_+(x) \leq \|g'(x)\|$.

Wir greifen nun für den *Beweis des Abschätzungssatzes* auf Satz 9.III zurück und setzen $\phi(x) = |z(x) - y(x)|$, $\psi(x) = \varrho(x)$ und ω anstelle von f. Die Voraussetzung $\phi(\xi) < \psi(\xi)$ ist nach (a) erfüllt. Wegen des Hilfssatzes und nach (b)–(d) ist

$$D^-\phi(x) \le |z'(x) - y'(x)|$$
$$= |z' - f(x, z) + f(x, z) - f(x, y)|$$
$$\le \delta(x) + \omega(x, |z - y|) = \delta(x) + \omega(x, \phi(x)),$$

d. h. $P\phi \le 0$. Hieraus und aus Voraussetzung (c) folgt, daß $P\phi < P\varrho$ ist. Die Behauptung folgt nun aus Satz 9.III bzw. aus Satz 9.IX im Fall schwacher Ungleichungen.

Der wichtigste Sonderfall der Abschätzung (d) ist die

V. Lipschitzbedingung. *Genügt* f *in* D *einer Lipschitzbedingung*

$$|f(x, y_1) - f(x, y_2)| \le L|y_1 - y_2| \tag{4}$$

und ist $y(x)$ *in* J *eine Lösung,* $z(x)$ *eine Näherungslösung des Anfangswertproblems (3), für welche*

$$|z(\xi) - y(\xi)| \le \gamma, \quad |z'(x) - f(x, z)| \le \delta \tag{5}$$

gilt (γ, δ *konstant), so besteht in* J *die Abschätzung*

$$|y(x) - z(x)| \le \gamma e^{L|x - \xi|} + \frac{\delta}{L}(e^{L|x - \xi|} - 1). \tag{6}$$

Hierbei ist J ein beliebiges Intervall mit $\xi \in J$ und graph y, graph $z \subset D$.

Im Abschätzungssatz ist jetzt $\omega(x, z) = Lz$. Wir benutzen die zweite Version des Satzes mit $\le$ und bestimmen ϱ aus

$$\varrho' = \delta + L\varrho \quad \text{in } J, \quad \varrho(\xi) = \gamma.$$

Damit sind die Voraussetzungen (a)–(d) erfüllt, und die Abschätzung (6) folgt. Der Fall $x < \xi$ kann durch Spiegelung an der Stelle ξ in derselben Weise auf den Abschätzungssatz zurückgeführt werden.

In der Abschätzung (6) ist insbesondere der uns schon bekannte Eindeutigkeitssatz bei erfüllter Lipschitzbedingung enthalten: aus $\gamma = \delta = 0$ folgt $y(x) = z(x)$. Sie enthält jedoch wesentlich mehr, nämlich einen

VI. Satz über stetige Abhängigkeit. *Die Funktion* $y = y_0(x)$ *sei im kompakten Intervall* J *mit* $\xi \in J$ *eine Lösung des Anfangswertproblems*

$$y' = f(x, y) \quad \text{in } J, \quad y(\xi) = \eta. \tag{3}$$

Mit S_α wird die α-Umgebung ($\alpha > 0$) dieser Integralkurve, genauer die Menge aller Punkte (x, y) mit $x \in J$, $|y - y_0(x)| \le \alpha$ bezeichnet. Es existiere ein $\alpha > 0$, so daß $f(x, y)$ in S_α stetig ist und der Lipschitzbedingung (4) genügt. Dann hängt die Lösung $y_0(x)$ stetig vom Anfangswert und von der rechten Seite f ab. Das soll heißen: Zu jedem $\varepsilon > 0$ gibt es ein $\delta > 0$, so daß jede Lösung $z(x)$ eines „gestörten" Anfangswertproblems

$$z' = g(x, z), \qquad z(\xi) = \zeta \tag{7}$$

mit einem in S_α stetigen g und

$$|g(x, y) - f(x, y)| < \delta \quad \text{in } S_\alpha, \quad |\zeta - \eta| < \delta \tag{8}$$

in ganz J existiert und der Ungleichung

$$|z(x) - y_0(x)| < \varepsilon \tag{9}$$

genügt. Es liegt also ein „well-posed problem" vor.

Beweis. Für die Funktion $z(x)$ gelte (7) und (8). Solange die Kurve $z(x)$ in S_α verläuft, gilt für die beiden Funktionen $y_0(x)$ und $z(x)$ (5) mit $\gamma = \delta$, also (6) mit $\gamma = \delta$. Wählt man in (6) $\gamma = \delta$ hinreichend klein, so kann man leicht erreichen, daß die rechte Seite von (6) $\le \alpha/2$ in J ist. Solange $z(x)$ in S_α verläuft, d. h. solange $|y_0(x) - z(x)| < \alpha$ ist, gilt also die Abschätzung (6) und damit sogar $|y_0(x) - z(x)| \le \alpha/2$. Hieraus sieht man sofort, daß die Kurve $z(x)$ den Bereich S_α nicht verlassen kann. Damit gilt also die Abschätzung (6) mit $\gamma = \delta$ in ganz J. Damit ist es sehr einfach geworden, der Bedingung (9) für ein beliebig vorgegebenes $\varepsilon > 0$ Genüge zu tun; man hat lediglich $\gamma = \delta$ in (6) so klein zu wählen, daß die rechte Seite von (6) kleiner als ε ist.

Bemerkungen. 1. Der Satz ist insbesondere anwendbar, wenn D ein Gebiet und $\partial f/\partial y \in C(D)$ ist. In der Tat gibt es, wenn y_0 Lösung im kompakten Intervall J ist, ein $\alpha > 0$ mit $S_\alpha \subset D$, und wegen der Stetigkeit der Ableitungen von f gilt in S_α eine Lipschitzbedingung.

2. Der Satz ist anwendbar, wenn $|Pz| = |z' - f(x, z)| < \delta$ ist. In diesem Fall ist z eine Lösung von (7) mit $g(x, y) := f(x, y) + (Pz)(x)$.

Ergänzung: Allgemeinere Eindeutigkeits- und Abhängigkeitssätze

Es ist möglich, in Satz VI die Lipschitzbedingung durch eine wesentlich schwächere Bedingung zu ersetzen. Es gilt nämlich der

VII. Abhängigkeits- und Eindeutigkeitssatz. *Die reellwertige Funktion $\omega(x, z)$ sei für $x \in J := [\xi, \xi + a]$ ($a > 0$), $z \ge 0$ definiert, und sie habe die Eigenschaft*

(U) *Zu jedem $\varepsilon > 0$ existieren ein $\delta > 0$ und eine in J differenzierbare Funktion $\varrho(x)$ mit*

$$\varrho' > \delta + \omega(x, \varrho) \quad und \quad 0 < \delta < \varrho(x) < \varepsilon \quad in \ J.$$

Ist die Funktion f in $D \subset J \times \mathbb{R}^n$ bzw. $J \times \mathbb{C}^n$ erklärt und genügt sie in D der Abschätzung

$$|f(x, y_1) - f(x, y_2)| \leq \omega(x, |y_1 - y_2|), \tag{10}$$

so hat das Anfangswertproblem (3) höchstens eine Lösung, und diese hängt stetig vom Anfangswert und von der rechten Seite der Differentialgleichung ab.

Die stetige Abhängigkeit ist dabei folgendermaßen definiert: Zu $\varepsilon > 0$ existiert eine $\delta > 0$, so daß, wenn y Lösung des Anfangswertproblems und z eine den Ungleichungen

$$|z(\xi) - \eta|, \quad |z' - f(x, z)| < \delta \quad in \ J \tag{11}$$

genügende Funktion ist, die Abschätzung

$$|y(x) - z(x)| < \varepsilon \quad in \ J$$

besteht.

Beweis. Ist y eine Lösung von (3) und $\varepsilon > 0$ gegeben, so werden $\varrho(x)$ und δ gemäß (U) bestimmt. Hat z die Eigenschaften (11), so folgt aus Satz III sofort $|y(x) - z(x)| < \varrho(x) < \varepsilon$. Damit ist der Satz bewiesen.

VIII. Beispiele. Nach Satz VII ist das Anfangswertproblem (3) Ein „well-posed problem", wenn f stetig ist und der Bedingung (10) genügt, wobei ω die Eigenschaft (U) besitzt. Letzteres gilt für die folgenden Beispiele.

(a) $\omega(x, z) = Lz$ entspricht der Lipschitzbedingung.

(b) *Bedingung von Osgood (1898)*: $\omega(x, z) = q(z)$, wobei $q \in C[0, \infty)$, $q(0) = 0$, $q(z) > 0$ für $z > 0$ und

$$\int_0^1 \frac{dz}{q(z)} = \infty$$

ist.

(c) *Bedingung von Bompiani (1925) und Perron (1926)*. Die Funktion $\omega(x, z) \geq 0$ sei stetig für $x \in J$, $z \geq 0$, es sei $\omega(x, 0) = 0$, und es gelte:
Ist $\phi(x) \geq 0$ Lösung des Anfangswertproblems

$$\phi' = \omega(x, \phi) \quad in \quad j := [\xi, \xi + \alpha) \subset J, \quad \phi(\xi) = 0,$$

so ist $\phi = 0$ in j.

(d) *Bedingung von Krasnosel'skii-Krein* (1956):

$$\omega(x,z) = \min\left\{Cz^\alpha, \frac{kz}{x-\xi}\right\} \quad \text{für} \quad x > \xi$$

mit $0 < \alpha < 1$, $0 < k(1-\alpha) < 1$, $C > 0$.

Beispiel (a) ist offenbar ein Sonderfall von (b), (b) ist aufgrund von Satz 1.VIII ein Sonderfall von (c). Um zu zeigen, daß eine Funktion ω mit den Eigenschaften von (c) die Eigenschaft (U) besitzt, ändern wir ω für $z \geq 1$ ab, indem wir $\omega(x,z) = \omega(x,1)$ für $z \geq 1$ setzen. Dann ist ω beschränkt. Es sei ϱ_n eine Lösung des Anfangswertproblems

$$\varrho_n' = \omega(x,\varrho_n) + \frac{1}{n} \quad \text{in } J, \quad \varrho_n(0) = \frac{1}{n}.$$

Da ω beschränkt ist, existiert ϱ_n in ganz J. Nach Satz 9.III ist die Folge (ϱ_n) monoton fallend, also existiert $\phi(x) := \lim \varrho_n(x)$. Die Folge (ϱ_n) ist gleichgradig stetig, die Konvergenz also gleichmäßig (Beschränktheit von ω, 7.III). Schreibt man für ϱ_n die dem Anfangswertproblem entsprechende Integralgleichung auf, so geht diese für $n \to \infty$ in

$$\phi(x) = \int_\xi^x \omega(t, \phi(t))\, dt$$

über. Aus (c) folgt $\phi = 0$ in jedem Intervall $j = [\xi, \xi + \alpha]$, in welchem $\phi \leq 1$ ist (man beachte, daß ω abgeändert wurde, aber nur für $z \geq 1$). Also ist $\phi = 0$ in J. Die (ϱ_n) konvergieren also gleichmäßig in J gegen 0. Damit lassen sich zu jedem $\varepsilon > 0$ ein $\delta = 1/2n$ und $\varrho = \varrho_n$ mit den in (U) geforderten Eigenschaften bestimmen.

Auch Beispiel (d) ist ein Sonderfall von (c). Doch ist der Nachweis etwas schwieriger; vgl. Walter (1970; S. 108). In der Literatur finden sich allgemeinere Eindeutigkeitsbedingungen (Bedingungen von Nagumo, Kamke, u.a.). Ihre Bedeutung wird jedoch durch die zuerst von Olech (1960) bewiesene Tatsache eingeschränkt, daß eine einer solchen allgemeineren Bedingung genügende Funktion f, wenn sie stetig ist, auch der Bedingung von Satz VII genügt. Literaturangaben und historische Bemerkungen sind in Walter (1970; insbesondere § 14) enthalten.

§ 13 Abhängigkeit von Anfangswerten und Parametern

In diesem Paragraphen soll das Problem der Abhängigkeit der Lösung eines Anfangswertproblems von den Anfangswerten weiter untersucht werden. Zugleich wird die Problemstellung in zwei Richtungen verallgemeinert. Erstens betrachten wir den Fall, daß die rechte Seite der Differentialgleichung von einem Parameter λ abhängt,

$$f = f(x, y; \lambda). \tag{1}$$

Zweitens betrachten wir

I. Volterra-Integralgleichungen. Das sind Integralgleichungen der Gestalt

$$y(x) = g(x) + \int_\xi^x k(x, t, y(t))\, dt \tag{2}$$

bzw. entsprechende Vektorgleichungen. Das Anfangswertproblem ist ein Sonderfall hiervon. Bei ihm ist $g(x) = \eta$ konstant und der „Kern" $k(x, t, z)$ ist von x unabhängig.

Beispiel. In § 11 wurde gezeigt, wie man ein Anfangswertproblem

$$y'' = f(x, y) \quad \text{mit} \quad y(0) = \eta_0, \quad y'(0) = \eta_1$$

in ein System von zwei Differentialgleichungen erster Ordnung transformiert. Dieses Problem ist jedoch auch mit der folgenden Volterra-Integralgleichung

$$y(x) = \eta_0 + \eta_1 x + \int_0^x (x - t) f(t, y(t))\, dt \tag{3}$$

äquivalent (Beweis als Übungsaufgabe), und die Gleichung (3) ist für manche Untersuchungen zweckmäßiger als das System erster Ordnung.

Allgemeiner betrachten wir eine von einem Parameter λ abhängige Volterra-Integralgleichung

$$y(x; \lambda) = g(x; \lambda) + \int_{\alpha(\lambda)}^x k(x, t, y(t; \lambda); \lambda)\, dt \tag{4}$$

in einem Intervall J.

Vereinbarung. Die Variablen x und t sind immer reell, g und k und damit y dürfen komplexwertig sein. Es ist zugelassen, daß mehrere reelle oder komplexe Parameter auftreten, d. h. daß $\lambda \in \mathbb{R}^m$ oder $\mathbb{C}^m$ ist. Wir werden Voraussetzungen treffen, so daß diese Integralgleichung für festes λ genau eine Lösung $y(x) = y(x; \lambda)$ besitzt. Unser Ziel ist, Aussagen über die stetige Abhängigkeit der Lösung von λ zu gewinnen. Es wird nicht vorausgesetzt, daß $\alpha(\lambda) < x$ ist.

II. Satz über stetige Abhängigkeit. *Es seien $J = [a, b]$ und $K \subset \mathbb{R}^m$ kompakt. Die Funktionen $g : J \times K \to \mathbb{R}^n$, $\alpha : K \to J$ und $k : J^2 \times \mathbb{R}^n \times K \to \mathbb{R}^n$ seien stetig in ihrem Definitionsbereich, und k genüge dort der Lipschitzbedingung*

$$|k(x, t, u; \lambda) - k(x, t, v; \lambda)| \leq L|u - v|. \tag{5}$$

Dann hat die Integralgleichung (4) für jedes $\lambda \in K$ genau eine Lösung $y(x; \lambda)$, und diese ist als Funktion von $(x; \lambda)$ stetig, also $y(x; \lambda) \in C(J \times K)$.

Der Satz gilt auch im komplexen Fall, d. h. mit ℝ ersetzt durch ℂ.

Der *Beweis* verläuft ähnlich wie in 6.I. Der Raum $B = C(J \times K)$ wird durch

$$\|u\| := \sup \{|u(x;\lambda)|e^{-2L|x-\alpha(\lambda)|} \mid (x;\lambda) \in J \times K\}$$

zu einem Banachraum. Für $u \in B$ sei

$$(Tu)(x;\lambda) = g(x;\lambda) + \int_{\alpha(\lambda)}^{x} k(x,t,u(t;\lambda);\lambda)\, dt. \qquad (6)$$

Offenbar ist $Tu \in B$ für $u \in B$. Aufgrund von (5) ist

$$|(Tu - Tv)(x;\lambda)| \leq L \left| \int_{\alpha(\lambda)}^{x} |u(t;\lambda) - v(t;\lambda)|\, dt \right|.$$

Erweitert man den Integranden mit $1 = e^{2L|t-\alpha(\lambda)|}e^{-2L|t-\alpha(\lambda)|}$, so sieht man, daß die rechte Seite dieser Ungleichung

$$\leq L\|u - v\| \left| \int_{\alpha(\lambda)}^{x} e^{2L|t-\alpha(\lambda)|}\, dt \right| \leq \frac{1}{2}\|u - v\|e^{2L|x-\alpha(\lambda)|}$$

und damit

$$\|Tu - Tv\| \leq \frac{1}{2}\|u - v\| \qquad (7)$$

ist. Aus dem Fixpunktsatz 5.IX folgt dann die Behauptung und das

Corollar. *Jede durch sukzessive Approximation gewonnene Folge (u_k) mit $u_0 \in C(J \times K)$, $u_{k+1} = Tu_k$ $(k = 0, 1, 2, \ldots)$ konvergiert gleichmäßig in $J \times K$ gegen die Lösung y.*

III. Satz über Holomorphie in λ. *Es mögen die Voraussetzungen von II (komplexer Fall) gelten, und es sei K° das Innere von $K \subset \mathbb{C}^m$. Ist $\alpha(\lambda)$ konstant, $g(x;\lambda)$ für festes $x \in J$ holomorph bezüglich λ in K°, $k(x,t,y;\lambda)$ für festes $(x,t) \in J^2$ holomorph bezüglich (y,λ) in $\mathbb{C}^n \times K^\circ$, so ist die Lösung y für festes $x \in J$ holomorph bezüglich λ in K°.*

Das ergibt sich aus dem Corollar zu II und der Tatsache: Ist $u \in C(J \times K)$ holomorph in $\lambda \in K^\circ$, so gilt dasselbe für Tu. Beginnt man also die sukzessive Approximation mit einer Funktion u_0, welche in λ holomorph ist, so ist die ganze Folge und wegen der gleichmäßigen Konvergenz auch deren Limes holomorph in λ.

Bemerkungen. 1. Offenbar gilt ein entsprechender Satz, wenn reelle und komplexe Parameter auftreten, wenn also $\lambda = (\lambda', \lambda'')$ mit $\lambda' \in \mathbb{R}^p$, $\lambda'' \in \mathbb{C}^q$ ist. Ist $\alpha(\lambda) = \alpha(\lambda')$ und ist g bezüglich λ'' und k bezüglich (y, λ'') holomorph, so ist die Lösung holomorph in λ''.

Satz III sagt aus, daß die Lösung $y(x; \lambda)$ nach komplexen Parametern differenzierbar ist. Die entsprechende Frage in bezug auf reelle Parameter ist schwieriger. Die folgenden Beweise können bei einer ersten Lektüre übergangen werden. Sie stützen sich auf einen Satz über approximative Iteration im Banachraum, der das Kontraktionsprinzip 5.IX erweitert. Er wurde in spezieller Form (mit $\beta_k = 0$) von Ostrowski (1967) bewiesen.

2. Im Fall des Anfangswertproblems für die Gleichung (1) sind in (4) $g(x, \lambda)$ und $\alpha(\lambda)$ bekannte Konstanten. Ist der stetige Integrand $f(x, y, \lambda)$ holomorph in y und λ, so ist nach Satz III die Lösung $y(x, \lambda)$ holomorph in λ, also, wenn $0 \in K^\circ$ ist, in eine Potenzreihe $y(x, \lambda) = \sum\limits_{k=0}^{\infty} a_k(x)\lambda^k$ entwickelbar. Die Ableitung $z = \partial y/\partial \lambda$ ergibt sich, wenn man beide Seiten von (4) nach λ differenziert. Die erhaltene Integralgleichung ist äquivalent mit dem Anfangswertproblem

$$z'(x, \lambda) = f_y(x, y, \lambda) \cdot z + f_\lambda(x, y, \lambda), \quad z(\xi, \lambda) = 0.$$

3. *Beispiel. Das mathematische Pendel mit Reibung.* Führt man in die Pendelgleichung aus 11.X.(d) einen Reibungsterm $\beta\dot\phi$ ein, so erhält man, wenn die Bewegung aus der Ruhelage zur Zeit $t = 0$ beginnt, das Anfangswertproblem

$$\ddot\phi + \beta\dot\phi + a\sin\phi = 0, \quad \phi(0) = 0, \quad \dot\phi = v_0.$$

Dabei ist $\phi(t, \beta)$ eine holomorphe Funktion in β, und ihre Ableitung $\psi = \partial\phi/\partial\beta$ erhält man aus

$$\ddot\psi + \dot\phi + \beta\dot\psi + a\psi\cos\phi = 0, \quad \psi(0) = \dot\psi(0) = 0.$$

Damit hat man eine erste Näherung für den Einfluß der Reibung gewonnen: $\phi(t, \beta) \approx \phi(t, 0) + \beta\psi(t, 0)$ für kleine reelle $\beta > 0$.

IV. Satz über approximative Iteration. *Es sei D eine abgeschlossene Teilmenge eines Banachraumes B und $R : D \to D$ eine Kontraktion, etwa*

$$\|Ru - Rv\| \le q\|u - v\| \quad in\ D \quad mit\ q < 1.$$

Für die Folge (v_k) in D gelte

$$v_{k+1} = Rv_k + a_k \quad mit \quad \|a_k\| \le \alpha_k + \beta_k\|v_k\|,$$

wobei $a_k \in B$ ist und (α_k), (β_k) reelle Nullfolgen sind. Dann konvergiert die Folge (v_k) gegen den (nach dem Kontraktionsprinzip 5.IX existierenden) Fixpunkt z von R, $\lim v_k = z$ mit $z = Rz$.

Beweis. Wegen $z = Rz$ ist

$$\|v_{k+1} - z\| \le \|Rv_k - Rz\| + \|a_k\| \le q\|v_k - z\| + \|a_k\|.$$

Nach Voraussetzung und wegen $\|v_k\| \le \|v_k - z\| + \|z\|$ ist

$$\|a_k\| \le \alpha_k + \beta_k\|v_k - z\| + \beta_k\|z\|.$$

Für die Größen $\varepsilon_k = \|v_k - z\|$ besteht also die Abschätzung

$$\varepsilon_{k+1} \leq (q + \beta_k)\varepsilon_k + \gamma_k \quad \text{mit} \quad \gamma_k = \alpha_k + \beta_k\|z\|,$$

wobei (γ_k) eine Nullfolge ist. Daraus folgt leicht $\varepsilon_k \to 0$. Denn werden $\varepsilon > 0$ und $r \in (q, 1)$ vorgegeben, so gibt es einen Index p mit $q + \beta_k \leq r$ und $\gamma_k \leq \varepsilon(1 - r)$ für $k \geq p$. Für diese k ist also $\varepsilon_{k+1} \leq r\varepsilon_k + \varepsilon(1 - r)$. Bestimmt man die Folge (δ_k) gemäß

$$\delta_{k+1} = r\delta_k + \varepsilon(1 - r) \quad \text{für} \quad k \geq p, \quad \delta_p = \varepsilon_p,$$

so ist offenbar $\varepsilon_k \leq \delta_k$ für $k \geq p$. Es gilt aber $\delta_k \to \varepsilon$, wie man aus der Identität

$$\delta_{k+1} - \varepsilon = r(\delta_k - \varepsilon)$$

erkennt. Also ist $\limsup \varepsilon_k \leq \varepsilon$, d. h. $\lim \varepsilon_k = 0$. Damit ist der Satz bewiesen.

V. Differenzierbarkeit nach reellen Parametern. Zunächst sei an die Kettenregel für Vektorfunktionen erinnert. Ist $u(t)$ eine Funktion vom Typ $\mathbb{R} \to \mathbb{R}^n$, $f(y)$ eine Funktion vom Typ $\mathbb{R}^n \to \mathbb{R}^n$, so gilt für $v(t) := f(u(t))$ unter entsprechenden Regularitätsvoraussetzungen

$$v_i'(t) = \sum_{j=1}^{n} \frac{\partial f_i}{\partial y_j}(u(t)) \cdot u_j'(t) \quad (i = 1, \ldots, n)$$

oder in Matrizenschreibweise

$$v'(t) = f_y(u(t))u'(t).$$

Dabei ist die $n \times n$-Matrix

$$f_y = (f_{y_1}, \ldots, f_{y_n}) \quad (f_{y_i} \text{ Spaltenvektor})$$

die Funktionalmatrix (Jacobi-Matrix) von f, und u', v' sind Spaltenvektoren. Dasselbe gilt für komplexwertige Funktionen ($\mathbb{C}^n$ statt $\mathbb{R}^n$). Im Zusammenhang mit Matrizenprodukten werden Vektoren immer als Spaltenvektoren aufgefaßt (z. B. g, k, y).

Wir werden zeigen, daß die Lösung nach einem reellen Parameter differenzierbar ist und daß man in (4) formal differenzieren darf, wenn die dabei auftretenden Ableitungen von g und k existieren und stetig sind. Es sei also T durch (6) gegeben, und es sei $\lambda = (\lambda', \lambda'')$ mit $\lambda' \in \mathbb{R}$; die übrigen (reellen oder komplexen) Parameter sind zu λ'' zusammengefaßt. Durch formale Differentiation ergibt sich

$$\frac{\partial}{\partial \lambda'}(Tu) = S(u, u_{\lambda'}), \tag{8}$$

wobei

$$S(u, v)(x; \lambda) =$$

$$g_{\lambda'}(x; \lambda) - \alpha_{\lambda'}(\lambda)k(x, \alpha(\lambda), u(\alpha(\lambda); \lambda); \lambda) \tag{9}$$

$$+ \int_{\alpha(\lambda)}^{x} \{k_{\lambda'}(x, t, u(t; \lambda); \lambda) + k_y(x, t, u(t; \lambda); \lambda)v(t; \lambda)\} \, dt$$

ist.

VI. Satz. *Gelten die Voraussetzungen von* II *und sind die Ableitungen* $\alpha_{\lambda'}$, $g_{\lambda'}$, $k_{\lambda'}$, k_y *in* K° *bzw.* $J \times K^\circ$ *bzw.* $J^2 \times \mathbb{R}^n \times K^\circ$ *(im komplexen Fall* $J^2 \times \mathbb{C}^n \times K^\circ$) *stetig, so besitzt die Lösung* $y(x; \lambda)$ *von* (4) *eine in* $J \times K^\circ$ *stetige Ableitung* $y_{\lambda'}$, *und es gilt*

$$y_{\lambda'} = S(y, y_{\lambda'}). \tag{10}$$

Beweis. Es sei C^* die Menge aller $u \in C(J \times K)$, deren Ableitungen $u_{\lambda'}$ in $J \times K^\circ$ stetig sind. Die Operatoren T, S seien durch (6) bzw. (9) definiert. Offenbar ist für $u \in C^*$ auch $Tu \in C^*$, und es gilt die Gleichung (8).

Nun werden zwei Folgen (u_k), (v_k) nach der Vorschrift

$$u_{k+1} = Tu_k, \quad v_{k+1} = S(u_k, v_k) \ (k \geq 0) \ \text{ mit } \ u_0 \in C^*, \ v_0 = \frac{\partial u_0}{\partial \lambda'}$$

definiert. Dann ist $u_1 = Tu_0$ und wegen (8)

$$v_1 = S(u_0, v_0) = S\left(u_0, \frac{\partial u_0}{\partial \lambda'}\right) = \frac{\partial u_1}{\partial \lambda'}.$$

Auf dieselbe Weise zeigt man, daß allgemein

$$u_k \in C^* \quad \text{und} \quad v_k = \frac{\partial u_k}{\partial \lambda'} \quad (k \geq 0)$$

ist.

Wir wählen zunächst eine kompakte Menge $K_1 \subset K^\circ$ und betrachten S und T auf dem Banachraum $B = C(J \times K_1)$ mit der in II angegebenen Norm

$$\|u\| := \sup \left\{|u(x; \lambda)|e^{-2L|x - \alpha(\lambda)|} \, \big| \, (x; \lambda) \in J \times K_1\right\}.$$

Aus II folgt $\lim u_k = y$, wobei y die Lösung von (4) ist. Wir wenden nun Satz IV auf den Operator $R = S(y, \cdot)$ in $D = B$ an. Es ist

$$Rv = S(y, v) = \int_{\alpha(\lambda)}^{x} k_y(\dots, y)v(t; \lambda) \, dt \ + \ \text{Glieder ohne } v.$$

Der Kern dieses Integrals

$$k^*(x, t, v; \lambda) = k_y(x, t, y(t; \lambda); \lambda)v$$

ist linear in v. Nun ist

$$k^*(x,t,v,\lambda) = \lim_{h \to 0} \frac{1}{h} \{k(x,t,y(t;\lambda) + hv;\lambda) - k(x,t,y(t;\lambda);\lambda)\}.$$

Nach der Lipschitzbedingung (5) ist die rechts stehende Differenz in geschweiften Klammern dem Betrag nach $\leq L|hv|$. Daraus folgt, daß $|k^*(x,t,v;\lambda)| \leq L|v|$ ist, d. h. daß auch k^* bezüglich v der Lipschitzbedingung (5) genügt. Damit ergibt sich für den Operator R, genau wie beim Beweis von II, die Lipschitzbedingung von Satz IV mit $q = \frac{1}{2}$. Der Fixpunkt z von R ist eine Funktion $z \in C(J \times K_1)$ mit

$$z = S(y,z). \tag{11}$$

Für die Folge (v_k) gilt

$$v_{k+1} = S(u_k,v_k) = Rv_k + a_k \quad \text{mit} \quad a_k = S(u_k,v_k) - S(y,v_k).$$

Nach (9) hat S vier Summanden, also a_k vier entsprechende Differenzen. Wegen $\lim u_k = y$ (gleichmäßig) lassen sich die ersten drei Differenzen, welche v_k nicht enthalten, dem Betrag nach durch α_k mit $\lim \alpha_k = 0$ und die vierte Differenz durch $\beta_k\|v_k\|$ mit $\lim \beta_k = 0$ abschätzen. Damit ist Satz IV anwendbar. Es gilt also

$$u_k \to y \quad \text{und} \quad v_k = \frac{\partial u_k}{\partial \lambda'} \to z \quad \text{in} \quad B = C(J \times K_1).$$

Dann folgt aber aus einem elementaren Satz der Analysis, den wir nachfolgend in VII wiedergeben, daß y in $J \times K_1^\circ$ nach λ' differenzierbar und $z = y_{\lambda'}$ ist. Da K_1 beliebig war, ist Satz VI damit bewiesen.

VII. Hilfssatz. *Es sei $(\phi_n(t))$ eine Folge aus $C^1[a,b]$, und es konvergiere $\phi_n \to \phi$ und $\phi_n' \to \psi$ gleichmäßig in $[a,b]$. Dann ist $\phi \in C^1[a,b]$ und $\phi' = \psi$.*

Geht man nämlich in der Formel

$$\phi_n(t) = \phi_n(a) + \int_a^t \phi_n'(s)\, ds$$

zur Grenze über, so erhält man

$$\phi(t) = \phi(a) + \int_a^t \psi(s)\, ds$$

und damit die Behautpung.

VIII. Bemerkungen und Folgerungen. (a) Ist $G \subset \mathbb{R}^p$ offen und $u(x_1,\ldots,x_p)$ eine in $\overline{G}$ stetige Funktion, so bedeutet $u_{x_i} \in C(\overline{G})$, daß diese Ableitung in G existiert und eine stetige Fortsetzung auf $\overline{G}$ besitzt. Entsprechend ist die Klasse $C^k(\overline{G})$ definiert. In diesem Sinne gilt ein Corollar zu Satz VI. Ist K die abgeschlossene Hülle von K° und gelten die Voraussetzungen von VI mit K anstelle von K°, so ist $y_{\lambda'} \in C(J \times K)$. In diesem Fall hat nämlich (11) eine Lösung $z \in C(J \times K)$.

(b) Aus Satz VI erhält man ohne zusätzliche Überlegungen auch Aussagen über höhere Ableitungen. Denn die Ableitung $y_{\lambda'}$ genügt ihrerseits einer Integralgleichung (10), die wieder vom Typ der Gleichung (4) ist (sie ist sogar linear). Man kann also VI erneut anwenden. So erhält man z. B. den Satz:

Sind die partiellen Ableitungen von k bezüglich t; $y_1, \ldots, y_n$; $\lambda_1, \ldots, \lambda_m$ und die partiellen Ableitungen von α und g bezüglich $\lambda_1, \ldots, \lambda_m$ bis zur Ordnung p in K° bzw. $\ldots$ stetig, so sind auch die Ableitungen von y bezüglich $\lambda_1, \ldots, \lambda_m$ bis zur Ordnung p in $J \times K^\circ$ stetig, und man darf in (4) unter dem Integralzeichen nach λ_i differenzieren.

IX. Das Anfangswertproblem. Die charakteristische Funktion.
Wenn zum Anfangswertproblem

$$y' = f(x, y), \quad y(\xi) = \eta \tag{12}$$

zu vorgegebenem (ξ, η) genau eine (maximal fortgesetzte) Lösung existiert, so bezeichnen wir diese mit $y(x; \xi, \eta)$, um die Abhängigkeit vom Anfangswert auszudrücken. Sie wird auch *charakteristische Funktion* genannt.

Beispiel. Für die Differentialgleichung ($n = 1$)

$$y' = 2xy + 1 - 2x^2$$

lautet die allgemeine Lösung $y = x + Ce^{x^2}$ und damit die charakteristische Funktion

$$y(x; \xi, \eta) = x + (\eta - \xi)e^{x^2 - \xi^2}.$$

Aufgrund der Äquivalenz von (12) mit der Integralgleichung

$$y(x; \xi, \eta) = \eta + \int_\xi^x f(t, y(t; \xi, \eta))\, dt \tag{13}$$

lassen sich die früheren Sätze anwenden. Dabei ist $\lambda = (\xi, \eta)$, $g(x; \lambda) = \eta$, $\alpha(\lambda) = \xi$.

Da aber f häufig nicht in einem ganzen Streifen $J \times \mathbb{R}^n$ bzw. $J \times \mathbb{C}^n$ definiert ist, benötigen wir noch einen entsprechenden „lokalen" Satz.

X. Satz.
Die Funktion f sei im Gebiet D mit Einschluß ihrer partiellen Ableitungen nach $y_1, \ldots, y_n$ stetig. Es sei $(\xi_0, \eta_0) \in D$ und $y_0(x) := y(x; \xi_0, \eta_0)$. Ist $J = [a, b]$ ein kompaktes Intervall, in welchem y_0 existiert, und bezeichnen wir mit S_α die Menge $S_\alpha = \{(x, y) : x \in J, |y - y_0(x)| \le \alpha\}$, so gibt es ein $\alpha > 0$ mit $S_\alpha \subset D$ derart, daß gilt:

Die Funktion $y(x; \xi, \eta)$ ist in $J \times S_\alpha$ definiert (d. h. jede Lösung eines Anfangswertproblems mit $(\xi, \eta) \in S_\alpha$ existiert mindestens in J), die Funktionen

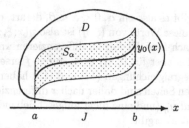

y, y_ξ, y_η und ihre Ableitungen nach x, die wir mit y', y'_ξ, y'_η bezeichnen, sind in $J \times S_\alpha$ stetig, und es ist

$$y_\xi(x;\xi,\eta) = -f(\xi,\eta) + \int_\xi^x f_y(t, y(t;\xi,\eta))y_\xi(t;\xi,\eta)\,dt, \qquad (14)$$

$$y_\eta(x;\xi,\eta) = E + \int_\xi^x f_y(t, y(t;\xi,\eta))y_\eta(t;\xi,\eta)\,dt, \qquad (15)$$

$$y_\xi(x;\xi,\eta) + y_\eta(x;\xi,\eta) \cdot f(\xi,\eta) = 0. \qquad (16)$$

Bemerkungen. 1. *Bezeichnungsweise.* y, y', y_ξ, f sind Spaltenvektoren, f_y, y_η, y'_η sind $n \times n$-Matrizen (vgl. die Bemerkungen in V), E ist die Einheitsmatrix, (15) ist eine lineare Matrix-Integralgleichung (sie ist äquivalent zu n Vektor-Integralgleichungen für Spalten y_{η_i}), das Produkt $f_y \cdot y_\eta$ ist ein Matrizenprodukt.

2. Der Satz gilt auch im komplexen Fall, wenn $f(x,y)$ stetig und in y holomorph ist.

Den *Beweis* führt man am einfachsten, wenn man f stetig differenzierbar auf den Streifen $J \times \mathbb{R}^n$ fortsetzt und dann die früheren Ergebnisse anwendet (der Beweis gilt auch im komplexen Fall mit $\mathbb{C}^n$ statt $\mathbb{R}^n$). Man bestimmt etwa ein $\beta > 0$ mit $S_{2\beta} \subset D$, eine reelle Funktion $h(s) \in C^1(\mathbb{R})$ mit

$$h(s) = \begin{cases} 1 & \text{für} \quad s \le \beta, \\ 0 & \text{für} \quad s \ge 2\beta \end{cases}$$

und $0 \le h(s) \le 1$ und setzt

$$f^*(x,y) = f(x, y_0(x) + (y - y_0(x))h(|y - y_0(x)|)).$$

Offenbar ist das rechts auftretende Argument für $(x,y) \in J \times \mathbb{R}^n$ in $S_{2\beta}$ gelegen. Ferner ist $f = f^*$ in S_β, und f^* hat in $J \times \mathbb{R}^n$ stetige und beschränkte Ableitungen nach den y_i, genügt also einer Lipschitzbedingung (5). Das System (12) mit f^* hat nach Satz II eine in $J \times J \times \mathbb{R}^n$ existierende und stetige Lösung $y^*(x;\xi,\eta)$. Dabei ist $y^*(x;\xi,\eta) = y_0(x)$, wenn der Anfangspunkt (ξ,η) auf der Kurve $y_0(x)$ liegt. Wegen der gleichmäßigen Stetigkeit von y^*

in allen Variablen gibt es also ein α, $0 < \alpha < \beta$, derart, daß y^* für $(\xi, \eta) \in S_\alpha$ in S_β verläuft. Für diese Werte von (ξ, η) ist also $y(x; \xi, \eta) = y^*(x; \xi, \eta)$. Man darf also in (13) nach Satz VI formal differenzieren und erhält (14), (15) – zunächst mit f^*, das aber für $(\xi, \eta) \in S_\alpha$ durch f ersetzt werden kann. Die beiden linearen Integralgleichungen (14) und (15) haben stetige Lösungen y_ξ bzw. y_η, ihre rechten Seiten sind daher nach x differenzierbar, woraus sich die Existenz von y'_ξ und y'_η (und eine nicht aufgeschriebene Differentialgleichung für jede dieser Größen) ergibt.

Wird x festgehalten und der Anfangswert (ξ, η) längs einer Lösung verschoben, so ändert sich $y(x; \xi, \eta)$ nicht, d. h. ist $u(x)$ eine Lösung der Differentialgleichung (12) und $x = x_0$ fest, so ist

$$y(x_0; \xi, u(\xi)) = \text{const} \quad \text{für} \quad \xi \in J,$$

woraus durch Differentiation

$$y_\xi(x_0; \xi, u(\xi)) + y_\eta(x_0; \xi, u(\xi)) \cdot u'(\xi) = 0,$$

also (16) folgt.

Ein zweiter Beweis für (16) sei angedeutet: Die linke Seite von (16), nennen wir sie v, genügt nach (14), (15) einer homogenen linearen Integralgleichung

$$v = \int_\xi^x f_y \cdot v \, dt,$$

welche nur die Lösung $v = 0$ besitzt.

XI. Höhere Ableitungen. Differentiation nach Parametern. Nun hänge die Differentialgleichung noch von einem Parameter ab,

$$y' = f(x, y, \lambda). \tag{1}$$

Statt (13) hat man dann

$$y(x; \xi, \eta, \lambda) = \eta + \int_\xi^x f(t, y(t; \xi, \eta, \lambda), \lambda) \, dt. \tag{17}$$

Dabei sei f definiert in $D \times K^\circ$, wobei D ein Gebiet und K° eine offene Menge im λ-Raum ist. Es sei $\lambda = (\lambda', \lambda'')$, wobei λ' ein reeller oder komplexer Paramter und λ'' ein Vektor-Parameter ist. Entsprechend zu Satz X gilt (S_α ist wie in X definiert):

Satz. *Sind f, f_y, $f_{\lambda'}$ stetig und existiert $y_0(x) = y(x; \xi_0, \eta_0, \lambda_0)$ mit $(\xi_0, \eta_0, \lambda_0) \in D \times K^\circ$ im kompakten Intervall J, so gibt es ein $\alpha > 0$ derart, daß y in $J \times S_\alpha \times U_\alpha$, $U_\alpha = \{\lambda : |\lambda - \lambda_0| \leq \alpha\}$, definiert ist. Es gelten die Aussagen von Satz X, insbesondere (14)–(16), in $J \times S_\alpha \times U_\alpha$ (in den Formeln ist die Variable λ hinzuzufügen). Ferner ist $y_{\lambda'}$ in dieser Menge stetig, und es ist*

$$y_{\lambda'}(x; \xi, \eta, \lambda) = \int_\xi^x \{ f_{\lambda'}(t, y, \lambda) + f_y(t, y, \lambda) y_{\lambda'}(t; \xi, \eta, \lambda) \} \, dt. \tag{18}$$

Im komplexen Fall wird vorausgesetzt, daß f in (y, λ') holomorph ist. Die Lösung ist dann holomorph in λ'.

Zum *Beweis* bestimmt man wieder ein $\beta > 0$ mit $S_{2\beta} \subset D$ und setzt wie bei Satz X f stetig differenzierbar fort. Die Fortsetzung f^* ist definiert in $J \times \mathbb{R}^n \times K^\circ$, und sie stimmt in $S_\beta \times K^\circ$ mit f überein (im komplexen Fall $\mathbb{C}$ statt $\mathbb{R}$). Auf die entsprechende Integralgleichung (17) mit f^* statt f wird Satz VI angewandt (man beachte, daß f^* in $J \times \mathbb{R}^n \times K_1$ einer Lipschitzbedingung bezüglich y genügt, wenn $K_1 \subset K^\circ$ kompakt ist, da f^*_y in dieser Menge beschränkt ist). Dann folgen alle Aussagen (mit einer Ausnahme, s. u.) zunächst für f^*. Es gibt dann ein α, $0 < \alpha < \beta$, derart, daß für $(\xi, \eta) \in S_\alpha$, $\lambda \in U_\alpha \subset K^\circ$ die Lösung y in S_β verläuft und damit die Aussagen auch bezüglich f gelten.

Die erwähnte Ausnahme bezieht sich auf die Ableitung nach λ', wenn λ' komplex ist. Es ist dann die Holomorphie bezüglich λ' nachzuweisen; man beachte, daß f nach Voraussetzung holomorph in (y, λ) ist. Eine Berufung auf Satz III ist naheliegend, scheitert aber daran, daß f^* nicht holomorph in y ist. Jedoch ist der Beweis von Satz III übertragbar. Wir bilden durch sukzessive Approximation bezüglich der Gleichung mit f^* die Folge (u_k), ausgehend von $u_0 := y(x; \xi, \eta, \lambda_0)$. Da die u_k gleichmäßig gegen y streben und da y für $(\xi, \eta, \lambda) \in S_\alpha \times U_\alpha$ in S_β verläuft, verläuft u_k für diese Parameterwerte in $S_{2\beta}$, wenn $k \geq k_0$ ist. Nun gilt aber, da $u_0 = y(\ldots, \lambda_0)$ ist, $u_k(\ldots, \lambda_0) = y(\ldots, \lambda_0)$ für alle k. Da y, wie schon gesagt, in S_β verläuft, existiert ein $\gamma > 0$ derart, daß für $|\lambda - \lambda_0| < \gamma$ auch die ersten k_0 Glieder der Folge (u_k) in S_β liegen. Da dort aber $f^* = f$ holomorph in y ist, sind alle u_k holomorph in λ', und dasselbe gilt für y, jedenfalls für $|\lambda - \lambda_0| < \gamma$. Da man in diesem Beweis für λ_0 jede Zahl aus U_α nehmen kann, gilt die Holomorphie in U_α.

Wir schließen mit einigen

Bemerkungen. (a) Man beachte, daß die Ableitungen von y nach ξ, η und λ' alle einer linearen Integralgleichung

$$z(x; \mu) = h(x; \mu) + \int_\xi^x f_y(t, y(t; \mu), \lambda) z(t; \mu) dt \text{ mit } \mu := (\xi, \eta, \lambda) \quad (19)$$

genügen, wobei im Falle der Ableitung nach

$$\xi: \quad h = -f(\xi, \eta, \lambda),$$

$$\eta_i: \quad h = e_i \quad (i\text{-ter Einheitsvektor}),$$

$$\lambda': \quad h = \int_\xi^x f_{\lambda'}(t, y(t; \xi, \eta, \lambda), \lambda) \, dt$$

ist. In allen Fällen liegt also eine lineare Differentialgleichung für z

$$z'(x; \mu) = f_y(x, y(x; \mu), \lambda) z(x; \mu) \quad [+ f_{\lambda'}(x, y(x; \mu), \lambda)] \quad (20)$$

vor; die eckige Klammer bezieht sich auf den Fall der Ableitung nach λ'.

(b) Die Frage nach der Existenz höherer Ableitungen läßt sich damit leicht beantworten, da die Sätze II, III und VI auf die (lineare!) Integralgleichung (19) anwendbar sind. Existieren die bei formaler Differentiation von (19) auftretenden partiellen Ableitungen von f und sind sie stetig, so ist die Differentiation „erlaubt", die entsprechende Ableitung von y existiert und ist stetig. Dabei ergibt sich immer eine Integralgleichung der Form (19), natürlich mit jeweils verschiedenem h. Insbesondere besteht das folgende

Corollar. *Ist f in $D \times K^\circ$ nach allen Variablen x, y, λ p-mal stetig differenzierbar, so ist y in $J \times S_\alpha \times U_\alpha$ nach allen Variablen x, ξ, η, λ p-mal stetig differenzierbar. Wegen der Differentialgleichung (1) gilt dasselbe auch für y'.*

XII. Aufgabe. Man zeige, daß für die Differentialgleichung mit getrennten Variablen, genauer für das Anfangswertproblem

$$y'(x) = f(x)g(y), \qquad y(\xi) = \eta,$$

die Ableitungen der charakteristischen Funktion $y(x;\xi,\eta)$ im Fall $g(\eta) \neq 0$ durch

$$y_\xi(x;\xi,\eta) = -f(\xi)g(y(x;\xi,\eta)),$$

$$y_\eta(x;\xi,\eta) = g(y(x;\xi,\eta))/g(\eta)$$

gegeben sind. Dabei ist nur Stetigkeit von f und g vorausgesetzt.

Anleitung. Man differenziere die Identität (1.8).

XIII. Aufgabe. Die Funktion f genüge im Gebiet $D \subset \mathbb{R}^{n+1}$ einer lokalen Lipschitzbedingung bezüglich y. Man zeige:

(a) f genügt auf kompakten Teilmengen von D einer Lipschitzbedingung in y.

(b) Es bezeichne $y(x;\xi,\eta)$ die (maximal fortgesetzte) Lösung des Anfangswertproblems (12) und $E \subset \mathbb{R}^{n+2}$ den Definitionsbereich dieser Funktion (also die Menge aller $(x;\xi,\eta)$ derart, daß die Lösung von (12) im Intervall von ξ bis x existiert). Dann ist E offen und $y(x;\xi,\eta) : E \to \mathbb{R}^n$ stetig.

Anleitung. (a) Ist $K \subset D$ kompakt und die Behauptung bezüglich K falsch, so gibt es Folgen (x_k,y_k), (x_k,z_k) in K mit $|f(x_k,y_k) - f(x_k,z_k)| \geq k|y_k - z_k|$. Für eine Teilfolge strebt $(x_k,y_k) \to (x_0,y_0) \in K$ und (x_k,z_k) gegen denselben Punkt (Beschränktheit von f). Man leite einen Widerspruch ab.

(b) Ist $(x;\xi,\eta) \in E$ und etwa $\xi \leq x$, so existiert die Lösung in $J = [\xi - \varepsilon, x + \varepsilon]$ ($\varepsilon > 0$ klein). Man konstruiere einen Streifen $S_\alpha \subset D$ ähnlich wie in Satz X und wende Satz II an.

XIV. Aufgabe. Eine periodisch angeregte gedämpfte Schwingung werde beschrieben durch das Anfangswertproblem

$$\ddot{y} + \varepsilon\dot{y} + h(y) = \beta\cos\alpha t, \qquad y(0) = \dot{y}(0) = 0$$

für $y = y(t; \varepsilon, \beta)$. Man stelle die Anfangswertprobleme für $w = \partial y/\partial \varepsilon$ und $z = \partial y/\partial \beta$ auf. Wie gehen diese Funktionen in die lineare Näherung von $y(t; \varepsilon, \beta)$ für ε, β nahe bei 0 ein? Es wird $h(0) = 0$ und $h \in C^1$ in einer Umgebung von 0 vorausgesetzt.

Für den linearen Fall $h(y) = y$ bestimme man $y(t; 0, \beta)$.

Ausblick: Nichtlineare Operatoren. Der Δ_p-Operator

XV. Der Operator L. Wir führen anstelle von y'' einen nichtlinearen Operator zweiter Ordnung ein,

$$Ly = (\phi(x, y'))' \quad \text{mit } \phi(x, 0) = 0 \text{ und } \phi(x, p) \text{ streng wachsend in } p,$$

und betrachten die zugehörige Gleichung $Ly = f(x, y)$ mit dem Defekt $Pv = Lv - f(x, v)$. Im folgenden ist $J = [\xi, b]$, $J_0 = (\xi, b]$ und Z die Klasse der Funktionen $v \in C^1(J)$ mit $\phi(x, v') \in C(J) \cap C^1(J_0)$. Auf das entsprechende Anfangswertproblem bezieht sich der folgende

Vergleichssatz. *Ist $f(x, y)$ wachsend in y und gilt für $v, w \in Z$*

$$Pv \leq Pw \quad \text{in } J_0 \quad \text{und} \quad v(\xi+) < w(\xi+), \ v'(\xi) \leq w'(\xi),$$

so ist $v < w$ und $v' \leq w'$ in J_0. Die Ungleichung mit $\xi+$ gilt in $(\xi, \xi + \varepsilon)$.

Aufgabe. Man beweise den Satz und benutze dabei die Schlußkette $v < w$ $\implies Lv \leq Lw \implies \phi(x, v') \leq \phi(x, w') \implies v' \leq w' \implies w - v$ wachsend.

Ein wichtiges Beispiel ist der p-Laplace-Operator Δ_p in $\mathbb{R}^n$,

$$\Delta_p u = \operatorname{div}\left(|\nabla u|^{p-2} \nabla u\right) \quad \text{für} \quad p > 1 \quad (\nabla u = \operatorname{grad} u),$$

der für radiale Funktionen $u = u(r)$ die Form

$$\Delta_p u = u^{1-n}(r^{n-1}|u'|^{p-2} u')', \quad r = |x| \quad (x \in \mathbb{R}^n),$$

annimmt. Dies ist der Operator $L_\alpha^p u = r^{-\alpha}(r^\alpha |u'|^{p-2} u')'$ mit $\alpha = n - 1$. Man beachte, daß sich für $p = 2$ der klassische Δ-Operator ergibt; entsprechend ist L_α^2 der in 6.XII eingeführte Operator L_α. Man kann nun mit $\Delta_p u$ für radiale Lösungen so verfahren, wie es in 6.XIV für Gleichungen mit Δu geschehen ist; vgl. Satz 6.XIII und den folgenden

Existenzsatz. *Ist $f(x, y)$ stetig und beschränkt in $J \times \mathbb{R}$, so hat das Problem ($\xi \geq 0$)*

$$L_\alpha^p y = f(x, y) \quad \text{in } J_0, \ y(\xi) = \eta_0, \ y'(\xi) = \eta_1 \quad (\eta_1 = 0 \ \text{für} \ \xi = 0)$$

für $\alpha > 0$, $p > 1$ eine Lösung $y \in C^1(J)$ mit $L_\alpha^p y \in C(J)$.

Ist $f(x, y)$ wachsend in y, so ist der Vergleichssatz auf dieses Problem anwendbar. und zwar mit $v'(0) = w'(0) = 0$ im Fall $\xi = 0$.

Der Beweis durch Zurückführung auf den Fixpunktsatz von Schauder 7.XII sei als Aufgabe gestellt. Das Eindeutigkeitsproblem ist schwieriger; in Reichel und Walter (1997) wird es eingehend behandelt. Man zeige: Das Problem $L_\alpha^4 y = 0$, $y(0) = y'(0) = 0$ hat drei Lösungen der Form cx^2.

Im Abschnitt 26.XXVI findet man Sätze über Randwertaufgaben und Anwendungsbeispiele für den Operator L.

XVI. Eine Volterra-Integralgleichung. Aufgabe. Es sei $g \in C(J)$, $J = [0, b]$, und

$$u(x) = \int_0^x k(x - t)\, dt, \quad x \in J,$$

wobei $k = k(x; \lambda)$ die Lösung von

$$k'' - \lambda k = 0, \quad k(0) = 0, \quad k'(0) = 1 \qquad (\lambda \text{ reell})$$

ist. Man gebe $k(x; \lambda)$ explizit an und zeige, daß u eine Lösung von

$$u'' - \lambda u = g(x) \text{ in } J, \quad u(0) = u'(0) = 0$$

ist.

Man beweise: Genügt $v \in C^2(J)$ den Ungleichungen

$$v'' - \lambda v \le g(x) \text{ in } J, \, v(0) \le 0, \, v'(0) \le 0 \text{ mit } \lambda > 0,$$

so ist

$$v(x) \le \frac{1}{\sqrt{\lambda}} \int_0^x g(t) \sinh(\sqrt{\lambda}\,(x - t))\, dt.$$

Anleitung. Vergleichssatz 11.XIII.

IV. Lineare Differentialgleichungen

§ 14 Lineare Systeme

I. Matrizen. Mit großen lateinischen Buchstaben werden $n \times n$-Matrizen bezeichnet,

$$A = \begin{pmatrix} a_{11}, & \cdots & , a_{1n} \\ \vdots & & \vdots \\ a_{n1}, & \cdots & , a_{nn} \end{pmatrix} = (a_{ij})$$

mit $a_{ij} \in \mathbb{R}$ oder $\mathbb{C}$. Sie bilden einen reellen oder komplexen linearen Raum, wenn man wie üblich

$$A + B = (a_{ij} + b_{ij}), \qquad \lambda A = (\lambda a_{ij})$$

setzt; man kann ihn als $\mathbb{R}^{n^2}$ (oder bei komplexen a_{ij}, b_{ij}, λ als $\mathbb{C}^{n^2}$) auffassen. In diesem Raum ist eine Multiplikation (Matrizen-Multiplikation)

$$AB = C \iff c_{ij} = \sum_{k=1}^{n} a_{ik} b_{kj}$$

erklärt; sie ist nicht-kommutativ. Weiter sei an die Definition der Determinante von A,

$$\det A = \sum_{p} (-1)^{\nu(p)} a_{1p_1} a_{2p_2} \cdots a_{np_n}, \tag{1}$$

erinnert. Hierin durchläuft $p = (p_1, \ldots, p_n)$ alle Permutationen der Zahlen $1, \ldots, n$; $\nu(p)$ ist die Anzahl der Inversionen von p.

Für $n \times 1$-Matrizen, d. h. Spaltenvektoren, wird die bisherige Schreibweise verwendet,

$$a = \begin{pmatrix} a_1 \\ \vdots \\ a_n \end{pmatrix}, \qquad \text{gelegentlich auch} \quad a = (a_1, \ldots, a_n)^{\mathsf{T}}.$$

Allgemein bezeichnet A^{T} die zu A transponierte Matrix.

Die Schreibweise

$$A = (a_1, \ldots, a_n) \quad \text{mit} \quad a_i = \begin{pmatrix} a_{1i} \\ \vdots \\ a_{ni} \end{pmatrix}$$

versteht sich von selbst. Insbesondere ist

$$E = (e_1, \ldots, e_n) = (\delta_{ij}) \quad \text{mit} \quad \delta_{ij} = \begin{cases} 1 & \text{für} \quad i = j, \\ 0 & \text{für} \quad i \neq j \end{cases}$$

die *Einheitsmatrix*, e_i der i-te Einheitsvektor. Schließlich ist

$$Ax = y \quad \Longleftrightarrow \quad y_i = \sum_{j=1}^{n} a_{ij} x_j.$$

II. Verträgliche Normen. Es sei $|A|$ eine Norm in $\mathbb{R}^{n^2}$ bzw. $\mathbb{C}^{n^2}$, $|a|$ eine Norm in $\mathbb{R}^n$ bzw. $\mathbb{C}^n$. Wir betrachten hier nur *verträgliche Normen*, d. h. solche, für die außer den Normgesetzen gilt

$$|AB| \leq |A| \cdot |B|, \tag{2}$$

$$|Ax| \leq |A| \cdot |x|. \tag{3}$$

Beispiel.

$$|A| = \sum_{i,j} |a_{ij}|, \qquad |x| = \max |x_i|.$$

Diese Normen sind verträglich. Denn erstens ist für $C = AB$

$$|C| \leq \sum_{i,j} \sum_k |a_{ik} b_{kj}| \leq \sum_{i,j,k,l} |a_{ik} b_{lj}| = |A| \cdot |B|,$$

zweitens gilt für $y = Ax$

$$|y_i| \leq \sum_j |a_{ij} x_j| \leq |x| \sum_j |a_{ij}| \leq |A| \cdot |x|,$$

und zwar für jedes i, also (3).

Aufgabe. Man zeige, daß die Euklid-Normen $|x|_e$ und

$$|A|_e = \sqrt{\sum_{i,j} |a_{ij}|^2}$$

verträglich sind.

III. Matrizen mit variablen Elementen. Ist jedes Element der Matrix A eine (reell- bzw. komplexwertige) Funktion der Variablen t, $a_{ij} = a_{ij}(t)$, so schreiben wir $A(t) = (a_{ij}(t))$. Es werden dieselben Bezeichnungsweisen wie bei Vektorfunktionen in § 10 benutzt, insbesondere

$$A'(t) = (a'_{ij}(t)), \qquad \int_a^b A(t)\, dt = \left(\int_a^b a_{ij}(t)\, dt \right).$$

Für stetiges $A(t)$ gilt nach dem Hilfssatz 10.VIII (man kann A als Vektor mit n^2 Komponenten auffassen)

$$\left| \int_a^b A(t)\, dt \right| \leq \int_a^b |A(t)|\, dt. \tag{4}$$

IV. Hilfssatz. *Sind die Funktionen $A(t)$, $B(t)$, $x(t)$ differenzierbar (an einer Stelle t_0), so gilt dasselbe für die nachstehenden Funktionen, und es ist*

$$(AB)' = A'B + AB',$$

$$(Ax)' = A'x + Ax',$$

$$(\det A)' = \sum_{i=1}^n \det\, (a_1, \ldots, a_{i-1}, a'_i, a_{i+1}, \ldots, a_n). \tag{5}$$

Beweis. Die beiden ersten Gleichungen folgen sofort aus der Definition dieser Produkte, während man (5) aus der Darstellung (1) und der Regel für die Differentiation eines Produktes erhält.

V. Lineares System von n Differentialgleichungen. Darunter versteht man das folgende System von Differentialgleichungen

$$y'_1 = a_{11}(t)y_1 + \cdots + a_{1n}(t)y_n + b_1(t)$$

$$\vdots \qquad \vdots \qquad \qquad \vdots \qquad \vdots \tag{6}$$

$$y'_n = a_{n1}(t)y_1 + \cdots + a_{nn}(t)y_n + b_n(t)$$

oder in Matrizenschreibweise

$$y' = A(t)y + b(t) \tag{6'}$$

mit

$$A(t) = (a_{ij}(t)), \qquad b(t) = (b_1(t), \ldots, b_n(t))^\mathsf{T}. \tag{7}$$

Es ist bei linearen Systemen üblich, die unabhängige Variable nicht mit x, sondern mit t zu bezeichnen, vor allem wohl deshalb, weil sie bei physikalischen Anwendungen häufig die Zeit repräsentiert. Man beachte, daß t immer reell ist, während die auftretenden Funktionen, wenn nicht ausdrücklich etwas anderes gesagt wird, reell- oder komplexwertig sein dürfen.

VI. Existenz-, Eindeutigkeits- und Abschätzungssatz. *Die reell- bzw. komplexwertigen Funktionen $A(t)$, $b(t)$ seien stetig in einem (beliebigen) Intervall J, und es sei $\tau \in J$. Dann hat das Anfangswertproblem*

$$y' = A(t)y + b(t), \qquad y(\tau) = \eta \tag{8}$$

bei vorgegebenem $\eta \in \mathbb{R}^n$ bzw. $\mathbb{C}^n$ genau eine Lösung $y(t)$. Sie existiert in ganz J.

Ist I ein Teilintervall von J, $\tau \in I$ und

$$|A(t)| \le L \quad und \quad |b(t)| \le \delta \quad in\ I, \qquad |\eta| \le \gamma, \tag{9}$$

so besteht die Abschätzung

$$|y(t)| \le \gamma e^{L|t-\tau|} + \frac{\delta}{L}(e^{L|t-\tau|} - 1) \quad in\ I. \tag{10}$$

Die Lösung $y(t)$ hängt in jedem kompakten Teilintervall $I \subset J$ stetig von $A(t)$, $b(t)$, η ab, d. h. zu $\varepsilon > 0$ existiert ein $\beta > 0$, so daß

$$|z(t) - y(t)| < \varepsilon \quad in\ I \tag{11}$$

ist, wenn $z(t)$ eine Lösung des Anfangswertproblems (B, c stetig)

$$z' = B(t)z + c(t), \qquad z(\tau) = \zeta \tag{12}$$

und wenn dabei

$$|B(t) - A(t)| < \beta, \quad |b(t) - c(t)| < \beta \quad in\ I, \quad |\eta - \zeta| < \beta \tag{13}$$

ist.

Beweis. Besteht die Abschätzung (9) im (beliebigen) Intervall I, so genügt $f(t, y) = Ay + b$ in $D = I \times \mathbb{R}^n$ bzw. $I \times \mathbb{C}^n$ der Lipschitzbedingung (12.4)

$$|(Ay + b) - (A\bar{y} - b)| \le |A|\,|y - \bar{y}| \le L|y - \bar{y}|.$$

Nach dem Existenzsatz 10.VII existiert also genau eine Lösung, und zwar in ganz I. Ferner ist für die Funktion $z(t) \equiv 0$

$$|z' - f(t, z)| = |b(t)| \le \delta, \quad |z(\tau) - y(\tau)| = |\eta| \le \gamma,$$

d. h. es gilt (12.5) und damit die Abschätzung (12.6), welche mit (10) identisch ist.

Nun sei $I \subset J$ ein kompaktes Intervall. Da stetige Funktionen in I beschränkt sind, gilt die Abschätzung (9) mit geeigneten Konstanten L, δ. Daraus folgt, daß die Lösung in I existiert. Sie wird also an keiner inneren Stelle von J unendlich und existiert – da sie bis zum Rande des Definitionsbereiches $J \times \mathbb{R}^n$ bzw. $J \times \mathbb{C}^n$ fortgesetzt werden kann – in ganz J.

Für den Beweis der stetigen Abhängigkeit gelte neben (9) auch (13), wobei etwa $\beta \leq 1$ vorausgesetzt ist. Dann ist für eine Konstante c

$$|B(t)| \leq c, \quad |c(t)| \leq c, \quad |\zeta| \leq c,$$

und für jede Lösung $z(t)$ von (12) besteht die Abschätzung (10) mit $\gamma = L = \delta = c$, also $|z(t)| \leq c_1$ in I. Wenden wir nun die Abschätzung (12.4) - (12.6) auf die beiden Lösungen $y(t)$ und $z(t)$ von (8) und (12) sowie auf $f(t, y) = Ay + b$ an! Es ist

$$\begin{aligned}
|z' - f(t,z)| &= |(B - A)z + c - b| \\
&\leq |B - A| \cdot |z| + |c - b| \\
&\leq \beta(1 + c_1).
\end{aligned}$$

Also gilt (12.6) mit $\gamma = \beta$, $\delta = \beta(1 + c_1)$. Man kann also, indem man $\beta > 0$ hinreichend klein wählt, erreichen, daß (11) gilt.

Damit ist der Satz vollständig bewiesen.

VII. Komplexe Systeme. Es sei

$$z' = B(t)z + b(t) \tag{14}$$

ein komplexes System von n Differentialgleichungen, wobei

$$z = x + iy, \quad b = c + id, \quad B(t) = C(t) + iD(t) \quad \text{mit} \quad i = \sqrt{-1}$$

ist. Durch Zerlegung von (14) in Real- und Imaginärteil ergeben sich die beiden Gleichungen

$$\begin{aligned}
x' &= C(t)x - D(t)y + c(t), \\
y' &= C(t)y + D(t)x + d(t).
\end{aligned} \tag{15}$$

Dies ist ein reelles System von $2n$ Gleichungen. Es läßt sich in der Form

$$u' = A(t)u + a(t) \tag{15'}$$

schreiben, wobei $u = \begin{pmatrix} x \\ y \end{pmatrix}$ und $a = \begin{pmatrix} c \\ d \end{pmatrix}$ $2n$-dimensionale Spaltenvektoren sind und

$$A = \begin{pmatrix} C & -D \\ D & C \end{pmatrix} \tag{16}$$

eine reelle $2n \times 2n$-Matrix ist.

Ein komplexes System n-ter Ordnung ist also äquivalent mit einem reellen Systyem $2n$-ter Ordnung von der speziellen Gestalt (15'), (16).

VIII. Aufgabe. Man zeige, daß durch

$$|x| := \sum_{k=1}^{n} c_k |x_k| \quad \text{mit} \quad c_k > 0 \qquad (k = 1, \dots, n)$$

und

$$|A| := \max_m \frac{1}{c_m} \sum_{k=1}^n c_k |a_{km}|$$

verträgliche Normen im Sinne von II definiert sind.

IX. Die Operatornorm. Ist $|x|$ eine beliebige Norm im $\mathbb{R}^n$ bzw. $\mathbb{C}^n$, so wird durch

$$|A| := \max\{|Ax| \mid |x| \le 1\}$$

eine verträgliche Norm im $\mathbb{R}^{n^2}$ bzw. $\mathbb{C}^{n^2}$ definiert; vgl. II. Sie wird auch *Operatornorm* von A genannt. Die Operatornorm $|A|$ ist offenbar gleich der kleinsten Zahl γ mit $|Ax| \le \gamma|x|$.

Aufgabe. Man beweise diese Aussagen und zeige, daß die in VIII angegebene Norm eine Operatornorm ist (für alle A). Jedoch sind die im Beispiel und in der Aufgabe von II angegebenen Normen i. a. nicht gleich der Operatornorm von A. Man betrachte, um Letzteres nachzuweisen, etwa die Matrix $A = E$.

§ 15 Homogene lineare Systeme

Man nennt das lineare System von Differentialgleichungen $y' = A(t)y + b(t)$ *homogen*, wenn $b(t) \equiv 0$ ist, sonst *inhomogen*. In diesem Paragraphen verstehen wir unter einer Lösung immer eine Lösung des homogenen Systems

$$y' = A(t)y, \tag{1}$$

wobei $A(t)$ im Intervall J stetig ist. Nach Satz 14.VI existiert zu $\tau \in J$, $\eta \in \mathbb{R}^n$ bzw. $\mathbb{C}^n$ genau eine Lösung $y = y(t; \tau, \eta)$, und zwar in J.

I. Satz. *Ist $A(t)$ in J reellwertig (komplexwertig) und stetig, so bilden die reellen (komplexen) Lösungen $y(t)$ der homogenen Gleichung (1) einen n-dimensionalen reellen (komplexen) linearen Raum.*
Für festes $\tau \in J$ wird durch

$$\eta \to y(t; \tau, \eta)$$

ein linearer Isomorphismus (umkehrbar eindeutige Abbildung „auf") zwischen $\mathbb{R}^n$ bzw. $\mathbb{C}^n$ und dem Raum der Lösungen definiert.

Dieser Satz folgt in einfacher Weise aus dem (bereits in 2.II diskutierten) *Superpositionsprinzip*, welches besagt, daß eine Linearkombination

$$y = c_1 y_1 + \cdots + c_k y_k$$

von Lösungen wieder eine Lösung darstellt. Hieraus ergibt sich die Identität

$$y(t; \tau, \lambda \eta + \lambda' \eta') = \lambda y(t; \tau, \eta) + \lambda' y(t; \tau, \eta'),$$

denn links und rechts steht eine Lösung mit dem Anfangswert $\lambda \eta + \lambda' \eta'$ an der Stelle $t = \tau$. Also ist die Abbildung $\eta \to y(t; \tau, \eta)$ linear. Die übrigen Aussagen sind evident. Insbesondere wird dem Nullvektor die Lösung $y \equiv 0$ zugeordnet.

Der für jedes $\tau \in J$ bestehende Isomorphismus $\eta \to y(t; \tau, \eta)$ führt ohne weiteres zu einigen wichtigen

II. Folgerungen. (a) Ist y eine Lösung und $y(t_0) = 0$ für ein $t_0 \in J$, so ist $y \equiv 0$ in J.

(b) Man nennt k Lösungen $y_1, \ldots, y_k$ *linear abhängig*, wenn Konstanten $c_1, \ldots, c_k$ mit $|c_1| + \cdots + |c_k| > 0$ existieren, so daß

$$c_1 y_1 + \cdots + c_k y_k = 0$$

ist (ob in einem Punkt oder identisch, ist nach (a) gleichbedeutend). Anderenfalls werden sie *linear unabhängig* genannt. Linear unabhängige Lösungen sind also dadurch charakterisiert, daß aus

$$c_1 y_1 + \cdots + c_k y_k = 0$$

folgt

$$c_1 = \cdots = c_k = 0.$$

(c) Wir erinnern, daß k Vektoren $a_1, \ldots, a_k \in \mathbb{R}^n$ genau dann in $\mathbb{R}^n$ linear unabhängig sind, wenn sie, betrachtet als Vektoren in $\mathbb{C}^n$, linear unabhängig sind. Eine entsprechende Aussage besteht für reelle Lösungen der Gleichung (1), wenn $A(t)$ reell ist.

(d) Für $k > n$ sind k Lösungen $y_1, \ldots, y_k$ linear abhängig.

(e) Es gibt n linear unabhängige Lösungen $y_1, \ldots, y_n$. Jedes solche System von n linear unabhängigen Lösungen wird *Hauptsystem* oder *Fundamentalsystem* von Lösungen genannt. Ist $y_1, \ldots, y_n$ ein Hauptsystem, so läßt sich *jede* Lösung y als Linearkombination

$$y = c_1 y_1 + \cdots + c_n y_n \tag{2}$$

darstellen, und zwar auf genau eine Weise.

(f) Ein System von n Lösungen $y_1, \ldots, y_n$ läßt sich zu einer $n \times n$-Matrix, der *Lösungsmatrix*

$$Y(t) = (y_1, y_2, \ldots, y_n)$$

zusammenfassen. Die n Differentialgleichungen $y_i' = A(t) y_i$ $(i = 1, \ldots, n)$ lassen sich als eine Matrizen-Gleichung

$$Y' = A(t) Y \tag{3}$$

schreiben. Man sieht leicht, daß diese Matrizen-Gleichung äquivalent zu den n Differentialgleichungen ist. Die Lösung $Y(t)$ von (3) ist durch Vorgabe einer Anfangsbedingung $Y(\tau) = C$ eindeutig bestimmt. Es ist dann $Y(t)$ genau dann ein Fundamentalsystem, wenn die Matrix C regulär ist. In diesem Fall ist $Y(t)$ regulär für jedes $t \in J$.

Ist $Y(t)$ ein Fundamentalsystem, so erhält man sämtliche Lösungen in der Form

$$y = Yc, \qquad c \in \mathbb{R}^n. \tag{2'}$$

Diese Gleichung ist mit (2) identisch.

(g) Ein spezielles Fundamentalsystem $X(t)$ erhält man aus

$$X' = A(t)X, \qquad X(\tau) = E. \tag{4}$$

Die Gleichung (4) ist identisch mit den n Anfangswertproblemen

$$x_i' = A(t)x_i, \quad x_i(\tau) = e_i \qquad (i = 1, \dots, n). \tag{4'}$$

Mit Hilfe von $X(t)$ läßt sich die Lösung jedes Anfangswertproblems sofort angeben:

$$y' = A(t)y, \quad y(\tau) = \eta \iff y(t) = X(t)\eta.$$

(h) In Ergänzung zu (f) gilt: Ist $Y(t)$ Lösung von (3) und C eine konstante Matrix, so ist auch $Z(t) = Y(t)C$ Lösung von (3). Es ist nämlich

$$Z' = Y'C = AYC = AZ.$$

Ist dabei $Y(t)$ ein Fundamentalsystem und C regulär, so ist auch $Z(t)$ ein Fundamentalsystem, und jedes Fundamentalsystem läßt sich in der Form $Y(t)C$ mit einer regulären Matrix C darstellen.

Insbesondere gilt für jede Lösungsmatrix $Y(t)$

$$Y(t) = X(t)Y(\tau). \tag{5}$$

Denn die rechte Seite ist eine Lösung, und sie hat den richtigen Anfangswert $X(\tau)Y(\tau) = EY(\tau) = Y(\tau)$.

III. Die Wronski-Determinante. Ist $Y(t) = (y_1, \dots, y_n)$ eine Lösung von (3), so nennt man ihre Determinante $\phi(t) := \det Y(t)$ die *Wronski-Determinante* des Lösungssystems $y_1, \dots, y_n$. Es besteht der folgende

Satz. *Die Wronski-Determinante eines Lösungssystems* $\phi(t) := \det Y(t)$ *genügt, wenn $A(t)$ in J stetig ist, der Differentialgleichung*

$$\phi' = (\operatorname{sp} A(t))\phi \quad in \ J, \tag{6}$$

wobei

$$\operatorname{sp} A(t) = a_{11}(t) + a_{22}(t) + \cdots + a_{nn}(t)$$

die „Spur" von A genannt wird. Es ist also nach 2.I

$$\phi(t) = \phi(\tau) \exp\left(\int_\tau^t \operatorname{sp}\,(A(s))\,ds\right). \tag{7}$$

Insbesondere gilt für die Lösung $X(t)$ von (4)

$$\det X(t) = \exp\left(\int_\tau^t \operatorname{sp} A(s)\,ds\right). \tag{8}$$

Die Wronski-Determinante läßt sich also ohne Kenntnis der Lösung allein aus dem Anfangswert $Y(\tau)$ berechnen.

Beweis. Nach (14.5) ist

$$(\det X(t))' = \sum_{i=1}^n \det\,(x_1, x_2, \ldots, x_{i-1}, x_i', x_{i+1}, \ldots, x_n),$$

also wegen $x_i(\tau) = e_i$, $x_i'(\tau) = A(\tau)e_i$

$$(\det X(\tau))' = \sum_{i=1}^n \det\,(e_1, e_2, \ldots, e_{i-1}, A(\tau)e_i, e_{i+1}, \ldots, e_n)$$

$$= \sum_{i=1}^n a_{ii}(\tau) = \operatorname{sp} A(\tau).$$

Für die Funktion $\phi(t) = \det Y(t)$ gilt nach (5) $\phi(t) = \phi(\tau)\det X(t)$, also

$$\phi'(t) = (\det X(t))'\,\phi(\tau),$$

insbesondere

$$\phi'(\tau) = \phi(\tau)\operatorname{sp} A(\tau).$$

Da diese Überlegung für jede Stelle $\tau \in J$ durchführbar ist, genügt $\phi(t)$ in ganz J der linearen Differentialgleichung (6).

Folgerung. Die Wronski-Determinante ist entweder $\equiv 0$ oder überall $\neq 0$. Die n Lösungen $Y(t) = (y_1, \ldots, y_n)$ bilden genau dann ein Hauptsystem, wenn die n Vektoren $Y(\tau)$ linear unabhängig sind (Folgerung II.(c)), d. h. wenn $\det Y(t) \neq 0$ ist. Das Nichtverschwinden der Wronski-Determinante ist also ein notwendiges und hinreichendes Kriterium dafür, daß ein Hauptsystem vorliegt.

IV. Das Reduktionsverfahren von d'Alembert. Es ist im allgemeinen nicht möglich, die Lösungen eines homogenen Systems in geschlossener Form anzugeben. Jedoch läßt sich, wenn eine Lösung bekannt ist, das System auf ein System von $n - 1$ Differentialgleichungen zurückführen. Ist $x(t)$ eine

(bekannte) Lösung der Differentialgleichung (1), so macht man für weitere
Lösungen den Ansatz

$$y(t) = \phi(t)x(t) + z(t) \quad \text{mit} \quad z(t) = \begin{pmatrix} 0 \\ z_2 \\ \vdots \\ z_n \end{pmatrix} \tag{9}$$

(ϕ skalar). Diese Funktion ist genau dann eine Lösung von (1), wenn

$$y' = \phi'x + \phi x' + z' = \phi Ax + Az,$$

d. h. wenn

$$z' = Az - \phi'x$$

ist. Für die erste Komponente bedeutet das

$$\sum_{j=2}^{n} a_{1j}z_j = \phi'x_1, \tag{10}$$

für die i-te Komponente ($2 \le i \le n$)

$$z'_i = \sum_{j=2}^{n} a_{ij}z_j - \phi'x_i.$$

Es ergeben sich also für die Komponenten z_i die Differentialgleichungen

$$z'_i = \sum_{j=2}^{n} \left(a_{ij} - \frac{x_i}{x_1}a_{1j} \right) z_j \quad (i = 2, \ldots, n), \tag{11}$$

also ein homogenes lineares System von $n-1$ Gleichungen. Dabei ist $x_1(t) \ne 0$
vorausgesetzt (man kann statt der ersten eine andere Komponente auszeich-
nen). Ist $z_2, \ldots, z_n$ eine Lösung dieses Systems, so ergibt sich ϕ aus (10) zu

$$\phi(t) = \int \frac{1}{x_1} \sum_{j=2}^{n} a_{1j}z_j \, dt \tag{12}$$

und daraus eine Lösung $y(t)$ von (1) gemäß (9).

Hat man (11) vollständig gelöst, d. h. ein Hauptsystem $z_1, \ldots, z_{n-1}$ bestimmt, so führt dieses auf $n - 1$ Lösungen $y_1, \ldots, y_{n-1}$ der ursprünglichen
Differentialgleichung (1); diese bilden zusammen mit der Lösung x ein Hauptsystem.

Zum Beweis der linearen Unabhängigkeit dieser n Lösungen sei etwa

$$y_i = \phi_i x + z_i \quad (i = 1, \ldots, n-1)$$

und

$$\lambda x + \lambda_1 y_1 + \cdots + \lambda_{n-1}y_{n-1} = 0.$$

Dann folgt für die erste Komponente dieser Gleichung, da die erste Komponente von z_i verschwindet,

$$\lambda + \lambda_1 \phi_1 + \cdots + \lambda_{n-1} \phi_{n-1} = 0.$$

Multipliziert man diese Gleichung mit x und zieht sie von der vorangehenden ab, so folgt

$$\lambda_1 z_1 + \cdots + \lambda_{n-1} z_{n-1} = 0,$$

wegen der linearen Unabhängigkeit der z_i also $\lambda_1 = \cdots = \lambda_{n-1} = 0$ und schließlich $\lambda = 0$.

V. Beispiel. Das System

$$y_1' = \frac{1}{t} y_1 - y_2, \qquad A(t) = \begin{pmatrix} \dfrac{1}{t} & -1 \\[2mm] \dfrac{1}{t^2} & \dfrac{2}{t} \end{pmatrix}$$

$$y_2' = \frac{1}{t^2} y_1 + \frac{2}{t} y_2,$$

hat die Lösung

$$x(t) = \begin{pmatrix} t^2 \\ -t \end{pmatrix}.$$

Hier reduziert sich das System (11) auf *eine* Gleichung für $z_2(t) = z(t)$

$$z' = \left(\frac{2}{t} - \frac{t}{t^2} \right) z = \frac{1}{t} z.$$

Eine Lösung lautet $z(t) = t$. Nach (12) ist, wenn wir als Grundintervall $J = (0, \infty)$ wählen,

$$\phi(t) = \int \frac{1}{t^2} (-t) \, dt = -\ln t,$$

also im Hinblick auf (9)

$$y(t) = -x(t) \ln t + \begin{pmatrix} 0 \\ t \end{pmatrix} = \begin{pmatrix} -t^2 \ln t \\ t + t \ln t \end{pmatrix}$$

eine weitere Lösung des ursprünglichen Sysytems. Das Lösungssystem

$$Y(t) = (x, y) = \begin{pmatrix} t^2 & -t^2 \ln t \\ -t & t + t \ln t \end{pmatrix} \quad \text{mit} \quad Y(1) = \begin{pmatrix} 1 & 0 \\ -1 & 1 \end{pmatrix} \tag{13}$$

ist ein Hauptsystem; hier ist $\det Y(t) = t^3 > 0$ in J. Addiert man in $Y(1)$ die zweite Spalte zur ersten und läßt die zweite ungeändert, so ergibt sich die Einheitsmatrix. Es ist also

$$X(t) = (x + y, y) = \begin{pmatrix} t^2(1 - \ln t) & -t^2 \ln t \\ t \ln t & t(1 + \ln t) \end{pmatrix}$$

eine Lösung mit $X(1) = E$.

VI. Aufgabe. Die adjungierte Gleichung. Für die komplexe Matrix C sei $C^* = \overline{C}^\mathsf{T}$, also $c_{ij}^* = \bar{c}_{ji}$. Ist $CC^* = E$, so heißt C *unitär*. Die Stern-Operation befolgt die Regeln

$$(BC)^* = C^* B^*, \quad (C^*)^{-1} = (C^{-1})^*, \quad (C^*)^* = C$$

und $\langle Cy, z \rangle = \langle y, C^* z \rangle$ für $y, z \in \mathbb{C}^n$; hier ist $\langle a, b \rangle = a_1 \bar{b}_1 + \cdots + a_n \bar{b}_n$ das Innenprodukt in $\mathbb{C}^n$. Für eine differenzierbare Matrix $C = C(t)$ ist

$$(C'(t))^* = (C^*(t))'.$$

Die zur Gleichung (1), $y' = A(t)y$, *adjungierte Gleichung* lautet

$$z' = -A^*(t)z. \tag{14}$$

Die Operatoren L und M werden durch die Gleichungen (1) und (14) bestimmt, also $Ly = y' - A(t)y$ und $Mz = z' + A^*(t)z$. Man nennt M den zu L *adjungierten* Operator und erkennt leicht, daß L zu M adjungiert ist. Der Operator L wird *selbstadjungiert* genannt, wenn $L = M$, also $A = -A^*$ ist. Man zeige:

(a) Ist $Y(t)$ ein Fundamentalsystem für die Gleichung (1), so ist $Z(t)$ dann und nur dann ein Fundamentalsystem für die Gleichung (14), wenn $Y^*(t)Z(t) = C$ eine konstante reguläre Matrix ist.

(b) *Die Lagrange-Identität.* Darunter versteht man die Gleichung

$$\langle Ly, z \rangle + \langle y, Mz \rangle = \frac{d}{dt} \langle y, z \rangle \quad \text{für} \quad y(t), z(t) \in C^1(J).$$

(c) Es sei L selbstadjungiert und $Y(t)$ ein Fundamentalsystem für (1). Ist $Y(\tau)$ unitär für ein $\tau \in J$, so ist $Y(t)$ unitär für alle $t \in J$.

Hinweis für (a). $(Y^*Z)' = Y^* A^* Z + Y^* Z' = 0 \Longleftrightarrow Z' = -A^* Z$.

Der reelle Fall. Ist C eine reelle Matrix, so ist $C^* = C^\mathsf{T}$. Ist C unitär, also $CC^\mathsf{T} = E$, so wird C *orthogonal* genannt. Für ein reelles System (1) ist L dann und nur dann selbstadjungiert, wenn $A(t)$ schiefsymmetrisch ist, d. h. $A = -A^\mathsf{T}$.

§ 16 Inhomogene Systeme

Wie bisher sind $A(t)$, $b(t)$ in einem Intervall J stetige Funktionen (reell- bzw. komplexwertig).

Über die Beziehungen zwischen den Lösungen der inhomogenen Differentialgleichung

$$y' = A(t)y + b(t) \tag{1}$$

und der zugehörigen homogenen Differentialgleichung besteht wie im Fall $n = 1$ der folgende

I. Satz. *Man erhält sämtliche Lösungen $y(t)$ der inhomogenen Differentialgleichung in der Form*

$$y(t) = \bar{y}(t) + x(t),$$

wobei $\bar{y}(t)$ eine (fest gewählte) Lösung der inhomogenen Differentialgleichung ist und $x(t)$ alle Lösungen der homogenen Differentialgleichung durchläuft.

Der *Beweis* beruht wie im Falle $n = 1$ auf der einfachen Tatsache, daß die Differenz zweier Lösungen der inhomogenen Differentialgleichung eine Lösung der homogenen Differentialgleichung darstellt.

Unsere Aufgabe besteht also darin, eine einzige Lösung der inhomogenen Gleichung zu bestimmen. Die von Lagrange stammende

II. Methode der Variation der Konstanten führt, wie im eindimensionalen Fall, zum Ziel. Ist $Y(t)$ ein Hauptsystem von Lösungen der homogenen Differentialgleichung, so erhält man nach 15.II.(f) alle Lösungen der homogenen Gleichung in der Form $y(t) = Y(t)v$, wobei v alle (konstanten) Vektoren durchläuft. Die Konstanten $(v_1, \ldots, v_n)$ werden nun „variiert", d. h. durch Funktionen von t ersetzt:

$$z(t) = Y(t)v(t).$$

Dabei soll $v(t)$ so bestimmt werden, daß $z(t)$ zu einer Lösung der inhomogenen Differentialgleichung (1) wird. Das führt auf die Bedingung

$$z' = Y'v + Yv' = AYv + Yv' = AYv + b,$$

d. h.

$$Y(t)v' = b(t). \tag{2}$$

Da Y ein Hauptsystem ist, ist die Wronski-Determinante $\det Y \neq 0$, es existiert also die inverse Matrix $Y^{-1}(t)$, und sie ist in J stetig. Durch linksseitige Multiplikation von (2) mit dieser folgt

$$v(t) = v(\tau) + \int_\tau^t Y^{-1}(s)b(s)\, ds.$$

Danach lautet z. B. die Lösung $z(t)$ mit dem Anfangswert $z(\tau) = 0$

$$z(t) = Y(t) \int_\tau^t Y^{-1}(s)b(s)\, ds. \tag{3}$$

III. Satz. *Das Anfangswertproblem ($A(t)$, $b(t)$ stetig in J, $\tau \in J$)*

$$y' = A(t)y + b(t), \quad y(\tau) = \eta$$

hat die (eindeutig bestimmte) Lösung

$$y(t) = X(t)\eta + \int_\tau^t X(t)X^{-1}(s)b(s)\, ds, \tag{4}$$

wobei $X(t)$ das Hauptsystem der homogenen Differentialgleichung mit $X(\tau) = E$ ist.

Denn der erste Summand auf der rechten Seite ist eine Lösung der homogenen Gleichung mit dem Anfangswert η, der zweite Summand nach (3) eine Lösung der inhomogenen Gleichung mit dem Anfangswert 0.

Bemerkung. Für ein Hauptsystem $Y(t)$ ist

$$X(t)X^{-1}(s) = Y(t)Y^{-1}(s).$$

Denn auf beiden Seiten der Gleichung steht ein Hauptsystem, und beide haben an der Stelle $t = s$ denselben Wert E. Die Darstellung der Lösung y des Anfangswertproblems mittels $Y(t)$ lautet also

$$y(t) = Y(t)Y^{-1}(\tau)\eta + \int_\tau^t Y(t)Y^{-1}(s)b(s)\, ds. \tag{4'}$$

Beispiel.

$$y_1' = \frac{1}{t} y_1 - y_2 + t,$$
$$y_2' = \frac{1}{t^2} y_1 + \frac{2}{t} y_2 - t^2, \qquad b(t) = \begin{pmatrix} t \\ -t^2 \end{pmatrix} \qquad (t > 0).$$

Die entsprechende homogene Gleichung wurde in 15.V vollständig gelöst. Nach der bekannten Formel für die Inversion einer 2×2-Matrix

$$B = \begin{pmatrix} a & b \\ c & d \end{pmatrix} \implies B^{-1} = \frac{1}{ad - bc} \begin{pmatrix} d & -b \\ -c & a \end{pmatrix}$$

läßt sich $Y^{-1}(t)$ leicht berechnen. Es ist nach (15.13)

$$Y^{-1}(t) = \frac{1}{t^3} \begin{pmatrix} t(1 + \ln t) & t^2 \ln t \\ t & t^2 \end{pmatrix},$$

also

$$Y^{-1}(t)b(t) = \frac{1}{t} \begin{pmatrix} \ln t + 1 - t^2 \ln t \\ 1 - t^2 \end{pmatrix},$$

$$\int_1^t Y^{-1}(s)b(s)\, ds = \frac{1}{4} \begin{pmatrix} t^2 - 1 + (4 - 2t^2 + 2\ln t)\,\ln t \\ 4\ln t - 2t^2 + 2 \end{pmatrix}$$

und damit nach (3)

$$z(t) = Y(t) \int_1^t Y^{-1}(s)b(s)\, ds = \frac{1}{4} \begin{pmatrix} t^2(t^2 - 1 + 2\ln t - 2\ln^2 t) \\ t(3 - 3t^2 + 2\ln t + 2\ln^2 t) \end{pmatrix}.$$

Damit ist eine spezielle Lösung der inhomogenen Differentialgleichung mit dem Anfangswert $z(1) = 0$ gefunden.

IV. Aufgabe. Man zeige, daß das reelle lineare System

$$x' = a(t)x - b(t)y,$$

$$y' = b(t)x + a(t)y$$

auf eine einzige komplexe lineare Differentialgleichung

$$z' = c(t)z$$

für $z(t) = x(t) + iy(t)$ zurückführbar ist. Man leite für $v(t) = z(t)\bar{z}(t) = x^2(t) + y^2(t)$ eine lineare Differentialgleichung ab.

Mit dieser Methode löse man das System

$$x' = x\cos t - y\sin t,$$

$$y' = x\sin t + y\cos t.$$

Insbesondere bestimme man ein Fundamentalsystem $X(t)$ mit $X(0) = E$ und dessen Wronski-Determinante $\det X(t)$. Man zeige, daß jede Lösung periodisch ist. Wie groß ist die Periode?

Man skizziere in der (x,y)-Ebene die „Bahnkurve" $z(t) = (x(t), y(t))$ der Lösung mit $(x(0), y(0)) = (1, 0)$. Für diese Lösung bestimme man $v(t) = |z(t)|^2$ sowie zwei Schranken $0 < \alpha \leq v(t) \leq \beta$.

V. Aufgabe. Man bestimme sämtliche Lösungen des Systems

$$x' = (3t - 1)x - (1 - t)y + te^{t^2},$$

$$y' = -(t + 2)x + (t - 2)y - e^{t^2}.$$

Anleitung. Das homogene System hat eine Lösung der Form $(x(t), y(t)) = (\phi(t), -\phi(t))$.

Ergänzung: L^1-Abschätzungen für C-Lösungen

Wir betrachten Lösungen im Sinne von Carathéodory für das Problem

$$y' = A(t)y + b(t) \quad \text{in } J = [\tau, \tau + a], \quad y(\tau) = \eta \tag{5}$$

unter der Annahme, daß (alle Komponenten von) $A(t)$ und $b(t)$ zu $L(J)$ gehören. Nach Satz 10.XVIII existiert eine eindeutige C-Lösung in J, und es ist nicht schwer zu zeigen, daß unter diesen Voraussetzungen die früheren Ergebnisse, insbesondere die Sätze 15.I und 15.III für das homogene System und die Darstellungsformel (4) für die Lösung des inhomogenen Problems (5) gültig bleiben.

Unser Ziel ist es, *punktweise Abschätzungen* für $y(t)$ in Abhängigkeit von *Integral-Abschätzungen* der Funktionen $A(t)$ und $b(t)$ zu gewinnen; Entsprechendes werden wir für die Differenz $y(t) - z(t)$ zeigen, worin $z(t)$ Lösung eines benachbarten Problems

$$z' = B(t)z + c(t) \quad \text{in} \quad J, \quad z(\tau) = \zeta \tag{6}$$

ist. Man beachte, daß im entsprechenden Satz 14.VI in (14.9) und (14.13) Schranken in der Maximum-Norm und nicht in der L^1-Norm gefordert werden.

VI. Abschätzungssatz. *Für die Lösungen $y(t)$ von (5) und $z(t)$ von (6) gelten, wenn A, B, b, c zu $L(J)$ gehören und $|A(t)|, |B(t)| \le h(t) \in L(J)$ ist, die Abschätzungen*

$$|y(t)|e^{-H(t)} \le |\eta| + \int_\tau^t e^{-H(s)}|b(s)| \, ds \tag{7}$$

mit $H(t) = \int_\tau^t h(s) \, ds$ *und*

$$|y(t) - z(t)|e^{-H(t)}$$
$$\le |\eta - \zeta| + \int_\tau^t e^{-H(s)}\{|b(s) - c(s)| + |A(s) - B(s)| \, |y(s)|\} \, ds. \tag{8}$$

Führt man die Maximum-Norm $\|f\|_\infty = \max_J |f(t)|$ *und die L^1-Norm* $\|f\|_{L^1} = \int_\tau^{\tau+a} |f(t)| \, dt$ *ein, so folgen daraus die Abschätzungen*

$$\|y\|_\infty \le C(|\eta| + \|b\|_{L^1}) =: D \quad \text{mit} \quad C = \exp\left(\|h\|_{L^1}\right), \tag{9}$$

$$\|y - z\|_\infty \le C(|\eta - \zeta| + \|b - c\|_{L^1} + D\|A - B\|_{L^1}). \tag{10}$$

Beweis. Nach 10.XXIII ist

$$|y(t)|' \le |y'(t)| = |A(t)y + b(t)| \le h(t)|y(t)| + |b(t)|.$$

Hiernach hat $\phi(t) = |y(t)|e^{-H(t)}$ die Eigenschaften $\phi'(t) \le e^{-H(t)}|b(t)|$, $\phi(\tau) = |\eta|$, woraus sich (7) durch Integration ergibt.

Für die Differenz $u = z - y$ ist

$$u' = Bz + c - Ay - b = Bu + (c - b) + (B - A)y.$$

Man erhält nun (8), indem man (7) auf u anwendet (mit $\eta - \zeta$ anstelle von η, B anstelle von A und $(c - b) + (B - A)y$ anstelle von b).

In den beiden nächsten Sätzen wird der Vergleichssatz 10.XII auf C-Lösungen übertragen. Wir beginnen mit dem linearen Fall.

VII. Positivitätssatz. *Die reelle Matrix $A(t) \in L(J)$, $J = [\tau, \tau + a]$, sei wesentlich positiv, d. h., $a_{ij}(t) \geq 0$ f.ü. für $i \neq j$. Für $u(t) \in AC(J)$ besteht dann der Satz:*

$$Aus \ u' \geq A(t)u \ f.ü. \ in \ J \ und \ u(\tau) \geq 0 \ folgt \ u(t) \geq 0 \ in \ J$$

mit der Verschärfung, daß $u_i(t_1) > 0$ die Ungleichung $u_i(t) > 0$ für $t > t_1$ nach sich zieht.

Beweis. Wir benutzen die Maximum-Norm in $\mathbb{R}^{n^2}$. Es sei $|A(t)| \leq h(t)$ und $H(t) = \int_\tau^t h(s)\,ds$. Dann ist $B(t) = A(t) + h(t)E \geq 0$, d. h., $b_{ij} \geq 0$ für alle i, j, und $|B(t)| \leq 2h(t)$. Für die Funktion $w(t) = e^{H(t)}u(t)$ ist $w'(t) \geq B(t)w$, und für die Funktion $\sigma = (\varrho, \varrho, \ldots, \varrho)$ mit $\varrho(t) = e^{2nH(t)}$ ist $\sigma' \geq B(t)\sigma$; beides ist leicht einzusehen. Für $w_\varepsilon = w + \varepsilon\sigma$ gilt dann $w'_\varepsilon \geq Bw$ und $w_\varepsilon(0) > 0$. Solange $w_\varepsilon(t) \geq 0$ ist, ist wegen $B \geq 0$ auch $w'_\varepsilon(t) \geq 0$; dies zeigt, daß $w_\varepsilon(t)$ in J positiv und monoton wachsend ist. Also ist $w(t) \geq 0$ monoton wachsend (man lasse $\varepsilon \to 0+$ streben), und hieraus folgen die Aussagen über $u(t)$.

VIII. Vergleichssatz. *Die Funktion $f(x, y)$ sei quasimonton wachsend in y, und sie genüge einer verallgemeinerten Lipschitzbedingung in der Maximum-Norm $|\cdot|$ mit $h(t) \in L(J)$,*

$$|f(t, y) - f(t, z)| \leq h(t)|y - z| \quad for \quad y, z \in \mathbb{R}^n.$$

Genügen $v, w \in AC(J)$ den Ungleichungen

$$v(\tau) \leq w(\tau) \quad und \quad Pv \leq Pw \ f.ü. \ in \ J,$$

wobei $Pv = v' - f(t, v)$ der Defekt von v ist, so ist $v \leq w$ in J. Ist $v_i(t_1) < w_i(t_1)$ für einen Index i und eine Stelle $t_1 \in J$, so ist $v_i < w_i$ für $t \geq t_1$. (Diese Aussage ist gleichwertig mit jener von Satz 10.XII.)

Beweis durch Zurückführung auf den vorangehenden Satz. Man hat dabei zu zeigen, daß die f-Differenz in der Form

$$f(t, w(t)) - f(t, v(t)) = A(t)(w(t) - v(t))$$

geschrieben werden kann, wobei die Matrix $A(t)$ wesentlich positiv und $|A(t)| \leq h(t)$ in der Maximum-Norm ist. Wir beschränken uns auf den Fall $n = 2$ und benutzen eine klassische Zerlegung einer Differenz

$$g(z_1, z_2) - g(y_1, y_2) = [g(z_1, z_2) - g(y_1, z_2)] + [g(y_1, z_2) - g(y_1, y_2)]. (\star)$$

Für $g = f_2$ lautet die linke Seite von $(\star)$ $f_2(t, w_1(t), w_2(t)) - f_2(t, v_1(t), v_2(t))$ und der erste Term auf der rechten Seite

$$f_2(t, w_1(t), w_2(t)) - f_2(t, v_1(t), w_2(t)) = a_{21}(t)(w_1(t) - v_2(t)).$$

Diese Gleichung definiert $a_{21}(t)$, falls $w_1(t) \neq v_1(t)$ ist, andernfalls kann man $a_{21}(t) = 0$ setzen; a_{21} ist meßbar, aus der Lipschitzbedingung folgt $|a_{21}(t)| \leq$

$h(t)$, und $a_{21}(t) \geq 0$ ergibt sich aus der Monotonie von $f_2(t, y_1, y_2)$ in y_1. Der zweite Term in $(\star)$ definiert in gleicher Weise den Koeffizienten $a_{22}(t)$; auch für ihn ist $|a_{22}(t)| \leq h(t)$, über das Vorzeichen läßt sich jedoch nichts aussagen, da f_2 in y_2 i. a. nicht monoton ist.

Für die Differenz $u = w - v$ erhält man nun aus $Pv \leq Pw$ die Ungleichung

$$u' \geq f(t, w(t)) - f(t, v(t)) = A(t)u,$$

und die Behauptung folgt aus dem Positivitätssatz. Der Beweis läßt sich auf beliebiges n übertragen; in der Gleichung $(\star)$ treten dann auf der rechten Seite n Differenz-Terme auf.

§ 17 Systeme mit konstanten Koeffizienten

I. Der Exponentialansatz. Eigenwert und Eigenvektor. In dem homogenen linearen System

$$y' = Ay \tag{1}$$

sei jetzt $A = (a_{ij})$ eine konstante komplexe Matrix. Lösungen erhält man aus dem Ansatz

$$y(t) = c \cdot e^{\lambda t} \begin{pmatrix} c_1 e^{\lambda t} \\ \vdots \\ c_n e^{\lambda t} \end{pmatrix}, \tag{2}$$

wobei die Konstanten λ, c_i komplex sind. Die Gleichung (1) lautet dann

$$y' = \lambda c e^{\lambda t} = A c e^{\lambda t},$$

d. h. $y(t)$ ist genau dann eine Lösung von (1), wenn

$$Ac = \lambda c \tag{3}$$

ist. Ein Vektor $c \neq 0$, welcher der Gleichung (3) genügt, wird ein *Eigenvektor*, die Zahl λ der zu c gehörige *Eigenwert* der Matrix A genannt.

Wir erinnern an einige Tatsachen aus der linearen Algebra.

(a) Die Gleichung (3) oder, was dasselbe bedeutet,

$$(A - \lambda E)c = 0 \tag{3'}$$

ist ein lineares homogenes Gleichungssystem für c. Es hat genau dann eine nichttriviale Lösung, wenn

$$\det(A - \lambda E) = \begin{vmatrix} a_{11} - \lambda & a_{12} & \cdots & a_{1n} \\ a_{12} & a_{22} - \lambda & \cdots & a_{2n} \\ \vdots & \vdots & \ddots & \vdots \\ a_{n1} & a_{n2} & \cdots & a_{nn} - \lambda \end{vmatrix} = 0 \tag{4}$$

ist. Die Eigenwerte von A sind demnach die Nullstellen des sog. *charakteristischen Polynoms*

$$P_n(\lambda) = \det (A - \lambda E). \tag{5}$$

Dieses Polynom ist vom Grad n, wie man etwa aus der Definition (14.1) einer Determinante sehen kann. Es besitzt also n (reelle oder komplexe) Nullstellen, wobei jede Nullstelle entsprechend ihrer Vielfachheit gezählt wird. Einen zu einer Nullstelle λ gehörenden Eigenvektor $c \neq 0$ (ein Eigenvektor ist per definitionem $\neq 0$) erhält man durch Lösen des Systems (3'). Er ist nur bis auf eine multiplikative Konstante bestimmt; man kann eine passende Normierung einführen, etwa $|c|_e = 1$. Die Menge $\sigma(A)$ der Eigenwerte wird das *Spektrum* von A genannt.

(b) Ist A eine obere Dreiecksmatrix, also $a_{ij} = 0$ für $j < i$, so ist det $(A - \lambda E)$ gleich dem Produkt der Diagonalglieder in (4). Daraus folgt, daß A die Eigenwerte $\lambda_i = a_{ii}$ $(i = 1,\ldots,n)$ und keine weiteren Eigenwerte hat.

II. Satz (komplexer Fall). *Die Funktion* $(\lambda, c, A$ *komplex,* $c \neq 0)$

$$y(t) = c \cdot e^{\lambda t}$$

ist genau dann eine nichttriviale Lösung der Gleichung (1), *wenn* λ *ein Eigenwert und* c *ein zugehöriger Eigenvektor der Matrix* A *ist.*
Die Lösungen

$$y_i(t) = e^{\lambda_i t} c_i \qquad (i = 1,\ldots,p)$$

sind genau dann linear unabhängig, wenn die Vektoren c_i *linear unabhängig sind. Insbesondere sind sie linear abhängig, wenn alle Eigenwert* $\lambda_1,\ldots,\lambda_p$ *verschieden sind. Besitzt also* A n *linear unabhängige Eigenvektoren (das ist z. B. der Fall, wenn* A n *verschiedene Eigenwerte hat), so erhält man auf diese Weise ein Hauptsystem von Lösungen.*

Beweis. Aufgrund der in Satz 15.I bewiesenen Isomorphie sind die Lösungen y_i genau dann linear unabhängig, wenn ihre Anfangswerte $y_i(0) = c_i$ linear unabhängig sind. Die Aussage, daß p zu verschiedenen Eigenwerten gehörende Eigenvektoren linear unabhängig sind, ist sicher richtig für $p = 1$. Allgemein wird sie durch Schluß von p auf $p + 1$ bewiesen. Sind die Eigenvektoren $c_1,\ldots,c_p$ linear unabhängig und ist c ein weiterer Eigenvektor und $\lambda \neq \lambda_i$ (hier und in den folgenden Gleichungen durchläuft i die Zahlen 1 bis p), so ist, wie wir jetzt zeigen wollen, eine Darstellung

$$c = \sum \alpha_i c_i$$

nicht möglich. Durch Anwendung von A auf beide Seiten würde sich nämlich

$$\lambda c = \sum \alpha_i \lambda_i c_i,$$

andererseits aber $\lambda c = \sum \lambda \alpha_i c_i$ ergeben. Wegen der Eindeutigkeit einer solchen Darstellung ist dann

$$\lambda \alpha_i = \lambda_i \alpha_i, \quad \text{d. h.,} \quad \alpha_i = 0.$$

Mit diesem Widerspruch sind nun alle Aussagen des Satzes bewiesen.

III. Reelle Systeme. Der Satz II gilt natürlich auch für reelle Systeme. In diesem Fall ist man jedoch an reellen Lösungen interessiert. Hier ergibt sich eine Schwierigkeit dadurch, daß eine reelle Matrix durchaus komplexe Eigenwerte besitzen kann, welche dann auf komplexe Lösungen $y(t)$ führen. Nun ist aber sofort ersichtlich, daß bei reellem A der Realteil und ebenso der Imaginärteil einer komplexen Lösung ebenfalls eine (und zwar reelle) Lösung von (1) darstellt. Aus einem komplexen Eigenwert ergeben sich also zwei reelle Lösungen. Man beachte jedoch, daß mit λ und c auch die konjugiert-komplexen Größen $\bar{\lambda}$ und $\bar{c}$ der Gleichung (3) genügen, d. h. einen Eigenwert und einen Eigenvektor darstellen. Sie führen auf die zu $y = c \cdot e^{\lambda t}$ konjugiert-komplexe Lösung $\bar{y} = \bar{c} \cdot e^{\bar{\lambda} t}$, bei welcher die Zerspaltung in Real- und Imaginärteil auf *dieselben* zwei reellen Lösungen führt.

IV. Satz (reeller Fall). *Ist $\lambda = \mu + i\nu$ ein echt komplexer Eigenwert und $c = a + ib$ ein zugehöriger Eigenvektor der reellen Matrix A, so ergeben sich aus der komplexen Lösung $y = ce^{\lambda t}$ zwei reelle Lösungen*

$$z(t) = \text{Re } y = e^{\mu t}\{a \cos \nu t - b \sin \nu t\},$$
$$z^*(t) = \text{Im } y = e^{\mu t}\{a \sin \nu t + b \cos \nu t\}.$$

Bildet man auf diese Weise zu $2p$ verschiedenen nicht reellen Eigenwerten

$$\lambda_1, \ldots, \lambda_p; \; \lambda_{p+1} = \bar{\lambda}_1, \ldots, \lambda_{2p} = \bar{\lambda}_p$$

die $2p$ reellen Lösungen

$$z_i = \text{Re } c_i e^{\lambda_i t}, \quad z_i^* = \text{Im } c_i e^{\lambda_i t} \quad (i = 1, \ldots, p)$$

und zu q verschiedenen reellen Eigenwerten λ_i ($i = 2p + 1, \ldots, 2p + q$) die q reellen Lösungen y_i gemäß (2), so sind diese $2p + q$ Lösungen linear unabhängig.

Entsprechendes gilt auch, wenn einige der λ_i gleich sind, d. h. also, wenn mehrfache Eigenwerte auftreten. Sind die $2p + q$ zugehörigen Eigenvektoren (und damit die entsprechenden $2p + q$ zum Teil komplexen Lösungen von der Form (2)) komplex linear unabhängig, so gilt dasselbe für die nach der Aufspaltung in Real- und Imaginärteil erhaltenen $2p + q$ reellen Lösungen. Im besonderen ergibt sich, falls A n linear unabhängige Eigenvektoren besitzt, ein reelles Hauptsystem.

Die Unabhängigkeit dieser Lösungen ergibt sich aus der Tatsache, daß die gemäß (2) gebildeten (zum Teil komplexen) Lösungen y_i ($i = 1, \ldots, 2p + q$)

nach Satz II linear unabhängig sind und als Linearkombination der obigen reellen Lösungen darstellbar sind.

V. Beispiel.

$$y_1' = y_1 - 2y_2$$
$$y_2' = 2y_1 \qquad - y_3 \qquad\qquad A = \begin{pmatrix} 1 & -2 & 0 \\ 2 & 0 & -1 \\ 4 & -2 & -1 \end{pmatrix}.$$
$$y_3' = 4y_1 - 2y_2 - y_3$$

Es ist

$$P_3(\lambda) = \begin{vmatrix} 1-\lambda & -2 & 0 \\ 2 & -\lambda & -1 \\ 4 & -2 & -1-\lambda \end{vmatrix} = (1-\lambda)(\lambda^2 + \lambda + 2).$$

Die Eigenwerte lauten, wenn wir zur Abkürzung $\alpha := \sqrt{7}/2$ setzen,

$$\lambda_1 = -\frac{1}{2} + i\alpha, \quad \lambda_2 = -\frac{1}{2} - i\alpha, \quad \lambda_3 = 1.$$

Die zugehörigen Eigenvektoren sind Lösungen des Systems (3'). Zum Beispiel ergibt sich für $c_1 = (x, y, z)^\top$

$$\begin{pmatrix} \frac{3}{2} - i\alpha & -2 & 0 \\ 2 & \frac{1}{2} - i\alpha & -2 \\ 4 & -2 & -\frac{1}{2} - i\alpha \end{pmatrix} \begin{pmatrix} x \\ y \\ z \end{pmatrix} = \begin{pmatrix} 0 \\ 0 \\ 0 \end{pmatrix}$$

und daraus

$$c_1 = \left(\tfrac{3}{2} + i\alpha, 2, 4\right)^\top.$$

Es ist dann $c_2 = \bar{c}_1 = \left(\tfrac{3}{2} - i\alpha, 2, 4\right)^\top$, während eine einfache Rechnung $c_3 = (1, 0, 2)^\top$ ergibt. Aus der Lösung

$$y_1(t) = c_1 \cdot e^{\left(-\frac{1}{2} + i\alpha\right)t}$$

erhält man durch Aufspaltung in Real- und Imaginärteil die beiden reellen Lösungen (mit $\beta = 3/2$)

$$z_1(t) = e^{-\frac{1}{2}t}\left[\begin{pmatrix} \beta \\ 2 \\ 4 \end{pmatrix} \cos \alpha t - \begin{pmatrix} \alpha \\ 0 \\ 0 \end{pmatrix} \sin \alpha t\right],$$

$$z_1^*(t) = e^{-\frac{1}{2}t}\left[\begin{pmatrix} \alpha \\ 0 \\ 0 \end{pmatrix} \cos \alpha t + \begin{pmatrix} \beta \\ 2 \\ 4 \end{pmatrix} \sin \alpha t\right].$$

Sie bilden zusammen mit

$$y_3(t) = \begin{pmatrix} 1 \\ 0 \\ 2 \end{pmatrix} e^t$$

ein reelles Hauptsystem.

VI. Lineare Transformationen. Betrachten wir die bisherigen Ergebnisse unter einem etwas anderen Gesichtspunkt. Ist C eine nicht-singuläre Matrix, so gehen durch die Abbildung

$$y = Cz, \quad z = C^{-1}y \quad (\det C \neq 0) \tag{6}$$

die Lösungen $y(t)$ von (1) über in die Lösungen $z(t)$ des Systems

$$z' = Bz \quad \text{mit} \quad B = C^{-1}AC \tag{7}$$

und umgekehrt.

Besitzt A nun n linear unabhängige Eigenvektoren $c_1, \ldots, c_n$ und setzt man

$$C = (c_1, \ldots, c_n),$$

so ist

$$AC = (Ac_1, \ldots, Ac_n) = (\lambda_1 c_1, \ldots, \lambda_n c_n) = CD,$$

wobei

$$D = \text{diag} (\lambda_1, \ldots, \lambda_n) \quad \text{(d. h. } d_{ii} = \lambda_i, d_{ij} = 0 \text{ sonst)}$$

eine Diagonalmatrix ist, also

$$B = C^{-1}AC = D.$$

Das System (7) lautet dann einfach

$$z_1' = \lambda_1 z_1$$
$$\vdots \quad \vdots$$
$$z_n' = \lambda_n z_n.$$

Ein Hauptsystem von Lösungen ist leicht auffindbar, etwa

$$Z(t) = (z_1, \ldots, z_n) = \begin{pmatrix} e^{\lambda_1 t} & 0 & \cdots & 0 \\ 0 & e^{\lambda_2 t} & \cdots & 0 \\ \vdots & \vdots & \ddots & \vdots \\ 0 & 0 & \cdots & e^{\lambda_n t} \end{pmatrix} \quad \text{mit } Z(0) = E, \tag{8}$$

woraus sich rückwärts das Hauptsystem von Satz II

$$Y = CZ = (Cz_1, \ldots, Cz_n) = (c_1 e^{\lambda_1 t}, \ldots, c_n e^{\lambda_n t}) \tag{9}$$

ergibt.

Damit ist also im Falle von n verschiedenen Eigenwerten und allgemeiner im Falle von n linear unabhängigen Eigenvektoren das Problem vollständig gelöst. Daß es auch im Falle mehrfacher Nullstellen des charakteristischen Polynoms n linear unabhängige Eigenvektoren geben kann, zeigt schon das einfachste Beispiel $A = E$ mit dem einzigen Eigenwert 1 und den Eigenvektoren $e_1, \ldots, e_n$.

VII. Jordansche Normalform einer Matrix. Um den allgemeinen Fall zu behandeln, benötigen wir ein Ergebnis aus der Matrizentheorie, das ohne Beweis mitgeteilt wird. Es besagt, daß zu jeder (reellen oder komplexen) Matrix A eine (im allgemeinen komplexe) nicht-singuläre Matrix C existiert, so daß $B = C^{-1}AC$ die sog. *Jordansche Normalform*

$$B = \begin{pmatrix} J_1 & & & \\ & J_2 & & \\ & & \ddots & \\ & & & J_k \end{pmatrix} \tag{10}$$

besitzt, wobei der *Jordan-Kasten* J_i eine quadratische Matrix der Form

$$J_i = \begin{pmatrix} \lambda_i & 1 & 0 & 0 & \cdots & \cdots & 0 \\ 0 & \lambda_i & 1 & 0 & \cdots & \cdots & 0 \\ 0 & 0 & \lambda_i & 1 & \ddots & \cdots & 0 \\ \vdots & \vdots & \ddots & \ddots & \ddots & \ddots & \vdots \\ 0 & 0 & \cdots & \ddots & \lambda_i & 1 & 0 \\ 0 & 0 & \cdots & \cdots & 0 & \lambda_i & 1 \\ 0 & 0 & \cdots & \cdots & 0 & 0 & \lambda_i \end{pmatrix} \quad (r_i \text{ Zeilen und Spalten}) \tag{11}$$

ist und in B außerhalb der Jordan-Kästen lauter Nullen stehen. Dabei ist $r_1 + \cdots + r_k = n$ und

$$P_n(\lambda) = (-1)^n (\lambda - \lambda_1)^{r_1} \cdots (\lambda - \lambda_k)^{r_k}.$$

In der Hauptdiagonale von B stehen also die Eigenwerte von A. Man beachte, daß in jedem Kasten ein und derselbe Eigenwert steht, daß aber in verschiedenen Kästen durchaus derselbe Eigenwert auftreten kann; z. B. hat die Matrix E Jordansche Normalform ($k = n$, $r_i = 1$, $\lambda_i = 1$).

Das einem Jordan-Kasten J mit r Zeilen und dem Diagonalelement λ entsprechende System

$$x' = Jx \quad \text{oder} \quad \begin{cases} x_1' = \lambda x_1 + x_2 \\ x_2' = \lambda x_2 + x_3 \\ \vdots \qquad \vdots \\ x_{r-1}' = \lambda x_{r-1} + x_r \\ x_r' = \lambda x_r \end{cases} \tag{12}$$

läßt sich leicht lösen (man beginnt bei der letzten Gleichung). Ein Hauptsystem ist z. B.

$$X(t) = \begin{pmatrix} e^{\lambda t} & te^{\lambda t} & \frac{1}{2!}t^2 e^{\lambda t} & \cdots & \frac{1}{(r-1)!}t^{r-1}e^{\lambda t} \\ 0 & e^{\lambda t} & te^{\lambda t} & \cdots & \frac{1}{(r-2)!}t^{r-2}e^{\lambda t} \\ 0 & 0 & e^{\lambda t} & \cdots & \frac{1}{(r-3)!}t^{r-3}e^{\lambda t} \\ \vdots & \vdots & \vdots & \ddots & \vdots \\ 0 & 0 & 0 & \cdots & e^{\lambda t} \end{pmatrix}. \tag{13}$$

Danach läßt sich auch für die Jordan-Matrix B ein Hauptsystem finden; man hat einfach in jedem Jordan-Kasten die entsprechende Lösung (13) einzusetzen. Ist z. B.

$$B = \begin{pmatrix} \begin{matrix} \lambda & 1 & 0 \\ 0 & \lambda & 1 \\ 0 & 0 & \lambda \end{matrix} & & \\ & \mu & \\ & & \begin{matrix} \nu & 1 \\ 0 & \nu \end{matrix} \end{pmatrix},$$

so lautet das zugehörige Hauptsystem $Z(t)$ mit $Z(0) = E$

$$Z(t) = \begin{pmatrix} \begin{matrix} e^{\lambda t} & te^{\lambda t} & \frac{1}{2}t^2 e^{\lambda t} \\ 0 & e^{\lambda t} & te^{\lambda t} \\ 0 & 0 & e^{\lambda t} \end{matrix} & & \\ & e^{\mu t} & \\ & & \begin{matrix} e^{\nu t} & te^{\nu t} \\ 0 & e^{\nu t} \end{matrix} \end{pmatrix}.$$

Eine Lösung $z(t)$ von (7) hat also, wenn B Jordansche Normalform hat, die Gestalt

$$z(t) = \left(0, \ldots, 0, \frac{t^m}{m!}e^{\lambda t}, \ldots, te^{\lambda t}, e^{\lambda t}, 0, \ldots, 0\right)^{\mathsf{T}},$$

eine Lösung $y = Cz$ von (1) demnach die Gestalt

$$y(t) = p_m(t)e^{\lambda t} \quad \text{mit} \quad p_m(t) = (p_1^m(t), \ldots, p_n^m(t))^{\mathsf{T}},$$

wobei $p_i^m(t)$ ein Polynom mit einem Grad $\leq m$ ist.

VIII. Zusammenfassung. *Zu einer k-fachen Nullstelle λ des charakteristischen Polynoms gibt es k linear unabhängige Lösungen*

$$y_1 = p_0(t)e^{\lambda t}, \ldots, y_k = p_{k-1}(t)e^{\lambda t}, \tag{14}$$

wobei jede Komponente von

$$p_m(t) = (p_1^m(t), \ldots, p_n^m(t))^\top \quad (m = 0, 1, \ldots, k-1)$$

ein Polynom mit einem Grad $\leq m$ ist. Diese Konstruktion führt, wird sie für jeden Eigenwert ausgeführt, auf n Lösungen, welche ein Hauptsystem bilden.

Ist A reell, so erhält man hieraus ein reelles Hauptsystem, indem man bei nicht-reellem λ aus jeder der k Lösungen y_i von (14) zwei reelle Lösungen $z_i = \mathrm{Re}\, y_i$, $z^* = \mathrm{Im}\, y_i$ bildet und die entsprechenden k Lösungen für den konjugiert-komplexen Eigenwert $\bar\lambda$ streicht.

Welche Polynomgrade in (14) tatsächlich auftreten, läßt sich aus der Jordanschen Normalform ablesen. Im vorangehenden Beispiel einer Jordan-Matrix B mit $n = 6$ tritt eine Lösung $y = p(t)e^{\lambda t}$ mit grad $p = 2$, aber keine Lösung mit einem höherem Grad auf, und zwar auch dann, wenn $\lambda = \mu = \nu$ ist. Ist $\mu = \nu \neq \lambda$, so existiert eine Lösung $y = p(t)e^{\nu t}$ mit grad $p = 1$, aber keine Lösung mit grad $p = 2$, usw. Die folgenden Bezeichnungen sind hier nützlich.

Algebraische und geometrische Vielfachheit. Ist λ eine k-fache Nullstelle des charakteristischen Polynoms von A, so wird $m(\lambda) := k$ die *algebraische Vielfachheit* des Eigenwertes genannt, während die Dimension $m_g(\lambda)$ des zugehörigen Eigenraumes, also die Maximalzahl von linear unabhängigen Eigenvektoren, die *geometrische Vielfachheit* von λ heißt. Dabei ist $1 \leq m_g(\lambda) \leq m(\lambda) \leq n$. Ist $m(\lambda) = m_g(\lambda)$, so heißt der Eigenwert *halbeinfach*. In der Jordan-Form tritt dann $m(\lambda)$-mal die Zahl λ in der Hauptdiagonale, jedoch keine 1 in der Nebendiagonale auf, und bei den zugehörigen $m(\lambda)$ Lösungen (14) sind die $p_m(t)$ konstant (nämlich die Eigenvektoren). Sind alle Eigenwerte halbeinfach, so hat die zu A gehörige Jordan-Matrix Diagonalgestalt, und die Matrix A wird *halbeinfach* oder *diagonalisierbar* genannt.

Die Berechnung der Lösungen ist natürlich geleistet, wenn man die Jordan-Form $B = C^{-1}AC$ und die Übergangsmatrix C gefunden hat. Man kann aber auch schrittweise vorgehen, indem man zunächst die Eigenwerte als Nullstellen der Gleichung $\det(A - \lambda E) = 0$ und zu jedem Eigenwert λ die Eigenvektoren c bestimmt, die zu den Lösungen $y = ce^{\lambda t}$ führen. Dann werden nacheinander die Ansätze $(a, b, \ldots \in \mathbb{C})$

$$y = (a + ct)e^{\lambda t}, \quad y = (a + bt + ct^2)e^{\lambda t}, \quad \ldots$$

durchgerechnet, bis die Anzahl $m(\lambda)$ von Lösungen erreicht ist. Beim Koeffizientenvergleich stellt sich heraus, daß der Koeffizient c der höchsten t-Potenz immer ein Eigenvektor ist.

IX. Beispiel. $n = 2$, $\boldsymbol{y}(t) = (x(t), y(t))^\mathsf{T}$,

$$\begin{aligned} x' &= x - y \\ y' &= 4x - 3y \end{aligned} \qquad A = \begin{pmatrix} 1 & -1 \\ 4 & -3 \end{pmatrix}.$$

Aus

$$\det (A - \lambda E) = \lambda^2 + 2\lambda + 1$$

folgt $\lambda = -1$ mit der algebraischen Vielfachheit $m(\lambda) = 2$ und

$$A - \lambda E = A + E = \begin{pmatrix} 2 & -1 \\ 4 & -2 \end{pmatrix}.$$

Das entsprechende homogene System (3') hat nur eine linear unabhängige Lösung

$$c = \begin{pmatrix} 1 \\ 2 \end{pmatrix}$$

Es ist also $m_g(\lambda) = 1$. Die zugehörige Lösung lautet

$$\begin{pmatrix} x \\ y \end{pmatrix} = \begin{pmatrix} 1 \\ 2 \end{pmatrix} e^{-t}.$$

Eine zweite, davon linear unabhängige Lösung ergibt sich dann aus dem Ansatz

$$\begin{pmatrix} x \\ y \end{pmatrix} = \begin{pmatrix} a + bt \\ c + dt \end{pmatrix} e^{-t}.$$

Es ist

$$\begin{pmatrix} x' \\ y' \end{pmatrix} = \begin{pmatrix} b - a - bt \\ d - c - dt \end{pmatrix} e^{-t} = A \begin{pmatrix} a + bt \\ c + dt \end{pmatrix} e^{-t}$$

genau dann, wenn

$$A \begin{pmatrix} b \\ d \end{pmatrix} = - \begin{pmatrix} b \\ d \end{pmatrix} \quad \text{und} \quad A \begin{pmatrix} a \\ c \end{pmatrix} = \begin{pmatrix} b - a \\ d - c \end{pmatrix}$$

ist. Die erste Gleichung hat als Lösung den Eigenvektor c, d. h. $b = 1$, $d = 2$, die zweite Gleichung z. B. $a = 0$, $c = -1$. Diese Lösung

$$\begin{pmatrix} x \\ y \end{pmatrix} = \begin{pmatrix} t \\ -1 + 2t \end{pmatrix} e^{-t}$$

ist linear unabhängig von der ersten Lösung.

X. Reelle Systeme für $n = 2$. Wir betrachten das reelle System für $\boldsymbol{y} = (x, y)^\mathsf{T}$

$$\begin{pmatrix} x \\ y \end{pmatrix}' = A \begin{pmatrix} x \\ y \end{pmatrix}, \qquad A = \begin{pmatrix} a_{11} & a_{12} \\ a_{21} & a_{22} \end{pmatrix} \tag{15}$$

unter der Voraussetzung $D = \det A \neq 0$. Der Nullpunkt ist dann der einzige kritische Punkt. Das zugehörige charakteristische Polynom

$$P(\lambda) = \det (A - \lambda E) = \lambda^2 - S\lambda + D \quad \text{mit} \quad S = \text{sp } A = a_{11} + a_{22}$$

hat die Nullstellen

$$\lambda = \frac{1}{2}\left(S - \sqrt{S^2 - 4D}\right), \qquad \mu = \frac{1}{2}\left(S + \sqrt{S^2 - 4D}\right).$$

Reelle Normalformen. Unser erstes Ziel ist eine Klassifizierung aller reellen Systeme (15) in dem Sinn, daß jedes solche System durch eine *reelle* affine Transformation (6), (7) auf eine der folgenden Normalformen

$$R(\lambda,\mu) = \begin{pmatrix} \lambda & 0 \\ 0 & \mu \end{pmatrix}, \quad R_a(\lambda) = \begin{pmatrix} \lambda & 1 \\ 0 & \lambda \end{pmatrix}, \quad K(\alpha,\omega) = \begin{pmatrix} \alpha & \omega \\ -\omega & \alpha \end{pmatrix}$$

zurückgeführt werden kann. Dabei sind $\lambda, \mu \neq 0$, α und $\omega > 0$ reelle Zahlen (wegen det $A \neq 0$ ist $\lambda = 0$ kein Eigenwert). Bei dieser Transformation wird auch das Phasenbild einer affinen Abbildung unterworfen (Kreise gehen in Ellipsen über, ...), aber seine typischen Merkmale (Verhalten für $t \to \infty$, ...) bleiben erhalten. Für $S^2 > 4D$ liegt der reelle Fall (R), für $S^2 < 4D$ der komplexe Fall (K) vor, während für $S^2 = 4D$ der Fall (R) oder (R_a) eintritt, je nachdem, ob $\lambda = \mu$ ein halbeinfacher Eigenwert ist oder nicht.

Im Fall (R) erhält man die affine Transformation aus den beiden Eigenvektoren c, d mit $Ac = \lambda c$, $Ad = \mu d$. Für $C = (c, d)$ ist dann $AC = (\lambda c, \mu d) = CR(\lambda, \mu)$ und damit $C^{-1}AC = R(\lambda, \mu)$; vgl. VI.

Im Fall (R_a) ist $\lambda = \mu$, $Ac = \lambda c$. Es gibt keinen zweiten, von c linear unabhängigen Eigenvektor, aber, wie in der linearen Algebra gezeigt wird, ein von c linear unabhängiges d mit $(A - \lambda E)d = c$. Für die Matrix $C = (c, d)$ ist $AC = (\lambda c, c + \lambda d) = CR_a(\lambda)$, also $C^{-1}AC = R_a(\lambda)$.

Im Fall (K) ist $\mu = \bar{\lambda}$, also $Ac = \lambda c$, $A\bar{c} = \bar{\lambda}\bar{c}$. Die Matrix $(c, \bar{c})$ leistet auch hier die Transformation auf die Normalform $B = \text{diag}(\lambda, \bar{\lambda})$. Wir suchen jedoch eine *reelle* Normalform. Diese erhält man (ohne Bezug auf die Theorie reeller Normalformen) auf die folgende einfache Weise.

Es sei $c = a + ib$, $\lambda = \alpha + i\omega$ mit $\omega > 0$. Aufspaltung der Gleichung $Ac = \lambda c$ in Real- und Imaginärteil führt auf

$$\left.\begin{array}{l} Aa = \alpha a - \omega b \\ Ab = \alpha b + \omega a \end{array}\right\} \iff A(a, b) = (Aa, Ab) = (a, b)\begin{pmatrix} \alpha & \omega \\ -\omega & \alpha \end{pmatrix}.$$

Da c, $\bar{c}$ linear unabhängig sind und durch a, b dargestellt werden können, sind auch a, b linear unabhängig, d. h., die Matrix $C = (a, b)$ ist regulär, und sie leistet die Transformation auf die reelle Normalform $K(\alpha, \omega)$.

Wir untersuchen nun die einzelnen Typen und konstruieren das Phasenportrait der Differentialgleichung, aus dem das globale Verhalten der Lösungen sichtbar wird.

(a) $A = R(\lambda, \mu)$ mit $\lambda \leq \mu < 0$. Die Lösungen des Systems $x' = \lambda x$, $y' = \mu y$ sind durch $(x(t), y(t)) = (ae^{\lambda t}, be^{\mu t})$ $(a, b$ reell$)$, ihre Trajektorien durch

$$\left(\frac{x}{a}\right)^{\mu} = \left(\frac{y}{b}\right)^{\lambda} \qquad \left(a, b \neq 0 \quad \text{und} \quad \frac{x}{a}, \frac{y}{b} > 0\right)$$

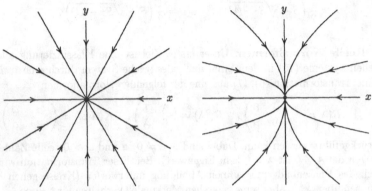

Stabiler Knoten. $A = R(\lambda, \lambda)$ mit $\lambda < 0$ (links) und $A = R(\lambda, \mu)$ mit $\lambda < \mu < 0$, $\lambda/\mu = 2$ (rechts)

bestimmt. Die Sonderfälle $a = 0$, $b = 0$ sind einfach. Alle Lösungen streben gegen 0 für $t \to \infty$. Die Trajektorien sind im Fall $\lambda = \mu$ Halbgeraden, im allgemeinen Fall entsprechende Potenzkurven. Der Nullpunkt wird ein (*stabiler*) *Knotenpunkt* genannt.

(b) $A = R_a(\lambda)$ mit $\lambda < 0$. Aus $x' = \lambda x + y$, $y' = \lambda y$ erhält man

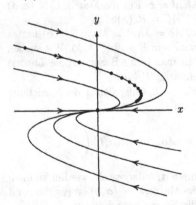

Stabiler Knoten für $A = R_a(\lambda)$ mit $\lambda < 0$

$$x(t) = ae^{\lambda t} + bte^{\lambda t}, \qquad y(t) = be^{\lambda t}.$$

Für $a = 0$ (das bedeutet $(x(0), y(0)) = (0, b)$) ist $x = ty$ und $\lambda t = \log(y/b)$. Die Trajektorien sind also durch

$$\lambda x = y \log\left(\frac{y}{b}\right) \quad \text{für} \quad b \neq 0 \qquad \left(\text{mit } \frac{y}{b} > 0\right)$$

gegeben. Auch hier streben für $t \to \infty$ alle Lösungen gegen den Nullpunkt, der wieder (*stabiler*) *Knotenpunkt* genannt wird.

(c) $A = R(\lambda, \mu)$ mit $\lambda < 0 < \mu$. Die Lösungen und ihre Trajektorien sind formal wie unter (a) bestimmt, aber das Phasenportrait hat ein völlig anderes Aussehen. Es gibt nur zwei zum Nullpunkt weisende Trajektorien ($b = 0$), für alle anderen Lösungen mit $(a, b) \neq \mathbf{0}$ strebt $|(x(t), y(t))| \to \infty$ für $t \to \infty$. Der Nullpunkt wird *Sattelpunkt* genannt.

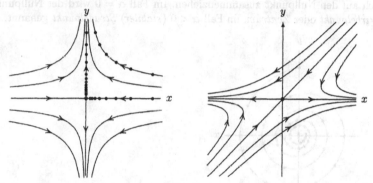

Sattelpunkt. $A = R(\lambda, \mu)$ mit $\lambda < 0 < \mu$, $\lambda/\mu = -2$ (links) und $A = \begin{pmatrix} 1 & -3 \\ 0 & -2 \end{pmatrix}$ (affine Verzerrung, rechts)

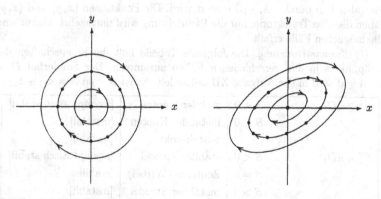

Zentrum für $A = K(0, \omega)$ (links) und $A = \begin{pmatrix} -5 & 13 \\ -7 & 5 \end{pmatrix}$ (affine Verzerrung, rechts)

(d) $A = K(\alpha, \omega)$ mit $\alpha \leq 0$. Man rechnet leicht nach, daß

$$(x_1, y_1) = e^{\alpha t}(\cos \omega t, -\sin \omega t),$$

$$(x_2, y_2) = e^{\alpha t}(\sin \omega t, \cos \omega t)$$

zwei Lösungen von (15) sind, aus denen man ein Fundamentalsystem $X(t)$ mit $X(0) = E$ zusammenbauen kann. In komplexer Schreibweise, bei der komplexe Zahlen mit reellen Zahlenpaaren identifiziert werden, handelt es sich um die Funktionen $z_1(t) = e^{\alpha t}e^{-i\omega t}$ und $z_2(t) = iz_1(t)$. Hieran läßt sich die Gestalt der Trajektorien ablesen. Für $\alpha = 0$ erhält man Kreise um den Nullpunkt, die mit der Kreisfrequenz ω im negativen Sinn durchlaufen werden. Für $\alpha < 0$ tritt ein Faktor $e^{\alpha t} \to 0$ $(t \to \infty)$ hinzu, die Trajektorien sind Spiralen, die sich auf den Nullpunkt zusammenziehen. Im Fall $\alpha = 0$ wird der Nullpunkt *Wirbelpunkt* oder *Zentrum*, im Fall $\alpha < 0$ *(stabiler) Strudelpunkt* genannt.

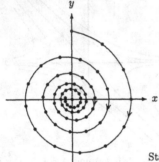

Stabiler Strudelpunkt für $A = K(\alpha, \omega)$ mit $\alpha < 0$

(e) *Übergang von t zu $-t$.* Ist (x, y) eine Lösung von (15), so ist $(\bar{x}(t), \bar{y}(t))$:= $(x(-t), y(-t))$ Lösung einer entsprechenden Gleichung, bei der A durch $-A$ (also λ, μ durch $-\lambda$, $-\mu$) ersetzt wird. Die Funktionen (x, y) und $(\bar{x}, \bar{y})$ haben dieselbe Trajektorie, nur die Pfeilrichtung wird umgekehrt. Damit sind alle möglichen Fälle erfaßt.

(f) *Zusammenfassung.* Die folgende Tabelle faßt die Eigenschaften des Nullpunktes in den verschiedenen Fällen zusammen. Der Sonderfall $D = \det A = 0$ wird in der Aufgabe XII behandelt. Es ist $S = \mathrm{sp}\, A = a_{11} + a_{22}$.

$S^2 \geq 4D$,	$D > 0$,	$S < 0$	stabiler Knoten	[asymptotisch stabil]
		$S > 0$	instabiler Knoten	[instabil]
	$D < 0$,		Sattelpunkt	[instabil]
$S^2 < 4D$,		$S < 0$	stabiler Strudel	[asymptotisch stabil]
		$S = 0$	Zentrum (Wirbel)	[stabil]
		$S > 0$	instabiler Strudel	[instabil]

Die Angaben in eckigen Klammern beziehen sich auf die folgende Einteilung.

XI. Stabilität. Wir betrachten das homogene lineare System (15.1)

$$y' = A(t)y \quad \text{in} \quad J = [a, \infty)$$

und nehmen an, daß $A(t)$ in J stetig ist. Man nennt die Nullösung $y(t) \equiv 0$ (gelegentlich auch die Differentialgleichung $y' = A(t)y$) *stabil*, wenn alle Lösungen in J beschränkt sind, *asymptotisch stabil*, wenn jede Lösung für $t \to \infty$ gegen 0 strebt, und *instabil*, wenn es eine in J unbeschränkte Lösung gibt. Ist die Nullösung stabil und bezeichnet $X(t)$ das Fundamentalsystem mit $X(a) = E$, so ist $|X(t)| \leq K$ für $t \geq a$ mit geeignetem $K > 0$. Für die Lösung y mit dem Anfangswert $y(a) = c$ gilt dann $|y(t)| = |X(t)c| \leq K|c|$. Stabilität bedeutet also, grob gesagt, daß Lösungen mit kleinen Anfangswerten für alle zukünftigen t klein bleiben.

Ist die Matrix A konstant, so gibt uns die Zusammenfassung VIII vollständigen Aufschluß über das Stabilitätsverhalten der Nullösung. Sie ist

asymptotisch stabil	wenn Re $\lambda < 0$ für alle $\lambda \in \sigma(A)$ ist,
stabil	wenn Re $\lambda \leq 0$ für $\lambda \in \sigma(A)$ gilt und die Eigenwerte λ mit Re $\lambda = 0$ halbeinfach sind,
instabil	in allen anderen Fällen, d. h. wenn es ein $\lambda \in \sigma(A)$ mit Re $\lambda > 0$ oder mit Re $\lambda = 0$ und $m_g(\lambda) < m(\lambda)$ gibt.

In den beiden ersten Fällen gibt es nach VIII ein Hauptsystem $Y(t)$, das für $t \to \infty$ gegen 0 strebt bzw. beschränkt ist. Dasselbe gilt dann für eine beliebige Lösung, da sie in der Form $y(t) = Y(t)Y^{-1}(a)y(a)$ darstellbar ist. Im letzten Fall existiert eine unbeschränkte Lösung $y = ce^{\lambda t}$ mit Re $\lambda > 0$ oder $y = p(t)e^{i\omega t}$ mit reellem ω und Grad $p \geq 1$.

Aufgabe. Für die (reelle oder komplexe) Matrix $A(t)$ gelte

$$\text{Re}\ \langle A(t)y, y \rangle \leq \gamma(t)|y|_e^2 \quad \text{für} \quad t \geq a \quad \text{und} \quad y \in \mathbb{R}^n \text{ bzw. } \mathbb{C}^n,$$

wobei $\langle \cdot, \cdot \rangle$ das übliche Skalarprodukt ist; vgl. 28.II.(a). Es sei $h(t) = \int\limits_a^t \gamma(s)ds$. Die Nullösung ist stabil, wenn $h(t)$ beschränkt ist, und asymptotisch stabil, wenn $h(t) \to -\infty$ strebt für $t \to \infty$.

Anleitung. Für $\phi(t) = |y|_e^2$ leite man die Ungleichung $\phi' \leq 2\gamma(t)\phi$ ab.

XII. Aufgabe. Man untersuche das ebene lineare System (15) im Fall $D = \det A = 0$.

. (a) Man bestimme die auftretenden Normalformen.

(b) Man löse die entsprechenden Systeme, bestimme ihre kritischen Punkte und entwerfe ihre Phasenportraits.

(c) Man löse das System $x' = 2x - 4y$, $y' = -x + 2y$ (mit Phasenbild).

XIII. Aufgaben. Man bestimme ein reelles Fundamentalsystem von Lösungen der Systeme

(a) $x' = 3x + 6y,$ 　　　　　　　　　(b) $x' = 8x + y,$
　　$y' = -2x - 3y.$ 　　　　　　　　　　　$y' = -4x + 4y.$

(c) $x' = x - y + 2z,$ 　　　　　　　(d) $x' = -x + y - z,$
　　$y' = -x + y + 2z,$ 　　　　　　　　　$y' = 2x - y + 2z,$
　　$z' = x + y.$ 　　　　　　　　　　　　$z' = 2x + 2y - z.$

§ 18 Matrizenfunktionen. Inhomogene Systeme

I. Potenzreihen von Matrizen. Die auftretenden Konstanten und Matrizen dürfen komplex sein. Ist B eine $n \times n$-Matrix und $p(s)$ ein Polynom

$$p(s) = c_0 + c_1 s + \cdots + c_k s^k, \tag{1}$$

so versteht man unter $p(B)$ die Matrix

$$p(B) = c_0 E + c_1 B + \cdots + c_k B^k. \tag{2}$$

Ist dabei $B = At$ (d. h. $b_{ij} = a_{ij} t$), so ist also

$$p(At) = c_0 E + c_1 At + \cdots + c_k A^k t^k.$$

Die Ableitung dieser von t abhängenden Matrix nach t lautet (man beachte die Analogie zur Kettenregel)

$$\frac{d}{dt} p(At) = A p'(At), \tag{3}$$

wobei $p'(s)$ die Ableitung von $p(s)$ ist.

Nun betrachten wir unendliche Reihen von $n \times n$-Matrizen C_k

$$C = \sum_{k=0}^{\infty} C_k. \tag{4}$$

Die Konvergenz der Reihe ist in der üblichen Weise als Konvergenz der Teilsummenfolge bezüglich einer Norm $|\cdot|$ im Raum $\mathbb{R}^{n^2}$ bzw. $\mathbb{C}^{n^2}$ definiert. Absolute Konvergenz liegt vor, wenn $\sum |C_k| < \infty$ ist; hieraus folgt die Konvergenz der Reihe (der übliche Beweis überträgt sich). Die Gleichung (4) ist eine Abkürzung für die folgenden n^2 unendlichen Reihen

$$c_{ij} = \sum_{k=0}^{\infty} c_{ij}^{(k)} \quad \text{mit} \quad C_k = \left(c_{ij}^{(k)} \right), \quad C = (c_{ij}). \tag{4'}$$

Da alle Normen äquivalent sind (vgl. 10.III), ist die Konvergenz unabhängig von der gewählten Norm, und sie ist äquivalent zur komponentenweisen Konvergenz. Insbesondere ist die Konvergenz oder absolute Konvergenz der Reihe (4) zur entsprechenden Konvergenz der n^2 skalaren Reihen (4') äquivalent. Für das Folgende ist es zweckmäßig, eine Operatornorm zu wählen; ein Beispiel findet sich in 15.VIII. Für diese Normen ist $|AB| \leq |A| \cdot |B|$, woraus $|A^k| \leq |A|^k$ folgt, und $|E| = 1$.

Eine Potenzreihe

$$f(s) = \sum_{k=0}^{\infty} c_k s^k \qquad (|s| < r) \tag{1'}$$

mit dem Konvergenzradius r gibt Anlaß zu einer Matrizenfunktion

$$f(B) = \sum_{k=0}^{\infty} c_k B^k \qquad (\text{absolut konvergent für } |B| < r). \tag{2'}$$

Ist nämlich $|B| = s < r$, so ist $\sum |c_k| |B^k| \leq \sum |c_k| s^k < \infty$, d. h., die Reihe (2') ist absolut konvergent. Insbesondere ist

$$f(At) = c_0 E + c_1 At + c_2 A^2 t^2 + \cdots$$

absolut konvergent für $|t| < r/|A| = t_0$ und gleichmäßig konvergent in jedem kompakten Teilintervall von $(-t_0, t_0)$. Da die formal differenzierte Reihe wieder gleichmäßig konvergent ist, darf man $f(At)$ gliedweise differenzieren.

Es ergibt sich wie bei (3)

$$\frac{d}{dt} f(At) = A f'(At). \tag{3'}$$

II. Beispiel. Die Exponentialfunktion.
Die durch $f(s) = e^s$ erzeugte Reihe

$$e^B = E + B + \frac{B^2}{2!} + \frac{B^3}{3!} + \cdots$$

konvergiert für alle B. Hier ist nach (3')

$$\left(e^{At}\right)' = A e^{At}. \tag{3''}$$

Damit wurde auf einem zweiten, von § 17 unabhängigen Weg ein Fundamentalsystem für das lineare Differentialgleichungs-System

$$y' = Ay \tag{5}$$

gefunden, nämlich

$$X(t) = e^{At} \quad \text{mit} \quad X(0) = E. \tag{6}$$

Formal hat man damit völlige Übereinstimmung mit dem eindimensionalen
Fall: Die Lösung $x' = ax$, $x(0) = 1$ lautet $x(t) = e^{at}$. Außerdem erwähnen
wir, daß man die Reihe für $X(t)$ erhält, wenn man das Anfangswertproblem
für $X(t)$ als Matrizen-Integral-Gleichung

$$X(t) = E + \int_0^t AX(s)\, ds$$

schreibt und sukzessive Approximation

$$X_0 = E, \quad X_{k+1} = E + \int_0^t AX_k(s)\, ds \qquad (k = 0, 1, 2, \ldots)$$

anwendet. Eine einfache Rechnung zeigt, daß

$$X_k(t) = E + At + \cdots + \frac{1}{k!} A^k t^k,$$

also gleich der k-ten Teilsumme der Reihe für e^{At} ist.

Die Exponentialfunktion besitzt eine Reihe von Eigenschaften, die uns
von der gewöhnlichen Exponentialfunktion her bekannt sind. So gilt u. a. das
Additionstheorem in folgender Form.

III. Hilfssatz. *Es ist*

(a) $e^{B+C} = e^B \cdot e^C$, *falls* $BC = CB$;

(b) $e^{C^{-1}BC} = C^{-1}e^B C$, *falls* $\det C \neq 0$;

(c) $e^{\operatorname{diag}(\lambda_1, \ldots, \lambda_n)} = \operatorname{diag}(e^{\lambda_1}, \ldots, e^{\lambda_n})$,

wobei $D = \operatorname{diag}(\mu_1, \ldots, \mu_n)$ *bedeutet, daß* $d_{ii} = \mu_i$ *und* $d_{ij} = 0$ *für* $i \neq j$ *ist.*

Beweis. (a) Wegen der absoluten Konvergenz der Reihen für e^B und e^C
darf man gliedweise multiplizieren und in der Reihe für e^{B+C} umordnen und
erhält die Formel (a) wie im reellen Fall. Das Ergebnis ist auch in der Aufgabe
VII.(b) enthalten.

Was (b) anbetrifft, so läßt sich durch Induktion einfach zeigen, daß

$$(C^{-1}BC)^k = C^{-1}B^k C \qquad (k = 0, 1, 2, \ldots)$$

und deshalb wegen $C^{-1}A_1 C + C^{-1}A_2 C = C^{-1}(A_1 + A_2)C$

$$\sum_{k=0}^n \frac{1}{k!}(C^{-1}BC)^k = C^{-1}\left(\sum_{k=0}^n \frac{1}{k!} B^k \right) C \qquad (n = 0, 1, 2, \ldots)$$

ist, woraus sich die Behauptung für $n \to \infty$ ergibt.

Schließlich ist

$$(\operatorname{diag}(\lambda_1, \ldots, \lambda_n))^k = \operatorname{diag}(\lambda_1^k, \ldots, \lambda_n^k),$$

wie man ebenfalls durch Induktion zeigen kann, woraus durch Multiplikation
mit $1/k!$ und Summation die letzte Behauptung folgt.

Wir notieren einige einfache

IV. Folgerungen. *Für eine beliebige quadratische Matrix A ist*

(a) $\left(e^A\right)^{-1} = e^{-A}$;

(b) $e^{A(s+t)} = e^{As} \cdot e^{At}$;

(c) $e^{A+\lambda E} = e^{\lambda} \cdot e^{A}$.

Das folgt in einfacher Weise aus dem Additionstheorem III.(a). Wir bemerken, daß man das Additionstheorem auch aus der Eigenschaft (4) ableiten kann. Danach ist $U(t) := e^{(B+C)t}$ eine Lösung von

$$U' = (B+C)U \quad \text{mit} \quad U(0) = E. \tag{7}$$

Für $V(t) := e^{Bt} \cdot e^{Ct}$ ergibt sich mit der Produktregel 14.IV

$$V' = Be^{Bt}e^{Ct} + e^{Bt}Ce^{Ct},$$

also wegen der Vertauschbarkeit von C mit e^{Bt} ebenfalls (7). Nach dem Eindeutigkeitssatz ist dann $U = V$.

V. Bemerkung. Hat die Matrix A die Form eines Jordan-Kastens (17.11), so läßt sich das Fundamentalsystem von Lösungen $X(t)$ mit $X(0) = E$ explizit angeben, vgl. (17.13). Andererseits ist es durch e^{Jt} gegeben (J sei die $r \times r$-Matrix von (17.12)). Daß e^{Jt} wirklich die Gestalt (17.13) hat, wird durch den Eindeutigkeitssatz gesichert; es läßt sich aber auch ohne Schwierigkeiten explizit ausrechnen. Die dazu notwendigen Überlegungen seien kurz angedeutet: Ist $F = (f_{ij})$ die $r \times r$-Matrix mit den Gliedern $f_{i,i+1} = 1$, $f_{ij} = 0$ sonst, so ist

$$G = F^2 \quad \text{durch} \quad g_{i,i+2} = 1, \ g_{ij} = 0 \quad \text{sonst,}$$
$$H = F^3 \quad \text{durch} \quad h_{i,i+3} = 1, \ h_{ij} = 0 \quad \text{sonst,}$$
$$\vdots \qquad \qquad \vdots \qquad \qquad \vdots$$

gegeben, wie leicht nachzurechnen ist. Insbesondere ist $F^k = 0$ für $k \geq r$. Daraus folgt dann

$$e^{Ft} = \begin{pmatrix} 1 & t & \frac{1}{2!}t^2 & \cdots & \frac{1}{(r-1)!}t^{r-1} \\ 0 & 1 & t & \cdots & \frac{1}{(r-2)!}t^{r-2} \\ 0 & 0 & 1 & \cdots & \frac{1}{(r-3)!}t^{r-3} \\ \vdots & \vdots & \vdots & \ddots & \vdots \\ 0 & 0 & 0 & \cdots & 1 \end{pmatrix} \tag{8}$$

und damit, wenn $J = \lambda E + F$ ist, nach IV.(c)

$$e^{Jt} = e^{\lambda t}e^{Ft}. \tag{9}$$

Das ist gerade die Matrix (17.13).

VI. Inhomogene Systeme. Das Anfangswertproblem

$$y' = Ay + b(t), \quad y(\tau) = \eta \quad (A \text{ konstant}) \tag{10}$$

besitzt nach (16.4) die Lösung

$$y(t) = e^{A(t-\tau)}\eta + \int_\tau^t e^{A(t-s)}b(s)\,ds. \tag{11}$$

Es ist nämlich $X(t) = e^{A(t-\tau)}$ das Hauptsystem mit $X(\tau) = E$ und

$$(X(t))^{-1} = e^{-A(t-\tau)} \tag{12}$$

nach IV.(a).

VII. Aufgabe.

(a) Für konstante $n \times n$-Matrizen A sind $\sin A$ und $\cos A$ durch die entsprechenden Potenzreihen definiert,

$$\sin A := \sum_{k=0}^\infty (-1)^k \frac{A^{2k+1}}{(2k+1)!}, \qquad \cos A := \sum_{k=0}^\infty (-1)^k \frac{A^{2k}}{(2k)!}.$$

Man beweise die Eulerschen Formeln

$$e^{iA} = \cos A + i \sin A,$$

$$\cos A = \frac{1}{2}\left(e^{iA} + e^{-iA}\right), \qquad \sin A = \frac{1}{2i}\left(e^{iA} - e^{-iA}\right),$$

die Ableitungsregeln

$$(\sin At)' = A\cos At, \qquad (\cos At)' = -A\sin At$$

sowie die Additionstheoreme

$$\cos(A + B) = \cos A \cos B - \sin A \sin B,$$
$$\sin(A + B) = \sin A \cos B + \cos A \sin B,$$

falls A und B vertauschbar sind $(AB = BA)$.

Man zeige, daß $Y(t) = \cos At$ bzw. $Y(t) = \sin At$ die eindeutig bestimmte Lösung des Anfangswertproblems für die Matrizen-Differentialgleichung

$$Y'' + A^2 Y = 0,$$
$$Y(0) = E, \quad Y'(0) = 0 \quad \text{bzw.} \quad Y(0) = 0, \quad Y'(0) = A \quad \text{ist.}$$

(b) Es seien $f(t) = \sum f_i t^i$, $g(t) = \sum g_i t^i$ und $h(t) = \sum h_i t^i$ (i läuft von 0 bis ∞) Potenzreihen mit positiven Konvergenzradien r_f, r_g und $r_h > r_f + r_g$. Man zeige: Aus $f(s)g(t) = h(s + t)$ für $|s| < r_f$, $|t| < r_g$ folgt $f(A)g(B) = h(A + B)$, falls $|A| < r_f$, $|B| < r_g$ und $AB = BA$ ist. Dabei ist $|A|$ eine aus einer beliebigen Vektornorm im $\mathbb{R}^n$ abgeleitete Operatornorm.

(c) Für $f(s) = \sum c_k s^k$ mit $c_k \geq 0$ ist $|f(B)| \leq f(|B|)$ (Operatornorm).

VIII. Aufgabe. Spezielle inhomogene Systeme. Im folgenden sind $p(t)$ und $q(t)$ Vektorpolynome. Man zeige:

(a) Für $\alpha \notin \sigma(A)$ hat die Differentialgleichung

$$y' = Ay + ce^{\alpha t} \quad (c \in \mathbb{C}^n) \tag{13}$$

genau eine Lösung der Form $y = de^{\alpha t}$ und allgemeiner die Differentialgleichung

$$y' = Ay + p(t)e^{\alpha t} \tag{14}$$

genau eine Lösung der Form $y = q(t)e^{\alpha t}$. Dabei ist grad p = grad q. Insbesondere hat die Differentialgleichung

$$y' = Ay + c,$$

wenn det $A \neq 0$ ist, genau eine konstante Lösung.

(b) Sind A, α und $p(t)$ reellwertig und ist $i\alpha \notin \sigma(A)$, so hat die Gleichung

$$y' = Ay + p(t) \cos \alpha t \tag{15}$$

genau eine Lösung der Form $y = q_1(t) \cos \alpha t + q_2(t) \sin \alpha t$ mit reellen Polynomen q_1, q_2, und es ist grad p = max $\{$grad q_1, grad $q_2\}$.

(c) Auch im Fall $\alpha \in \sigma(A)$ hat die Differentialgleichung (14) eine Lösung der Form $y = q(t)e^{\alpha t}$. Dabei ist grad $q \leq$ grad $p + m(\alpha)$, wobei $m(\alpha)$ die algebraische Vielfachheit des Eigenwertes α ist.

Anleitung. Bei (b) betrachte man die Gleichung $y' = Ay + p(t)e^{i\alpha t}$, bei (c) transformiere man auf Jordansche Normalform und setze $A = J$.

Ergänzung: Die Floquet-Theorie

Wir behandeln lineare Systeme mit periodischen Koeffizienten. Die folgenden Überlegungen gehen auf den französischen Mathematiker Gaston Floquet (1847–1920) zurück. Sie zeigen u. a., daß solche Systeme auf Systeme mit konstanten Koeffizienten zurückgeführt werden können.

IX. Homogene Systeme mit periodischen Koeffizienten. Es sei $\omega > 0$. Eine Funktion f heißt ω-*periodisch*, wenn sie in $\mathbb{R}$ definiert ist und dort der Gleichung $f(t + \omega) = f(t)$ genügt. Wir betrachten Systeme mit einer stetigen, ω-periodischen (reell- oder komplexwertigen) Koeffizientenmatrix,

$$y' = A(t)y \quad \text{mit} \quad A(t + \omega) = A(t). \tag{16}$$

Lösungen sind im folgenden immer Lösungen von (16). Jede Lösung existiert in $\mathbb{R}$.

(a) Mit $y(t)$ ist auch $z(t) = y(t + \omega)$ eine Lösung.

(b) Ist y eine Lösung und $y(\omega) = \lambda y(0)$ ($\lambda \in \mathbb{R}$ bzw. $\mathbb{C}$), so folgt $y(t+\omega) = \lambda y(t)$ und allgemeiner $y(t + k\omega) = \lambda^k y(t)$ für alle t (k ganz).

Hier ist (a) einfach, und (b) ergibt sich für $k = 1$ aus der Einsicht, daß die Lösungen $\lambda y(t)$ und $y(t + \omega)$ denselben Anfangswert für $t = 0$ haben, für $k > 1$ durch Induktion und für $k < 0$ mit $t' = t + k\omega$.

Es sei $X(t)$ das Fundamentalsystem von Lösungen mit $X(0) = E$. Dann ist nach (a) und Folgerung 15.III auch $Z(t) = X(t + \omega)$ ein Fundamentalsystem, und aus 15.II.(h) folgt

$$X(t + \omega) = X(t)C \quad \text{mit regulärem} \quad C = X(\omega). \tag{17}$$

Die *Übergangsmatrix* C wird im folgenden eine entscheidende Rolle spielen. Ihre Eigenwerte λ_i nennt man *charakteristische* (oder *Floquet-*) *Multiplikatoren*. Da C regulär ist, sind sie $\neq 0$, und es gibt Zahlen $\mu_i \in \mathbb{C}$ mit $\lambda_i = e^{\omega \mu_i}$. Die μ_i heißen *charakteristische Exponenten*. Sie sind (wegen $e^{2\pi i} = 1$) nur bis auf Vielfache von $2\pi i/\omega$ bestimmt, jedoch ist Re μ_i eindeutig festgelegt.

Da eine beliebige Lösung in der Form $y(t) = X(t)y(0)$ dargestellt werden kann, ist $y(\omega) = Cy(0)$. Die Gleichung $y(\omega) = \lambda y(0)$ ist also äquivalent mit $Cy(0) = \lambda y(0)$, und aus (b) erhält man den

Satz. *Nichttriviale Lösungen mit der Eigenschaft $y(t + \omega) = \lambda y(t)$ gibt es genau dann, wenn λ ein Eigenwert von C ist. Jede derartige Lösung ist von der Form $y = X(t)c$, wobei c ein zu λ gehöriger Eigenvektor ist. Ist die Matrix C halbeinfach, so erhält man auf diese Weise ein Hauptsystem von Lösungen.*

Nichttriviale ω-periodische Lösungen gibt es also genau dann, wenn $\lambda = 1$ ein Eigenwert von C ist, periodische Lösungen mit der minimalen Periode $k\omega > 0$ ($k \in \mathbb{N}$), wenn eine k-te Einheitswurzel, die nicht j-te Einheitswurzel für ein $j < k$ ist, als Eigenwert auftritt.

Für das Folgende benötigen wir einen Satz, der erst in 22.VI bewiesen wird: Zur regulären Matrix C gibt es eine (auch bei reellem C i. a. komplexe) Matrix B mit $C = e^{\omega B}$. Die Matrix B ist wegen $e^{2k\pi i} = 1$ nicht eindeutig bestimmt, man kann z. B. $(2k\pi i/\omega)E$ addieren.

X. Satz von Floquet. *Das Fundamentalsystem $X(t)$ von (16) besitzt eine*

Floquet-Darstellung $\quad X(t) = Q(t)e^{Bt},$ $\hfill (18)$

wobei $Q \in C^1(\mathbb{R})$ ω-periodisch ist und B der Gleichung $C = X(\omega) = e^{\omega B}$ genügt. Offenbar ist $Q(0) = E$ und $Q(t)$ eine reguläre Matrix für alle t.

Beweis. Wir definieren Q durch die Darstellung $Q(t) = X(t)e^{-Bt}$. Dann ist

$$X(t + \omega) = Q(t + \omega)e^{B(t+\omega)},$$

andererseits $X(t + \omega) = X(t)C = Q(t)e^{Bt}C = Q(t)e^{B(t+\omega)}$. Durch Vergleichen beider Ausdrücke ergibt sich (nach Multiplikation mit $e^{-B(t+\omega)}$) die Behauptung $Q(t) = Q(t + \omega)$.

Zur Analyse der Floquet-Darstellung benötigen wir den folgenden

Hilfssatz. *Aus der Jordanschen Normalform V der Matrix U erhält man die Jordansche Normalform von e^U, indem man die Diagonalglieder λ_i von V durch e^{λ_i} ersetzt (die entsprechenden Jordan-Kästen sind also gleich groß). Ein Eigenwert λ von U hat dieselbe algebraische und geometrische Vielfachheit und dieselben Eigenvektoren wie der entsprechende Eigenwert e^λ von e^U.*

Beweis. Ist $V = D^{-1}UD$ (D regulär), so ist nach III.(b) $e^V = D^{-1}e^U D$. Bei der Untersuchung von e^V können wir uns auf einen Jordan-Kasten $J = \lambda E + F$ mit r Zeilen beschränken. Wir zeigen zunächst, daß für $x \in \mathbb{C}^r$

$$Jx = \lambda x \Longleftrightarrow Fx = 0 \Longleftrightarrow x = \alpha e_1, \quad e_1 = (1, 0, \ldots, 0), \quad \alpha \in \mathbb{C},$$

$$e^J x = e^\lambda x \Longleftrightarrow \left(e^F - E\right)x = 0 \Longleftrightarrow x = \alpha e_1$$

ist. Die erste Zeile ist einfach, wenn man $Fx = (x_2, \ldots, x_n, 0)^\mathsf{T}$ beachtet. Nach (9) ist $e^J = e^\lambda e^F$, und daraus erhält man die erste Äquivalenz in der zweiten Zeile. Für die Matrix $B = e^F - E$ ist nach (8) $b_{ij} = 0$ für $j \leq i$ und $b_{i,i+1} = 1$, woraus sich für $y = Bx$

$$y_i = x_{i+1} + \sum b_{ij}x_j \quad \text{mit} \quad j > i + 1 \quad (i < n)$$

und $y_n = 0$ ergibt. Man erhält nacheinander $y_{n-1} = 0 \Longrightarrow x_n = 0$, dann $y_{n-2} = 0 \Longrightarrow x_{n-1} = 0$, usw. Damit ist auch die zweite Zeile bewiesen.

Die Matrix J hat nur den Eigenwert λ, die Matrix e^J hat nach (8) außer e^λ keine weiteren Eigenwerte; beide Matrizen haben e_1 als einzigen Eigenvektor. Dies zeigt, daß $e^\lambda E + F$ die Normalform von e^J ist. Damit sind alle Aussagen des Hilfssatzes bewiesen, wenn man beachtet, daß sich aus einem gemeinsamen Eigenvektor x von V und e^V ein gemeinsamer Eigenvektor $c = Dx$ von U und e^U ergibt.

Wir wenden den Hilfssatz auf die Matrix $U = \omega B$ an. Sind μ_i die Eigenwerte von B, so sind $\omega\mu_i$ jene von U und $\lambda_i = e^{\omega\mu_i}$ jene von $C = e^{\omega B}$ ($i = 1, \ldots, n$), d. h., die μ_i sind charakteristische Exponenten.

Multipliziert man die Gleichung (18) von rechts mit einer regulären Matrix D, so entsteht links ein Hauptsystem $X(t)D$, und rechts tritt ein Faktor $e^{Bt}D$ auf, der ein Hauptsystem der Gleichung $z' = Bz$ (mit dem Anfangswert D bei $t = 0$) darstellt. Aus einem Hauptsystem $Z(t)$ von $z' = Bz$ erhält man also ein Hauptsystem $Y(t) = Q(t)Z(t)$ von (16). Die Zusammenfassung 17.VIII (mit B statt A) führt dann zu der folgenden

XI. Zusammenfassung. Einem Eigenwert $\lambda = e^{\omega\mu}$ von C entspricht ein Eigenwert μ von B mit gleicher algebraischer Vielfachheit k. Dazu gibt es k linear unabhängige Lösungen

$$y = Q(t)p_m(t)e^{\mu t} \quad (m = 0, 1, \ldots, k - 1),$$

wobei $p_m(t)$ ein Vektorpolynom vom Grad $\leq m$ ist. Die Funktion

$$q_m(t) = Q(t)p_m(t) = c_0(t) + c_1(t)t + \cdots + c_m(t)t^m$$

ist ein „Polynom mit ω-periodischen Koeffizienten" c_j. Die solcherart für alle charakteristischen Exponenten μ_i durchgeführte Konstruktion führt auf ein Hauptsystem von Lösungen der Gleichung (16).

Stabilität. Da es positive Konstanten α, β mit $\alpha \leq |Q(t)| \leq \beta$ gibt, übertragen sich die Stabilitätsaussagen von 17.XI, worin λ durch μ zu ersetzen ist, auf die Gleichung (16). Die Nullösung der Gleichung (16) ist

asymptotisch stabil	wenn $|\lambda| < 1$ für alle $\lambda \in \sigma(C)$ gilt,
stabil	wenn $|\lambda| \leq 1$ für alle $\lambda \in \sigma(C)$ gilt und die Eigenwerte λ mit $|\lambda| = 1$ halbeinfach sind,
instabil	in allen anderen Fällen.

Für die charakteristischen Exponenten ist $|\lambda| < 1$ bzw. ≤ 1 bzw. > 1 äquivalent mit Re $\mu < 0$ bzw. ≤ 0 bzw. > 0.

Hieran erkennt man auch, daß die Unbestimmtheit bei der Festlegung der charakteristischen Exponenten keine Rolle spielt. Denn aus $\lambda = e^{\omega\mu'}$ folgt $\mu = \mu' + 2k\pi i/\omega$ (k ganz). Beim Wechsel von μ zu μ' in $e^{\mu t}$ entsteht lediglich ein ω-periodischer Faktor $e^{(2k\pi i/\omega)t}$, den man zu $q_m(t)$ schlagen kann.

XII. Das inhomogene System

$$y' = A(t)y + b(t) \tag{19}$$

betrachten wir unter der Voraussetzung, daß $A(t)$ und $b(t)$ stetig und ω-periodisch sind. Der folgende Satz klärt den Zusammenhang mit dem System

$$z' = Bz + c(t) \quad \text{mit} \quad c(t) = Q^{-1}(t)b(t). \tag{20}$$

Satz. *Die Lösungen y der Gleichung (19) und die Lösungen z der Gleichung (20) sind durch die Beziehung $y(t) = Q(t)z(t)$ (äquivalent $z(t) = Q^{-1}(t)y(t)$) miteinander verknüpft. Hierbei ist $y(0) = z(0)$.*

Beweis. Aus der Darstellung $X = Qe^{Bt}$ folgt $X' = (Q' + QB)e^{Bt} = AX = AQe^{Bt}$, also

$$Q' + QB = AQ. \tag{*}$$

Es sei y eine Lösung von (19) und z durch $y = Qz$ definiert. Dann ist $y' = Q'z + Qz'$ und $y' = Ay + b$, woraus sich wegen (*)

$$Q'z + Qz' = AQz + b = Q'z + QBz + b$$

ergibt. Durch Linksmultiplikation mit Q^{-1} erhält man (20). Ähnlich verfährt man in umgekehrter Richtung.

§ 19 Lineare Differentialgleichungen n-ter Ordnung

Eine lineare Differentialgleichung n-ter Ordnung

$$Lu := u^{(n)} + a_{n-1}(t)u^{(n-1)} + \cdots + a_0(t)u = b(t) \tag{1}$$

ist äquivalent mit dem System

$$\left.\begin{array}{rcl} y_1' &=& y_2 \\ \vdots & & \vdots \\ y_{n-1}' &=& y_n \\ y_n' &=& -(a_0 y_1 + \cdots + a_{n-1}y_n) + b(t) \end{array}\right\} \tag{2}$$

oder kurz

$$y' = A(t)y + b(t), \tag{2'}$$

wobei

$$y = \begin{pmatrix} y_1 \\ y_2 \\ \vdots \\ y_{n-1} \\ y_n \end{pmatrix} = \begin{pmatrix} u \\ u' \\ \vdots \\ u^{(n-2)} \\ u^{(n-1)} \end{pmatrix}, \quad b = \begin{pmatrix} 0 \\ 0 \\ \vdots \\ 0 \\ b(t) \end{pmatrix},$$

$$A = \begin{pmatrix} 0 & 1 & 0 & \cdots & 0 & 0 \\ 0 & 0 & 1 & \ddots & 0 & 0 \\ \vdots & \vdots & \ddots & \ddots & \ddots & \vdots \\ 0 & 0 & 0 & \ddots & 1 & 0 \\ 0 & 0 & 0 & \cdots & 0 & 1 \\ -a_0 & -a_1 & -a_2 & \cdots & -a_{n-2} & -a_{n-1} \end{pmatrix}$$

ist; vgl. 11.1.

Aufgrund von Satz 14.VI besteht der

I. Existenz- und Eindeutigkeitssatz. *Sind die (reell- oder komplexwertigen) Koeffizienten $a_i(t)$, $b(t)$ $(i = 0, \ldots, n, \ a_n \equiv 1)$ in einem Intervall J stetig und ist $\tau \in J$, so hat das Anfangswertproblem*

$$Lu \equiv \sum_{i=0}^{n} a_i(t)u^{(i)}(t) = b(t), \quad u^{(\nu)}(\tau) = \eta_\nu \quad (\nu = 0, 1, \ldots, n-1) \tag{3}$$

genau eine Lösung. Sie existiert in ganz J und hängt in jedem kompakten Teilintervall von J stetig von den $a_i(t)$ und von $b(t)$ ab.

II. Die homogene Differentialgleichung $Lu = 0$. *Sind die Koeffizienten $a_i(t)$ reell (bzw. komplex), so bilden die reellen (bzw. komplexen) Lösungen* *der homogenen Differentialgleichung einen n-dimensionalen Vektorraum über dem Körper der reellen (bzw. komplexen) Zahlen.*

Es besteht nämlich eine umkehrbar eindeutige Zuordnung eines Vektors $(\eta_0, \eta_1, \ldots, \eta_{n-1}) \in \mathbb{R}^n$ bzw. $\mathbb{C}^n$ zu der Lösung mit den Anfangswerten von (3); vgl. Satz 15.I. Es existieren also n linear unabhängige Lösungen

$$u_1(t), \ldots, u_n(t); \tag{4}$$

sie bilden ein Haupt- oder Fundamentalsystem. Jede Lösung ist eine Linearkombination der Lösungen $u_i(t)$.

Beim Übergang von (1) zu (2) wird einer Lösung $u(t)$ von (1) der Vektor $y(t) = (u(t), u'(t), \ldots, u^{n-1}(t))^\top$ zugeordnet, welcher Lösung des entsprechenden Systems (2) ist. Unter der Wronski-Determinante von n Lösungen (4) hat man also die Determinante

$$W(t) = \begin{vmatrix} u_1 & \cdots & u_n \\ u_1' & \cdots & u_n' \\ \vdots & & \vdots \\ u_1^{(n-1)} & \cdots & u_n^{(n-1)} \end{vmatrix}$$

zu verstehen. Nach (15.6), (15.7) ist

$$W' = -a_{n-1}W,$$

also

$$W(t) = W(\tau)e^{-\int_\tau^t a_{n-1}(s)\, ds}. \tag{5}$$

In § 15 hatten wir ein spezielles Hauptsystem $X(t)$ mit $X(t) = E$ konstruiert. Ihm entspricht hier ein Hauptsystem $u_1, \ldots, u_n$, wobei

$$Lu_i = 0, \quad u_i^{(j)}(\tau) = \begin{cases} 1 & \text{für} \quad j = i-1, \\ 0 & \text{sonst} \end{cases}$$

ist.

III. Das d'Alembertsche Reduktionsverfahren. Das Reduktionsverfahren von § 15 läßt sich natürlich, da es für jedes homogene lineare System gültig ist, hier anwenden. Es hat aber, wenn es auf die Differentialgleichung (2) angewandt wird, den Nachteil, daß das neue System von der Ordnung $n-1$ nicht mehr die spezielle Gestalt wie (2) hat, d. h. nicht als eine lineare Differentialgleichung der Ordnung $n-1$ geschrieben werden kann. Im vorliegenden Fall ist es deshalb angebracht, den Ansatz wie folgt abzuändern:

Es sei $v(t) \not\equiv 0$ eine spezielle Lösung von $Lv = 0$ und

$$u(t) = v(t)w(t).$$

Es soll $w(t)$ so bestimmt werden, daß u ebenfalls eine Lösung ist. Es ist

$$Lu = \sum_{i=0}^{n} a_i \sum_{j=0}^{i} \binom{i}{j} w^{(j)} v^{(i-j)} = \sum_{j=0}^{n} w^{(j)} \sum_{i=j}^{n} \binom{i}{j} a_i(t) v^{(i-j)}.$$

Setzt man in der letzten Summe $j = 0$, so ergibt sich gerade $w \cdot Lv$, also Null, d. h. es ist

$$Lu = \sum_{j=1}^{n} w^{(j)} b_j(t) \quad \text{mit} \quad b_j(t) := \sum_{i=j}^{n} \binom{i}{j} a_i(t) v^{(i-j)}(t)$$

(man beachte, daß die Summe erst bei $j = 1$ beginnt). Danach ist $Lu = 0$ genau dann, wenn w der Differentialgleichung

$$L^* w = \sum_{j=1}^{n} b_j(t) w^{(j)} = 0$$

genügt. Das ist aber eine Differentialgleichung $(n-1)$-ter Ordnung für w'. Hat man $n - 1$ linear unabhängige Lösungen $w_1', \ldots, w_{n-1}'$ bestimmt und sind $w_1, \ldots, w_{n-1}$ Stammfunktionen dazu, so stellen die n Lösungen

$$v, vw_1, \ldots, vw_{n-1}$$

ein Hauptsystem der ursprünglichen Differentialgleichung $Lu = 0$ dar. Aus einer Beziehung

$$c_0 v + c_1 vw_1 + \cdots + c_{n-1} vw_{n-1} = 0$$

folgt nämlich nach Division durch v und Differentiation

$$c_1 w_1' + \cdots + c_{n-1} w_{n-1}' = 0,$$

also $c_1 = \cdots = c_{n-1} = 0$ wegen der linearen Unabhängigkeit der w_i'.

IV. Der Fall $n = 2$. Hier ergibt sich, wenn $v(t)$ eine Lösung ist, die zweite Lösung $u = vw$ aus

$$w'\left(a_1 + 2\frac{v'}{v}\right) + w'' = 0.$$

Beispiel.

$$u'' - u' \cos t + u \sin t = 0.$$

Eine Lösung lautet

$$v = e^{\sin t}.$$

Für $w(t)$ ist

$$w'' + w' \cos t = 0, \quad \text{d. h.} \quad w'(t) = e^{-\sin t}.$$

Eine zweite Lösung ist also

$$u(t) = e^{\sin t} \int_0^t e^{-\sin s}\, ds.$$

V. Die inhomogene Differentialgleichung. Natürlich gilt auch hier der in § 16 bewiesene Sachverhalt, daß man alle Lösungen $w(t)$ der inhomogenen Differentialgleichung

$$Lw = b(t) \tag{6}$$

in der Form

$$w = w^* + u$$

erhält, wo w^* eine fest gewählte Lösung von (6) ist und u alle Lösungen der homogenen Differentialgleichun durchläuft.

Eine Lösung w der Differentialgleichung (6) läßt sich wieder mittels der

VI. Methode der Variation der Konstanten

$$w(t) = u_1(t)c_1(t) + \cdots + u_n(t)c_n(t)$$

bestimmen, wobei $u_1, \ldots, u_n$ ein Hauptsystem und $c_1, \ldots, c_n$ noch zu bestimmende Funktionen sind. Wir wollen diesen Ansatz nicht noch einmal durchrechnen, sondern auf das Ergebnis in § 16, insbesondere (16.3) zurückgreifen. Danach war gezeigt worden, daß

$$z(t) = Y(t) \int_\tau^t Y^{-1}(s)b(s)\, ds$$

eine Lösung der inhomogenen Differentialgleichung $z' = A(t)z + b(t)$ darstellt. Übertragen wir dies auf das System (2), so ist

$$z = \begin{pmatrix} w \\ w' \\ \vdots \\ w^{(n-1)} \end{pmatrix}, \quad Y(t) = \begin{pmatrix} u_1 & \cdots & u_n \\ \vdots & & \vdots \\ u_1^{(n-1)} & \cdots & u_n^{(n-1)} \end{pmatrix}, \quad b(t) = \begin{pmatrix} 0 \\ 0 \\ \vdots \\ b(t) \end{pmatrix}$$

zu setzen. Im vorliegenden Fall ist die Berechnung von $Y^{-1}(t)b(t) = a(t)$ besonders einfach. Dieser Vektor $a(t)$ ist nämlich Lösung des linearen Gleichungssystems

$$Y \cdot a = b;$$

man erhält also die Komponente a_i nach der Cramerschen Regel in der Form

$$a_i = \frac{V_i}{W}$$

mit $W = \det Y$ und

$$V_i = \det \begin{pmatrix} u_1 & \cdots & u_{i-1} & 0 & u_{i+1} & \cdots & u_n \\ \vdots & & \vdots & \vdots & \vdots & & \vdots \\ u_1^{(n-1)} & \cdots & u_{i-1}^{(n-1)} & b(t) & u_{i+1}^{(n-1)} & \cdots & u_n^{(n-1)} \end{pmatrix}.$$

Wird V_i nach der i-ten Spalte entwickelt, so ergibt sich

$$V_i(t) = (-1)^{n+i} b(t) W_i(t),$$

wobei W_i die Wronski-Determinante (von der Ordnung $n-1$) der Funktionen $u_1, \ldots, u_{i-1}, u_{i+1}, \ldots, u_n$ ist.

Eine Lösung w der inhomogenen Differentialgleichung (6) lautet also (w ist die erste Komponente von z)

$$w(t) = \sum_{i=1}^n u_i(t) (-1)^{n+i} \int_\tau^t \frac{b(s)}{W(s)} W_i(s)\, ds. \tag{7}$$

VII. Der Fall $n = 2$. Ist $u_1(t)$, $u_2(t)$ ein Fundamentalsystem der homogenen Differentialgleichung, so ist

$$w(t) = -u_1(t) \int_\tau^t \frac{b(s) u_2(s)}{W(s)}\, ds + u_2(t) \int_\tau^t \frac{b(s) u_1(s)}{W(s)}\, ds \tag{8}$$

eine Lösung der inhomogenen Differentialgleichung.

Beispiel.

$$w'' - w' \cos t + w \sin t = \sin t.$$

Die entsprechende homogene Gleichung wurde in VI behandelt. Für das dort gefundene Hauptsystem $v = e^{\sin t}$, $u = \phi v$ mit $\phi(t) = \int_0^t e^{-\sin s}\, ds$ ist

$$W(t) = \begin{vmatrix} e^{\sin t} & e^{\sin t}\phi(t) \\ e^{\sin t}\cos t & 1 + e^{\sin t}\phi(t)\cos t \end{vmatrix} = e^{\sin t},$$

wie auch aus (5) folgt. Nach (8) ist

$$w(t) = -e^{\sin t} \int_0^t \sin r \left(\int_0^r e^{-\sin s}\, ds \right) dr + e^{\sin t}\phi(t) \int_0^t \sin r\, dr$$

eine Lösung der vorgegebenen inhomogenen Differentialgleichung. Aus

$$\int_0^t \sin r \left(\int_0^r e^{-\sin s}\, ds \right) dr = \int_0^t e^{-\sin s} \left(\int_s^t \sin r\, dr \right) ds$$

$$= -\int_0^t e^{-\sin s}(\cos t - \cos s)\, ds$$

$$= -\phi(t)\cos t - e^{-\sin t} + 1$$

folgt

$$w(t) = \int_0^t e^{\sin t - \sin s}\, ds + 1 - e^{\sin t} = 1 + (\phi(t) - 1)v(t).$$

Also ist auch $w_1(t) \equiv 1$ eine Lösung.

§ 20 Lineare Differentialgleichungen n-ter Ordnung mit konstanten Koeffizienten

Es sei jetzt

$$Lu = \sum_{i=0}^{n} a_i u^{(i)}(t) = 0, \quad a_i \text{ konstant}, \quad a_n = 1. \tag{1}$$

Das charakteristische Polynom

$$P(\lambda) = \begin{vmatrix} -\lambda & 1 & 0 & \cdots & 0 & 0 \\ 0 & -\lambda & 1 & \ddots & 0 & 0 \\ \vdots & \ddots & \ddots & \ddots & \ddots & \vdots \\ 0 & 0 & 0 & \ddots & 1 & 0 \\ 0 & 0 & 0 & \cdots & -\lambda & 1 \\ -a_0 & -a_1 & -a_2 & \cdots & -a_{n-2} & -a_{n-1} - \lambda \end{vmatrix}$$

läßt sich sofort angeben. Entwickelt man die Determinante nach der letzten Zeile, so folgt

$$P(\lambda) = (-1)^n \{\lambda^n + a_{n-1}\lambda^{n-1} + \cdots + a_1\lambda + a_0\}. \tag{2}$$

Satz. *Ist λ eine k-fache Nullstelle des charakteristischen Polynoms, so entsprechen ihr k Lösungen*

$$e^{\lambda t}, te^{\lambda t}, \ldots, t^{k-1}e^{\lambda t} \tag{3}$$

der Differentialgleichung (1). Aus den n Nullstellen des charakteristischen Polynoms $P(\lambda)$ (jede mit ihrer Vielfachheit gezählt) ergeben sich auf diese Weise n unabhängige Lösungen, also ein Hauptsystem.

Sind die a_i reell, so enthält dieses Hauptsystem, falls komplexe Nullstellen auftreten, komplexe Lösungen. Ein reelles Hauptsystem wird erhalten, indem man zu einer komplexen Nullstelle $\lambda = \mu + i\nu$ von k-ter Ordnung die k Lösungen (3) in Real- und Imaginärteil aufspaltet,

$$t^q e^{\mu t} \cos \nu t, \quad t^q e^{\mu t} \sin \nu t \quad (q = 0, 1, \ldots, k-1)$$

(und die k zu $\bar{\lambda}$ gehörenden Nullstellen streicht).

Es soll für diesen wichtigen Satz ein von § 17 unabhängiger, elementarer *Beweis* gegeben werden. Der Ansatz $u = e^{\lambda t}$ führt wegen (2) auf

$$L\left(e^{\lambda t}\right) = \sum a_i \left(e^{\lambda t}\right)^{(i)} = \sum a_i \lambda^i e^{\lambda t} = (-1)^n e^{\lambda t} P(\lambda), \qquad (4)$$

d. h., $u = e^{\lambda t}$ ist genau dann eine Lösung von (1), wenn λ eine Nullstelle des charakteristischen Polynoms ist. Um zu zeigen, daß bei k-facher Nullstelle λ die Funktion $t^q e^{\lambda t}$ $(0 \leq q < k)$ eine Lösung ist, wendet man folgenden Kunstgriff an: Es ist

$$t^q e^{\lambda t} = \frac{d^q}{d\lambda^q} e^{\lambda t},$$

also wegen (4)

$$L\left(t^q e^{\lambda t}\right) = L\left(\frac{d^q}{d\lambda^q} e^{\lambda t}\right) = \frac{d^q}{d\lambda^q} L\left(e^{\lambda t}\right) = (-1)^n \frac{d^q}{d\lambda^q}\left(e^{\lambda t} P(\lambda)\right).$$

Die Vertauschung der Ableitungen nach t und λ ist offenbar erlaubt. Es war vorausgesetzt, daß $P(\lambda)$ an der Stelle λ eine k-fache Nullstelle hat, d. h., daß die Ableitungen von $P(\lambda)$ bis zur Ordnung $k - 1$ an der Stelle λ verschwinden. Dasselbe gilt dann auch für die Funktion $e^{\lambda t} P(\lambda)$ (t fest; Produktregel!). Es ist also $L\left(t^q e^{\lambda t}\right) = 0$ für $q = 0, 1, \ldots, k - 1$.

Betrachten wir, um nachzuweisen, daß diese n Lösungen linear unabhängig sind, irgendeine Linearkombination dieser Lösungen (mit reellen oder komplexen Koeffizienten). Sie ist offenbar von der Gestalt

$$\phi(t) = \sum_{i=1}^m p_i(t) e^{\lambda_i t},$$

wobei $p_i(t)$ ein Polynom ist (mit im allgemeinen komplexen Koeffizienten) und $\lambda_1, \ldots, \lambda_m$ $(m \leq n)$ lauter *verschiedene* Zahlen, nämlich Nullstellen des charakteristischen Polynoms (mehrfache Nullstellen nur einmal gezählt) sind.

Wir müssen zeigen, daß $\phi(t)$ nur dann identisch verschwindet, wenn alle $p_i(t) \equiv 0$ sind. Für $m = 1$ ist das sofort klar. Für den Induktionsbeweis wird angenommen, der Sachverhalt sei für m Summanden schon bewiesen, und es sei

$$\sum_{i=1}^m p_i(t) e^{\lambda_i t} + p(t) e^{\lambda t} \equiv 0 \quad (\lambda \neq \lambda_i).$$

Multiplikation mit $e^{-\lambda t}$ ergibt

$$\sum_{i=1}^m p_i(t) e^{\varrho_i t} + p(t) \equiv 0, \quad \varrho_i = \lambda_i - \lambda \neq 0.$$

Differenziert man hier so oft, bis $p(t)$ verschwindet, so ergibt sich

$$\sum_{i=1}^{m} q_i(t)e^{\varrho_i t} = 0, \quad \text{also} \quad q_i(t) \equiv 0$$

nach Induktionsvoraussetzung, da die $q_i(t)$ wieder Polynome sind. Das ist aber nur möglich, wenn auch $p_i(t) \equiv 0$ ist, denn durch Differentiation eines Ausdruckes $r(t)e^{\varrho t}$ (r Polynom $\neq 0$, $\varrho \neq 0$) entsteht $(r' + \varrho r)e^{\varrho t} = q(t)e^{\varrho t}$, wobei $q(t)$ ein Polynom vom selben Grad, also $\neq 0$ ist.

Berechnung der Lösungen. Der Ansatz $u = e^{\lambda t}$ liefert nach (4) automatisch das charakteristische Polynom und damit alle Lösungen gemäß Satz I.

II. Beispiel. $u^{(5)} + 4u^{(4)} + 2y''' - 4u'' + 8u' + 16u = 0$. Es ist

$$-P(\lambda) = \lambda^5 + 4\lambda^4 + 2\lambda^3 - 4\lambda^2 + 8\lambda + 16$$
$$= (\lambda + 2)^3(\lambda^2 - 2\lambda + 2) = (\lambda + 2)^3(\lambda - 1 + i)(\lambda - 1 - i).$$

Ein reelles Hauptsystem von Lösungen lautet, da $\lambda = -2$ eine dreifache Nullstelle ist und die anderen Nullstellen einfach sind,

$$e^{-2t}, \ te^{-2t}, \ t^2 e^{-2t}, \ e^t \sin t, \ e^t \cos t.$$

III. Lineare Differentialgleichungen 2. Ordnung. Die Differentialgleichung

$$Lu = u'' + 2au' + bu = 0 \tag{5}$$

tritt z. B. in der Physik als Differentialgleichung der gedämpften Schwingung

$$m\ddot{s} + \beta\dot{s} + ks = 0 \quad \text{für} \quad s = s(t) \tag{6}$$

auf. Hier ist (bei mechanischer Interpretation) m die Masse, $s(t)$ die Auslenkung von der Ruhelage $s = 0$, $\beta > 0$ der Reibungskoeffizient, $k > 0$ der Koeffizient der elastischen, d. h. in s linearen Rückstellkraft („Federkonstante").

Die zu (5) gehörige charakteristische Gleichung

$$P(\lambda) = \lambda^2 + 2a\lambda + b = 0$$

hat die beiden Wurzeln

$$\lambda = -a - \sqrt{a^2 - b}, \quad \mu = -a + \sqrt{a^2 - b}.$$

Beschränkt man sich auf reelle Koeffizienten, so sind die folgenden drei Fälle zu unterscheiden:

(a) $\boxed{a^2 > b: \quad u_1 = e^{(-a+\sqrt{a^2-b})t}, \ u_2 = e^{(-a-\sqrt{a^2-b})t}.}$

sind reelle Lösungen. Im Fall $a > 0$, $b > 0$ streben beide Lösungen exponentiell gegen 0 für $t \to \infty$.

Schwingungsgleichung: $\beta^2 > 4km$, große Reibung, *aperiodischer Fall*.

(b) $\boxed{a^2 = b: \quad u_1 = e^{-at}, \; u_2 = te^{-at}.}$

Schwingungsgleichung: $\beta^2 = 4km$, kritische Reibung, *aperiodischer Fall*.

(c) $\boxed{a^2 < b: \quad u_1 = e^{-at} \cos \sqrt{b - a^2}\, t, \; u_2 = e^{-at} \sin \sqrt{b - a^2}\, t.}$

Schwingungsgleichung: *Gedämpfte Schwingung* mit der Frequenz

$$\nu = \frac{1}{2\pi} \sqrt{b - a^2} = \frac{1}{4\pi m} \sqrt{4km - \beta^2}.$$

Betrachtet man die Gleichung (5) als ein ebenes System für $(x, y) = (u, u')$, so führt die in 17.X durchgeführte Klassifikation auf die folgenden Ergebnisse (dabei ist $a > 0$, $b > 0$ vorausgesetzt):

Der aperiodische Fall (a) gehört zu 17.X.(a) mit der Normalform $R(\lambda, \mu)$, wobei $\lambda < \mu < 0$ ist. Der Nullpunkt ist ein stabiler Knoten.

Der aperiodische Grenzfall (b) ordnet sich 17.X.(b) unter, die Normalform ist $R_a(-a)$. Auch hier ist der Nullpunkt ein stabiler Knoten.

Der Fall (c) der gedämpften Schwingung hat die Normalform $K(-a, \sqrt{b - a^2})$; vgl. 17.X.(d). Der Nullpunkt ist ein stabiler Strudelpunkt. Der Leser mache sich anhand der beiden Bilder den Zusammenhang zwischen dem Funktionsverlauf von $u(t)$ und der Trajektorie in der Phasenebene klar.

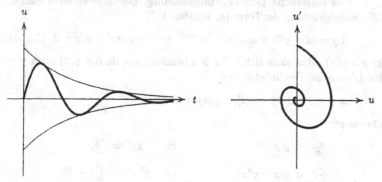

Gedämpfte Schwingung. Kurve in der (t, u)-Ebene (links) und Trajektorie (rechts)

Eine ausführliche Diskussion gedämpfter Schwingungen findet sich bei Walter 1 im Abschnitt 12.13.

IV. Die inhomogene Gleichung der Form

$$Lu = u'' + 2au' + bu = c \cdot \cos \alpha t \quad (a, b, c \text{ und } \alpha \neq 0 \text{ reell}) \tag{7}$$

läßt sich mit dem allgemeinen, in § 19 angegebenen Verfahren lösen. Man kommt jedoch schneller zum Ziel, wenn man statt (7) die komplexe Differentialgleichung

$$u'' + 2au' + bu = c \cdot e^{i\alpha t} \tag{7'}$$

betrachtet. Für diese Gleichung führt der Ansatz $u(t) = Ae^{i\alpha t}$ (A komplex) auf

$$A(-\alpha^2 + 2ai\alpha + b) = c,$$

woraus sich A berechnen läßt (die Klammer verschwindet nur, wenn $a = 0$ und $\alpha^2 = b$ ist). The Realteil von u löst die ursprüngliche Gleichung (7).

Die Gleichung (7) beschreibt im Fall $b > 0$ ein schwingendes System (mit Dämpfung, falls $a > 0$ ist), welches durch eine am System wirkende *äußere Kraft* $c \cdot \cos \alpha t$ erregt wird. Die Lösung stellt eine *erzwungene Schwingung* mit der Frequenz der äußeren Kraft dar.

Der Sonderfall $a = 0$, $b = \alpha^2$ wird *Resonanzfall* genannt; die Gleichung (7') hat dann eine

$$\text{unbeschränkte Lösung} \quad u = Ate^{i\alpha t} \quad \text{mit} \quad A = \frac{c}{2\alpha i}.$$

Die für $a \approx 0$, $b \approx \alpha^2$ auftretenden Resonanzerscheinungen werden in Walter 1, Abschnitt 12.14, und in Aufgabe VIII besprochen.

V. Die Eulersche Differentialgleichung. Darunter versteht man eine Differentialgleichung der Form (a_i konstant)

$$Ly = a_n x^n y^{(n)} + a_{n-1} x^{n-1} y^{(n-1)} + \cdots + a_1 xy' + a_0 y = 0 \tag{8}$$

für $y = y(x)$. Man kann sich auf $x > 0$ beschränken, da mit $y(x)$ auch $y(-x)$ eine Lösung ist. Die Substitution

$$x = e^t, \quad y(e^t) = u(t), \quad y(x) = u(\ln x)$$

führt wegen

$$\frac{du}{dt} = y'x \qquad\qquad \Leftrightarrow \qquad xy' = \frac{du}{dt},$$

$$\frac{d^2u}{dt^2} = y'x + y''x^2 \qquad\qquad \Leftrightarrow \qquad x^2y'' = \frac{d^2u}{dt^2} - \frac{du}{dt},$$

$$\frac{d^3u}{dt^3} = y'x + 3y''x^2 + y'''x^3 \quad \Leftrightarrow \quad x^3y''' = \frac{d^3u}{dx^3} - 3\frac{d^2u}{dx^2} + 2\frac{du}{dt},$$

usw.

auf eine lineare Differentialgleichung mit konstanten Koeffizienten für $u(t)$

$$Mu = b_n \frac{d^nu}{dt^n} + b_{n-1} \frac{d^{n-1}u}{dt^{n-1}} + \cdots + b_0 u = 0,$$

welche nach I geschlossen lösbar ist. Übrigens ist $a_0 = b_0$ und $a_n = b_n$.

Berechnung der Lösungen. Die beiden Operatoren L und M sind durch die Gleichung

$$(Ly)(e^t) = (Mu)(t) \quad \text{mit} \quad u(t) = y(e^t)$$

gekoppelt. Insbesondere ist nach Gleichung (4)

$$L\left(x^\lambda\right) = M\left(e^{\lambda t}\right) = (-1)^n P(\lambda)x^\lambda \quad (x = e^t),$$

wobei P das charakteristische Polynom von M ist. Um P zu gewinnen, ist es also nicht notwendig, den Operator M zu berechnen; es genügt, $L\left(x^\lambda\right)$ auszurechnen. Nach Satz I lassen sich dann alle Lösungen angeben.

Beispiel.

$$x^2 y'' - 3xy' + 7y = 0.$$

Hier ist

$$L\left(x^\lambda\right) = \{\lambda(\lambda - 1) - 3\lambda + 7\}x^\lambda = P(\lambda)x^\lambda.$$

Die charakteristische Gleichung $\lambda^2 - 4\lambda + 7 = 0$ hat die Wurzeln $\lambda = 2 \pm i\sqrt{3}$. Die Differentialgleichung $Mu = 0$ lautet also

$$\frac{d^2 u}{dt^2} - 4\frac{du}{dt} + 7u = 0.$$

Aus zwei reellen linear unabhängigen Lösungen dieser Gleichung

$$u_1(t) = e^{2t}\sin\sqrt{3}t, \quad u_2(t) = e^{2t}\cos\sqrt{3}\,t$$

ergeben sich die folgenden Lösungen

$$y_1(x) = x^2 \sin\left(\sqrt{3}\ln x\right), \quad y_2(x) = x^2 \cos\left(\sqrt{3}\ln x\right)$$

der ursprünglichen Differentialgleichung.

VI. Aufgaben. Man bestimme alle reellen Lösungen der Differentialgleichungen

(a) $\quad y'' + 4y' + 4y = e^x$,

(b) $\quad y'' - 2y' + 5y = e^x$.

Insbesondere gebe man die der Anfangsbedingung $y(0) = 1$, $y'(0) = 0$ genügende Lösung an.

VII. Aufgabe. *Gekoppelte Pendel.* Für zwei gekoppelte Pendel gleicher Masse m und gleicher Länge l lauten die Bewegungsgleichungen (g Erdbeschleunigung, k Federkonstante)

$$m\ddot{x} = -\alpha x - k(x - y),$$
$$m\ddot{y} = -\alpha y - k(y - x) \quad \text{mit} \quad \alpha = \frac{mg}{l}.$$

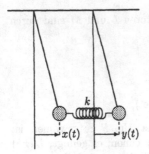

Gekoppelte Pendel

Dabei sind die Nullpunkte der beiden Koordinatensysteme so gelegt, daß $x = y = 0$ der Ruhelage entspricht, und es ist angenommen, daß die Pendel in der Ruhelage senkrecht hängen. Es handelt sich um die linearisierten, für kleine Ausschläge gültigen Gleichungen. Man gebe ein Fundamentalsystem von Lösungen an (entweder, indem man auf ein System erster Ordnung transformiert und das charakteristische Polynom berechnet, oder, indem man zwei physikalisch naheliegende Ansätze macht). Man diskutiere den Bewegungsablauf, wenn man zur Zeit $t = 0$ ein Pendel anstößt: $x(0) = y(0) = \dot{y}(0) = 0$, $\dot{x}(0) = 1$.

VIII. Aufgabe. Man bestimme alle (reellen) Lösungen der Differentialgleichung

$$u'' + 2au' + \omega^2 u = c \cdot \cos\omega t \qquad (c > 0,\ 0 \le a < \omega).$$

Man zeige, daß $L = \limsup\limits_{t\to\infty} |u(t)|$ nur von a, c, ω abhängt, und berechne $L(a, c, \omega)$ ($a = 0$ ist ein Sonderfall).

Bemerkung. Diese Differentialgleichung stellt das einfachste mathematische Modell für die bei periodisch erregten mechanischen Systemen auftretenden (meist gefürchteten) *Resonanzerscheinungen* dar. Bei der Differentialgleichung des harmonischen Oszillators $u'' + \omega^2 u = 0$ beschreiben die Lösungen $u = \alpha\cos\omega t + \beta\sin\omega t$ harmonische Schwingungen mit der Frequenz $\omega/2\pi$. Wird das System mit derselben Frequenz erregt (rechte Seite $= c \cdot \cos\omega t$), so liegt Resonanz vor, die Lösungen wachsen (im Fall $a = 0$) für $t \to \infty$ über alle Grenzen. Bei einer (praktisch immer vorliegenden) Dämpfung ($a > 0$) bleiben die Lösungen zwar beschränkt, aber ihre Amplituden streben für $a \to 0+$ gegen unendlich.

Ergänzung: Lineare Differentialgleichungen mit periodischen Koeffizienten

IX. Gleichungen zweiter Ordnung mit periodischen Koeffizienten. Wir betrachten die Differentialgleichung

$$u'' + 2a(t)u' + b(t)u = 0 \qquad (9)$$

mit reellwertigen, stetigen und ω-periodischen Koeffizienten a, b. Auf das äquivalente System für $y = (u, u')^{\mathsf{T}}$

$$y' = A(t)y \quad \text{mit} \quad A(t) = \begin{pmatrix} 0 & 1 \\ -b & -2a \end{pmatrix} \qquad (9')$$

wenden wir die am Ende von § 18 entwickelte Floquet-Theorie an. Zunächst ist die Übergangsmatrix $C = X(t)$ zu bestimmen. Es sei also (u, v) ein Hauptsystem von (9) mit den Anfangswerten $u(0) = 1$, $u'(0) = 0$ bzw. $v(0) = 0$, $v'(0) = 1$ und

$$X(t) = \begin{pmatrix} u & v \\ u' & v' \end{pmatrix} \Longrightarrow X(0) = E, \ X(\omega) = C = \begin{pmatrix} u(\omega) & v(\omega) \\ u'(\omega) & v'(\omega) \end{pmatrix}.$$

Nun ist det $(C - \lambda E) = \lambda^2 - \lambda \cdot$ sp $C + \det C$. Nach Formel (15.8) ist $\det C = \exp\left(\int_0^\omega \text{sp } A(s)\,ds\right)$ berechenbar. Es muß also lediglich sp C berechnet werden. Das Stabilitätsverhalten ist dann im wesentlichen bestimmt. Mit der Bezeichnung $\det C = \gamma > 0$, sp $C = u(\omega) + v'(\omega) = 2\alpha$ ergeben sich die Eigenwerte von C aus der Gleichung

$$\lambda^2 - 2\alpha\lambda + \gamma = 0 \quad \text{zu} \quad \lambda_{1,2} = \alpha \pm \sqrt{\alpha^2 - \gamma}.$$

Für die charakteristischen Multiplikatoren λ_i und Exponenten μ_i (letztere sind durch $\lambda_i = e^{\omega\mu_i}$ bestimmt) ergibt sich aus dem Wurzelsatz von Vieta

$$\lambda_1\lambda_2 = \gamma > 0 \quad \text{und (bei geeigneter Normierung)} \quad \omega(\mu_1 + \mu_2) = \log\gamma.$$

Der Satz 18.XI liefert ohne jede Mühe die folgende Fallunterscheidung. Dabei beachte man, daß die erste Komponente einer Lösung $y(t) = q(t)e^{\mu t}$ von (9') eine Lösung von (9) darstellt und daß α reell ist.

(a) $\alpha^2 \neq \gamma$. Es gibt zwei reelle oder konjugiert-komplexe Eigenwerte λ_1, λ_2 und dementsprechend ein Hauptsystem von Lösungen der Gestalt

$$u_1(t) = p_1(t)e^{\mu_1 t}, \quad u_2(t) = p_2(t)e^{\mu_2 t},$$

wobei die p_i ω-periodische Funktionen sind. Wir erinnern daran, daß für diese Lösungen $u_i(t + \omega) = \lambda_i u_i(t)$ gilt $(i = 1, 2)$.

(b) $\alpha^2 = \gamma$, der (einzige) Eigenwert α ist halbeinfach. Auch in diesem Fall gibt es zwei linear unabhängige Eigenvektoren von C und deshalb, ähnlich wie bei (a), ein Hauptsystem

$$u_1(t) = p_1(t)e^{\mu t}, \quad u_2(t) = p_2(t)e^{\mu t}$$

wobei die p_i wieder ω-periodisch sind und μ durch $e^{\omega\mu} = \alpha$ bestimmt ist. Da jeder Vektor $y \in \mathbb{R}^2$ die Gleichung $Cy = \alpha y$ befriedigt, haben wir $C = \alpha E$, also $X(t + \omega) = \alpha X(t)$. Für jede Lösung u ist also $u(t + \omega) = \alpha u(t)$.

(c) $\alpha^2 = \gamma$, der Eigenwert α ist nicht halbeinfach. Es gibt ein Hauptsystem von Lösungen (p_i ω-periodisch, $\alpha = e^{\omega\mu}$)

$$u_1(t) = p_1(t)e^{\mu t}, \quad u_2(t) = (p_2(t) + p_3(t)t)e^{\mu t}.$$

Übrigens kann man hier $p_1 = p_3$ annehmen; der letzte Satz von 17.VIII liefert die Begründung dafür.

Diese Lösungen sind möglicherweise komplex. Durch Aufspaltung in Real- und Imaginärteil erhält man, ähnlich wie in 17.IV, reelle Lösungen.

X. Die Hillsche Differentialgleichung. Für $a(t) \equiv 0$ erhält man aus (9) die

Hillsche Differentialgleichung $u'' + b(t)u = 0$ ($b(t)$ ω-periodisch).(10)

Hier ist sp $A(t) = 0$, also $\gamma = \det C = 1$. Für die charakteristischen Multiplikatoren und Exponenten erhät man

$$\lambda_{1,2} = \alpha \pm \sqrt{\alpha^2 - 1}, \quad \lambda_1\lambda_2 = 1, \quad \mu_1 + \mu_2 = 0.$$

Man beachte, daß α reell ist. Aus $|\lambda_1| > 1$ folgt also $|\lambda_2| < 1$, d. h., asymptotische Stabilität tritt überhaupt nicht auf. Nach 18.XI gibt es drei Fälle:

$|\alpha| > 1$	$\lambda_1 > 1$, die Nullösung ist instabil.
$|\alpha| < 1$	$\lambda_{1,2} = \alpha \pm i\beta$ ($\beta > 0$), also $\lambda_2 = \bar{\lambda}_1$ und damit $|\lambda_1| = |\lambda_2| = 1$. Die Nullösung ist stabil.
$|\alpha| = 1$	$\lambda_1 = \lambda_2 = 1$ oder -1. Ist der Eigenwert halbeinfach, so liegt Stabilität, andernfalls Instabilität vor.

Ist im Fall $|\alpha| = 1$ der Eigenwert halbeinfach, so ist nach IX.(b) $X(\omega) = X(0)$ für $\alpha = 1$ bzw. $X(2\omega) = X(0)$ für $\alpha = -1$. Alle Lösungen der Differentialgleichung sind also periodisch mit der Periode ω bzw. 2ω.

Ein Sonderfall. Der Koeffizient $b(t)$ sei eine gerade Funktion. Für das oben betrachtete Hauptsystem (u, v) ist dann $u(t) = u(-t)$ und $v(t) = -v(-t)$. Hieraus und aus $C^{-1} = X(-\omega)$ leitet man $u(\omega) = v'(\omega)$ ab (Aufgabe!). Das Stabilitätsverhalten wird also (abgesehen vom Grenzfall $\alpha = \pm 1$) durch einen einzigen Funktionswert $\alpha = u(\omega)$ vollständig bestimmt.

Ein bekanntes Beispiel mit zahlreichen physikalischen Anwendungen ist die

Mathieusche Differentialgleichung $u'' + (\delta + \gamma\cos 2t)u = 0$ ($\omega = \pi$), benannt nach dem französischen Mathematiker Emile-Léonard Mathieu (1835 -1900). Der *Stabilitätsbereich*, das ist die Menge aller Punkte (γ, δ) mit stabiler Nullösung, kann in einer Figur mit der $\gamma\delta$-Ebene sichtbar gemacht werden (das gilt auch für andere Differentialgleichungen, bei denen $b(t)$ von zwei Parametern abhängt). Eine solche Darstellung wird *Stabilitätskarte* genannt. Man findet sie u. a. in dem Buch von L. Collatz (1988).

Für die Hillsche Gleichung (10) sind zahlreiche Stabilitätskriterien aufgestellt worden. Zwei Beispiele:

(a) Ist $b(t) \leq 0$, so ist die Differentialgleichung instabil.

(b) Ist $b(t) > 0$ und $\int_0^\omega b(t)\,dt \leq 4/\omega$, so ist die Differentialgleichung stabil (Lyapunov 1839).

(c) *Aufgabe.* Man führe die obige Analyse für die Differentialgleichungen $u'' + u = 0$ und $u'' = u$ in Abhängigkeit von ω durch (Berechnung von C, α, λ_i, μ_i, Stabilität). Der Koeffizient $b = \pm 1$ ist ω-periodisch für jedes $\omega > 0$.

The *Beweis* von (a) ist einfach. Nach (10) ist $u'' = -b(t)u \geq 0$, solange u positiv ist. Die Lösung u mit $u(0) = 1$, $u'(0) = 1$ ist konvex und $\geq 1 + t$ für $t > 0$, also unbeschränkt.

Das Buch von L. Cesari (1971) enthält weitere Beispiele und Beweise.

XI. Aufgabe. *Riccati-Differentialgleichung und lineare Differentialgleichung zweiter Ordnung.* Die Riccati-Differentialgleichung

$$y' + g(x)y + h(x)y^2 = k(x)$$

mit $g, k \in C^0(J)$, $h \in C^1(J)$, $h(x) \neq 0$ in J, geht durch die Transformation

$$u(x) = e^{\int h(x)y(x)\,dx}$$

über in die lineare Differentialgleichung zweiter Ordnung

$$u'' + u'\left(g - \frac{h'}{h}\right) - khu = 0.$$

Man benutze diesen Zusammenhang zur Lösung des Anfangswertproblems

$$y' - y + e^x y^2 + 5e^{-x} = 0, \quad y(0) = \eta.$$

V. Lineare Systeme im Komplexen

§ 21 Homogene lineare Systeme im regulären Fall

I. Bezeichnungen. Gegenstand dieses V. Kapitels sind homogene lineare Systeme erster Ordnung

$$w'(z) = A(z)w(z) \tag{1}$$

und homogene lineare Differentialgleichungen höherer Ordnung. Dabei ist $A(z) = (a_{ij}(z))$ eine komplexwertige $n \times n$-Matrix, $w(z) = (w_1(z), \ldots, w_n(z))^{\mathsf{T}}$ eine komplexwertige Vektorfunktion. Es bezeichnet $G \subset \mathbb{C}$ eine offene Menge und $H(G)$ die Menge der in G eindeutigen, holomorphen Funktionen. Wie bisher bedeutet z. B. $A(z) \in H(G)$, daß jede Komponente $a_{ij}(z)$ aus $H(G)$ ist. Normen für komplexe Spaltenvektoren und $n \times n$-Matrizen werden wie bisher mit einfachen Absolutstrichen gekennzeichnet, und es werden die Eigenschaften (14.2–3)

$$|AB| \le |A|\,|B| \quad \text{und} \quad |Aw| \le |A|\,|w|$$

vorausgesetzt. Unter einer Matrix verstehen wir im folgenden immer eine komplexe $n \times n$-Matrix.

II. Satz. *Ist G einfach zusammenhängend und $A(z) \in H(G)$, so hat das Anfangswertproblem*

$$w' = A(z)w, \quad w(z_0) = w_0 \tag{2}$$

für $z_0 \in G$ und $w_0 \in \mathbb{C}^n$ genau eine Lösung $w(z) = w(z; z_0, w_0) \in H(G)$.

Die Lösungen von (1) bilden einen n-dimensionalen (komplexen) linearen Unterraum von $H(G)$. Bei festem z_0 ist die Abbildung $w_0 \to w(z; z_0, w_0)$ ein linearer Isomorphismus zwischen $\mathbb{C}^n$ und diesem „Lösungsraum".

Der Satz entspricht weitgehend dem reellen Satz 15.I. Wesentlich ist die Aussage, daß bei einfach zusammenhängendem G jede Lösung auf ganz G fortgesetzt werden kann.

Beweis. Lokale Existenz und Eindeutigkeit, etwa in einer Kugel $|z - z_0| < \alpha$, folgen sofort aus Satz 10.X. Ist nun z ein beliebiger Punkt aus G, so läßt sich dieser durch einen in G verlaufenden Streckenzug mit z_0 verbinden, und die gewonnene Lösung w läßt sich (unter Verwendung des lokalen Existenzsatzes

10.X) längs dieses Streckenzuges von z_0 nach z fortsetzen (für die Radien der bei den einzelnen Fortsetzungsschritten auftretenden Kreisscheiben läßt sich leicht eine positive untere Schranke angeben). Aufgrund des Monodromiesatzes existiert also eine Lösung aus $H(G)$. Die Aussagen über die Isomorphie sind trivial; vgl. 15.I.

Es gibt jedoch einen Beweis, der die analytische Fortsetzung und den Monodromiesatz vermeidet und der zugleich eine für das Folgende wichtige Fehlerabschätzung liefert.

Es sei $p(z)$ eine in G reellwertige stetige Funktion mit

$$|A(z)| \le p(z) \quad \text{in} \quad G. \tag{3}$$

Nun sei $C : \zeta = \zeta(s)$ $(0 \le s \le l)$ eine die Punkte z_0 und z verbindende glatte Kurve mit der Bogenlänge als Parameter. Wir betrachten das Kurvenintegral von p bezüglich der Bogenlänge

$$Q(z; C) = {}^C\!\!\int p \, ds = \int_0^l p(\zeta(s)) \, ds$$

sowie

$$P(z) = \inf_C Q(z; C), \tag{4}$$

wobei das Infimum über alle die Punkte z_0 und z verbindende, in G gelegene Kurven zu nehmen ist. Man sieht leicht, daß $P(z)$ auf jeder kompakten Teilmenge von G beschränkt ist (P ist stetig, was wir aber nicht benötigen). Die Menge B aller Vektorfunktionen $u \in H(G)$ mit

$$\|u\| := \sup_G |u(z)| e^{-2P(z)} < \infty \tag{5}$$

ist ein normierter Raum, und es ist $(*)$ $|u(z)| \le \|u\| e^{2P(z)}$. Eine Cauchy-Folge (u_n) aus B ist auf kompakten Teilmengen von G gleichmäßig konvergent; das ergibt sich, indem man $(*)$ auf $u_n - u_m$ anwendet. Insbesondere ist $u = \lim u_n$ aus $H(G)$. Weiter folgt aus dieser Ungleichung $(*)$, daß $u_n \in B$, also $u \in B$ ist und daß $\|u_n - u\| \to 0$ strebt. Der Raum B ist also vollständig, d. h. ein Banachraum.

Wir betrachten den linearen Operator T,

$$(Tu)(z) = \int_{z_0}^z A(\zeta) u(\zeta) \, d\zeta, \quad u \in B$$

(das Integral ist wegunabhängig). Es sei, wie oben, $C : \zeta = \zeta(s)$ eine die Punkte z_0 und z verbindende glatte Kurve $(0 \le s \le l)$ und

$$q(s) = \int_0^s p(\zeta(s')) \, ds', \quad \text{also} \quad q(l) = Q(z; C).$$

Offenbar ist $q(s) \geq P(\zeta(s))$, da die Funktion $\zeta(s')$ für $0 \leq s' \leq s$ die Punkte z_0 und $\zeta(s)$ verbindet, also $|u(\zeta(s))| \leq \|u\|e^{2q(s)}$. Daraus folgt

$$|Tu(z)| \leq \int^C p(\zeta)|u(\zeta)|\,ds$$

$$\leq \|u\| \int_0^l p(\zeta(s))e^{2q(s)}\,ds \leq \frac{\|u\|}{2}e^{2q(l)},$$

letzteres wegen $(e^{2q(s)})' = 2p(\zeta(s))e^{2q(s)}$. Da hier C beliebig ist, darf man rechts $q(l) = Q(z;C)$ durch $P(z)$ ersetzen. Multipliziert man mit $e^{-2P(z)}$, so folgt

$$\|Tu\| \leq \frac{1}{2}\|u\|. \tag{6}$$

Damit ist alles bewiesen. Das Anfangswertproblem ist äquivalent mit einer Gleichung $w = w_0 + Tw =: Sw$, und der Operator S genügt in B einer Lipschitzbedingung mit der Lipschitzkonstante $\frac{1}{2}$, $\|Su - Sv\| = \|T(u-v)\| \leq \frac{1}{2}\|u - v\|$. Außerdem ist $w_0 \in B$. Nach dem Fixpunktsatz 5.X existiert also genau eine Lösung w aus B.

III. Corollar. *Die Lösung des Anfangswertproblems* (2) *genügt in G der Abschätzung*

$$|w(z)| \leq 2|w_0|e^{2P(z)}.$$

Denn wegen (6) gilt

$$w = w_0 + Tw \Longrightarrow \|w\| \leq \|w_0\| + \frac{1}{2}\|w\|,$$

also $\|w\| \leq 2\|w_0\| = 2|w_0|$, woraus die Behauptung folgt.

IV. Fundamentalsysteme. Nach Satz II bilden die Lösungen der Differentialgleichung (1) einen n-dimensionalen komplexen linearen Raum. Daraus ergeben sich dieselben Folgerungen wie in 15.II, III. Insbesondere existieren n linear unabhängige Lösungen (Fundamentalsystem) $w_1, \ldots, w_n$, aus denen sich durch Linearkombination

$$w = c_1 w_1 + \cdots + c_n w_n \quad (c_i \in \mathbb{C})$$

alle Lösungen ergeben.

Bildet man aus n Lösungen $w_1, \ldots, w_n$ eine „Lösungsmatrix" $W(z)$, so gilt

$$W'(z) = A(z)W(z). \tag{7}$$

Die folgenden vier Aussagen sind gleichwertig:

(a) $W(z)$ ist ein Fundamentalsystem;

(b) $W(z_0)$ ist eine reguläre Matrix für ein $z_0 \in G$;

(c) $W(z_0)$ ist regulär für jedes $z_0 \in G$;

(d) die Wronski-Determinante $\phi(z) = \det W(z)$ ist $\neq 0$ in G.

Die Wronski-Determinante $\phi(z)$ ist aus $H(G)$, und sie genügt der Differentialgleichung

$$\phi' = \mathrm{sp}\ (A(z)) \cdot \phi. \tag{8}$$

Schließlich bemerken wir, daß man aus einem Hauptsystem $W(z)$ alle Hauptsysteme in der Form

$$U(z) = W(z)C, \quad C \text{ regulär},$$

erhält; vgl. 15.II.(h).

§ 22 Isolierte Singularitäten

I. Problemstellung und Beispiele. Wir untersuchen das Verhalten der Lösungen der Differentialgleichung

$$w' = A(z)w \tag{1}$$

in der Umgebung einer Stelle z_0, welche eine isolierte singuläre Stelle für die Matrix $A(z)$ ist. Dabei kann $z_0 = 0$ angenommen werden (man führe $z' = z - z_0$ als neue unabhängige Variable ein). Es wird also angenommen, daß $A(z)$ für $0 < |z| < r$ holomorph ist ($r > 0$). Es wird immer vorausgesetzt, daß $A(z)$ eindeutig ist.

Für das Verständnis des Folgenden ist eine Kenntnis der elementaren Eigenschaften des komplexen Logarithmus

$$\log z = \log |z| + i \arg z + 2k\pi i \quad (k \text{ ganz})$$

und der allgemeinen Potenz

$$z^c = e^{c \log z} \quad (c \in \mathbb{C})$$

notwendig. Das Argument von z sei gemäß

$$-\pi < \arg z \leq \pi$$

normiert. Der Logarithmus ist eine in $G = \mathbb{C} \setminus \{0\}$ analytische, unendlich vieldeutige Funktion; für $k = 0$ spricht man vom Hauptwert des Logarithmus.

Zunächst zwei Beispiele.

(a) Es sei $n = 1$, $c \in \mathbb{C}$ und

$$w' = \frac{c}{z}\, w.$$

Eine Lösung lautet $w = z^c$ (sie stellt, da sie $\neq 0$ ist, ein Fundamentalsystem dar). Hier ist $A(z) = c/z$ in $G = \mathbb{C} \setminus \{0\}$ holomorph, aber G ist nicht einfach zusammenhängend. Satz 21.II ist also nicht auf G, aber natürlich auf einfach zusammenhängende Teilgebiete von G anwendbar. Für manche Werte von c (genauer für reelle, ganzzahlige c) ist die Lösung aus $H(G)$ (eindeutig und holomorph in G). Für $c = 1/2$ ist die Lösung $w = \sqrt{z}$ zweideutig, usw.

(b) Beim System ($n = 2$)

$$w_1' = \frac{w_2}{z}, \quad w_2' = 0$$

ist die entsprechende Matrix $A(z)$ ebenfalls in $G = \mathbb{C} \setminus \{0\}$ holomorph. Aus $w_2 = c$ folgt $w_1 = c \log z$. Ein Hauptsystem von Lösungen lautet

$$W(z) = \begin{pmatrix} \log z & 1 \\ 1 & 0 \end{pmatrix}.$$

Die erste dieser Lösungen ist unendlich vieldeutig in G, die zweite eindeutig.

Diese Beispiele zeigen, daß die Lösungen von (1) in der Umgebung einer isolierten singulären Stelle der Matrix $A(z)$ im allgemeinen unendlich vieldeutige Funktionen sind. Zur Klärung und teilweisen Umgehung der damit zusammenhängenden Schwierigkeiten führen wir die

II. Transformation $s = \log z$ ein. Die punktierte Kreisscheibe K_r^0 : $0 < |z| < r$ der z-Ebene wird durch die Abbildung

$$s = \log z \qquad \text{oder} \qquad z = e^s$$

auf die Halbebene Re $s < \log r$ der s-Ebene abgebildet.

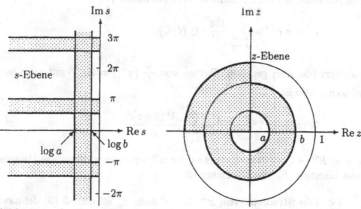

Die Abbildung $s = \log z$

Wir bezeichnen mit R_α die Halbebene Re $s < \alpha$. Durch die Vorschrift

$$v(s) := w(e^s)$$

wird jeder in K_r^0 eindeutigen oder mehrdeutigen analytischen Funktion w eine in $R_{\log r}$ holomorphe, *eindeutige* Funktion v zugeordnet. Umgekehrt erzeugt jedes $v \in H(R_{\log r})$ gemäß

$$w(z) := v(\log z)$$

eine in K_r^0 im allgemeinen mehrdeutige Funktion w. Dabei ist w genau dann eindeutig bzw. m-fach mehrdeutig, wenn $v(s)$ periodisch mit der Periode $2\pi i$ bzw. periodisch mit der kleinsten Periode $2m\pi i$ ist. Liegt keiner der beiden Fälle vor, so ist $w(z)$ unendlich vieldeutig in K_r^0. Beispiele für diese Zuordnung sind

$$w(z) = (\log z)^2 \Longleftrightarrow v(s) = s^2,$$

$$w(z) = z^c \Longleftrightarrow v(s) = e^{cs}.$$

Als erste Anwendung dieser Transformation untersuchen wir

III. Eulersche Systeme, das sind Systeme der Form

$$w' = \frac{A}{z}\, w, \qquad A = (a_{ij}) \text{ konstant}, \quad a_{ij} \in \mathbb{C}. \tag{2}$$

Es ist $w(z)$ genau dann eine Lösung von (2), wenn $v(s) := w(e^s)$ der Differentialgleichung

$$\frac{dv}{ds} = w' \cdot e^s = Aw(e^s) = Av(s)$$

genügt. Wir wissen aus 18.II, daß für diese Differentialgleichung mit konstanten Koeffizienten ein Fundamentalsystem in der Form

$$V(s) = e^{As} = \sum_{k=0}^{\infty} \frac{A^k s^k}{k!} \in H(\mathbb{C})$$

existiert (der dort gegebene Beweis von $\dfrac{d}{ds}\left(e^{As}\right) = Ae^{As}$ gilt auch im Komplexen). Also ist

$$W(z) = e^{A\log z} = z^A = \sum_{k=0}^{\infty} \frac{A^k (\log z)^k}{k!} \tag{3}$$

ein in $K^0 = \mathbb{C} \setminus \{0\}$ analytisches, im allgemeinen vieldeutiges Hauptsystem von Lösungen für die Gleichung (2).

IV. Die Struktur von z^A. Die Potenz z^A ist gemäß (3) definiert. Ihre Struktur läßt sich anhand der in § 18 durchgeführten Analyse von e^{As} ohne Schwierigkeit bestimmen. Hat A die Form eines Jordan-Kastens, $A = \lambda E + F$ (F ist wie in 18.V definiert), so ist nach (18.9)

$$e^{(\lambda E + F)s} = e^{\lambda s} e^{Fs},$$

wobei e^{Fs} durch (18.8) gegeben ist. Daraus folgt

$$z^{\lambda E + F} = z^{\lambda} \cdot \begin{pmatrix} 1 & \log z & \frac{1}{2!}(\log z)^2 & \frac{1}{3!}(\log z)^3 & \cdots \\ 0 & 1 & \log z & \frac{1}{2!}(\log z)^2 & \cdots \\ 0 & 0 & 1 & \log z & \cdots \\ \vdots & \vdots & \vdots & \vdots & \cdots \end{pmatrix}. \qquad (4)$$

Ist A eine beliebige Matrix und C eine reguläre Matrix mit $A = C^{-1}BC$, so gilt $e^A = C^{-1}e^B C$ nach 18.III, also

$$z^A = e^{A \log z} = C^{-1} z^B C.$$

Ist dabei C so gewählt, daß B Jordansche Normalform (17.10) hat, so entsteht also z^B aus B, indem man in die einzelnen Jordan-Kästen von B quadratische Blöcke der Form (4) einsetzt.

Das wesentliche Ergebnis dieses Paragraphen ist der folgende Satz. Er zeigt, daß die bisher betrachteten Beispiele aus I und III repräsentativ sind für beliebige Systeme mit einer isolierten Singularität bei $z = 0$. Genauer sagt er, daß die Lösungen Produkte von eindeutigen holomorphen Funktionen, von z^{λ} und von $\log z$ sind. Andere Arten von mehrdeutigen Funktionen treten nicht auf.

V. Satz. *Ist $A(z)$ in K_r^0 : $0 < |z| < r$ eindeutig und holomorph, so existiert ein Fundamentalsystem von (1) von der Form*

$$W(z) = U(z) z^B, \qquad (5)$$

wobei $U(z)$ eine in K_r^0 eindeutige holomorphe Funktion und B eine konstante Matrix ist.

Beweis. Ist $W(z)$ ein Hauptsystem und $V(s) = W(e^s)$, so gilt

$$\frac{d}{ds} V(s) = e^s A(e^s) V(s). \qquad (6)$$

Diese Differentialgleichung besitzt nach 21.II ein in $R_{\log r}$ holomorphes (eindeutiges) Hauptsystem von Lösungen $V(s)$. Nun ist, da $e^s A(e^s)$ periodisch mit der Periode $2\pi i$ ist, auch $V(s + 2\pi i)$ eine Lösung von (6), und zwar wieder ein Hauptsystem nach 21.IV.(b), (c). Also ist nach 21.IV

$$V(s + 2\pi i) = V(s)C, \qquad C \text{ regulär}.$$

Nun existiert nach einem Satz der Matrizentheorie eine Matrix B mit $C = e^{2\pi i B}$; vgl. unten VI. Für die Funktion

$$T(s) := V(s)e^{-Bs}$$

gilt dann

$$T(s + 2\pi i) = V(s + 2\pi i)e^{-B(s + 2\pi i)} = V(s)e^{2\pi i B}e^{-B(s + 2\pi i)} = T(s),$$

d. h., $T(s)$ ist $2\pi i$-periodisch. Damit ist $U(z) = T(\log z)$ eindeutig in K_r^0 und $W(z) := V(\log z) = T(\log z)z^B$ in der Tat von der Form (5).

Bemerkung. Man erkennt leicht, daß alle Hauptsysteme von der Form (5) sind. Denn für eine reguläre Matrix C ist

$$W(z)C = U(z)CC^{-1}z^B C = U(z)Cz^D \quad \text{mit} \quad D = C^{-1}BC.$$

VI. Hilfssatz. *Zu jeder regulären Matrix C existiert eine Matrix X mit*

$$e^X = C.$$

Beweis. Zunächst nehmen wir an, C sei von der Form

$$C = E + R \quad \text{mit} \quad |R| \le \frac{1}{3}. \tag{7}$$

Wir betrachten dazu den Operator S,

$$S(X) := X + E + R - e^X,$$

und wollen zeigen, daß S die Kugel $K : |X| \le \frac{2}{3}$ in sich abbildet und daß S in K einer Lipschitzbedingung mit einer Lipschitzkonstante < 1 genügt. Es gibt dann in K nach dem Fixpunktsatz 5.IX genau einen Fixpunkt X in K, und für diesen gilt offensichtlich $e^X = C = E + R$.

Aus $|X| \le \alpha := \frac{2}{3}$ und $S(X) = R - \left(\frac{1}{2!}X^2 + \frac{1}{3!}X^3 + \cdots\right)$ folgt

$$|S(X)| \le \frac{1}{3} + \left(\frac{\alpha^2}{2!} + \frac{\alpha^3}{3!} + \cdots\right) = e^\alpha - 1 - \alpha + \frac{1}{3} < \frac{2}{3},$$

also $S(K) \subset K$. Ferner ist für $X, Y \in K$

$$X^3 - Y^3 = X^2(X - Y) + X(X - Y)Y + (X - Y)Y^2,$$

also $|X^3 - Y^3| \le 3\alpha^2|X - Y|$, und allgemein

$$|X^k - Y^k| \le k\alpha^{k-1}|X - Y| \quad \text{für} \quad k = 1, 2, 3, \ldots,$$

wie man durch eine ähnliche Zerlegung nachweist, also

$$|S(X) - S(Y)| = \left|\sum_{k=2}^\infty \frac{X^k - Y^k}{k!}\right|$$

$$\le |X - Y|\sum_{k=2}^\infty \frac{k\alpha^{k-1}}{k!} = |X - Y|(e^\alpha - 1)$$

mit $e^\alpha - 1 < 1$. Damit ist der Satz im Fall (7) bewiesen.

Der allgemeine Fall wird nun auf (7) zurückgeführt. Es ist $e^X = C$ genau dann, wenn

$$T^{-1}e^X T = e^{T^{-1}XT} = T^{-1}CT \quad (T \text{ regulär})$$

ist. Man darf deshalb annehmen, daß C Jordansche Normalform hat. Man kann sogar voraussetzen, daß C die Form eines Jordan-Kastens hat, $C = \lambda E + F$; vgl. 17.VII und 18.V. Denn hat man für jeden Jordan-Kasten J_k von C ein X_k mit $e^{X_k} = J_k$ gefunden, so hat man einfach X aus den X_k „zusammenzubauen", und es ist dann $e^X = C$.

Es sei also $C = \lambda E + F$ mit $\lambda \neq 0$, da C regulär ist. Setzt man

$$T = \text{diag}\,(\varepsilon, \varepsilon^2, \ldots, \varepsilon^n) \implies T^{-1} = \text{diag}\,(\varepsilon^{-1}, \ldots, \varepsilon^{-n}),$$

so ergibt eine einfache Rechnung, daß für $B = T^{-1}CT$ gilt $b_{ij} = c_{ij}\varepsilon^{j-i}$, in unserem Fall

$$T^{-1}CT = \lambda E + \varepsilon F = \lambda \left(E + \frac{\varepsilon}{\lambda} F \right).$$

Ist nun $\varepsilon > 0$ so klein gewählt, daß $|\varepsilon F/\lambda| \leq 1/3$ ist, so gibt es nach dem ersten Teil des Beweises ein X mit

$$e^X = E + \frac{\varepsilon}{\lambda} F.$$

Nach 18.III, IV gilt dann für $Y = T(X + E\log\lambda)T^{-1}$

$$
\begin{aligned}
e^Y &= Te^{X+E\log\lambda}T^{-1} = T\lambda e^X T^{-1} \\
&= T(\lambda E + \varepsilon F)T^{-1} = C = \lambda E + F.
\end{aligned}
$$

Damit ist der Hilfssatz vollständig bewiesen.

Wir beweisen zum Schluß einen Satz über das

VII. Anwachsen von Lösungen in der Nähe einer singulären Stelle. Dabei beschränken wir uns auf den Fall, daß $A(z)$ bei $z = 0$ einen Pol besitzt. Es sei K_r^- die längs der negativen reellen Achse aufgeschnittene Kreisscheibe, allso die Menge aller z mit $|z| < r$, für die nicht gleichzeitig $\text{Im}\, z = 0$ und $\text{Re}\, z \leq 0$ ist.

Satz. *Die Matrix $A(z) \in H(K_r^0)$ besitze an der Stelle $z = 0$ einen Pol der Ordnung $m \geq 1$. Zu jeder in K_r^- eindeutigen, holomorphen Lösung $w(z)$ der Differentialgleichung* (1) *existieren zwei positive Konstanten a, b mit*

$$|w(z)| \leq \begin{cases} a|z|^{-b}, & \text{falls } m = 1, \\ ae^{b|z|^{1-m}}, & \text{falls } m > 1, \end{cases} \quad \text{für} \quad z \in K_{r/2}^-. \tag{8}$$

Bemerkung. Ist $w(z)$ eine in K_r^0 eindeutige Lösung, so gilt die Abschätzung (8) natürlich in $K_{r/2}^0$. Ist $w(z)$ mehrdeutig, so gilt (8) für jeden in K_r^- eindeutigen Zweig von w. Man kann jedoch nicht erwarten, daß (8) für alle Zweige mit denselben Konstanten a, b gilt; das zeigt schon die Funktion $w(z) = \log z$, welche bei *festem* z nicht beschränkt ist (vgl. Beispiel I.(b)).

Beweis. Nach Voraussetzung existiert eine Konstante c mit

$$|A(z)| \le c|z|^{-m} \qquad \text{für} \qquad 0 < |z| \le \alpha,$$

$\alpha = r/2$. Wir wenden nun die Abschätzung von Corollar 21.III an. Dabei sei $G = K_r^-$; G ist einfach zusammenhängend. Ferner können wir $p(z) = c|z|^{-m}$ für $|z| \le \alpha$ setzen (die Werte von $p(z)$ für $|z| > \alpha$ spielen im folgenden keine Rolle). Wir wählen $z_0 = \alpha$. Ist z ein Punkt aus $K_{r/2}^-$, so verbinden wir α mit z durch einen Weg C, indem wir auf der reellen Achse von α nach $|z|$, und dann auf einer Kreislinie von $|z|$ nach z gehen. Es ist dann mit den Bezeichnungen von 21.II

$$P(z) \le {}^C\!\!\int p(\zeta(s))\, ds \le \int_{|z|}^{\alpha} ct^{-m}\, dt + c|z|^{-m} \pi |z|,$$

letzteres, weil der Kreisbogen von $|z|$ nach z höchstens die Länge $\pi|z|$ hat. Also gilt

$$P(z) \le \begin{cases} c \log \dfrac{\alpha}{|z|} + \pi c & \text{für} \quad m = 1, \\[2mm] c|z|^{1-m}(m - 1 + \pi) & \text{für} \quad m > 1, \end{cases}$$

woraus die Behauptung mit 21.III

$$|w(z) \le 2|w(\alpha)|e^{2P(z)}$$

folgt.

VIII. Aufgabe. Man bestimme für das System

$$w_1' = w_2, \qquad w_2' = \frac{\alpha w_1}{z^2}$$

ein Fundamentalsystem von Lösungen. Für welche Werte von α sind alle Lösungen rationale Funktionen?

§ 23 Schwach singuläre Stellen. Differentialgleichungen vom Fuchsschen Typ

Definition. Die Matrix $A(z)$ sei für $0 < |z - z_0| < r$ $(r > 0)$ eindeutig und holomorph. Die Stelle $z = z_0$ heißt *schwach singuläre Stelle* für die Differentialgleichung

$$w' = A(z)w, \tag{1}$$

wenn $A(z)$ an der Stelle z_0 einen Pol erster Ordnung hat. Es ist also, wenn wir uns wieder auf den Fall $z_0 = 0$ beschränken, vorausgesetzt, daß $A(z)$ eine Potenzreihenentwicklung

$$A(z) = \frac{1}{z} \sum_{k=0}^{\infty} A_k z^k \quad \text{mit} \quad A_0 \ne 0 \tag{2}$$

besitzt, wobei die Potenzreihe in einem Kreis $|z| < r$ $(r > 0)$ konvergiert. Hierin sind $A_0, A_1, \ldots$ konstante Matrizen; (2) kann aufgefaßt werden als Matrizenschreibweise für n^2 Potenzreihen für die $a_{ij}(z)$, deren Konvergenzradien alle $\geq r$ sind. Die Bedingung $A_0 \neq 0$ bedeutet, daß mindestens eine der Funktionen a_{ij} tatsächlich einen Pol bei $z = 0$ besitzt.

Ist $A_0 = 0$, also $A(z)$ holomorph bei $z = 0$, so sagt man auch, $z = 0$ sei ein *regulärer Punkt* der Differentialgleichung (1); dieser Fall wurde in § 21 behandelt. Ist der Punkt $z = 0$ weder regulär noch schwach singulär, so heißt er *stark singulär*. Letzteres tritt genau dann ein, wenn mindestens eine der Funktionen $a_{ij}(z)$ einen Pol mindestens zweiter Ordnung oder eine wesentliche Singularität bei $z = 0$ besitzt.

Für schwach singuläre Stellen läßt sich die Aussage von Satz 22.V wesentlich verschärfen. Die dort auftretende Funktion $U(z)$ ist dann bei $z = 0$ holomorph.

II. Satz. *Ist $A(z)$ für $0 < |z| < r$ holomorph und ist $z = 0$ eine schwach singuläre Stelle für die Differentialgleichung (1), so ist jedes Fundamentalsystem von der Form*

$$W(z) = U(z)z^B, \tag{3}$$

wobei $U(z)$ eine in $K_r : |z| < r$ eindeutige, holomorphe Funktion und B eine konstante Matrix ist.

Bemerkung. Eine Darstellung der Form (3) ist nicht eindeutig. Insbesondere folgt aus $e^{\alpha E} = e^\alpha E$ für $\alpha = k \log z$ (k ganz), daß $z^{kE} = z^k E$, also auch $z^k z^{-kE} = E$ ist. Aus (3) folgt demnach

$$W(z) = (U(z)z^k)z^{B-kE}, \tag{4}$$

also wieder eine Darstellung von der Form (3).

Aus diesem Grunde genügt es nachzuweisen, daß eine Darstellung (3) mit einer Funktion $U(z)$ existiert, welche an der Stelle $z = 0$ höchstens einen Pol besitzt. Ist k die Ordnung des Pols, so ist $U(z)z^k$ holomorph bei $z = 0$, und die Darstellung (4) hat die im Satz verlangte Eigenschaft.

Satz II geht auf Sauvage (1886) zurück. Genauere historische Angaben zum hier behandelten Problemkreis findet man etwa in dem Buch von Hartman (1964), Seite 91–92.

Beweis. Es sei $W(z)$ ein Fundamentalsystem. Nach Satz 22.V (mit Bemerkung) ist $W(z)$ von der Form (3), wobei $U(z)$ in K_r^0 holomorph ist. Wir betrachten $W(z)$ in der längs der negativen reellen Achse aufgeschnittenen Kreisscheibe K_r^-, und zwar den dem Hauptwert des Logarithmus entsprechenden Zweig. Für diesen ist

$$|\log z| \leq \log \frac{1}{|z|} + \pi \qquad (|z| < 1).$$

Ferner ist $|e^{Bs}| \leq e^{|B||s|}$, wie man der Reihenentwicklung entnimmt (man braucht $|E| = 1$ und nimmt deshalb eine Operatornorm). Also ist

$$|z^{-B}| \leq e^{|B||\log z|} \leq c|z|^{-\beta} \quad \text{mit} \quad \beta = |B|.$$

Nach 22.VII gilt für $W(z)$ in $K^-_{r/2}$ eine Abschätzung

$$|W(z)| \leq a|z|^{-b}$$

mit positiven Konstanten a, b, also

$$|U(z)| = |W(z)z^{-B}| \leq a|z|^{-b}c|z|^{-\beta}.$$

Hieraus ersieht man, daß $U(z)$ bei $z = 0$ höchstens einen Pol hat. Damit ist Satz II bewiesen.

III. Singularitäten im Unendlichen.

Man sagt, eine für $|z| > r$ holomorphe Funktion $f(z)$ hat bei $z = \infty$ eine Nullstelle bzw. einen Pol der Ordnung k, wenn dies für die Funktionen $g(z) = f(1/z)$ bei $z = 0$ zutrifft. Insbesondere heißt $f(z)$ holomorph an der Stelle $z = \infty$, wenn $g(z)$ für $z = 0$ holomorph ist.

Nun betrachten wir die Differentialgleichung (1), wobei $A(z)$ für $|z| > r$ holomorph sei. Wir führen, wenn $w(z)$ eine Lösung ist, die Funktion $v(\zeta) = w(1/\zeta)$ ein und erhalten

$$v'(\zeta) = -\frac{1}{\zeta^2} A\left(\frac{1}{\zeta}\right) v(\zeta). \tag{5}$$

Der Punkt $z = \infty$ heißt (i) regulär bzw. (ii) schwach singulär bzw. (iii) stark singulär für die Differentialgleichung (1), wenn der Punkt $\zeta = 0$ für die Differentialgleichung (5) die entsprechende Eigenschaft besitzt. Das ist offenbar genau dann der Fall, wenn in der Laurent-Entwicklung

$$A\left(\frac{1}{\zeta}\right) = \sum_{k=-\infty}^{\infty} B_k \zeta^k$$

(i) alle B_k mit $k \leq 1$ verschwinden bzw. (ii) alle B_k mit $k \leq 0$ verschwinden und $B_1 \neq 0$ ist bzw. (iii) nicht alle B_k mit $k \leq 0$ verschwinden.

IV. Satz. *Die Funktion $A(z)$ sei für $|z| > r$ holomorph. Die Stelle $z = \infty$ ist schwach singulär bzw. regulär genau dann, wenn $A(z)$ bei $z = \infty$ eine Nullstelle erster bzw. höherer Ordnung besitzt, d. h., wenn $A(z)$ die Entwicklung*

$$A(z) = \frac{B_1}{z} + \frac{B_2}{z^2} + \frac{B_3}{z^3} + \cdots \quad (|z| > r)$$

mit $B_1 \neq 0$ bzw. $B_1 = 0$ hat.

Jedes Fundamentalsystem von Lösungen von (1) ist von der Form

$$W(z) = U(z)z^B \quad \text{(schwach singulär)} \quad \text{bzw.} \quad W(z) = U(z) \quad \text{(regulär)},$$

wobei $U(z)$ eine für $|z| > r$ und $z = \infty$ eindeutige holomorphe Funktion und B eine konstante Matrix ist.

Diese Aussagen sind im wesentlichen durch die Überlegungen in III bewiesen. Man beachte, daß aus einem Fundamentalsystem $V(\zeta) = U(\zeta)\zeta^B$ $(|\zeta| < 1/r)$ der Differentialgleichung (5) sich wegen $(1/z)^B = z^{-B}$ ein Fundamentalsystem $W(z) = V(1/z)$ von der angegebenen Gestalt ergibt.

Von besonderem Interesse sind die

V. Differentialgleichungen vom Fuchsschen Typ. Die Differentialgleichung (1) heißt *vom Fuchsschen Typ*, wenn sie endlich viele schwach singuläre Stellen besitzt und wenn alle übrigen Punkte aus $\mathbb{C} \cup \{\infty\}$ regulär sind.

Satz. *Die Differentialgleichung (1) ist vom Fuchsschen Typ mit schwachen Singularitäten an den (paarweise verschiedenen) Stellen $z_1, \ldots, z_k \in \mathbb{C}$ (und möglicherweise ∞) genau dann, wenn*

$$A(z) = \sum_{j=1}^{k} \frac{1}{z - z_j} R_j \tag{6}$$

ist, wobei die R_j konstante Matrizen $\neq 0$ sind. Dabei ist ∞ eine reguläre oder schwach singuläre Stelle, je nachdem, ob $\sum\limits_{j=1}^{k} R_j = 0$ oder $\neq 0$ ist.

Beweis. Die Entwicklung von $A(z)$ um die schwach singuläre Stelle z_j beginnt mit dem Glied $A(z) = (z - z_j)^{-1} R_j + \cdots$, $R_j \neq 0$. Die Funktion

$$B(z) = A(z) - \sum_{j=1}^{k} \frac{1}{z - z_j} R_j$$

ist also holomorph in $\mathbb{C}$. Da der Punkt ∞ regulär oder schwach singulär ist, ist $A(\infty) = 0$ nach Satz IV, also auch $B(\infty) = 0$. Also ist $B(z)$ beschränkt und damit nach dem Satz von Liouville eine Konstante. Offenbar ist also $B(z) \equiv 0$, und es gilt (6). Nach Satz IV ist der Punkt ∞ regulär bzw. schwach singulär genau dann, wenn $zA(z)$ für $z \to \infty$ den Grenzwert 0 bzw. einen Grenzwert $\neq 0$ besitzt. Daraus ergibt sich die Behauptung über den Punkt ∞.

Bemerkung. Der Satz zeigt, daß es, abgesehen vom trivialen Fall $A(z) \equiv 0$, keine Differentialgleichung vom Fuchsschen Typ mit keiner oder nur einer schwachen Singularität gibt.

§ 24 Reihenentwicklungen von Lösungen

Wir untersuchen hier Reihenentwicklungen von Lösungen der Differential-gleichung

$$w' = A(z)w \qquad (1)$$

in der Umgebung einer schwach singulären Stelle z_0. Dabei wird sich nicht nur eine praktische Möglichkeit zur Berechnung von Lösungen, sondern auch eine gegenüber Satz 23.II vertiefte Einsicht in die Struktur der Lösungen ergeben. Es wird wieder $z_0 = 0$ vorausgesetzt.

Zunächst betrachten wir Potenzreihen, also vektorwertige holomorphe Funktionen

$$u(z) = \sum_{k=0}^{\infty} u_k z^k \quad \text{mit} \quad u_k \in \mathbb{C}^n. \qquad (2)$$

Um die Frage nach der Konvergenz mit funktionalanalytischen Methoden behandeln zu können, führen wir einen neuen Banachraum ein.

I. Der Banachraum H_δ. Alle Folgen $u = (u_0, u_1, u_2, \ldots) = (u_k)_0^\infty$, $u_k \in \mathbb{C}^n$, mit endlicher Norm

$$\|u\| = \sum_{k=0}^{\infty} |u_k| \delta^k \quad (\delta > 0 \text{ fest})$$

bilden einen Banachraum, den wir H_δ nennen.

Es ist leicht zu sehen, daß H_δ ein linearer Raum und $\| \cdot \|$ eine Norm ist. So ergibt sich etwa die Dreiecksungleichung aus

$$\|u + v\| = \sum |u_k + v_k| \delta^k \le \sum |u_k| \delta^k + \sum |v_k| \delta^k = \|u\| + \|v\|.$$

Zum *Beweis* der Vollständigkeit sei $u^1, u^2, \ldots$ eine Cauchyfolge, also $u^n = (u_k^n)_{k=0}^\infty \in H_\delta$, $\|u^m - u^n\| \to 0$ für $m, n \to \infty$. Wegen

$$|u_k^m - u_k^n| \delta^k \le \|u^m - u^n\| \to 0 \quad \text{für} \quad m, n \to \infty \quad (k \ge 0 \text{ beliebig})$$

gibt es zu jedem k ein $v_k \in \mathbb{C}^n$ mit $u_k^n \to v_k$ für $n \to \infty$. Bezeichnet $\sum'$ eine beliebige endliche Summe, so ist

$$\sum_k{}' |u_k^m - u_k^n| \delta^k \le \|u^m - u^n\| < \varepsilon \quad \text{für} \quad m, n > n_0,$$

also

$$\sum_k{}' |u_k^m - v_k| \delta^k \le \varepsilon \quad \text{für} \quad m > n_0.$$

Dasselbe gilt dann auch für die von $k = 0$ bis ∞ erstreckte Summe, d. h. es ist, wenn wir $v = (v_k)$ setzen, $\|v - u^m\| \leq \varepsilon$, insbesondere $v - u^m \in H_\delta$. Also ist auch $v = (v - u^m) + u^m \in H_\delta$, und es gilt $u^m \to v$ in H_δ.

Bemerkung. Eine Folge $u = (u_k)_0^\infty$ erzeugt gemäß (2) eine in $K_\delta : |z| < \delta$ holomorphe Funktion $u(z)$, und die Potenzreihe (2) ist für $z = \delta$ absolut konvergent (und damit in der abgeschlossenen Kreisscheibe $|z| \leq \delta$ absolut und gleichmäßig konvergent). Ist umgekehrt $u(z)$ eine in K_δ holomorphe Funktion, deren Potenzreihe (2) für $z = \delta$ absolut konvergiert, so ist die Folge der Koeffizienten $(u_k)_0^\infty$ aus H_δ. In diesem Sinne kann man Elemente aus H_δ mit den von ihnen erzeugten Funktionen $u(z)$ identifizieren.

II. Potenzreihenansatz. Formale Lösung. Machen wir für eine Lösung von (1) den Ansatz

$$w(z) = \sum_{k=0}^\infty w_k z^k, \quad w_k \in \mathbb{C}^n,$$

so ergibt sich mit

$$A(z) = \frac{1}{z} \sum_{k=0}^\infty A_k z^k \quad (0 < |z| < r) \tag{3}$$

die Bedingung

$$z \sum_{k=0}^\infty k w_k z^{k-1} = \left(\sum_{h=0}^\infty A_k z^k \right) \left(\sum_{l=0}^\infty w_l z^l \right),$$

also durch Koeffizientenvergleich (Cauchy-Produkt)

$$k w_k = \sum_{j=0}^k A_{k-j} w_j \quad (k = 0, 1, 2, \ldots), \tag{4}$$

oder, indem man den Summand $A_0 w_k$ nach links bringt,

$$\left. \begin{array}{l} -A_0 w_0 = 0, \\ (E - A_0) w_1 = A_1 w_0, \\ \quad \vdots \\ (kE - A_0) w_k = A_k w_0 + \cdots + A_1 w_{k-1}, \\ \quad \vdots \end{array} \right\} \tag{4'}$$

Eine *formale Lösung* ist per definitionem eine den Gleichungen (4) genügende Folge $(w_k)_0^\infty$. Ist eine formale Lösung $(w_k) \in H_\delta$, so ist sie (genauer: die von ihr erzeugte Funktion $w(z)$) eine in K_δ holomorphe Lösung von (1); denn man darf offenbar gliedweise differenzieren.

III. Konvergenzsatz. *Die Reihe* (3) *für* $A(z)$ *konvergiere für* $0 < |z| < r$. *Dann stellt jede formale Lösung von* (1) *eine für* $|z| < r$ *konvergente Potenzreihe, also eine für* $|z| < r$ *holomorphe Lösung dar.*

Der *Beweis* beruht im wesentlichen auf der Untersuchung der folgenden

IV. Zwei Operatoren in H_δ. Die beiden linearen Operatoren A und J_m von H_δ in sich seien definiert durch

$$v = Au \Longleftrightarrow v_k = \sum_{j=0}^{k} A_{k-j} u_j \tag{5}$$

$$v = J_m u \Longleftrightarrow v_k = \begin{cases} \mathbf{0} & \text{für } k < m, \\[2mm] \dfrac{u_k}{k} & \text{für } k \geq m. \end{cases} \tag{6}$$

Dabei sind die A_k die in (3) auftretenden Matrizen. Offenbar ist (5) nichts anderes als die Übertragung des Multiplikationsoperators $v(z) = zA(z)u(z)$ auf die Koeffizientenfolgen. Wir beweisen die die beiden Aussagen:

(a) *Ist*

$$C := \sum_{k=0}^{\infty} |A_k| \delta^k < \infty$$

so ist $\|A\| \leq C$, d. h. $\|Au\| \leq C\|u\|$ *für* $u \in H_\delta$.

(b) *Es ist* $\|J_m\| \leq \dfrac{1}{m}$ $(m = 1, 2, \ldots)$.

Während (b) evident ist, erfordert (a) eine kurze Rechnung:

$$\begin{aligned} C\|u\| &= \sum_{k=0}^{\infty} |A_k| \delta^k \sum_{l=0}^{\infty} |u_l| \delta^l = \sum_{k=0}^{\infty} \delta^k \sum_{j=0}^{k} |A_{k-j}| |u_j| \\ &\geq \sum_{k=0}^{\infty} \delta^k |v_k| = \|v\| = \|Au\|. \end{aligned}$$

V. Beweis des Konvergenzsatzes. Es sei $\bar{w} = (\bar{w}_k)$ eine formale Lösung von (1). Die Gleichung

$$w = J_m Aw + (\bar{w}_0, \bar{w}_1, \ldots, \bar{w}_{m-1}, 0, 0, 0, \ldots) \tag{7}$$

hat in H_δ, $0 < \delta < r$, genau eine Lösung, wenn $m > C$ ist (man beachte, daß C aufgrund der Voraussetzung über die Reihe (3) endlich ist). Es ist nämlich $J_m A$ ein linearer Operator und

$$\|J_m Aw\| \leq \frac{1}{m} \|Aw\| \leq \frac{C}{m} \|w\|$$

mit $C/m < 1$. Die Behauptung folgt dann aus dem Fixpunktsatz 5.IX.
Für die Lösung w von (7) gilt

$$w_k = \bar{w}_k \quad \text{für} \quad k = 0, 1, \dots, m-1,$$

da der Operator J_m die ersten m Glieder zu Null macht. Für $k = m$ ist

$$w_m = \frac{1}{m}(Aw)_m \iff mw_m = \sum_{j=0}^{m} A_{m-j} w_j,$$

und Entsprechendes für $k > m$, d. h., $w = (w_k)$ genügt den Gleichungen (4), ist also ebenfalls eine formale Lösung.

Nun ist die Matrix $\lambda E - A_0$ höchstens für endlich viele λ (die Eigenwerte) singulär, also $kE - A_0$ regulär für große k, etwa $k \geq k_0$. Das bedeutet, daß (4') für $k \geq k_0$ eindeutig nach w_k aufgelöst werden kann, oder, daß die w_k mit Indizes $k \geq k_0$ eindeutig durch die w_k mit Indizes $k < k_0$ bestimmt sind. Wählt man also $m \geq k_0$, so folgt aus $w_k = \bar{w}_k$ für $k < m$, daß $w = \bar{w}_k$ für alle k ist. Also ist die formale Lösung $\bar{w}$ aus H_δ, die Potenzreihe konvergiert für $|z| \leq \delta$. Da man δ beliebig nahe an r wählen kann, ist der Konvergenzsatz vollständig bewiesen.

VI. Diskussion des Ergebnisses. (a) $\lambda = 0$ sei ein Eigenwert von A_0. Dann besitzt die erste Gleichung von (4), $A_0 w_0 = 0$, eine nichttriviale Lösung w_0 (Eigenvektor zum Eigenwert $\lambda = 0$). Wenn $kE - A_0$ für $k \in \mathbb{N}$ regulär ist, d. h., wenn die Zahlen $1, 2, 3, \dots$ keine Eigenwerte sind, lassen sich die Gleichungen (4) für $k \geq 1$ eindeutig lösen; es existiert eine formale Lösung (w_k), und diese ist eine in K_r holomorphe Lösung.

(b) Gelten die Voraussetzungen von (a) und gibt es zum Eigenwert $\lambda = 0$ mehrere, etwa p linear unabhängige Eigenvektoren, so lassen sich daraus p Lösungen berechnen, und diese sind ebenfalls linear unabhängig. Denn wären sie linear abhängig, so wären auch ihre Werte an der Stelle $z = 0$, das sind aber gerade die genannten Eigenvektoren, linear abhängig.

(c) Nun sei $\lambda \neq 0$ ein Eigenwert von A_0. Machen wir für eine Lösung von (1) den Ansatz

$$w(z) = z^\lambda u(z),$$

so folgt

$$w' = \lambda z^{\lambda-1} u(z) + z^\lambda u'(z) = A(z) z^\lambda u(z)$$

genau dann, wenn

$$u' = \left(A(z) - \frac{\lambda E}{z} \right) u \tag{8}$$

ist. Mit anderen Worten:

$u(z) = z^{-\lambda} w(z)$ *genügt derselben Differentialgleichung wie* $w(z)$, *jedoch mit* A_0 *ersetzt durch* $A_0 - \lambda E$.

(d) Ist also $\lambda \in \mathbb{C}$ ein Eigenwert von A_0, jedoch $\lambda + k$ kein Eigenwert von A_0 für alle $k \in \mathbb{N}$, so existiert eine Lösung

$$w(z) = z^\lambda \sum_{k=0}^\infty w_k z^k \tag{9}$$

von (1), wobei $w_0 \neq 0$ ein zu λ gehöriger Eigenvektor ist und die w_k sich aus den Gleichungen

$$((\lambda + k)E - A_0)w_k = \sum_{j=0}^{k-1} A_{k-j}w_j \tag{10}$$

($k = 1, 2, 3, \ldots$) in eindeutiger Weise bestimmen lassen. Existieren zu λ mehrere linear unabhängige Eigenvektoren, so sind die sich daraus ergebenden Lösungen ebenfalls linear unabhängig.

VII. Allgemeinere Reihenentwicklungen. Um auch für jene Lösungen, die logarithmische Anteile enthalten und demnach nicht von der Form (9) sind, Reihenentwicklungen zu erhalten, transformieren wir die Differentialgleichung (1) wie in § 22 gemäß $z = e^s$. Für $v(s) := w(e^s)$ ergibt sich

$$\frac{dv(s)}{ds} = e^s A(e^s)v(s) = \left(\sum_{k=0}^\infty A_k e^{ks} \right) v(s). \tag{11}$$

Es sei P_q der Raum aller Vektorpolynome vom Grad $\leq q$

$$p(s) = p_0 + p_1 s + \cdots + p_q s^q \quad \text{mit} \quad p_k \in \mathbb{C}^n.$$

Wir machen den Ansatz

$$v(s) = \sum_{k=0}^\infty v_k(s)e^{ks} \quad \text{mit} \quad v_k(s) \in P_q. \tag{12}$$

Die Gleichung (11) lautet dann

$$\sum_{k=0}^\infty (v_k' + kv_k)e^{ks} = \left(\sum_{k=0}^\infty A_k e^{ks} \right) \left(\sum_{l=0}^\infty v_l e^{ls} \right). \tag{13}$$

Multipliziert man rechts und setzt die „Koeffizienten" von e^{ks} gleich, so ergeben sich die Gleichungen

$$v_k' + kv_k = \sum_{j=0}^k A_{k-j}v_j \quad (k = 0, 1, 2, \ldots). \tag{14}$$

Im Fall $q = 0$ hat man wegen $v_k' = 0$ die früher betrachtete Potenzreihenentwicklung, und (14) stimmt mit (4) überein.

Ähnlich wie in II nennen wir eine Folge $v = (v_k)_{k=0}^{\infty}$ mit $v_k \in P_q$ eine formale Lösung von (11), wenn (14) gilt. Unser Ziel ist es, den folgenden Konvergenzsatz zu beweisen.

VIII. Konvergenzsatz. *Die Reihe* (3) *für* $A(z)$ *sei für* $0 < |z| < r$ *konvergent. Dann ist jede formale Lösung der Differentialgleichung* (11) *eine in der Halbebene* $R_{\log r}$: Re $s < \log r$ *holomorphe Lösung.*

Genauer: Bildet man mit einer formalen Lösung v_k die Funktion $(v(s))$ gemäß (12), so ist diese Reihe in $R_{\log r}$ absolut konvergent sowie lokal gleichmäßig konvergent (d. h. in jeder kompakten Teilmenge von $R_{\log r}$ gleichmäßig konvergent), und dasselbe gilt für die gliedweise differenzierte Reihe sowie für die Reihe von $e^s A(e^s)$, also für alle in (13) auftretenden Reihen. Aus (14) folgt dann, daß v eine Lösung von (11) ist.

Der folgende Beweis dieses Satzes wird ähnlich wie früher geführt.

IX. Der Banachraum H_{δ}^q. Wir führen in P_q eine Norm $| \cdot |_q$ ein, etwa, wenn $p(s) = p_0 + \cdots + p_q s^q$ ist,

$$|p(s)|_q := |p_0| + \cdots + |p_q|.$$

Der Raum H_{δ}^q besteht aus allen Folgen $u = (u_k)_{k=0}^{\infty}$, $u_k \in P_q$, mit endlicher Norm

$$\|u\| := \sum_{k=0}^{\infty} |u_k|_q \delta^k \quad (\delta > 0 \text{ fest}).$$

Man kann ein Polynom $p(s) \in P_q$ identifizieren mit der $n \times (q+1)$-Matrix seiner Koeffizienten $(p_0, \ldots, p_q)$. Dann ist der Raum H_{δ}^q nichts anderes als der frühere Raum H_{δ}, wobei jedoch die u_k Matrizen (oder $n(q+1)$-dimensionale Vektoren) sind. Nach I ist also H_{δ}^q ein Banachraum.

X. Die Operatoren A und J_m. Der Operator A ist wie in (5) definiert,

$$v = Au \Longleftrightarrow v_k = \sum_{j=0}^{k} A_{k-j} u_j,$$

wobei natürlich $u \in H_{\delta}^q$, also $u_k, v_k \in P_q$ ist. Eine Änderung tritt bei J_m ein,

$$v = J_m u \Longleftrightarrow v_k = \begin{cases} 0 & \text{für } k < m, \\ \dfrac{D_k u_k}{k} & \text{für } k \geq m \end{cases} \tag{15}$$

mit

$$D_k p = p - \frac{p'}{k} + \frac{p''}{k^2} - + \cdots \quad (p \in P_q). \tag{16}$$

Die Reihe hat höchstens $q+1$ Summanden $\neq 0$. Die Bedeutung des Operators D_k liegt darin, daß er eine lineare Differentialgleichung löst, nämlich

$$y(s) := \frac{1}{k} D_k p \Longrightarrow y' + ky = p. \tag{17}$$

Dies läßt sich leicht verifizieren.

(a) Es ist $\|Au\| \leq C\|u\|$ mit der in IV.(a) angegebenen Konstanten C. Das wird genau wie in IV.(a) bewiesen. Man beachte, daß für $p \in P_q$ und für eine konstante Matrix B gilt

$$Bp = Bp_0 + \cdots + Bp_q s^q \Longrightarrow |Bp|_q = |Bb_0| + \cdots + |Bp_q| \leq |B| \, |p|_q,$$

wenn man die oben angegebene Norm in P_q nimmt.

(b) Man sieht leicht, daß es eine Konstante C_1 mit $|p'|_q \leq C_1 |p|_q$ und damit auch eine Konstante C_2 mit

$$|D_k p|_q \leq C_2 |p|_q \quad \text{für alle} \quad k \in \mathbb{N}, \quad p \in P_q$$

gibt. Daraus folgt sofort

$$\|J_m u\| \leq \frac{C_2}{m} \|u\|.$$

(c) *Konvergenzbeweis.* Es sei $\bar{v} = (\bar{v}_k)$ eine formale Lösung und $0 < \delta < r$. Die Gleichung

$$v = J_m Av + (\bar{v}_0, \ldots, \bar{v}_{m-1}, 0, 0, \ldots)$$

hat für hinreichend großes m eine Lösung $v \in H_\delta^q$. Das folgt wegen $\|J_m Av\| \leq \frac{C_2}{m} \|Av\| \leq \frac{CC_2}{m} \|v\|$ mit $m > CC_2$ aus dem Fixpunktsatz 5.IX. Wir zeigen, daß v ebenfalls eine formale Lösung ist. Zunächst sei wieder $v_k = \bar{v}_k$ für $k < m$. Für $k \geq m$ erhält man

$$v_k = \frac{1}{k} D_k p \quad \text{mit} \quad p = (Av)_k,$$

also nach (17)

$$v_k' + kv_k = p = (Av)_k = \sum_{j=0}^{k} A_{k-j} v_j,$$

d. h. $v = (v_k)$ ist ebenfalls eine formale Lösung. Nun ergibt sich aus dem folgenden Hilfssatz XI, daß die v_k mit Indizes $k \geq m$ durch die v_k mit Indizes $k < m$ eindeutig bestimmt sind, falls m hinreichend groß gewählt wird (im Hilfssatz ist jetzt $p = v_k$ und $B = kE - A_0$, also B regulär für große k). Also ist $v_k = \bar{v}_k$ für alle k und damit $\bar{v} \in H_\delta^q$.

Es sei nun $M \subset R_{\log r}$ eine kompakte Menge. Offenbar gibt es eine Konstante C_M mit

$$\max_M |p(s)| \leq C_M |p|_q \quad \text{für} \quad p \in P_q.$$

Ferner existieren Konstanten γ, δ mit $0 < \gamma < \delta < r$ und $M \subset R_{\log \gamma}$. Es ist

$$\max_M |kv_k(s)e^{ks}| \le C_M k |v_k|_q \gamma^k \le C_M |v_k|_q \delta^k \quad (k \ge k_0).$$

Daraus ergibt sich die gleichmäßige Konvergenz der Reihe $\sum k v_k(s) e^{ks}$ in M. Natürlich sind dann auch die Reihen $\sum v_k e^{ks}$ und $\sum v'_k e^{ks}$ gleichmäßig konvergent in M, letzteres wegen $|p'|_q \le C_1 |p|_q$.
Damit ist der Konvergenzsatz vollständig bewiesen.

XI. Hilfssatz. *Es sei B eine konstante $n \times n$-Matrix und $q(s)$ ein Vektorpolynom vom Grad m. Die Differentialgleichung*

$$p'(s) + Bp(s) = q(s)$$

hat, wenn B regulär ist, genau eine Polynomlösung $p(s)$. Diese ist vom Grad m. Ist B singulär, so gibt es mehrere Polynomlösungen; alle sind vom Grad $\le m + r_0$, wobei r_0 die Vielfachheit der Nullstelle $\lambda = 0$ des charakteristischen Polynoms von B ist.

Beweis. Setzt man $p(s) = Tu(s)$, wobei T eine reguläre Matrix ist, so ergibt sich für u die Differentialgleichung

$$u' + Cu = h \quad \text{mit} \quad C = T^{-1}BT, \quad h = T^{-1}q. \tag{18}$$

Dabei sei T so gewählt, daß C Jordansche Normalform hat. Ist $J = \lambda E + F$ der erste Jordan-Kasten von C mit r Zeilen und Spalten (Bezeichnungsweise wie in 18.V), so lauten die entsprechenden Gleichungen

$$\left. \begin{array}{rcl} u'_1 + \lambda u_1 &=& h_1 - u_2 \\ &\vdots& \\ u'_{r-1} + \lambda u_{r-1} &=& h_{r-1} - u_r \\ u'_r + \lambda u_r &=& h_r. \end{array} \right\} \tag{18'}$$

Diese Gleichungen lassen sich „von unten nach oben" lösen. Mit Mit grad h bezeichnen wir den Grad eines Polynoms $h(s)$. Ist $\lambda = 0$, so ergibt sich grad $u_r = 1 + \text{grad } h_r \le 1 + m$, grad $u_{r-1} \le 2 + m, \ldots,$ grad $u_1 \le r + m$.

Ist $\lambda \ne 0$, so hat die homogene Gleichung $y' + \lambda y = 0$ keine Polynomlösung, die inhomogene Gleichung $y' + \lambda y = h$ (h Polynom) also genau eine Polynomlösung, nämlich

$$y = \frac{1}{\lambda} D_\lambda h = \frac{h}{\lambda} - \frac{h'}{\lambda^2} + \frac{h''}{\lambda^3} - + \cdots;$$

vgl. (16), (17). Es ist grad $y = \text{grad } h$. Wendet man dieses Ergebnis auf (18') an, so folgt, daß (18') genau eine Polynomlösung $(u_1, \ldots, u_r)^T$ besitzt und daß der maximale Grad der u_i gleich dem maximalen Grad der h_i ist.

Bei regulärem B haben alle Jordan-Kästen die Form $J = \lambda E + F$ mit $\lambda \ne 0$, bei singulärem B gibt es mindestens einen Kasten mit $\lambda = 0$. Die den einzelnen

Kästen entsprechenden Lösungen von (18') baut man zu einer Lösung u von (18) zusammen, führt die Transformation $p = Tu$ durch und erhält so die Behauptung.

XII. Aufbau eines Fundamentalsystems. Analog zu VI.(c) gilt

(a) $v(s)$ ist eine Lösung von (11), wenn $u(s) := e^{-\lambda s} v(s)$ Lösung der entsprechenden Differentialgleichung mit $A_0 - \lambda E$ anstelle von A_0 ist.

(b) Der Ansatz für eine Lösung von (11)

$$v(s) = e^{\lambda s} \sum_{k=0}^{\infty} v_k(s) e^{ks} \quad \text{mit} \quad v_k \in P_q \tag{19}$$

führt nach (a) auf die Gleichungen (14) mit $A_0 - \lambda E$ statt A_0, d. h.

$$\left. \begin{aligned} v_0' + (\lambda E - A_0) v_0 &= 0 \\ v_1' + ((\lambda + 1)E - A_0) v_1 &= A_1 v_0 \\ &\;\;\vdots \\ v_k' + ((\lambda + k)E - A_0) v_k &= A_k v_0 + \cdots + A_1 v_{k-1} \\ &\;\;\vdots \end{aligned} \right\} \tag{20}$$

Die erste dieser Gleichungen besagt gerade, daß

$$y(s) := e^{\lambda s} v_0(s) \tag{21}$$

eine Lösung der Differentialgleichung

$$y'(s) = A_0 y(s) \tag{22}$$

ist.

Nach 17.VIII besitzt (22) ein Fundamentalsystem von Lösungen der Form (21). Dabei ist λ ein Eigenwert von A_0 und $v_0(s)$ ist ein Polynom. Für jede solche Lösung $y(s)$ genügt $v_0(s)$ der ersten Gleichung (20). Nach Hilfssatz XI läßt sich das System (20) lösen. Damit hat man eine formale Lösung (v_k) der Differentialgleichung mit $A_0 - \lambda E$ anstelle von A_0, und nach dem Konvergenzsatz VIII ist diese eine Lösung, d. h., die durch (19) gegebene Funktion $v(s)$ ist eine Lösung von (11).

(c) *Die auf diese Weise gewonnenen n Lösungen von (11) bilden ein Fundamentalsystem.*

Zum Beweis der linearen Unabhängigkeit dieser Lösungen zeigen wir zunächst, daß für jede Lösung $v(s)$ der Form (19) gilt (t reell)

$$v(s) = e^{\lambda s}(v_0(s) + o(1)) \quad \text{für} \quad s = ct, \quad t \to \infty \text{ mit Re } c = -1. \tag{23}$$

Denn offenbar ist für $p(s) \in P_q$

$$|p(ct)| \le |p|_q e^{t/2} \quad \text{für} \quad t \ge t_0,$$

also wegen Re $c = -1$

$$|v_k(ct)e^{kct}| \leq |v_k|_q e^{(-k+\frac{1}{2})t} \leq e^{-\frac{1}{2}t}|v_k|_q \delta^{k-1}$$

mit $\delta = e^{-t_0} < 1$ und damit

$$\left|\sum_{k=1}^{\infty} v_k(ct)e^{kct}\right| \leq e^{-\frac{1}{2}t}\sum_{k=1}^{\infty} |v_k|_q \delta^{k-1}.$$

Nun sei λ ein Eigenwert von A_0, und $y^j(s) = e^{\lambda s}v_0^j(s)$, $j = 1,\ldots,m$, seien die zugehörigen linear unabhängigen Lösungen von (22). Die Polynome v_0^j sind also linear unabhängig. Bezeichnen wir die entsprechenden Lösungen von (11) mit $v^j(s)$, so ist nach (23)

$$\sum_{j=1}^{m} c_j v^j(s) = e^{\lambda s}(p(s) + o(1)) \quad \text{mit} \quad p(s) = \sum_{j=1}^{m} c_j v_0^j(s). \tag{24}$$

Ist diese Linearkombination gleich Null, so ist $p(s) + o(1) = 0$, also $p(s) = 0$ und damit $c_j = 0$ für $j = 1,\ldots,m$. Damit ist die lineare Unabhängigkeit der zu einem festen Eigenwert gehörigen Lösungen von (11) nachgewiesen.

Es seien $\lambda_1,\ldots,\lambda_r$ die voneinander verschiedenen Eigenwerte von A_0. Wir betrachten eine Linearkombination aller n Lösungen von (11). Sie läßt sich in der Form

$$e^{\lambda_1 s}(p_1(s) + o(1)) + \cdots + e^{\lambda_r s}(p_r(s) + o(1)) \tag{25}$$

schreiben, wobei wir die Kombination der zu einem festen λ_i gehörigen Lösungen wie in (24) zusammengefaßt haben. Wir nehmen an, diese Linearkombination (25) sei identisch Null, und wir haben zu zeigen, daß dann $p_1(s) = \cdots = p_r(s) = 0$ ist. Dann folgt aus dem bei (24) Bewiesenen, daß alle Koeffizienten der Linearkombination verschwinden. Dazu bestimmen wir ein c mit Re $c = -1$ derart, daß Zahlen $\alpha_j = $ Re $\lambda_j c$ $(j = 1,\ldots,r)$ alle verschieden sind. Das ist sicher möglich, denn durch $y = $ Re $\lambda_j(-1 + ix)$ wird in der reellen (x,y)-Ebene eine Gerade dargestellt, und diese r Geraden haben nur endlich viele Schnittpunkte. Wir wählen also ein x, das nicht zu einem solchen Schnittpunkt gehört, und setzen $c = -1 + ix$. Ferner sei die Numerierung der Eigenwerte so gewählt, daß $\alpha_1 > \alpha_2 > \cdots > \alpha_r$ ist. Es ist dann $|e^{\lambda_j ct}| = e^{\alpha_j t}$. Setzt man also in (25) $s = ct$, multipliziert mit $e^{-\lambda_1 ct}$, so folgt

$$p_1(ct) + o(1) + e^{(\lambda_2 - \lambda_1)ct}(p_2(ct) + o(1)) + \cdots = 0,$$

woraus für $t \to \infty$ wegen Re $(\lambda_2 - \lambda_1)c = \alpha_2 - \alpha_1 < 0,\ldots$ ergibt, daß $p_1(ct) + o(1) \to 0$ strebt, also $p_1(s) = 0$ ist. In derselben Weise zeigt man nun nacheinander, daß $p_2 = \cdots = p_r = 0$ ist. Damit ist die lineare Unabhängigkeit vollständig bewiesen.

(d) Bei der Rücktransformation $w(z) := v(\log z)$ einer Lösung (19) ergibt sich, wenn man nach Potenzen von $\log z$ umordnet,

$$w(z) = z^{\lambda}\{h_0(z) + (\log z)h_1(z) + \cdots + (\log z)^q h_q(z)\}, \tag{26}$$

wobei $h_j(z)$ für $|z| < r$ holomorphe Funktionen sind. Wie hoch die dabei auftretenden Potenzen von $\log z$ sind, läßt sich leicht abschätzen, wenn die Jordansche Normalform von A_0 bekannt ist. Als Beispiel dazu sei betrachtet

XIII. Der Fall $n = 2$. Es seien λ, μ die beiden Nullstellen des charakteristischen Polynoms det $(A_0 - \lambda E)$, und es sei etwa Re $\lambda \leq$ Re μ. Ferner bezeichnen $h(z), h_1(z), \ldots$ für $|z| < r$ holomorphe Funktionen. Dann gibt es nach VI.(d) eine Lösung $w(z)$ der Differentialgleichung (1) von der Form

$$w(z) = z^\mu h(z).$$

Ferner gibt es eine zweite, davon linear unabhängige Lösung der Form

$$\tilde{w} = z^\lambda \{h_1(z) + (\log z)h_2(z)\}.$$

Ist dabei $\lambda - \mu$ keine ganze Zahl, so ist $h_2 = 0$. Ist $\lambda = \mu$ und existieren zu diesem Eigenwert zwei linear unabhängige Eigenvektoren, so ist ebenfalls $h_2 = 0$. Das folgt aus VI.(d).

Ein logarithmischer Anteil tritt also nur auf, wenn λ eine zweifache Nullstelle des charakteristischen Polynoms mit nur einem Eigenvektor ist oder wenn $\mu = \lambda + m$ mit $m \in \mathbb{N}$ ist. Im zweiten Fall ist in den Gleichungen (20) v_0 konstant, nämlich der zu λ gehörige Eigenvektor von A_0. Die Auflösung von (20) ergibt konstante Vektoren $v_1, \ldots, v_{m-1}$. Die m-te Gleichung von (20) ist, da $(\lambda + m)E - A_0$ singulär ist, i. a. nicht durch eine Konstante v_m lösbar, d. h., für $k \geq m$ ist $v_k(s)$ ein lineares Polynom ($h_2(z)$ beginnt mit der Potenz z^m). Im Fall der doppelten Nullstelle $\lambda = \mu$ ist bereits $v_0(s)$ ein lineares Polynom, und alle übrigen $v_k(s)$ lassen sich als lineare Funktionen von s eindeutig aus (20) bestimmen; vgl. Hilfssatz XI.

Die in $\tilde{w}$ als Faktor von $\log z$ auftretende Funktion $z^\lambda h_2(z)$ ist selbst eine Lösung von (1), also ein Vielfaches von w. Die Lösung $\tilde{w}$ hat demnach die Gestalt

$$\tilde{w}(z) = z^\lambda h_1(z) + cw(z)\log z \quad (c \in \mathbb{C}).$$

Beweis als Übungsaufgabe. Man zeige, daß $\tilde{w}' - A(z)\tilde{w} = z^{\lambda-1}(h_3 + h_4 \log z)$ $= 0$ ist (h_i holomorph), und leite daraus $h_4 = 0$ ab.

§ 25 Lineare Differentialgleichungen zweiter Ordnung

Als Anwendung unserer Theorie betrachten wir die lineare Differentialgleichung

$$u'' + a(z)u' + b(z)u = 0 \tag{1}$$

für eine skalare Funktion $u(z)$. Die übliche Transformation liefert das äquivalente System erster Ordnung

$$w' = \begin{pmatrix} 0 & 1 \\ -b & -a \end{pmatrix} w \quad \text{für} \quad w = \begin{pmatrix} w_1 \\ w_2 \end{pmatrix} = \begin{pmatrix} u \\ u' \end{pmatrix}; \tag{2}$$

vgl. (19.2). Daran ersieht man, daß die Stelle z_0 regulär oder schwach singulär ist, wenn die Funktionen $a(z)$, $b(z)$ bei z_0 höchstens einen Pol erster Ordnung haben.

Man erhält jedoch ein allgemeineres Ergebnis, wenn man (1) gemäß $w_1 :=$ $u(z)$, $w_2 := (z - z_0)u'(z)$ transformiert. Es ergibt sich nach einfacher Rechnung

$$
w' = \begin{pmatrix} 0 & \dfrac{1}{z - z_0} \\ -(z - z_0)b(z) & \dfrac{1}{z - z_0} - a(z) \end{pmatrix} w \quad \text{für} \quad w = \begin{pmatrix} w_1 \\ w_2 \end{pmatrix}. \tag{3}
$$

Für dieses System ist z_0 offenbar auch dann noch eine schwach singuläre Stelle, wenn $b(z)$ an dieser Stelle einen Pol zweiter Ordnung und $a(z)$ einen Pol höchstens erster Ordnung besitzt.

I. Klassifikation von Singularitäten. Die Koeffizienten $a(z)$, $b(z)$ seien in einer punktierten Umgebung von $z_0 \in \mathbb{C}$, etwa $0 < |z - z_0| < r$, eindeutige holomorphe Funktionen. Die Stelle z_0 heißt in Bezug auf die Gleichung (1) *regulär*, wenn $a(z)$ und $b(z)$ bei z_0 holomorph sind; *schwach singulär*, wenn sie nicht regulär ist und wenn $a(z)$ bei z_0 höchstens einen Pol erster Ordnung und $b(z)$ einen Pol von höchstens zweiter Ordnung besitzt; schließlich *stark singulär*, wenn sie weder regulär noch schwach singulär ist.

Transformiert man die Differentialgleichung (1) gemäß (3), so stimmt diese Klassifikation mit der in 23.I für Systeme gegebenen überein.

Die Klassifikation an der Stelle $z_0 = \infty$ wird wie in § 23 durchgeführt, indem man die Differentialgleichung mit $\zeta = 1/z$ transformiert. Für $v(\zeta) = u(1/\zeta)$ ergibt sich aus (1)

$$
\frac{d^2 v(\zeta)}{d\zeta^2} + \frac{dv(\zeta)}{d\zeta} \left\{ \frac{2}{\zeta} - \frac{1}{\zeta^2} a\left(\frac{1}{\zeta}\right) \right\} + \frac{1}{\zeta^4} b\left(\frac{1}{\zeta}\right) v(\zeta) = 0. \tag{4}
$$

Wie bei Systemen in 23.III setzt man fest: Die Stelle $z = \infty$ heißt regulär bzw. schwach singulär bzw. stark singulär für die Differentialgleichung (1), wenn die Stelle $\zeta = 0$ für die Differentialgleichung (4) von entsprechender Art ist.

II. Satz. *Die Funktionen $a(z)$, $b(z)$ seien für $|z| > r$ holomorph. Die Stelle $z = \infty$ ist regulär oder schwach singulär für die Differentialgleichung (1) genau dann, wenn $a(z)$ eine Nullstelle, $b(z)$ eine mehrfache Nullstelle bei $z = \infty$ hat, d. h., wenn Entwicklungen*

$$
a(z) = \frac{a_1}{z} + \frac{a_2}{z^2} + \cdots, \quad b(z) = \frac{b_2}{z^2} + \frac{b_3}{z^3} + \cdots \qquad (|z| > r)
$$

gelten. Der reguläre Fall liegt genau dann vor, wenn dabei

$$
a_1 = 2 \quad \text{und} \quad b_2 = b_3 = 0
$$

ist.

Das folgt sofort, indem man die Differentialgleichung (4) mit den Koeffizienten

$$\bar{a}(\zeta) = \frac{2}{\zeta} - \frac{1}{\zeta^2} a\left(\frac{1}{\zeta}\right), \qquad \bar{b}(\zeta) = \frac{1}{\zeta^4} b\left(\frac{1}{\zeta}\right)$$

an der Stelle $\zeta = 0$ klassifiziert.

III. Beispiele. (a) Für die Differentialgleichung

$$(z+2)z^2 u'' + (z+2)u' - 4zu = 0$$

ist

$$a(z) = \frac{1}{z^2}, \qquad b(z) = -\frac{4}{z(z+2)}.$$

Der Punkt $z = 0$ ist stark singulär, $z = -2$ ist schwach singulär, $z = \infty$ ist schwach singulär, alle übrigen Punkte aus $\mathbb{C}$ sind regulär.

(b) Für

$$(\sin z)u'' - zu' + (e^z - 1)u = 0$$

ist

$$a(z) = -\frac{z}{\sin z}, \qquad b(z) = \frac{e^z - 1}{\sin z}.$$

Offenbar ist $z = 0$ regulär. Die Punkte $z = k\pi$ mit $k = \pm 1, \pm 2, \ldots$ sind schwach singulär, da der Sinus an diesen Stellen eine einfache Nullstelle hat. Der Punkt $z = \infty$ ist Häufungspunkt von Singularitäten, also keine isolierte Singularität und damit nicht klassifizierbar.

IV. Reihenentwicklungen. Die Indexgleichung. Es sei $z = 0$ eine schwach singuläre Stelle für die Differentialgleichung (1), d. h. es sei

$$a(z) = \frac{1}{z} \sum_{k=0}^{\infty} a_k z^k, \quad b(z) = \frac{1}{z^2} \sum_{k=0}^{\infty} b_k z^k \qquad (0 < |z| < r).$$

Für das zugehörige System (3) ist also in der Schreibweise von § 24

$$A(z) = \frac{1}{z} \begin{pmatrix} 0 & 1 \\ -z^2 b(z) & 1 - za(z) \end{pmatrix}, \qquad A_0 = \begin{pmatrix} 0 & 1 \\ -b_0 & 1 - a_0 \end{pmatrix}. \tag{5}$$

Das charakteristische Polynom von A_0 lautet

$$\boxed{P(\lambda) = \det (A_0 - \lambda E) = \lambda(\lambda + a_0 - 1) + b_0.} \tag{6}$$

Man nennt die Gleichung $P(\lambda) = 0$ auch *Indexgleichung*, ihre Nullstellen λ_1, λ_2 (also die Eigenwerte von A_0) auch *Indizes* bezüglich der Gleichung (1). Es sei $\text{Re } \lambda_2 \leq \text{Re } \lambda_1$. Dann wissen wir aus 24.XIII, daß ein Fundamentalsystem von der Form

$$u_1(z) = z^{\lambda_1} h(z), \quad u_2(z) = z^{\lambda_2}(h_1(z) + h_2(z) \log z) \tag{7}$$

existiert, wobei hier und im folgenden h, h_i für $|z| < r$ holomorphe Funktionen sind. Ein logarithmischer Anteil tritt höchstens dann auf, wenn $\lambda_1 - \lambda_2$ eine ganze Zahl ist.

Im logarithmischen Fall ist der beim Logarithmus auftretende Faktor $z^{\lambda_2} h_2(z)$ ebenfalls eine Lösung von (1) und damit ein Vielfaches von u_1. Man kann also in diesem Fall u_2 in der Form

$$u_2(z) = u_1(z) \log z + z^{\lambda_2} h_1(z)$$

ansetzen; vgl. den Schluß von 24.XIII.

Zur Berechnung der Reihenentwicklungen kann man auf die Rekursionsformeln von § 24 zurückgreifen. Es ist jedoch bequemer, entsprechende Reihen anzusetzen und den Koeffizientenvergleich direkt durchzuführen. Betrachten wir als Beispiel

V. Die Besselsche Differentialgleichung

$$\boxed{z^2 u'' + zu' + (z^2 - \alpha^2)u = 0,}$$

wobei $\alpha \in \mathbb{C}$ ein Parameter mit $\text{Re } \alpha \geq 0$ ist (letzteres bedeutet keine Einschränkung, da man α durch $-\alpha$ ersetzen kann). Nach I und II ist die Stelle $z = 0$ schwach singulär, die Stelle $z = \infty$ stark singulär. Die Indexgleichung lautet wegen $a_0 = 1$, $b_0 = -\alpha^2$

$$P_\alpha(\lambda) = \lambda^2 - \alpha^2 = 0 \Longrightarrow \lambda_1 = \alpha, \quad \lambda_2 = -\alpha.$$

Der Ansatz

$$u(z) = z^\lambda \sum_{k=0}^{\infty} u_k z^k \quad \text{mit} \quad u_0 \neq 0$$

führt nach Koeffizientenvergleich auf die Formeln

$$P_\alpha(\lambda + k)u_k + u_{k-2} = 0 \quad \text{für} \quad k \geq 0 \quad (\text{mit } u_{-1} = u_{-2} = 0). \tag{8}$$

Die Forderung $u_0 \neq 0$ liefert gerade die Indexgleichung $P_\alpha(\lambda) = 0$.

(a) $\boxed{\lambda = \lambda_1 = \alpha.}$ Es ist $P_\alpha(\alpha + k) \neq 0$ für $k \geq 1$, die Gleichungen (8) sind also, wenn man etwa $u_0 = 1$ setzt, eindeutig auflösbar. Zunächst folgt $u_1 = u_3 = u_5 = \cdots = 0$. Für $k = 2m$ lautet (8)

$$4m(m + \alpha)u_{2m} + u_{2m-2} = 0 \Longrightarrow u_{2m} = \frac{(-1)^m}{4^m m!(\alpha + 1)_m}, \tag{9}$$

wobei wir die Bezeichnung

$$(x)_m := x(x + 1)(x + 2) \cdots (x + m - 1), \quad (x)_0 = 1 \quad (m > 0 \text{ und ganz})$$

benutzt haben. Insbesondere ist $(1)_m = m!$. Wir erhalten die Lösung

$$u_\alpha(z) = \sum_{m=0}^{\infty} \frac{(-1)^m z^{\alpha+2m}}{4^m m!(\alpha + 1)_m}. \tag{10}$$

(b) $\boxed{\lambda = \lambda_2 = -\alpha, \text{ wobei } \lambda_1 - \lambda_2 = 2\alpha \text{ keine ganze Zahl ist.}}$ Das ist gerade der „Normalfall", bei welchem keine lograithmischen Anteile auftreten. Es ist $P_\alpha(-\alpha + k) \neq 0$ für $k \in \mathbb{N}$, d. h., (8) ist wieder eindeutig auflösbar. Es ergibt sich die Gleichung (9) mit $-\alpha$ anstelle von α, d. h. die Lösung $u_{-\alpha}(z)$.

(c) $\boxed{\lambda = \lambda_2 = -\alpha \text{ mit } \alpha = n + \frac{1}{2} \ (n \geq 0 \text{ und ganz}).}$ Auch in diesem Fall ist die Reihe für $u_{-\alpha} = u_{-n-\frac{1}{2}}$ wohl definiert, und sie stellt eine Lösung dar. Es tritt also (entgegen der Erwartung) kein logarithmischer Anteil auf. Betrachten wir, um den Sachverhalt zu erhellen, die Rekursionsformel (8) mit $\lambda = -\alpha$. Für den „kritischen" Index $k = 2\alpha = 2n + 1$ ist $P_\alpha(\lambda + k) = 0$, also lautet (8)

$$0 \cdot u_{2n+1} + u_{2n-1} = 0.$$

Diese Gleichung ist zwar nicht eindeutig nach u_{2n+1} auflösbar, aber sie ist trotzdem richtig, da alle u_k mit ungeradem Index verschwinden. Für gerade k ist (8) eindeutig auflösbar, und man erhält die genannte Lösung $u_{-\alpha}$.

(d) $\boxed{\lambda = \lambda_2 = -\alpha \text{ mit } \alpha = n \in \mathbb{N}.}$ Hier bricht die Rekursionsformel (8) für $k = 2n$ zusammen. Die Lösung hat einen logarithmischen Anteil. Zu ihrer Bestimmung setzen wir, dem Vorgehen in 24.VII entsprechend, $v(s) := u(e^s)$ und erhalten, wenn $u(z)$ eine Lösung der Bessel-Gleichung ist,

$$\frac{d^2 v}{ds^2} + \left(e^{2s} - \alpha^2\right) v = 0.$$

Der Ansatz

$$v(s) = e^{\lambda s} \sum_{k=0}^{\infty} v_k(s) e^{ks} \qquad (v_k(s) \text{ linear})$$

führt auf die Rekursionsformel (es ist $P_\alpha(\lambda) = \lambda^2 - \alpha^2$ und $P_\alpha'(\lambda) = 2\lambda$)

$$P_\alpha'(\lambda+k)v_k' + P_\alpha(\lambda+k)v_k + v_{k-2} = 0 \quad \text{für } k \geq 0 \ (v_{-1} = v_{-2} = 0). \tag{11}$$

Zunächst ist wieder $v_1 = v_3 = v_5 = \cdots = 0$, wie man leicht sieht. Beginnt man wieder mit $v_0 = 1$, so läßt sich (11) für $0 < k = 2m < 2n$ durch Konstanten lösen. Die Gleichung (11) lautet dann (mit $\alpha = -\lambda = n$)

$$4m(m - n)v_{2m} + v_{2m-2} = 0 \implies v_{2m} = \frac{(-1)^m}{4^m m!(1 - n)_m} \ (0 \leq m < n).$$

Für $k = 2n$ erhält man $\lambda + k = n$, also

$$2nv'_{2n} + 0 \cdot v_{2n} + v_{2n-2} = 0$$

mit der Lösung

$$v_{2n} = \alpha_0(s + \beta_0) \quad \text{mit} \quad \alpha_0 = -\frac{v_{2n-2}}{2n} = -\frac{2}{4^n n!(n-1)!}, \tag{12}$$

β_0 beliebig. Macht man für $k = 2m + 2n > 2n$ den Ansatz

$$v_{2n+2m} = a_m(s + \beta_m) \quad (m \geq 1),$$

so ist $\lambda + k = 2m + n$, und aus (11) folgt wegen $P'_n(\lambda + k) = 2(2m + n)$, $P_n(\lambda + k) = 4m(m + n)$

$$4m(m + n)\alpha_m + \alpha_{m-1} = 0 \Longrightarrow \alpha_m = \frac{(-1)^m \alpha_0}{4^m m!(n+1)_m}$$

und

$$2(2m + n)\alpha_m + 4m(m + n)\alpha_m \beta_m + \alpha_{m-1}\beta_{m-1} = 0.$$

Ersetzt man hier α_{m-1} durch $-4m(m+n)\alpha_m$ und dividiert durch diese Zahl, so erhält man

$$\beta_m = \beta_{m-1} - \frac{2m + n}{2m(m + n)} = \beta_{m-1} - \frac{1}{2}\left(\frac{1}{m} + \frac{1}{m+n}\right),$$

also

$$\beta_m = \beta_0 - \frac{1}{2}\sum_{j=1}^{m}\left(\frac{1}{j} + \frac{1}{n+j}\right).$$

Die hier auftretenden Teilsummen der harmonischen Reihe bezeichnen wir mit

$$H_m = 1 + \frac{1}{2} + \cdots + \frac{1}{m} \quad \text{für} \quad m \geq 1, \quad H_0 = 0.$$

Setzt man nun $\beta_0 = -\frac{1}{2}H_n$, so folgt $\beta_m = -\frac{1}{2}(H_m + H_{m+n})$. Damit haben wir, wenn wir wieder $z = e^s$ setzen, die folgende Lösung der Besselschen Differentialgleichung mit $\alpha = n$

$$\hat{u}_n(z) = \alpha_0 \log z \sum_{m=0}^{\infty}\frac{(-1)^m z^{2m+n}}{4^m m!(n+1)_m} + \sum_{m=0}^{n-1}\frac{(-1)^m z^{2m-n}}{4^m m!(1-n)_m}$$

$$- \frac{\alpha_0}{2}\sum_{m=0}^{\infty}\frac{(-1)^m(H_m + H_{n+m})z^{2m+n}}{4^m m!(n+1)_m}$$

erhalten, wobei α_0 durch (12) gegeben ist und die zweite Summe im Fall $n = 0$ verschwindet.

(e) $\boxed{\alpha = 0.}$ Man überlegt sich leicht, daß die in (d) bestimmte Lösung auch für $n = 0$ gültig ist. Die endliche Summe entfällt dann. Die erste Gleichung (11) lautet nämlich

$$0 \cdot v_0' + 0 \cdot v_0 = 0,$$

während die übrigen eindeutig auflösbar sind. Setzt man nun $v_0 = 1$, so erhält man $u_0(z)$, vgl. (a). Setzt man $v_0 = \alpha_0 s$, so erhält man $\tilde{u}_0$, vgl. (d).

VI. Bessel-Funktionen. Aus sachlichen und historischen Gründen betrachtet man gewisse Linearkombinationen der gefundenen Lösungen. Man nennt

$$J_\alpha(z) = \frac{u_\alpha(z)}{2^\alpha \Gamma(\alpha + 1)} = \sum_{m=0}^\infty \frac{(-1)^m}{m! \Gamma(m + \alpha + 1)} \left(\frac{z}{2}\right)^{2m+\alpha}$$

$(\alpha \neq -1, -2, \ldots)$ *Bessel-Funktionen erster Art* und

$$
\begin{aligned}
Y_n(z) &= -\frac{(n-1)! 2^n}{\pi} \tilde{u}_n(z) - \frac{\ln 2}{\pi 2^{n-1} n!} u_n(z) \\
&= \frac{2}{\pi} \ln \frac{z}{2} J_n(z) - \frac{1}{\pi} \sum_{m=0}^{n-1} \frac{(-1)^m (n-1)!}{m! (1-n)_m} \left(\frac{z}{2}\right)^{2m-n} \\
&\quad - \frac{1}{\pi} \sum_{m=0}^\infty \frac{(-1)^m (H_m + H_{n+m})}{m! (n+m)!} \left(\frac{z}{2}\right)^{2m+n}
\end{aligned}
$$

$(n = 0, 1, 2, \ldots)$ *Bessel-Funktionen zweiter Art.* Bei der Reihe für J_α beachte man, daß aus dem Additionstheorem für die Gamma-Funktion $z\Gamma(z) = \Gamma(z+1)$ folgt $\Gamma(\alpha+1)(\alpha+1)_m = \Gamma(\alpha + m + 1)$.

Damit haben wir in allen Fällen ein Fundamentalsystem für die Besselsche Differentialgleichung gefunden, nämlich

$$\alpha \text{ nicht ganzzahlig:} \quad J_\alpha(z),\ J_{-\alpha}(z),$$

$$\alpha = n \geq 0 \text{ und ganz:} \quad J_n(z),\ Y_n(z).$$

Die lineare Unabhängigkeit dieser Lösungen ergibt sich aus 24.XII, kann aber auch direkt ohne Mühe nachgewiesen werden.

VII. Differentialgleichungen vom Fuchsschen Typ. Gemäß 23.V heißt die Differentialgleichung (1) vom Fuchsschen Typ, wenn endlich viele Punkte schwach singulär, alle übrigen Punkte aus $\mathbb{C} \cup \{\infty\}$ regulär sind.

Satz. *Die Differentialgleichung (1) ist vom Fuchsschen Typ mit m im Endlichen gelegenen Singularitäten $z_1, \ldots, z_m$ genau dann, wenn*

$$a(z) = \sum_{k=1}^m \frac{r_k}{z - z_k}, \qquad b(z) = \sum_{k=1}^m \left(\frac{s_k}{(z - z_k)^2} + \frac{t_k}{z - z_k}\right) \qquad (13)$$

ist, wobei r_k, s_k, t_k *Konstanten mit* $|r_k| + |s_k| + |t_k| \neq 0$ *sind und*

$$\sum_{k=1}^{m} t_k = 0 \tag{14}$$

ist. Der Punkt ∞ *is genau dann regulär, wenn*

$$\sum_{k=1}^{m} r_k = 2 \quad und \quad \sum_{k=1}^{m}(s_k + z_k t_k) = \sum_{k=1}^{m}(2z_k s_k + z_k^2 t_k) = 0 \tag{15}$$

ist.

Beweis. Da z_k eine schwach singuläre Stelle ist, ist

$$a(z) = \frac{r_k}{z - z_k} + h_k(z), \quad b(z) = \frac{s_k}{(z - z_k)^2} + \frac{t_k}{z - z_k} + l_k(z),$$

wobei die Funktionen h_k, l_k an der Stelle z_k holomorph sind. Bezeichnen wir also mit $A(z)$, $B(z)$ die Differenz zwischen linker und rechter Seite in (13), so sind $A(z)$ und $B(z)$ in $\mathbb{C}$ holomorph. Nach II gilt ferner $a(z) \to 0$, $b(z) \to 0$ für $z \to \infty$, also auch $A(z) \to 0$, $B(z) \to 0$ für $z \to \infty$. Nach dem Satz von Liouville sind die Funktionen $A(z)$, $B(z)$ konstant, und zwar gleich Null. Damit ist (13) bewiesen.

Nach (13) gilt $zb(z) \to \sum t_k$ für $z \to \infty$, nach II jedoch $zb(z) \to 0$ für $z \to \infty$, woraus (14) folgt. Die Bedingungen (15) für die Regularität im Punkt ∞ folgen ebenfalls aus II, wenn man die Entwicklungen von $a(z)$ und $b(z)$ um den Punkt ∞ mit Hilfe von

$$\frac{1}{z - z_k} = \frac{1}{z} + \frac{z_k}{z^2} + \frac{z_k^2}{z^3} + \cdots, \quad \frac{1}{(z - z_k)^2} = \frac{1}{z^2} + \frac{2z_k}{z^3} + \frac{3z_k^2}{z^4} + \cdots$$

berechnet und beachtet, daß $a_1 = 2$ und $b_2 = b_3 = 0$ ist.

VIII. Aufgabe. Man zeige, daß jede Fuchssche Differentialgleichung mit höchstens einer im Endlichen gelegenen singulären Stelle $z_0 \in \mathbb{C}$ von der Form

$$u'' + \frac{r}{z - z_0} u' + \frac{s}{(z - z_0)^2} u = 0$$

ist, und gebe ein Fundamentalsystem an. Welcher Sonderfall liegt bei $r = s = 0$ bzw. bei $r = 2$, $s = 0$ vor?

IX. Die hypergeometrische Differentialgleichung

$$z(z - 1)u'' + \{(\alpha + \beta + 1)z - \gamma\}u' + \alpha\beta u = 0 \quad (\alpha, \beta, \gamma \in \mathbb{C})$$

ist vom Fuchsschen Typ mit drei schwachen Singularitäten an den Stellen 0, 1, ∞ (für welche Werte der Parameter ist die Stelle 0 bzw. 1 regulär?). Die Indexgleichung für die Stelle 0 lautet

$$\lambda(\lambda + \gamma - 1) = 0 \implies \lambda_1 = 0, \quad \lambda_2 = 1 - \gamma.$$

Durch Ansetzen einer Potenzreihe ergibt sich als Lösung die *hypergeometrische Funktion*

$$F(z; \alpha, \beta, \gamma) = \sum_{k=0}^{\infty} \frac{(\alpha)_k (\beta)_k}{k!(\gamma)_k} z^k \qquad (\gamma \neq 0, -1, -2, \ldots)$$

mit $(x)_k := x(x+1) \cdots (x+k-1)$. Die Reihe konvergiert für $|z| < 1$. Ist γ keine ganze Zahl, so existiert eine zweite Lösung von der Form $u = z^{1-\gamma} h(z)$ (h holomorph bei $z = 0$). Man zeigt ohne Mühe, daß

$$u(z) = z^{1-\gamma} F(z; \alpha - \gamma + 1, \beta - \gamma + 1, 2 - \gamma)$$

eine solche Lösung ist. Ist γ ganzzahlig, so ist $\lambda_1 - \lambda_2$ ganzzahlig, d. h., es liegt der „Ausnahmefall" vor. Wir gehen darauf nicht näher ein.

X. Die Legendre-Differentialgleichung

$$(z^2 - 1)u'' + 2zu' - \alpha(\alpha + 1)u = 0 \qquad (\alpha \in \mathbb{C})$$

ist ebenfalls vom Fuchsschen Typ. Singulär sind die Stellen $+1$, -1, ∞. Es existiert also eine Reihenentwicklung um den Punkt ∞ von der Form $u(z) = \sum_{k=0}^{\infty} u_k z^{\lambda-k}$. Man erhält auf diese Weise die Lösung

$$u_\alpha(a) = \sum_{k=0}^{\infty} (-1)^k \frac{\binom{\alpha}{2k}\binom{\alpha}{k}}{\binom{2\alpha}{2k}} z^{\alpha-2k} \qquad (2\alpha \neq 1, 3, 5, \ldots).$$

Die Reihe konvergiert für $|z| > 1$.

Eine zweite Lösung ist $u_{-\alpha-1}$, da in der Differentialgleichung nur $\alpha(\alpha+1) = (-\alpha - 1)(-\alpha)$ auftritt, wobei jetzt $2\alpha \neq -3, -5, -7, \ldots$ vorauszusetzen ist. Diese beiden Funktionen bilden ein Fundamentalsystem für $2\alpha \neq \pm 1, \pm 3, \pm 5, \ldots$; es sind, abgesehen von einem konstanten Faktor, die *Legendre-Funktionen* 1. und 2. Art. Ist $\alpha = n$ eine natürliche Zahl, so bricht die Reihe für u_α ab, man erhält Polynomlösungen, die sogenannten *Legendre-Polynome*.

XI. Die konfluente hypergeometrische Differentialgleichung

$$zu'' + (\beta - z)u' - \alpha u = 0 \qquad (\alpha, \beta \in \mathbb{C})$$

hat den Punkt 0 als schwache, den Punkt ∞ als starke Singularität. Für $\beta \neq 0, -1, -2, \ldots$ ist die *konfluente hypergeometrische Funktion* (oder *Kummersche Funktion*)

$$K(z; \alpha, \beta) = \sum_{k=0}^{\infty} \frac{(\alpha)_k}{(\beta)_k k!} z^k$$

eine Lösung. Sie bildet zusammen mit der Funktion $z^{1-\beta} K(z; \alpha - \beta + 1, 2 - \beta)$ ein Fundamentalsystem, falls β keine ganze Zahl ist.
Beweis als Übungsaufgabe.

XII. Aufgabe. Man klassifiziere die Singularitäten der Differentialgleichung

$$z^2 u'' + (3z + 1)u' + u = 0.$$

Man benutze die Tatsache, daß die linke Seite der Differentialgleichung ein vollständiges Differential ist, um ein Fundamentalsystem von Lösungen zu gewinnen. Man zeige, daß jede Lösung in der Form $u = h_1 + h_2 \log z$ geschrieben werden kann, wobei die h_i in $\mathbb{C} \setminus \{0\}$ eindeutig und holomorph sind, jedoch an der Stelle $z = 0$ eine wesentliche Singularität haben; vgl. dazu die Sätze 22.V und 23.II und die Art der Singularität bei $z = 0$.

Man transformiere die Differentialgleichung mit $\zeta = 1/z$, löse die entsprechende Differentialgleichung durch Reihenentwicklungen und vergleiche die beiden Ergebnisse.

XIII. Aufgabe. Legendre-Polynome. Ist $\alpha = n$ eine nichtnegative ganze Zahl, so ist die in X angegebene Lösung der Legendreschen Differentialgleichung u_α ein Polynom vom Grad n. Man zeige, daß dieses Polynom, abgesehen von einem konstanten Faktor, gleich dem n-ten Legendreschen Polynom

$$P_n(z) = \frac{1}{n! 2^n} \frac{d^n}{dz^n} (z^2 - 1)^n$$

ist. (Man entwickle die Potenz mit der Binomialformel und differenziere dann.) Man gebe $P_0, \dots, P_4$ an.

XIV. Aufgabe. Lineare Differentialgleichungen höherer Ordnung.
(a) Man transformiere die Differentialgleichung

$$u^{(n)} + a_{n-1}(z)u^{(n-1)} + \cdots + a_0(z)u = 0 \tag{16}$$

gemäß

$$w_1 = u, \; w_2 = zu', \; w_3 = z^2 u'', \dots, w_n = z^{n-1} u^{(n-1)}$$

in ein System erster Ordnung

$$w' = A(z)w.$$

Man zeige, daß die Stelle $z = 0$ genau dann regulär oder schwach singulär für dieses System ist, wenn die Funktionen $z^{n-k} a_k(z)$ in einer Umgebung des Nullpunktes holomorph sind $(k = 0, \dots, n - 1)$. Liegt dieser Fall vor und sind nicht alle a_i holomorph in einer Umgebung des Nullpunktes, so nennt man in Analogie zu I die Stelle $z = 0$ schwach singulär für die obige lineare Differentialgleichung n-ter Ordnung.

(b) Man klassifiziere die Singularitäten der Gleichung (16) an der Stelle $z = \infty$ wie in I mittels der Transformation $\zeta = 1/z$ und formuliere für $n = 3$ die Bedingungen für die Koeffizienten, unter denen die Stelle $z = \infty$ regulär bzw. schwach singulär ist.

XV. Wachstumsschranken für Gleichungen zweiter Ordnung. Wir betrachten das komplexe Anfangswertproblem

$$w''(z) = f(z, w(z), w'(z)), \quad w(z_0) = w_0, \quad w'(z_0) = w_0'. \tag{17}$$

Dabei sei $f(z, w_1, w_2)$ in einer Umgebung $U \subset \mathbb{C}^3$ von (z_0, w_0, w_0') holomorph. Entlang des Weges $z(t) = z_0 + te^{i\alpha}$ (α reell), $t \in J = [0, a]$ gestatte f eine Abschätzung

$$|f(z(t), w_1, w_2)| \leq h(t, |w_1|, |w_2|) \quad \text{für} \quad (z(t), w_1, w_2) \in U, \tag{18}$$

wobei die reellwertige Funktion $h(t, u_1, u_2)$ in u_1 monoton wachsend ist (t, u_1, u_2 reell). Man zeige, daß die Lösung w von (17) entlang des Weges $z(t)$ der Abschätzung

$$|w(z(t))| < v(t), \quad |w'(z(t))| < v'(t) \quad \text{für } t \in J$$

genügt, falls (die entsprechenden Argumente in U liegen und) $v(t)$ gemäß

$$v''(t) > h(t, v(t), v'(t)) \quad \text{in } J, \quad v(0) > |w_0|, \quad v'(0) > |w_0'| \tag{19}$$

bestimmt ist.

Beweis als Aufgabe. Anleitung. Die Funktionen $u_1(t) = |w(z(t))|$, $u_2 = |w'(z(t))|$ genügen den Ungleichungen

$$u_1' \leq u_2, \quad u_2' \leq h(t, u_1, u_2) \quad \text{in } J$$

(man benutzt Satz B.IV, der auch für komplexwertige Funktionen gilt). Für $(v_1, v_2) = (v, v')$ gelten die umgekehrten Ungleichungen, und der Vergleichssatz 10.XII ist anwendbar.

Beispiel. Für die Gleichung $w''(z) = e^z w(z)$ wählen wir $z_0 = 0$ und $z(t) = e^{i\alpha}t$ und erhalten $|e^{z(t)}| = e^{ct}$ mit $c = \cos\alpha$. In (18) ist demnach $h(t, u_1, u_2) = e^{ct} u_1$. Wegen der Linearität reicht es aus, eine Schrankenfunktion $v(t)$ aus (19) mit $v(0), v'(0) > 0$ zu finden. Mit dem Ansatz $v(t) = e^{\phi(t)}$ erhält man

$$v'' > e^{ct} v, \, v(0) > 0, \, v'(0) > 0 \iff \phi'' + \phi'^2 > e^{ct}, \, \phi'(0) > 0.$$

Ein Versuch mit $\phi(t) = ae^{\lambda t} + b$ führt auf

$$\phi(t) = \frac{2}{c}\left(e^{ct/2} - 1\right) \quad \text{mit} \quad \phi(0) = 0, \quad \phi'(0) = 1, \quad v(0) = v'(0) = 1,$$

gültig für $c > 0$, d. h. $|\alpha| < \pi/2$. Die Lösung wächst also in der rechten Halbebene entlang eines Strahls $e^{i\alpha}t$ ($t > 0$) höchstens wie $\exp\left(\frac{2}{\cos\alpha}\exp\left(\frac{1}{2}t\cos\alpha\right)\right)$.

Aufgabe. (i) Für $\alpha = 0$ ist diese Abschätzung optimal (man finde eine Unterfunktion für $y'' = e^t y$; vgl. 11.XIII).

(ii) Man gebe eine optimale Schranke für $|\alpha| = \pi/2$ an.

(iii) Gibt es für $\pi/2 < |\alpha| \le \pi$ Schranken, die wie eine Potenz wachsen?

(iv) Die beste globale Schranke ist $|w(z)| \le$ const $\cdot \exp(2\exp(|z|/2))$.

VI. Rand- und Eigenwertprobleme

§ 26 Randwertaufgaben

I. Allgemeines. Man spricht von einem Randwertproblem oder einer Randwertaufgabe für die Differentialgleichung n-ter Ordnung

$$u^{(n)} = f(x, u, \ldots, u^{(n-1)}),$$

wenn die n zusätzlichen Bedingungen, welche die Lösung eindeutig charakterisieren sollen, nicht an einer einzigen Stelle gestellt werden wie beim Anfangswertproblem, sondern an den beiden Randpunkten a und b des Intervalls $[a, b]$, in welchem die Lösung gesucht ist.

Besonders wichtig sind wegen ihrer zahlreichen Anwendungen in Naturwissenschaft und Technik die Randwertprobleme für (reelle) lineare Differentialgleichungen zweiter Ordnung

$$u'' + a_1(x)u' + a_0(x)u = g(x) \quad \text{für} \quad a \leq x \leq b. \tag{1}$$

Als Beispiele für mögliche Randbedingungen seien die sog. *Randbedingungen*

erster Art:	$u(a) = \eta_1,$		$u(b) = \eta_2,$
zweiter Art:	$u'(a) = \eta_1,$		$u'(b) = \eta_2,$
dritter Art:	$\alpha_1 u(a) + \alpha_2 u'(a) = \eta_1,$		$\beta_1 u(b) + \beta_2 u'(b) = \eta_2,$

genannt. Offenbar sind die beiden ersten Bedingungen Spezialfälle der dritten, die auch *Sturmsche Randbedingung* genannt wird. Doch kommen auch andere Randbedingungen vor, etwa die

$$\text{\textit{periodische Randbedingung}} \quad u(a) = u(b), \quad u'(a) = u'(b).$$

Der Name weist auf folgendes hin: Sind die Koeffizienten $a_i(x)$, $g(x)$ in $\mathbb{R}$ stetige, periodische Funktionen mit der Periode $l = b - a$, so ist mit $u(x)$ auch $v(x) := u(x + l)$ eine Lösung der Differentialgleichung (nach Satz 15.I existiert jede Lösung auf $\mathbb{R}$). Genügt nun $u(x)$ der genannten periodischen Randbedingung, so ist $v(a) = u(a)$ und $v'(a) = u'(a)$, d. h., es ist $v = u$ nach dem Eindeutigkeitssatz für das Anfangswertproblem. Also ist $u(x)$ periodisch.

Existenz und Eindeutigkeit. Im Gegensatz zum Anfangswertproblem, wo ein allgemeiner Existenz- und Eindeutigkeitssatz besteht, können schon bei sehr einfachen Randwertproblemen Fälle von Nicht-Eindeutigkeit oder Unlösbarkeit auftreten. Betrachten wir dazu das Beispiel $u'' = 0$. Lösungen sind die linearen Funktionen $u = c + dx$. Eine Randwertaufgabe erster Art ist immer eindeutig lösbar, eine solche zweiter Art hat für $\eta_1 \neq \eta_2$ keine Lösung, für $\eta_1 = \eta_2$ unendlich viele Lösungen.

Aufgabe. Man überlege sich, für welche Werte von α_i, β_i die dritte Randwertaufgabe für die Gleichung $u'' = 0$ eindeutig lösbar ist.

Zur Notation. In der Literatur über Randwertprobleme ist es üblich, die unabhängige Variable mit x zu bezeichnen, weil sie bei Anwendungen meist eine Ortsvariable ist. Man beachte, daß x immer reell ist. Dagegen werden wir gelegentlich auch den Fall komplexwertiger Lösungen betrachten.

II. Sturmsche Randwertaufgaben. Im folgenden betrachten wir die Randwertaufgabe

$$Lu := (p(x)u')' + q(x)u = g(x) \quad \text{in} \quad J = [a,b], \tag{2}$$

$$\begin{aligned} R_1u &:= \alpha_1 u(a) + \alpha_2 p(a)u'(a) = \eta_1, \\ R_2u &:= \beta_1 u(b) + \beta_2 p(b)u'(b) = \eta_2 \end{aligned} \tag{3}$$

unter der Voraussetzung

(S) $\quad$ $p \in C^1(J)$ und $q, g \in C^0(J)$ sind reellwertige Funktionen; $p(x) > 0$ in J sowie $|\alpha_1| + |\alpha_2| > 0$, $\beta_1| + |\beta_2| > 0$.

Die zugehörige *homogene Randwertaufgabe* lautet

$$Lu = (p(x)u')' + q(x)u = 0 \text{ in } J, \quad R_1u = R_2u = 0. \tag{4}$$

Von einer Lösung wird verlangt, daß sie zur Klasse $C^2(J)$ gehört. Wir beginnen mit einigen einfachen

Folgerungen aus der Linearität des Randwertproblems. (a) Eine (endliche) Linearkombination $\sum c_i u_i$ von Lösungen u_i der homogenen Randwertaufgabe (4) ist wieder eine Lösung dieser Aufgabe.

(b) Die Differenz $v_1 - v_2$ von zwei Lösungen der inhomogenen Aufgabe (2), (3) ist eine Lösung der homogenen Aufgabe (4).

(c) Ist u eine Lösung der homogenen Aufgbe (4) und v eine Lösung der inhomogenen Aufgabe (2), (3), so ist $u + v$ eine Lösung der inhomogenen Aufgabe.

(d) Ist v^* eine fest gewählte Lösung der inhomogenen Aufgabe (2), (3), so erhält man jede Lösung v dieser Aufgabe in der Form $v = v^* + u$, wobei u alle Lösungen der homogenen Aufgabe (4) durchläuft.

Die Lagrange-Identität. Für $u, v \in C^2(J)$ gilt die auf den großen französischen Mathematiker Joseph Louis Lagrange (1736–1813) zurückgehende Identität

$$vLu - uLv = \{p(x)(u'v - v'u)\}', \tag{5}$$

die man ohne Mühe bestätigt. Daraus folgt die wichtige Beziehung

$$\int_a^b (vLu - uLv)\, dx = 0, \quad \text{falls } R_i u = R_i v = 0 \text{ ist } (i = 1, 2). \tag{6}$$

Man erhält sie aus (5) und der Tatsache, daß $(u'v - v'u)$ an beiden Endpunkten a, b verschwindet. Im Falle $\alpha_2 = 0$ ist nämlich $u(a) = v(a) = 0$, im Falle $\alpha_2 \neq 0$ ist $u'(a) = \delta u(a)$, $v'(a) = \delta v(a)$ mit $\delta = -\alpha_1/\alpha_2 p(a)$. Dasselbe gilt für die Stelle $x = b$.

Übrigens gilt (6) auch für die periodische Randbedingung $u(a) = u(b)$, $u'(a) = u'(b)$, falls $p(a) = p(b)$ ist (Aufgabe!).

Bemerkungen. 1. Wir haben den linearen Differentialoperator L nicht in der Form (1), sondern in der sog. *selbstadjungierten* Form (2) geschrieben. In dieser Form genügt L der Lagrange-Identität (5). Führt man im Raum $C(J)$ ein Innenprodukt $(f, g) = \int_a^b f(x)g(x)\, dx$ ein (dies ist in 28.II näher erläutert), so läßt sich (6) in der Form $(Lu, v) = (u, Lv)$ schreiben. Einer solchen Gleichung genügen selbstadjungierte Operatoren im Hilbertraum; ein Beispiel ist die Beziehung $(Ax, y) = (x, Ay)$ für symmetrische Matrizen im $\mathbb{R}^n$.

Die zweckmäßige Überführung von (2) in ein äquivalentes System erster Ordnung für (y_1, y_2) lautet jetzt, anders als in § 19,

$$y_1' = \frac{y_2}{p}, \quad y_2' = -qy_1 + g \quad \text{für} \quad y_1 = u, \quad y_2 = pu'. \tag{2'}$$

Hieraus erklären sich auch die Faktoren $p(a)$ und $p(b)$ in der Randbedingung (3).

2. *Die Beziehungen zwischen* (1) *und* (2). Man kann die Differentialgleichung (1) durch Multiplikation mit $p(x) := e^{\int a_1(x)\, dx}$ immer in die Form (2) überführen:

$$p(u'' + a_1 u' + a_0 u) = (pu')' + pa_0 u.$$

Andererseits läßt sich die Gleichung (2), wenn $p \in C^1(J)$ und $p > 0$ ist, in der Form (1) schreiben:

$$(pu')' + qu = pu'' + p'u' + qu.$$

3. Die Lagrange-Identität spielt eine entscheidende Rolle beim Eigenwertproblem. Sie macht es erst möglich, die starken Hilfsmittel der Funktionalanalysis im Hilbertraum heranzuziehen, wie es in § 28 dargelegt wird.

4. In manchen Anwendungen ist die Funktion $p(x)$ nur stetig. Es ist deshalb wichtig zu bemerken, daß die Lagrange-Identität und die folgenden Sätze schon dann gültig sind, wenn man nur voraussetzt, daß p in J stetig ist, und dann von u verlangt, daß u und pu' zu $C^1(J)$ gehören. In diesem Fall schreiben wir $u \in C_p(J)$.

5. *Aufgabe.* Man zeige, daß für $q(x) = 0$ das homogene Problem (4) im Fall $\alpha_2 = \beta_2 = 0$ nur die triviale Lösung und im Fall $\alpha_1 = \beta_1 = 0$ unendlich viele Lösungen besitzt.

6. *Historisches.* Das Randwertproblem (2), (3) ist nach dem in Genf geborenen Mathematiker Jacques Charles François Sturm (1803–1855) benannt. Sturm verbrachte den größten Teil seines Lebens in Paris, wo er u. a. Professor an der Ecole Polytechnique war. Er entwickelte ab 1835 die Theorie dieses Randwertproblems, teilweise in Zusammenarbeit mit J. Liouville (1809–1882); es wird auch *Sturm-Liouville-Problem* genannt.

III. Satz. *Es sei $u_1(x)$, $u_2(x)$ ein Fundamentalsystem der homogenen Differentialgleichung $Lu = 0$. Das inhomogene Randwertproblem (2), (3) ist genau dann eindeutig lösbar, wenn die homogene Randwertaufgabe (4) nur die triviale Lösung $u \equiv 0$ besitzt. Das ist genau dann der Fall, wenn*

$$\begin{vmatrix} R_1 u_1 & R_1 u_2 \\ R_2 u_1 & R_2 u_2 \end{vmatrix} \neq 0 \tag{7}$$

ist. Die Bedingung (7) ist also unabhängig vom Fundamentalsystem.

Beweis. Ist v^* eine spezielle Lösung von (2), so lautet die allgemeine Lösung dieser Differentialgleichung

$$v = v^* + c_1 u_1 + c_2 u_2 \quad (c_1, c_2 \in \mathbb{R}).$$

Die beiden Randbedingungen (3) ergeben zwei lineare Gleichungen für c_1, c_2

$$R_i v = R_i v^* + c_1 R_i u_1 + c_2 R_i u_2 = \eta_i \quad (i = 1, 2).$$

Sie sind genau dann eindeutig lösbar, wenn (7) gilt, und dies trifft genau dann zu, wenn im homogenen Fall $v^* = 0$, $\eta_i = 0$ nur die Lösung $(c_1, c_2) = 0$ existiert.

Die Lösung eines linearen Randwertproblems ist also, wenn ein Fundamentalsystem für $Lu = 0$ und damit auch eine Lösung von (2) bekannt ist, sehr einfach; sie reduziert sich auf die Lösung eines linearen Gleichungssystems (vgl. 19.VII).

Beispiel. (a) $u'' + u = g(x)$ für $0 \leq x \leq \pi$,

$$R_1 u := u(0) + u'(0) = \eta_1, \qquad R_2 u := u(\pi) = \eta_2.$$

Jedes solche Randwertproblem (d. h. bei beliebigem η_1, η_2, $g(x)$) ist eindeutig lösbar, da für das Fundamentalsystem $u_1 = \cos x$, $u_2 = \sin x$ die Determinante (7) den Wert

$$\begin{vmatrix} R_1(\cos x) & R_1(\sin x) \\ R_2(\cos x) & R_2(\sin x) \end{vmatrix} = \begin{vmatrix} 1 & 1 \\ -1 & 0 \end{vmatrix} = 1$$

hat.

(b) Setzt man in (a) speziell $g(x) = 1$, so ist

$$v(x) = 1 + c_1 \cos x + c_2 \sin x$$

die allgemeine Lösung der Differentialgleichung. Es sei etwa $\eta_1 = \eta_2 = 0$ vorgegeben. Aus

$$R_1 v = 1 + c_2 + c_1 = 0, \qquad R_2 v = 1 - c_1 = 0$$

folgt $c_1 = 1$, $c_2 = -2$. Die Lösung der Randwertaufgabe lautet also

$$v(x) = 1 + \cos x - 2\sin x.$$

(c) Ändert man jedoch in (a) die Randbedingung ab zu

$$R_1 u := u(0) = \eta_1, \qquad R_2 u := u(\pi) = \eta_2,$$

so verschwindet die Determinante (7). Das homogene Randwertproblem hat jetzt neben der trivialen Lösung unendlich viele weitere Lösungen $u = C \cdot \sin x$, während z. B. das Problem $u'' + u = 1$, $u(0) = 0$, $u(\pi) = 1$ keine Lösung besitzt.

IV. Grundlösungen. Es sei $J = [a, b]$, Q das Quadrat $a \le x$, $\xi \le b$ in der (x, ξ)-Ebene und

$\quad Q_1 \quad$ das Dreieck $\quad a \le \xi \le x \le b$,

$\quad Q_2 \quad$ das Dreieck $\quad a \le x \le \xi \le b$.

Man beachte, daß beide Dreiecke abgeschlossen sind und die Diagonale beiden Dreiecken angehört. Die Funktion $\gamma(x, \xi)$ wird *Grundlösung* der homogenen Differentialgleichung (2) $Lu = 0$ genannt, wenn sie die folgenden Eigenschaften hat (es ist $p > 0$ vorausgesetzt):

(a) $\gamma(x, \xi)$ ist stetig in Q.

(b) In jedem der beiden Dreiecke Q_1, Q_2 existieren die partiellen Ableitungen γ_x, γ_{xx} und sind stetig (dabei ist natürlich auf der Diagonale die dem Dreieck entsprechende einseitige Ableitung zu nehmen).

(c) Bei festem $\xi \in J$ ist $\gamma(x, \xi)$, betrachtet als Funktion von x, eine Lösung von $L\gamma = 0$ für $x \ne \xi$, $x \in J$.

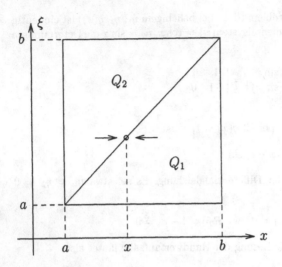

(d) Auf der Diagonale $x = \xi$ macht die erste Ableitung einen Sprung der Größe $1/p$, d. h.

$$\gamma_x(x+,x) - \gamma_x(x-,x) = \frac{1}{p(x)} \quad \text{für} \quad a < x < b.$$

Dabei bezeichnet $\gamma_x(x+,x)$ bzw. $\gamma_x(x-,x)$ den Grenzwert, welcher sich ergibt, wenn man sich der Stelle (x,x) von rechts bzw. links nähert (oder, was dasselbe ist, die rechtsseitige bzw. linksseitige Ableitung von γ nach x im Punkt (x,x)).

Grundlösungen existieren unter der Voraussetzung (S) immer. Mit $\gamma(x,\xi)$ ist auch $\bar{\gamma}(x,\xi) = \gamma(x,\xi) + h(\xi)v(x)$ eine Grundlösung, falls h stetig und $v \in C^2(J)$ mit $Lv = 0$ ist.

Bezeichnet $u(x;\xi)$ die Lösung des Anfangswertproblems ($\xi \in J$ fest)

$$Lu = 0, \quad u(\xi) = 0, \quad u'(\xi) = \frac{1}{p(\xi)},$$

so wird, wie man sich leicht überzeugt, durch

$$\gamma(x,\xi) = \begin{cases} 0 & \text{für} \quad a \le x \le \xi \le b, \\ u(x;\xi) & \text{für} \quad a \le \xi \le x \le b \end{cases}$$

eine Grundlösung definiert. Dazu zwei

Beispiele. Mit der Bezeichnung $a_+ = \max\{0,a\}$ ergibt sich

$$u'' = 0 \Longrightarrow \gamma(x,\xi) = (x - \xi)_+,$$

$$u'' + \lambda^2 u = 0 \Longrightarrow \gamma(x,\xi) = \frac{1}{\lambda} \sin \lambda(x - \xi)_+ \quad (\lambda > 0).$$

Mit Hilfe einer Grundlösung kann man Lösungen der inhomogenen Differentialgleichung konstruieren. Es gilt nämlich der

V. Satz. *Es gelte die Voraussetzung* (S) *von* II. *Ist* $\gamma(x,\xi)$ *eine Grundlösung und* $g \in C(J)$, *so ist die Funktion*

$$v(x) = \int_a^b \gamma(x,\xi)g(\xi)\, d\xi \tag{8}$$

aus der Klasse $C^2(J)$, *und sie stellt eine Lösung der inhomogenen Gleichung*

$$Lv = g(x)$$

dar.

Beweis. Zerspaltet man das Integral (8) in ein Integral von a bis x und ein Integral von x bis b und differenziert jeden Teil für sich, so erhält man

$$
\begin{aligned}
v'(x) &= \gamma(x,x)g(x) + \int_a^x \gamma_x(x,\xi)g(\xi)\, d\xi \\
&\quad -\gamma(x,x)g(x) + \int_x^b \gamma_x(x,\xi)g(\xi)\, d\xi \\
&= \int_a^b \gamma_x(x,\xi)g(\xi)\, d\xi
\end{aligned}
$$

und, indem man mit diesem Integral in derselben Weise verfährt, wegen der Eigenschaft (d) der Grundlösung

$$
\begin{aligned}
v''(x) &= \gamma_x(x+,x)g(x) + \int_a^x \gamma_{xx}(x,\xi)g(\xi)\, d\xi \\
&\quad -\gamma_x(x-,x)g(x) + \int_x^b \gamma_{xx}(x,\xi)g(\xi)\, d\xi \\
&= \int_a^b \gamma_{xx}(x,\xi)g(\xi)\, d\xi + \frac{g(x)}{p(x)}.
\end{aligned}
$$

Daraus folgt aber wegen der Eigenschaft IV.(c)

$$Lv = pv'' + p'v' + qv = \int_a^b L\gamma(x,\xi)g(\xi)\, d\xi + g(x) = g(x).$$

VI. Die Greensche Funktion $\Gamma(x,\xi)$ für die Sturmsche Randwertaufgabe (4) $Lu = 0$, $R_1u = R_2u = 0$ ist durch die beiden Eigenschaften

(a) $\Gamma(x,\xi)$ ist eine Grundlösung;

(b) $R_1\Gamma = R_2\Gamma = 0$ für jedes $\xi \in J° = (a,b)$

definiert. Dabei ist vorausgesetzt, daß die homogene Aufgabe (4) nur die triviale Lösung besitzt, d. h. nach Satz III, daß die Ungleichung (7) besteht.

Zur Berechnung der Greenschen Funktion bestimmen wir zwei Lösungen u_1, u_2 der homogenen Gleichung $Lu = 0$ mit

$$R_1 u_1 = 0, \quad R_2 u_2 = 0. \tag{9}$$

Genügt etwa $(\lambda, \mu) \neq 0$ der Gleichung $\alpha_1 \lambda + \alpha_2 \mu = 0$, so läßt sich u_1 als Lösung von $Lu = 0$ mit den Anfangswerten $u(a) = \lambda$, $p(a)u'(a) = \mu$ gewinnen. Entsprechend verfahre man mit u_2. Sind die Lösungen u_1, u_2 linear abhängig, so ist $u_1 = \gamma u_2$ mit $\gamma \neq 0$. Hieraus folgt, daß u_1 auch der zweiten Randbedingung $R_2 u_1 = 0$ genügt, d. h., u_1 ist eine nichttriviale Lösung der homogenen Randwertaufgabe (4). Diesen Ausnahmefall haben wir ausgeschlossen. Damit ist (u_1, u_2) ein Fundamentalsystem von Lösungen. Nach der Lagrange-Identität (5) ist

$$c = p(u_1 u_2' - u_1' u_2) \quad \text{konstant und} \quad \neq 0,$$

denn die linke Seite von (5) ist gleich 0, und $u_1 u_2' - u_1' u_2$ ist die Wronski-Determinante von (u_1, u_2), also $\neq 0$ nach 19.II.

Die Greensche Funktion ist dann durch

$$\Gamma(x, \xi) = \frac{1}{c} \cdot \begin{cases} u_1(\xi)u_2(x) & \text{in } Q_1 : a \leq \xi \leq x \leq b, \\ u_1(x)u_2(\xi) & \text{in } Q_2 : a \leq x \leq \xi \leq b \end{cases} \tag{10}$$

gegeben. Offenbar hat Γ die Eigenschaften (a), (b), (c) von IV. Die Sprungrelation (d) $\Gamma_x(x+, x) - \Gamma_x(x-, x) = 1/p(x)$ ergibt sich nun ohne Mühe aus

$$c\Gamma_x(x+, x) = u_1(x)u_2'(x), \quad c\Gamma_x(x-, x) = u_1'(x)u_2(x).$$

VII. Satz. *Es gelte die Voraussetzung* (S). *Unter der obigen Annahme* (7) *existiert genau eine Greensche Funktion* $\Gamma(x, \xi)$ *für die Sturmsche Randwertaufgabe* (4). *Sie ist symmetrisch,*

$$\Gamma(x, \xi) = \Gamma(\xi, x), \tag{11}$$

und sie läßt sich gemäß (9), (10) *darstellen.*

Die (nach III eindeutige) Lösung der „halbhomogenen" Randwertaufgabe

$$Lv = g(x), \quad R_1 v = R_2 v = 0$$

mit $g \in C(J)$ *lautet*

$$v(x) = \int_a^b \Gamma(x, \xi)g(\xi)\, d\xi. \tag{12}$$

Beweis. Nach Satz V genügt v der Differentialgleichung $Lv = g$. Ferner genügt mit Γ auch v den homogenen Randbedingungen. Denn man darf bei der ersten Ableitung von $v(x)$ unter dem Integralzeichen differenzieren (vgl. den Beweis zu Satz V), d. h. im Integral (12) das Integralzeichen und R_i vertauschen.

Zum Beweis der Eindeutigkeit und Symmetrie der Greenschen Funktion setzen wir, wenn Γ_1, Γ_2 Greensche Funktionen sind,

$$v(x) = \int_a^b \Gamma_1(x,\xi)g(\xi)\,d\xi, \quad w(x) = \int_a^b \Gamma_2(x,\xi)h(\xi)\,d\xi$$

mit stetigen Funktionen g, h. Für diese beiden Funktionen v, w gilt, da sie die homogenen Randbedingungen erfüllen, nach (6)

$$\int_a^b (vLw - wLv)\,dx = 0.$$

Setzt man hier die Ausdrücke für v und w ein und beachtet, daß $Lv = g$, $Lw = h$ ist, so erhält man

$$\int_a^b \int_a^b h(x)\Gamma_1(x,\xi)g(\xi)\,d\xi\,dx = \int_a^b \int_a^b g(x)\Gamma_2(x,\xi)h(\xi)\,d\xi\,dx$$

oder, indem man im zweiten Integral ξ und x vertauscht,

$$\iint_Q \{\Gamma_1(x,\xi) - \Gamma_2(\xi,x)\}g(\xi)h(x)\,d\xi\,dx = 0.$$

Diese Beziehung kann aber bei beliebiger Wahl von g und h nur richtig sein, wenn die geschweifte Klammer verschwindet, d. h. wenn $\Gamma_1(x,\xi) = \Gamma_2(\xi,x)$ ist. Setzt man hier zunächst $\Gamma_1 = \Gamma_2$, so folgt die Symmetrie von Γ_1. Schließlich ergibt sich dann die Eindeutigkeit der Greenschen Funktion.

Beispiel. Für das Problem

$$Lu = u'' - 0 \text{ in } [0,1], \quad R_1 u - u(0) = 0, \quad R_2 u = u(1) = 0$$

ist

$$\Gamma(x,\xi) = \begin{cases} \xi(x-1) & \text{für} \quad 0 \le \xi \le x \le 1, \\ x(\xi-1) & \text{für} \quad 0 \le x \le \xi \le 1 \end{cases}$$

eine Greensche Funktion. Sie ist eindeutig bestimmt, da für das Fundamentalsystem $u_1 = 1$, $u_2 = x$ die Determinante in (7) den Wert 1 hat.

VIII. Lineare und nichtlineare Randwertprobleme. Satz VII zeigt eine wesentliche Eigenschaft der Greenschen Funktion: mit ihr läßt sich jedes halbhomogene Randwertproblem explizit lösen. Dies gilt, wie eine einfache Überlegung zeigt, auch für

(a) *Inhomogene Randwertprobleme.* Liegt das inhomogene Randwertproblem (2), (3) vor, so sucht man zunächst eine Funktion $\phi \in C^2(J)$, welche die Randbedingung $R_i\phi = \eta_i$ ($i = 1, 2$) befriedigt. Diese Aufgabe ist nicht schwierig. Macht man nun für die Lösung u der inhomogenen Randwertaufgabe den Ansatz $u = \phi + v$, so ergibt sich für v aus den beiden Forderungen

$$Lu = L\phi + Lv = g, \quad R_i u = R_i\phi + R_i v = \eta_i$$

das halbhomogene Randwertproblem

$$Lv = h, \quad R_1 v = R_2 v = 0 \quad \text{mit} \quad h = g - L\phi.$$

Dieses Problem ist nach Satz VII lösbar, wenn (7) gilt. Damit ist also für das allgemeine inhomogene Problem eine Lösung in der Form $u = \phi + v$ gefunden.

(b) *Nichtlineare Randwertprobleme.* Hier zeigt sich besonders eindrucksvoll die Bedeutung der Greenschen Funktion. Ist etwa ein Randwertproblem

$$Lu = f(x, u) \quad \text{in } J \text{ mit } R_1 u = R_2 u = 0 \tag{13}$$

gegeben und ist Γ die Greensche Funktion für (4), so gilt der

Satz. *Die Funktion u ist genau dann eine Lösung von (13) aus $C^2(J)$, wenn u in J stetig ist und der Integralgleichung*

$$u(x) = \int_a^b \Gamma(x, \xi) f(\xi, u(\xi)) \, d\xi \tag{14}$$

genügt. Dabei ist vorausgesetzt, daß f stetig ist und (7) gilt.

Der Beweis ergibt sich aus den Sätzen V und VII.

IX. Ein Existenz- und Eindeutigkeitssatz. *Genügt die in $[0, 1] \times \mathbb{R}$ stetige Funktion $f(x, y)$ einer Lipschitzbedingung*

$$|f(x, y) - f(x, z)| \le L|y - z| \quad \text{mit } L < \pi^2,$$

so hat das Randwertproblem

$$u'' = f(x, u) \quad \text{für } 0 \le x \le 1, \quad u(0) = u(1) = 0$$

genau eine Lösung.

Dies ist ein „bester" Satz, d. h., er wird für $L = \pi^2$ falsch. Dazu betrachten wir die Beispiele $f(x, u) = -\pi^2 u$ und $f(x, u) = -\pi^2(u + 1)$. Im ersten Fall existieren unendlich viele Lösungen, im zweiten Fall existiert keine Lösung (Beweis?).

Beweis. Versieht man $C[0, 1]$ mit der Maximum-Norm, so genügt der Operator T

$$(Tu)(x) = \int_0^1 \Gamma(x, \xi) f(\xi, u(\xi)) \, d\xi$$

einer Lipschitzbedingung mit der Lipschitzkonstante $L/8$, da $\int\limits_0^1 |\Gamma(x, \xi)| \, d\xi \le 1/8$ ist; vgl. das Beispiel in VII. Das Kontraktionsprinzip 5.IX liefert dann die Behauptung, falls $L < 8$ ist. Um das allgemeine Resultat zu erhalten, betrachten wir die Funktionenmenge

$$B^* = \left\{ u \in C[0,1] : \ \|u\|^* := \sup_{0 < x < 1} \frac{|u(x)|}{\sin \pi x} < \infty \right\}.$$

Man überlege sich, daß die Menge B^* mit der Norm $\| \cdot \|^*$ einen Banachraum bildet. Für $u, v \in B^*$ ist

$$|f(\xi, u(\xi)) - f(\xi, v(\xi))| \leq L|u(\xi) - v(\xi)| \leq L\|u - v\|^* \sin \pi \xi,$$

also

$$|(Tu - Tv)(x)| \leq L\|u - v\|^* \int_0^1 |\Gamma(x, \xi)| \sin \pi \xi \, d\xi.$$

Bezeichnen wir das Integral mit $w(x)$, so folgt aus $\Gamma \leq 0$ und Satz VII, daß $w'' = -\sin \pi x$ und $w(0) = w(1) = 0$, also $w(x) = (\sin \pi x)/\pi^2$ ist. Damit haben wir die Abschätzung

$$|(Tu - Tv)(x)| \leq \frac{L}{\pi^2} \|u - v\|^* \sin \pi x$$

gewonnen. Nach Division durch $\sin \pi x$ erhält man daraus $\|Tu - Tv\|^* \leq \frac{L}{\pi^2}\|u - v\|^*$. Für $L < \pi^2$ liegt also eine Kontraktion vor.

Beispiel. Wir betrachten die Randwertaufgabe

$$u'' = g(x)e^u \text{ in } [0,1], \quad u(0) = u(1) = 0$$

mit $g \in C[0,1]$ und behaupten, daß genau eine Lösung existiert, falls $0 \leq g(x) \leq L < \pi^2$ in $[0,1]$ gilt.

Zum Beweis bemerken wir zunächst, daß $u'' \geq 0$, also u konvex und damit $u \leq 0$ ist. Für $f(x, u) = g(x)e^u$ ist $f_u = g(x)e^u \leq g(x) \leq L < \pi^2$, da man $u \leq 0$ voraussetzen darf. Es besteht also eine Lipschitzbedingung mit der Konstante $L < \pi^2$.

X. Allgemeine lineare Randwertaufgaben.
Die bisherige Theorie kann man ohne Schwierigkeit auf lineare Differentialgleichungen n-ter Ordnung und noch allgemeiner auf lineare Systeme erster Ordnung ausdehnen. Wir betrachten die Randwertaufgabe

$$Ly = f(x) \text{ in } J = [a,b], \quad Ry = \eta \tag{15}$$

mit

$$Ly := y' - A(x)y, \quad Ry := Cy(a) + Dy(b). \tag{16}$$

Dabei sind A, C, D $n \times n$-Matrizen und f, η, y n-Vektoren; A und f sind in J stetig, C, D und η sind konstant. Alle Größen dürfen komplexwertig sein.

Drei Beispiele. (a) Im Fall $C = E$, $D = 0$ hat man gerade das Anfangswertproblem (14.8) vor sich.

(b) Für $n = 2$ ergibt sich die Sturmsche Randwertaufgabe (2), (3), wenn man wie in (2') $y(x) = (u, p(x)u')^\top$ setzt, in der Form

$$A(x) = \begin{pmatrix} 0 & 1/p \\ -q & 0 \end{pmatrix}, \ f(x) = \begin{pmatrix} 0 \\ g \end{pmatrix}, \ C = \begin{pmatrix} \alpha_1 & \alpha_2 \\ 0 & 0 \end{pmatrix}, \ D = \begin{pmatrix} 0 & 0 \\ \beta_1 & \beta_2 \end{pmatrix}.$$

(c) Die *periodische Randbedingung* $y(a) = y(b)$ erhält man für $C = -D = E$, $\eta = 0$.

XI. Satz. *Es sei* $Y(x) = (y_1, \ldots, y_n)$ *ein Fundamentalsystem von Lösungen der Differentialgleichung* $Ly = 0$, *wobei* $A(x)$ *komplexwertig und in* J *stetig ist. Dann sind die folgenden drei Aussagen gleichwertig:*

(a) *Die homogene Aufgabe* $Ly = 0$, $Ry = 0$ *hat nur die triviale Lösung* $y = 0$.

(b) *Die Matrix* $R(Y) = CY(a) + DY(b)$ *ist regulär, also* $\det R(Y) \neq 0$.

(c) *Zu vorgegebenem* $f \in C^0(J)$, $\eta \in \mathbb{C}^n$ *hat das Randwertproblem* (15) *genau eine Lösung.*

Beweis. Die allgemeine Lösung der inhomogenen Gleichung $Ly = f$ lautet

$$y = z + c_1 y_1 + \cdots + c_n y_n = z + Yc, \tag{17}$$

wobei $z(x)$ eine Lösung der inhomogenen Gleichung und $c = (c_1, \ldots, c_n)^\top \in \mathbb{C}^n$ beliebig ist. Die Randbedingung lautet

$$R(y) = R(z) + R(Y)c = \eta. \tag{18}$$

Dieses lineare Gleichungssystem für c ist genau dann eindeutig lösbar, wenn (b) gilt. Daraus folgt sofort die Behauptung des Satzes.

XII. Greenscher Operator und Greensche Funktion. Es sei C_R^1 die Menge aller $y \in C^1(J)$, welche der homogenen Randbedingung $Ry = 0$ genügen. Das halbhomogene Problem

$$Ly = f, \quad Ry = 0 \tag{19}$$

lautet dann in anderer Formulierung: Gesucht ist ein $y \in C_R^1$ mit $Ly = f$. Dieses Problem hat nach Satz XI genau eine Lösung, wenn $\det R(Y) \neq 0$ ist. Unter dieser Voraussetzung ist also

$$L : C_R^1 \to C^0(J)$$

eine bijektive lineare Abbildung zwischen diesen beiden Räumen, und die Umkehrabbildung

$$L^{-1} = G : C^0(J) \to C_R^1$$

ist ebenfalls linear und bijektiv. In dieser Bezeichnung ist $y := Gf$ die Lösung
der halbhomogenen Aufgabe (19). Gesucht ist nun eine Integraldarstellung
von G, d. h. eine $n \times n$-Matrix $\Gamma(x, \zeta)$ mit

$$y(x) = (Gf)(x) = \int_a^b \Gamma(x, \xi) f(\xi)\, d\xi \quad \text{für alle} \quad f \in C^0(J). \tag{20}$$

Man nennt G den zum Problem (19) gehörigen *Greenschen Operator*, Γ die
zugehörige *Greensche Funktion* oder *Greensche Matrix*.

Betrachten wir, um eine Greensche Funktion zu finden, noch einmal den
Beweis von XI. Nach (16.3) ist

$$z(x) = \int_a^x Y(x) Y^{-1}(\xi) f(\xi)\, d\xi$$

eine Lösung von $Lz = f$, und für diese ist

$$R(z) = Cz(a) + Dz(b) = Dz(b) = D \int_a^b Y(b) Y^{-1}(\xi) f(\xi)\, d\xi.$$

Die Lösung $y = z + Yc$ von (19) ergibt sich also, wenn man (18) mit $\eta = 0$
nach c auflöst:

$$y(x) = Gf = z(x) - Y(x) R(Y)^{-1} R(z).$$

Setzt man für $z(x)$ und $R(z)$ die gefundenen Ausdrücke ein, so hat man in
der Tat eine Integraldarstellung für G. Allerdings erstreckt sich das Integral
für $z(x)$ nur von a bis x. Wir multiplizieren deshalb den Integranden mit der
Funktion

$$c(x, \xi) = \begin{cases} 1 & \text{für} \quad \xi \leq x, \\ 0 & \text{für} \quad \xi > x \end{cases}$$

und können dann von a bis b integrieren. Damit ergibt sich die Integraldarstellung (20) mit

$$\begin{aligned} \Gamma(x, \xi) &= c(x, \xi) Y(x) Y^{-1}(\xi) - Y(x) R(Y)^{-1} DY(b) Y^{-1}(\xi) \\ &= Y(x) \{ c(x, \xi) - R(Y)^{-1} DY(b) \} Y^{-1}(\xi). \end{aligned} \tag{21}$$

XIII. Satz. *Es sei $A(x)$ in J stetig, $Y(x)$ ein Fundamentalsystem für
$Ly = 0$, und es gelte $\det R(Y) \neq 0$. Dann existiert zum Randwertproblem
(19) genau eine Greensche Funktion $\Gamma(x, \xi)$. Sie ist durch (21) gegeben und
hat die Eigenschaften*

(a) *$\Gamma(x, \xi)$ ist in jedem der abgeschlossenen Dreiecke Q_1 ($a \leq \xi \leq x \leq b$)
und Q_2 ($a \leq x \leq \xi \leq b$) stetig, wenn man auf der Diagonale $x = \xi$ als
Funktionswerte die Werte $\Gamma(x+, x)$ bzw. $\Gamma(x-, x)$ festsetzt, welche sich als
Limites aus dem Innern von Q_1 bzw. Q_2 ergeben, und es ist*

$$\Gamma(x+, x) - \Gamma(x-, x) = E.$$

(b) *Für festes $\xi \in J$ ist $L\Gamma = 0$ für $x \neq \xi$, $x \in J$.*

(c) *Für festes $\xi \in J° = (a, b)$ ist $R(\Gamma) = C\Gamma(a, \xi) + D\Gamma(b, \xi) = 0$.*

Durch die Eigenschaften (a)–(c) *ist $\Gamma(x, \xi)$ eindeutig charakterisiert.*

Beweis. Offenbar hat die durch (21) gegebene Greensche Funktion die Eigenschaft (a). Denn der zweite Summand ist in $Q = J \times J$ stetig, während beim ersten sich für $x = \xi$ ergibt $c(x, x)Y(x)Y^{-1}(x) = E$. Ebenso folgt (b), da in jedem der beiden Dreiecke Q_i die Greensche Funktion von der Form $\Gamma = Y(x)S$ mit einer von x unabhängigen Matrix S ist; vgl. 15.II.(h). Auch (c) läßt sich leicht bestätigen:

$$R(\Gamma(x, \xi)) = R(c(x, \xi)Y(x)Y^{-1}(\xi)) - R(Y(x)R(Y)^{-1}DY(b)Y^{-1}(\xi))$$
$$= DY(b)Y^{-1}(\xi) - R(Y)R(Y)^{-1}DY(b)Y^{-1}(\xi) = 0.$$

Zum Beweis der Eindeutigkeit von Γ benutzen wir die folgende Tatsache: Ist $h(\xi)$ in J reellwertig und stückweise stetig (d. h. stetig bis auf endlich viele Unstetigkeiten, welche Sprungstellen sind) und gilt

$$\int_a^b h(\xi)f(\xi)\, d\xi = 0 \quad \text{für alle reellen } f \in C^0(J),$$

so ist $h = 0$ (bis auf die Werte an den Unstetigkeitsstellen). Dasselbe gilt dann auch, wenn h komplexwertig ist. Daraus folgt in einfacher Weise: Ist $H(\xi)$ eine stückweise stetige matrixwertige Funktion und

$$\int_a^b H(\xi)f(\xi)\, d\xi = 0 \quad \text{für alle } f \in C^0(J), \tag{$\star$}$$

so ist $H = 0$. Sind also Γ_1, Γ_2 zwei Greensche Funktionen und setzt man $H(\xi) = \Gamma_1(x, \xi) - \Gamma_2(x, \xi)$ bei festem x, so folgt ($\star$) und damit, da x beliebig war, $\Gamma_1 = \Gamma_2$ an den Stetigkeitsstellen beider Funktionen.

Schließlich ist zu zeigen, daß es höchstens eine Funktion mit den Eigenschaften (a)–(c) gibt, nämlich die Greensche Funktion. Sind Γ_1, Γ_2 zwei Funktionen mit diesen Eigenschaften und ist $\xi \in (a, b)$ fest, so ist die Funktion $V(x) := \Gamma_1(x, \xi) - \Gamma_2(x, \xi)$ in J, also auch an der Stelle $x = \xi$, stetig. Die Gleichung $LV = 0$ gilt dann auch an der Stelle $x = \xi$ (Grenzübergang $x \to \xi$, vgl. z. B. Hilfssatz 6.VI). Also ist $V(x)$ (genauer, jede der n Spalten von V) eine Lösung der homogenen Randwertaufgabe und demnach gleich Null. Damit ist der Satz vollständig bewiesen.

XIV. Bemerkungen. (a) Natürlich gilt die in X–XIII entwickelte Theorie auch im reellen Fall, d. h. wenn $A(x)$, C, D, $f(x)$ reellwertig sind. Durch L bzw. $G = L^{-1}$ werden dann die reellen Räume C_R^1 und $C^0(J)$ bijektiv aufeinander abgebildet.

(b) Die früheren Sätze über die Sturmsche Randwertaufgabe sind in der obigen Theorie als Spezialfall enthalten. Man definiert dabei die Größen $A(x)$, $f(x)$, C, D wie in X.(b). Es beziehe sich L und $\Gamma(x, \xi) = (\Gamma_{ij})$ $(i, j = 1, 2)$

auf dieses Matrizenproblem, während L_s den Sturmschen Differentialoperator (22), Γ_s die zugehörige skalare Greensche Funktion bezeichne. Ist y eine Lösung von $Ly = f$ und $u := y_1$, so folgt $y_2 = pu'$ und $L_s u = g$. Die Lösung der halbhomogenen Aufgabe (19) lautet

$$\begin{pmatrix} u(x) \\ p(x)u'(x) \end{pmatrix} = \int_a^b \begin{pmatrix} \Gamma_{11} & \Gamma_{12} \\ \Gamma_{21} & \Gamma_{22} \end{pmatrix} \begin{pmatrix} 0 \\ g(\xi) \end{pmatrix} d\xi,$$

also

$$u(x) = \int_a^b \Gamma_{12}\, g\, d\xi, \quad pu' = \int_a^b \Gamma_{22}\, g\, d\xi.$$

Es ist also, wenn man mit Satz VII vergleicht, $\Gamma_{12} = \Gamma_s$, $\Gamma_{22} = p\partial\Gamma_s/\partial x$. Nach der Sprungrelation XIII.(a) ist Γ_{12} stetig in Q, während Γ_{22} einen Sprung der Größe 1 auf der Diagonale macht. Dies stimmt mit den Eigenschaften IV.(a) und (d) von Γ_s überein.

XV. Randwertprobleme mit Parameter. Holomorphie in λ. Wir betrachten nun den von einem komplexen Parameter λ abhängigen Differentialoperator

$$L_\lambda y := y' - (A(x) + \lambda B(x))y \quad (A,\, B \text{ stetig in } J)$$

zusammen mit dem früheren Randoperator (ohne Parameter)

$$Ry := Cy(a) + Dy(b).$$

Nach Satz 13.III ist die Lösung $y(x; \lambda)$ eines Anfangswertproblems $L_\lambda y = 0$, $y(a; \lambda) = \eta$ (η unabhängig von λ) eine ganze holomorphe Funktion von $\lambda \in \mathbb{C}$. Durch Lösen von n solchen Anfangswertproblemen erhalten wir ein Fundamentalsystem $Y(x, \lambda)$, welches für jedes $x \in J$ eine ganze holomorphe Funktion von λ ist. Ebenso sind dann $Y^{-1}(x, \lambda)$, die Wronski-Determinante $\det Y(x, \lambda)$ und

$$R(Y(x, \lambda)) = CY(a, \lambda) + DY(b, \lambda)$$

ganze holomorphe Funktionen von λ (die Holomorphie der Wronski-Determinante ist übrigens wegen Satz 15.III trivial). Es liegt also genau einer der beiden Fälle vor:

(a) Es ist $\det R(Y(x, \lambda)) = 0$ für alle $\lambda \in \mathbb{C}$.

(b) Es ist $\det R(Y(x, \lambda)) \neq 0$ bis auf höchstens abzählbar viele Ausnahmewerte $\lambda = \lambda_k$. Im Falle unendlich vieler Ausnahmewerte gilt $|\lambda_k| \to \infty$ für $k \to \infty$.

Im Fall (b) existiert die Greensche Funktion $\Gamma(x, \xi, \lambda)$ für $\lambda \neq \lambda_k$, und sie ist eine holomorphe Funktion von λ. Dies läßt sich aus der Darstellung (21) ablesen, da $R(Y(x, \lambda))^{-1}$ holomorph ist für $\lambda \neq \lambda_k$.

XVI. Aufgabe. Man beweise, daß die Greensche Funktion für das Randwertproblem

$$u'' + \lambda u = 0 \quad \text{in } [0,1], \quad u(0) = 0, \quad u(1) = 0$$

für $\lambda > 0$, $\lambda \neq n^2\pi^2$ $(n = 1, 2, 3, \ldots)$ durch

$$\Gamma(x, \xi; \lambda) = \frac{1}{\sqrt{\lambda}\sin\sqrt{\lambda}} \cdot \begin{cases} \sin\sqrt{\lambda}\,\xi \cdot \sin\sqrt{\lambda}(x-1) & \text{für } 0 \leq \xi \leq x \leq 1, \\ \sin\sqrt{\lambda}\,x \cdot \sin\sqrt{\lambda}(\xi - 1) & \text{für } 0 \leq x \leq \xi \leq 1 \end{cases}$$

gegeben ist und daß für $\lambda = n^2\pi^2$ der Ausnahmefall ((4) hat nichttriviale Lösung) vorliegt.

Die Funktion $S(z) = \sum_0^\infty (-1)^k z^k/(2k+1)!$ ist holomorph in $\mathbb{C}$, und es ist $\sin z = zS(z^2)$. Man zeige, daß Γ in der Form

$$\Gamma(x, \xi; \lambda) = \frac{1}{S(\lambda)} \cdot \begin{cases} S(\lambda\xi^2)S(\lambda(x-1)^2)\xi(x-1) & \text{für } 0 \leq \xi \leq x \leq 1, \\ S(\lambda x^2)S(\lambda(\xi-1)^2)x(\xi-1) & \text{für } 0 \leq x \leq \xi \leq 1 \end{cases}$$

geschrieben werden kann und in dieser Form die Greensche Funktion für alle komplexen $\lambda \neq n^2\pi^2$ $(n = 1, 2, \ldots)$ ist. Für $\lambda = 0$ ergibt sich das Beispiel aus VII. Man drücke die Greensche Funktion für reelle $\lambda < 0$ mit Hilfe des sinus hyperbolicus aus.

XVII. Aufgaben. (a) Man löse die inhomogene Randwertaufgabe

$$u'' + u = e^x \quad \text{in } [0,1], \quad u(0) = u(1) = 0$$

(a_1) mit Hilfe eines Fundamentalsystems der homogenen und einer speziellen Lösung der inhomogenen Differentialgleichung, (a_2) mit Hilfe der Greenschen Funktion.

(b) Man bestimme die Greensche Funktion für die Randwertaufgabe

$$u'' + \frac{1}{4x^2}\,u = 0 \quad \text{in } [1,2], \quad u(1) = u(2) = 0.$$

Anleitung. Man substituiere $x = e^t$.

(c) Man bestimme die Greensche Funktion für $u'' = 0$, $u'(0) = 0$, $u(1) = 0$.

(d) Man zeige, daß das Randwertproblem

$$u'' = g(x)\sin u \quad \text{in } [0,1], \quad u(0) = u(1) = 0$$

für jede stetige, der Ungleichung $|g(x)| < \pi^2$ genügende Funktion g genau eine Lösung besitzt.

Ergänzung I: Maximum- und Minimumprinzipien

Ein Maximum- oder Minimumprinzip ist, allgemein gesprochen, eine Aussage über Maxima oder Minima von Lösungen einer Differentialgleichung oder -Ungleichung. Wir werden solche Sätze für die Gleichung $Lu = 0$ behandeln.

Aus der Analysis ist bekannt, daß für eine glatte Funktion u an der Stelle eines Minimums die Beziehungen $u' = 0$ und $u'' \geq 0$ gelten, daß aber die Ungleichung $u'' > 0$, welche für Widerspruchsbeweise benötigt wird, im allgemeinen nicht richtig ist. Der folgende Hilfssatz zeigt jedoch, daß in der Nähe des Minimums eine strenge Ungleichung besteht. Anstelle von $p \in C^1$, $u \in C^2$ benutzen wir die bereits in Bemerkung 4 von II eingeführte schwächere Voraussetzung

$u \in C_p(I)$, d. h., u und pu' gehören zu $C^1(I)$, wobei I ein Intervall ist.

XVIII. Hilfssatz. (a) *Es sei I ein offenes Intervall und $p > 0$ in I. Die Funktion $u \in C_p(I)$ sei nicht konstant, und sie besitze in I ein Minimum. Dann gibt es in I Punkte mit $(pu')' > 0$.*

(b) *Sind die Funktionen $a_2 > 0$ und a_1 im offenen Intervall I stetig und hat $u \in C^2(I)$, $u \neq$ const, ein Minimum in I, so gibt es Punkte in I mit $a_2 u'' + a_1 u' > 0$.*

Beweis. (a) Es seien α, β Punkte aus I mit $u(\alpha) > u(\beta) = \min u$. Dann ist $u'(\beta) = 0$, und es gibt, wenn etwa $\alpha < \beta$ ist, sicher einen Punkt γ in (α, β) mit $u'(\gamma) < 0$. Aus $(pu')(\gamma) < 0 = (pu')(\beta)$ folgt, daß es im Intervall (γ, β) Punkte mit $(pu')' > 0$ gibt. Im Fall $\alpha > \beta$ schließt man ähnlich.

(b) folgt aus (a), wenn man $p(x) = \exp\left(\int\limits_c^x [a_1(t)/a_2(t)]\, dt\right)$ mit $c \in I$ setzt. Es ist dann $(pu')' = h(a_2 u'' + a_1 u')$ mit $h = p/a_2 > 0$.

Wir ziehen zunächst eine Folgerung für den Differentialoperator (2): $Lu = (pu')' + qu$. Wie bisher ist $J = [a, b]$ und $J^\circ = (a, b)$.

Satz (Maximum-Minimum-Prinzip). *Es sei $p > 0$ und $q \leq 0$ in J°. Genügt $u \in C_p(J^\circ)$ in J° der Ungleichung $Lu \geq 0$ und besitzt u in J° ein positives Maximum, so ist u konstant. Dasselbe gilt auch, wenn $Lu \leq 0$ ist und u ein negatives Minimum besitzt.*

Das ergibt sich unmittelbar aus dem Hilfssatz. Ist etwa $Lu \leq 0$ und hat $u \neq$ const ein negatives Minimum an der Stelle $\beta \in J^\circ$, so gibt es ein den Punkt β enthaltendes offenes Intervall I, in welchem u negativ und nicht konstant ist. Wegen $qu \geq 0$ ist $(pu')' \leq Lu \leq 0$ in I im Widerspruch zum Hilfssatz.

XIX. Satz (Starkes Minimumprinzip). *Es sei $p \in C^0(J)$, $p > 0$ in J und q nach unten beschränkt, etwa $q \geq -K$ in J. Für $u \in C_p(J)$ gelte*

$$Lu = (pu')' + qu \leq 0 \quad in \ J^\circ, \quad u(a) \geq 0, \quad u(b) \geq 0.$$

(a) *Es sei außerdem $q \leq 0$. Dann gilt* (i) $u \equiv 0$ *oder* (ii) $u > 0$ *in J°. Ist im zweiten Fall $u(a) = 0$ bzw. $u(b) = 0$, so ist $u'(a) > 0$ bzw. $u'(b) < 0$.*

(b) *Ist $u \geq 0$ in J, so gelten die Aussagen von (a) auch im Fall $\max q > 0$.*

(c) *Es existiere eine „Hilfsfunktion" $h \in C_p(J)$ mit den Eigenschaften*

$$Lh \leq 0 \quad in \quad J^\circ \quad und \quad h > 0 \quad in \quad J^\circ$$

(es ist wesentlich, daß $h > 0$ nur im Innern von J gefordert wird). Dann ist (i) $u \equiv 0$ *oder* (ii) $u > 0$ *in J° oder oder* (iii) $u = -\mu h$ *mit $\mu > 0$.*

Beweis. (a) Nach dem vorangehenden Satz kann u kein negatives Minimum haben. Es ist also $u \geq 0$. Ist weder $u \equiv 0$ noch $u > 0$ in J°, so gibt es ein Intervall $I = [\alpha, \beta] \subset J^\circ$ mit $u > 0$ in (α, β) und $u(\alpha) = 0$ oder $u(\beta) = 0$. Wir betrachten nun den ersten Fall und nehmen an, es sei $p > \delta > 0$ und $q > -K$ in I. Aus $u(\alpha) = u'(\alpha) = 0$ und $(pu')' \leq Ku$ in I folgt

$$u(x) = \int_\alpha^x u'(\xi) \, d\xi \quad und \quad (pu')(x) = \int_\alpha^x Ku(t) \, dt.$$

Setzt man $U(x) = \max\{u(t) : \alpha \leq t \leq x\}$, so erhält man zunächst aus der letzten Ungleichung $u'(x) \leq \gamma(x - \alpha)U(x)$ mit $\gamma = K/\delta$ und dann aus der vorangehenden Gleichung $u(x) \leq \gamma(x - \alpha)^2 U(x)$. Diese letzte Ungleichung enthält einen Widerspruch, da es beliebig nahe bei α Punkte x mit $u(x) = U(x)$ gibt. Es gilt also (i) oder (ii). Dieser Beweis zeigt für den Sonderfall $\alpha = a$, daß die Annahme $u(a) = u'(a) = 0$, $u > 0$ in J° zum Widerspruch führt.

(b) Es sei $q^-(x) = \min\{q(x), 0\} \leq 0$ und $L^- u = (pu')' + q^- u$. Wegen $u \geq 0$ ist $q^- u \leq qu$, also $L^- u \leq Lu \leq 0$. Damit läßt sich (a) auf L^- anwenden.

(c) Ist $u \geq 0$, so gilt (i) oder (ii) nach (b). Nun sei $\min u < 0$; es ist dann zu zeigen, daß der Fall (iii) vorliegt. Dazu sei $d(x) = \text{dist}(x, \partial J) = \max\{x - a, b - x\}$. Offenbar ist $d'(a) = -d'(b) = 1$. Der zweite Fall von (a) läßt sich auch so ausdrücken: Es gibt ein $\gamma > 0$ mit $u(x) \geq \gamma d(x)$. Wegen der Lipschitz-Stetigkeit von u in Verbindung mit $u(a), u(b) \geq 0$ gibt es eine Konstante $\alpha > 0$ mit $u(x) \geq -\alpha d(x)$. Nun folgt aus (b), angewandt auf h, daß $h(x) \geq \delta d(x)$ mit $\delta > 0$ ist. Also ist $u + \lambda h \geq 0$ für große λ. Es sei

$$\mu = \inf\{\lambda > 0 : u + \lambda h \geq 0 \text{ in } J\}.$$

Offenbar ist $\mu > 0$ und $v := u + \mu h \geq 0$. Wegen $Lv \leq 0$ erhält man aus (b) $v \equiv 0$ oder $v > 0$. Der erste Fall führt auf (iii). Im zweiten Fall gibt es wegen der Minimalität von μ ein $x_n \in J^\circ$ mit

$$v(x_n) - \frac{1}{n} h(x_n) < 0 \qquad (n = 1, 2, \ldots). \tag{$*$}$$

Für eine Teilfolge ist $\lim x_n = \xi$, und für $n \to \infty$ erhält man $v(\xi) \leq 0$, also $v(\xi) = 0$ und damit $\xi = a$ oder $\xi = b$. Aus $v(a) = 0$ folgt auch $h(a) = 0$.

Dividiert man die Ungleichung (∗) durch $x_n - a$, so erhält man wegen $v(x_n) = v(x_n) - v(a)$ und $h(x_n) = h(x_n) - h(a)$ für $n \to \infty$ die Ungleichung $v'(a) \leq 0$ im Widerspruch zu (a) (ii). Entsprechendes gilt für $\xi = b$. Damit ist auch (c) bewiesen.

Beispiel und Bemerkungen. 1. *Der Eigenwertfall.* Die Nützlichkeit und Tragweite dieser drei Sätze werden wir noch kennenlernen. Der Fall (iii) in (c) kann nur dann vorliegen, wenn in allen Ungleichungen das Gleichheitszeichen steht, wenn also $Lu = Lh = 0$ in J° und $u(a) = h(a) = u(b) = h(b) = 0$ ist. Ist auch nur eine dieser Ungleichungen verletzt, so scheidet (iii) aus. Der Sachverhalt läßt sich mit Hilfe des Eigenwertbegriffs (§ 27) so ausdrücken: Der Fall (iii) liegt genau dann vor, wenn $\lambda_0 = 0$ der erste Eigenwert und $u_0 = h$ die zugehörige Eigenfunktion für das Eigenwertproblem $Lu + \lambda u = 0$, $u(a) = u(b) = 0$ ist.

2. *Beispiel.* In $J^\circ = (0, \pi)$ sei $u'' + u \leq 0$, jedoch $\not\equiv 0$, sowie $u(0) \geq 0$, $u(\pi) \geq 0$. Dann ist $u(x) \geq \gamma \sin x$ mit $\gamma > 0$. Hier wendet man (c) mit $h(x) = \sin x$ an. Da die Fälle (i) und (iii) ausscheiden, erhält man zunächst $u > 0$ in J° und dann mit (b) die Behauptung.

3. Die Fallunterscheidung $u \equiv 0$ oder $u > 0$ in J° in (a) besteht auch unter der schwächeren Voraussetzung $p \in C(J^\circ)$, $p > 0$ in J°, $u \in C(J) \cap C_p(J^\circ)$, $\inf_I q > -\infty$ für jedes kompakte Teilintervall I von J°. Der Beweis bleibt gültig.

4. Für den Operator $Mu = a_2(x)u'' + a_1(x)u' + q(x)u$ bleibt das starke Maximumprinzip gültig, wenn a_2 die Eigenschaften von p hat und $a_1 \in C^0(J)$, $u \in C^2(J)$ ist (man benutze die Transformation in II.2).

5. *Elliptische Differentialgleichungen.* Die obigen Sätze haben ihre Entsprechung bei elliptischen Differentialgleichungen zweiter Ordnung. Die Alternative $u \equiv 0$ oder $u > 0$ „im Innern" wird auch dort starkes Minimumprinzip genannt; die zu (a) (ii) analoge Aussage über die Ableitung am Rande ist das von E. Hopf (1952) entdeckte Hopfsche Lemma. Die entsprechende Aussage (c) ist unter der schärferen Voraussetzung $h(x) \geq \varepsilon > 0$, welche den Fall (iii) ausschließt, seit langem bekannt. In der schärferen Version ($h > 0$ nur im Innern) geht sie auf Walter (1990) zurück und wurde inzwischen von verschiedenen Autoren auf elliptische Systeme übertragen.

Ergänzung II: Nichtlineare Randwertprobleme

Im Abschnitt IX wurde gezeigt, wie man nichtlineare Randwertprobleme mit Hilfe des Kontraktionsprinzips lösen kann. Hier werden wir für Existenzsätze den Schauderschen Fixpunktsatz und andere Hilfsmittel heranziehen. Da der Schaudersche Satz die Existenz von mehreren Fixpunkten nicht ausschließt, müssen neue Methoden für das Eindeutigkeitsproblem entwickelt werden.

Wir behandeln zunächst das Randwertproblem

$$Lu = f(x, u, u') \text{ in } J = [a, b], \quad R_1 u = \eta_1, \quad R_2 u = \eta_2, \tag{22}$$

wobei $Lu = (pu')' + qu$ und R_1, R_2 wie in (2), (3) definiert sind.
Der italienische Mathematiker G. Scorza Dragoni bewies 1935 den folgenden

XX. Existenzsatz. *Die Funktion $f(x, z, p)$ sei in $J \times \mathbb{R}^2$ stetig und beschränkt, und das homogene Problem (4) habe nur die triviale Lösung. Dann besitzt das Randwertproblem (22) mindestens eine Lösung.*

Wir beweisen sogleich einen Existenzsatz für die allgemeine nichtlineare Randwertaufgabe

$$y'(x) = A(x)y + f(x, y) \text{ in } J = [a, b], \quad Ry = \eta. \tag{23}$$

Die zugehörige lineare Aufgabe $y' = A(x)y + f(x)$, $Ry = \eta$ wurde in den Abschnitten X–XIII behandelt, und wir übernehmen die dort eingeführten Bezeichnungen, insbesondere $Ry = Cy(a) + Dy(b)$ und $Y(x)$ für ein Fundamentalsystem. Wie früher ist zugelassen, daß y, A, f komplexwertig sind.

Existenzsatz. *Ist $f(x, y)$ in $J \times \mathbb{C}^n$ stetig und beschränkt und die Matrix $R(Y)$ regulär, so besitzt das Randwertproblem (23) mindestens eine Lösung.*

Beweis. Es genügt, den halbhomogenen Fall $\eta = 0$ zu betrachten (man schreibt wie in VIII.(a) die Lösung in der Form $y = y_0 + z$, wobei $y_0 \in C^1(J)$ mit $Ry_0 = \eta$ leicht zu finden ist, und betrachtet das Randwertproblem für z). Nach XII, insbesondere Formel (20), ist y genau dann eine Lösung von (23) mit $\eta = 0$, wenn y eine in J stetige Lösung der Integralgleichung

$$y = Ty \text{ mit } (Ty)(x) := \int_a^b \Gamma(x, \xi) f(\xi, y(\xi)) \, d\xi \tag{24}$$

ist; dabei ist Γ die durch (21) gegebene Greensche Funktion.
Wir wenden den Fixpunktsatz von Schauder 7.XII im Banachraum $B = C(J, \mathbb{C}^n)$ mit der Maximum-Norm $\|y\| = \max\{|y(x)| : x \in J\}$ an. Für $y \in B$ ist die Funktion $v = Ty$ eine Lösung von

$$v' = A(x)v + f(x, y(x)), \tag{25}$$

also ebenfalls aus B, d. h., T bildet B in sich ab.
Nun sind f, A und Γ beschränkt, etwa $|f|, |A|, |\Gamma| \leq c$. Für $v = Ty$ ist dann nach (24)

$$|v(x)| = |(Ty)(x)| \leq c^2(b - a) =: c_1, \tag{26}$$

und aus (25) folgt die Abschätzung

$$|v'(x)| \leq cc_1 + c =: c_2.$$

Die Menge $T(B)$ ist also beschränkt und gleichgradig stetig und damit relativ kompakt.

Es bleibt also nur noch zu zeigen, daß T stetig ist. Nun ist f auf der Menge $J \times K$ mit $K = \{y \in \mathbb{C}^n : |y| \leq d\}$ gleichmäßig stetig. Zu $\varepsilon > 0$ gibt es also ein $\delta > 0$ derart, daß aus $y_1, y_2 \in K$, $|y_1 - y_2| < \delta$ folgt $|f(x, y_1) - f(x, y_2)| < \varepsilon$.

Sind also $y(x)$, $z(x)$ Funktionen aus B mit $\|y\|, \|z\| \leq d$ und $\|y - z\| < \delta$, so erhält man mit (24) $\|Ty - Tz\| < \varepsilon c(b-a)$. Der Operator T ist also, da $d > 0$ beliebig ist, in B stetig und kompakt, und der Schaudersche Fixpunktsatz ist anwendbar.

XXI. Ober- und Unterfunktionen. Die auftretenden Funktionen sind reellwertig. Wir zeigen für einen speziellen Gleichungstyp, wie man mit Hilfe von Ober- und Unterfunktionen auch bei unbeschränktem f Existenzaussagen machen kann. Es seien $v, w \in C^2(J)$. Man nennt w eine Oberfunktion, v eine Unterfunktion zur 1. Randwertaufgabe

$$(pu')' = f(x, u) \text{ in } J = [a, b], \quad u(a) = \eta_1, \quad u(b) = \eta_2, \qquad (27)$$

wenn

$$\begin{aligned} (pv')' &\geq f(x, v), & v(a) &\leq \eta_1, & v(b) &\leq \eta_2, \\ (pw')' &\leq f(x, w), & w(a) &\geq \eta_1, & w(b) &\geq \eta_2 \end{aligned}$$

ist (in der Differentialungleichung kehrt sich die Richtung um!).

Satz. *Für p gelte die Voraussetzung* (S). *Es sei v eine Unterfunktion, w eine Oberfunktion und $v \leq w$. Ist $f(x, z)$ im Bereich $K = \{(x, z) : a \leq x \leq b, \ v(x) \leq z \leq w(x)\}$ stetig, so existiert eine Lösung u der Randwertaufgabe* (27) *zwischen v und w.*

Beweis. Zunächst setzt man f als beschränkte, stetige Funktion von K auf den Streifen $J \times \mathbb{R}$ fort, und zwar so, daß $f(x, z)$ außerhalb K konstant bezüglich z ist. Die Fortsetzung heiße F. Das Randwertproblem für $(pu')' = F(x, u)$ hat nach dem Existenzsatz XX eine Lösung u, da das homogene Problem $(pu')' = 0$, $u(a) = u(b) = 0$ nach Satz XIX.(a), angewandt auf u und $-u$, nur die triviale Lösung besitzt. Es ist zu zeigen, daß u in K verläuft. Angenommen, das sei falsch. Dann ist z. B. u nicht $\leq w$ in J. Die Funktion $\phi = u - w$ ist also positiv und nicht konstant in einem offenen Intervall I, und sie hat ein Maximum in I. Für $x \in I$ ist

$$(p\phi')' = (pu')' - (pw')' \geq F(x, u) - F(x, w) = 0 \text{ wegen } u > w.$$

Daraus folgt nach Satz XVIII, daß ϕ konstant ist. Dieser Widerspruch zeigt, daß $u \leq w$ ist. Entsprechend wird die Ungleichung $v \leq u$ bewiesen. Die Lösung u verläuft also in K, und dort ist $f = F$, d. h., u löst das Problem (27).

Corollar. *Das Randwertproblem*

$$u'' = f(x, u) \text{ für } 0 \leq x \leq 1, \quad u(0) = \eta_1, \quad u(1) = \eta_2$$

besitzt mindestens eine Lösung, wenn f in $[0, 1] \times \mathbb{R}$ stetig ist und der folgenden Abschätzung genügt:

$$|f(x, u)| \le A + B|u| \quad mit \quad B < \pi^2.$$

Man vergleiche dazu den Existenz- und Eindeutigkeitssatz IX.

Beweis. Für $w = -v = \alpha \cos \gamma \left(x - \frac{1}{2} \right)$ mit $B < \gamma^2 < \pi^2$ ist $w(0) = w(1) = \alpha \cos(\gamma/2) > 0$ und $w(x) \ge w(0)$ in $[0, 1]$. Also gilt $w'' \le f(x, w)$ und $v'' \ge f(x, v)$, wenn

$$-\gamma^2 w(x) \le -A - Bw(x), \quad \text{d. h.} \quad A \le (\gamma^2 - B)w(x)$$

ist. Wählt man α so groß, daß $A < (\gamma^2 - B)w(0)$ und $|\eta_i| \le w(0)$ ist, so ist w eine Oberfunktion und $v = -w$ eine Unterfunktion. Nach dem vorangehenden Satz existiert also eine Lösung.

Die folgende Abschätzung benutzt eine Familie $w_\lambda(x)$ von Oberfunktionen, die in $\lambda \in [\alpha, \beta]$ monoton wachsend ist. Sie geht (für elliptische Differentialgleichungen) auf A. McNabb (1961) zurück und wird auch als „Serrin's sweeping principle" bezeichnet.

XXII. Abschätzungssatz. *Es sei $u \in C^2(J)$, $w_\lambda \in C^2(J)$ für $\lambda \in \Lambda = [\alpha, \beta]$. Ferner seien w_λ und w_λ' in $(x, \lambda) \in J \times \Lambda$ stetig, und w sei monoton wachsend in λ. Die Funktion $f(x, z)$ sei in $J \times \mathbb{R}$ stetig und bezüglich z lokal Lipschitz-stetig. Es gelte*

(a) *$Lu \ge f(x, u)$ in J und $Lw_\lambda \le f(x, w_\lambda)$ in J für $\alpha \le \lambda \le \beta$;*

(b) *$u(a) \le w_\lambda(a)$ und $u(b) \le w_\lambda(b)$ für $\alpha \le \lambda \le \beta$,*

wobei der Fall, daß überall in (a) und in (b) das Gleichheitszeichen steht, ausgeschlossen wird.

Dann folgt aus $u(x) \le w_\beta(x)$ in J die Ungleichung $u(x) \le w_\alpha(x)$ in J.

Beweis. Es gibt offenbar ein minimales $\mu \in \Lambda$ mit $u(x) \le w_\mu(x)$ in J. Wir nehmen an, die Behauptung sei falsch, und es sei $\alpha < \mu$. Für die Funktion $\phi = w_\mu - u \ge 0$ ist

$$L\phi = Lw_\mu - Lu \le f(x, w_\mu) - f(x, u) = c(x)\phi.$$

Dabei ist $c(x) = [f(x, w_\mu) - f(x, u)]/(w_\mu - u)$ für $w_\mu \ne u$; andernfalls kann man $c(x) = 0$ setzen. Nach Voraussetzung ist c beschränkt. Mit der Bezeichnung $L^*\phi = (p\phi')' + (q - c)\phi$ ist

$$\phi \ge 0 \quad \text{und} \quad L^*\phi \le 0 \quad \text{in } J \text{ sowie} \quad \phi(a) \ge 0, \quad \phi(b) \ge 0.$$

Nach Satz XIX.(b) ist $\phi(x) > 0$ in J°, da der Fall $\phi \equiv 0$ durch unsere Voraussetzung ausgeschlossen wird. Hieraus werden wir einen Widerspruch ableiten, indem wir zeigen, daß dann μ nicht minimal ist, d. h. daß es ein $\nu \in (\alpha, \mu)$ gibt mit

$$w_\nu \ge u, \quad \text{also} \quad 0 \le w_\mu - w_\nu \le \phi. \tag{$*$}$$

Ist $\phi(a) > 0$, $\phi(b) > 0$, so ist $\phi(x) \geq \varepsilon > 0$ in J, also $(\star)$ leicht zu erfüllen. Nun sei $\phi(a) = \phi(b) = 0$, also $\phi'(a) \geq \delta$, $\phi'(b) \leq -\delta$ mit $\delta > 0$. Für die Funktion $\psi = w_\mu - w_\nu \geq 0$ gilt dann $\psi(a) = \psi(b) = 0$ wegen Voraussetzung (b). Wählt man ν hinreichend nahe an μ, so wird $\psi'(a) \leq \delta/2$, $\psi'(b) \geq -\delta/2$, also $\psi(x) \leq \phi(x)$ für $a \leq x \leq a + \varepsilon$ und $b - \varepsilon \leq x \leq b$, wenn man ε geeignet wählt. Im Intervall $[a + \varepsilon, b - \varepsilon]$ ist aber $\phi \geq \gamma > 0$. Indem man ν weiter an μ annähert, läßt sich erreichen, daß auch in diesem Intervall, also in ganz J die Ungleichung $(\star)$ gilt. Die Fälle $\phi(a) = 0 < \phi(b)$ und $\phi(a) > 0 = \phi(b)$ werden ähnlich behandelt.

Bemerkung. Das Beispiel $Lu = u'' + u$, $J = [0, \pi]$, $f \equiv 0$, $u = \sin x$, $w_\lambda = \lambda \sin x$ für $0 \leq \lambda \leq 1$ zeigt, daß der Satz ohne das Gleichheitsverbot falsch wird.

Beispiel. Die stationäre logistische Gleichung. Die parabolische Differentialgleichung $u_t = \Delta u + u(a - bu)$ $(x \in D \subset \mathbb{R}^n, t > 0)$ ist ein Modell für das Verhalten der Dichte $u(t, x)$ einer in D nicht gleichmäßig verteilten Population unter dem Einfluß von Diffusion. Im Fall $u = u(t)$ reduziert sie sich auf die logistische Gleichung (1.16) $u' = u(a - bu)$. Im stationären Fall $u = u(x)$ erhält man für $n = 1$ die Gleichung $u'' + u(a - bu) = 0$. Dabei sind a und b positive Konstanten.

Wir suchen nach *positiven* Lösungen für das Randwertproblem

$$u'' + u(a - bu) = 0 \quad \text{in} \quad J = [0, 1], \quad u(0) = u(1),$$

wobei a und b positive Zahlen (oder Funktionen) sind. Für $w_\lambda = \lambda \sin \pi x$ $(\lambda \geq 0)$ ist im Fall $0 < a \leq \pi^2$

$$w_\lambda'' + w_\lambda(a - bw_\lambda) = w_\lambda(a - \pi^2 - bw_\lambda) \lessgtr 0.$$

Damit erfüllt w_λ die Voraussetzungen (a) und (b) des vorangehenden Satzes, wobei jetzt $Lu = u''$ und $f(x, u) = -u(a - bu)$ ist. Für eine positive Lösung u gibt es, da $u \in C^1(J)$ ist, ein $\beta > 0$ mit $u(x) \leq \beta \sin \pi x$. Damit ist auch die Ungleichung $u \leq w_\beta$ erfüllt. Der obige Satz führt also, wenn man etwa $\Lambda = [0, \beta]$ setzt, auf $u(x) \leq w_0 = 0$. Es existiert also keine positive Lösung.

Nun sei $a > \pi^2$. Man sieht leicht, daß $v = \varepsilon \sin \pi x$ (ε klein) eine Unterfunktion und $w = \text{const} = a/b$ eine Oberfunktion ist. Nach Satz XX gibt es also eine positive Lösung u mit $\varepsilon \sin \pi x \leq u \leq a/b$. Die Eindeutigkeit dieser Lösung ergibt sich aus dem nächsten Satz.

XXIII. Eindeutigkeitssatz. *Die Funktion $f(x, z)$ sei in $J \times [0, \infty)$ nichtnegativ, stetig und in z lokal Lipschitz-stetig, und die Funktion $f(x, z)/z$ sei streng monoton fallend in $z \in (0, \infty)$ für jedes $x \in J$. Dann hat das Randwertproblem*

$$u'' + f(x, u) = 0 \quad \text{in} \quad J, \quad u(a) = \eta_1 \geq 0, \quad u(b) = \eta_2 \geq 0$$

höchstens eine in J° positive Lösung.

Beweis. Es seien u, v zwei positive Lösungen des Randwertproblems und $w_\lambda = \lambda u$, $\lambda \geq 1$. Wir wollen zeigen, daß es ein $\beta > 1$ mit $v \leq \beta u = w_\beta$ gibt. Ist $\eta_1 = 0$, so ist $u'(a) > 0$, da u eine konkave Funktion ist ($f \geq 0$). Es gibt also ein $\beta > 1$ mit $v'(a) < \beta u'(a)$ und ein $\varepsilon > 0$ derart, daß $v \leq \beta u$ in $[a, a+\varepsilon]$ ist. Diese Ungleichung gilt offenbar auch im Fall $\eta_1 > 0$, wenn man β hinreichend groß wählt. Eine ähnliche Überlegung für die Stelle $x = b$ zeigt, daß diese Ungleichung auch in einem Intervall $[b - \varepsilon, b]$ besteht. Wegen $u \geq \delta > 0$ in $[a + \varepsilon, b - \varepsilon]$ erhält man die gewünschte Ungleichung $v \leq \beta u$ in J für große β. Man rechnet leicht nach, daß die Voraussetzungen des Abschätzungssatzes für $1 \leq \lambda \leq \beta$ erfüllt sind. Es ergibt sich $v \leq w_1 = u$. Auf dieselbe Weise zeigt man, daß $u \leq v$ ist. Es ist also $u = v$.

Zum Abschluß bringen wir einige Überlegungen über

XXIV. Randwertprobleme im Sinne von Carathéodory.

Die in X–XIV entwickelte Theorie der allgemeinen linearen Randwertaufgabe überträgt sich ohne Änderung auf Lösungen im Sinne von Carathéodory. Dabei ist vorausgesetzt, daß die Komponenten von $A(x)$, $B(x)$ und $f(x)$ zu $L(J)$ gehören. Von einer Lösung des Randwertproblems (15), (16)

$$Ly := y' - A(x)y = f(x) \quad \text{f.ü. in } J = [a, b],$$
$$Ry = Cy(a) + Dy(b) = \eta$$

verlangt man, daß $y(x) \in AC(J)$ ist. Existenz und Eindeutigkeit für das Anfangswertproblem, insbesondere die Existenz eines Fundamentalsystems $Y(x)$, sind durch Satz 10.XVIII.(b) gesichert. Damit läßt sich die Greensche Funktion wie in XII konstruieren; ihre Eigenschaften sind in Satz XIII zusammengefaßt, wobei in (b) jetzt $L\Gamma = 0$ f.ü. in J gilt. Die eindeutige Lösbarkeit der Randwertaufgabe wird in Satz XI beschrieben.

Die Sturmsche Randwertaufgabe (2), (3) ist darin in der Form X.(b) enthalten. An die Stelle der allgemeinen Voraussetzung (S) tritt nun die wesentlich schwächere Voraussetzung

$$(S_C) \quad \boxed{p \text{ ist meßbar, } p > 0 \text{ f.ü. in } J, \text{ und } q, g, \frac{1}{p} \in L(J).}$$

Von einer Lösung u der Differentialgleichung (2) wird verlangt, daß u und pu' zu $AC(J)$ gehören. Dabei ist die Gleichung $Lu = (pu')' + qu = g$ wie in (2′) (oder X.(b)) als System

$$y_1' = \frac{y_2}{p}, \quad y_2' = -qy_1 + g \quad \text{für} \quad y_1 = u, \quad y_2 = pu'$$

zu verstehen. Es ist also nicht verlangt, daß p oder u' stetig ist, sondern nur, daß das Produkt pu' absolut stetig ist. In diesem Sinne sind auch die Randbedingungen zu verstehen: $p(a)u'(a)$ steht für den Wert der Funktion $y_2 = pu'$ an der Stelle a. Die Greensche Funktion läßt sich wie in VI konstruieren.

Beispiel. $Lu = (\sqrt{x}\, u')'$. Die Funktionen $u = 1$ und $u = \sqrt{x}$ sind Lösungen von $Lu = 0$ in $J = [0,1]$. Z. B. hat das Randwertproblem

$$Lu = 1 \text{ in } J = [0,1], \quad (\sqrt{x}\, u')\,(0) = 1, \quad u(1) = 0$$

die Lösung $u = \frac{2}{3} x^{3/2} + 2\sqrt{x} - \frac{8}{3}$. Die Greensche Funktion für das zugehörige homogene Problem wird gemäß (9) und (10) aus $u_1(x) = 1$, $u_2 = 1 - \sqrt{x}$, $c = -\frac{1}{2}$ aufgebaut:

$$\Gamma(x,\xi) = -\frac{1}{2} \begin{cases} 1 - \sqrt{x} & \text{in } Q_1 : 0 \leq \xi \leq x \leq 1, \\ 1 - \sqrt{\xi} & \text{in } Q_2 : 0 \leq x \leq \xi \leq 1. \end{cases}$$

Wie lautet die Greensche Funktion für die Randbedingung $u(0) = u(1) = 0$?

Aufgabe. Wir betrachten die Gleichung $Lu = (x^\alpha u')' = 0$ in $J = [0,1]$, wobei $\alpha < 1$ ist (für $\alpha \geq 1$ ist die Voraussetzung $1/p \in L(J)$ verletzt). Man bestimme

(a) die Lösung mit den Randwerten (a_1) $u(0) = \eta_1$, $u'(1) = \eta_2$ und (a_2) $(x^\alpha u')(0) = \eta_1$, $u(1) = \eta_2$;

(b) die Greenschen Funktionen für die entsprechenden homogenen Bedingungen (a_1), (a_2).

(c) Man löse die Randwertaufgabe $Lu = 1$ in J, $(x^\alpha u')(0) = 1$, $u(1) = 0$.

XXV. Starkes Minimumprinzip. *Es sei $p > 0$ und $q \leq 0$ f.ü. in $J = [a,b]$ (keine weitere Voraussetzung über p). Für die in J stetige Funktion u gelte $u, pu' \in AC_{\mathrm{loc}}(J^\circ)$ und*

$$Lu = (pu')' + qu \leq 0 \quad f.ü. \text{ in } J, \quad u(a) \geq 0, \quad u(b) \geq 0.$$

Dann ist $u \geq 0$ in J. Im Fall $1/p, q \in L_{\mathrm{loc}}(J^\circ)$ ist $u \equiv 0$ oder $u > 0$ in J°.

Die Beweismethode in XVIII, XIX überträgt sich. Ist $\min u < 0$, so gibt es in J ein Intervall $I = (\alpha, \gamma)$ mit $u(\alpha) = u(\gamma) = 0$ und $u < 0$ in I. Wegen $(pu')' \leq Lu \leq 0$ ist pu' monoton fallend in I, woraus man leicht einen Widerspruch erhält. Also ist $u \geq 0$.

Trifft keiner der Fälle $u \equiv 0$ und $u > 0$ zu, so gibt es ein Intervall $I = [\alpha, \beta] \subset J^\circ$ derart, daß u in (α, β) positiv ist und in einem Randpunkt verschwindet. Ist etwa $u(\alpha) = 0$, so folgt zunächst wie im Beweis von XIX.(a) $(pu')(\alpha) = 0$ und daraus $p(x)u'(x) \leq U(x)Q(x)$ mit $Q(x) = \int\limits_\alpha^x |q(t)|\, dt$ und $U(x) = \max\{u(t) : 0 \leq t \leq x\}$. Mit $P(x) = \int\limits_\alpha^x \left(\frac{1}{p}\right) dt$ erhält man $u(x) \leq U(x)Q(x)P(x)$, und wegen $P(x)Q(x) \to 0$ für $x \to \alpha$ ergibt sich ein Widerspruch.

Bemerkung. Die Aussage $u \equiv 0$ oder $u > 0$ in J° wird ohne zusätzliche Voraussetzungen über p und q falsch. Ein einfaches Gegenbeispiel ist $u = x^2$

in $[-1,1]$ mit $p = 1$, $q = -2/x^2$ oder mit $p = x^2$, $q = -6$; vgl. Walter (1992), wo man weitere Ergebnisse findet.

XXVI. Vergleichssätze für nichtlineare Operatoren.

Die im vorangehenden Minimumprinzip angewandte Beweismethode läßt sich auf nichtlineare Differentialoperatoren übertragen. Wir betrachten den bereits im Abschnitt 13.XV eingeführten Operator L,

$$Lu = (\phi(x, u'))' \text{ mit } \phi(x, 0) = 0 \text{ und } \phi(x, p) \text{ streng wachsend in } p.$$

Von der Funktion u wird verlangt, daß u und $\phi(x, u')$ aus $AC(J)$ sind; Entsprechendes gilt für v und w. Es bezeichnet J das Intervall $[a, b]$ mit dem Rand $\partial J = \{a, b\}$.

Minimumprinzip. *Hat die auf $J \times \mathbb{R}$ definierte Funktion $f(x, z)$ die Eigenschaft $f(x, z) \cdot z \geq 0$, so gilt, wenn $Pu = Lu - f(x, u)$ der Defekt ist:*

Aus $Pu \leq 0$ f.ü. in J und $u \geq 0$ auf ∂J folgt $u \geq 0$ in J.

Vergleichssatz. *Ist $f(x, z)$ monoton wachsend in z, so gilt:*

Aus $Pv \geq Pw$ f.ü. in J und $v \leq w$ auf ∂J folgt $v \leq w$ in J.

Beweis. Minimumprinzip: Wie im vorangehenden Beweis sei, wenn $\min u < 0$ ist, das Intervall I konstruiert. In I ist $f(x, u) \leq 0$ und deshalb $Lu \leq 0$, woraus folgt, daß $\phi(x, u')$ monoton fallend ist. Da es in I nahe bei α Punkte mit $u' < 0$ und nahe bei γ Punkte mit $u' > 0$ gibt und diese Ungleichungen sich auf $\phi(x, u')$ übertragen, erhält man einen Widerspruch.

Beim Vergleichssatz läßt sich derselbe Widerspruchsbeweis durchführen, wenn $u = w - v$ in I negativ ist. Daraus ergibt sich nämlich $f(x, w) \leq f(x, v)$ und hieraus $Lw \leq Lv$, d. h., die Ableitung von $D(x) = \phi(x, w') - \phi(x, v')$ ist in I monoton fallend. Im Widerspruch dazu gibt es in I Punkte $c < d$ mit $D(c) < 0 < D(d)$.

Bemerkungen. Bei einem nichtlinearen Operator L läßt sich der Vergleichssatz nicht durch Differenzbildung auf das Minimumprinzip zurückführen; jedoch überträgt sich der Beweis mit kleinen Änderungen.

Beispiele. Bei verschiedenen Anwendungen aus Physik, Strömungslehre und Technologie treten nichtlineare elliptische Operatoren der Form $Eu = \text{div}(a(|u_x|^2) \cdot u_x)$ auf; hierbei ist $x \in \mathbb{R}^n$, $u = u(x)$ und $u_x = \text{grad } u$. Für radialsymmetrische Funktionen $u = u(r)$, $r = |x|$, hat der Operator E die Gestalt

$$(Eu)(r) = r^{1-n}(r^{n-1}a(u'^2)u')'$$

mit $a(0) = 0$ und $a(s)$ streng wachsend. Bei der Berechnung von $(Eu)(r)$ sind die beiden folgenden Formeln hilfreich:

$$u_x = u'(r)\frac{x}{r}, \quad \text{div}(h(r)x) = r^{1-n}(r^n h(r))'.$$

Hier tritt also ein Operator der Form $Lu = (p(r)\omega(u'))'$ auf (bei einer Gleichung $Eu = f(r, u)$ kann der Faktor r^{1-n} auf die rechte Seite gebracht werden). Beispiele sind $p(r) = r^{n-1}$ und

$$\omega(s) = |s|^{p-2}s \quad \text{radialer } \Delta_p\text{-Operator (vgl. 13.XV)},$$

$$\omega(s) = \frac{s}{\sqrt{1 + s^2}} \quad \text{Kapillarität (Flüssigkeitsoberfläche in einer Röhre).}$$

In beiden Fällen gelten das Minimumprinzip und der Vergleichssatz, da $\omega(s)$ streng wachsend und $\omega(0) = 0$ ist.

§ 27 Das Sturm-Liouvillesche Eigenwertproblem

I. Problemstellung. Unter dem Sturm-Liouvilleschen Eigenwertproblem versteht man das Problem

$$\boxed{Lu + \lambda r(x)u = 0 \quad \text{in} \quad J = [a, b], \quad R_1 u = R_2 u = 0,} \qquad (1)$$

wobei L und R_1, R_2 die in (26.2–3) definierten Operatoren

$$Lu := (p(x)u')' + q(x)u, \qquad (2)$$

$$R_1 u := \alpha_1 u(a) + \alpha_2 p(a)u'(a), \qquad R_2 u := \beta_1 u(b) + \beta_2 p(b)u'(b) \qquad (3)$$

sind. Es handelt sich also um ein homogenes Randwertproblem für die Differentialgleichung

$$(pu')' + (q + \lambda r)u = 0, \qquad (4)$$

welches von einem reellen Parameter λ abhängt (alle Funktionen sind reellwertig). Beim Eigenwertproblem interessiert man sich gerade für die Fälle, in denen (1) *nicht* eindeutig lösbar ist, d. h. in denen neben der trivialen Lösung $u \equiv 0$ eine weitere Lösung $u \not\equiv 0$ existiert. Dieser Ausnahmefall wird nicht für alle λ, sondern nur für bestimmte Werte von λ vorliegen. Man nennt sie die *Eigenwerte* des Problems. Ein Eigenwert ist also eine Zahl λ, zu der eine nicht-triviale Lösung $u(x)$ des Problems (1) existiert; letztere wird eine zum Eigenwert λ gehörige *Eigenfunktion* genannt. Mit $u(x)$ ist auch $c \cdot u(x)$ ($c \neq 0$) Eigenfunktion; eine Eigenfunktion ist nur bis auf einen konstanten Faktor bestimmt. Gibt es dagegen zu einem Eigenwert mehrere (etwa maximal p) linear unabhängige Eigenfunktionen, so spricht man von einem *mehrfachen* (*p-fachen*) Eigenwert. Im Fall $p = 1$ heißt der Eigenwert *einfach*.

Beispiel.

$$u'' + \lambda u = 0, \quad u(0) = u(\pi) = 0.$$

Man rechnet leicht nach, daß im Falle $\lambda = 0$ (allgemeine Lösung $u = c_1 + c_2 x$) und im Falle $\lambda = -\mu^2 < 0$ (allgemeine Lösung $u = c_1 e^{\mu x} + c_2 e^{-\mu x}$) keine nichttriviale Lösung existiert. Ist $\lambda = \mu^2 > 0$ und $u = c_1 \cos \mu x + c_2 \sin \mu x$ die allgemeine Lösung, so ergibt sich aus den Randbedingungen $c_1 = 0$ und $\sin \mu\pi = 0$ wegen $c_2 \neq 0$. Es existieren also genau abzählbar viele einfache

$$\text{Eigenwerte } \lambda_n = n^2 \quad (n = 1, 2, 3, \ldots)$$

mit den zugehörigen

$$\text{Eigenfunktionen } u_n(x) = \sin nx.$$

Man kann eine beliebige, z. B. in J stetig differenzierbare Funktion $\phi(x)$ (es genügen schwächere Voraussetzungen) mit $\phi(0) = \phi(\pi) = 0$ in eine Reihe nach den Eigenfunktionen

$$\phi(x) = \sum_{n=1}^{\infty} a_n \sin nx$$

entwickeln. Denn setzt man $\phi(x)$ als ungerade Funktion auf das Intervall $-\pi \leq x \leq 0$ fort, so hat nach einem bekannten Satz aus der Theorie der Fourier-Reihen die Funktion $\phi(x)$ im Intervall $-\pi \leq x \leq \pi$ eine Fourier-Entwicklung, welche nur ungerade Glieder, d. h. Sinusglieder aufweist.

Dieses einfache Beispiel besitzt also zwei Eigenschaften, die zu zwei fundamentalen Problemen der Eigenwerttheorie Anlaß geben.

Eigenwertproblem. Unter welchen Voraussetzungen gibt es überhaupt Eigenwerte; unendlich viele Eigenwerte λ_n? Kann man asymptotische Aussagen über die Größe der Eigenwerte — etwa $\lambda_n \sim n^2$ für $n \to \infty$ — machen?

Entwicklungsproblem. Unter welchen Voraussetzungen kann man willkürliche Funktionen in eine Reihe nach Eigenfunktionen entwickeln,

$$\phi(x) = \sum a_n u_n(x) \,?$$

Eine Theorie, welche beide Fragen in befriedigender Weise zu beantworten gestattet, ist z. B. unter der folgenden Voraussetzung (SL) möglich:

(SL) $\boxed{\begin{array}{l} p \in C^1(J); \quad q(x), r(x) \in C^0(J); \\ p(x) > 0, \ r(x) > 0 \text{ in } J; \ \alpha_1^2 + \alpha_2^2 > 0, \ \beta_1^2 + \beta_2^2 > 0. \end{array}}$

II. Existenzsatz. *Unter der Voraussetzung (SL) gibt es zum Eigenwertproblem (1) unendlich viele reelle Eigenwerte, die alle einfach sind,*

$$\lambda_0 < \lambda_1 < \lambda_2 < \cdots, \qquad \lambda_n \to \infty \quad \text{für } n \to \infty.$$

Die zum Eigenwert λ_n gehörende Eigenfunktion $u_n(x)$ hat im offenen Intervall (a, b) genau n Nullstellen. Zwischen je zwei Nullstellen von u_n und auch *zwischen a und der ersten Nullstelle und zwischen der letzten Nullstelle und b liegt genau eine Nullstelle von u_{n+1}. Nullstellen in Randpunkten, die in den Fällen $\alpha_2 = 0$ und $\beta_2 = 0$ auftreten, sind dabei nicht mitgezählt.*

III. Entwicklungssatz. *Die Eigenfunktionen lassen sich normieren, so daß*

$$\int_a^b r(x)u_n^2(x)\,dx = 1 \quad (n = 0, 1, 2, \ldots)$$

gilt. Sie bilden dann ein Orthonormalsystem, d. h., es gilt außerdem

$$\int_a^b r(x)u_m(x)u_n(x)\,dx = 0 \ \ für \ \ m \neq n.$$

Jede Funktion $\phi(x) \in C^1(J)$, welche den homogenen Randbedingungen genügt, läßt sich in eine absolut und gleichmäßig konvergente Reihe nach den Eigenfunktionen

$$\phi(x) = \sum_{n=0}^{\infty} c_n u_n(x)$$

entwickeln. Man nennt sie die Fourier-Reihe von ϕ (bezüglich der u_n); ihre Fourier-Koffizienten c_n sind durch

$$c_n = \int_a^b r(x)\phi(x)u_n(x)\,dx$$

gegeben.

Zum *Beweis* dieser Sätze kann man verschiedene Wege einschlagen. Zunächst wird eine auf H. Prüfer (1926) zurückgehende Beweismethode dargestellt. Dazu bemerken wir, daß man ganz allgemein die Lösung $y(x)$ eines Systems von n Differentialgleichungen $y' = f(x, y)$ als Parameterdarstellung einer Kurve, der „Phasenbahn" im „Phasenraum" $\mathbb{R}^n$ mit x als Parameter auffassen kann. Diese Begriffe wurden für autonome Systeme in 10.XI eingeführt. Liegt nun eine gewöhnliche Differentialgleichung zweiter Ordnung vor, so ist für das äquivalente System $n = 2$. Die Phasenbahn ist also eine ebene Kurve in der Phasenebene $\mathbb{R}^2$; ihre Darstellung in *Polarkoordinaten* führt auf

IV. Die Prüfer-Transformation. Die Differentialgleichung

$$Lu = (pu')' + qu = 0 \tag{5}$$

ist äquivalent mit einem System erster Ordnung für $y_1 = u$, $y_2 = pu'$; vgl. 26.X.(b). Gesucht ist also (in geänderter Bezeichnung und unter Vertauschung der Reihenfolge der Komponenten) eine Darstellung der Kurve $(p(x)u'(x), u(x))$ in der (ξ, η)-Phasenebene in Polarkoordinaten (ϕ, ϱ):

$$\xi(x) = p(x)u'(x) = \varrho(x)\cos\phi(x), \quad \eta(x) = u(x) = \varrho(x)\sin\phi(x). \tag{6}$$

Zunächst sieht man, daß die Phasenbahn nicht durch den Nullpunkt geht, wenn wir vom trivialen Fall $u \equiv 0$ absehen. Denn aus $u(x_0) = u'(x_0) = 0$ folgt nach dem Eindeutigkeitssatz 19.I, daß u in J verschwindet. Es ist $\xi(x), \eta(x) \in C^1(J)$, und man überlegt sich leicht, daß Funktionen $\varrho(x) > 0$, $\phi(x)$ aus $C^1(J)$ existieren, so daß (6) gilt. Man setzt dazu

$$\varrho(x) = \sqrt{\xi^2(x) + \eta^2(x)}, \quad \phi(x) = \arctan \frac{\eta(x)}{\xi(x)} = \operatorname{arccot} \frac{\xi(x)}{\eta(x)}.$$

Bei der Bestimmung von ϕ legt man zunächst $\phi(a)$ fest, etwa durch $-\pi < \phi(a) \leq \pi$. Kommt die Phasenbahn in die Nähe der ξ-Achse, so benutzt man die arctan-Formel, in der Nähe der η-Achse die arccot-Formel. Dabei ist immer ein solcher Wert der mehrdeutigen Arcusfunktion zu wählen, daß ϕ stetig (und damit auch stetig differenzierbar) ist; vgl. dazu A.III.

In komplexer Schreibweise $\zeta(x) = \xi(x) + i\eta(x)$ lautet (6) einfach $\zeta(x) = \varrho(x)e^{i\phi(x)}$. Die Funktion ϕ wird *Argumentfunktion* der Lösung u genannt. Sie ist bis auf eine additive Konstante $2k\pi$ ($k \in \mathbb{Z}$) eindeutig bestimmt.

Aus den Gleichungen

$$\xi' = \varrho' \cos \phi - \varrho\phi' \sin \phi, \quad \eta' = \varrho' \sin \phi + \varrho\phi' \cos \phi$$

erhält man

$$\eta' \cos \phi - \xi' \sin \phi = \varrho\phi',$$

wegen $\xi' = (pu')' = -qu = -q\varrho \sin \phi$, $\eta' = \xi/p = \varrho \cos \phi/p$ also

$$\phi' = \frac{1}{p} \cos^2 \phi + q \sin^2 \phi = \frac{1}{p} + \left(q - \frac{1}{p}\right) \sin^2 \phi \tag{7}$$

sowie mit einer ähnlichen Rechnung

$$\varrho' = \left(\frac{1}{p} - q\right) \varrho \cos \phi \sin \phi. \tag{8}$$

Wir sind also – darin liegt gerade die Bedeutung der Prüfer-Transformation – zu einer Differentialgleichung *erster* Ordnung für ϕ gekommen. Ist sie gelöst, so läßt sich ϱ aus (8) durch eine Quadratur bestimmen.

Eigenschaften der Argumentfunktion. Für die Argumentfunktion ϕ einer Lösung $u \not\equiv 0$ gilt ($k \in \mathbb{Z}$)

(a) $u(x_0) = 0 \iff \phi(x_0) = k\pi$ und $u'(x_0) = 0 \iff \phi(x_0) = k\pi + \frac{1}{2}\pi$.

(b) Die Funktion $\phi_1(x) = \phi(x) + \pi$ ist eine Argumentfunktion für $-u$.

(c) $\phi_2(x) = \phi(x) + k\pi$ ist ebenfalls eine Lösung von (7).

(d) *Beispiel.* Die Funktion $u = \sin \omega x$ ($\omega > 0$) ist eine Lösung der Gleichung $u'' + \omega^2 u = 0$. Ihre Argumentfunktion $\phi(x) = \arctan(\omega^{-1} \tan \omega x)$ genügt der Differentialgleichung

$$\phi' = \cos^2 \phi + \omega^2 \sin^2 \phi \quad \text{in } \mathbb{R}, \quad \phi(0) = 0.$$

Aufgrund von (a) ist $\phi(x) = \omega x$ für $\omega x = \frac{1}{2} k\pi$ (man betrachte die Phasenbahn). Da die Funktionen $\phi(x)$ und ωx monoton wachsend sind, ist

$$|\phi(x) - \omega x| < \frac{\pi}{2} \text{ in } \mathbb{R}.$$

Im Spezialfall $\omega = 1$ ist $\phi(x) = x$.

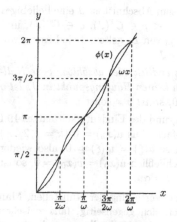

Die Argumentfunktion von	Ihre geometrische Konstruktion
$u(x) = \sin \omega x$	$(\omega = 2)$

In den nächsten beiden Abschnitten treten zwei Operatoren L und L_0 mit den Koeffizienten (p, q) und (p_0, q_0) auf. Für L und L_0 sollen die Voraussetzungen (SL) gelten, insbesondere $p > 0$, $p_0 > 0$ in J.

V. Lemma. *Es gelte $p_0 \geq p$ und $q_0 \leq q$ in $J = [a, b]$. Es seien u, v nichttriviale Lösungen von $Lu = 0$, $L_0v = 0$ mit den Argumentfunktionen ϕ und ϕ_0. Dann folgt aus $\phi_0(a) \leq \phi(a)$ die Ungleichung $\phi_0 \leq \phi$ in J, und es ist entweder*

(a) $\phi_0 = \phi$ *in J, woraus $v = \lambda u$ mit $\lambda > 0$ folgt, oder*

(b) $\phi_0(b) < \phi(b)$.

Beweis. Die Gleichung (7) für ϕ hat die Form $\phi' = f(x, \phi)$, wobei $f(x, y)$ und $\partial f / \partial y$ beschränkt und stetig sind. Also ist f bezüglich y Lipschitz-stetig. Aufgrund der Voraussetzung über (p_0, q_0) ist $\phi_0' \leq f(x, \phi_0)$, und aus Theorem 9.IX folgt $\phi_0 \leq \phi$ sowie (a) ohne den Zusatz und (b). Ist $\phi_0 = \phi$ in J, so folgt aus (7)

$$\left(\frac{1}{p} - \frac{1}{p_0} \right) \cos^2 \phi + (q - q_0) \sin^2 \phi = 0.$$

Die beiden Summanden auf der linken Seite sind nichtnegativ, also gleich Null. Da $\sin \phi$ nur an den (isolierten) Nullstellen von u und v verschwindet, ist $q = q_0$. Im ersten Summanden ist $p = p_0$, falls $\cos\phi \neq 0$ ist, und andernfalls $p^{-1}\cos\phi = p_0^{-1}\cos\phi = 0$. Hieraus folgt, daß die zu u und v gehörigen Funktionen ϱ und ϱ_0 derselben linearen Gleichung (8) genügen. Ist $\lambda > 0$ gemäß $\varrho_0(a) = \lambda\varrho(a)$ bestimmt, so ist $\varrho_0 = \lambda\varrho$ in J, und aus $u = \varrho\sin\phi$ und $v = \varrho_0\sin\phi$ folgt $v = \lambda u$. Damit ist auch (a) bewiesen.

VI. Die Lage der Nullstellen. In diesem Abschnitt ist J eine beliebiges Intervall. Für die Koeffizienten von L ist $0 < p \in C^1(J)$, $q \in C^0(J)$, und dasselbe soll auch für die Koeffizienten p_0, q_0 von L_0 gelten. Jede Lösung von $Lu = 0$ oder $L_0v = 0$ existiert dann in ganz J.

(a) *Eine Lösung $u \not\equiv 0$ von $Lu = 0$ hat endlich oder abzählbar viele Nullstellen. Sie sind alle einfach, und sie haben keinen Häufungspunkt in J. Ist v eine weitere Lösung und $u(x_0) = v(x_0) = 0$, so ist $v = \text{const } u$.*

Beweis. Da aus $u(x_0) = u'(x_0) = 0$ aufgrund des Eindeutigkeitssatzes 19.I $u \equiv 0$ folgt, sind die Nullstellen von u einfach. Aus $u(x_k) = 0$ $(k = 1, 2, \ldots)$ und $\xi = \lim x_k \in J$ folgt in einfacher Weise $u(\xi) = u'(\xi) = 0$, also wieder $u \equiv 0$. Dieser Fall ist ausgeschlossen. Ist schließlich $u(x_0) = v(x_0) = 0$, so ist $u'(x_0) \neq 0$, und aus $v'(x_0) = \alpha u'(x_0)$ folgt $v = \alpha u$.

Es folgen zwei berühmte Sätze über die Verteilung der Nullstellen. Man sagt, die Nullstellen von u und v trennen sich gegenseitig, falls zwischen zwei aufeinanderfolgenden Nullstellen von u eine Nullstelle von v liegt und umgekehrt.

Trennungssatz von Sturm. *Die Nullstellen von zwei linear unabhängigen Lösungen von $Lu = 0$ trennen sich gegenseitig.*

Satz von Sturm-Picone. *Es sei v eine nichttriviale Lösung von $L_0v = 0$ mit $v(\alpha) = v(\beta) = 0$ $(\alpha < \beta)$. Ist $p_0 \geq p$, $q_0 \leq q$ in (α, β), so hat jede Lösung u von $Lu = 0$ eine Nullstelle in (α, β), außer es ist $v = \lambda u$.*

Beweis. Wir können annehmen, daß α, β zwei aufeinanderfolgende Nullstellen von v sind und daß v in (α, β) positiv ist (andernfalls betrachte man $-v$). Es ist dann $v'(\alpha) > 0$, $v'(\beta) < 0$, und für die zu v gehörige Argumentfunktion ϕ_0 ist $\phi_0(\alpha) = 0$ (man betrachte den Verlauf von (p_0v', v) in der Phasenebene). Im Sturmschen Satz ist $L = L_0$ und $u(\alpha) \neq 0$, etwa $u(\alpha) > 0$. Für die Argumentfunktion ϕ von u ist dann $0 < \phi(\alpha) < \pi$, und aus Lemma V.(b) folgt $\phi(\beta) > \phi_0(\beta) = \pi$. Es gibt also ein $x \in (\alpha, \beta)$ mit $\phi(x_0) = \pi$, d. h. $u(x_0) = 0$; vgl. IV.(a).

Diese Schlußweise bleibt auch für den Sturm-Picone-Satz gültig, wenn $u(\alpha) \neq 0$ ist. Ist jedoch $u(\alpha) = 0$ und etwa $u'(\alpha) > 0$, so ist $\phi(\alpha) = 0$. Mit Lemma V.(a) ergibt sich der Ausnahmefall, und mit Lemma V.(b) erhält man wieder $\phi(\beta) > \pi$. Also hat u eine Nullstelle in (α, β).

Historische Bemerkung. Der Satz von Sturm-Picone wurde im Sonderfall $p = p_0$ von J. Sturm 1836 bewiesen. Der italienische Mathematiker M. Picone hat 1909 den allgemeinen Satz entdeckt. Die vorliegende Fassung mit schwächeren Voraussetzungen geht auf W. Leighton (1962) zurück.

VII. Vorbereitungen zum Eigenwertproblem. Es sei $u = u(x, \lambda)$ die Lösung des folgenden Anfangswertproblems für die Differentialgleichung (4)

$$Lu + \lambda r u = 0 \text{ in } J, \quad u(a) = \sin\alpha, \quad p(a)u'(a) = \cos\alpha, \quad 0 \le \alpha < \pi \,(9)$$

unter der Voraussetzung (SL). Diese Lösung ist eindeutig bestimmt und stetig in $(x, \lambda) \in J \times \mathbb{R}$, etwa nach Satz 13.II (sie ist nach 13.III sogar holomorph in λ). Ihr entspricht aufgrund der Prüfer-Transformation eine Argumentfunktion $\phi(x, \lambda)$, welche ebenfalls stetig in (x, λ) ist und der Differentialgleichung (7) mit $q + \lambda r$ anstelle von q genügt:

$$\phi' = \frac{1}{p}\cos^2\phi + (q + \lambda r)\sin^2\phi \quad \text{mit} \quad \phi(a, \lambda) = \alpha. \tag{10}$$

Die Anfangsbedingung aus (9) lautet $(\xi(a), \eta(a)) = (\cos\alpha, \sin\alpha)$, vgl. (6). Hieraus erhält man $\phi(a) = \alpha$. Wir benötigen die folgenden

Eigenschaften der Argumentfunktion.

(a) $\phi(x, \lambda)$ ist streng monoton wachsend in $\lambda \in \mathbb{R}$ für $a < x \le b$.

(b) $\phi(b, \lambda) \to 0$ für $\lambda \to -\infty$.

(c) Es gibt positive Konstanten δ, D, λ_0 mit

$$\delta\sqrt{\lambda} \le \phi(b, \lambda) \le D\sqrt{\lambda} \quad \text{für} \quad \lambda \ge \lambda_0.$$

(d) Aus $\phi(x_0, \lambda_0) = k\pi$ $(k \in \mathbb{N}, a < x_0 \le b)$ folgt $\phi'(x_0, \lambda_0) > 0$. Mit anderen Worten: In der (x, y)-Ebene (nicht der Phasenebene) schneidet die Kurve $y = \phi(x, \lambda_0)$ die Gerade $y = k\pi$ höchstens einmal, und zwar von unten nach oben. Insbesondere folgt $\phi(x, \lambda) > 0$ für $a < x \le b$ und $\lambda \in \mathbb{R}$.

Beweis. Offenbar folgt (d) sofort aus (10) wegen $p > 0$.

(a) Es sei $\lambda_0 < \lambda$. Wir wenden Lemma V an, wobei $p_0 = p$ ist und q_0, q durch $q + \lambda_0 r$, $q + \lambda r$ ersetzt sind. Aus $q + \lambda_0 r < q + \lambda r$ folgt $\phi(x, \lambda_0) < \phi(x, \lambda)$.

(b) Wir konstruieren eine obere Schranke für ϕ mit Hilfe des Satzes 9.IV über Oberfunktionen. Gesucht ist also, wenn wir die rechte Seite der Differentialgleichung in (10) mit $f(x, \phi)$ bezeichnen, eine Funktion w mit

$$w' > f(x, w) \quad \text{und} \quad w(a) > \alpha. \tag{$\star$}$$

Es sei $w(x)$ die lineare Funktion mit $w(a) = \pi - \varepsilon$, $w(b) = \varepsilon$. Dabei sei $\varepsilon > 0$ so klein, daß $\alpha < w(a)$ ist. Es ist $\sin^2 w \ge \sin^2\varepsilon$, $r(x) \ge r_0 > 0$, also für negative λ

$$f(x, w) \le \frac{1}{p} + (q + \lambda r_0)\sin^2\varepsilon \to -\infty \quad \text{für} \quad \lambda \to -\infty.$$

Da w' konstant ist, genügt w für $\lambda \le \lambda_0$ den Ungleichungen $(\star)$, d. h., es ist $\phi(x, \lambda) \le w(x)$ und insbesondere $\phi(b, \lambda) \le \varepsilon$. Damit ist (b) bewiesen.

(c) Wir vergleichen das Problem (9) mit zwei Problemen mit konstanten Koeffizienten

$$p_0 u'' + (q_0 + \lambda r_0)u = 0, \quad u(a) = 0, \quad u'(a) > 0,$$
$$p_1 u'' + (q_1 + \lambda r_1)u = 0, \quad u(a) = 0, \quad u'(a) > 0.$$

Dabei ist $0 < p_1 \leq p(x) \leq p_0$, $q_0 \leq q(x) \leq q_1$, $0 < r_0 \leq r(x) \leq r_1$.

Wir betrachten beide Probleme gleichzeitig. Für $i = 0, 1$ ist $u_i(x, \lambda) = \sin \omega_i (x - a)$, $\omega_i = \sqrt{(q_i + \lambda r_i)/p_i}$, eine Lösung des i-ten Problems. Für die zugehörigen Argumentfunktionen $\phi_i(x, \lambda)$ ist, wenn wir wie oben $\phi' = f(x, \phi)$ schreiben,

$$\phi_0' \leq f(x, \phi_0) \quad \text{und} \quad \phi_1' \geq f(x, \phi_1).$$

Ferner ist, wenn wir die Normierung $\phi_i(a, \lambda) = 0$ benutzen,

$$\phi_0(a, \lambda) = 0 \leq \phi(a, \lambda) = \alpha < \pi = \phi_1(a, \lambda) + \pi.$$

Für das Problem (10) ist also ϕ_0 eine Unterfunktion und $\phi_1 + \pi$ eine Oberfunktion,

$$\phi_0(x, \lambda) \leq \phi(x, \lambda) \leq \phi_1(x, \lambda) + \pi;$$

man beachte, daß $\phi_1' \geq f(x, \phi_1) = f(x, \phi_1 + \pi)$ ist. Nach IV.(d) ist $\phi_i(b, \lambda) = \omega_i(b - a) + c_i(x)$, $|c_i(x)| < \pi/2$, und durch Einsetzen des Wertes von ω_i erhält man

$$\frac{\phi_i(b, \lambda)}{\sqrt{\lambda}} \to (b - a)\sqrt{\frac{r_i}{p_i}} =: \gamma_i > 0 \quad \text{für} \quad \lambda \to \infty.$$

Hieraus ergibt sich sofort (c) mit $\delta = \gamma_0/2$, $D = 2\gamma_1$.

VIII. Die Eigenwertaufgabe. Die erste Randbedingung

$$R_1 u = \alpha_1 u(a) + \alpha_2 p(a) u'(a) = 0$$

läßt sich in der Phasenebene geometrisch deuten. Sie besagt, daß die Vektoren $(p(a)u'(a), u(a))$ und (α_2, α_1) aufeinander senkrecht stehen (beide Vektoren sind $\neq 0$, und ihr Skalarprodukt verschwindet). Es gibt also genau eine Zahl α mit

$$\alpha_1 \sin \alpha + \alpha_2 \cos \alpha = 0, \quad 0 \leq \alpha < \pi, \tag{11}$$

nämlich $\alpha = \arctan \dfrac{\alpha_1}{\alpha_2} + \dfrac{\pi}{2}$ ($\alpha = 0$ für $\alpha_2 = 0$, sonst Hauptwert von arctan). Geometrisch ist α der Winkel zwischen der positiven ξ-Achse und der zum Vektor (α_2, α_1) senkrechten Geraden durch den Nullpunkt. Ist $u(x, \lambda)$ Lösung des Anfangswertproblems (9) mit diesem α, so ist $R_1 u = 0$, und jede Lösung von (4) mit $R_1 u = 0$ ist ein Vielfaches von u.

Ebenso ist $R_2 u = 0$ genau dann, wenn in der Phasenebene der Punkt $(p(b)u'(b), u(b))$ auf der Geraden durch den Nullpunkt liegt, welche senkrecht zum Vektor (β_2, β_1) ist. Bestimmen wir ein β mit

$$\beta_1 \sin\beta + \beta_2 \cos\beta = 0, \quad 0 < \beta \leq \pi \tag{11'}$$

(man beachte, daß jetzt für $\beta_2 = 0$ der Wert $\beta = \pi$ zu nehmen ist), so folgt: Die Lösung des Anfangswertproblems (9) hat die Eigenschaft $R_2 u = 0$ genau dann, wenn $\phi(b, \lambda) = \beta + n\pi$ $(n \in \mathbb{Z})$ ist. Aufgrund von VII.(a–c) gibt es zu jedem $n \geq 0$ genau ein $\lambda = \lambda_n$ mit

$$\phi(b, \lambda_n) = \beta + n\pi, \quad n = 0, 1, 2, \ldots,$$

während für $n < 0$ kein solches λ existiert. Die Zahlen λ_n sind die gesuchten Eigenwerte, die Funktionen

$$u_n(x) := u(x, \lambda_n)$$

die zugehörigen Eigenfunktionen. Nach VII.(c) ist

$$\delta^2 \lambda_n \leq (\beta + \pi n)^2 \leq D^2 \lambda_n \quad \text{für große } n.$$

Daraus folgt eine wichtige Ungleichung über

Asymptotisches Verhalten. *Es gibt zwei positive Konstanten c, C mit*

$$cn^2 \leq \lambda_n \leq Cn^2 \quad \text{für große } n. \tag{12}$$

Damit ist der erste Teil von Satz II bewiesen und verschärft.

Nach IV.(a) liegt eine Nullstelle von u_n genau dann vor, wenn $\phi(x, \lambda_n) = k\pi$ ist. Nun ist

$$0 \leq \phi_n(a) = \alpha < \pi \quad \text{und} \quad n\pi < \phi_n(b) = n\pi + \beta \leq (n+1)\pi.$$

Hiernach und nach IV.(d) nimmt $\phi_n(x)$ für $a < x < b$ die Werte $\pi, 2\pi, \ldots, n\pi$ genau einmal und andere Werte der Form $k\pi$ nicht an. Also hat u_n genau n Nullstellen in (a, b), etwa $a < x_1 < x_2 < \cdots < x_n < b$. Nach dem Satz von Sturm-Picone, Teil (a), liegt zwischen x_k und x_{k+1} eine Nullstelle von u_{n+1}. Nun ist nach VII.(a)

$$\alpha = \phi(a, \lambda_n) = \phi(a, \lambda_{n+1}) < \pi = \phi(x_1, \lambda_n) < \phi(x_1, \lambda_{n+1}),$$

d. h., zwischen a und x_1 liegt eine Nullstelle von u_{n+1}. Ähnlich zeigt man, daß u_{n+1} auch zwischen x_n und b eine Nullstelle besitzt. Da es insgesamt genau $n+1$ Nullstellen gibt, muß u_{n+1} in jedem der genannten $n+1$ Intervalle (a, x_1), (x_k, x_{k+1}), (x_n, b) genau eine Nullstelle haben. Damit ist Satz II vollständig bewiesen.

Der Entwicklungssatz III wird erst in § 28 bewiesen. Es gibt auch einen direkten Beweis, den man etwa bei Kamke (1945) oder Titchmarsh (1962) findet.

IX. Vergleichssatz für Eigenwerte. *Wir betrachten zwei Eigenwertprobleme mit den Daten $(p_0, q_0, r_0, \alpha_0, \beta_0)$ und (p, q, r, α, β) unter der Voraussetzung* (SL); *dabei sind die Randbedingungen $R_1 u = 0$ und $R_2 u = 0$ wie in* VIII *durch $\alpha \in [0, \pi)$ und $\beta \in (0, \pi]$ beschrieben, und Entsprechendes gilt für das erste Problem. Dabei wird $0 \leq \alpha_0 \leq \alpha < \pi$, $0 < \beta \leq \beta_0 \leq \pi$ vorausgesetzt.*

(a) *Aus $p_0 \geq p$, $q_0 \leq q$, $r_0 = r$ in J folgt $\lambda_n^0 \geq \lambda_n$ für alle $n \geq 0$. Ist dabei eine der Bedingungen*

$$\text{(i) } \alpha_0 < \alpha, \quad \text{(ii) } \beta_0 > \beta, \quad \text{(iii) } q_0 \not\equiv q, \quad \text{(iv) } p_0 > p \text{ in } (a, b)$$

erfüllt, so besteht die strenge Ungleichung $\lambda_n^0 > \lambda_n$ für alle n (ausgenommen $n = 0$ mit (iv), *wenn beide Eigenfunktionen konstant sind).*

(b) *Aus $p_0 = p$, $q_0 = q$, $\alpha_0 = \alpha$, $\beta_0 = \beta$ und $r_0 \leq r$, $r_0 \not\equiv r$ folgt*

$$\lambda_n^0 > \lambda_n \text{ für } \lambda_n > 0, \quad \lambda_n^0 = \lambda_n \text{ für } \lambda_n = 0, \quad \lambda_n^0 < \lambda_n \text{ für } \lambda_n < 0.$$

Beweis. (a) Nach Lemma V gilt für die zugehörigen Argumentfunktionen

$$\phi_0(b, \lambda) \leq \phi(b, \lambda), \quad \text{falls } q_0 + \lambda r_0 \leq q + \lambda r \text{ ist.} \tag{$*$}$$

Nun ist λ_n^0 durch $\phi_0(b, \lambda_n^0) = \beta_0 + n\pi$ definiert und λ_n durch $\phi(b, \lambda_n) = \beta + n\pi \leq \beta_0 + n\pi = \phi_0(b, \lambda_n^0)$. Wendet man nun $(*)$ mit $\lambda = \lambda_n^0$ an, so erhält man $\phi_0(b, \lambda_n) \leq \phi_0(b, \lambda_n^0)$. Da $\phi_0(b, \lambda)$ streng monoton wachsend ist, folgt die Behauptung $\lambda_n^0 \geq \lambda_n$. In den Fällen (i), (iii), (iv) hat man nach Lemma V.(b) eine strenge Ungleichung in $(*)$, im Fall (ii) tritt sie an der Stelle $\beta + n\pi < \beta_0 + n\pi$ auf. In jedem Fall ist also $\phi_0(b, \lambda_n) < \phi_0(b, \lambda_n^0)$ und deshalb $\lambda_n^0 > \lambda_n$.

(b) Hier unterscheiden sich die beiden Probleme nur bei r. Nach Lemma V.(b) erscheint in $(*)$ unter den Voraussetzungen über r eine strenge Ungleichung für $\lambda > 0$, Gleichheit für $\lambda = 0$ und die umgekehrte Ungleichung für $\lambda < 0$. Hieraus folgt die Behauptung.

X. Oszillation. Wir betrachten reelle Lösungen von $Lu = (pu')' + qu = 0$ in einem nicht kompakten Intervall J. Man sagt, die Lösung u *oszilliert* (oder hat *oszillatorisches Verhalten*) in J, wenn u abzählbar viele Nullstellen in J hat. Man sagt in diesem Fall auch, die Gleichung $Lu = 0$ sei *oszillatorisch*. Denn nach dem Sturmschen Trennungssatz oszilliert jede (nichttriviale) Lösung, wenn dies für eine Lösung richtig ist.

Oszillationssatz. *Wir betrachten die Differentialgleichung $Lu = (pu')' + qu = 0$ im Intervall $J = [a, \infty)$. Dabei seien $p > 0$ und q in J stetig, und es gelte*

$$\int_a^\infty \frac{1}{p(x)}\, dx = \infty \quad \text{und} \quad \int_a^\infty q(x)\, dx = \infty.$$

(a) *Ist $q(x) \geq 0$, so ist die Differentialgleichung oszillatorisch.*

(b) *Ist für ein $\alpha > 0$ das Integral $\int\limits_a^\infty |\alpha q - 1/p|\, dx < \infty$, so ist die Diffe-rentialgleichung oszillatorisch, und alle Lösungen sind beschränkt.*

Beweis. (a) Wir haben zu zeigen, daß die Argumentfunktion $\phi(x)$ von u gegen ∞ strebt für $x \to \infty$. Nach (7) ist $\phi' \geq 0$, also ϕ wachsend. Nehmen wir an, es sei $\lim \phi(x) = c < \infty$. Dann ist $\sin^2 c \geq \frac{1}{2}$ oder $\cos^2 c \geq \frac{1}{2}$. Im ersten Fall gibt es ein x_0 mit $\sin^2 \phi(x) \geq \frac{1}{4}$ für $x \geq x_0$. Aus (7) folgt dann $\phi' \geq \frac{1}{4} q(x)$, und wegen der Divergenz des Integrals $\int\limits_a^\infty q\, dx$ ist $\lim \phi(x) = \infty$ entegegen unserer Annahme. Eine ähnliche Schlußweise führt im Fall $\cos^2 c \geq \frac{1}{4}$ zum Ziel.

(b) Wenn man anstelle von L den Operator βL mit den Koeffizienten $\bar{p} = \beta p$, $\bar{q} = \beta q$ betrachtet und $\beta = \sqrt{\alpha}$ wählt, so ergibt sich $\alpha q - 1/p = \beta(\bar{q} - 1/\bar{p})$. Da L und βL zu denselben Lösungen führen, kann man annehmen, daß $\alpha = 1$ ist und das Integral von $|q - 1/p|$ konvergiert.

Aus den Gleichungen (7) (zweite Form) und (8) für ϕ und ϱ ergibt sich, daß

$$\phi' = \frac{1}{p} + h_1(x) \quad \text{und} \quad \varrho' = h_2(x)\varrho$$

ist, wobei h_1 und h_2 über $[a, \infty)$ integrierbar sind. Hieraus leitet man ohne Mühe ab, daß $\lim \phi(x) = \infty$ ist und $\varrho(x)$ beschränkt bleibt für $x \to \infty$.

XI. Amplitudensatz. *Es sei J ein beliebiges Intervall, $p, q \in C^1(J)$ mit $p > 0$, $q > 0$ und u eine nichttriviale Lösung von $Lu = (pu')' + qu = 0$. An jedem stationären Punkt (das ist ein Punkt mit $u' = 0$) hat u ein (strenges) lokales Maximum oder Minimum. Für zwei aufeinanderfolgende stationäre Punkte $x_k < x_{k+1}$ ist*

$|u(x_k)| \geq$ *oder* $> |u(x_{k+1})|$, *falls pq schwach oder stark monoton wächst*,

$|u(x_k)| \leq$ *oder* $< |u(x_{k+1})|$, *falls pq schwach oder stark monoton fällt.*

Kurz gesagt, die Amplituden nehmen ab bzw. zu, wenn pq monoton wachsend bzw. fallend ist.

Beweis. Aus $u' = 0$ und $Lu = 0$ folgt $\operatorname{sgn} u'' = -\operatorname{sgn} u$ und daraus die Aussage über die stationären Punkte.

Zum Beweis der Ungleichungen differenzieren wir die Funktion

$$y(x) := u^2 + \frac{1}{pq}(pu')^2$$

und erhalten

$$y' = 2uu' - \frac{(pq)'}{(pq)^2}(pu')^2 + \frac{2pu'}{pq}(-qu) = -(pq)'\left(\frac{u'}{q}\right)^2.$$

Ist also $(pq)' \geq 0$ bzw. ≤ 0, so ist y monoton fallend bzw. wachsend. Nun ist aber $u'(x_k) = 0$, also $y(x_k) = u^2(x_k)$ und ebenso $y(x_{k+1}) = u^2(x_{k+1})$. Daraus folgt die Behauptung.

In den beiden folgenden Nummern wird der Satz von Sturm-Picone herangezogen, um das oszillatorische Verhalten von Lösungen und die asymptotische Verteilung ihrer Nullstellen zu bestimmen. Für die Koeffizienten p, q von L und p_0, q_0 von L_0 mögen die üblichen Voraussetzungen im Intervall $J = [a, \infty)$ gelten; vgl. Abschnitt VI. Lösungen sind im folgenden nichttriviale Lösungen; die Nullstellen einer Lösung u von $Lu = 0$ werden mit $x_1 < x_2 < x_3 < \cdots$ bezeichnet. Eine unmittelbare Folgerung aus dem Satz von Sturm-Picone ist der

XII. Vergleichssatz. *Es sei $p_0 \geq p$, $q_0 \leq q$ in J. Ist die Gleichung $L_0 u = 0$ in J oszillatorisch, so gilt dasselbe für die Gleichung $Lu = 0$. Anders gesagt, ist $Lu = 0$ nicht oszillatorisch, so auch $L_0 u = 0$.*

XIII. Die Verteilung der Nullstellen. Die Differentialgleichung

$$p_0 v'' + q_0 v = 0 \quad (p_0 > 0, \, q_0 > 0 \text{ konstant}) \tag{13}$$

hat die Lösungen $v = \alpha \sin \omega_0 (x + \delta)$, $\omega_0 = \sqrt{q_0/p_0}$. Der Abstand d_0 zwischen zwei Nullstellen ist konstant, $d_0 = \pi \sqrt{p_0/q_0}$.

Für $c > 0$ sei

$$p_c(x) = \min p(t), \quad P_c(x) = \max p(t) \quad \text{für} \quad x \leq t \leq x + c;$$

entsprechend sind $q_c(x)$ und $Q_c(x)$ definiert. Wie bisher ist $Lu = (pu')' + qu$.

Satz. (a) *Ist q in J positiv und*

$$\liminf_{x \to \infty} \frac{P_c(x)}{q_c(x)} = A < \infty \quad \text{für} \quad c = \pi \sqrt{A + \varepsilon} \tag{14}$$

($\varepsilon > 0$), so ist die Gleichung $Lu = 0$ in $[a, \infty)$ oszillatorisch.
(b) *Ist sogar für ein $\varepsilon > 0$*

$$\lim_{x \to \infty} \frac{P_c(x)}{q_c(x)} = \lim_{x \to \infty} \frac{p_c(x)}{Q_c(x)} = A < \infty \quad \text{für} \quad c = \pi \sqrt{A + \varepsilon}, \tag{15}$$

so strebt für jede Lösung die Nullstellendifferenz $x_{k+1} - x_k \to \pi \sqrt{A}$ für $k \to \infty$.

Beweis. (a) Es gibt eine Folge (a_k) mit $\lim a_k = \infty$ und $P_c(a_k)/q_c(a_k) < A + \varepsilon$. Wir betrachten das Intervall $J_k = [a_k, a_k + c]$ und setzen $p_0 = P_c(a_k)$, $q_0 = q_c(a_k)$, $d_k = \pi \sqrt{p_0/q_0} < c$. Es sei v eine Lösung von (13) mit $v(a_k) = 0$, also $v(a_k + d_k) = 0$. Nun ist $p(x) \leq p_0$ und $q(x) \geq q_0$ in $J_k' = [a_k, a_k + d_k] \subset J_k$. Also hat u nach dem Satz von Sturm-Picone eine Nullstelle in J_k' ($k = 1, 2, \ldots$) und damit abzählbar viele Nullstellen in $[a, \infty)$.

(b) Da der Limes von P_c/q_c gleich A ist, kann man im Beweis von (a) für (a_k) die Folge (x_k) der Nullstellen einer Lösung nehmen (für große k). Es folgt dann $x_{k+1} \in J'_k$, also $x_{k+1} - x_k < c$. Im Fall $A = 0$ ist damit $x_{k+1} - x_k < \pi\sqrt{\varepsilon}$, also $\lim(x_{k+1} - x_k) = 0$.

Nun sei $0 < B < A$. Nach (15) ist $p_c(x_k)/Q_c(x_k) > B$ für große k, und es wird behauptet, daß $x_{k+1} - x_k > \pi\sqrt{B}$ ist. Angenommen, es gibt ein Intervall $J_r = [x_r, x_{r+1}]$ mit $x_{r+1} - x_r \leq \pi\sqrt{B} < c$. Setzt man $p_0 = p_c(x_r)$, $q_0 = Q_c(x_r)$, so ist der Nullstellenabstand einer Lösung v von (13) gleich $\pi\sqrt{p_0/q_0} > \pi\sqrt{B}$. Es gibt also eine Lösung v, die in J_r nicht verschwindet. Dies steht im Widerspruch zum Satz von Sturm-Picone, da $p_0 \leq p(x)$ und $q_0 \geq q(x)$ in J_r ist. Es ist also $x_{k+1} - x_k > \pi\sqrt{B}$. Da man $\varepsilon > 0$ beliebig klein und B beliebig nahe an A wählen kann, ist der Satz vollständig bewiesen.

Die Klasse S. Die Funktion q gehört zur Klasse S, wenn sie in $[a, \infty)$ positiv und stetig ist und die folgende Eigenschaft besitzt: Für jedes $c > 0$ strebt $Q_c(x)/q_c(x) \to 1$ für $x \to \infty$.

Corollar. *Gehören p und q zur Klasse S und ist*

$$\lim_{x \to \infty} \frac{p(x)}{q(x)} = A < \infty, \tag{15'}$$

so gilt (15). Die Gleichung $Lu = 0$ ist also oszillatorisch, und für jede Lösung strebt $x_{k+1} - x_k \to \pi\sqrt{A}$ für $k \to \infty$.

(c) *Eigenschaften der Klasse S.* (i) Mit f und g gehören auch αf ($\alpha > 0$) und fg zu S. (ii) Ist f stetig und strebt $f(x) \to \alpha > 0$ für $x \to \infty$, so gehört f zu S. (iii) Gehört f zu S und ist h stetig und $= o(f)$ (d. h. $h(x)/f(x) \to 0$ für $x \to \infty$), so gehört auch $f + h$ zu S.

(d) Alle in $[a, \infty)$ positiven Polynome und alle Funktionen x^α (α reell) gehören zu S, nicht jedoch $e^{\alpha x}$.

(e) Strebt $Q_c(x)/q_c(x) \to 1$ für *ein* positives c, so ist $q(x) \in S$.

Beweis als Übungsaufgabe! In (c) folgt (iii) aus (i) und (ii).

(f) *Beispiel.* Wir betrachten die Gleichung

$$Lu = (x^\alpha u')' + g(x)x^\alpha u = 0 \quad \text{in} \quad [1, \infty),$$

wobei α eine beliebige reelle Zahl ist und $g(x)$ für $x \to \infty$ gegen $\beta > 0$ strebt. Offenbar gehören p und q zu S. Aus $\lim p/q = 1/\beta$ folgt, daß die Gleichung oszillatorisch ist und $x_{k+1} - x_k \to \pi/\sqrt{\beta}$ strebt.

(g) *Die Besselsche Differentialgleichung*

$$x^2 u'' + xu' + (x^2 - \alpha^2)u = 0$$

ist im Intervall $[1, \infty)$ oszillatorisch. Jede Lösung genügt einer Abschätzung $|u(x)| \leq C/\sqrt{x}$, ihre Amplituden sind streng monoton fallend, und es strebt $x_{k+1} - x_k \to \pi$ für $k \to \infty$. Diese Aussagen gelten für alle $\alpha \in \mathbb{R}$.

Beweis als Aufgabe. Anleitung. Man stelle die Differentialgleichung in selbstadjungierter Form dar und wende Beispiel (f) und den Amplitudensatz an. Zum Beweis der Abschätzung betrachte man die Funktion $z(x) = \sqrt{x}\, u(x)$; sie genügt einer Differentialgleichung $z'' + qz = 0$. Man bestimme q und wende Satz IX.(b) an.

Für manche Fragen ist eine Transformation der Differentialgleichung auf die (nach Liouville benannte) Normalform $v'' + \bar{q}(x)v = 0$ zweckmäßig. Wir beschreiben einige solche Transformationen.

XIV. Transformation auf Normalform. (a) Die Differentialgleichung

$$u'' + a_1(x)u' + a_0(x)u = h(x)$$

geht durch die Transformation

$$v(x) := u(x)e^{A(x)}, \quad A(x) = \frac{1}{2} \int a_1(x)\, dx$$

in die Differentialgleichung

$$v'' + \left(a_0(x) - \frac{1}{2}\, a_1'(x) - \frac{1}{4}\, a_1^2(x) \right) v = h(x)e^{A(x)}$$

über.

(b) Die Differentialgleichung

$$(p(x)u')' + q(x)u = h(x)$$

geht durch Einführung einer neuen unabhängigen Variablen

$$t = t(x) := \int \frac{dx}{p(x)}$$

mit der Umkehrfunktion $x(t)$ (sie existiert wegen $p > 0$) in eine Differentialgleichung für $v(t) := u(x(t))$ über, und zwar in

$$\frac{d^2 v}{dt^2} + p(x)q(x)v = p(x)h(x) \quad \text{mit} \quad x = x(t).$$

(c) Ist $p \in C^2$ und genügt u der Differentialgleichung $(p(x)u')' + q(x)u = 0$, so besteht für $v(x) = \sqrt{p(x)}\, u(x)$ die Gleichung in Normalform

$$v'' + \left(\frac{q(x)}{p(x)} - \frac{1}{2}\, \frac{p''(x)}{p(x)} + \frac{1}{4}\, \frac{p'^2(x)}{p^2(x)} \right) v = 0.$$

Beweis als Übungsaufgabe.

(d) Man transformiere die Differentialgleichung

$$xu'' - u' + x^3 u = 0$$

gemäß (a) und, nachdem sie in selbstadjungierte Form gebracht wurde (vgl. 26.II), nach (b).

XV. Aufgabe. Für welche Werte von $\alpha, \beta, \gamma \in \mathbb{R}$ ist die Differentialgleichung

$$(e^{\alpha x} u')' + \gamma e^{\beta x} u = 0$$

in $[0, \infty)$ oszillatorisch?

Anleitung. Für $\alpha = \beta$ läßt sich die Differentialgleichung geschlossen lösen. Das Ergebnis zeigt übrigens, daß Satz XIII.(b) mit der schwächeren Voraussetzung (15') im allgemeinen falsch ist.

XVI. Aufgaben. (a) Gegeben sei das Eigenwertproblem

$$u'' + \lambda u = 0 \quad \text{für} \quad 0 \le x \le 1, \quad u(0) = u'(0), \quad u(1) = 0.$$

Man bestimme die Eigenwerte und Eigenfunktionen und zeige, daß

$$\sqrt{\lambda_n} = \frac{\pi}{2} + n\pi + \beta_n \quad (n = 0, 1, 2, \ldots) \quad \text{mit} \quad \beta_n \downarrow 0 \quad (n \to \infty)$$

gilt. Man skizziere u_0 und u_1.

(b) Man bestimme Eigenwerte und Eigenfunktionen, wenn die Randbedingungen von (a) wie folgt abgeändert werden:

$$u(0) = u'(0), \quad u(1) = u'(1).$$

(c) Man löse das Eigenwertproblem

$$(xu')' + \frac{\lambda}{x} u = 0, \quad u'(1) = 0, \quad u'(e^{2\pi}) = 0.$$

Ist $\lambda = 0$ ein Eigenwert?

XVII. Aufgabe. Man bestimme alle Lösungen der Differentialgleichung

$$u'' + \frac{\alpha}{x^2} u = 0 \quad (\alpha \in \mathbb{R})$$

(Substitution $x = e^t$). Für welche α ist die Differentialgleichung oszillatorisch? Als Anwendung beweise man den

Oszillationssatz. *Die Differentialgleichung ($q(x)$ stetig, $p(x)$ positiv und aus C^2 für $x \ge a$)*

$$Lu = (pu')' + q(x)u = 0 \quad \text{ist in } [a, \infty)$$

oszillatorisch, wenn $\liminf\limits_{x \to \infty} x^2 \bar{q}(x) > \frac{1}{4}$,

nicht oszillatorisch, wenn $x^2 \bar{q}(x) \le \frac{1}{4}$ *ist. Dabei ist*

$$\bar{q}(x) = \frac{q(x)}{p(x)} - \frac{1}{2} \frac{p''(x)}{p(x)} + \frac{1}{4} \left(\frac{p'(x)}{p(x)} \right)^2.$$

Anleitung. Man transformiere die Gleichung $Lu = 0$ gemäß XIV.(c) auf Normalform und wende darauf den Satz von Sturm-Picone an.

Bemerkung. Im Fall $p(x) = 1$ ist $\bar{q}(x) = q(x)$. In dieser Form wurde der Satz 1893 von dem deutschen Mathematiker Adolf Kneser (1862–1930) entdeckt.

Ergänzung: Rotationssymmetrische elliptische Probleme

Wir betrachten zunächst die rotationssymmetrischen Lösungen des Eigenwertproblems

$$\Delta u + \lambda u = 0 \text{ in } B, \quad u = 0 \text{ auf } B \tag{16}$$

und lösen dann nichtlineare Randwertprobleme $\Delta u = f(u)$ in B, $u = 0$ auf ∂B. Dabei ist B die Einheitskugel im $\mathbb{R}^n$. Wie früher in der Ergänzung von § 6 betrachten wir den Operator $L_\alpha y = x^{-\alpha}(x^\alpha y')'$ von (6.8) für reelle $\alpha \geq 0$ ($\alpha = n - 1$ entspricht dem Δ-Operator). Man beachte

$$L_\alpha y = f(x, y) \iff (x^\alpha y')' = x^\alpha f(x, y).$$

XVIII. Das Eigenwertproblem. Es sei y die Lösung des Anfangswertproblems

$$(x^\alpha y')' + x^\alpha y = 0, \quad y(0) = 1, \quad y'(0) = 0 \quad (\alpha \geq 0). \tag{17}$$

Sie existiert in $[0, \infty)$, oszilliert und ist eindeutig bestimmt; vgl. Satz 6.XIII und Beispiel XIII.(f). Ihre Nullstellen bezeichnen wir mit $0 < \xi_0 < \xi_1 < \xi_2 < \cdots$. Nach XIII.(f) strebt $\xi_{k+1} - \xi_k \to \pi$, und daraus erhält man $\xi_k / \pi k \to 1$ ($k \to \infty$).

Das Eigenwertproblem

$$(x^\alpha u')' + \lambda x^\alpha u = 0, \quad u'(0) = 0, \quad u(1) = 0 \tag{18}$$

hat die Eigenwerte $\lambda_n = \xi_n^2$ mit der zugehörigen Eigenfunktion $u_n = y(\xi_n x)$, $n = 0, 1, \ldots$; dazu beachte man, daß $u(x) = y(\beta x)$ der Differentialgleichung mit $\lambda = \beta^2$ und der Randbedingung $u'(0) = 0$, $u(1) = y(\beta)$ genügt. Die Eigenfunktion u_n hat im Intervall $(0, 1)$ genau n Nullstellen, und für die Nullstellen von u_{n+1} gilt Satz II. Für das asymptotische Verhalten der Eigenwerte haben wir die präzise Aussage $\lambda_n / \pi^2 n^2 \to 1$ für $n \to \infty$.

Aufgabe. Man zeige, daß es keine weiteren Eigenwerte gibt.

Anleitung. Ist u eine Eigenfunktion zum Eigenwert λ, so zeige man: (i) $u(0) \neq 0$, man kann also $u(0) = 1$ annehmen; (ii) ist $\lambda \leq 0$, so ist $u' > 0$, solange $u > 0$ ist; (iii) ist $\lambda = \beta^2 > 0$, so ist $u = y(\beta x)$.

XIX. Das Randwertproblem. Für die lineare Differentialgleichung $L_\alpha y = f(x)$ hat das Randwertproblem

$$(x^\alpha u')' = x^\alpha f(x) \text{ in } [0,1], \quad u'(0) = 0, \quad u(1) = 0 \tag{19}$$

für $\alpha \geq 0$ nach (6.10–12) die Lösung

$$y(x) = (I_\alpha f)(x) - (I_\alpha f)(1) = \int_0^1 \Gamma(x,\xi)\xi^\alpha f(\xi)\, d\xi.$$

Dabei ist

$$(I_\alpha f)(x) = \int_0^x [h(x) - h(\xi)]\xi^\alpha f(\xi)\, d\xi \quad \text{mit} \quad h(x) = \int_1^x s^{-\alpha}\, ds,$$

also $\Gamma(x,\xi) = h(x)$ für $\xi < x$ (bzw. $h(\xi)$ für $\xi > x$) die entsprechende Greensche Funktion. Offenbar ist $\Gamma \leq 0$ und $\Gamma(x,\xi)\xi^\alpha$ in $[0,1]^2$ stetig. Nun lassen sich die drei Existenzsätze in 26.IX, XX und XXI übertragen. Wir fassen sie zusammen.

Existenzsatz. (a) *Die Funktion $f(x,z)$ sei im Streifen $[0,1] \times \mathbb{R}$ stetig und genüge dort einer Lipschitzbedingung bezüglich z mit einer Lipschitzkonstante $L < \lambda_0 = \xi_0^2$. Dann hat das nichtlineare Randwertproblem*

$$(x^\alpha u')' = x^\alpha f(x,u) \text{ in } [0,1], \quad u'(0) = 0, \quad u(1) = \eta \tag{20}$$

genau eine Lösung.

(b) *Ist f im Streifen $[0,1] \times \mathbb{R}$ stetig und beschränkt, so hat das Randwertproblem (20) mindestens eine Lösung.*

(c) *Es sei v eine Unterfunktion, w eine Oberfunktion und $v \leq w$, und $f(x,z)$ sei im Bereich $K = \{(x,z) : 0 \leq x \leq 1, \ v(x) \leq z \leq w(x)\}$ stetig. Dann hat die Randwertaufgabe (20) eine Lösung zwischen v und w.*

Oberfunktionen w und Unterfunktionen v sind ähnlich wie in 26.XXI definiert,

$$(x^\alpha w')' \leq f(x,w), \quad w'(0) = 0, \quad w(1) \geq \eta,$$
$$(x^\alpha v')' \geq f(x,v), \quad v'(0) = 0, \quad v(1) \leq \eta.$$

Beweis. (a) Man kann auch hier wie im früheren Fall $\eta = 0$ annehmen, indem man das entsprechende Problem für $u_1 = u - \eta$ betrachtet. Wir schreiben, ähnlich wie im Satz 26.IX, dieses halbhomogene Problem als Fixpunktgleichung

$$u = Tu \text{ mit } (Tu)(x) = \int_0^1 \Gamma(x,\xi)f(\xi, u(\xi))\, d\xi \tag{21}$$

und betrachten den Operator T im Raum X aller in $[0,1]$ stetigen Funktionen mit *endlicher* Norm (die Eigenfunktion u_0 ist positiv in $[0,1)$)

$$\|v\| = \sup\left\{\frac{|v(x)|}{u_0(x)} : 0 \leq x \leq 1\right\}.$$

Für $v, w \in X$ ist aufgrund der Lipschitzbedingung

$$|Tv - Tw|(x) \le L\|v - w\| \int_0^1 |\Gamma(x,\xi)|u_0(\xi)\, d\xi.$$

Nun ist u_0 die Lösung des Problems (20) für $f = -\lambda_0 u_0$, d. h. es ist

$$u_0(x) = -\lambda_0 \int_0^1 \Gamma(x,\xi)u_0(\xi)\, d\xi.$$

Hieraus und aus $\Gamma \le 0$ folgt

$$|Tw - Tv|(x) \le \frac{L}{\lambda_0}\|w - v\|u_0(x), \quad \text{also} \quad \|Tv - Tw\| \le q\|v - w\|,$$

$q = L/\lambda_0 < 1$. Die Behauptung ergibt sich nun aus dem Kontraktionsprinzip.

Aufgaben und Bemerkungen. 1. Man beweise (b) und (c) (die Beweise aus § 26 sind übertragbar).

2. Man ersetze die zweite Randbedingung in (19) durch $R_2 u = \beta_1 u(1) + \beta_2 u'(1) = 0$ und behandle das Randwertproblem (20) in entsprechender Weise.

3. Es mag überraschen, daß die Eigenwerte von (18) für alle $\alpha \ge 0$ dasselbe asymptotische Verhalten $\lambda_n/\pi^2 n^2 \to 1$ haben. Als Erklärung kann dienen, daß es sich für große x im wesentlichen um die Gleichung $u'' + \lambda u = 0$ (Fall $\alpha = 0$) handelt, da der Term $\alpha u'/x$ dann klein wird.

4. Man zeige, daß die Lösungen der Gleichung

$$L_\alpha u + q(x)u = 0 \quad (\alpha > 0, \ q \text{ für } x \ge \alpha \text{ stetig})$$

oszillieren, wenn $\liminf\limits_{x \to \infty} x^2 q(x) > (\alpha - 1)^2/4$ ist, und nicht oszillieren, wenn $x^2 q(x) \le (\alpha - 1)^2/4$ ist; vgl. Satz XVII.

5. Das Buch *Comparison and Oscillation Theory of Linear Differential Equations* von C.A. Swanson (Acad. Press 1968) enthält zahlreiche Kriterien für oszillatorisches Verhalten und Formeln für die asymptotische Verteilung der Eigenwerte, ergänzt durch historische Hinweise und Literaturzitate; meistens ist jedoch nur der Fall $p = 1$ berücksichtigt.

XX. Singuläre Rand- und Eigenwertprobleme. Die Ergebnisse von XVIII und XIX lassen sich auf allgemeinere Gleichungen der Form (1) ausdehnen, bei denen $p(0) = 0$ und $r(0) = 0$ zugelassen ist. Diese Übertragung ist möglich für eine Klasse von Problemen, die den folgenden Bedingungen genügen.

Voraussetzungen. Die Funktionen p und r seien in $J = [0, b]$ stetig und in $J_0 = (0, b]$ positiv. Es sei $R(x) = \int\limits_0^x r(t)\, dt$, und es gelte $\int\limits_0^b [R(t)/p(t)]\, dt < \infty$;

diese Voraussetzung ist entscheidend. Der Operator L hat die Form $Lu = (pu')'$. Es gelten dann die folgenden Aussagen.

(a) Das Anfangswertproblem $Ly = r(x)f(x)$, $y(0) = \eta$, $(py')(0) = 0$ hat, wenn f in J stetig ist, die eindeutige Lösung

$$y = \eta + Kf \quad \text{mit} \quad (Kf)(x) = \int_0^x \frac{1}{p(s)} \int_0^s r(t)f(t)\, dt\, ds.$$

(b) Das entsprechende nichtlineare Anfangswertproblem, bei welchem $f(x)$ durch $f(x, y)$ ersetzt ist, hat genau eine Lösung, wenn $f(x, y)$ in $J \times \mathbb{R}$ stetig ist und einer Lipschitzbedingung bezüglich y genügt.

(c) Für das Eigenwertproblem

$$Lu + \lambda r(x)u = 0, \quad (pu')(0) = 0, \quad u(b) = 0 \tag{22}$$

gilt der Existenzsatz II mit $\lambda_0 > 0$ und der Eigenwertabschätzung (12).

(d) Das halbhomogene Randwertproblem

$$Lu = r(x)f(x), \quad (pu')'(0) = 0, \quad u(b) = 0 \quad \text{mit} \quad f \in C(J)$$

hat die eindeutige Lösung $u(x) = (Kf)(x) - (Kf)(b) = \int\limits_0^b \Gamma(x, \xi)r(\xi)f(\xi)\, d\xi$.

Die Greensche Funktion ist wie in XIX durch $h(x) = -\int\limits_x^b p^{-1}(t)\, dt$ bestimmt:

$$\Gamma(x, \xi) = h(x) \quad \text{für} \quad 0 < \xi \le x \le b \quad \text{und} \quad = h(\xi) \quad \text{für} \quad 0 < x \le \xi \le b.$$

In der folgenden Abschätzung ist $\bar{h}(x) = -h(x) > 0$:

$$\int_0^b |\Gamma(x, \xi)|r(\xi)\, d\xi = \int_0^x \bar{h}(x)r(\xi)\, d\xi + \int_x^b \bar{h}(\xi)r(\xi)\, d\xi$$

$$\le \int_0^b \bar{h}(\xi)r(\xi)\, d\xi = \int_0^b \frac{R(t)}{p(t)}\, dt < \infty.$$

Hieraus wird sichtbar, daß die Lösung u wohldefiniert ist.

(e) Für das entsprechende nichtlineare Randwertproblem mit $f(x, u)$ anstelle von $f(x)$ gelten die drei Aussagen des Existenzsatzes XIX; dabei ist λ_0 der in (c) auftretende Eigenwert.

Anleitung zum Beweis. (b) wird mit Hilfe von (a) auf eine Fixpunktgleichung $y = Ty$ zurückgeführt. Im Raum $C(J)$ mit der Maximum-Norm ist T eine Kontraktion, wenn das Intervall J klein ist. Die Lösung läßt sich als „normales" Anfangswertproblem fortsetzen.

(c) Man betrachtet wie in VII das entsprechende Anfangswertproblem (9) mit $\alpha = \pi/2$, d. h. $u(0) = 1$, $(pu')(0) = 0$. Für die Argumentfunktion $\phi(x, \lambda)$ der Lösung $u(x, \lambda)$ ist $\phi(0, \lambda) = \pi/2$. Die Aussagen VII.(a) bis (d) ergeben sich wie früher, da $p \ge p_0 > 0$ und $r \ge r_0 > 0$ in $[\varepsilon, b]$ gilt.

(e) Das homogene Problem mit $\eta = 0$ ist äquivalent zur Fixpunktgleichung

$$u(x) = \int_x^b \frac{1}{p(s)} \int_0^s r(t) f(t, u(t)) \, dt.$$

Man benutze die Norm $\|u\| = \sup\{|u(x)|/u_0(x) : x \in J\}$; dabei ist u_0 die erste Eigenfunktion.

XXI. Eigenwertprobleme im Sinne von Carathéodory.

Auch die Theorie des Eigenwertproblems (2), (3) läßt sich ohne wesentliche Änderung auf Lösungen im Sinne von Carathéodory unter der gegenüber (SL) stark abgeschwächten Voraussetzung

$$(\mathrm{SL_C}) \qquad \boxed{\frac{1}{p}, q, r \in L(J), \quad p > 0, \quad r > 0 \quad \text{f.ü. in } J}$$

übertragen; vgl. Abschnitt 26.XXIV über das Randwertproblem. Bei der Lösung $u(x, \lambda)$ von (9) sind u und pu' aus $AC(J)$. Die Argumentfunktion $\phi(x, \lambda)$ gehört dann ebenfalls zu $AC(J)$, da der Arcustangens in $\mathbb{R}$ Lipschitz-stetig ist. Sie genügt der Gleichung (10) und hat die Eigenschaften von VII. Entscheidend für den Beweis ist wieder Satz 10.XV. Aus ihm folgen das Lemma V und die Trennungssätze in VI sowie VII.(a), aber auch VII.(d), weil die Funktion $\phi(x) = k\pi$ rechts von x_0 eine Unterfunktion und links von x_0 eine Oberfunktion ist. Ist also $\phi(x_0, \lambda_0) = k\pi$, so ist $\phi(x, \lambda_0) > k\pi$ für $x > x_0$ und $< k\pi$ für $x < x_0$.

Bei VII.(b) und VII.(c), wo nur behauptet wird, daß $\phi(b, \lambda) \to \infty$ strebt für $\lambda \to \infty$, sind die Beweise ähnlich. Wir beschränken uns auf eine Beweisskizze zu VII.(c).

Es wird gezeigt, daß ϕ in einem beliebig kleinen Intervall $J' = [\alpha, \beta]$ um mindestens π wächst, wenn λ entsprechend groß ist. Dazu sei $\phi_0(x, \lambda)$ die Lösung von (10) mit $\phi_0(\alpha, \lambda) = 0$ und $\phi_1(x, \lambda)$ die Lösung mit $\phi_1(\beta, \lambda) = \pi$. Es sei $\alpha < \gamma < \delta < \beta$ und $\varepsilon > 0$ so gewählt, daß $\phi_0(\gamma, 0) \geq 2\varepsilon$ und $\phi_1(\delta, 0) \leq \pi - 2\varepsilon$ ist; hier wurde VII.(d) angewandt. Diese Ungleichungen gelten dann auch für alle $\lambda > 0$. Die Funktion $q_\lambda = q + \lambda r$ strebt gegen ∞ für $\lambda \to \infty$. Dies hat zur Folge, daß für große λ das über J' erstreckte Integral von q_λ beliebig groß und das Integral von $q_\lambda^- = \max(0, -q_\lambda)$ kleiner als ε wird. Wegen $\phi_0' \geq -q_\lambda^-$ ist also $\phi_0(x, \lambda) > \varepsilon$ in $[\gamma, \beta]$. Ferner ist $\phi_0' \geq q_\lambda \sin^2 \varepsilon$, solange $\phi_0 \leq \pi - \varepsilon$ ist, und hieraus folgt, daß ein $\xi \in (\gamma, \delta)$ mit $\phi_0(\xi, \lambda) = \pi - \varepsilon$ existiert. Daraus folgt dann wie oben, daß $\phi_0(\delta, \lambda) > \pi - 2\varepsilon \geq \phi_1(\delta, \lambda)$ ist ($\lambda \geq \lambda_0$). Wegen $\phi_0 \geq \phi_1$ in $[\delta, \beta]$ erreicht ϕ_0 den Wert π in J'. Ist also $\lambda \geq \lambda_0$ und $\phi(\alpha, \lambda) > k\pi$, so ist $\phi(\beta, \lambda) \geq (k+1)\pi$, wie man durch Vergleich mit der Funktion $\phi_0 + k\pi$ zeigt, die ebenfalls eine Lösung von (10) ist.

Damit sind alle Hilfsmittel für den Beweis des Existenzsatzes II bereitgestellt.

XXII. Riccati-Gleichungen. Aufgabe. (a) Ist $u \neq 0$ eine Lösung der Gleichung (5) $(p(x)u')' + q(x)u = 0$, so genügt die Funktion $r(x) = p(x)u'/u$ der Gleichung

$$r' + \frac{r^2}{p(x)} + q(x) = 0; \tag{23}$$

man nennt sie die Riccati-Gleichung von (5). Umgekehrt: Ist $r(x)$ eine Lösung von (23), so ist $u(x) = \exp\left(\int (r/p)\, dx\right)$ eine Lösung von (5).

(b) Dieselbe Zuordnung besteht zwischen der linearen Gleichung (5') $u'' + g(x)u' + q(x)u = 0$ und ihrer Riccati-Gleichung

$$r' + r^2 + g(x)r + q(x) = 0, \tag{23'}$$

wobei $r(x) = u'/u$ und $u(x) = \exp\left(\int r\, dx\right)$ ist.

Diese Beziehung kann benutzt werden, um aus bekannten Eigenschaften der Lösungen von (5) entsprechende Aussagen über die Gleichung (23) abzuleiten (und umgekehrt). Als Beispiel betrachten wir

(c) *Ein „blow-up" Problem.* Es sei y_α die Lösung des Problems

$$y' = x^2 + y^2, \quad y(0) = \alpha. \tag{24}$$

Sie existiert nach rechts in einem maximalen Intervall $[0, b_\alpha)$ und wird unendlich („blows up") bei b_α, d. h. $y_\alpha(b_\alpha-) = \infty$. Die Stelle b_α hängt stetig und streng monoton wachsend von $\alpha \in \mathbb{R}$ ab, und es strebt $b_\alpha \to 0$ für $\alpha \to \infty$. Daraus folgt, daß es in $[0, b)$ genau eine Lösung mit blow-up für $0 < b < c$ und keine solche Lösung für $b \geq c$ gibt. Der Fall $\alpha = 1$ wurde in 9.V untersucht.

Anleitung. (c) Für $z_\alpha = -y_\alpha$ gilt (23) mit $p = 1$ und $q = x^2$. Es seien v, w die Lösungen von (5) $u'' + x^2 = 0$ mit $(u(0), u'(0)) = (1, 0)$ bzw. $(0, 1)$ und $u_\alpha = v - \alpha w$. Ist c die erste positive Nullstelle von w und b_α jene von u_α, so ist $0 < b_\beta < b_\alpha < c$ für $\alpha < \beta$, und es strebt $b_\alpha \to 0$ für $\alpha \to \infty$; man beachte, daß nach dem Sturmschen Trennungssatz $u_\alpha(c) = v(c) < 0$ ist. Die Funktion $z_\alpha = u'_\alpha/u_\alpha$ ist Lösung von (23) $r' + r^2 + x^2 = 0$ mit $z_\alpha(0) = -\alpha$ und $z_\alpha(b_\alpha) = -\infty$.

§ 28 Kompakte selbstadjungierte Operatoren im Hilbertraum. Der Entwicklungssatz

In diesem Paragraphen wird zunächst eine Eigenwerttheorie kompakter selbstadjungierter Operatoren im Hilbertraum dargestellt. Die Ergebnisse werden dann auf das Sturm-Liouvillesche Eigenwertproblem angewandt.

I. Innenprodukt. Ein Innenprodukt (oder Skalarprodukt) in einem reellen bzw. komplexen linearen Raum H ist eine Abbildung von $H \times H$ in $\mathbb{R}$ bzw. $\mathbb{C}$ mit den Eigenschaften ($f, g, h \in H$; $\lambda, \mu \in \mathbb{R}$ bzw. $\mathbb{C}$)

$$(\lambda f + \mu g, h) = \lambda(f, h) + \mu(g, h) \quad \textit{Linearität},$$

$$(f, g) = \overline{(g, f)} \quad \textit{Symmetrie},$$

$$(f, f) > 0 \quad \text{für} \quad f \neq 0 \quad \textit{Definitheit}.$$

Aus der zweiten Eigenschaft (sie wird im komplexen Fall auch Hermite-Eigenschaft genannt) folgt, daß (f, f) immer reell und daß das Innenprodukt im zweiten Argument „antilinear" ist,

$$(f, \lambda g + \mu h) = \bar{\lambda}(f, g) + \bar{\mu}(f, h).$$

Im reellen Fall sind alle Querstriche überflüssig, das Innenprodukt ist „bilinear".

Die folgenden Aussagen gelten, wenn kein spezieller Hinweis gegeben wird, im reellen und komplexen Fall. Die Beweise geben wir für den komplexen Fall; sie gelten auch im reellen Fall.

Im linearen Raum H mit Innenprodukt wird durch

$$\|f\| := \sqrt{(f, f)}$$

eine Norm definiert. In der Tat hat diese Funktion die Normeigenschaften von 5.II. Die Definitheit ist sofort ersichtlich, die Homogenität folgt aus $(\lambda f, \lambda f) = \lambda \bar{\lambda}(f, f) = |\lambda|^2 \|f\|^2$. Zum Beweis der Dreiecksungleichung betrachtet man für beliebige $f, g \in H$ den Ausdruck

$$0 \leq (f + \lambda g, f + \lambda g) = (f, f) + \lambda(g, f) + \bar{\lambda}(f, g) + \lambda \bar{\lambda}(g, g).$$

Setzt man hierin $\lambda = -(f, g)/\|g\|^2$, so folgt nach einfacher Zwischenrechnung

$$|(f, g)| \leq \|f\| \cdot \|g\| \qquad \textit{Schwarzsche Ungleichung}$$

(daß die Ungleichung für $g = 0$ richtig ist, folgt aus $(f, 0) = 0$). Danach ist

$$(f + g, f + g) = (f, f) + (f, g) + (g, f) + (g, g)$$

$$\leq (f, f) + 2\|f\| \cdot \|g\| + (g, g) = (\|f\| + \|g\|)^2,$$

woraus in der Tat die Dreiecksungleichung

$$\|f + g\| \leq \|f\| + \|g\|$$

folgt. Wir notieren zwei weitere einfache Sätze, die man durch Ausrechnen sofort bestätigt:

$$\|f + g\|^2 + \|f - g\|^2 = 2\|f\|^2 + 2\|g\|^2 \quad \textit{Parallelogramm-Gleichung},$$

$$\|f + g\|^2 = \|f\|^2 + \|g\|^2, \quad \text{falls} \quad (f, g) = 0 \quad \textit{Satz von Pythagoras}.$$

II. Innenproduktraum und Hilbertraum. Ein linearer Raum mit Innenprodukt wird *Innenproduktraum* oder *Prä-Hilbertraum* genannt. Er ist mit der durch das Innenprodukt erzeugten Norm ein normierter Raum; vgl. I. Ist er als normierter Raum vollständig, d. h. ein Banachraum, so wird er *Hilbertraum* genannt. Diese Definitionen gelten im reellen und komplexen Fall. Dazu einige Beispiele.

(a) Der $\mathbb{R}^n$ ist ein reeller Hilbertraum, wenn man als Innenprodukt

$$(a, b) = a_1 b_1 + \cdots + a_n b_n$$

definiert. Der Raum $\mathbb{C}^n$ ist mit

$$(a, b) = a_1 \bar{b}_1 + \cdots + a_n \bar{b}_n$$

ein komplexer Hilbertraum. Als Norm ergibt sich in beiden Fällen die Euklid-Norm.

(b) Es sei H die Menge $C(J)$ der in $J : a \leq x \leq b$ stetigen reellwertigen Funktionen $f(x)$. Als Innenprodukt wird

$$(f, g) = \int_a^b f(x) g(x) \, dx \tag{1}$$

definiert. Der „Abstand" zweier Funktionen f, g in diesem Raum ist also

$$\|f - g\| = \sqrt{\int_a^b (f - g)^2 \, dx}. \tag{2}$$

Es ist leicht einzusehen, daß das Innenprodukt die verlangten Eigenschaften hat. Dieser Raum ist unvollständig, also ein reeller Innenproduktraum. Es existieren nämlich Folgen von Funktionen $f_n \in C(J)$, welche im Sinne der Norm (2) eine Cauchy-Folge bilden, aber keine stetige Funktion als Limes besitzen, z. B. die Folge

$$f_n(x) = \left\{ \max \left(x, \frac{1}{n} \right) \right\}^{-1/3}$$

im Intervall $0 \leq x \leq 1$. Ihr Limes (im Sinne der Norm) ist die Funktion $x^{-1/3}$; sie liegt jedoch nicht in H.

Will man diesen Raum zu einem vollständigen Raum ergänzen, so muß man weitere Funktionen hinzunehmen, welche Unstetigkeiten besitzen. Dies führt auf

(c) den reellen Hilbertraum $L^2(J)$ der in J quadratisch integrierbaren Funktionen, d. h. der Funktionen f, welche in J meßbar sind und ein endliches Integral

$$\int_a^b f^2(x) \, dx < \infty$$

besitzen. Das Innenprodukt ist wie in (1) definiert. Dabei wird der Integralbegriff von Lebesgue zugrundegelegt.

(d) Entsprechend bilden die komplexwertigen, in J stetigen bzw. quadratisch integrierbaren Funktionen einen komplexen Innenproduktraum bzw.
Hilbertraum, wenn man als Innenprodukt

$$(f, g) = \int_a^b f(x)\overline{g(x)} \, dx \tag{1'}$$

definiert.

Es sei schon jetzt bemerkt, daß die Überlegungen im Zusammenhang
mit dem Sturm-Liouvilleschen Eigenwertproblem weitgehend im Raum von
Beispiel (b), also ohne den Integralbegriff von Lebesgue durchgeführt werden
können.

(e) *Aufgabe.* Man zeige, daß das Innenprodukt eine stetige Funktion von
$H \times H$ nach $\mathbb{C}$ bzw. $\mathbb{R}$ ist, d. h., daß aus $f_n \to f$, $g_n \to g$ folgt (f_n, g_n)
$\to (f, g)$.

III. Orthonormalsysteme und Fourier-Reihen. Es sei H, wie immer,
ein reeller oder komplexer Innenproduktraum. Eine Folge $(u_n)_0^\infty$ aus H nennt
man ein (*abzählbares*) *Orthonormalsystem* oder eine *Orthonormalfolge*, wenn

$$(u_m, u_n) = \delta_{mn} = \begin{cases} 1 & \text{für} \quad m = n, \\ 0 & \text{für} \quad m \neq n \end{cases}$$

ist. Ist f ein Element aus H, so nennt man

$$\sum_{i=0}^\infty c_i u_i \quad \text{mit} \quad c_i := (f, u_i) \tag{3}$$

die von f erzeugte *Fourier-Reihe* und die c_i *Fourier-Koeffizienten* von f. Der
Frage nach der Konvergenz dieser Reihe und ihrer Summe gelten die folgenden
Überlegungen.

Für eine endliche Summe $\sum$ mit beliebigen Konstanten d_i ist

$$\left(f - \sum d_i u_i, f - \sum d_i u_i \right)$$

$$= (f, f) - \sum d_i \bar{c}_i - \sum c_i \bar{d}_i + \sum_{i,j} d_i \bar{d}_j (u_i, u_j)$$

oder

$$\| f - \sum d_i u_i \|^2 = \| f \|^2 + \sum |d_i - c_i|^2 - \sum |c_i|^2. \tag{4}$$

Die Summe $\sum d_i u_i$ approximiert also f am besten, wenn $d_i = c_i$ ist. Insbesondere gilt für die n-te Teilsumme s_n der Fourier-Reihe (3)

$$\| f - s_n \|^2 = \| f \|^2 - \sum_{i=0}^n |c_i|^2. \tag{5}$$

(a) Es gilt die *Besselsche Ungleichung*

$$\sum_{i=0}^{\infty} |c_i|^2 = \sum_{i=0}^{\infty} |(f, u_i)|^2 \leq \|f\|^2 \quad \text{für} \quad f \in H. \tag{6}$$

(b) Die Teilsummen der Fourier-Reihe (3) bilden eine Cauchy-Folge. Ist also H ein Hilbertraum, so ist die Fourier-Reihe (3) konvergent, d. h. ihre Teilsummen konvergieren im Sinne der Norm gegen ein Element aus H.

(c) Die Gleichung (im Sinne von Normkonvergenz)

$$f = \sum_{i=0}^{\infty} c_i u_i$$

gilt genau dann, wenn in der Bessel-Ungleichung (6) das Gleichheitszeichen steht. Ist dies für alle $f \in H$ der Fall, so sagt man, (u_n) sei ein *vollständiges Orthonormalsystem* oder eine *Orthonormalbasis*.

Es folgen (a) und (c) sofort aus (5), da die linke Seite dieser Ungleichung ≥ 0 ist. Zum Beweis von (b) sei s_n die n-te Teilsumme der Fourier-Reihe (3). Für $p \leq m < n$ ist

$$\|s_n - s_m\|^2 = \sum_{i,j=m+1}^{n} c_i \bar{c}_j (u_i, u_j) = \sum_{i=m+1}^{n} |c_i|^2 \leq \sum_{i=p}^{\infty} |c_i|^2.$$

Wegen der Konvergenz der Reihe (6) ist also (s_n) eine Cauchy-Folge.

(d) *Beispiele.* Die Funktionen

$$u_0 = \frac{1}{\sqrt{2\pi}}, \quad u_{2n-1} = \frac{1}{\sqrt{\pi}} \sin nx, \quad u_{2n} = \frac{1}{\sqrt{\pi}} \cos nx \quad (n \in \mathbb{N})$$

bilden ein Orthonormalsystem im Innenproduktraum $C(J)$ und im Hilbertraum $L^2(J)$ mit dem Innenprodukt (1) und $J = [0, 2\pi]$; vgl. II.(b) und II.(c). Der Beweis stützt sich auf bekannte Formeln für $C_n = \cos nx$, $S_n = \sin nx$:

$$2C_n C_m = C_{n+m} + C_{n-m}, \quad 2S_n S_m = -C_{n+m} + C_{n-m},$$
$$2C_n S_m = S_{n+m} - S_{n-m}.$$

Die Funktionen $(e^{inx}/\sqrt{2\pi})$, $n \in \mathbb{Z}$, bilden ein Orthonormalsystem im Raum von Beispiel II.(d) mit dem Innenprodukt (1') und $J = [0, 2\pi]$.

Der Beweis der folgenden Tatsachen über Orthonormalsysteme sei als Übungsaufgabe empfohlen.

(e) Die Teilsummen einer Reihe $\sum_{i=0}^{\infty} \alpha_i u_i$ bilden genau dann eine Cauchy-Folge, wenn $\sum_{i=0}^{\infty} |\alpha_i|^2$ konvergiert. Im Hilbertraum ist diese Bedingung also hinreichend und notwendig für die Konvergenz der Reihe.

(f) Ist die Reihe $\sum\limits_{i=0}^{\infty} \alpha_i u_i$ konvergent, etwa gleich $f \in H$, so ist $\alpha_i = (f, u_i)$, d. h. eine konvergente Reihe ist die Fourier-Reihe der dargestellten Funktion. Insbesondere gilt

$$\sum_{i=0}^{\infty} \alpha_i u_i = \sum_{i=0}^{\infty} \beta_i u_i \implies \alpha_i = \beta_i \quad \text{für alle } i.$$

IV. Beschränkte, selbstadjungierte und kompakte Operatoren.

Es sei H ein (reeller oder komplexer) Innenproduktraum und $T : H \to H$ ein linearer Operator. Er heißt *beschränkt*, wenn die *Norm von T*

$$\|T\| := \sup\{\|Tf\| : f \in H, \; \|f\| = 1\}$$

endlich ist. Es ist dann

$$\|Tf\| \leq \|T\| \cdot \|f\| \quad \text{für} \quad f \in H. \tag{7}$$

Ist T linear und beschränkt und

$$(Tf, g) = (f, Tg) \quad \text{für} \quad f, g \in H,$$

so heißt T *selbstadjungiert* oder *hermitesch*.

Der lineare Operator T heißt *kompakt*, wenn für jede beschränkte Folge (f_n) aus H die Folge (Tf_n) eine konvergente Teilfolge (mit Grenzwert in H) besitzt. Man sieht leicht, daß ein kompakter linearer Operator beschränkt ist.

(a) *Für einen selbstadjungierten Operator T ist (Tf, f) reell für alle $f \in H$, und es ist*

$$\|T\| = \sup\{|(Tf, f)| : f \in H, \; \|f\| = 1\}.$$

Beweis. Bezeichnen wir die rechte Seite dieser Gleichung mit β, so ist offenbar

$$|(Tf, f)| \leq \beta \|f\|^2 \quad \text{für} \quad f \in H. \tag{8}$$

Aufgrund von (7) und der Schwarzschen Ungleichung ist für $\|f\| = 1$

$$|(Tf, f)| \leq \|Tf\| \leq \|T\|,$$

also $\beta \leq \|T\|$. Der Beweis der umgekehrten Ungleichung geht von der Identität

$$(Tf + Tg, f + g) - (Tf - Tg, f - g) = 2(Tf, g) + 2(Tg, f)$$

aus. Die linke Seite ist nach (8) und der Parallelogramm-Gleichung

$$\leq \beta \|f + g\|^2 + \beta \|f - g\|^2 = 2\beta(\|f\|^2 + \|g\|^2).$$

Wir wählen nun ein Element $h \in H$ mit $\|h\| = 1$ und setzen $f = \lambda h$, $g = Th$, wobei $\lambda = \|Th\|$ ist. Es wird dann

$$2(Tf, g) + 2(Tg, f) = 2\lambda(Th, Th) + 2\lambda(T^2 h, h) = 4\lambda^3,$$

letzteres wegen $(T^2 h, h) = (Th, Th)$. Da $\|f\| = \|g\| = \lambda$ ist, ergibt sich

$$4\lambda^3 \leq 2\beta(\lambda^2 + \lambda^2) \implies \lambda = \|Th\| \leq \beta.$$

Da h mit $\|h\| = 1$ beliebig ist, folgt $\|T\| \leq \beta$, also schließlich $\|T\| = \beta$.

V. Eigenwerte kompakter selbstadjungierter Operatoren. Gilt die Gleichung

$$Tu = \mu u \quad \text{mit} \quad 0 \neq u \in H, \tag{9}$$

so wird μ ein Eigenwert von T und u ein zugehöriges Eigenelement genannt.

Es sei T ein kompakter selbstadjungierter Operator. Zur Bestimmung eines Eigenwertes betrachten wir, wenn $T \neq 0$ ist, eine Folge (ϕ_n) aus H mit

$$\|\phi_n\| = 1, \quad |(T\phi_n, \phi_n)| \to \|T\| \quad \text{für} \quad n \to \infty,$$

vgl. IV.(a). Indem wir gegebenenfalls zu einer Teilfolge übergehen, nehmen wir weiter an, daß die Folge $(T\phi_n)$ und die reelle Zahlenfolge $(T\phi_n, \phi_n)$ beide konvergieren (T ist kompakt!),

$$(T\phi_n, \phi_n) \to \mu, \quad T\phi_n \to \mu u.$$

Dabei ist μ reell und $|\mu| = \|T\| > 0$. Nun ist

$$\begin{aligned}
0 &\leq \|T\phi_n - \mu\phi_n\|^2 = \|T\phi_n\|^2 - 2\mu(T\phi_n, \phi_n) + \mu^2 \\
&\leq 2\mu^2 - 2\mu(T\phi_n, \phi_n) \to 0
\end{aligned}$$

oder

$$T\phi_n = \mu\phi_n + \varepsilon_n \quad \text{mit} \quad \varepsilon_n \in H, \quad \|\varepsilon_n\| \to 0.$$

Wegen $T\phi_n \to \mu u$ gilt $\mu\phi_n \to \mu u$, also $\phi_n \to u$ und damit $T\phi_n \to Tu$. Läßt man in der vorangehenden Gleichung $n \to \infty$ streben, so erhält man die Gleichung (9) $Tu = \mu u$ sowie $\|u\| = 1$.

VI. Satz. *Ist T ein kompakter selbstadjungierter Operator im Innenproduktraum H, so existiert ein Eigenwert $\mu_0 \in \mathbb{R}$ mit $|\mu_0| = \|T\|$. Das zugehörige Eigenelement $u_0 \in H$ mit*

$$Tu_0 = \mu_0 u_0, \quad \|u_0\| = 1$$

hat die Eigenschaft, daß der Ausdruck $|(Tu, u)|$ sein Maximum $\|T\|$ auf der Einheitskugel im Punkt u_0 annimmt. Aus (9) folgt $(Tu, u) = \mu\|u\|^2$; also ist jeder Eigenwert μ von T reell, und es ist $|\mu| \leq \|T\|$.

Dieser Satz wurde für $T \neq 0$ in V bewiesen. Für $T = 0$ ist $\mu_0 = 0$, und für u_0 kann man ein beliebiges normiertes Element aus H wählen.

Nun betrachtet man den Unterraum H_1 aller Elemente $f \in H$, welche orthogonal zu u_0 sind,

$$H_1 := \{f \in H : (f, u_0) = 0\};$$

H_1 ist abgeschlossen. Offenbar wird H_1 durch T in sich abgebildet wegen

$$(Tf, u_0) = (f, Tu_0) = \mu_0(f, u_0) = 0 \quad \text{für} \quad f \in H_1,$$

und T ist in H_1 selbstadjungiert und kompakt.

In H_1 lassen sich genau dieselben Überlegungen durchführen. Sie führen auf einen Eigenwert μ_1 und ein Eigenelement $u_1 \in H_1$ mit

$$|\mu_0| \geq |\mu_1|, \quad (u_0, u_1) = 0, \quad \|u_1\| = 1.$$

Nun sei H_2 der Unterraum aller Elemente $f \in H$, welche orthogonal zu u_0 und u_1 sind, usw. Das Verfahren bricht nicht ab, wenn H unendlich-dimensional ist, da der Unterraum H_n der Elemente f mit

$$H_n : (f, u_i) = 0 \quad \text{für} \quad i = 0, 1, \ldots, n - 1$$

dann nicht gleich $\{0\}$ ist. Ist $T = 0$ auf H_n, so ist $\mu_n = 0$ und u_n ein beliebiges Element aus H_n mit der Norm 1.

VII. Satz. *Es sei H ein unendlich-dimensionaler Innenproduktraum und $T : H \to H$ linear, selbstadjungiert und kompakt. Zum Eigenwertproblem (9) gibt es abzählbar viele reelle Eigenwerte $\mu_0, \mu_1, \ldots$ mit*

$$|\mu_0| \geq |\mu_1| \geq |\mu_2| \geq \cdots \quad \text{und} \quad \mu_n \to 0 \quad \text{für} \quad n \to \infty. \tag{10}$$

Die zugehörigen Eigenelemente u_n,

$$Tu_n = \mu_n u_n,$$

bilden (bei entsprechender Normierung) ein Orthonormalsystem,

$$(u_m, u_n) = \begin{cases} 1 & \text{für} \quad n = m \\ 0 & \text{für} \quad n \neq m \end{cases}.$$

Ist H_n der Raum aller $f \in H$ mit

$$(f, u_i) = 0 \quad \text{für} \quad i = 0, \ldots, n - 1,$$

so ist

$$|\mu_n| = \sup \|Tf\| = \sup |(Tf, f)| \quad (f \in H_n, \|f\| = 1) \tag{11}$$

und $(Tu_n, u_n) = \mu_n$, d. h., das Supremum wird für $f = u_n$ angenommen.

Jedes Element aus dem Bildraum von T wird durch seine Fourier-Reihe dargestellt, d. h., für ein beliebiges f ∈ H mit den Fourier-Koffizienten $c_i = (f, u_i)$ ist

$$Tf = \sum_{i=0}^{\infty} d_i u_i \quad mit \quad d_i = (Tf, u_i) = (f, Tu_i) = \mu_i c_i. \tag{12}$$

Dieser Satz ist, bis auf (12) und die Limesrelation (10), durch die vorangehenden Bemerkungen bewiesen. Daß die μ_n eine Nullfolge bilden, ist deshalb richtig, weil anderenfalls die Folge $\psi_n = \dfrac{1}{\mu_n} u_n$ beschränkt wäre, also die Folge $(T\psi_n) = (u_n)$ eine konvergente Teilfolge besäße, was wegen $\|u_n - u_m\|^2 = 2$ für $m \neq n$ unmöglich ist.

Um schließlich (12) zu beweisen, betrachten wir die Funktion

$$g_n = f - \sum_{i=0}^{n-1} c_i u_i, \quad c_i = (f, u_i).$$

Offenbar gilt $g_n \in H_n$, also nach (11), (5) und (10)

$$\|Tg_n\| \leq |\mu_n| \cdot \|g_n\| \leq |\mu_n| \cdot \|f\| \to 0.$$

Die Behauptung folgt dann aus der Gleichung

$$h - \sum_{i=0}^{n-1} d_i u_i = Tg_n \to 0 \quad \text{für} \quad n \to \infty.$$

Zusatz. *Jeder Eigenwert $\mu \neq 0$ ist gleich einem μ_n, und der zugehörige Eigenraum (das ist die Menge aller $u \in H$, die der Gleichung (9) genügen) ist von endlicher Dimension und wird von den Eigenelementen u_k mit $\mu_k = \mu$ aufgespannt.*

Ist nämlich $u \neq 0$ eine Lösung von (9) mit $\mu \neq 0$, so liegt u im Bildraum von T, d. h., es ist

$$u = \sum c_i u_i \quad mit \quad c_i = (u, u_i), \qquad Tu = \sum c_i \mu_i u_i.$$

Wegen (9) und III.(f) ist $\mu c_i = \mu_i c_i$ für alle i. Aus $\mu \neq \mu_i$ für alle i würde $c_i = 0$ und damit $u = 0$ folgen. Es ist also $\mu = \mu_n$, und daraus folgt $c_i = 0$ für alle i mit $\mu_i \neq \mu$ und $u = \sum c_k u_k$, wobei über alle k mit $\mu_k = \mu$ summiert wird.

VIII. Satz. *Ist H ein Hilbertraum und $\mu = 0$ kein Eigenwert von T, so ist (u_n) eine Orthonormalbasis, d. h., es gilt für alle $f \in H$*

$$f = \sum_{i=0}^{\infty} c_i u_i \quad mit \quad c_i = (f, u_i).$$

Die Gleichung $f = \sum c_i u_i$ gilt auch im Innenproduktraum, wenn $\mu = 0$ kein Eigenwert ist und die Reihensumme zu H gehört.

Beweis. Die Fourier-Reihe von f ist nach III.(b) konvergent, etwa gleich g. Nach III.(f) ist also $c_i = (g, u_i)$. Damit haben Tf und Tg dieselben Fourier-Koeffizienten $\mu_i c_i$, sie sind also nach der Aussage (12) von Satz VII gleich. Aus $T(f - g) = 0$ folgt, da 0 kein Eigenwert von T ist, $f = g$.

Wenden wir diese Ergebnisse nun auf

IX. Das Sturm-Liouvillesche Eigenwertproblem an! Es liege also das Problem

$$Lu + \lambda r u = 0 \text{ in } J = [a, b], \quad R_1 u = R_2 u = 0 \tag{13}$$

mit

$$Lu = (pu')' + qu, \quad R_1 u = \alpha_1 u(a) + \alpha_2 p(a) u'(a),$$
$$R_2 u = \beta_2 u(b) + \beta_2 p(b) u'(b)$$

unter der Voraussetzung (SL) von 27.I vor. Wir können annehmen, daß $\lambda = 0$ kein Eigenwert ist. Denn ist etwa λ^* kein Eigenwert, so ersetze man $q(x)$ durch $q^*(x) = q(x) + \lambda^* r(x)$. Sind (λ_n, u_n) Eigenwerte und Eigenfunktionen für das alte Problem, so lauten sie für das neue Problem $(\lambda_n - \lambda^*, u_n)$. Insbesondere ist 0 kein Eigenwert für das neue Problem.

Eine Lösung u von (13) kann man als Lösung der halbhomogenen Sturmschen Randwertaufgabe

$$Lu = g(x) \quad \text{mit} \quad g(x) = -\lambda r(x) u(x), \quad R_1 u = R_2 u = 0$$

auffassen. Sie genügt also nach (26.12) der Integralgleichung

$$u(x) = -\lambda \int_a^b \Gamma(x, \xi) r(\xi) u(\xi)\, d\xi. \tag{14}$$

Dabei ist $\Gamma(x, \xi)$ die Greensche Funktion für die Sturmsche Randwertaufgabe (26.4). Ihre Existenz ist nach Satz 26.VII gesichert, da $\lambda = 0$ kein Eigenwert ist ($Lu = 0$, $R_i u = 0$ hat nur die triviale Lösung).

Über den Zusammenhang zwischen dem ursprünglichen Problem und der Integralgleichung gilt der

X. Satz. *Es gelte die Voraussetzung* (SL) *von 27.I, und es sei 0 kein Eigenwert von* (13). *Die Zahl λ ist ein Eigenwert und die Funktion $u(x)$ eine zugehörige Eigenfunktion genau dann, wenn u in J stetig und $\not\equiv 0$ ist und der Integralgleichung* (14) *genügt.*

Satz X ist im wesentlichen durch die obigen Überlegungen bewiesen. Eine kleine Lücke soll noch geschlossen werden. Will man zeigen, daß eine Lösung u von (14) auch eine Lösung von (13) darstellt, so hat man, da nur Stetigkeit von u vorausgesetzt ist, zunächst nachzuweisen, daß $u \in C^2(J)$ ist. Das folgt aber aus Satz 26.VII, da das Integral auf der rechten Seite von (14) die Form (26.12) mit $g = -\lambda r u$ hat und da, wie dort bewiesen wurde, dieses Integral bei stetigem g zweimal stetig differenzierbar ist.

Das ursprüngliche Eigenwertproblem ist damit in ein analoges Problem für die sog. *Fredholmsche Integralgleichung* (14) überführt worden (Fredholmsche Integralgleichungen sind solche mit festen Integrationsgrenzen, Volterrasche solche mit einer variablen Grenze, wie sie etwa beim Anfangswertproblem aufgetreten sind).

Der Operator T sei durch

$$(Tf)(x) = -\int_a^b \Gamma(x,\xi)r(\xi)f(\xi)\,d\xi \tag{15}$$

definiert. Es gilt also nach Satz 26.VII

$$v = Tf \iff Lv + rf = 0, \quad R_1 v = R_2 v = 0. \tag{16}$$

Aus der Gleichung (14) wird dann, wenn man noch mit $1/\lambda$ durchmultipliziert,

$$Tu = \mu u \quad \text{mit} \quad \mu = 1/\lambda. \tag{17}$$

Diese Gleichung betrachten wir nun im reellen Innenproduktraum $H = C(J)$ und wenden auf sie die früheren Ergebnisse an. Die Überlegungen vereinfachen sich, wenn man im Raum $C(J)$ anstelle des Innenprodukts (f,g) von Beispiel II.(b) ein bewichtetes Innenprodukt verwendet,

$$(f,g)_r = \int_a^b r(x)f(x)g(x)\,dx \tag{18}$$

(bei einer ersten Lektüre kann der Leser $r = 1$ annehmen, er versäumt dadurch nichts Wesentliches). Zunächst folgt aus unserer generellen Voraussetzung (SL) von 27.I, daß es positive Konstanten r_0, r_1 mit

$$0 < r_0 \le r(x) \le r_1 \quad \text{in } J$$

gibt. Zwischen der bewichteten Norm

$$\|f\|_r = (f,f)_r^{1/2} = \left(\int_a^b r(x)f^2(x)\,dx\right)^{1/2} \tag{19}$$

und der üblichen, von (f,g) erzeugten Norm $\|\cdot\|$ besteht also die Beziehung

$$\sqrt{r_0}\|f\| \le \|f\|_r \le \sqrt{r_1}\|f\|,$$

d. h., die beiden Normen sind äquivalent; vgl. 5.V oder 10.III. Den mit dem Innenprodukt $(f,g)_r$ versehenen Raum $C(J)$ bezeichnen wir mit H_r.

Mit dieser Bezeichnungsweise läßt sich die Gleichung (15) für $v = Tf$ als Innenprodukt schreiben:

$$v(x) = (Tf)(x) = -(\Gamma(x,\cdot),f)_r \quad \text{und} \quad v'(x) = -(\Gamma_x(x,\cdot),f)_r. \tag{20}$$

Die zweite Gleichung erhält man aus (15) durch Differentiation unter dem Integralzeichen; vgl. den Beweis in 26.V. In der Darstellung (26.10) der Greenschen Funktion treten zwei Lösungen $u_1, u_2 \in C^2(J)$ auf; deshalb ist Γ und auch Γ_x beschränkt, etwa $|\Gamma(x,\xi)| \leq A$, $|\Gamma_x(x,\xi)| \leq B$. Aus (20) erhält man mit der Schwarzschen Ungleichung unter Beachtung von $\|A\|_r = A\|1\|_r$ und $\gamma = \|1\|_r \leq r_1 \sqrt{(b-a)}$ die Abschätzung

$$|v(x)| \leq \gamma A \|f\|_r \quad \text{und} \quad |v'(x)| \leq \gamma B \|f\|_r \ \text{in} \ J. \tag{20'}$$

XI. Eigenschaften von T. *Der Operator T bildet $C(J)$ in sich ab. Er ist linear, selbstadjungiert und kompakt, und $\mu = 0$ ist kein Eigenwert von T. Da auch $\lambda = 0$ kein Eigenwert von (13) ist, entsprechen sich die Eigenwerte von λ von (13) und μ von (17) gemäß $\lambda = 1/\mu$ eineindeutig.*

Die Selbstadjungiertheit ergibt sich aus der Symmetrie von Γ,

$$(Tf,g)_r = -\int_a^b r(x)g(x) \int_a^b \Gamma(x,\xi)r(\xi)f(\xi)\, d\xi\, dx = (f,Tg)_r.$$

Die Kompaktheit von T erhält man aus den Abschätzungen (20'). Ist (f_n) eine Folge aus $C(J)$ mit $\|f_n\|_r \leq C$, so erfüllt die Bildfolge $(v_n) = (Tf_n)$ die Voraussetzungen des Satzes von Ascoli-Arzelà 7.VI: sie ist gleichmäßig beschränkt im gewöhnlichen Sinne,

$$|v_n(x)| \leq \gamma AC \ \text{für} \ x \in J, \ n \in \mathbb{N},$$

und sie ist gleichgradig stetig, da ihre Glieder einer Lipschitzbedingung mit der Konstante γBC genügen. Die Folge (v_n) besitzt also eine gleichmäßig konvergente Teilfolge, und diese konvergiert auch in H_r. Schließlich folgt aus $Tf = 0$ mit (16), daß $f = 0$ und damit $\mu = 0$ kein Eigenwert von T ist. Damit sind wir in der Lage, Satz VII auf den Operator T anzuwenden.

Aus $Tu_i = \mu_i u_i$ folgt mit $\lambda_i = 1/\mu_i$ (es ist $\mu_i \neq 0$)

$$u_i = T(\lambda_i u_i), \quad \text{d. h.} \quad u_i(x) = -\lambda_i \int_a^b \Gamma(x,\xi)r(\xi)u_i(\xi)\, d\xi, \tag{21}$$

also nach (16)

$$Lu_i + \lambda_i r u_i = 0, \quad R_1 u_i = R_2 u_i = 0 \quad (i = 0,1,2,\ldots). \tag{22}$$

Die Entwicklung einer gegebenen Funktion $\phi(x)$ nach den Eigenfunktionen u_i lautet, wenn wir für den Augenblick die Konvergenzfrage zurückstellen,

$$\phi(x) = \sum_{i=0}^{\infty} d_i u_i(x) \quad \text{mit} \quad d_i = (\phi, u_i)_r = \int_a^b r(x)\phi(x)u_i(x)\, dx. \tag{23}$$

Das stimmt formal mit der Entwicklung von Satz 27.III überein. Eine erste Aussage über die Konvergenz ist enthalten in dem folgenden

Entwicklungssatz. *Es gelte die Voraussetzung* (SL), *und für das Sturm-Liouvillesche Eigenwertproblem* (13) *sei* $\lambda = 0$ *kein Eigenwert. Ist ϕ aus $C^2(J)$ und $R_1\phi = R_2\phi = 0$, so wird ϕ durch seine Fourier-Reihe dargestellt, d. h., es gilt die Gleichung* (23), *wobei Konvergenz in H_r und sogar gleichmäßige Konvergenz in J besteht.*

Beweis. Die Voraussetzungen von Satz VII sind erfüllt. Nach (26.12) ist

$$\phi(x) = \int_a^b \Gamma(x,\xi)(L\phi)(\xi)\, d\xi = Tf \quad \text{mit} \quad f = -L\phi/r. \tag{24}$$

Also liegt ϕ im Bildraum von T, und für $Tf = \phi$ gilt (12), d. h. (23). Dabei ist diese Gleichung im Sinne der Konvergenz im quadratischen Mittel, d. h. im Sinne der Norm (19) zu verstehen. Wir wollen nun zeigen, daß sogar gleichmäßige Konvergenz in J besteht.

Nach (12) ist $d_i = \mu_i c_i$ mit $c_i = (f, u_i)$. Ferner kann man bei festem x_0 die Zahl $\mu_i u_i(x_0)$ als Fourier-Koeffizient der Funktion $-\Gamma(x_0, \xi)$ auffassen,

$$\mu_i u_i(x_0) = (Tu_i)(x_0) = -(\Gamma(x_0, \cdot), u_i)_r.$$

Wir betrachten nun eine Teilsumme von $i = m$ bis $i = n$ der Reihe (23) und wenden darauf die Schwarzsche Ungleichung an:

$$\left(\sum_{i=m}^n c_i \mu_i u_i(x_0) \right)^2 \leq \sum_{i=m}^n c_i^2 \sum_{i=m}^n (\mu_i u_i(x_0))^2.$$

Nach der Besselschen Ungleichung ist die zweite Summe auf der rechten Seite, wenn man sie von 0 bis ∞ erstreckt, $\leq \|\Gamma(x_0, \cdot)\|_r^2$. Ebenso ist die erste Summe auf der rechten Seite eine Teilsumme einer konvergenten Reihe. Zu $\varepsilon > 0$ existiert also ein n_0 mit

$$\left(\sum_{i=m}^n c_i \mu_i u_i(x_0) \right)^2 \leq \varepsilon \|\Gamma(x_0, \cdot)\|_r^2 \leq A\varepsilon \quad \text{für} \quad n > m \geq n_0 \;\; (x_0 \in J).$$

Damit ist die gleichmäßige Konvergenz der Reihe (23) nachgewiesen.

Bemerkung. Der Konvergenzsatz 27.III ist damit bewiesen für den Fall, daß $\phi \in C^2(J)$ ist und homogene Randbedingungen erfüllt. Ohne eine solche Bedingung kann man gleichmäßige Konvergenz in J nicht erwarten. Ist z. B. $R_2 u = u(b) = 0$ im Eigenwertproblem (13) vorgeschrieben, so genügen die Eigenfunktionen dieser Bedingung, und das gilt dann auch für die Summe ϕ. Der Satz gilt auch unter schwächeren Voraussetzungen, jedoch ist der Beweis schwieriger; vgl. etwa Kamke (1945) oder Titchmarsh (1962).

XII. Fourier-Entwicklung im Raum L^2. Der Satz VIII sagt aus, daß die Eigenfunktionen von T eine Orthonormalbasis bilden, wenn H ein Hilbertraum ist. Unser Ziel ist es, diesen Satz für das Sturm-Liouville-Problem nutzbar zu machen. Dazu ist es notwendig, den Operator T nicht im Innenproduktraum H_r, sondern im Hilbertraum $L^2(J)$ mit demselben Innenprodukt (18) zu betrachten. Das bedeutet, daß wir im Randwertproblem (2), (3) von § 26 auf der rechten Seite Funktionen $g(x) \in L^2(J)$ zulassen und Lösungen im Sinne von Carathéodory betrachten.

Wir greifen zurück auf die allgemeine Randwertaufgabe (26.15–16)

$$Ly = y' - A(x)y = f(x) \quad \text{f.ü. in } J, \quad Ry = Cy(a) + Dy(b) = \eta.$$

Für sie wurde in 26.XXIV eine Ausdehnung der Theorie bereits durchgeführt mit dem Resultat, daß die grundlegenden Ergebnisse der Abschnitte 26.X–XIII für $f(x) \in L(J)$ gültig bleiben. Das betrifft insbesondere die Darstellung der Lösung des halbhomogenen Problems (26.19) in (26.20); man beachte, daß sich die Greensche Funktion, die in (26.21) aus Lösungen der homogenen Gleichung $Ly = 0$ aufgebaut ist, dabei nicht ändert.

Das Sturmsche Problem (26.2–3) ist in dieser Theorie enthalten, vgl. die Abschnitte X.(b) und XIV von § 26. Hierbei ist $y(x) = (y_1, y_2) = (u, pu') \in AC(J)$. Da aber $y_2 = pu'$ stetig ist, folgt für die Lösung sogar $u \in C^1(J)$ und $pu' \in AC(J)$. Insbesondere bleiben Satz 26.VII und die Darstellung (26.12) für die Lösung des halbhomogenen Problems $Lv = g(x)$, $R_1 v = R_2 v = 0$ gültig, wenn $g \in L(J)$ ist.

Wir kehren zum Ausgangspunkt zurück. Der Operator T wird in der Gleichung (15) definiert, wobei $f \in L^2(J) \subset L(J)$ ist. Die Bildfunktion $v = Tf$ ist Lösung des Randwertproblems (16). Daraus ergibt sich sofort, daß aus $v = 0$ folgt $f = 0$, d. h., $\mu = 0$ ist auch im größeren Raum $L^2(J)$ kein Eigenwert. Die Darstellungen $v(x)$ und $v'(x)$ in (20) und die darauf fußenden Abschätzungen (20') bleiben gültig, und hieraus folgt wie früher, daß T kompakt ist. Da sich auch der Beweis für die Selbstadjungiertheit überträgt, sind die Voraussetzungen von Satz VIII erfüllt, und man erhält den folgenden

Entwicklungssatz. *Unter der Voraussetzung* (SL) *läßt sich jede Funktion* $\phi \in L^2(J)$ *in eine Fourier-Reihe nach den Eigenfunktionen des Sturm-Liouville-Problems* (13) *entwickeln. Dabei ist die Gleichung* (23) *im Sinne der Norm* $\| \cdot \|_r$ *zu verstehen. Wegen der Äquivalenz zur* L^2-*Norm gilt dann*

$$\int_a^b \left(\phi(x) - \sum_{i=0}^n d_i u_i(x) \right)^2 \, dx \to 0 \quad \text{für } n \to \infty.$$

Damit ist die Theorie unter der Voraussetzung (SL) abgeschlossen. Wir schwächen nun diese Voraussetzung ab.

XIII. Koeffizienten mit einer Nullstelle am Rand.
Wir betrachten das Eigenwertproblem (27.22) für den Operator $Lu = (pu')'$ unter den Voraussetzungen und mit den Bezeichnungen von 27.XX. Darin ist insbesondere das rotationssymmetrische elliptische Eigenwertproblem für $\Delta u + \lambda u = 0$ enthalten.

Im folgenden ist H_r der Hilbertraum der in J meßbaren Funktionen f mit endlicher Norm (19) und entsprechendem Innenprodukt (18). Da $r(0) = 0$ zugelassen ist, gilt jetzt $H_r \supset L^2(J)$.

Satz. *Die Eigenfunktionen des Eigenwertproblems* (27.22) *bilden eine Orthonormalbasis, d. h., jedes Element aus H_r wird durch seine Fourier-Reihe im Sinne der Konvergenz in H_r dargestellt.*

In der folgenden Beweisskizze ist $B = \int\limits_0^b p^{-1}(x)R(x)\,dx < \infty$; der Operator T ist in (15), die Greensche Funktion Γ in 27.XX.(d) definiert.

Es sei $f \in H_r$ und $v = Tf$, also $(pv')' + rf = 0$ und $(pv')(0) = 0$, $v(b) = 0$. Daraus folgt mit der Cauchy-Schwarzschen Ungleichung

$$|pv'(x)| = \left|\int_0^x rf\,dt\right| = \left|\int_0^x \sqrt{r}\cdot\sqrt{r}\,f\,dt\right| \le \left(\int_0^x r\,dt\cdot\int_0^b rf^2\,dt\right)^{1/2}$$

und somit

$$|v'(x)| \le \|f\|_r \,\frac{\sqrt{R(x)}}{p(x)}. \tag{$\star$}$$

Wenn man $\sqrt{R}/p$ in der Form $\sqrt{R/p}\cdot\sqrt{1/p}$ schreibt, ergibt sich aus $(\star)$ wegen $v(b) = 0$ ganz entsprechend

$$|v(x)| = \left|\int_x^b v'\,dt\right| \le \|f\|_r \int_x^b \frac{\sqrt{R}}{p}\,dt \le \|f\|_r \left(\int_x^b \frac{R}{p}\,dt\cdot\int_x^b \frac{1}{p}\,dt\right)^{1/2},$$

also

$$|v(x)| \le \|f\|_r\sqrt{B}\,\sqrt{|h(x)|} \quad \text{mit}\quad h(x) = -\int_x^b \frac{1}{p}\,dt$$

und

$$\|v\|_r^2 \le \|f\|_r^2 B \int_0^b r|h|\,dx = B^2\|f\|_r^2$$

(beim letzten Integral vertausche man die Reihenfolge der Integration).

Damit sind alle notwendigen Abschätzungen bereitgestellt. Es sei (f_n) eine Folge aus H_r mit $\|f_n\|_r \le C$ und $v_n = Tf_n$. Die Abschätzungen für $v(x)$ und $v'(x)$ zeigen, daß in jedem Intervall $[\varepsilon, b]$ mit $\varepsilon > 0$ der Satz 7.IV von Ascoli-Arzelà anwendbar ist. Daraus folgt in bekannter Weise, daß eine Teilfolge von (v_n) in J_0 gegen eine stetige Funktion v konvergiert (man wählt eine in $[\tfrac{1}{2}, b]$ konvergente Teilfolge (v_n^1), davon eine in $[\tfrac{1}{3}, b]$ konvergente Teilfolge $(v_n^2),\dots$ und betrachtet die Folge (v_n^n)). Da $r(x)v_n^2(x)$ eine integrierbare Majorante $g(x) = BC^2|h(x)|r(x)$ besitzt, ist auch $r(x)v^2(x) \le g(x)$, also $v \in H_r$, und es strebt $\|v_n - v\|_r \to 0$ nach dem Satz von der majorisierten Konvergenz. Der

Operator T ist also selbstadjungiert und kompakt, und nach 27.XX.(c) ist 0 kein Eigenwert. Die Behauptung folgt also aus Satz VIII.

Aufgabe. Man ersetze in (27.22) die Randbedingung $v(b) = 0$ durch $R_2 u = \beta_1 u(b) + \beta_2 u'(b) = 0$ und übertrage den obigen Satz auf das abgeänderte Problem.

Besondere Bedeutung kommt den Eigenwertproblemen im Zusammenhang mit gewissen partiellen Differentialgleichungen zu, welche in der Physik eine wichtige Rolle spielen.

XIV. Partielle Differentialgleichungen. (a) Betrachten wir die *parabolische Differentialgleichung* für eine Funktion $\phi = \phi(t, x)$

$$\phi_t = \frac{1}{r(x)} \left[(p(x)\phi_x)_x + q(x)\phi \right] \quad \text{für} \quad a < x < b,\ t > 0, \tag{25}$$

mit den Randbedingungen

$$\begin{aligned} R_1\phi &:= \alpha_1\phi(t, a) + \alpha_2 p(a)\phi_x(t, a) = 0, \\ R_2\phi &:= \beta_1\phi(t, b) + \beta_2 p(b)\phi_x(t, b) = 0 \end{aligned} \tag{26}$$

und der Anfangsbedingung

$$\phi(0, x) = f(x) \quad \text{für} \quad a \le x \le b. \tag{27}$$

Für $p = \text{const}$, $r = \text{const}$, $q = 0$, $\alpha_2 = \beta_2 = 0$ beschreiben diese Gleichungen die Temperaturverteilung in einem homogenen Draht der Länge $b - a$, dessen Anfangstemperatur gleich $f(x)$ ist und dessen Enden auf der Temperatur Null gehalten werden.

Ein Produktansatz (oder, wie man auch sagt, Ansatz durch Separation der Variablen) $\phi(t, x) = h(t)u(x)$ für eine Lösung von (25) führt auf

$$h'u = \frac{h}{r}[(pu')' + qu].$$

Dividiert man hier durch uh, so steht links eine nur von t abhängige, rechts eine nur von x abhängige Funktion. Diese Gleichung kann also nur bestehen, falls (nach der Division) die linke und die rechte Seite eine Konstante ist. Nennen wir diese $-\lambda$, so folgt

$$\begin{aligned} h' + \lambda h &= 0 & \text{für} \quad h &= h(t), \\ (pu')' + qu + \lambda ru &= 0 & \text{für} \quad u &= u(x). \end{aligned}$$

Verlangen wir außerdem, daß $\phi(t, x) = h(t)u(x)$ die Randbedingungen (26) erfüllt, so muß $R_1 u = R_2 u = 0$ gelten. Für u ergibt sich damit gerade das Eigenwertproblem (13). Ist λ_n ein Eigenwert, u_n die zugehörige Eigenfunktion, so ist

$$\phi_n(t, x) = e^{-\lambda_n t} u_n(x) \tag{28}$$

eine Lösung von (25), welche den Randbedingungen (26) genügt. Dasselbe gilt für eine Linearkombination der ϕ_n und — bei entsprechendem Konvergenzverhalten — für die unendliche Reihe

$$\phi(t,x) = \sum_{n=0}^{\infty} c_n \phi_n(t,x) = \sum_{n=0}^{\infty} c_n e^{-\lambda_n t} u_n(x). \tag{29}$$

Die Anfangsbedingung (27) führt dann auf die Gleichung

$$\phi(0,x) = f(x) = \sum_{n=0}^{\infty} c_n u_n(x),$$

das ist aber gerade die Fourier-Reihe von f in bezug auf das Orthonormalsystem (u_n). Fassen wir zusammen:

Man erhält (zunächst formal) die Lösung des Anfangs-Randwertproblems (25)–(27) als unendliche Reihe (29), wobei die Koeffizienten c_n die Fourier-Koeffizienten der Funktion f in bezug auf das Orthonormalsystem der Eigenfunktion (u_n) des Eigenwertproblems (13) sind.

(b) *Ein Beispiel.* Für die Wärmeleitungsgleichung

$$\phi_t = \phi_{xx} \quad \text{für} \quad 0 < x < \pi, \quad t > 0$$

unter der Randbedingung $\phi(t,0) = \phi(t,\pi) = 0$ und der Anfangsbedingung (27) ergibt sich $u_n = \sqrt{2/\pi} \sin nx$, $\lambda_n = n^2$ ($n \in \mathbb{N}$), also die Lösung

$$\phi(t,x) = \sqrt{\frac{2}{\pi}} \sum_{n=1}^{\infty} c_n e^{-n^2 t} \sin nx \quad \text{mit} \quad c_n = \sqrt{\frac{2}{\pi}} \int_0^{\pi} f(x) \sin nx \, dx.$$

Hieraus lassen sich Aussagen über das Verhalten der Lösung gewinnen, z. B. die Abschätzung

$$\phi^2(t,x) \leq \frac{2}{\pi} \sum_n c_n^2 \cdot \sum_n e^{-2n^2 t} \leq \frac{2}{\pi} \int_0^{\pi} f^2(x) \, dx \cdot \frac{e^{-2t}}{1 - e^{-2t}}.$$

Dabei haben wir die Cauchysche Ungleichung und die Besselsche Ungleichung benutzt. Es ist also $|\phi(t,x)| \leq C e^{-t}$. Ist jedoch z. B. $\int_0^{\pi} f(x) \sin x \, dx = 0$, so folgt $|\phi(t,x)| \leq C \cdot e^{-4t}$ (Beweis?).

Es ist hier nicht der Ort, die Frage nach der Existenz von $\phi_t, \ldots$ und der Gültigkeit von (25) zu klären. Statt dessen betrachten wir

(c) *Die hyperbolische Differentialgleichung*

$$\phi_{tt} = \frac{1}{r(x)} [(p(x)\phi_x)_x + q(x)\phi] \quad \text{für} \quad a < x < b, \, t > 0 \tag{30}$$

unter der Randbedingung (26) und der Anfangsbedingung

$$\phi(0,x) = f(x) \quad \text{und} \quad \phi_t(0,x) = g(x) \quad \text{für} \quad a \leq x \leq b. \tag{31}$$

Ein Produktansatz $\phi(t,x) = h(t)u(x)$ führt jetzt auf die Gleichung

$$h'' + \lambda h = 0 \quad \text{für} \quad h = h(t),$$

während sich für u wieder das Eigenwertproblem (13) ergibt. Aus einem Eigenwert λ_n ergeben sich zwei Lösungen

$$\phi_n = u_n(x)\cos\sqrt{\lambda_n}\,t, \quad \psi_n = u_n(x)\sin\sqrt{\lambda_n}\,t, \quad \text{falls} \quad \lambda_n \geq 0.$$

Ein entsprechender Reihenansatz lautet

$$\phi(t,x) = \sum_{n=0}^{\infty} c_n\phi_n + \sum_{n=0}^{\infty} d_n\psi_n,$$

die Anfangsbedingungen (31) führen auf die Gleichungen

$$f(x) = \sum_{n=0}^{\infty} c_n u_n(x), \quad g(x) = \sum_{n=0}^{\infty} \sqrt{\lambda_n}\, d_n u_n(x).$$

Aufgabe. Man schreibe die Formeln für c_n, d_n und ϕ für die Gleichung der schwingenden Saite

$$\phi_{tt} = \phi_{xx} \quad \text{für} \quad 0 < x < \pi, \quad t > 0$$

bei Randbedingungen erster Art $\phi(t,0) = \phi(t,\pi) = 0$ auf.

(d) Als Beispiel für eine partielle Differentialgleichung in mehreren „Raumvariablen" betrachten wir die Wärmeleitungsgleichung

$$\phi_t = \Delta\phi \quad \text{für} \quad \phi = \phi(t,\xi) = \phi(t,\xi_1,\ldots,\xi_n)$$

mit $\Delta\phi = \phi_{\xi_1\xi_1} + \phi_{\xi_2\xi_2} + \cdots + \phi_{\xi_n\xi_n}$. Es seien etwa in der Einheitskugel rotationssymmetrische Anfangswerte vorgeschrieben,

$$\phi(0,\xi) = f(|\xi|_e) \quad \text{für} \quad 0 \leq |\xi|_e \leq 1,$$

ferner die Randwerte

$$\phi(t,\xi) = 0 \quad \text{für} \quad |\xi|_e = 1.$$

Der Ansatz $\phi(t,\xi) = h(t)u(x)$ mit $x = |\xi|_e$ ergibt wegen

$$\Delta u(|\xi|_e) = u'' + \frac{n-1}{x}\,u' = x^{1-n}(x^{n-1}u')'$$

die Gleichungen $h' + \lambda h = 0$ für $h(t)$ und

$$(x^{n-1}u')' + \lambda x^{n-1}u = 0 \quad \text{für} \quad u(x).$$

Als Randbedingung hat man $u'(0) = 0$, $u(1) = 0$; vgl. Hilfssatz 6.XIV. Es handelt sich also um das Eigenwertproblem (27.18), für das der Existenzsatz

27.II in 27.XVIII und der Entwicklungssatz in XIII bewiesen wurden. Man erhält die Reihenentwicklung

$$\phi(t,\xi) = \sum_{n=0}^{\infty} c_n e^{-\lambda_n t} u_n(x) \quad \text{mit} \quad f(x) = \sum_{n=0}^{\infty} c_n u_n(x) \quad \text{und} \quad x = |\xi|_e.$$

Im Fall $n = 2$, also $\alpha = 1$, handelt es sich in (27.17) um die Besselsche Differentialgleichung. Die Lösung y ist die Besselsche Funktion $J_0(x)$. Ihre Nullstellen $0 < \xi_0 < \xi_1 < \cdots$ führen zu den Eigenwerten $\lambda_n = \xi_n^2$ und den zugehörigen normierten Eigenfunktionen

$$u_n(x) = \alpha_n J_0(\xi_n x), \quad n = 0, 1, 2, \ldots.$$

Der Normierungsfaktor α_n ergibt sich aus der ohne Beweis mitgeteilten Beziehung

$$\int_0^1 x J_0^2(\xi_n x)\, dx = \frac{1}{2} |J_0'(\xi_n)|^2 \implies \alpha_n = \sqrt{2}/|J_0'(\xi_n)|.$$

Aus der Entwicklung

$$f(x) = \sum_{n=0}^{\infty} c_n \alpha_n J_0(\xi_n x) \quad \text{mit} \quad c_n = \alpha_n \int_0^1 x f(x) J_0(\xi_n x)\, dx$$

ergibt sich die Lösung der Randwertaufgabe zu

$$\phi(t,\xi) = \sum_{n=0}^{\infty} c_n \alpha_n e^{-\xi_n^2 t} J_0(\xi_n x) \quad \text{mit} \quad x = |\xi|_e.$$

(e) *Aufgabe*. Im Beispiel (b) werden die Randbedingungen abgeändert zu

$$\phi_x(t,0) = \phi_x(t,\pi) = 0.$$

Physikalisch bedeutet das, daß die Enden des Drahtes wärmeisoliert sind; es findet kein Wärmefluß nach außen statt. Man löse das Randwertproblem.

VII. Asymptotisches Verhalten und Stabilität

§ 29 Stabilität

I. Einleitung. Wir knüpfen hier an die Fragestellung von § 12 an. Neu ist gegenüber den dortigen Untersuchungen, daß jetzt Lösungen in unendlichen Intervallen betrachtet werden. Hierbei wird die Frage der stetigen Abhängigkeit vom Anfangswert und von der rechten Seite einer Differentialgleichung wesentlich komplizierter als in § 12, wo allgemeine Ergebnisse unter geringen Voraussetzungen erzielt worden sind. Daß bei unendlichen Intervallen neue Phänomene auftreten, zeigen schon die einfachsten Beispiele.

Zwei Beispiele. Es sei $y(t)$ die Lösung von

$$y' = y, \qquad y(0) = \eta$$

und $z(t)$ eine Lösung derselben Differentialgleichung mit dem Anfangswert $z(0) = \eta + \varepsilon$. Dann ist

$$z(t) - y(t) = \varepsilon e^{t},$$

d. h., bei ungeänderter Differentialgleichung und geändertem Anfangswert strebt die Differenz zweier Lösungen wie e^{t} gegen ∞.

Betrachtet man dagegen für die Differentialgleichung

$$y' = -y$$

zwei Lösungen y und z mit den Anfangswerten η und $\eta + \varepsilon$, so ist die Differenz

$$z(t) - y(t) = \varepsilon e^{-t};$$

sie konvergiert also gegen 0 für $t \to \infty$.

Es ist gerade das Ziel der vorliegenden Nummer, Kriterien dafür anzugeben, daß die Lösung stetig vom Anfangswert abhängt in dem Sinne, daß für kleine Differenzen $z(0) - y(0)$ auch $z(t) - y(t)$ im *ganzen* Intervall $t \geq 0$ klein ist. Aussagen dieser Art fallen unter die „Stabilitätstheorie" der gewöhnlichen Differentialgleichungen.

II. Stabilität, asymptotische Stabilität. Die Variable t ist im folgenden reell, während die Funktionen $f, y, \ldots$ Werte im $\mathbb{R}^{n}$ oder $\mathbb{C}^{n}$ haben.

Die Funktion $x(t)$ sei für $0 \leq t < \infty$ eine Lösung des Systems

$$y' = f(t, y). \tag{1}$$

Dabei sei $f(t, y)$ mindestens in $S_\alpha : 0 \leq t < \infty$, $|y - x(t)| < \alpha$ erklärt und stetig ($\alpha > 0$). Man nennt die Lösung $x(t)$ *stabil* (*im Sinne von Lyapunov*), wenn folgendes gilt:
Zu jedem $\varepsilon > 0$ gibt es ein $\delta > 0$, so daß alle Lösungen $y(t)$ mit

$$|y(0) - x(0)| < \delta$$

für alle $t \geq 0$ existieren und der Ungleichung

$$|y(t) - x(t)| < \varepsilon \quad \text{für} \quad 0 \leq t < \infty$$

genügen.
Die Lösung $x(t)$ wird *asymptotisch stabil* genannt, wenn sie stabil ist und ein $\delta > 0$ existiert, so daß für alle Lösungen $y(t)$ mit $|y(0) - x(0)| < \delta$ gilt

$$\lim_{t \to \infty} |y(t) - x(t)| = 0.$$

Eine Lösung $x(t)$ heißt *instabil*, wenn sie nicht stabil ist.
Allgemeiner kann man ein Grundintervall $[a, \infty)$ betrachten und die Definition auf diesen Fall übertragen, wobei dann $y(0) - x(0)$ durch $y(a) - x(a)$ und $0 \leq t < \infty$ durch $a \leq t < \infty$ zu ersetzen ist. Hier erhebt sich nun eine Frage: Ist die obige Definition bezüglich $t = 0$ äquivalent mit der entsprechenden Definition an einer Stelle $a > 0$? Die Antwort darauf ist positiv, wenn man zusätzlich voraussetzt, daß f in y lokal Lipschitz-stetig ist. Die zum Beweis notwendigen Überlegungen geben wir im nächsten Abschnitt. Bei einer ersten Lektüre können die Beweise übergangen werden.

Bemerkungen. In diesen Definitionen ist $| \cdot |$ eine beliebige Norm im $\mathbb{R}^n$ bzw. $\mathbb{C}^n$. Da nach Hilfssatz 10.III alle Normen äquivalent sind, gelten die Aussagen unabhängig von der gewählten Norm.
Es ist in der Stabilitätstheorie üblich, die Sätze für den Fall $t \to +\infty$ zu formulieren; der Fall $t \to -\infty$ kann darauf zurückgeführt werden.

III. Die Poincaré-Abbildung. Die Lösung der Gleichung (1) mit dem Anfangswert $y(\tau) = \eta$ bezeichnen wir mit $y(t; \tau, \eta)$, wobei Eindeutigkeit vorausgesetzt wird. Es seien $t = a$ und $t = b$ zwei feste Stellen. Die Poincaré-Abbildung P ordnet dem Anfangswert an der Stelle a den Wert der entsprechenden Lösung an der Stelle b zu, in Formeln

$$\eta \to P\eta = y(b; a, \eta) \qquad \textit{Poincaré-Abbildung.} \tag{2}$$

Aus der Eindeutigkeit folgt, daß P injektiv ist. Wir nehmen im folgenden an, daß f Werte im $\mathbb{R}^n$ hat; die Übertragung auf $\mathbb{C}^n$ ist problemlos. Der Definitionsbereich D von f sei offen im Streifen $S = [a, b] \times \mathbb{R}^n$, d. h. Durchschnitt einer offenen Menge mit S; dabei sei $a < b$.

Satz. *Die Funktion* $f : D \to \mathbb{R}^n$ *sei stetig und bezüglich* y *lokal Lipschitz-stetig. Die Menge* M *aller im ganzen Intervall* $[a, b]$ *existierenden Lösungen von* (1) *sei nicht leer. Dann sind die Mengen* $M_a = \{y(a) : y \in M\}$ *und* $M_b = \{y(b) : y \in M\}$ *offen, und die Poincaré-Abbildung* $P : M_a \to M_b$ *ist ein Homöomorphismus (d. h. P bijektiv, P und P^{-1} stetig).*

Beweis. Es sei $J = [a, b]$ und $z(t) \in M$. Wie in 13.X bestimmen wir zunächst ein $\alpha > 0$ mit $S_\alpha = \{(t, y) : t \in J, \; |y - z(t)| \leq \alpha\} \subset D$ und setzen f unter Beibehaltung der Werte in S_α auf $J \times \mathbb{R}^n$ fort, etwa gemäß

$$f^*(t, y) = f(t, z(t) + (y - z(t))h(|y - z(t)|))$$

mit $h(s) = 1$ für $0 \leq s \leq \alpha$, $h(s) = \alpha/s$ für $s > \alpha$. Für $(t, y) \in J \times \mathbb{R}^n$ liegt das rechts auftretende Argument in S_α, d. h., f^* ist in $J \times \mathbb{R}^n$ definiert. Ferner ist $f = f^*$ in S_α und f^* Lipschitz-stetig bezülich y in $J \times \mathbb{R}^n$.

Aus Satz 13.II, angewandt auf $k = f^*$, $\lambda = \eta$, $g(x, \lambda) = \eta$, $\alpha(\lambda) = a$, folgt, daß die Lösung $y^*(t; a, \eta)$ des Systems (1) mit f^* stetig von (t, η) abhängt. Insbesondere gibt es ein $\delta > 0$ derart, daß aus $|\eta - z(a)| < \delta$ die Ungleichung $|y^*(t; a, \eta) - z(t)| < \alpha$ in J folgt. Für diese Werte von η ist also $y^*(t; a, \eta) = y(t; a, \eta) \in M$ und $P\eta = y(b; a, \eta)$ stetig. Da $z \in M$ beliebig war, ist M_a offen und P in M_a stetig. Entsprechend ergibt sich die Stetigkeit von P^{-1} und die Offenheit von M_b.

Nun läßt sich die Frage aus Abschnitt II leicht beantworten.

Corollar. *Die Funktion* f *genüge den bei* (1) *gemachten Voraussetzungen, und sie sei bezüglich* y *lokal Lipschitz-stetig. Die in* $[0, \infty)$ *existierende Lösung* $x(t)$ *ist genau dann stabil bezüglich* $t = 0$, *wenn sie bezüglich einer beliebigen Stelle* $b > 0$ *stabil ist.*

Entsprechende Aussagen gelten für asymptotische Stabilität und Instabilität.

Beweis. Ist $x(t)$ bezüglich $t = b$ stabil, so gibt es zu $\varepsilon > 0$ eine Umgebung U von $x(b)$ derart, daß aus $y(b) \in U$ die Ungleichung $|y(t) - x(t)| < \varepsilon$ für $t \geq b$ folgt. Wir wenden den Satz mit $a = 0$ an. Da die Menge M nicht leer ist ($x(t)$ gehört zu M), ist $V = U \cap M_b$ eine Umgebung von $x(b)$ und $W := P^{-1}(V)$ eine Umgebung von $x(0)$. Durch Verkleinerung von W läßt sich erreichen, daß in $[0, b]$ die Ungleichung $|y(t) - x(t)| < \varepsilon$ besteht (Satz 13.II). Wegen $P(W) \subset U$ gilt sie dann im ganzen Intervall $[0, \infty)$, d. h. $x(t)$ ist stabil bezüglich $t = 0$. Der Beweis der Umkehrung ist einfacher und sei dem Leser überlassen.

IV. Lineare Systeme. In dem (reellen oder komplexen) linearen System

$$y' = A(t)y + b(t) \tag{3}$$

seien $A(t)$ und $b(t)$ im Intervall $J = [0, \infty)$ stetig. Jede Lösung dieser Gleichung existiert dann in J (Satz 14.VI). Es sei $X(t)$ das Fundamentalsystem der homogenen Gleichung mit dem Anfangswert $X(0) = E$. Zunächst ist die Beziehung zu den früheren Stabilitätsdefinitionen zu klären.

(a) Die in 17.XI gegebenen Stabilitätsdefinitionen für die Nullösung der homogenen Gleichung stimmen mit den Definitionen aus II überein.

- *Beweis.* Ist die Nullösung stabil gemäß 17.XI, so existiert ein $K > 0$ mit $|X(t)| \leq K$ in J. Für eine beliebige Lösung y folgt aus $y(t) = X(t)y(0)$ die Abschätzung $|y(t)| \leq K|y(0)|$, also $|y(t)| \leq \varepsilon$ in J, wenn $|y(0)| \leq \delta :=$ ε/K ist. Die Nullösung ist also stabil gemäß II. Ähnlich wird die Umkehrung bewiesen. Die beiden anderen Fälle seien dem Leser überlassen.

Satz. *Ist die Nullösung der homogenen Gleichung $y' = A(t)y$ stabil bzw. asymptotisch stabil bzw. instabil, so hat jede Lösung der inhomogenen Gleichung (3) dieselbe Eigenschaft.*

Da die Differenz $z(t) = y(t) - x(t)$ zweier Lösungen von (3) eine Lösung der entsprechenden homogenen Gleichung ist und da in der Stabilitätsdefinition nur diese Differenz auftritt, ergibt sich die Behauptung sofort.

Man kann sich also bei linearen Systemen, wenn es um Stabilitätsfragen geht, auf die Untersuchung der Nullösung der homogenen Gleichung beschränken.

Für die Gleichung mit konstanten Koefizienten

$$y' = Ay \qquad . \tag{4}$$

(A reelle oder komplexe $n \times n$-Matrix) formulieren wir das in 17.XI erzielte Ergebnis wegen seiner Wichtigkeit als

Stabilitätssatz. *Es sei $\gamma = \max\{\operatorname{Re} \lambda : \lambda \in \sigma(A)\}$. Die triviale Lösung $x(t) \equiv 0$ der Differentialgleichung (4) ist im Fall*

$\gamma < 0$ *asymptotisch stabil;*
$\gamma > 0$ *instabil;*
$\gamma = 0$ *nicht asymptotisch stabil, jedoch stabil genau dann, wenn alle Eigenwerte λ mit $\operatorname{Re} \lambda = 0$ halbeinfach sind.*

Damit ist das Stabilitätsverhalten für lineare Systeme mit konstanten Koeffizienten vollständig geklärt. Es folgen Abschätzungen für $X(t) = e^{At}$.

V. Satz. *Genügen die Eigenwerte λ_i der konstanten (reellen oder komplexen) Matrix A der Ungleichung*

$$\operatorname{Re} \lambda_i < \alpha, \tag{5}$$

so ist

$$|e^{At}| \leq c e^{\alpha t} \quad \textit{für} \quad t \geq 0 \tag{6}$$

mit einer geeigneten positiven Konstante c.

Der Beweis ergibt sich aus der Tatsache, daß nach 17.VIII die Differentialgleichung (4) n linear unabhängige Lösungen der Form

$$y(t) = e^{\lambda t} p(t) \tag{7}$$

besitzt, wobei λ ein Eigenwert von A und $p(t) = (p_1(t), \ldots, p_n(t))^\top$ ein Polynom mit einem Grad $\leq n$ ist.

Ist hierbei $\alpha - \text{Re } \lambda = \varepsilon > 0$, so gilt sicher $|p_i(t)| \leq c_i e^{\varepsilon t}$ und damit

$$|e^{\lambda t} p_i(t)| \leq e^{(\varepsilon + \text{Re } \lambda)t} c_i = c_i e^{\alpha t}.$$

Bezeichnen wir mit $Y(t)$ das aus n Lösungen der Form (7) bestehende Fundamentalsystem, so läßt sich jede seiner n^2 Komponenten durch einen Ausdruck $\text{const} \cdot e^{\alpha t}$ abschätzen. Dasselbe gilt dann für $Y(t)$ und damit, da e^{At} ebenfalls ein Hauptsystem ist und in der Form $e^{At} = Y(t)C$ dargestellt werden kann, für e^{At}.

Eine aus einem Innenprodukt (vgl. 28.I) abgeleitete Norm nennen wir eine *Hilbert-Norm*. Im folgenden zeigen wir, daß es im $\mathbb{C}^n$ eine Hilbert-Norm gibt, für welche die Abschätzung (6) mit $c = 1$ und gleichzeitig eine entsprechende untere Abschätzung besteht; für manche Anwendungen ist das nützlich. Die Aussagen gelten bei reellem A im $\mathbb{R}^n$.

Corollar. *Für die Eigenwerte λ_i der Matrix A gelte*

$$\beta < \text{Re } \lambda_i < \alpha. \tag{5'}$$

Dann existiert eine Hilbert-Norm $\| \cdot \|$ in $\mathbb{C}^n$ derart, daß die Abschätzungen

$$e^{\beta t} \|c\| \leq \|e^{At} c\| \leq e^{\alpha t} \|c\| \quad \text{für} \quad t \geq 0, \quad c \in \mathbb{C}^n \tag{6'}$$

bestehen. Hieraus erhält man ohne Mühe

$$e^{\beta t} \leq \|e^{At}\| \leq e^{\alpha t} \quad \text{für} \quad t \geq 0,$$

wobei natürlich $\|e^{At}\|$ die entsprechende Operatornorm von e^{At} ist. Insbesondere ist im Fall $\alpha = 0$ jede Kugel $B_r : \|x\| < r$ für die Gleichung (4) positiv invariant, d. h., aus $y(0) \in B_r$ folgt $y(t) \in B_r$ für $t > 0$.

Beweis. Mit $(\cdot, \cdot)$ wird im folgenden das klassische Innenprodukt, mit $|\cdot|$ die Euklid-Norm bezeichnet; vgl. 28.II (a). Zunächst setzen wir voraus, daß $|\text{Re } \lambda_i| < \delta$ ist, und betrachten das Innenprodukt

$$\langle c, d \rangle := \int_{-\infty}^{\infty} e^{-2\delta |t|} (e^{At} c, e^{At} d) \, dt \quad (c, d \in \mathbb{C}^n).$$

Bestimmt man ein $\varepsilon > 0$ mit $|\text{Re } \lambda_i| < \delta - \varepsilon$, so folgt aus (6) $|(e^{At} c, e^{At} d)| \leq |e^{At}|^2 |c| \, |d| \leq \text{const} \cdot e^{2(\delta - \varepsilon)t}$ für $t \geq 0$; das Integral über $[0, \infty)$ ist also konvergent. Das Integral über $(-\infty, 0]$ wird, indem man $t' = -t$ substituiert, in ein Integral über $[0, \infty)$ verwandelt, in welchem A durch $-A$ zu ersetzen ist. Dieses ist, da die Eigenwerte von $-A$ derselben Abschätzung genügen, ebenfalls konvergent. Das Skalarprodukt ist also wohl definiert, und die Eigenschaften 28.I sind erfüllt. Es sei $||c|| := \sqrt{\langle c, c \rangle}$. Setzt man speziell $c = d = e^{As}a$, so ergibt sich

$$||e^{As}a||^2 = \int_{-\infty}^{\infty} e^{-2\delta|t|} |e^{A(s+t)}a|^2 \, dt = \int_{-\infty}^{\infty} e^{-2\delta|t-s|} |e^{At}a|^2 \, dt.$$

Für $s \geq 0$ ist $|t| - s \leq |t - s| \leq |t| + s$, also

$$e^{-2\delta s} e^{-2\delta|t|} \leq e^{-2\delta|t-s|} \leq e^{2\delta s} e^{-2\delta|t|}.$$

Hieraus folgt, wenn man sich die Definition von $||a||^2$ vergegenwärtigt,

$$e^{-2\delta s}||a||^2 \leq ||e^{As}a||^2 \leq e^{2\delta s}||a||^2 \quad \text{für} \quad s \geq 0. \qquad (\star)$$

Nun betrachten wir den allgemeinen Fall und setzen $\gamma = (\alpha + \beta)/2$, $\delta = \alpha - \gamma = \gamma - \beta$. Die Eigenwerte μ_i der Matrix $A' = A - \gamma E$ ergeben sich aus den Eigenwerten λ_i von A gemäß $\mu_i = \lambda_i - \gamma$; sie sind also dem Betrag nach $< \delta$. Wir führen das obige Innenprodukt mit A' anstelle von A ein. Die entsprechende Abschätzung $(\star)$ lautet dann, wenn man Wurzeln zieht und $e^{A's} = e^{-\gamma s} e^{As}$ beachtet,

$$e^{-\delta s}||a|| \leq ||e^{A's}a|| = e^{-\gamma s}||e^{As}a|| \leq e^{\delta s}||a|| \quad \text{für} \quad s \geq 0.$$

Wegen $\gamma - \delta = \beta$, $\gamma + \delta = \alpha$ sind die Ungleichungen $(6')$ bewiesen.

Wir wollen uns nun nichtlinearen Problemen zuwenden. Ein wichtiges Hilfsmittel wurde 1918 von dem schwedischen, später in den USA tätigen Mathematiker und Ingenieur Thomas Hakon Gronwall (1877–1932) entdeckt:

VI. Das Lemma von Gronwall (verallgemeinert). *Die reelle Funktion $\phi(t)$ sei stetig in $J : 0 \leq t \leq a$, und es sei*

$$\phi(t) \leq \alpha + \int_0^t h(s)\phi(s) \, ds \quad \text{in} \quad J \quad \text{mit} \quad h(t) \geq 0.$$

Dabei ist $\alpha \in \mathbb{R}$ und $h \in C(J)$ (es genügt $h \in L(J)$). Dann ist

$$\phi(t) \leq \alpha e^{H(t)} \quad \text{in} \quad J \quad \text{mit} \quad H(t) = \int_0^t h(s) \, ds.$$

Beweis. Die rechte Seite der vorausgesetzten Ungleichung werde mit $\psi(t)$ bezeichnet. Es ist $\psi' = h(t)\phi$, wegen $\phi \leq \psi$ also

$$\psi' \leq h(t)\psi \quad \text{und} \quad \psi(0) = \alpha.$$

Ist $\omega(t)$ die Lösung des entsprechenden Anfangswertproblems

$$\omega' = h(t)\omega, \quad \omega(0) = \alpha,$$

so ist, etwa nach 9.IX, $\phi(t) \leq \psi(t) \leq \omega(t) = \alpha e^{H(t)}$, wie behauptet war. Im Fall $h \in L(J)$ beruft man sich auf Satz 10.XXI.

Die beiden folgenden Sätze stellen klassische Ergebnisse der Stabilitätstheorie dar. Sie beziehen sich auf eine (reelle oder komplexe) Differentialgleichung mit „linearem Hauptteil"

$$y' = Ay + g(t, y) \tag{8}$$

und geben Bedingungen an, unter denen sich das Stabilitätsverhalten der linearen Gleichung $y' = Ay$ auf die „gestörte" Gleichung (8) überträgt. Wesentlich ist dabei, daß $g(t, y)$ klein gegenüber y ist.

VII. Stabilitätssatz. *Die Funktion $g(t, z)$ sei für $t \geq 0$, $|z| \leq \alpha$ $(\alpha > 0)$ erklärt und stetig, und es gelte*

$$\lim_{|z| \to 0} \frac{|g(t, z)|}{|z|} = 0 \quad \text{gleichmäßig für} \quad 0 \leq t < \infty, \tag{9}$$

insbesondere also $g(t, 0) = 0$. Die Matrix A sei konstant, und es sei

$$\operatorname{Re} \lambda_i < 0$$

für alle Eigenwerte λ_i von A.

Dann ist die Lösung $x(t) \equiv 0$ der Differentialgleichung (8) asymptotisch stabil.

Beweis. Nach Voraussetzung und Satz V gibt es zwei Konstanten $c > 1$ und $\beta > 0$, so daß $\operatorname{Re} \lambda_i < -\beta$ und

$$|e^{At}| \leq c \cdot e^{-\beta t} \quad \text{für} \quad t \geq 0$$

ist. Ferner existiert nach (9) ein $\delta < \alpha$, so daß

$$|g(t, z)| \leq \frac{\beta}{2c} |z| \quad \text{für} \quad |z| \leq \delta, \quad t \geq 0 \tag{10}$$

ist. Die Behauptung des Satzes ist bewiesen, wenn wir zeigen können:

(a) Aus $|y(0)| \leq \varepsilon < \dfrac{\delta}{c}$ folgt $|y(t)| \leq c\varepsilon e^{-\beta t/2}$.

Zunächst sei daran erinnert, daß nach 18.VI jede Lösung der inhomogenen Differentialgleichung

$$y' = Ay + b(t)$$

in der Form

$$y(t) = e^{At} y_0 + \int_0^t e^{A(t-s)} b(s)\, dx \quad \text{mit} \quad y_0 := y(0)$$

darstellbar ist. Ist nun $y(t)$ eine Lösung von (8), so genügt sie demnach der Integralgleichung

$$y(t) = e^{At}y_0 + \int_0^t e^{A(t-s)}g(s, y(s))\, ds$$

und damit wegen (10) der Ungleichung

$$|y(t)| \le |y_0|ce^{-\beta t} + \int_0^t ce^{-\beta(t-s)}\frac{\beta}{2c}|y(s)|\, ds, \tag{11}$$

jedenfalls solange (10) anwendbar, d. h. $|y| \le \delta$ ist. Nun sei $y(t)$ eine Lösung von (8) mit $|y_0| < \varepsilon$ und $\phi(t) = |y(t)|e^{\beta t}$. Aus (11) folgt (solange $|y| \le \delta$ ist)

$$\phi(t) \le c\varepsilon + \frac{\beta}{2}\int_0^t \phi(s)\, ds,$$

also nach dem Lemma von Gronwall

$$\phi(t) \le c\varepsilon e^{\beta t/2} \quad \text{oder} \quad |y(t)| \le c\varepsilon e^{-\beta t/2} < \delta. \tag{12}$$

Daraus ersieht man, daß $|y(t)|$ den Wert δ für positive t nicht annehmen kann, daß also die Ungleichung (12) und damit (a) für alle $t \ge 0$ besteht ($y(t)$ läßt sich bis zum Rande des Definitionsgebietes von g, also wegen (12) auf das ganze Intervall $0 \le t < \infty$ fortsetzen).

VIII. Instabilitätssatz. *Über $g(t, z)$ mögen die Voraussetzungen von Satz VII gelten. Ferner sei A eine konstante Matrix und*

$$\text{Re } \lambda > 0$$

für mindestens einen Eigenwert λ von A. Dann ist die Lösung $x(t) \equiv 0$ der Differentialgleichung (8) instabil.

Beweis. Zunächst soll durch eine lineare Transformation die Differentialgleichung (8) in eine für unsere Zwecke bequeme Form transformiert werden. Es seien $\lambda_1, \ldots, \lambda_n$ die Nullstellen des charakteristischen Polynoms von A unter Berücksichtigung ihrer Vielfachheit. Durch die Matrix C werde A in die Jordansche Normalform transformiert:

$$B = C^{-1}AC = (b_{ij})$$

mit

$$b_{ii} = \lambda_i, \quad b_{i,j+1} = 0 \text{ oder } 1, \quad b_{ij} = 0 \text{ sonst.}$$

Ferner sei H die Diagonalmatrix

$$H = \text{diag } (\eta, \eta^2, \ldots, \eta^n) \quad (\eta > 0).$$

Man rechnet leicht nach, daß $H^{-1} = \text{diag } (\eta^{-1}, \eta^{-2}, \ldots, \eta^{-n})$ und

$$D = H^{-1}BH \iff d_{ij} = b_{ij}\eta^{j-i},$$

d. h.

$$d_{ii} = \lambda_i, \quad d_{i,i+1} = 0 \text{ oder } \eta, \quad d_{ij} = 0 \text{ sonst} \tag{13}$$

ist. Setzt man nun $y(t) = CHz(t)$, so transformiert sich die Differentialgleichung (8) in

$$z' = H^{-1}C^{-1}y' = H^{-1}C^{-1}\{ACHz + g(t, CHz)\}$$

oder

$$z' = Dz + f(t, z) \tag{14}$$

mit

$$f(t, z) = H^{-1}C^{-1}g(t, CHz).$$

Mit g genügt auch f der Voraussetzung (9), da aus $|g(t, z)| \leq \varepsilon |z|$ für $|z| \leq \delta$ folgt

$$|f(t, z)| \leq |H^{-1}C^{-1}| \cdot |CH|\varepsilon|z| \quad \text{für} \quad |z| \leq \delta/|CH|.$$

Statt (14) kann man auch schreiben

$$z_i' = \lambda_i z_i \{+\eta z_{i+1}\} + f_i(t, z) \quad (i = 1, \ldots, n). \tag{14'}$$

Die geschweifte Klammer tritt nur auf, wenn der Index i zu einem Jordan-Kasten mit mehr als einer Zeile gehört und in diesem Jordan-Kasten nicht der letzten Zeile entspricht.

Mit j bzw. k bezeichnen wir jene Indizes, für welche

$$\text{Re } \lambda_j > 0 \quad \text{bzw.} \quad \text{Re } \lambda_k \leq 0$$

ist, mit ϕ, ψ die reellen skalaren Funktionen

$$\phi(t) = \sum_j |z_j(t)|^2, \qquad \psi(t) = \sum_k |z_k(t)|^2,$$

wobei $z(t)$ eine Lösung von (14) ist. Nun sei $\eta > 0$ so klein gewählt, daß

$$0 < 6\eta < \text{Re } \lambda_j \quad \text{für alle} \quad j,$$

und $\delta > 0$ so klein, daß

$$|f(t, z)|_e < \eta|z|_e \quad \text{für} \quad |z|_e \leq \delta$$

ist. Ist nun $z(t)$ eine Lösung mit

$$|z(0)|_e < \delta, \quad \psi(0) < \phi(0). \tag{15}$$

so gilt, solange $|z(t)|_e \leq \delta$ und $\psi(t) \leq \phi(t)$ ist, nach (14')

$$\phi' = 2\sum_j \text{Re } z_j'\bar{z}_j = 2\,\text{Re} \sum_j (\lambda_j z_j \bar{z}_j \{+\eta z_{j+1}\bar{z}_j\} + \bar{z}_j f_j(t, z)) \tag{16}$$

und ferner nach der Schwarzschen Ungleichung ($j+1$ ist ein Index vom Typ j)

$$\sum \operatorname{Re} z_{j+1}\bar{z}_j \leq \sum |z_j z_{j+1}| \leq \sqrt{\sum |z_j|^2 \sum |z_j|^2} = \phi,$$

$$\sum \operatorname{Re} \bar{z}_j f_j \leq \sqrt{\sum |z_j|^2 \sum |f_j|^2} = \sqrt{\phi}\,|f|_e$$

sowie $\operatorname{Re} \lambda_j z_j \bar{z}_j > 6\eta\phi$ und

$$|f|_e \leq \eta|z|_e = \eta\sqrt{\phi + \psi} \leq 2\eta\sqrt{\phi},$$

also

$$\frac{1}{2}\phi' > 6\eta\phi - \eta\phi - 2\eta\phi = 3\eta\phi.$$

Für $\psi(t)$ gilt eine Gleichung analog zu (16) (es ist lediglich j durch k zu ersetzen), woraus mit denselben Abschätzungen wegen $\operatorname{Re} \lambda_k \leq 0$

$$\frac{1}{2}\psi' \leq \eta\psi + 2\eta\phi$$

folgt. Es ist also, solange $\psi(t) \leq \phi(t)$ ist

$$\frac{1}{2}(\phi' - \psi') > 3\eta\phi - (\eta\psi - 2\eta\psi) = \eta(\phi - \psi) \geq 0,$$

d. h., die Differenz $\phi - \psi$ ist monoton wachsend, solange sie positiv ist. Das bedeutet aber, daß Gleichheit $\phi(t_0) = \psi(t_0)$ nicht eintreten kann. Für jede Lösung $z(t)$, deren Anfangwerte der Bedingung (15) genügen, gilt, solange $|z(t)| \leq \delta$ ist, $\psi(t) < \phi(t)$ und $\phi' > 6\eta\phi$, also $\phi(t) \geq \phi(0)e^{6\eta t}$ (Lemma 9.I), d. h., für jede solche Lösung existiert ein t_0 mit $|z(t_0)| = \delta$. Das bedeutet aber, daß die Lösung $x(t) \equiv 0$ nicht stabil ist.

IX. Autonome Systeme. Linearisierung. Wir betrachten wie in 10.XI *reelle* autonome Systeme

$$y' = f(y); \tag{17}$$

bei ihnen hängt die rechte Seite nicht explizit von t ab. Nehmen wir an, es sei $f \in C^1(D)$, wobei D eine Nullumgebung ist, und 0 sei ein kritischer Punkt von f, d. h., es gelte $f(0) = 0$. Die Gleichung (4) $y' = Ay$, wobei jetzt A die Jacobi-Matrix $f'(0)$ ist, nennt man die an der Stelle 0 *linearisierte Gleichung* und bezeichnet den Übergang von der nichtlinearen Gleichung (17) zu dieser linearen Gleichung als *Linearisierung*. Schreibt man (17) in der Form

$$y' = Ay + g(y), \tag{18}$$

so ist

$$g(y) = f(y) - f'(0)y, \quad \text{also} \quad \lim_{y \to 0} \frac{g(y)}{|y|} = 0$$

aufgrund der Definition der Differenzierbarkeit; vgl. Abschnitt 3.8 in Walter 2.
Die Voraussetzung (9) der beiden vorangehenden Sätze ist also erfüllt.

Nach den Stabilitätssätzen IV *und* VII *ist also die „Ruhelage"* $x \equiv 0$
asymptotisch stabil, wenn dasselbe für die linearisierte Gleichung (4) *gilt. Sie
ist nach* VIII *sicher instabil, wenn* Re $\lambda > 0$ *für einen Eigenwert von A gilt.*

Unter den *instabilen* linearen Systemen gibt es schon im Fall $n = 2$ mehrere
Typen mit völlig verschiedenem Phasenportrait, etwa den Sattelpunkt und in-
stabile Knoten und Strudelpunkte. So stellt sich die Frage, ob die strukturelle
Ähnlichkeit zwischen dem linearen System (4) und der „gestörten" Gleichung
(18) noch tiefer reicht und auch die Phasenportraits mit einbezieht. Das ist in
vielen, aber nicht in allen Fällen richtig. Dazu führen wir einen neuen Begriff
ein.

Der Nullpunkt wird *hyperbolischer kritischer Punkt* von f genannt, wenn
$f(0) = 0$ ist und alle Eigenwerte der Matrix $A = f'(0)$ einen Realteil $\neq 0$
haben. Für solche Punkte gilt der auf D. Grobman (1959) und Ph. Hartman
(1963) zurückgehende

Linearisierungssatz (Grobman-Hartman). *Es sei D eine Nullumgebung
und* $f \in C^1(D)$. *Ist der Nullpunkt ein hyperbolischer kritischer Punkt von* f,
so gibt es Nullumgebungen U, V und einen Homöomorphismus $h : U \to V$
*(in beiden Richtungen stetige Bijektion), der die Trajektorien der linearen
Gleichung* (4) *(soweit sie in U liegen) in die Trajektorien der nichtlinearen
Gleichung* (17) *unter Erhaltung des Richtungssinns überführt.*

(a) Die obigen Aussagen übertragen sich sofort auf den Fall, daß anstelle
von 0 ein Punkt a kritischer Punkt von f ist. Denn die Differenz $z(t) =
y(t) - a$, auf die es bei Stabilitätsfragen ankommt, genügt der Gleichung
$z' = h(z)$ mit $h(z) = f(a + z)$, wenn y Lösung von (17) ist. Hierbei ist
$h(0) = f(a) = 0$ und $A = h'(0) = f'(a)$. Entsprechend wird der Punkt
a *hyperbolisch* genannt, wenn Re $\lambda \neq 0$ für $\lambda \in \sigma(A)$ ist; für ihn gilt der
Linearisierungssatz, wobei V eine Umgebung von a ist.

Beispiele. 1. Die in 17.X diskutierten reellen Systeme für $n = 2$ mit
det $A \neq 0$ haben den Nullpunkt als einzigen kritischen Punkt. Er ist in allen
Fällen mit Ausnahme des Zentrums (das ist der Typ $K(0, \omega)$) hyperbolisch.

2. Die Gleichung des mathematischen Pendels

$$u'' + \sin u = 0 \iff \begin{pmatrix} x \\ y \end{pmatrix}' = \begin{pmatrix} y \\ -\sin x \end{pmatrix}$$

besitzt die kritischen Punkte $(0,0)$ und $(\pi, 0)$. Für die zugehörigen Linearisie-
rungen ist

$$A = f'(0,0) = \begin{pmatrix} 0 & 1 \\ -1 & 0 \end{pmatrix} \quad \text{bzw.} \quad A = f'(\pi, 0) = \begin{pmatrix} 0 & 1 \\ 1 & 0 \end{pmatrix}.$$

Im ersten Fall handelt es sich um den harmonischen Oszillator, $u'' + u = 0$. Die
Trajektorien sind Kreise um den Nullpunkt, und auch das Phasenportrait des

mathematischen Pendels zeigt geschlossene, nahezu kreisförmige Jordankurven nahe bei (0,0). Der Linearisierungssatz macht jedoch in diesem Fall keine
Aussage (Re $\lambda = 0$), und das aus gutem Grunde. So hat etwa die Differentialgleichung

$$u'' + u^2 u' + \sin u = 0$$

dieselbe Linearisierung im Nullpunkt. Jedoch ist für sie der Nullpunkt asymptotisch stabil (das folgt aus 30.X.(e)), während beim harmonischen Oszillator
ein Zentrum vorliegt.

Im zweiten Fall ist dagegen det $(A - \lambda E) = \lambda^2 - 1$, also $\lambda = \pm 1$. Es liegt
ein Sattelpunkt vor. Nach dem Linearisierungssatz hat das Phasenportrait
des mathematischen Pendels in einer Umgebung des Punktes $(\pi, 0)$ ebenfalls
Sattelpunktstruktur. Man vergleiche die entsprechenden Bilder in 11.X.(d)
und 17.X.(c).

3. Es sei $n = 1$ und

$$y' = \alpha y + \beta y^3 \qquad (\alpha, \beta \in \mathbb{R}).$$

Die linearisierte Gleichung lautet $y' = \alpha y$. Das Stabilitätsverhalten der Lösung
$y \equiv 0$ is aus folgendem Schema ersichtlich:

	linearisierte Gleichung	nichtlineare Gleichung	
$\alpha < 0$	asymptotisch stabil	asymptotisch stabil	
$\alpha > 0$	instabil	instabil	
$\alpha = 0$		asymptotisch stabil	für $\beta < 0$
		instabil	für $\beta > 0$

Die Aussagen für $\alpha \neq 0$ folgen aus VII und VIII, der Beweis für den Fall
$\alpha = 0$ sei als Übungsaufgabe empfohlen. Der Punkt $y = 0$ ist für $\alpha \neq 0$
hyperbolisch, für $\alpha = 0$ ändert sich das Stabilitätsverhalten der nichtlinearen
Gleichung mit β.

Linearisierung ist ein vorzügliches Hilfsmittel zum Studium nichtlinearer
autonomer Systeme in der Umgebung ihrer kritischen Punkte. Dieser Gesichtspunkt gibt der Klassifizierung linearer Systeme seine tiefere Bedeutung.
Beweise des Linearisierungssatzes findet man bei Amann (1983) und Hartman
(1964); sie sind nicht einfach. Für einen Einstieg in ein vertieftes Studium
nichtlinearer Systeme im Hinblick auf das globale Verhalten ihrer Lösungen
eignen sich die Bücher von Jordan und Smith (1988) und Drazin (1992).
Anspruchsvoller sind die Bücher von Hale-Koçak (1991) und Wiggins
(1988).

X. Aufgabe. (a) In dem (reellen oder komplexen) System von Differentialgleichungen

$$y' = Ay + g(t, y) \tag{19}$$

sei A eine konstante Matrix und Re $\lambda < \alpha$ für alle Eigenwerte von A. Ferner sei $g(t, y)$ stetig für $t \geq 0$, $y \in \mathbb{R}^n$ bzw. $\mathbb{C}^n$ und

$$|g(t, y)| \leq h(t)|y| \tag{20}$$

mit einer für $t \geq 0$ stetigen (es genügt: integrierbaren) Funktion $h(t)$. Man zeige, daß für jede Lösung $y(t)$ die Abschätzung

$$|y(t)| \leq K|y(0)|e^{\alpha t + KH(t)} \quad \text{mit} \quad H(t) = \int_0^t h(s)\,ds$$

und einer von y unabhängigen Konstante $K > 0$ gilt.

Anleitung. Mit Hilfe von (6) und (18.11) leite man für $\phi(t) = e^{-\alpha t}|y(t)|$ eine Integral-Ungleichung her und benutze das Lemma von Gronwall.

Aus (a) leite man die folgenden Stabilitätssätze ab:

(b) Ist $h(t)$ über $0 \leq t < \infty$ integrierbar und haben alle Eigenwerte von A negative Realteile, so ist die Lösung $y \equiv 0$ der Gleichung (19) unter der Voraussetzung (20) asymptotisch stabil. Ferner streben sämtliche Lösungen gegen Null für $t \to \infty$.

(c) In dem linearen System

$$y' = (A + B(t))y$$

sei $B(t)$ eine für $t \geq 0$ stetige Matrix, und es gelte

$$\int_0^\infty |B(t)|\,dt < \infty.$$

Haben alle Eigenwerte von A negative Realteile, so ist die Lösung $y \equiv 0$ asymptotisch stabil, und alle Lösungen streben gegen Null.

XI. Aufgabe. Es sei $n = 3$, $y = (x, y, z)$ und

$$\begin{aligned}
x' &= -x - y + z + r_1(x, y, z)x, \\
y' &= x - 2y + 2z + r_2(x, y, z)y, \\
z' &= x + 2y + z + r_3(x, y, z)z,
\end{aligned}$$

wobei $r_i(x, y, z)$ stetig und $r_i(0, 0, 0) = 0$ ist $(i = 1, 2, 3)$.
Man zeige, daß die Nullösung instabil ist.

§ 30 Die Methode von Lyapunov

Der russische Mathematiker und Ingenieur A.M. Lyapunov (1857–1918) hat in seiner Dissertation von 1892 zwei Methoden zur Behandlung von Stabiltätsfragen eingeführt. Während die erste Methode von spezieller Natur ist, hat sich seine *zweite* oder *direkte Methode* zu einem außerordentlich nützlichen

Hilfsmittel entwickelt. Dieser Methode liegt eine reellwertige *Lyapunov-Funktion V* zugrunde, die man als einen verallgemeinerten Abstand vom Nullpunkt ansehen kann.

Annahmen. Wir betrachten *reelle autonome Systeme*

$$y' = f(y), \tag{1}$$

wobei f in der offenen Menge $D \subset \mathbb{R}^n$ stetig, $0 \in D$ und $f(0) = 0$ ist. Die Nullösung $x(t) \equiv 0$ von (1) wird auch *Ruhelage* oder *Gleichgewichtslage* genannt. Unsere Sätze beziehen sich auf diesen Fall. Ihre Übertragung auf eine Ruhelage $x(t) \equiv a$ mit $f(a) = 0$ ist einfach; vgl. 29.IX.(a).

Notation. Die auftretenden Funktionen, Vektoren und Matrizen haben (solange nichts anderes gesagt wird) reellwertige Komponenten. Mit (x, y), $|x|$ und B_r wird das Innenprodukt im $\mathbb{R}^n$, die Euklid-Norm und die offene Kugel $|x| < r$ bezeichnet. Bei manchen Ergebnissen wird vorausgesetzt, daß f in D lokal Lipschitz-stetig ist. Die Lösung $y(t)$ von (1) mit dem Anfangswert $y(0) = \eta$ ist dann eindeutig bestimmt; sie wird mit $y(t; \eta)$ bezeichnet.

Die Lyapunovsche Methode wird in den am Ende von Abschnitt 29.IX genannten Büchern und in der Monographie von Cesari (1971) und Hahn (1967) behandelt.

I. Exponentielle Stabilität. Lyapunov-Funktionen. Wir führen noch einen weiteren Stabilitätsbegriff ein. Die Ruhelage heißt *exponentiell stabil*, wenn es positive Konstanten β, γ, c gibt, so daß für die Lösungen von (1)

aus $|y(0)| < \beta$ die Ungleichung $|y(t)| < ce^{-\gamma t}$ für $t > 0$ folgt.

Insbesondere wird gefordert, daß diese Lösungen in $[0, \infty)$ existieren.

(a) Ist f lokal Lipschitz-stetig, so folgt aus der exponentiellen die asymptotische Stabilität der Ruhelage.

Denn zu $\varepsilon > 0$ gibt es ein $a \geq 0$ mit $ce^{-a\gamma} < \varepsilon$. Für $|\eta| < \beta$ ist also $|y(t; \eta)| < \varepsilon e^{-\gamma(t-a)}$ in $[a, \infty)$. Nach Satz 13.II gibt es ein positives $\delta < \beta$ derart, daß aus $|\eta| < \delta$ folgt $|y(t; \eta)| < \varepsilon$ in $[0, a]$. Diese Ungleichung besteht demnach in $[0, \infty)$, d. h., die Ruhelage ist stabil und damit auch asymptotisch stabil.

Für eine reellwertige Funktion $V \in C^1(D)$ definieren wir

$$\dot{V}(x) := (\text{grad } V(x), f(x)) = f_1(x) \cdot V_{x_1}(x) + \cdots + f_n(x) \cdot V_{x_n}(x). \tag{2}$$

Offenbar ist $\dot{V}$ die Richtungsableitung von V in der (nicht normierten) Richtung f,

$$\dot{V}(x) = \lim_{t \to 0} \frac{1}{t} [V(x + tf(x)) - V(x)]. \tag{2'}$$

Aufgrund der folgenden Eigenschaft wird $\dot{V}$ auch als *Ableitung von V längs Trajektorien* bezeichnet.

(b) Für eine Lösung $y(t)$ der Gleichung (1) ist (Beweis mit Kettenregel)

$$\frac{d}{dt} V(y(t)) = \dot{V}(y(t)).$$

Aufgrund dieser Formel lassen sich *ohne Kenntnis der Lösung* Aussagen über das Verhalten von V längs einer Trajektorie machen. Darin liegt gerade die Bedeutung der „direkten Methode". Eine *Lyapunov-Funktion* für die Differentialgleichung (1) ist eine Funktion $V \in C^1(D)$ mit den Eigenschaften

$$V(0) = 0, \; V(x) > 0 \text{ für } x \neq 0 \text{ und } \dot{V}(x) \leq 0 \text{ in } D.$$

II. Stabilitätssatz (Lyapunov). *Es sei $f \in C(D)$ und $f(0) = 0$, und es existiere eine Lyapunov-Funktion V zu f. Dann gilt*

(a) $\dot{V} \leq 0$ *in $D \Longrightarrow$ die Nullösung von* (1) *ist stabil.*

(b) $\dot{V} < 0$ *in $D \setminus \{0\} \Longrightarrow$ die Nullösung von* (1) *ist asymptotisch stabil.*

(c) $\dot{V} \leq -\alpha V$ *und $V(x) \geq b|x|^\beta$ in D ($\alpha, \beta, b > 0$) $\Longrightarrow$ die Nullösung ist exponentiell stabil.*

Beweis. (a) Es sei $\varepsilon > 0$ so klein, daß die abgeschlossene Kugel $\overline{B}_\varepsilon$ in D liegt. Wir wählen ein positives γ derart, daß $V(x) \geq \gamma$ für $|x| = \varepsilon$ gilt, und danach ein δ mit $0 < \delta < \varepsilon$ so, daß $V(x) < \gamma$ für $|x| < \delta$ ist. Für eine Lösung y von (1) mit $|y(0)| < \delta$ hat die Funktion $\phi(t) = V(y(t))$ nach I.(b) eine Ableitung $\phi'(t) \leq 0$, es ist also $\phi(t) \leq \phi(0) < \gamma$. Da $V(x)$ auf der Sphäre $|x| = \varepsilon$ nur Werte $\geq \gamma$ annimmt, bleibt $|y(t)| < \varepsilon$, solange die Lösung (nach rechts) existiert. Hieraus ergibt sich sowohl die Existenz der Lösung im ganzen Intervall $J = [0, \infty)$ als auch die Abschätzung $|y(t)| < \varepsilon$ in J.

(b) Für eine Lösung $y(t)$ mit $\phi(t) = V(y(t))$, wie sie in (a) betrachtet wurde, existiert $\lim\limits_{t \to \infty} \phi(t) = \beta < \gamma$, und es ist $\beta \leq \phi(t) < \gamma$ für $t > 0$.. Wir zeigen zunächst, daß $\beta = 0$ ist. Andernfalls wäre die Menge $M = \{x \in \overline{B}_\varepsilon : \beta \leq V(x) \leq \gamma\}$ eine kompakte Teilmenge von $\overline{B}_\varepsilon \setminus \{0\}$ und $\max\{\dot{V}(x) : x \in M\} = -\alpha < 0$. Da die Lösung y in M verläuft, würde sich $\phi'(t) \leq -\alpha$ und damit ein Widerspruch ergeben. Es ist also $\lim \phi(t) = 0$.

Hieraus folgt nun $y(t) \to 0$ ($t \to \infty$). Denn für ein positives $\varepsilon' < \varepsilon$ hat V auf der Menge $\varepsilon' \leq |x| \leq \varepsilon$ ein positives Minimum δ. Also ist $|y(t)| < \varepsilon'$, sobald $\phi(t) < \delta$ ist, d. h. für alle großen t.

(c) Es ist $b|y(t)|^\beta \leq V(y(t)) = \phi(t)$ und $\phi' \leq -\alpha\phi$, also $\phi(t) \leq \phi(0)e^{-\alpha t}$. Daraus folgt $|y(t)| \leq ce^{-\gamma t}$ mit $\gamma = \alpha/\beta > 0$.

III. Instabilitätssatz (Lyapunov). *Es sei $V \in C^1(D)$, $V(0) = 0$, $V(x_k) > 0$ für eine Folge (x_k) aus D mit $x_k \to 0$. Ist $\dot{V} > 0$ für $x \neq 0$ oder $\dot{V} \geq \lambda V$ in D mit $\lambda > 0$, so ist die Nullösung instabil. Sie ist insbesondere dann instabil, wenn $V(x) > 0$ und $\dot{V}(x) > 0$ für $x \neq 0$ ist.*

Beweis. Es sei y eine Lösung von (1) mit $y(0) = x_k$, also $\phi(0) = \alpha > 0$, wobei wieder $\phi(t) = V(y(t))$ gesetzt wird. Wir betrachten den ersten Fall und wählen $\varepsilon > 0$ derart, daß $V < \alpha$ in $\overline{B}_\varepsilon$ ist. Da $\phi' \geq 0$, also $\alpha = \phi(0) \leq \phi(t)$ ist, haben wir $|y(t)| > \varepsilon$. Nun sei $\overline{B}b_r$ eine abgeschlossene, in D gelegene Kugel $(r > \varepsilon)$. Für $\varepsilon \leq |x| \leq r$ ist $\dot V(x) \geq \beta > 0$, also $\phi' \geq \beta$ und $\phi(t) \geq \alpha + \beta t$, solange $y(t) \in B_r$ ist. Da die Funktion V in B_r beschränkt ist, muß die Lösung $y(t)$ die Kugel B_r in endlicher Zeit verlassen.

Im zweiten Fall ist $\phi'(t) \geq \lambda\phi(t)$, woraus $\phi(t) \geq \alpha e^{\lambda t}$ folgt. Also ist auch hier $|y(t)| > r$ für große t. Wegen $x_k \to 0$ gibt es demnach Lösungen mit beliebig kleinen Anfangswerten, welche die Kugel B_r verlassen.

IV. Beispiele. Ein allgemeines Rezept zur Konstruktion von Lyapunov-Funktionen gibt es nicht. Man kann sich im konkreten Fall lediglich auf Erfahrung und Vorbilder stützen, und auch eigene Phantasie wird hilfreich sein. Manchmal kommt man mit dem Innenprodukt $V(x) = (x, x) = |x|^2$ zum Ziel. Betrachten wir allgemeiner ein beliebiges Innenprodukt $\langle x, y \rangle$ im $\mathbb{R}^n$ und berechnen die zur Funktion $V(x) = \langle x, x \rangle$ gehörige Ableitung $\dot V$ nach $(2')$:

$$V(x + tf(x)) - V(x) = 2t\langle x, f(x)\rangle + t^2 \langle f(x), f(x)\rangle.$$

Für $t \to 0$ ergibt sich nach Division durch t

(a) Für $V(x) = \langle x, x\rangle$ ist $\dot V(x) = 2\langle x, f(x)\rangle$ und $V(x) > 0$, falls $x \neq 0$.

(b) Für die Differentialgleichung

$$y' = Ay + \psi(y)By + g(y),$$

worin $\psi : D \to \mathbb{R}$ und $g : D \to \mathbb{R}^n$ mit $g(0) = 0$ stetig sind und $B = -B^\mathsf{T}$ eine schiefsymmetrische Matrix ist, ergibt sich für $V(x) = (x, x) = |x|^2$ aus (a)

$$\dot V(x) = 2(x, Ax) + 2(x, g(x)).$$

Bei schiefsymmetrischem B ist $(x, Bx) = 0$, der Term $\psi(y)By$ in der Differentialgleichung hat also gar keine Auswirkung auf $\dot V$. Wir betrachten drei Fälle.

(i) $(x, Ax) \leq 0$ und $(x, g(x)) \leq 0$ in $D \implies$ die Ruhelage ist stabil.
Nun sei $g(x) = o(|x|)$ für $x \to 0$. Die Ruhelage ist dann

(ii) exponentiell stabil, falls $(x, Ax) \leq -\alpha|x|^2$ mit $\alpha > 0$,

(iii) instabil, falls $(x, Ax) \geq \alpha|x|^2$ mit $\alpha > 0$ gilt.

Die Aussage (i) folgt aus Satz II.(a). Zum Beweis von (ii) und (iii) wird $r > 0$ derart bestimmt, daß $B_r \subset D$ und $|g(x)| < \frac{1}{2}\alpha|x|$ in B_r ist. Es folgt dann $|(x, g(x))| \leq \frac{1}{2}\alpha|x|^2$, also $\dot V \leq -\alpha V$ bzw. $\dot V \geq \alpha V$ in B_r. Man erhält dann (ii) aus Satz II.(c) und (iii) aus Satz III, angewandt auf $D = B_r$.

(c) *Lineare Systeme*. Bei dem System $y' = Ay$ liege asymptotische Stabilität vor, d. h., es sei Re $\lambda < 0$ für alle $\lambda \in \sigma(A)$. Wir benutzen das Innenprodukt

$$\langle a, b \rangle = \int_0^\infty (e^{At}a, e^{At}b)\, dt;$$

die Konvergenz wird wie in 29.V bewiesen.

Für $V(x) = \langle x, x \rangle$ ist nach (a) mit $y(t) = e^{At}x$, $y'(t) = Ae^{At}x$

$$\dot{V}(x) = 2\langle x, Ax \rangle = \int_0^\infty 2(y(t), y'(t))\, dt = |y(t)|^2 \big|_0^\infty = -|x|^2.$$

Nach Satz II.(b) ist die Nullösung asymptotisch stabil, was wir schon lange (17.XI) wissen. Dieser Zugang gibt aber mehr her.

(d) *„Blitzbeweis" für den Stabilitätssatz* 29.VII im autonomen Fall. Die Nullösung der Gleichung

$$y' = Ay + g(y)$$

ist, wenn Re $\lambda < 0$ für $\lambda \in \sigma(A)$ und $g(x) = o(|x|)$ für $x \to 0$ gilt, asymptotisch stabil und sogar exponentiell stabil.

Beweis. Für die in (c) eingeführte Funktion V ist jetzt (mit $\|x\| = \sqrt{\langle x, x \rangle}$)

$$\dot{V}(x) = -|x|^2 + 2\langle x, g(x) \rangle \leq -|x|^2 + 2\|x\|\, \|g(x)\|.$$

Nach Hilfssatz 10.III existiert ein $c > 0$ mit $\|x\| \leq c|x|$. Bestimmen wir $r > 0$ derart, daß $B_r \subset D$ und $|g(x)| \leq (1/4c^2)|x|$ in B_r ist, so folgt

$$\dot{V}(x) \leq -|x|^2 + 2c^2|x|\, |g(x)| \leq -\frac{1}{2}|x|^2 \leq -\frac{1}{2c^2} V(x).$$

Aus Satz II.(c) erhält man die Behauptung.

(e) *Nichtlineare Schwingungen ohne Reibung.* Für die in 11.X untersuchte Gleichung

$$u'' + h(u) = 0 \iff x' = y,\; y' = -h(x)$$

mit $xh(x) > 0$ für $x \neq 0$ ist es naheliegend, die Energiefunktion

$$E(x, y) = \frac{1}{2}y^2 + H(x) \quad \text{mit} \quad H(x) = \int_0^x h(s)\, ds$$

als Lyapunov-Funktion heranzuziehen. Es ist $E(x, y) > 0$ für $(x, y) \neq (0, 0)$, und $\dot{E}(x, y) \equiv 0$. Also ist die Nullösung stabil.

(f) *Nichtlineare Schwingungen mit Reibung.* Für die Gleichung mit einem linearen Reibungsglied $\varepsilon u'$ $(\varepsilon > 0)$

$$u'' + \varepsilon u' + h(u) = 0 \iff x' = y,\; y' = -h(x) - \varepsilon y$$

erhält man, wenn E die in (e) angebene Energiefunktion ist,

$$\dot{E} = -\varepsilon y^2.$$

Die Energie nimmt also, wie zu erwarten war, ab. Die Ruhelage ist stabil nach Satz II.(a). Aus physikalischen Gründen wird man vermuten, daß sie sogar asymptotisch stabil ist. Dies ergibt sich jedoch nicht aus Satz II.(b), da die Ungleichung $\dot{V} < 0$ für $y = 0$ verletzt ist. Die Betrachtungen der nächsten Abschnitte haben vor allem das Ziel, allgemeinere Stabilitätsaussagen herzuleiten, aus denen u. a. die asymptotische Stabilität in unserem Beispiel folgt. Für das Beispiel kann man dazu Satz XI heranziehen.

V. Limespunkt und Limesmenge. Invariante Menge. In der autonomen Differentialgleichung

$$y' = f(y) \tag{1}$$

sei f auf der offenen Menge $D \subset \mathbb{R}^n$ lokal Lipschitz-stetig. Die Lösung $y(t)$ mit $y(0) = \eta \in D$ wird mit $y(t; \eta)$ bezeichnet. Sie existiert in einem maximalen Intervall $J = (t^-, t^+)$ mit $-\infty \leq t^- < 0 < t^+ \leq \infty$ und erzeugt eine Trajektorie $\gamma = y(J)$. Die Menge $\gamma^+ = y([0, t^+))$ bzw. $\gamma^- = y((t^-, 0])$ nennt man *positive* bzw. *negative Halbtrajektorie*. Ein Punkt $a \in \mathbb{R}^n$ wird *positiver Limespunkt* oder *ω-Limespunkt* genannt, wenn $t^+ = \infty$ ist und eine gegen ∞ strebende Folge (t_k) mit $\lim y(t_k) = a$ existiert. Die Menge L^+ aller ω-Limespunkte heißt *ω-Limesmenge*. Entsprechend ist ein *α-Limespunkt* a durch die Bedingungen $t^- = -\infty$, $\lim t_k = -\infty$, $\lim y(t_k) = a$ und die *α-Limesmenge* L^- als Menge aller α-Limespunkte erklärt. Um die Abhängigkeit vom Anfangswert $y(0) = \eta$ anzugeben, schreibt man $t^+(\eta)$, $\gamma^+(\eta)$, $L^+(\eta)$, ... Für eine Menge $A \subset D$ ist $L^+(A)$ als Vereinigung der Mengen $L^+(a)$ mit $a \in A$ definiert. Da mit $y(t)$ auch $z(t) = y(t + t_0)$ eine Lösung von (1) ist und da beide Lösungen offenbar dieselben Limesmengen haben, ist $L^+(\eta) = L^+(\gamma(\eta))$ und $L^-(\eta) = L^-(\gamma(\eta))$.

Eine Menge $M \subset D$ heißt *positiv invariant* bzw. *negativ invariant* bzw. *invariant* bezüglich der Differentialgleichung (1), wenn aus $\eta \in M$ folgt $\gamma^+(\eta) \subset M$ bzw. $\gamma^-(\eta) \subset M$ bzw. $\gamma(\eta) \subset M$. Bei den folgenden einfachen Aussagen beschränken wir uns auf die positive Invarianz; sie gelten entsprechend auch für negative Invarianz und Invarianz.

Im folgenden ist dist $(x, A) = \inf\{|x - a| : a \in A\}$ (Abstand Punkt-Menge) und dist $(A, B) = \inf\{|a - b| : a \in A, b \in B\}$ (Abstand zwischen Mengen).

(a) Für eine periodische Lösung $y(t)$ ist $\gamma = \gamma^+ = \gamma^- = L^+ = L^-$.

(b) Eine Vereinigung von positiv invarianten Mengen ist positiv invariant. Jede Teilmenge von D besitzt also eine größte positiv invariante Untermenge (sie kann leer sein).

(c) Ist $y(t)$ eine Lösung mit dem maximalen Existenzintervall J und sind $0, s, s + t \in J$, so ist $y(s + t) = y(t; y(s))$.

(d) Jede positive Halbtrajektorie ist positiv invariant, jede Trajektorie ist invariant.

(e) Für eine Lösung $y(t)$ mit $t^+ = \infty$ gilt: $\gamma^+ \cap L^+ \neq \emptyset \implies \gamma^+ \subset L^+$.

(f) Ist $M \subset D$ positiv invariant, so ist $M = \bigcup \{\gamma^+(\eta) : \eta \in M\}$.

Die Durchführung der Beweise sei zur Einübung der neuen Begriffe empfohlen. Die Aussage (c) besagt lediglich, daß $z(t) := y(t + s)$ die eindeutig

Lösung mit $z(0) = y(s)$ ist. Bei (e) sei a ein Punkt aus dem Durchschnitt, also einerseits $a = y(\tau)$ mit $\tau \geq 0$, andererseits $a = \lim y(t_k)$ mit $\lim t_k = \infty$. Für beliebiges $s \geq -\tau$ strebt dann $y(s + t_k) = y(s; y(t_k)) \to y(s; a) = y(s + \tau)$ (vgl. (c)) wegen der stetigen Abhängigkeit der Lösung vom Anfangswert.

Satz. *Ist K eine kompakte Teilmenge von D und $y(t)$ eine Lösung von (1) mit $\gamma^+ \subset K$, so ist $t^+ = \infty$ und die Limesmenge $L^+ \subset K$ nicht leer, kompakt, zusammenhängend und (beidseitig) invariant, und es gilt*

$$\lim_{t \to \infty} \text{dist } (y(t), L^+) = 0.$$

Insbesondere existiert jede Lösung $y(t; \eta)$ mit $\eta \in L^+$ in $\mathbb{R}$.

Beweis. Da die Lösung $y(t)$, solange sie nach rechts existiert, in K liegt, existiert sie für alle $t > 0$. Nach dem Satz von Bolzano-Weierstraß hat jede Folge $y(t_k)$ eine konvergente Teilfolge. Also ist L^+ eine nicht leere Teilmenge von K.

L^+ *ist abgeschlossen.* Zu zeigen ist: Ist b ein Häufungspunkt von L^+, so gibt es zu beliebigem $\varepsilon > 0$ und $T > 0$ ein $t > T$ mit $|y(t) - b| < \varepsilon$. Dazu nimmt man einen Punkt $a \in L^+$ mit $|a - b| < \varepsilon/2$ und hierzu ein $t = t_k > T$ mit $|y(t) - a| < \varepsilon/2$, woraus $|y(t) - b| < \varepsilon$ folgt.

L^+ *ist zusammenhängend.* Angenommen L^+ sei nicht zusammenhängend, d. h., es gebe nicht leere, disjunkte kompakte Mengen K_1, K_2 mit $L^+ = K_1 \cup K_2$ und dist $(K_1, K_2) = 2\varrho > 0$. Es sei $d_i(t) := \text{dist } (y(t), B_i)$, $i = 1, 2$. Zu jedem k $(= 1, 2, \ldots)$ gibt es Stellen $t_k^1, t_k^2 > k$ mit

$$d_1(t_k^1) < \varrho \quad \text{und} \quad d_2(t_k^2) < \varrho.$$

Da $d_1(t) + d_2(t) \geq 2\varrho$ ist und diese beiden Funktionen stetig sind, liegt zwischen t_k^1 und t_k^2 eine Stelle t_k mit

$$d_1(t_k) = \varrho \quad \text{und} \quad d_2(t_k) \geq \varrho.$$

Die Folge $(y(t_k))$ hat, da sie in der kompakten Menge K liegt, einen Häufungspunkt a. Für diesen gilt dist $(a, K_i) \geq \varrho$, $i = 1, 2$, im Widerspruch zu $a \in L^+$.

Invarianz. Es sei $a \in L^+$ und $\lim y(t_k) = a$, wobei $t_k \to \infty$ strebt. Die Lösung $y(t; a)$ existiere im maximalen Intervall J, und I sei ein kompaktes Teilintervall von J. Nach Satz 13.X existiert die Lösung mit dem Anfangswert $y(t_k)$ mindestens in I, wenn k groß ist. Für festes $t \in I$ ist $t + t_k > 0$ (k groß), und mit (c) folgt

$$y(t + t_k) = y(t; y(t_k)) \to y(t; a) \in L^+ \quad \text{für} \quad k \to \infty.$$

Also ist $\gamma(a) \subset L^+ \subset K$ und damit L^+ invariant. Da K eine kompakte Teilmenge von D ist, folgt $J = \mathbb{R}$.

Die Limesbeziehung. Es sei $\varepsilon > 0$ so klein gewählt, daß die ε-Umgebung L_ε^+ von L^+ in D liegt. Wenn eine Folge (t_k) mit $t_k \to \infty$ und $y(t_k) \notin L_\varepsilon^+$ existiert, so hat sie einen Häufungspunkt außerhalb L^+. Mit diesem Widerspruch ist auch die letzte Behauptung dist $(y(t); L^+) \to 0$ bewiesen.

VI. Attraktor und Einzugsbereich. Ist $f(0) = 0$ und ist die Lösung $x(t) \equiv 0$ asymptotisch stabil, so ist die Menge aller $\eta \in D$, für welche die Lösung $y(t; \eta) \to 0$ strebt für $t \to \infty$, eine Nullumgebung. Diese Menge wird der *Einzugsbereich* (auch das *Anziehungsgebiet*) von 0 genannt und mit $\mathcal{E}(0)$ bezeichnet. Allgemeiner definieren wir, wenn $M \subset D$ eine positiv invariante Menge ist, den Einzugsbereich $\mathcal{E}(M)$ von M als Menge aller Punkte $\eta \in D$ mit der Eigenschaft, daß dist $(y(t; \eta), M) \to 0$ strebt für $t \to \infty$. Ist die Menge $\mathcal{E}(M)$ eine Umgebung von M (Obermenge einer ε-Umgebung), so wird M ein *Attraktor* genannt. Ist $D = \mathbb{R}^n$ und $\mathcal{E}(M) = \mathbb{R}^n$, so heißt M ein *globaler Attraktor*. Eine einpunktige Menge $M = \{a\}$ mit $f(a) = 0$ ist also ein Attraktor, wenn die Lösung $x(t) \equiv a$ asymptotisch stabil ist.

Hilfssatz. *Es sei $G \subset D$ offen, $V \in C^1(G)$ und $\dot{V} \le 0$ in G. Für ein α aus der Wertemenge $V(G)$ sei die Menge $G_\alpha = \{x \in G : V(x) \le \alpha\}$ kompakt. Dann gilt:*

(a) *Jede Lösung $y(t; \eta)$ mit $\eta \in G_\alpha$ existiert für alle $t > 0$.*

(b) *G_α ist positiv invariant.*

(c) *Für $\eta \in G_\alpha$ ist $L^+(\eta) \subset G_\alpha$ nicht leer und $\dot{V} = 0$ auf $L^+(\eta)$.*

Beweis. Wir schreiben $y(t)$ für $y(t; \eta)$ und $\phi(t) = V(y(t))$. Aus $\eta \in G_\alpha$ folgt $\phi(0) \le \alpha$. Solange $y(t)$ in G verläuft, ist $\phi'(t) \le 0$, also $\phi(t) \le \alpha$ oder gleichbedeutend $y(t) \in G_\alpha$. Da G_α vom Rand von G einen positiven Abstand hat, ergibt ein schon mehrfach vollzogener Schluß, daß die Lösung für alle $t > 0$ existiert und in G_α bleibt. Damit sind (a) und (b) bewiesen.

Nach Satz V ist $L^+(\eta) =: L^+$ nicht leer und in G_α enthalten. Nehmen wir an, für ein $a \in L^+$ gelte $\dot{V}(a) < 0$. Dann ist $\dot{V}(x) \le -\beta < 0$ in einer Kugel $B : |x - a| \le 2\varepsilon$. Es gibt eine gegen ∞ strebende Folge (t_k) mit $|y(t_k) - a| < \varepsilon$ und eine von k unabhängige Zahl $c > 0$ derart, daß $|y(t) - a| < 2\varepsilon$ für $t \in J_k = (t_k - c, t_k + c)$ und $k = 1, 2, 3, \ldots$ ist (das folgt aus der Beschränktheit von $|y'(t)|$ in $[0, \infty)$). In jedem Intervall J_k ist also $\phi' \le -\beta$, und hieraus erhält man, da ϕ monoton fallend ist, $\phi(t) \to -\infty$ für $t \to \infty$. Dieser Widerspruch zeigt, daß $\dot{V}(a) = 0$ ist.

Die Bestimmung oder wenigstens Abschätzung des Einzugsbereiches ist eine Aufgabe von großer praktischer Bedeutung. Der folgende Satz zeigt, daß dazu Lyapunov-Funktionen nützlich sein können.

VII. Satz. *Es sei $G \subset D$ offen. Die Funktion $V \in C^1(G)$ habe die Eigenschaft, daß für jedes $\alpha \in V(G)$ die Menge $G_\alpha = \{x \in G : V(x) \le \alpha\}$ kompakt ist, und es gelte $\dot{V} \le 0$ in G. Es sei M die größte invariante Teilmenge der Menge $N := \{x \in G : \dot{V}(x) = 0\}$. Dann ist $M \ne \emptyset$, und G gehört zum Einzugsbereich von M, d. h., für $\eta \in G$ strebt dist $(y(t; \eta), M)$ gegen 0 für $t \to \infty$.*

Die wesentlichen Beweisschritte wurden im Hilfssatz vorweggenommen. Ein Punkt $\eta \in G$ gehört zu G_α mit $\alpha = V(\eta)$. Nach VI.(c) ist $L^+ = L^+(\eta) \subset N$, und nach Satz V ist L^+ invariant, also $L^+ \subset M$, und es gilt $0 \leq \text{dist} (y(t;\eta), M) \leq \text{dist} (y(t;\eta), L^+) \to 0$ für $t \to \infty$.

Damit haben wir das Rüstzeug erworben, um die Sätze über asymptotische Stabilität und Instabilität zu verschärfen. Die Grundidee des Stabilitätssatzes geht auf LaSalle (1968) zurück. Der Instabilitätssatz wurde mit der Voraussetzung $\dot{V} > 0$ in (b) von Četaev (1934) bewiesen und von Krasovsky verallgemeinert.

VIII. Stabilitätssatz (LaSalle). *Die Funktion f mit $f(0) = 0$ sei in D lokal Lipschitz-stetig, und $V \in C^1(D)$ sei eine Lyapunov-Funktion zu f. Ist $M = \{0\}$ die größte invariante Untermenge von $N = \{x \in D : \dot{V}(x) = 0\}$, so ist die Ruhelage asymptotisch stabil.*

Beweis. Es sei $\overline{B}_r \subset D$ und $V(x) > \gamma > 0$ für $|x| = r$ $(r > 0)$. Dann ist die Menge $G = \{x \in B_r : V(x) < \gamma\}$ eine Nullumgebung mit $\overline{G} \subset B_r$, welche die Voraussetzungen des vorangehenden Satzes erfüllt; dieser liefert die Behauptung.

IX. Instabilitätssatz (Četaev-Krasovsky). *Die Funktion f sei wie in Satz VIII beschaffen, die Menge $G \subset D$ mit $0 \in \partial G$ sei offen. Die Funktion $V \in C^1(G) \cap C(\overline{G})$ habe die Eigenschaften*

(a) $V > 0$ *in* G, $V = 0$ *auf* $\partial G \cap D$.

(b) $V \geq 0$ *in* G.

Hat die Menge $N = \{x \in G : \dot{V}(x) = 0\}$ nur die leere Menge als invariante Untermenge, so ist die Ruhelage instabil.

Beweis. Wir wählen $r > 0$ derart, daß $\overline{B}_r$ in D liegt. Es sei η ein beliebiger Punkt aus $G \cap B_r$ und $y(t) := y(t;\eta)$. Wir führen nun die Annahme, daß $y(t)$ für alle $t > 0$ in B_r bleibt, zum Widerspruch. Dazu sei $\phi(t) = V(y(t))$, $\phi(0) = V(\eta) = \alpha > 0$ und $G_\alpha = \{x \in \overline{G} \cap \overline{B}_r : V(x) \geq \alpha\}$. Da V auf $\partial G \cap \overline{B}_r$ verschwindet, ist G_α eine kompakte Teilmenge von G. Solange $y(t)$ in G bleibt, ist $\phi'(t) \geq 0$, also $\phi(t) \geq \alpha$ und damit $y(t) \in G_\alpha$. Hieraus folgt in bekannter Weise, daß $y(t) \in G_\alpha$ für alle $t > 0$ gilt. Also ist die Trajektorie γ^+ in der kompakten Menge G_α enthalten, und L^+ ist nicht leer und invariant nach Satz V. Damit ist auch $\phi(t)$ beschränkt. Man zeigt genau wie beim Hilfssatz VI, daß aus der Annahme $a \in L^+$, $\dot{V}(a) > 0$ die Beziehung $\lim \phi(t) = \infty$ folgen würde. Es ist also $\dot{V}(a) = 0$ und damit $L^+ \subset N$. Da L^+ invariant ist, ergibt sich ein Widerspruch. Er zeigt, daß jede in G beginnende Lösung die Kugel B_r verläßt; wegen $0 \in \partial G$ erhält man daraus die Behauptung.

Wir wenden die gewonnenen Sätze auf Differentialgleichungen zweiter Ordnung an, welche nichtlineare Schwingungen unter dem Einfluß von Reibung beschreiben. Reibungslose Schwingungen wurden im Abschnitt 11.X ausführlich behandelt.

X. Nichtlineare Schwingungen mit Reibung. Wir betrachten die autonome Differentialgleichung

$$x'' + r(x, x') = 0 \tag{3}$$

für $x = x(t)$. Das entsprechende autonome System für $(x, x') = (x, y)$ lautet

$$x' = y, \qquad y' = -r(x, y). \tag{3'}$$

Dabei sei $r \in C^1(D)$, wobei D mit $(0,0) \in D$ offen ist, $r(0,0) = 0$ und $r(x,0) \neq 0$ für $x \neq 0$ (diese Bedingung bedeutet, daß $f(x,y) = (y, -r(x,y))$ neben dem Nullpunkt keine weiteren kritischen Punkte besitzt). Als Lyapunov-Funktion wählen wir

$$V(x, y) = \frac{1}{2} y^2 + R(x) \quad \text{mit} \quad R(x) = \int_0^x r(s, 0) \, ds; \tag{4}$$

im reibungslosen Fall $r = r(x)$ ist das gerade die Energiefunktion aus 11.X. Es ergibt sich (Mittelwertsatz!)

$$\dot{V}(x, y) = -y[r(x, y) - r(x, 0)] = -y^2 r_y(x, \theta y) \quad \text{mit} \quad 0 < \theta < 1. \tag{5}$$

Wir untersuchen die Stabilität der Ruhelage $x(t) \equiv 0$.

(a) $xr(x, 0) > 0$ für $x \neq 0$, $r_y \geq 0 \Longrightarrow$ die Ruhelage ist stabil.

(b) $xr(x, 0) > 0$ für $x \neq 0$, $r_y(x, y) > 0$ für $xy \neq 0 \Longrightarrow$ die Ruhelage ist asymptotisch stabil.

(c) $r_y(x, y) < 0$ für $xy \neq 0 \Longrightarrow$ die Ruhelage ist instabil.

Beweis. Aus $xr(x, 0) > 0$ folgt $R(x) > 0$ ($x \neq 0$), also $0 = V(0,0) < V(x,y)$ für $(x,y) \neq 0$. Im Fall (a) ist $\dot{V} \leq 0$ und der Stabilitätssatz II.(a) anwendbar.

Im Fall (b) ist $\dot{V} < 0$ in $D \setminus N$, $N = \{(x,y) \in D : xy = 0\}$. Es sei $\xi \neq 0$ und $\eta \neq 0$. Für die Lösung mit dem Anfangswert $(\xi, 0)$ ist $y'(0) = -r(\xi, 0) \neq 0$, für die Lösung mit dem Anfangswert $(0, \eta)$ ist $x'(0) \neq 0$. Diese Lösungen bleiben also nicht in der Menge N, d. h., $M = \{0\}$ ist die größte invariante Untermenge von N. Damit folgt (b) aus Satz VIII.

Im Fall (c) sind vier Fälle zu unterscheiden, je nachdem ob $r(x, 0)$ für $x > 0$ bzw. $x < 0$ positiv oder negativ ist. Es sei etwa $r(x, 0) < 0$ für $x > 0$ und $x < 0$, also $R(x) < 0$ für $x > 0$ und $R(x) > 0$ für $x < 0$. Die Menge G enthalte alle Punkte $(x, y) \in D$ mit $x < 0$ und jene Punkte mit $x \geq 0$, für die $|y| > \sqrt{2|R(x)|}$ ist. Auf dieser Menge ist $V > 0$, auf den beiden Kurven $y = \pm\sqrt{2|R(x)|}$, $x \geq 0$, ist $V = 0$, und es ist $\dot{V} > 0$ in G, abgesehen von der Menge $N = \{(x, y) \in G : xy = 0\}$. Jede auf N startende Lösung verläßt N, wie wir oben bei (b) gesehen haben, d. h., N besitzt keine invariante Untermenge. Die Behauptung folgt dann aus Satz IX.

Im Fall $xr(x, 0) > 0$ für $x \neq 0$ kann man $G = D \setminus \{(0,0)\}$ wählen. Die beiden anderen Fälle seien dem Leser als Übungsaufgabe überlassen.

(d) Die Aussagen (a) bis (c) bleiben richtig, wenn man nur fordert, daß r lokal Lipschitz-stetig ist. Die Voraussetzungen über r_y sind dann durch entsprechende Monotoniebedingungen zu ersetzen, etwa $r_y < 0$ durch „r ist streng monoton fallend in y". Wie man sieht, genügt sogar weniger, nämlich eine entsprechende Vorzeichenbedingung für die Differenz $r(x,y) - r(x,0)$. Übrigens ist r beim Gummiband-Beispiel 11.X.(c) nicht aus C^1.

XI. Die Liénardsche Differentialgleichung

$$x'' + g(x)x' + h(x) = 0 \qquad (6)$$

beschreibt eine Schwingung, wobei $h(x)$ die Rückstellkraft und $g(x)x'$ das in der Geschwindigkeit lineare Reibungsglied darstellt. Wir setzen voraus, daß g und h lokal Lipschitz-stetig sind. Außerdem wird man $g(x) > 0$ annehmen (die Reibungskraft ist dem Geschwindigkeitsvektor entgegengesetzt).

Es ist $r(x,y) = g(x)y + h(x)$. Wegen $r(x,0) = h(x)$ ist $R(x)$ die in 11.X eingeführte Funktion $H(x) = \int\limits_0^x h(s)\,ds$ und V die zugehörige Energiefunktion E. Für sie gilt $\dot{V}(x,y) = -g(x)y^2$. Aus (a), (b), (c) ergibt sich wegen $r_y = g(x)$ der folgende

Satz. *Ist* $xh(x) > 0$ *für* $x \neq 0$, *so ist die Ruhelage der Liénardschen Gleichung im Fall* $g(x) \geq 0$ *stabil, im Fall* $g(x) > 0$ *für* $x \neq 0$ *asymptotisch stabil und im Fall* $g(x) < 0$ *für* $x \neq 0$ *instabil.*

Will man das Verhalten der Lösungen für $t \to -\infty$ studieren, so ist es zweckmäßig, die Funktion $z(t) = x(-t)$ einzuführen. Sie genügt der Differentialgleichung $z'' - g(z)z' + h(z) = 0$, also der ursprünglichen Gleichung mit $-g(x)$ anstelle von $g(x)$. Der Satz gibt dann Auskunft.

Corollar. Die Van der Polsche Gleichung

$$x'' = \varepsilon(1 - x^2)x' - x \qquad (7)$$

ist ein Sonderfall der Liénardschen Gleichung. Für $\varepsilon > 0$ ist die Nullösung instabil, für $\varepsilon < 0$ (das entspricht $\varepsilon > 0$ bei der Bewegung $t \to -\infty$) asymptotisch stabil.

Aufgaben. (a) *Globaler Attraktor.* In der Liénardschen Gleichung seien g und h in $\mathbb{R}$ lokal Lipschitz-stetig. Es sei $xh(x) > 0$ und $g(x) > 0$ für $x \neq 0$, und $H(x) = \int\limits_0^x h(s)\,ds$ strebe gegen ∞ für $x \to \pm\infty$. Man zeige: Die Nullösung ist ein globaler Attraktor.

(b) *Nichtlineare Widerstandskraft.* Man übertrage den Satz XI und die Aussage (a) über die Liénardsche Gleichung auf die Differentialgleichung

$$x'' + g(x)\psi(x') + h(x) = 0, \qquad (8)$$

wobei $\psi(y)$ mit $\psi(0) = 0$ lokal Lipschitz-stetig und streng monoton wachsend ist. Ein wichtiges Beispiel ist das *quadratische Widerstandsgesetz* $\psi(y) =$

y^2 sgn y, das zur Beschreibung des Luftwiderstandes bei schneller Bewegung benutzt wird.

(c) *Einzugsbereich.* Die Funktionen g und h seien in $J = (a, b)$ mit $a < 0 < b$ lokal Lipschitz-stetig, es sei $xh(x) > 0$ und $g(x) > 0$ in $J \setminus \{0\}$. Die Grenzwerte von $H(x) = \int\limits_0^x h(s)\, ds$ für $x \to a$ und $x \to b$ werden mit $H(a)$ und $H(b)$ bezeichnet. Man zeige, daß für die Liénardsche Gleichung und allgemeiner für die Gleichung (8) die Menge

$$G = \left\{ (x, y) \in J \times \mathbb{R} : \frac{1}{2} y^2 + H(x) < \min(H(a), H(b)) \right\}$$

zum Einzugsbereich des Attraktors $\{(0, 0)\}$ gehört.

(d) In Verschärfung von Satz XI zeige man: Ist $xh(x) > 0$ für $x \neq 0$ und $g(x) \geq 0$, so ist die Nullösung der Liénardschen Gleichung genau dann asymptotisch stabil, wenn es eine Nullfolge (x_k) mit $g(x_k) > 0$ gibt.

Bemerkungen. Der niederländische Physiker und Radiotechniker Balthasar van der Pol (1889–1959) kam 1926 bei der Beschreibung der Oszillation von Röhrengeneratoren auf die Gleichung (7). Bald danach untersuchte A. Liénard den allgemeinen Gleichungstyp (6). Die Ergebnisse über die noch allgemeinere Gleichung (3) gehen auf W. Leighton zurück. Zahlreiche weitere Einzelergebnisse über Differentialgleichungen zweiter Ordnung, insbesondere über das Auftreten von periodischen Lösungen, sind in dem Buch von Reissig-Sansone-Conti (1963) dargestellt.

XII. Weitere Beispiele und Anmerkungen. (a) *Gradientensysteme.*

So werden Systeme genannt, bei denen f eine Stammfunktion $g \in C^1(D)$ besitzt, $f(y) = -\text{grad } g(y)$ (das Minuszeichen hat praktische Gründe). Für diese Gleichung

$$y' = -\text{grad } g(y) \tag{9}$$

bietet sich $V(x) = g(x)$ als Lyapunov-Funktion an. Es ist dann

$$\dot{V}(x) = -|\text{grad } g(x)|^2.$$

Hat also g an der Stelle $a \in D$ ein lokales Minimum und existiert eine Umgebung N von a derart, daß $g(x) > g(a)$ und grad $g(x) \neq 0$ in $N \setminus \{a\}$ ist, so ist die Gleichgewichtslage $x(t) \equiv a$ asymptotisch stabil. Das folgt aus Satz II.(b).

Das folgende Beispiel ist sachlich und auch historisch bedeutsam.

(b) *Bewegung in einem konservativen Kraftfeld.* Auf der offenen Menge $D_1 \subset \mathbb{R}^n$ sei ein konservatives Kraftfeld k gegeben (vgl. Walter 2, Abschnitt 6.18), d. h., es existiert ein Potential $U \in C^1(D_1)$ mit $k(x) = -\text{grad } U(x)$. Die Bewegungsgleichung $x'' = k(x)$ lautet dann

$$x'' = -\text{grad } U(x) \iff x' = y,\ y' = -\text{grad } U(x). \tag{10}$$

Es handelt sich also um ein System von $2n$ Gleichungen in $D = D_1 \times \mathbb{R}^n \subset \mathbb{R}^{2n}$. Als Lyapunov-Funktion nehmen wir die Energiefunktion

$$V(x, y) = U(x) + \frac{1}{2} |y|^2$$

(Summe aus potentieller und kinetischer Energie). Mit einfacher Rechnung ergibt sich $\dot{V}(x, y) \equiv 0$. Die Funktion V bleibt also auf Trajektorien von Lösungen konstant; das ist der Energieerhaltungssatz.

Es ist grad $V(x, y) = (\text{grad } U(x), y) = (0, 0)$ genau dann, wenn grad $U(x) = 0$ und $y = 0$ ist. Daraus ergibt sich

(b$_1$) Es sei grad $U(a) = 0$ ($a \in D_1$). Hat das Potential U an der Stelle a ein strenges Minimum, so ist die konstante Lösung $x(t) \equiv a$ — also $(x(t), y(t)) \equiv (a, 0)$ — stabil. Das ergibt sich wieder aus Satz II. Übrigens ist die skalare Gleichung $x'' + h(x) = 0$ mit $U(x) = H(x)$ ein Spezialfall.

(c) *Bewegung im Kraftfeld mit Reibung.* Die Reibungskraft hat in der Regel die Richtung $-x'$. Wir lassen einen allgemeineren Term $-\psi(x, x')Ax'$ mit $(Ay, y) \geq \alpha |y|^2$ ($\alpha > 0$) und nichtnegativem ψ zu; das bedeutet, daß der Winkel zwischen $-x'$ und der Reibungskraft kleiner als $\pi/2$ ist. Die Gleichung lautet also

$$x'' + \psi(x, x')Ax' + \text{grad } U(x) = 0,$$

und es ist, wenn wir die Funktion V aus (b) übernehmen,

$$\dot{V}(x, y) = -\psi(x, y)(Ay, y) \leq -\alpha\psi(x, y)|y|^2.$$

(c$_1$) Ist ψ positiv, $(Ay, y) \geq \alpha |y|^2$ mit $\alpha > 0$ und hat U bei 0 ein strenges Minimum, so ist die Ruhelage $x(t) \equiv 0$ asymptotisch stabil.

Das ergibt sich aus Satz VIII mit einer ähnlichen Begründung wie im eindimensionalen Fall in X.(b).

(d) *Hamiltonsche Systeme.* Die reellwertige Funktion $H(x, y)$, wobei $x, y \in \mathbb{R}^n$ sind, sei aus $C^2(D)$ ($D \subset \mathbb{R}^{2n}$ offen). Ein autonomes System von $2n$ Differentialgleichungen der Form

$$x' = H_y(x, y), \quad y' = -H_x(x, y) \tag{11}$$

wird *Hamiltonsches System*, die Funktion H *Hamilton-Funktion* genannt. Man kann die Hamilton-Funktion als Lyapunov-Funktion verwenden: für $V = H$ wird $\dot{V} \equiv 0$ in D, wie man leicht sieht. Aus Satz II folgt dann

(d$_1$) Ein strenges Minimum der Hamilton-Funktion ist eine stabile Ruhelage der Gleichung (11).

Ein Hamiltonsches System für $n = 1$ wurde bereits in 3.V behandelt. Die Stammfunktion F ist eine Hamilton-Funktion für die Differentialgleichung (3.13). Ebenso ist die in (b) behandelte Bewegungsgleichung vom Typ (11), wobei als Hamilton-Funktion die Gesamtenergie auftritt.

Als Ausblick auf aktuelle Entwicklungen betrachten wir ein dreidimensionales autonomes System, das ungeachtet seiner Einfachheit eine außerordentlich reiche und komplizierte Dynamik aufweist. Die Gleichungen wurden 1963 von dem Meteorologen und Mathematiker E.N. Lorenz aufgestellt als ein sehr grobes Modell einer konvektiven (vorwiegend vertikalen) Strömung, realisiert durch eine von unten erwärmte und von oben gekühlte Flüssigkeit. Das Beispiel hat große Beachtung gefunden, und seine stimulierende Wirkung bei der Erforschung chaotischer Bewegungen hält an.

XII. Die Lorenzschen Gleichungen. Sie lauten

$$\begin{aligned} x' &= \sigma(y - x), \\ y' &= rx - y - xz, \\ z' &= xy - bz, \end{aligned} \tag{12}$$

wobei σ, r und b positive Konstanten sind.

Die folgenden Eigenschaften formulieren wir als Aufgaben mit Lösungshinweisen.

(a) *Symmetrie*. Mit $(x(t), y(t), z(t))$ ist auch $(-x(t), -y(t), z(t))$ eine Lösung von (9).

(b) Die positive und die negative z-Achse sind invariante Mengen.

(c) Der Nullpunkt ist ein kritischer Punkt für alle Parameterwerte. Für $0 < r < 1$ ist er ein globaler Attraktor, insbesondere asymptotisch stabil.

(d) Für $r > 1$ ist der Nullpunkt instabil.

(e) Jede Lösung hat ein maximales Existenzintervall von der Form $J = (t^-, \infty)$. Es gibt eine (von σ, r, b abhängende) kompakte, positiv invariante Menge $E \subset \mathbb{R}^3$, in die jede Lösung (zu einem gewissen Zeitpunkt) eintritt und die sie danach nicht wieder verläßt.

Für den Beweis von (c) benutze man die Lyapunov-Funktion $V(x, y, z) = x^2 + \sigma y^2 + \sigma z^2$ und zeige, daß die Voraussetzungen von Satz II.(b) und Satz VII mit $G = \mathbb{R}^3$ erfüllt sind.

Bei (d) stelle man die Matrix A des linearisierten Systems auf und zeige, daß A drei reelle Eigenwerte, zwei negative und einen positiven, besitzt.

Zum Beweis von (e) betrachte man die Lyapunov-Funktion $V = rx^2 + \sigma y^2 + \sigma(z - 2r)^2$. Man berechne die Ableitung $\dot{V}$ und zeige, daß die Menge $A = \{(x, y, z) \in \mathbb{R}^3 : \dot{V}(x, y, z) \geq -\delta\}$ kompakt ist ($\delta > 0$). Es sei M das Maximum von V auf A und E die Menge aller Punkte mit $V(x, y, z) \leq B$ (E ist ein Ellipsoid mit dem Mittelpunkt $(0, 0, 2r)$). Ist $v(t) = (x(t), y(t), z(t))$ eine Lösung und $\phi(t) = V(v(t))$, so zeige man, daß aus $\phi(t) \geq B$ folgt $\phi'(t) \leq -\delta$, und leite daraus die Behauptung ab.

Diese Eigenschaften liegen an der Oberfläche. Wer tiefer eindringen will, möge zu dem Buch *The Lorenz Equations: Bifurcations, Chaos, and Strange Attractors* von C. Sparrow (Springer Verlag 1982) greifen.

Anhang

In diesem Anhang werden Begriffe und Sätze aus der Topologie, der reellen und komplexen Analysis und der Funktionalanalysis formuliert, welche im Text benutzt werden. Den Sätzen sind in den meisten Fällen Beweise oder wenigstens Beweisskizzen beigegeben. An einigen Stellen wird die Theorie vertieft.

Zur Bezeichnung. Für Punkte im $\mathbb{R}^n$ oder in einem Banachraum wird kein Fettdruck verwendet. Mit $|\cdot|$ wird die Euklid-Norm im $\mathbb{R}^n$ bezeichnet.

A. Topologie

Nach der Einführung von Wegen und Kurven wird zunächst die Polarkoordinatendarstellung von Kurven hergeleitet. Man benötigt sie bei der Prüfer-Transformation in 27.IV. Anschließend wird die Umlaufzahl auf reelle (!) Weise eingeführt. Der Jordansche Kurvensatz wird ohne Beweis mitgeteilt. Es folgen wichtige Sätze über Niveaulinien mit Beweis. Sie werden an verschiedenen Stellen benutzt, um die Existenz von periodischen Lösungen nachzuweisen. Den Abschluß bilden Sätze über autonome Systeme von Differentialgleichungen für $n = 2$, welche im wesentlichen ausdrücken, daß eine Lösung, welche auf einer Niveaulinie beginnt, diese ganz durchläuft. Die Beweise dafür machen keinen Gebrauch von vorangehenden Resultaten.

In der Literatur wird der Kurvenbegriff nicht einheitlich behandelt. In manchen Bereichen der Mathematik treten Kurven als Punktmengen (eindimensionale Mannigfaltigkeiten) auf, in anderen (etwa in der Mechanik) kommt es darauf an zu wissen, auf welche Weise die Kurve durchlaufen wird. Dafür wird eine zeitabhängige Parameterdarstellung benutzt, und man spricht von einem Weg.

I. Wege und Kurven. Eine stetige Funktion $\phi : I = [a,b] \to \mathbb{R}^n$ wird ein *Weg* (im $\mathbb{R}^n$) und die Bildmenge $C = \phi(I)$ eine *Kurve* mit der Parameterdarstellung ϕ genannt; wir schreiben kurz $\phi|I$, wenn die Angabe von I notwendig ist. Der Punkt $\phi(a)$ heißt *Anfangspunkt*, der Punkt $\phi(b)$ *Endpunkt* des Weges. Der Weg ϕ heißt ein *Jordanweg*, wenn die Abbildung ϕ injektiv ist, und ein *geschlossener Jordanweg*, wenn $\phi(a) = \phi(b)$ und ϕ auf $[a,b)$ injektiv ist. Ist $\phi \in C^1(I)$ und $\phi'(t) \neq 0$ in I, so wird ϕ ein *glatter Weg* genannt.

(a) *Glatte geschlossene Wege.* Von einem glatten geschlossenen Weg verlangen wir neben $\phi(a) = \phi(b)$ noch (i) $\phi'(a) = \lambda\phi'(b)$ mit $\lambda > 0$, d. h., die zugehörige Kurve darf an der Stelle $\phi(a)$ keine Ecke oder Spitze haben (eine Spitze liegt vor, wenn (i) mit $\lambda < 0$ gilt). Man kann durch eine Parametertransformation, etwa durch Übergang zu $\phi_1(t) = \phi(t + \alpha(t - a)^2)$, erreichen, daß in (i) $\lambda = 1$ wird (Aufgabe!). Dann läßt sich ϕ als periodische C^1-Funktion mit der Periode $p = b - a$ auf $\mathbb{R}$ fortsetzen, und der geschlossene Weg $\phi|[c, c+p]$ (c beliebig) erzeugt dieselbe Kurve C. Man kann also jeden Punkt von C zum Anfangspunkt (= Endpunkt) machen.

Diese Bezeichnungen übertragen sich auf die von ϕ erzeugte Kurve. Die Menge $C \subset \mathbb{R}^n$ ist also eine glatte Jordankurve, wenn es einen glatten Jordanweg $\phi|I$ mit $\phi(I) = C$ gibt.

(b) *Zusammensetzen von Wegen.* Wege lassen sich aneinanderheften: Sind $\phi|I$ und $\psi|J$ mit $I = [a, b]$, $J = [b, c]$ Wege und gilt $\phi(b) = \psi(b)$, so ist $\omega = \phi \oplus \psi$ der im Intervall $I \cup J$ durch $\omega|I = \phi$, $\omega|J = \psi$ definierte Weg. Diese Konstruktion ist auch durchführbar, wenn J nicht an I anschließt. Ist etwa $J = [\alpha, \beta]$ und natürlich $\phi(b) = \psi(\alpha)$, so verschiebt man zunächst den Parameter $(t' = t + b - \alpha)$ und verfährt dann wie oben.

(c) *Umorientierung.* Aus dem Weg $\phi|I$ entsteht, wenn man die Orientierung umkehrt, der Weg $\phi^-|I$, definiert durch $\phi^-(t) = \phi(a + b - t)$. Der Weg wird in umgekehrter Richtung durchlaufen, Anfangs- und Endpunkt vertauschen ihre Rollen, jedoch erzeugen ϕ und ϕ^- dieselbe Kurve.

Mehr über Wege und Kurven, insbesondere die Definition der Weglänge L und die zugehörige Formel

$$L = \int_a^b |\phi'(t)|\, dt \quad \text{für} \quad \phi \in C^1(I)$$

sowie Entsprechendes für die Kurvenlänge findet der Leser in Walter 2, § 5.

II. Wegzusammenhang. Gebiete. Eine offene Menge $G \subset \mathbb{R}^n$ heißt *zusammenhängend* (oder genauer *wegzusammenhängend*), wenn es zu je zwei Punkten $x, y \in G$ einen in G verlaufenden Weg gibt, der x und y verbindet (also $\phi|I$ mit $\phi(a) = x$, $\phi(b) = y$ und $\phi(I) \subset G$), kurz, wenn sich x und y in G verbinden lassen. Eine offene zusammenhängende Menge wird *Gebiet* genannt.

Nun sei G eine beliebige offene Menge und $x, y \in G$. Lassen sich x und y in G verbinden, so schreiben wir $x \sim y$. Diese Relation ist eine Äquivalenzrelation, und die zugehörigen Äquivalenzklassen sind paarweise disjunkte offene, zusammenhängende Teilmengen von G mit der Vereinigung G. Sie werden *Zusammenhangskomponenten*, *Wegkomponenten* oder auch nur *Komponenten* von G genannt. Genau dann ist G zusammenhängend, wenn es nur eine Komponente, nämlich G, gibt. Leicht zu beweisen ist

(a) Sind G, H Gebiete mit $G \cap H \neq \emptyset$, so ist auch $G \cup H$ ein Gebiet.

III. Ebene Kurven. Polarkoordinatendarstellung. Für Punkte (x, y) der Ebene benutzen wir die komplexe Schreibweise, $z = (x, y)$ oder auch $z = x + iy$, wobei dann x für $(x, 0)$ und i für $(0, 1)$ steht und $iy = (0, y)$ folgt. Die Funktion

$$e^{it} = (\cos t, \sin t) = \cos t + i \sin t$$

ist 2π-periodisch, und es ist $|e^{it}| = 1$.
Jeder Punkt $z \neq 0$ besitzt eine Darstellung in Polarkoordinaten

$$z = re^{i\phi};$$

dabei ist $r = |z| = \sqrt{x^2 + y^2}$ der *Betrag* von z. Das *Argument* $\phi = \arg z$ ist bis auf Vielfache von 2π eindeutig bestimmt. Für $z, z' \neq 0$ ist

$$\arg \frac{1}{z} = -\arg z, \quad \arg zz' = \arg z + \arg z' \pmod{2\pi}. \tag{1}$$

Mit dem Hauptwert der Arcusfunktionen läßt sich *ein* Wert des Arguments gemäß

$$\arg z = \begin{cases} \arctan y/x & \text{für} \quad x > 0 \quad [+\pi \ \text{für} \ x < 0], \\ \operatorname{arccot} x/y & \text{für} \quad y > 0 \quad [+\pi \ \text{für} \ y < 0] \end{cases} \tag{2}$$

bestimmen. Alle anderen Werte ergeben sich daraus durch Addition von $2k\pi$ (k ganz). Der Hauptwert des Arguments wird mit $\operatorname{Arg} z$ bezeichnet; er ist durch $-\pi < \operatorname{Arg} z \leq \pi$ definiert.

Im folgenden werden ebene Wege $\zeta(t) = (\xi(t), \eta(t)) : I \to \mathbb{R}^2$ behandelt. Wir zeigen zunächst, daß es eine Polarkoordinatendarstellung

$$\zeta(t) = r(t)e^{i\phi(t)} \quad \textit{mit stetiger Argumentfunktion} \ \phi(t) \tag{3}$$

gibt. Dazu benötigt man den folgenden einfachen Sachverhalt:

(a) *Existiert zu einer reellen oder komplexen Funktion $f \in C(I)$ ein $\delta > 0$ derart, daß an jeder Stelle $t \in I$ entweder $f(t) = 0$ oder $|f(t)| \geq \delta$ ist, und verschwindet f an einer Stelle aus I, so ist $f(t) \equiv 0$ in I.*

Beweis mit dem Zwischenwertsatz, angewandt auf $|f(t)|$.

Satz. *Ein Weg $\zeta | I$ besitzt, wenn $\zeta(t) \neq 0$ in I ist, eine Darstellung (3) mit einer in I stetigen Argumentfunktion ϕ. Die Darstellung ist eindeutig mod 2π, d. h., jede andere stetige Argumentfunktion ist von der Form $\phi(t) + 2k\pi$, k ganz.*

Ist $\zeta \in C^k(I)$, so sind auch $r(t) = |\zeta(t)|$ und $\phi(t)$ aus $C^k(I)$.

Beweis. Es sei $\zeta(t) = (\xi(t), \eta(t)) \in C^k(I)$ ($k \geq 0$). Ist etwa $\xi(\tau) > 0$, so erhält man durch $\phi(t) := \arctan \eta(t)/\xi(t)$ in einer Umgebung J_τ von τ eine Argumentfunktion aus $C^k(J_\tau)$. Entsprechend läßt sich mit einer der in (2) angegebenen Möglichkeiten für jeden Punkt $t \in I$ eine Intervallumgebung J_t und eine Funktion $\phi = \arg \zeta \in C^k(J_t)$ angeben. Nach dem Borelschen Überdeckungssatz überdecken bereits endlich viele dieser Intervalle, etwa

$J_1, \ldots, J_p$, das Intervall I. Sie seien so numeriert, daß $J_1 = [a, t_1)$, $t_1 \in J_2 = (s_2, t_2)$, $t_2 \in J_3 = (s_3, t_3), \ldots$, $t_{p-1} \in J_p = (s_p, b]$ ist. Es sei ϕ_j die zu J_j gehörende Argumentfunktion. Die Konstruktion einer Argumentfunktion $\phi \in C^k(I)$ beginnt mit $\phi(t) := \phi_1(t)$ in J_1. Dann wählt man einen Punkt $t \in J_1 \cap J_2$ und bestimmt ein m mit $\phi_1(t) = \phi_2(t) + 2m\pi$. Nach (a) ist dann $\phi_1 \equiv \phi_2 + 2m\pi$ in $J_1 \cap J_2$, und mit der Definition $\phi(t) := \phi_2(t) + 2m\pi$ in J_2 erhält man eine Funktion aus $C^k(J_1 \cup J_2)$. Durch Fortsetzung dieses Verfahrens ergibt sich schließlich $\phi = \arg \zeta \in C^k(I)$.

Die Eindeutigkeit mod 2π von ϕ folgt sofort aus (a).

Corollar. *Für zwei Wege $\zeta|I$ und $\zeta^*|I$, welche den Nullpunkt nicht treffen, sei $\mathrm{Re}\ \zeta^*(t)/\zeta(t) > 0$. Ist $\phi(t) = \arg\ \zeta(t)$ eine stetige Argumentfunktion, so wird durch*

$$\phi^*(t) := \phi(t) + \mathrm{Arg}\ \frac{\zeta^*(t)}{\zeta(t)}$$

eine stetige Argumentfunktion $\phi^*(t) = \arg\ \zeta^*(t)$ definiert.

Nach (1) ist $\phi^* = \arg\ \zeta^*$, und wegen $\mathrm{Re}\ \zeta^*/\zeta > 0$ arbeitet man in ganz I mit der arctan-Formel. Also ist ϕ^* stetig.

IV. Die Umlaufzahl. Es sei $I = [a, b]$ und $\zeta|I$ ein geschlossener Weg, der nicht durch den Nullpunkt läuft. Mit Hilfe der (stetigen) Polarkoordinatendarstellung $\zeta(t) = r(t)e^{i\phi(t)}$ definieren wir die

$$\textit{Umlaufzahl} \qquad U(\zeta) := \frac{1}{2\pi}\left\{\phi(b) - \phi(a)\right\}.$$

Wegen $\zeta(a) = \zeta(b)$ ist U eine ganze Zahl, und nach Satz III ist sie unabhängig von der gewählten Argumentfunktion ϕ: Anschaulich gibt $U(\zeta)$ an, wie oft der Weg ζ den Nullpunkt im positiven Sinn umkreist. Die Umlaufzahl wird auch *Index* von ζ genannt.

Beispiel. Für $\zeta(t) = e^{ikt}$ ($k \neq 0$ und ganz) in $I = [0, 2\pi]$ ist $U(e^{ikt}) = k$.

Ganz entsprechend erklärt man die Umlaufzahl $U(z, \zeta)$ eines geschlossenen Weges $\zeta|I$ um einen Punkt $z \notin \zeta(I)$. Man verschafft sich eine Darstellung $\zeta(t) = z + r(t)e^{i\phi(t)}$, also eine Darstellung (3) von $\zeta(t) - z$, und setzt

$$U(z, \zeta) = \frac{1}{2\pi}\left\{\phi(b) - \phi(a)\right\}.$$

Die obigen Aussagen über U gelten auch in diesem Fall.

Satz. *Es sei $C = \zeta(I)$. Die Umlaufzahl $U(z, \zeta)$ ist auf jeder Wegkomponente der offenen Menge $G = \mathbb{R}^2 \setminus C$ konstant.*

Beweis. Es genügt zu zeigen, daß die Funktion $U(z) := U(z, \zeta)$ in G stetig ist. Denn ist etwa $\psi|[0, 1]$ ein die Punkte $z_1, z_2 \in G$ verbindender Weg in G, so ist mit U auch die Funktion $h(t) := U(\psi(t))$ stetig, und aus der Ganzzahligkeit von $h(t)$ folgt mit III.(a) die Konstanz von h auf $[0, 1]$, also $U(z_1) = U(z_2)$.

Zum Beweis der Stetigkeit von U an der Stelle $z \in G$ betrachten wir Punkte z^* mit $|z - z^*| < \varrho := \text{dist } (z, C)$. Es ist dann $|z - z^*| < |\zeta(t) - z|$, also

$$\text{Re } \frac{\zeta(t) - z^*}{\zeta(t) - z} = \text{Re } \left(1 + \frac{z - z^*}{\zeta(t) - z} \right) > 0.$$

Nach Corollar III erhält man aus $\phi(t) = \arg (\zeta(t) - z)$ eine stetige Argumentfunktion $\phi^*(t) = \arg (\zeta(t) - z^*)$ nach der Formel

$$\phi^*(t) = \phi(t) + \text{Arg } \frac{\zeta(t) - z^*}{\zeta(t) - z}.$$

Offenbar strebt $\phi^*(t) \to \phi(t)$ und damit $U(z^*) \to U(z)$ für $z^* \to z$.

Wir kommen zum Jordanschen Kurvensatz. Er gehört zu jenen Sätzen, welche anschaulich unmittelbar einsichtig, aber nicht einfach zu beweisen sind. Man findet Beweise in Lehrbüchern über Topologie oder Funktionentheorie, etwa bei R.B. Burckel (1979).

V. Jordanscher Kurvensatz. *Eine geschlossene Jordankurve C zerlegt die Ebene in zwei zusammenhängende Teile. Genauer: Die offene Menge $\mathbb{R}^2 \backslash C$ besteht aus zwei Wegkomponenten, einer beschränkten Komponente* Int (C), *dem Inneren, und einer unbeschränkten Komponente* Ext (C), *dem Äußeren von C, und C ist der Rand jeder Komponente.*

Wird C durch den geschlossenen Jordanweg ζ erzeugt, so hat die Umlaufzahl $U(z, \zeta)$ den Wert $+1$ *oder* -1 *in* Int (C) *und Null in* Ext (C).

Positive und negative Orientierung. Ist C die vom geschlossenen Jordanweg ζ erzeugte Kurve, so sagt man, der Weg ζ sei *positiv orientiert*, wenn in Int (C) die Umlaufzahl $U(z) = +1$ ist, und *negativ orientiert*, wenn sie dort $= -1$ ist. Positive Orientierung bedeutet anschaulich, daß das Innere zur Linken liegt, wenn man in Wegrichtung fortschreitet. Der Einheitskreis ist in der üblichen Darstellung $z = e^{it}$, $0 \leq t \leq 2\pi$, positiv orientiert.

VI. Einfach zusammenhängende Gebiete. Ein Gebiet $G \subset \mathbb{R}^2$ heißt *einfach zusammenhängend*, wenn für jede in G gelegene geschlossene Jordankurve C das Innere Int (C) ebenfalls zu G gehört. Anschaulich bedeutet diese Eigenschaft, daß G keine Löcher hat. Dieser Begriff tritt u. a. in 3.III und im Existenzsatz 21.II auf.

Aufgabe. Ein ebenes Gebiet G heißt *konvex*, wenn für zwei beliebige Punkte z_1, z_2 aus G die Verbindungsstrecke $\overline{z_1 z_2}$ in G liegt; es heißt ein *Sterngebiet* bezüglich $a \in G$, wenn aus $z \in G$ folgt $\overline{az} \subset G$. Man zeige: Jedes konvexe Gebiet ist ein Sterngebiet, und jedes Sterngebiet ist einfach zusammenhängend. Man gebe ein Beispiel eines nichtkonvexen Sterngebietes an.

VII. Niveaukurven. Für eine stetig differenzierbare Funktion $F : G \subset \mathbb{R}^2 \to \mathbb{R}$ (G offen) betrachten wir die Niveaumengen

$$M_\alpha = \{ z \in G : F(z) = \alpha \} = F^{-1}(\alpha).$$

Ein Punkt z mit grad $F(z) = 0$ wird *kritischer* (oder *stationärer*) *Punkt* von F genannt. Der folgende Satz gibt ein Kriterium dafür an, daß die Niveaumengen geschlossene Jordankurven sind. Er spielt bei Untersuchungen über periodische Lösungen von Differentialgleichungen eine wichtige Rolle.

Satz. *Es sei $G \subset \mathbb{R}^2$ offen und $F \in C^1(G, \mathbb{R})$. Ist $M_\alpha = F^{-1}(\alpha)$ eine nicht leere kompakte Teilmenge von G, welche keine kritischen Punkte enthält, so besteht M_α aus endlich vielen glatten geschlossenen Jordankurven.*

Beweis. In einer Umgebung eines Punktes $z_0 \in M_\alpha$ läßt sich die Gleichung $F(x, y) = \alpha$ nach dem Satz über implizite Funktionen (vgl. etwa Walter 2, Satz 4.5) in der Form (i) $y = f(x)$ oder (ii) $x = g(y)$ auflösen. D. h., es gibt eine offene Umgebung $R = I \times J \subset G$ von z_0 mit $I = (a, b)$, $J = (c, d)$ und im Fall (i) eine Funktion $f \in C^1(\bar{I})$ derart, daß $F(x, f(x)) = \alpha$ in $\bar{I}$ und $F(x, y) \neq \alpha$ für alle (x, y) aus $\bar{R}$ mit $y \neq f(x)$ ist,

$$\bar{R} \cap M_\alpha = \text{graph } f|\bar{I} =: C, \quad R \cap M_\alpha = \text{graph } f|I =: C^0.$$

Dabei ist C eine Jordankurve mit der Parameterdarstellung $z = \zeta(t) = (t, f(t))$, $t \in \bar{I}$, und $C = C^0 \cup \{z', z''\}$, $z' = \zeta(a)$, $z'' = \zeta(b)$. Im Fall (ii) ist die Aussage ähnlich mit $\zeta(t) = (g(t), t)$, $t \in \bar{J}$, $C = \zeta(\bar{J})$, $z' = \zeta(c), \ldots$

Jedem Punkt aus M_α ist eine solche Rechteck-Umgebung zugeordnet. Unter diesen lassen sich nach dem Überdeckungssatz von Borel endlich viele auswählen, etwa $R_1, \ldots, R_p$, welche bereits M_α überdecken. Wir modifizieren die obigen Bezeichnungen,

$$z_k \in R_k = I_k \times J_k, \quad I_k = (a_k, b_k), \quad J_k = (c_k, d_k),$$
$$C_k^0 = R_k \cap M_\alpha, \quad C_k = \bar{R}_k \cap M_\alpha = C_k^0 \cup \{z_k', z_k''\},$$

und benutzen die zugehörige Parameterdarstellung $\zeta_k|L_k$ mit $L_k = [a_k', b_k']$, wobei $L_k^0 = I_k$ im Fall (i) und $L_k^0 = J_k$ im Fall (ii) ist.

Wir nehmen weiter an, daß keine überflüssigen Rechtecke auftreten, d. h. daß aus $C_k \subset C_l$ folgt $k = l$. Wir beginnen mit R_1 und nehmen an, es liege der Fall (i) vor. Es ist $\bar{R}_1 \cap M_\alpha = C_1 = \zeta_1(L_1)$. Der Weg $\zeta_1|L_1$ hat eine Orientierung (von links nach rechts), der Endpunkt $z_1'' = \zeta_1(b_1')$ liegt nicht in R_1. Also gibt es ein Rechteck, etwa R_2, mit $z_1'' \in R_2$ (dabei wurde umnumeriert, falls es notwendig ist, und so verfahren wir auch bei den folgenden Schritten). Auf der Kurve C_1 gibt es, wenn man von z_1' nach z_1'' fortschreitet, einen ersten Punkt $\bar{z}_1$ derart, daß das Kurvenstück von $\bar{z}_1$ bis z_1'', nennen wir es C_1^*, ganz in $\bar{R}_2$ liegt. Offenbar liegt $\bar{z}_1$ auf dem Rand von R_2, und daraus folgt, daß $\bar{z}_1 = z_2'$ oder z_2'' und deshalb C_1^* ein Anfangs- oder Endstück von C_2 ist. Wir übertragen die Orientierung von C_1 auf C_2, indem wir, falls notwendig, ζ_2 umorientieren (jedoch die Bezeichnung ζ_2 sowie z_2', z_2'' für Anfangs- und Endpunkt beibehalten); vgl. I.(c). Wieder ist $z_2'' = \zeta_2(b_2') \notin R_2$. Es gibt ein Rechteck R_3, das z_2'' enthält und in dem $C_3 = C_3^0 \cup \{z_3', z_3''\}$ liegt. Nach Voraussetzung ist C_2 keine Teilmenge von C_3, also $z_3' \in C_2^0$. In dieser Weise fahren wir fort. Da es nur eine endliche Anzahl von Rechtecken R_k gibt, diese aber M_α überdecken, tritt, etwa beim m-ten Schritt, der folgende Fall ein: es ist $z_m'' = \zeta_m(b_m') \notin R_m$, aber $z_m'' \in R_k$ für ein $k < m$, also $z_m'' \in C_k^0$. Da $R := R_1 \cup \cdots \cup R_m$ offen ist und alle Punkte von $C_1 \cup \cdots \cup C_m$ mit Ausnahme von z_1' innere Punkte von R sind, kann der Weg ζ_m nur an der Stelle z_1' in R eindringen, d. h., es ist $z_1' \in C_1^0$. Damit ist im wesentlichen gezeigt, daß $C = C_1 \cup \cdots \cup C_m$ eine geschlossene Jordankurve ist.

Um aus den Wegdarstellungen $\zeta_k | L_k$ der einzelnen Kurvenstücke C_k eine einheitliche Darstellung $\zeta | L$ für C zu erhalten, muß man zunächst die L_k so verkleinern, daß die Kurvenstücke nicht mehr überlappen, sondern aneinander anschließen. Für die so entstehenden Intervalle $L_k = [\alpha_k, \beta_k]$ gilt dann $\zeta_1(\beta_1) = \zeta_2(\alpha_2)$, jedoch nur $\zeta_1'(\beta_1) = \lambda \zeta_2'(\alpha_2)$ mit $\lambda > 0$. Um $\lambda = 1$ zu erhalten, ersetzt man in ζ_2 den Parameter t durch γt mit passendem $\gamma > 0$. Verfährt man so nacheinander an allen Anschluß-Stellen, so erhält man neue Darstellungen von C_k, für die (mit den alten Bezeichnungen) $\zeta_k(\beta_k) = \zeta_{k+1}(\alpha_{k+1})$ und $\zeta_k'(\beta_k) = \zeta_k'(\alpha_{k+1})$ gilt. Durch eine anschließende Parameterverschiebung (vgl. dazu I.(b)) erhält man schließlich einen glatten der Bedingung I.(a) genügenden Jordanweg für C.

Als einfache Folgerung erhält man den für Anwendungen nützlichen

VIII. Satz. *Es sei G einfach zusammenhängend, und $F \in C^1(G)$ habe an der Stelle z_0 ein globales Maximum und keine weiteren kritischen Stellen in G. Es sei etwa $f(z_0) =: B$, und es existiere ein $A < B$ ($A = -\infty$ zugelassen) derart, daß für jede Folge (z_n) in G mit $\lim z_n \in \partial G$ oder $\lim |z_n| = \infty$ die Beziehung $\limsup F(z_n) \le A$ besteht.*

Dann ist für jedes $\alpha \in (A, B)$ die Niveaumenge $C_\alpha = F^{-1}(\alpha)$ eine geschlossene glatte Jordankurve und $F(z) > \alpha$ in Int (C_α), $F(z) < \alpha$ in Ext (C_α).

Hieraus folgt sofort $z_0 \in \text{Int}(C_\alpha)$ und $C_\alpha \subset \text{Int}(C_\beta)$ für $A < \beta < \alpha < B$.

Beweis. Es sei $A < \alpha < B$. Da G zusammenhängt, ist $(A, B) \subset F(G)$, also $M_\alpha = F^{-1}(\alpha)$ nicht leer. Wäre M_α keine kompakte Teilmenge von G, so würde eine Folge (z_n) in M_α mit $\lim z_n \in \partial G$ oder $\lim |z_n| = \infty$ existieren, woraus sich wegen $F(z_n) = \alpha$ ein Widerspruch zur Voraussetzung ergibt. Nach dem vorangehenden Satz gibt es also eine geschlossene Jordankurve $C_\alpha \subset M_\alpha$. Zur Abkürzung schreiben wir I_α für Int (C_α) und E_α für Ext (C_α). Da z_0 der einzige kritische Punkt ist, hat F in I_α kein lokales Minimum, und es ist $F(z) > \alpha$ in I_α.

Es sei $A < \beta < \alpha$ und $M = \{z \in G : \beta \le F(z)\}$. Ähnlich wie oben sieht man, daß M eine kompakte Teilmenge von G ist. Die Menge $N = M \setminus I_\alpha$ ist ebenfalls kompakt. Es sei $\gamma = \max F(N) = F(z_1)$ mit $z_1 \in N$. Aus $\gamma > \alpha$ folgt, daß $z_1 \in E_\alpha$ ist. Da es in E_α keine kritischen Stellen gibt, scheidet dieser Fall aus. Es ist demnach $\gamma = \alpha$. Auch eine Stelle $z_1 \in E_\alpha$ mit $F(z_1) = \alpha$ wäre kritisch, und deshalb ist $F(z) < \alpha$ in E_α.

Der folgende wichtige Abschnitt benutzt die vorangehenden Sätze nicht.

IX. Autonome Differentialgleichungen in der Ebene. Zunächst einige Vorbereitungen. Dabei sind $I = [\alpha, \beta]$ und $J = [a, b]$ kompakte Intervalle.

(a) Die Funktion $h : J \to \mathbb{R}$ sei stetig und lokal injektiv (d. h., zu jedem $t \in J$ gibt es eine Umgebung U derart, daß die Einschränkung $h|U \cap J$ injektiv ist). Dann ist h in J injektiv, also streng monoton wachsend oder fallend.

(b) Es sei $\zeta|I$ ein Jordanweg, $C = \zeta(I)$ und $z|J$ ein glatter Weg mit $z(J) \subset C$. Dann ist z ein Jordanweg, und es gibt eine eindeutig bestimmte stetige und streng monotone Funktion $h : J \to I$ mit $z(t) = \zeta(h(t))$ für $t \in J$.

Beweis. (a) ist einfach. Zunächst ist h in einem Intervall $[a, a + \varepsilon]$ injektiv, also z. B. streng wachsend. Ist $c = \sup \{t \in J : h$ ist in $[a, t]$ streng wachsend$\}$, so führt man die Annahme $c < b$ zum Widerspruch.

(b) Wegen der Kompaktheit von I und der Bijektivität von $\zeta : I \to C$ ist ζ^{-1} stetig und injektiv, also $h = \zeta^{-1} \circ z : J \to I$ stetig. Aus $z'(t) = (x'(t), y'(t)) \neq 0$ folgt z. B. $x'(t) \neq 0$. Also ist x in einer Umgebung U von t streng monoton und damit z und auch h in U injektiv. Nach (a) ist h in J injektiv. Offenbar ist h durch $z = \zeta \circ h \iff h = \zeta^{-1} \circ z$ eindeutig bestimmt.

Im Beispiel des mathematischen Pendels (11.X.(d)) treten drei Arten von Niveaulinien C auf, geschlossene Jordankurven, Separatrizen und unendliche Kurven. Die Frage, ob eine Lösung eines autonomen Systems

$$\dot{x} = f(x, y), \quad \dot{y} = g(x, y), \tag{4}$$

welche auf einer solchen Kurve K beginnt, die ganze Kurve durchwandert, läßt sich nun allgemein beantworten. Wir setzen voraus, daß f und g in einem ebenen Gebiet G lokal Lipschitz-stetig sind, und erinnern an die Ergebnisse von 10.XI.

Satz über periodische Lösungen. *Es sei $C \subset G$ eine geschlossene Jordankurve und $(f, g) \neq 0$ auf C. Die Lösung $z(t) = (x(t), y(t))$ von (4) mit dem maximalen Existenzintervall $J^\circ = (a, b)$ $(-\infty \leq a < b \leq \infty)$ verlaufe in C, d. h., es gelte $z(J^\circ) \subset C$. Dann ist $z(J^\circ) = C$, $J^\circ = \mathbb{R}$, und die Lösung $z(t)$ ist periodisch.*

Bemerkung. Dieser Satz erhält seine Bedeutung durch den in 3.V dargestellten Sachverhalt, daß die Trajektorien als Niveaukurven einer Stammfunktion bestimmt werden können. Verschiedene Beispiele dazu findet man u. a. bei den Räuber-Beute-Modellen in 3.VI–VII und bei nichtlinearen Schwingungen in 11.X–XI.

Beweis. Nach 10.XI.(a) ist $J^\circ = \mathbb{R}$. Wir dürfen annehmen, daß $C = \zeta(I)$ mit $\zeta(\alpha) = \zeta(\beta) = z(0)$ ist; vgl. I.(a). Es sei $c = \sup \{t \in J^\circ : z([0, t]) \neq C\}$. Offenbar ist $0 < c \leq \infty$. Für beliebiges $c' < c$ ist $z([0, c'])$ in einer (nicht geschlossenen!) Jordankurve $C' \neq C$, $C' \subset C$, enthalten. Nach (b) ist (i)

$z(t) = \zeta(h(t))$ für $0 \leq t \leq c'$, wobei h injektiv ist. Wir nehmen an, h sei streng monoton wachsend (wenn nicht, wird der Weg ζ umorientiert). Die Gleichung (i) gilt also, da c' beliebig ist, im halboffenen Intervall $[0, c)$. Dabei ist $h(0) = \alpha$, und wir setzen $\gamma = \lim_{t \to c-} h(t)$. Nach (i) strebt $z(t) \to \zeta(\gamma) \in C$ für $t \to c$. Wäre $c = \infty$, so wäre $\zeta(\gamma)$ nach 10.XI.(h) ein kritischer Punkt des Systems (4) im Widerspruch zur Voraussetzung. Es ist also $c < \infty$. Wir setzen $h(c) = \gamma$. Damit ist h in $[0, c]$ stetig und streng monoton wachsend, und (i) gilt in $[0, c]$.

Die Annahme $\gamma < \beta$ widerspricht der Maximalität von c, da die Kurve $z([0, c])$ dann disjunkt zum Kurvenstück $\zeta((\gamma, \beta))$, also $z([0, c + \varepsilon]) \neq C$ für kleine positive ε ist. Es ist also $\gamma = \beta$, d. h. $z(c) = z(0)$. Nach 10.XI.(b) ist dann $z(t) = z(t + c)$ in $\mathbb{R}$. Aus (i) folgt schließlich, daß $z([0, c)) = C$ und c die kleinste positive Periode von $z(t)$ ist.

(c) *Offene Kurven.* Die Funktion $\zeta : I^\circ = (\alpha, \beta) \to G$ $(-\infty \leq \alpha < \beta \leq \infty)$ sei stetig und injektiv, es sei $C^\circ = \zeta(I^\circ)$, und die Umkehrfunktion $\zeta^{-1} : C^\circ \to I^\circ$ sei ebenfalls stetig. Dann sagen wir kurz, ζ ist ein *offener Jordanweg* und C° eine *offene Jordankurve.*

Bemerkung. Bei einem nicht kompakten Definitionsbereich ist die Umkehrfunktion i. a. nicht stetig. Jedoch ist ζ^{-1} stetig, wenn man zusätzlich voraussetzt, daß es keine Folge (t_k) in I° mit den Eigenschaften $\lim t_k = \alpha$ oder β und $\lim \zeta(t_k) \in C^\circ$ gibt. Diese Voraussetzung ist übrigens notwendig und hinreichend für die Stetigkeit von ζ^{-1}.

Corollar. *Es sei $\zeta|I^\circ$ eine offene Jordankurve, $C^a = \zeta(I^\circ) \subset G$ und $(f, g) \neq 0$ in C°. Für die Lösung $z(t) = (x(t), y(t))$ des Systems (4) mit dem maximalen Existenzintervall $J^\circ = (a, b)$ gelte $z(J^\circ) \subset C^\circ$. Dann ist $z(J^\circ) = C^\circ$. Ferner ist $z = \zeta \circ h$, wobei $h : J^\circ \to I^\circ$ stetig und bijektiv ist.*

Beweis. Ist $J' \subset J^\circ$ ein kompaktes Intervall, so ist $C' = z(J')$ kompakt, also $\zeta^{-1}(C')$ kompakt und damit in einem kompakten Intervall $I' \subset I^\circ$ enthalten. Wegen $(f, g) \neq 0$ ist $z|I'$ ein glatter Weg. Nach (b), angewandt auf I' und J', ist $z(t) = \zeta(h(t))$ in J', wobei $h : J' \to I'$ stetig und (z. B.) streng monoton wachsend ist. Da h eindeutig bestimmt und J' beliebig ist, erhält man $z(t) = \zeta(h(t))$ in J° mit stetigem, streng wachsendem $h : J^\circ \to I^\circ$.

Es bleibt zu zeigen, daß $h(J^\circ) = I^\circ = (\alpha, \beta)$ ist; die anderen Aussagen des Corollars erhält man daraus ohne Mühe. Wir beschränken uns auf den Nachweis von $\lim_{t \to b} h(t) = \beta$. Angenommen, es sei $\lim_{t \to b} h(t) = \gamma < \beta$. Daraus folgt zunächst $\lim_{t \to b} z(t) = \zeta(\gamma) \in C^\circ$. Die Annahme $b < \infty$ steht dann im Widerspruch zur Maximalität von b. Aus der Annahme $b = \infty$ folgt wie oben, daß $\zeta(\gamma)$ ein kritischer Punkt von (4) ist. Dieser Widerspruch zeigt, daß $\gamma = \beta$ ist. Entsprechend zeigt man, daß $h(t) \to \alpha$ strebt für $t \to a$.

Bemerkungen. 1. Dieses Ergebnis ist anwendbar, wenn $\zeta|[\alpha, \beta]$ ein zwei stationäre Punkte von (f, g) verbindender Weg ohne weitere stationäre Punkte ist. Für $t \to a$ bzw. b strebt dann die Lösung gegen den entsprechenden stationären Endpunkt. Ähnlich verhält es sich, wenn $|\zeta(t)|$ für $t \to \alpha$ oder β gegen ∞ strebt. Auch in diesem Fall durchläuft die Lösung $z(t)$ die ganze Kurve C^0. Beide Fälle treten beim mathematischen Pendel in 11.X.(d) auf.

2. Der obige Satz und sein Corollar geben eine Antwort auf die in 3.V.(d) gestellte Frage, ob die Lösung eine Niveaukurve ganz durchläuft oder „irgendwo aufhört"; die in 3.V.(c) aufgeworfene Frage nach der Natur der Niveaumengen wird in den Sätzen der Abschnitte VII bis IX beantwortet.

3. Satz und Corollar bleiben für autonome Systeme im $\mathbb{R}^n$ gültig; dies trifft auch auf die Beweise zu.

B. Reelle Analysis

Zunächst werden einige Sätze über Dini-Ableitungen und konvexe Funktionen bewiesen, die im Zusammenhang mit Differential-Ungleichungen, insbesondere Normabschätzungen, Bedeutung haben. Daran schließt sich ein Beweis des grundlegenden Fixpunktsatzes von Brouwer an. Aus ihm wird in D.XII der Schaudersche Fixpunktsatz abgeleitet.

In diesem Abschnitt bezeichnet $|\cdot|$ die Euklid-Norm im $\mathbb{R}^n$; Punkte im $\mathbb{R}^n$ werden (ebenso wie im Banachraum) nicht fett gedruckt, und J bezeichnet ein Intervall.

I. Dini-Ableitungen. Für eine Funktion $u : J \to \mathbb{R}$ (J Intervall) ist die obere bzw. untere rechtsseitige *Dini-Derivierte* (oder *Dini-Ableitung*) definiert durch

$$D^+u(t) = \limsup_{s \to t+} Q(s,t), \qquad D_+u(t) = \liminf_{s \to t+} Q(s,t).$$

Dabei ist $Q(s,t) = [u(s) - u(t)]/(s - t) = Q(t,s)$ der Differenzenquotient von u. Bei den entsprechenden linksseitigen Derivierten D^-, D_- ist $s \to t+$ durch $s \to t-$ zu ersetzen; sie wurden bereits in 9.I definiert.

Im folgenden bezeichnet $D \in \{D^+, D_+, D^-, D_-\}$ eine beliebige, aber innerhalb eines Satzes oder einer Formel fest gewählte Dini-Ableitung.

(a) Für eine rechtsseitige Dini-Derivierte gilt $D(u+v) = Du + v'_+$, falls die rechtsseitige Ableitung von v existiert (mit endlichem Wert). Entsprechend für linksseitige Ableitungen.

Das folgt sofort aus der Formel $\limsup(a_n + b_n) = \limsup a_n + \lim b_n$ für konvergente Folgen (b_n) und einer entsprechenden Formel mit $\liminf$.

(b) Ist $u \in C(J)$ und $Du \geq 0$ in $J \setminus N$, wobei N höchstens abzählbar ist, so ist u monoton wachsend in J.

Dies ist ein Spezialfall des allgemeinen Mittelwertsatzes 12.24 in Walter 1. Hieraus folgt ein bemerkenswerter

II. Satz. *Für die Funktionen $u, h \in C(J)$ gelte $D^* u(t) \geq h(t)$ in $J \setminus N$, wobei D^* eine Dini-Derivierte und N eine höchstens abzählbare Menge bezeichnet. Dann gilt $Du(t) \geq h(t)$ für jedes $t \in J$ und jede Dini-Derivierte.*

Beweis. Es sei H eine Stammfunktion zu h, also $H' = h$ in J. Für die Funktion $v(t) = u(t) - H(t)$ ist $D^* v(t) = D^* u(t) - h(t) \geq 0$ in $J \setminus N$ nach I.(a). Nach I.(b) ist v monoton wachsend, also $Dv(t) \geq 0$ für alle $t \in J$ und jedes D. Diese Ungleichung ist, wieder nach I.(a), äquivalent mit der Behauptung.

Bemerkung. Besitzt u einseitige Ableitungen und ist $u'_+ \leq f(t, u)$ in J (f stetig), so ist nach Satz II auch $u'_- \leq f(t, u)$ in J. Formulierungen in der Literatur zeigen, daß dies nicht allgemein bekannt ist.

III. Konvexe Funktionen.

Die Funktion $u : J \to \mathbb{R}$ heißt *konvex*, wenn

$$u(\lambda a + (1 - \lambda)b) \leq \lambda u(a) + (1 - \lambda)u(b) \tag{1}$$

für $0 < \lambda < 1$ und $a, b \in J$ gilt. Elementare Eigenschaften konvexer Funktionen, insbesondere die Existenz der einseitigen Ableitungen und die Ungleichungen $u'_-(s) \leq u'_+(s) \leq u'_-(t) \leq u'_+(t)$ für $s < t$, aus denen die Differenzierbarkeit von u in $J \setminus N$ (N abzählbar) folgt, werden in den Abschnitten 11.17–19 von Walter 1 bewiesen.

Lemma. *Es sei X ein Banachraum mit der Norm $\| \cdot \|$ und $x, y \in X$. Dann ist die Funktion $p(t) = \| x + ty \|$ konvex und*

$$-\|y\| \leq p'_-(t) \leq p'_+(t) \leq \|y\| \quad \text{für} \quad t \in \mathbb{R}.$$

Die Konvexität folgt sofort aus der Dreiecksungleichung. Mit $\mu = 1 - \lambda$ erhält man nämlich

$$\begin{aligned}
p(\lambda a + \mu b) &= \| x + (\lambda a + \mu b)y \| \\
&= \| \lambda(x + ay) + \mu(x + by) \| \leq \lambda p(a) + \mu p(b),
\end{aligned}$$

also (1). Ebenso liefert die Dreiecksungleichung die Abschätzung

$$|p(t + h) - p(t)| \leq \|hy\|,$$

woraus sich nach Division durch h und Grenzübergang die zweite Behauptung ergibt (die Existenz der Ableitungen wird durch die Konvexität gesichert).

Beim Übergang von einer glatten Vektorfunktion $u(t)$ zur Norm $|u(t)|$ geht die Differenzierbarkeit i. a. verloren. Jedoch zeigt der folgende Satz, daß die einseitige Differenzierbarkeit erhalten bleibt, und zwar im allgemeinen Fall von Funktionen mit Werten in einem Banachraum. Dabei ist die Ableitung einer Funktion $u : J \to X$ (X Banachraum) wie im klassischen Fall definiert: $u'(t) = \lim_{h \to 0} [u(t + h) - u(t)]/h \in X$ (Limes bezüglich der Norm von X).

IV. Satz.

Es sei X ein Banachraum mit der Norm $\| \cdot \|$ und $u : J \to X$ eine stetige Funktion. Dann ist auch die Funktion $\phi(t) := \|u(t)\|$ in J stetig.

Besitzt u an der Stelle t eine rechtsseitige Ableitung, so gilt dasselbe für ϕ, und es ist

$$-\|u'_+(t)\| \leq \phi'_+(t) \leq \|u'_+(t)\|$$

(entsprechend für linksseitige Abbildungen). Ist u an der Stelle t differenzierbar, so ist

$$-\|u'(t)\| \leq \phi'_-(t) \leq \phi'_+(t) \leq \|u'(t)\|.$$

Beweis. Aus der Dreiecksungleichung ergibt sich zunächst $|\phi(s) - \phi(t)| \leq \|u(s) - u(t)\|$ und hieraus die Stetigkeit von ϕ. Nun sei u bei t rechtsseitig differenzierbar, also

$$u(t + h) = u(t) + hu'_+(t) + he(h) \quad \text{mit} \quad \lim_{h \to 0+} \|e(h)\| = 0.$$

Es folgt

$$\phi(t + h) = \|u(t) + hu'_+(t)\| + h\delta(h) \quad \text{mit} \quad \lim_{h \to 0+} \delta(h) = 0;$$

hier wurde wieder die Dreiecksungleichung in der Form (5.2) benutzt. Mit den Abkürzungen $x = u(t)$, $y = u'_+(t)$, $p(h) = \|x + hy\|$ ist also

$$\phi(t + h) - \phi(t) = p(h) - p(0) + h\delta(h).$$

Die Behauptung ergibt sich nun aus Lemma III.

Wir kommen zu dem 1912 von dem holländischen Mathematiker Luitzen Egbertus Jan Brouwer (1881–1966) entdeckten Fixpunktsatz.

V. Fixpunktsatz von Brouwer. *Es sei B die abgeschlossene Einheitskugel im $\mathbb{R}^n$ und $f : B \to B$ stetig. Dann hat f mindestens einen Fixpunkt.*

Da $\mathbb{C}^n$ normisomorph zu $\mathbb{R}^{2n}$ ist, gilt der Satz auch für die abgeschlossene Einheitskugel in $\mathbb{C}^n$.

Zunächst eine Vorbemerkung. Man darf annehmen, daß f eine glatte Funktion, etwa ein Polynom ist. Denn nach dem Weierstraßschen Approximationssatz, angewandt auf jede der n Komponenten von f, gibt es zu $\varepsilon > 0$ ein (Vektor-) Polynom P mit $\|f - P\| < \varepsilon$. Hier und im folgenden wird die Maximum-Norm in B verwendet, $\|f\| = \max\{|f(x)| : x \in B\}$. Es ist dann $\|P\| \leq 1 + \varepsilon$, also $Q(x) = P(x)/(1 + \varepsilon)$ eine Abbildung von B in B. Man sieht leicht, daß $\|f - Q\| < 2\varepsilon$ ist. Ist x ein Fixpunkt von Q, so folgt $|x - f(x)| = |Q(x) - f(x)| < 2\varepsilon$. Nach Satz 7.X hat also f einen Fixpunkt, wenn jede glatte Abbildung von B in B einen Fixpunkt hat.

Wir beweisen jetzt den Satz in mehreren Schritten unter der Annahme, daß $f \in C^1(B)$ ist.

(a) Es sei

$$P(\lambda) = a\lambda^2 + 2b\lambda + c \quad \text{mit} \quad a > 0$$

ein reelles quadratisches Polynom mit der Eigenschaft $P(0) \leq 1$, $P(1) \leq 1$. Da P konvex ist, gibt es genau zwei Werte λ_1, λ_2 mit $P(\lambda_1) = P(\lambda_2) = 1$, und es ist

$$\lambda_1 \leq 0 < 1 \leq \lambda_2 \quad \text{und} \quad P(\lambda) < 1 \quad \text{für} \quad \lambda_1 < \lambda < \lambda_2.$$

Es ist $\lambda_{1,2} = A \pm \sqrt{C}$ mit $A = -b/a$, $C = (b/a)^2 + (1-c)/a \geq 1/4$, letzteres, weil $\lambda_2 - \lambda_1 \geq 1$ ist.

(b) Angenommen, f habe keinen Fixpunkt. Dann ist die in B stetige Funktion $|f(x) - x|$ positiv. Da B kompakt ist, gibt es ein $\gamma > 0$ mit $|f(x) - x| \geq \gamma$ in B. Das Polynom

$$P(\lambda) = |x + \lambda(f(x) - x)|^2$$

hat für jedes $x \in B$ die Eigenschaften von (a): $P(0) = |x|^2 \leq 1$, $P(1) = |f(x)|^2 \leq 1$ sowie

$$a = |f(x) - x|^2 \geq \gamma^2 > 0, \quad b = x \cdot (f(x) - x), \quad c = |x|^2. \tag{2}$$

Die Funktion $\lambda_1 = \lambda_1(x)$ ist ≤ 0 und aus $C^1(B)$, wie man aus der Darstellung $\lambda_1 = A - \sqrt{C}$ in (a) abliest.

(c) Wir betrachten die C^1-Funktionen $g(x) := \lambda_1(x)(f(x) - x)$ und

$$h(t, x) = x + tg(x) \quad \text{für} \quad 0 \leq t \leq 1$$

und bilden das Integral

$$V(t) = \int_B \det \frac{\partial h(t, x)}{\partial x} \, dx = \int_B \det \left(E + t \frac{\partial g(x)}{\partial x} \right) dx.$$

Dabei sind $\partial h/\partial x$ und $\partial g/\partial x$ die $n \times n$-Jacobi-Matrizen von h und g.

Der Beweis des Satzes durch Widerspruch wird nun folgendermaßen geführt. Wir zeigen nacheinander, daß (i) $V(0) = |B| = \Omega_n$ (Volumen der Einheitskugel), (ii) $V(1) = 0$ und (iii) $V(t) = $ const ist.

Die Aussage (i) ist aus der Definition von V abzulesen. Bei (ii) sieht man zunächst, daß $|h(1, x)|^2 = |x + \lambda_1(x)(f(x) - x)|^2 = P(\lambda_1(x)) = 1$ ist. Durch $h(1, \cdot)$ wird also B auf ∂B abgebildet. Damit ist für $x \in B^\circ$ die Matrix $\partial h(1, x)/\partial x$ singulär, denn andernfalls würde durch $h(1, \cdot)$ eine Umgebung von x bijektiv auf eine Umgebung von $h(1, x)$ abgebildet nach dem Satz über die Umkehrabbildung (Satz 4.6 in Walter 2). Für $x \in B^\circ$ ist also det $\partial h(1, x)/\partial x = 0$, woraus (ii) folgt.

Der Beweis von (iii) beginnt mit der Bemerkung, daß g als C^1-Funktion einer Lipschitzbedingung

$$|g(x) - g(x')| \leq L|x - x'| \quad \text{in} \quad B \tag{3}$$

genügt. Ferner ist $g(x) = 0$ für $x \in \partial B$, da in diesem Fall $P(0) = |x|^2 = 1$, also $\lambda_1(x) = 0$ ist. Wir setzen nun g stetig auf den $\mathbb{R}^n$ fort, indem wir $g(x) = 0$ für $|x| > 1$ festlegen. Die Lipschitzbedingung (3) gilt dann im ganzen Raum $\mathbb{R}^n$, wovon man sich leicht überzeugt. Wir zeigen:

(d) Für $0 \le t < 1/L$ ist $h(t, \cdot)$ eine bijektive Abbildung von B nach B. Dazu sei $a \in \mathbb{R}^n$ beliebig. Die Gleichung $h(t, x) = a$ betrachten wir im $\mathbb{R}^n$ (mit der fortgesetzten Funktion g); sie ist äquivalent mit

$$x = a - tg(x).$$

Da die rechte Seite dieser Gleichung eine Kontraktion mit der Lipschitzkonstante $tL < 1$ ist, gibt es genau ein $x = x_a$ mit $h(t, x_a) = a$. Die Funktion $h(t, \cdot)$ bildet also den $\mathbb{R}^n$ bijektiv auf sich ab. Nun ist aber $h(t, \cdot)$ auf $\mathbb{R}^n \setminus B$ die identische Abbildung. Deshalb bildet $h(t, \cdot)$ auch B bijektiv auf B ab.

(e) Aus der Substitutionsregel für n-dimensionale Integrale (s. Abschnitt 7.18 in Walter 2) folgt, daß $V(t) = \text{const} = \Omega_n$ ist, jedenfalls, solange $h(t, \cdot)$ eine Bijektion $B \to B$ und det $\partial h(t, x)/\partial x > 0$ ist, also sicher in einem Intervall $0 \le t \le \varepsilon < 1/L$. Da aber $V(t)$ ein Polynom in t vom Grad $\le n$ ist, folgt $V(t) \equiv \Omega_n$ für $0 \le t \le 1$. Mit diesem Ergebnis ist der Beweis des Brouwerschen Fixpunktsatzes abgeschlossen.

In den folgenden Corollaren bedienen wir uns einer abkürzenden Sprechweise. Wir sagen, eine Teilmenge A eines Banachraumes hat die *Fixpunkteigenschaft*, wenn jede stetige Abbildung von A in A einen Fixpunkt besitzt. Der Brouwersche Fixpunktsatz lautet dann: *Die abgeschlossene Einheitskugel im $\mathbb{R}^n$ hat die Fixpunkteigenschaft.*

Zwei Mengen $A \subset X$ und $B \subset Y$ (X, Y Banachräume oder allgemeiner topologische Räume) werden *homöomorph* genannt, wenn es einen Homöomorphismus $h : A \to B$ (eine bijektive, mit Einschluß ihrer Umkehrabbildung stetige Abbildung) gibt.

Corollar 1. *Sind die Mengen A und B homöomorph und hat A die Fixpunkteigenschaft, so kommt diese Eigenschaft auch B zu.*

Der Beweis ist sehr einfach. Es sei $h : A \to B$ ein Homöomorphismus und $f : B \to B$ eine stetige Abbildung. Dann ist $F = h^{-1} \circ f \circ h$ eine stetige Abbildung von A in sich. Ist x ein Fixpunkt von F, so ist der Bildpunkt $\xi = h(x)$ ein Fixpunkt von f, wie man sofort sieht.

Corollar 2. *Die Menge $A \subset \mathbb{R}^n$ sei kompakt, und es existiere eine stetige Abbildung $P : \mathbb{R}^n \to A$ mit $P|A = \text{id}_A$, d. h. $P(x) = x$ für $x \in A$. Dann hat A die Fixpunkteigenschaft.*

Für den Beweis sei $B \supset A$ eine abgeschlossene Kugel und $f : A \to A$ stetig. Dann ist $F = f \circ P$ eine stetige Abbildung von B in sich. Nach dem Fixpunktsatz von Brouwer besitzt F einen Fixpunkt ξ, und wegen $F(B) \subset A$ ist $\xi \in A$, also $\xi = P(\xi)$, d. h., ξ ist auch Fixpunkt von f.

Corollar 3. *Eine nicht leere konvexe und kompakte Menge $A \subset \mathbb{R}^n$ hat die Fixpunkteigenschaft.*

Beweis. Zu jedem $x \in \mathbb{R}^n$ gibt es, da A konvex und kompakt ist, genau einen „Lotfußpunkt" $y = Px \in A$ mit dist $(x, A) = |x - y|$. Die Abbildung

P, sie wird auch (metrische) Projektion auf A genannt, ist stetig, und die Behauptung folgt aus Corollar 2; vgl. dazu Abschnitt 2.1, Beispiel 3, in Walter 2.

Bemerkung. Eine Eigenschaft von Mengen, die sich bei einer homöomorphen Abbildung auf die Bildmenge überträgt, wird auch topologische Eigenschaft genannt. Z. B. sind Offenheit und Kompaktheit topologische Eigenschaften. Corollar 1 zeigt, daß auch die Fixpunkteigenschaft eine topologische Eigenschaft ist.

C. Komplexe Analysis

Wir werden hier einige Hilfsmittel aus der komplexen Funktionentheorie besprechen, die bei der Behandlung von gewöhnlichen Differentialgleichungen im Komplexen benutzt wurden. Es handelt sich dabei vor allem um den Banachraum von holomorphen Funktionen in Beispiel 5.III.(d) und um die in 8.I beschriebenen Eigenschaften holomorpher Funktionen. Im folgenden ist G ein Gebiet in der komplexen Ebene.

I. Holomorphe Funktionen. Komplexe Wegintegrale.
Wir nennen eine Funktion $f : G \to \mathbb{C}$ *holomorph* in G und schreiben $f \in H(G)$ (21.I), wenn f in G (im komplexen Sinn) stetig differenzierbar ist. In Lehrbüchern der Funktionentheorie wird meist nur Differenzierbarkeit verlangt, die Stetigkeit der Ableitung (und mehr) ergibt sich dann als Satz.

Das komplexe Wegintegral benutzt einen stückweise stetig differenzierbaren Weg $\zeta(t) : I = [a,b] \to \mathbb{C}$. Das Integral über diesen Weg ist gegeben durch

$$\int\limits_{\zeta} f(z)\,dz = \int_a^b f(\zeta(t))\zeta'(t)\,dt.$$

Es existiert, wenn die komplexwertige Funktion f auf der zugehörigen Kurve $C = \zeta(I)$ stetig ist. Am Rande sei bemerkt, daß dieses Integral auch nach dem Muster des Riemann-Integrals eingeführt werden kann. Man führt dazu Zwischensummen $\sigma(Z,\tau)$ ein, wobei $Z = (t_0, \ldots, t_p)$ eine Zerlegung des Intervalls I, $\tau = (\tau_1, \ldots, \tau_p)$ ein dazu passender Satz von Zwischenpunkten ist:

$$\sigma(Z,\tau) = \sum_{i=1}^p f(\zeta_i)(z_i - z_{i-1}) \quad \text{mit} \quad z_i = \zeta(t_i), \quad \zeta_i = \zeta(\tau_i).$$

Das Wegintegral definiert man dann als Limes solcher Zwischensummen in derselben Weise, wie das beim klassischen Riemann-Integral geschieht. Bei diesem Zugang kann man auf die Differenzierbarkeit des Weges verzichten, es genügt, daß der Weg rektifizierbar ist; vgl. Abschnitt 6.19 in Walter 2.

Die beiden folgenden Sätze bilden das Fundament der Cauchyschen Funktionentheorie. Wir formulieren sie nur in der für uns notwendigen Allgemeinheit.

II. Cauchyscher Integralsatz. *Ist G einfach zusammenhängend, $f \in$ $H(G)$ und $\zeta | I$ mit $I = [a, b]$ ein stückweise stetig differenzierbarer geschlossener Weg in G, so ist*

$$\overset{\zeta}{\int} f(z)\, dz = \int_a^b f(\zeta(t))\zeta'(t)\, dt = 0.$$

Das Integral ($z_0 \in G$ fest)

$$F(z) = \int_{z_0}^z f(z')\, dz'$$

ist wegunabhängig (d. h., für jeden Weg $\zeta | I$ in G mit $\zeta(a) = z_0$, $\zeta(b) = z$ ergibt sich derselbe Wert), und F ist eine Stammfunktion zu f, $F' = f$, insbesondere ist $F \in H(G)$.

Für Sterngebiete findet man einen Beweis in den Abschnitten 6.20–21 von Walter 2. In dem Lehrbuch *Funktionentheorie I* von R. Remmert (und auch in anderen Lehrbüchern) wird ein Beweis für den allgemeinen Fall gegeben.

III. Cauchysche Integralformel für den Kreis. *Liegt der Kreis B : $|z - z_0| < r$ mitsamt seinem Rand ∂B in G, so gilt für $f \in H(G)$*

$$f(z) = \frac{1}{2\pi i} \int_{\partial B} \frac{f(\zeta)}{\zeta - z}\, d\zeta \quad \text{für} \quad z \in B. \tag{1}$$

Dabei ist der Kreisrand ∂B positiv orientiert; gewöhnlich benutzt man dazu den Weg $\zeta(t) = z_0 + re^{it}$, $0 \le t \le 2\pi$.

IV. Anwendungen der Cauchyschen Integralformel. Man entwickelt zunächst den in (1) auftretenden Faktor $1/(\zeta - z)$ in eine geometrische Reihe,

$$\frac{1}{\zeta - z} = \sum_{n=0}^{\infty} \frac{(z - z_0)^n}{(\zeta - z_0)^{n+1}} \quad \text{für} \quad |z - z_0| < |\zeta - z_0| = r.$$

Diese Reihe ist in jedem konzentrischen Kreis $|z - z_0| \le \varrho < r$ gleichmäßig konvergent. Man kann also in (1) gliedweise integrieren und erhält so den folgenden Satz.

(a) Unter den Voraussetzungen von III läßt sich f in eine Potenzreihe

$$f(z) = \sum_{n=0}^{\infty} c_n(z - z_0)^n \quad \text{für} \quad |z - z_0| < r \tag{2}$$

entwickeln.

(b) Es sei (f_n) eine Folge aus $H(G)$, welche in G lokal gleichmäßig konvergiert. Dann gehört die Grenzfunktion $f(z) = \lim f_n(z)$ zu $H(G)$.

Die Voraussetzung besagt, daß die Folge in jedem abgeschlossenen Kreis $\overline{B} \subset G$ gleichmäßig konvergiert. Die Grenzfunktion ist also stetig in G. Schreibt man (1) für f_n auf und läßt $n \to \infty$ streben, so darf man den Grenzübergang unter dem Integral durchführen, d. h., die Grenzfunktion f genügt ebenfalls der Gleichung (1). Nach der Überlegung bei (a) läßt sich f in eine Potenzreihe der Form (2) entwickeln. Also ist f in B holomorph. Hieraus erhält man die Holomorphie in ganz G auf einfache Weise.

Wir ziehen zwei Folgerungen aus (a) und (b).

V. Satz. *Ist $f \in H(G)$ und ist der Kreis $B : |z - z_0| < r$ in G gelegen, so gestattet f eine mindestens in B gültige Entwicklung (2), und der Konvergenzradius dieser Potenzreihe ist $\geq r$.*

VI. Satz. *Die Funktion $p : G \to \mathbb{R}$ sei stetig und positiv. Dann bildet die Menge $H_p(G)$ aller Funktionen $f \in H(G)$ mit $\sup\limits_{G} p(z)|f(z)| < \infty$, versehen mit der Norm*

$$\|f\| = \sup \{p(z)|f(z)| : z \in G\},$$

einen Banachraum.

Satz V folgt sofort aus IV.(a). Bei Satz VI beachte man, daß zu einem Kreis B mit $\overline{B} \subset G$ positive Konstanten α, β mit $0 < \alpha \leq p(z) \leq \beta$ in $\overline{B}$ existieren. Es ist also $|f(z)| \leq \|f\|/p(z) \leq \|f\|/\alpha$ in $\overline{B}$. Hieran erkennt man, daß eine Cauchyfolge (f_n) bezüglich der Norm $\| \cdot \|$ in $\overline{B}$ gleichmäßig, also in G lokal gleichmäßig konvergiert. Die Grenzfunktion f ist dann nach IV.(b) holomorph in G. Es gibt ein $C > 0$ mit $\|f_n\| \leq C$ für alle n. Mit $p(z)|f_n(z)| \leq C$ ist auch $p(z)|f(z)| \leq C$ in G, d. h. $f \in H_p(G)$. Aus einer Ungleichung $\|f_n - f_{n+k}\| < \varepsilon$ für $n \geq n_0$, $k \geq 1$ folgt, indem man $k \to \infty$ streben läßt, $\|f_n - f\| \leq \varepsilon$. Es gilt also $\lim \|f_n - f\| = 0$.

Man erkennt am Beweis, daß die Stetigkeit von p nicht wichtig ist. Worauf es allein ankommt, ist die Möglichkeit einer Abschätzung $0 < \alpha \leq p(z) \leq \beta$ in jedem Kreis B mit $\overline{B} \subset G$ (α, β von B abhängig).

Satz V wird u. a. im Beweis von Satz D.VI benutzt. Banachräume holomorpher Funktionen, wie sie in Satz VI beschrieben werden, treten beim Beweis der Existenzsätze 8.II, 10.X und 21.II auf.

D. Funktionalanalysis

Hier werden einige Begriffe und Sätze aus der Funktionalanalysis zusammengestellt, die Berührpunkte mit unserem Gegenstand haben. Die Auswahl verfolgt vor allem den Zweck, eine vertiefte Einsicht in funktionalanalytische Beweismethoden im Zusammenhang mit dem Kontraktionsprinzip zu vermitteln. Mit dem Beweis des Schauderschen Fixpunktsatzes, dessen Nutzen für die Differentialgleichungen wohl kaum überschätzt werden kann, schließt der Anhang ab.

Im folgenden ist X ein reeller oder komplexer Banachraum mit der Norm $\| \cdot \|$, wenn nichts anderes gesagt wird.

I. Konvergenz von Reihen. Die Konvergenz von Reihen $\sum x_n$ mit $x_n \in X$ ist in der üblichen Weise erklärt; vgl. 5.IV. Die Reihe heißt *absolut konvergent*, wenn $\sum \|x_n\| < \infty$ ist. Wie im Reellen gilt

(a) Ist $\sum x_n$ absolut konvergent, so ist $\sum x_n$ konvergent und $\| \sum x_n \| \leq \sum \|x_n\|$.

Der reelle Beweis (s. Walter 1, Satz 5.8) überträgt sich. Damit gelten auch die Vergleichskriterien (5.9 in Walter 1), insbesondere das

(b) *Wurzelkriterium.* Die Reihe $\sum x_n$ ist absolut konvergent, wenn $\|x_n\|^{1/n} \leq q < 1$ für große n ist, und divergent, wenn $\|x_n\|^{1/n} \geq 1$ für unendlich viele n ist.

II. Äquivalente und monotone Normen. Die Normen $\| \cdot \|$, $\| \cdot \|'$ im Vektorraum X heißen *äquivalent*, wenn positive Konstanten α, β existieren, so daß

$$\alpha \leq \frac{\|x\|}{\|x\|'} \leq \beta \quad \text{für} \quad x \neq 0 \tag{1}$$

ist. Offenbar wird hierdurch eine Äquivalenzrelation in der Menge aller in X erklärten Normen definiert. Beim Übergang zu einer äquivalenten Norm spricht man auch von *Umnormierung*.

Es sei X ein Raum von Funktionen $f : D \to Y$, wobei Y der Raum $\mathbb{R}^n$ oder $\mathbb{C}^n$ (oder ein anderer Banachraum) mit der Norm $| \cdot |$ ist. Die Norm $\| \cdot \|$ in X heißt *monoton*, wenn für $f, g \in X$

aus $|f(x)| \leq |g(x)|$ für $x \in D$ folgt $\|f\| \leq \|g\|$.

Alle in den Beispielen von 5.III auftretenden Normen sind monoton.

III. Beschränkte lineare Operatoren. Die Menge $\mathcal{L}(X)$ aller linearen Abbildungen $A : X \to X$ mit endlicher

$$\text{Operatornorm} \quad \|A\| := \sup \{\|Ax\| : \|x\| = 1\} = \sup \left\{ \frac{\|Ax\|}{\|x\|} : x \neq 0 \right\}$$

ist ein Banachraum. Die Abbildung A ist Lipschitz-stetig, $\|Ax - Ay\| \leq L\|y - x\|$, und $\|A\|$ ist die kleinste Lipschitzkonstante von A.

(a) Für $A, B \in \mathcal{L}(X)$ ist $\|AB\| \leq \|A\| \|B\|$, insbesondere $\|A^n\| \leq \|A\|^n$.

(b) Sind zwei Normen $\| \cdot \|$, $\| \cdot \|'$ in X äquivalent, so sind auch die entsprechenden Operatornormen in $\mathcal{L}(X)$ äquivalent. Aus (1) folgt

$$\frac{\alpha}{\beta} \le \frac{\|A\|}{\|A\|'} \le \frac{\beta}{\alpha} \quad \text{für} \quad A \ne 0. \tag{2}$$

IV. Der Spektralradius. Der Spektralradius $r(A)$ von $A \in \mathcal{L}(X)$ ist definiert durch

$$r(A) := \lim_{n \to \infty} \|A^n\|^{1/n} = \inf_{n > 0} \|A^n\|^{1/n}.$$

Die Existenz des Limes und die Gleichheit der beiden Ausdrücke ergeben sich, indem man für $\alpha_n = \|A^n\|$ mit III.(a) die Ungleichung $\alpha_{m+n} \le \alpha_m \alpha_n$ beweist, woraus für $\beta_n = \log \alpha_n$ die Ungleichung $(\star)$ $\beta_{m+n} \le \beta_m + \beta_n$ folgt, und dann den folgenden Satz der reellen Analysis heranzieht: Aus $(\star)$ folgt $\lim \beta_n/n = \inf \beta_n/n$. Ein Beweis dafür findet sich bei Pólya-Szegő (1970, Kap. I, Aufg. 98).

Der Operator A heißt *nilpotent*, wenn eine Potenz $A^p = 0$ ist, und *quasinilpotent*, wenn $r(A) = 0$ ist.

Aus III.(b) folgt in einfacher Weise:

(a) Für zwei äquivalente Normen ergibt sich derselbe Wert des Spektralradius. Anders gesagt, bei Umnormierung ändert sich der Spektralradius nicht.

V. Potenzreihen. Es sei $f(s) = \sum\limits_{n=0}^{\infty} c_n s^n$ eine reelle oder komplexe Potenzreihe mit positivem Konvergenzradius r. Man definiert dann $f(A)$ durch die entsprechende Reihe $\sum\limits_{n=0}^{\infty} c_n A^n$. Dabei ist $A^0 = E$ die identische Abbildung.

Satz. *Hat die Reihe für f den Konvergenzradius $r > 0$, so ist die Reihe*

$$f(A) = \sum_{n=0}^{\infty} c_n A^n \quad \text{mit} \quad A \in \mathcal{L}(X)$$

im Fall $r(A) < r$ absolut konvergent und im Fall $r(A) > r$ divergent.

Das folgt sofort aus dem Wurzelkriterium. Es sei $r(A) < s < r$. Für große n ist dann $\|A^n\|^{1/n} \le s$, also $\|c_n A^n\| \le c_n s^n$ und $\sum |c_n| s^n < \infty$.

Aus $r < s < r(A)$ ergibt sich dagegen $\|A^n\|^{1/n} > s$ und $|c_n| s^n \ge 1$ für unendlich viele n (Cauchy-Hadamardsche Formel, vgl. Walter 1, Satz 7.6), also $|c_n| \|A^n\| \ge 1$ für diese n.

(a) Die *Neumannsche Reihe* ist die geometrische Reihe, angewandt auf $A \in \mathcal{L}(X)$. Für $r(A) < 1$ existiert $(E - A)^{-1}$, und es ist

$$(E - A)^{-1} = \sum_{n=0}^{\infty} A^n \in \mathcal{L}(X). \tag{3}$$

Die absolute Konvergenz der Reihe wird durch den Satz, angewandt auf $f(s) = 1/(1 - s)$, sichergestellt. Es ist (der Index n läuft von 0 bis ∞) $(E - A)\sum A^n = \sum A^n - \sum A^{n+1} = E$, also $\sum A^n = (E - A)^{-1}$.

Als erste Anwendung der Neumannschen Reihe zeigen wir, daß der Spektralradius der Radius des kleinsten Kreises um den Nullpunkt ist, der das Spektrum enthält (diese Eigenschaft hat ihm seinen Namen gegeben). Wir beschränken uns auf den Fall $X = \mathbb{C}^n$.

VI. Spektrum und Spektralradius im endlichdimensionalen Fall.
Es sei A eine komplexe $n \times n$-Matrix, die wir mit der von A erzeugten linearen Abbildung in $\mathbb{C}^n$ identifizieren. Die Menge der Eigenwerte von A bildet das Spektrum $\sigma(A)$ von A.

Satz. *Für $A \in \mathcal{L}(\mathbb{C}^n)$ ist $r(A) = \max\{|\lambda| : \lambda \in \sigma(A)\}$.*

Beweis. Es sei $\varrho = \max\{|\lambda| : \lambda \in \sigma(A)\}$, λ ein Eigenwert mit $|\lambda| = \varrho$ und x ein zugehöriger Eigenvektor. Aus $Ax = \lambda x$ folgt $A^n x = \lambda^n x$ und hieraus $\|A^n\| \geq |\lambda|^n = \varrho^n$. Damit haben wir die Ungleichung $\varrho \leq r(A)$ bewiesen.

Aufgrund der Definition des Spektrums ist die Matrix $A - \lambda E$ für $|\lambda| > \varrho$ invertierbar. Also existiert die Matrix $R(z) = (zA - E)^{-1}$ für $|z| < 1/\varrho$ (im Fall $\varrho = 0$ für alle $z \in \mathbb{C}$). Aufgrund der Cramerschen Regel ist $R(z)$ eine rationale Funktion (im Nenner tritt das Polynom $P_n(z) = \det(zA - E)$ auf, das im Kreis $|z| < 1/\varrho$ keine Nullstelle besitzt). Die Neumannsche Reihe

$$R(z) = -\sum_{n=0}^{\infty} z^n A^n$$

ist nach Satz V für $r(zA) = |z|r(A) > 1$ divergent, ihr Konvergenzradius ist also $\leq 1/r(A)$. Andererseits ist $R(z)$ eine für $|z| < 1/\varrho$ holomorphe Funktion, und hieraus folgt mit Satz C.V, daß der Konvergenzradius der Reihe (es handelt sich um n^2 skalare Reihen) $\geq 1/\varrho$ ist. Also besteht die umgekehrte Ungleichung $\varrho \geq r(A)$.

Der nächste Satz ist von grundsätzlicher Bedeutung für die Anwendung des Kontraktionsprinzips.

VII. Hauptsatz über Umnormierung. *Es sei $A \in \mathcal{L}(X)$ und $r(A) < \alpha$. Dann existiert eine äquivalente Norm $\|\cdot\|'$, im Hilbertraum eine äquivalente Hilbert-Norm $\|\cdot\|'$, mit den folgenden Eigenschaften:*

(a) $\|A\|' \leq \alpha$.

(b) *Ist B mit A vertauschbar $(AB = BA)$, so gilt $\|B\|' \leq \|B\|$.*

Beweis. Wir wählen ein n mit $\|A^n\|^{1/n} < \alpha$ und definieren

$$\|x\|' = \|x\| + \frac{\|Ax\|}{\alpha} + \frac{\|A^2 x\|}{\alpha^2} + \cdots + \frac{\|A^{n-1}x\|}{\alpha^{n-1}}. \tag{4}$$

Offenbar ist $\|x\| \leq \|x\|' \leq K\|x\|$ für ein geeignetes K. Es ist auch

$$\frac{\|Ax\|'}{\alpha} = \frac{\|Ax\|}{\alpha} + \cdots + \frac{\|A^{n-1}x\|}{\alpha^{n-1}} + \frac{\|A^n x\|}{\alpha^n}.$$

Nach unserer Annahme ist $\|A^n x\| \leq \alpha^n \|x\|$, also $\|Ax\|' \leq \alpha \|x\|'$ woraus (a) folgt.

Im Fall eines Hilbertraumes benutzt man das Innenprodukt

$$\langle x, y \rangle' = \langle x, y \rangle + \frac{\langle Ax, Ay \rangle}{\alpha^2} + \cdots + \frac{\langle A^{n-1}x, A^{n-1}y \rangle}{\alpha^{2n-2}}. \tag{5}$$

Der Nachweis von (a) verläuft dann nach demselben Muster. Aus der Abschätzung $\|A^k Bx\| \leq \|B\| \|A^k x\|$ erhält man (b) ohne Mühe.

Wir ziehen einige Folgerungen.

(c) Der Spektralradius $r(A)$ ist das Infimum von $\|A\|'$, wobei alle zur Norm $\| \cdot \|$ äquivalenten Normen $\| \cdot \|'$ zugelassen sind.

(d) Sind A und B vertauschbar und ist $r(A) < \alpha$, $r(B) < \beta$, so existiert eine äquivalente Norm $\| \cdot \|'$ mit $\|A\|' \leq \alpha$, $\|B\|' \leq \beta$.

Beim Beweis wendet man die Konstruktion (4) zweimal an und erhält zunächst $\|A\|' \leq \alpha$ und dann, ausgehend von $\| \cdot \|'$, eine Norm $\| \cdot \|''$ mit $\|B\|'' \leq \beta$. Wegen (b) bleibt die erste Ungleichung erhalten.

(e) $r(A + B) \leq r(A) + r(B)$ und $r(AB) \leq r(A)r(B)$, falls A und B vertauschbar sind.

(f) Der Spektralradius ist eine nach oben halbstetige Funktion, d. h., zu $A \in \mathcal{L}(X)$ und $\varepsilon > 0$ gibt es ein $\delta > 0$ mit $r(A + B) \leq r(A) + \varepsilon$ für alle $B \in \mathcal{L}(X)$ mit $\|B\| < \delta$.

Beide Sätze folgen unmittelbar aus (c) und (d). So ist etwa $r(A + B) \leq \|A + B\|' \leq \|A\|' + \|B\|'$, woraus man die erste Ungleichung in (e) sowie (f) erhält.

Zum Schluß sei bemerkt, daß man anstelle von (4) und (5) auch eine Umnormierung gemäß

$$\|x\|' = \sum_{n=0}^{\infty} \|A^n x\| \alpha^{-n} \quad \text{bzw.} \quad \langle x, y \rangle = \sum_{n=0}^{\infty} \langle A^n x, A^n y \rangle \alpha^{-2n} \tag{4'}$$

benutzen kann; die Reihen sind wegen $r(A/\alpha) < 1$ konvergent. Wieder gelten (a) und (b) (Übungsaufgabe!). In einer ähnlichen Form wurde Teil (a) des Satzes für Banachräume von R.B. Holmes (1968) bewiesen.

VIII. Ein Fixpunktsatz. *Es sei $A \in \mathcal{L}(X)$ mit $r(A) < 1$ und $b \in X$. Dann hat die Fixpunktgleichung*

$$x = Ax + b \tag{6}$$

genau eine Lösung $x = (E - A)^{-1}b$. Sie hängt stetig von A und b ab, d. h., zu $\varepsilon > 0$ gibt es ein $\delta > 0$ derart, daß für die Lösung einer benachbarten

Gleichung $y = By + c$ mit $\|A - B\| < \delta$, $\|b - c\| < \delta$ die Abschätzung $\|x - y\| < \varepsilon$ besteht.

Beweis. Offenbar genügt es, die stetige Abhängigkeit bezüglich einer äquivalenten Norm zu beweisen. Wir wählen positive Zahlen ϱ, σ, δ und eine Norm $\| \cdot \|'$ derart, daß $\|A\|' \leq \varrho - \delta < \varrho < 1$ und $\|b\|' \leq \sigma - \delta$ ist. Für B, c mit $\|A - B\|' < \delta$, $\|b - c\|' < \delta$ gilt dann $\|B\|' \leq \varrho$, $\|c\|' < \sigma$, und aus $\|y\|' \leq \|By\|' + \|c\|' \leq \varrho\|y\|' + \sigma$ folgt $\|y\|' \leq \sigma/(1 - \varrho) =: \beta$. Es ist

$$x - y = A(x - y) + (A - B)y + (b - c),$$

woraus man für $z = x - y$ die Abschätzung

$$\|z\|' \leq \varrho\|z\|' + \delta\beta + \delta \implies \|z\|' \leq \frac{\delta(1 + \beta)}{1 - \varrho}$$

erhält. Nun läßt sich δ verkleinern, um die Abschätzung $\|z\|' < \varepsilon$ zu erhalten.

IX. Der Integrationsoperator. Es sei X der Raum der stetigen Funktionen $u : J = [a, b] \to Y$ mit $Y = \mathbb{R}^n$ oder $\mathbb{C}^n$ und $I : X \to X$ der *Integrationsoperator*,

$$(Iu)(x) = \int_a^x u(s)\, ds.$$

Er hat bezüglich der Maximumnorm in X die Operatornorm $\|I\| = b - a$. Benutzt man jedoch die äquivalente Norm

$$\|u\|_\alpha := \max\{|u(x)|e^{-\alpha x} : x \in J\} \quad \text{mit} \quad \alpha > 0,$$

so ergibt sich $\|I\|_\alpha < 1/\alpha$. Beide Aussagen sind implizit im Beweis des Existenzsatzes 6.I enthalten. Halten wir fest:

Satz. *Der Integrationsoperator ist im Raum $C(J)$ quasinilpotent, $r(I) = 0$.*

Übrigens folgt dieser Satz auch aus der bekannten Darstellung von I^n,

$$(I^n u)(x) = \frac{1}{(n-1)!} \int_a^x (x - s)^{n-1} u(s)\, ds,$$

die im Restglied des Taylorschen Satzes auftritt (s. Walter 1, 10.15).

Aufgabe. Man berechne die Norm von I im Raum $L_1(a, b)$. Man schätze die Norm von I bezüglich der gewichteten L_1-Norm $\|u\|_\alpha := \int_a^b e^{-\alpha t}|u(t)|\, dt$ ab und zeige, daß I in $L_1(a, b)$ quasinilpotent ist.

X. Das Anfangswertproblem. Betrachten wir das Anfangswertproblem (6.1) (oder (10.1–2))

$$y' = f(x, y),\ y(\xi) = \eta \iff y(x) = \eta + \int_\xi^x f(t, y(t))\, dt \tag{7}$$

im Intervall $J = [\xi, \xi + a]$. Es sei nun $X = C(J)$.

Unter Benutzung des *Einsetzungsoperators* $F : X \to X$,

$$(Fu)(x) := f(x, u(x)) \tag{8}$$

läßt sich das Anfangswertproblem in der Kurzform

$$y = \eta + IFy =: Ty \tag{7'}$$

schreiben.

Genügt nun f einer Lipschitzbedingung $|f(x,y) - f(x,z)| \leq L|y-z|$, so gilt offenbar $|(Fu)(x) - (Fv)(x)| \leq L|u(x) - v(x)|$. Wegen der Monotonie der Norm $\| \cdot \|_\alpha$ folgt daraus $\|Fu - Fv\|_\alpha \leq L\|u - v\|_\alpha$. Nach diesen Vorbereitungen läßt sich der Beweis des Existenz- und Eindeutigkeitssatzes 10.VI in einer Zeile erledigen,

$$\|Tu - Tv\|_\alpha = \|I(Fu - Fv)\|_\alpha \leq \|I\|_\alpha \|Fu - Fv\|_\alpha \leq \frac{L}{\alpha} \|u - v\|_\alpha, \tag{9}$$

also $\leq \frac{1}{2} \|u - v\|_\alpha$, wenn man $\alpha = 2L$ wählt.

Bemerkung. Aus diesem Ergebnis läßt sich mit Satz VIII auch ein Abschätzungssatz ähnlich jenem von 12.V gewinnen.

Unser nächstes Thema ist der von dem polnischen Mathematiker Juliusz Pavel Schauder (1899-1943) im Jahre 1930 entdeckte Fixpunktsatz. Wir werden ihn aus dem Brouwerschen Fixpunktsatz ableiten; vgl. B.V. Zunächst einige Vorbereitungen.

XI. Über konvexe und kompakte Mengen. Weiterhin ist X ein Banachraum mit der Norm $\| \cdot \|$. Eine Menge $A \subset X$ heißt *konvex*, wenn für beliebige $a, b \in A$ die Verbindungsstrecke $\overline{ab} = \{\lambda a + (1 - \lambda)b : 0 \leq \lambda \leq 1\}$ zu A gehört. Die *konvexe Hülle* conv A von A ist der Durchschnitt aller konvexen Obermengen von A, also die kleinste konvexe Obermenge von A.

(a) Für eine endliche Menge $F = \{x_1, \ldots, x_p\} \subset X$ ist

$$\text{conv } F = \{\lambda_1 x_1 + \cdots + \lambda_p x_p : \lambda_i \geq 0, \ \lambda_1 + \cdots + \lambda_p = 1\}.$$

Kompaktheit und relative Kompaktheit von Mengen wurden in 7.X definiert. Für kompakte Mengen gilt der

(b) *Überdeckungssatz von Borel.* Aus einer Überdeckung der kompakten Menge A durch offene Mengen lassen sich endlich viele Mengen auswählen, die bereits A überdecken; vgl. Abschnitt 2.14 in Walter 2.

Es sei $U \subset X$ ein Unterraum von X von endlicher Dimension p und $\{e_1, \ldots, e_p\}$ eine Basis von U. Die Elemente aus U besitzen eine eindeutige Darstellung als Linearkombination der Basiselemente, welche eine bijektive lineare Abbildung L

$$x = \xi_1 e_1 + \cdots \xi_p e_p \mapsto L(x) = \xi = (\xi_1, \ldots, \xi_p)$$

von U auf $\mathbb{R}^p$ definiert. Für $\xi = L(x)$ wird durch $|\xi|' := \|x\|$ auf $\mathbb{R}^p$ eine Norm definiert, und L ist ein Normisomorphismus von U nach $(\mathbb{R}^p, | \cdot |')$. Da in $\mathbb{R}^p$ alle Normen äquivalent sind, ist eine Menge $A \subset U$ genau dann abgeschlossen, kompakt oder konvex, wenn die Bildmenge $L(A)$ diese Eigenschaft besitzt.

(c) Eine abgeschlossene, beschränkte Teilmenge eines Unterraumes $U \subset X$ mit $\dim U < \infty$ ist kompakt. Insbesondere ist die konvexe Hülle einer endlichen Menge $F \subset X$ kompakt.

Diese Aussagen gelten auch für komplexe Banachräume (wobei dann $\xi \in \mathbb{C}^p$ ist). Schließlich sei an eine Definition aus 7.X erinnert: Eine Abbildung $T : D \subset X \to X$ heißt kompakt, wenn die Bildmenge $T(D)$ relativ kompakt ist.

XII. Der Fixpunktsatz von Schauder. *Eine stetige, kompakte Abbildung T einer konvexen, abgeschlossenen Menge $D \subset X$ in D besitzt mindestens einen Fixpunkt (X Banachraum).*

Beweis. Nach dem Fixpunktsatz 7.X genügt es, zu jedem $\varepsilon > 0$ einen Punkt $x \in D$ mit $\|x - Tx\| < \varepsilon$ zu finden. Es sei also $\varepsilon > 0$ gegeben. Die Menge $B = \overline{T(D)}$ ist nach Voraussetzung kompakt. Aus der Menge aller Kugeln $B_\varepsilon(b)$ mit $b \in B$ können wir nach dem Borelschen Überdeckungssatz XI.(b) endlich viele, etwa die Kugeln $B_\varepsilon(b_i)$ ($i = 1, \ldots p$), auswählen, die B überdecken. Es sei $F = \{b_1, \ldots, b_p\} \subset B$ und $C = \operatorname{conv} F$. Nach XI.(c) und wegen der Konvexität von D ist C eine kompakte Teilmenge von D. Nun definieren wir eine stetige Abbildung $\phi : B \to C$ durch (alle Summen laufen von $i = 1$ bis $i = p$)

$$\phi(x) = \sum \lambda_i(x) b_i \quad \text{mit} \quad \lambda_i(x) = \frac{\mu_i(x)}{\mu(x)}.$$

Dabei ist $\mu_i(x) = (\varepsilon - \|x - b_i\|)_+$, also

$$\mu_i(x) = 0 \text{ für } \|x - b_i\| \geq \varepsilon, \quad \mu_i(x) = \varepsilon - \|x - b_i\| \text{ für } \|x_i - b\| < \varepsilon$$

und $\mu(x) = \sum \mu_i(x)$. Da zu jedem $x \in B$ ein b_k mit $\|x - b_k\| < \varepsilon$ existiert, ist $\mu(x) > 0$ für $x \in B$ und damit ϕ stetig. Offenbar ist $\lambda_i(x) \geq 0$ und $\sum \lambda_i(x) = 1$, also $\phi(B) \subset C$ nach XI.(a). Ferner ist wegen $x = \sum \lambda_i(x) x$

$$\|\phi(x) - x\| = \left\| \sum \lambda_i(x)(b_i - x) \right\| \leq \sum \lambda_i(x) \|b_i - x\| < \varepsilon \qquad (*)$$

für $x \in B$, da hier nur Summanden mit $\|b_i - x\| < \varepsilon$ auftreten (aus $\|b_i - x\| \geq \varepsilon$ folgt $\lambda_i = 0$). Die Abbildung $S = \phi \circ T$ bildet D in C ab, ihre Einschränkung auf C ist also eine stetige Abbildung von C in sich. Da C konvex und kompakt ist, gibt es nach Corollar 1 und Corollar 3 zum Fixpunktsatz von Brouwer in B.V einen Fixpunkt $x_0 = S(x_0) = \phi(Tx_0) \in C$. Aus $(*)$ erhält man nun

$$\|x_0 - Tx_0\| = \|\phi(Tx_0) - Tx_0\| < \varepsilon,$$

d. h., x_0 ist der gesuchte ε-Fixpunkt von T.

Lösungen und Lösungshinweise zu ausgewählten Aufgaben

Aufgaben in § 1

XII. (b) $y(x) = -1 - (x+2)\log\left(-\log c|x+2|\right)$, $c|x+2| < 1$. Man erhält $y(0) = 0$ für $2c = \exp\left(-e^{1/2}\right)$.

XIII. (a) $y = (x-c)^3$ für $x \le c$, $= 0$ für $c < x < d$, $= (x-d)^3$ für $x \ge d$ ($c \le d$; $c = -\infty$, $d = \infty$ zugelassen).

(b) $y = 0$ für $x < c$, $= (x-c)^3$ oder $-(x-c)^3$ für $x \ge c$ ($-\infty < c \le \infty$).

(c) $y = \frac{1}{2}(1 - \cosh(x-c))$ für $x \le c$, $= 0$ für $c < x < d$, $= \frac{1}{2}(1 - \cos(x-d))$ für $d \le x \le d + \pi$, $= 1$ für $x > \pi + d$ ($-\infty \le c \le d \le \infty$).

(d) Für $z = y^2$ erhält man $z' = 2e^{-z}/(2x + x^2)$, $z(2) = 0$ und damit $z(x) = \ln\left(1 + \ln\left(2x/(x+2)\right)\right)$, $y = \pm\sqrt{z}$ für $x > 2$ (wegen $z \ge 0$). Hier (und auch sonst gelegentlich) tritt der Fall ein, daß f an der Stelle (ξ, η) nicht definiert ist.

(e) $y = \exp(e \cdot (\sin x)/(1 + \cos x))$, $0 < x < \pi$.

(f) $y = \frac{1}{2}\phi^{-1}\left(1 + \frac{\pi}{2} + 4\sin x\right)$ für $\pi - \alpha < x < 2\pi + \alpha$, wobei $\alpha = \overline{\arctan}\left(\dfrac{\pi}{8} - \dfrac{1}{4}\right) \approx 0,1432$ und ϕ^{-1} die Umkehrfunktion von $\phi(s) = s + \sin s$ ist (ϕ ist streng monoton wachsend in $\mathbb{R}$, aber $\phi'((2k+1)\pi) = 0$, d. h. $(\phi^{-1})'((2k+1)\pi) = \infty$ für $k \in \mathbb{Z}$).

Die Funktion y ist stetig in $\mathbb{R}$, und bei großzügiger Interpretation der Differentialgleichung ($y' = \infty$ an den Stellen mit $y = \frac{1}{2}\pi$) existiert die Lösung in $\mathbb{R}$.

(g) $y = x + 2$, $y = x + 4$, $y = x + 3 - \tanh(x - c)$, $y = x + 3 - \coth(x - c)$ ($c \in \mathbb{R}$).

(h) Aus $\int dy(2-y)/y(y-1) = 2\int dx/x$ folgt $\log\left(|y-1|/y^2\right) = \log Cx^2$. Hieran (oder durch Nachrechnen) erkennt man, daß mit $y(x)$ auch $y(-x)$ und $y(\alpha x)$ ($\alpha > 0$) eine Lösung ist. Wir wählen etwa $C = 1/2$ und erhalten $|y-1|/y^2 = x^2/2$. Dies sind zwei quadratische Gleichungen mit je zwei Lösungen. Offenbar sind $y = 0$, $y = 1$ und $y = 2$ „kritische" Stellen. Es ergibt sich mit $a = \sqrt{2}/2$

$$y_1 = (1 + \sqrt{1 - 2x^2})/x^2 \quad \text{für} \quad 0 < x < a \quad (y_1 > 2),$$
$$y_2 = (1 - \sqrt{1 - 2x^2})/x^2 \quad \text{für} \quad 0 < x < a \quad (1 < y_2 < 2),$$
$$y_3 = -(1 - \sqrt{1 + 2x^2})/x^2 \quad \text{für} \quad x > 0 \quad (0 < y_3 < 1),$$
$$y_4 = -(1 + \sqrt{1 + 2x^2})/x^2 \quad \text{für} \quad x > 0 \quad (y_4 < 0).$$

Für kleine $x > 0$ ist $y_1(x) \approx 2/x^2$, $y_2 \approx 1 + \frac{1}{2}x^2$, $y_3(x) \approx 1 - \frac{1}{2}x^2$, $y_4(x) \approx -2/x^2$.

Hinzu kommen die Lösungen $y \equiv 0$ und $y \equiv 1$. Nach den Sätzen VII und VIII gibt es durch jeden Punkt (ξ, η) mit $\xi \neq 0$, $\eta \neq 2$ genau eine Lösung. Andererseits läßt sich aus den angegebenen Lösungen (mit $\pm \alpha x$ anstelle von x) genau eine Lösung durch den Punkt (ξ, η) angeben. Damit haben wir alle Lösungen gefunden.

(i) $y = x \sinh(\ln C|x|)$ $(x \neq 0)$ mit $C > 0$.

(j) $y' = 2y/x$.

(k) $y' = 2xy/(x^2 + 1)$.

(l) $y' = x^3 (\operatorname{sgn} y)(\sqrt{1 + 4|y|/x^4} - 1)$.

Aufgaben in § 2

V. (a) Die Lösung $y = x$ existiert in $\mathbb{R}$, alle anderen Lösungen $y = x + e^{x^2} / \left(C - \int_0^x e^{t^2}\, dt \right)$, $C \in \mathbb{R}$, existieren in einseitig unbeschränkten Intervallen.

(b) $y = ce^{\cos x} + 2(\cos x + 1)$ und $y = (c + \sin x - \frac{1}{3}\sin^3 x)/\cos^3 x$ $(c \in \mathbb{R})$.

(c) $y = [(1 + 1/\eta^3)e^{-3x^5/5} - 1]^{-1/3}$ für $\eta \neq 0$, $y \equiv 0$ für $\eta = 0$. Dabei ist $s = t^{-1/3}$ als Umkehrfunktion von $t = s^{-3}$ definiert, also $t^{-1/3} := (\operatorname{sgn} t)/\sqrt[3]{|t|}$.

VI. Notwendig und hinreichend ist (a) $F(x) \to \infty$ für $x \to 0+$ bzw. (b) $F(x) + \log x \to \infty$ für $x \to 0+$.

Dabei ist $F(x) = \int_x^1 f(t)\, dt$.

Bei der zweiten Gleichung ist $y = \exp(ce^{F(x)})$ die allgemeine (positive) Lösung, wobei wegen $y(1) \leq 1/e$ nur $c \leq -1$ in Frage kommt. Der Fall (a) liegt für $F(x) \to \infty$ vor, während die Bedingung $e^{F(x)} + \log x \to \infty$ hinreichend für (b) ist $(x \to 0+)$.

VIII. Aufgabe am Schluß. Für $z = y - y^*$ ist $z' = -b(t)z$. Wegen $b(t) > \alpha > 0$ strebt $B(t) \to \infty$ für $t \to \infty$, also $z(t) \to 0$ für $t \to \infty$. Wegen $y^* > \delta > 0$ ist $y(t) > \delta/2$ für große t, also $|u(t) - u^*(t)| \leq 2|z(t)|/\delta^2 \to 0$.

Aufgaben in § 3

VII. (a) Die Aussage über Mittelwerte wird falsch; jedoch haben die Quadrate von $x(t)$ und $y(t)$ dieselben Mittelwerte wie die Quadrate der stationären Lösung, $x_0^2 = c/d$, $y_0^2 = a/b$.

VIII. (a) $F(x, y) = \sin(x + y^2) + 3xy = C$.

Wegen $F_x(0,0) = 1$, $F_y(0,0) = 0$ ist für $C = 0$ eine Auflösung $x = \phi(y)$ in $U(0,0)$ möglich und $\phi'(0) = 0$ sowie $\phi''(0) = -2$ (man differenziere $F(\phi(y), y) \equiv 0$ zweimal). Wegen $F(0, y) > 0$ für $0 < |y| < \sqrt{\pi}$ bleibt die Lösung für diese y in der Halbebene $x < 0$.

Übrigens erhält man schon durch Vorzeichenbetrachtung ($\operatorname{sgn} \sin(x + y^2) = -\operatorname{sgn} xy$) die Ungleichung $-y^2 < \phi(y) < 0$ für kleine $y > 0$ sowie aus $\sin(x + y^2) + 3xy \approx x + y^2 + 3xy = 0$ die Näherung $\phi(y) \approx -y^2/(1 + 3y)$ für y nahe bei 0.

Bezeichnet S_k die Menge $k\pi < x + y^2 < (k+1)\pi$ ($k \in \mathbb{Z}$), so sind für gerades k die Punkte $(x,y) \in S_k$ mit $xy > 0$, für ungerades k die Punkte $(x,y) \in S_k$ mit $xy < 0$ „verboten", und natürlich auch alle Punkte mit $|xy| > 1/3$ (Skizze!). Die Lösungskurve läßt sich für $y > 0$ in der Form $x = \phi(y)$ mit $\phi(\sqrt{k\pi}) = 0$, $\phi \to 0$ für $y \to \infty$ darstellen, die Kurve schlängelt sich um die positive y-Achse und ebenso für $x \to -\infty$ um die negative x-Achse.

(b) $F(x,y) \equiv \frac{1}{2}x^2 - xy - \frac{1}{y} = C$. In der Form (2c) ist $y' = y^2(y-x)/(1-xy^2)$ mit der weiteren Lösung $y \equiv 0$.

(c) $y = 2x/(C - x^2)$ und $y \equiv 0$.

Aufgaben in § 4

VIII. (d) $x(p) = \dfrac{2}{(1-p)^2}\left(C - \dfrac{1}{p} - \ln p\right)$, $y(p) = p^2 x(p) + 2\ln p$ $(p > 0)$
sowie $y = x$.

Aufgaben in § 5

XI. (c) Der Raum ist unvollständig.

XII. (a) $\|T\|_0 = \frac{1}{2}a^2$, $\|T\|_1 = 1 - (1 - e^{-a^2})/a^2$, $\|T\|_2 = \frac{1}{2}(1 - e^{-a^2})$.

(c) Man muß eine in J gleichmäßig konvergente Folge (f_n) aus $C^1(J)$ mit $\lim f_n(x) = f(x) \notin C^1(J)$ angeben, etwa $f_n(x) = |x|^{1+1/n}$, falls $0 \in J^0$.

Aufgabe in § 6

IX. Wenn die Behauptung falsch ist, dann gibt es zu jedem n zwei Punkte $(x_n, y_n), (x_n, y_n') \in A$ mit

$$|f(x_n, y_n) - f(x_n, y_n')| > n|y_n - y_n'|. \tag{$*$}$$

Eine Teilfolge von $((x_n, y_n))$, die wir wieder mit $((x_n, y_n))$ bezeichnen, konvergiert, $\lim(x_n, y_n) = (x,y) \in A$. Ist $|f| \le K$ in A, so folgt aus $(*)$ $2K > n|y_n - y_n'|$, also auch $\lim(x_n, y_n') = (x,y)$. In einer Umgebung U von (x,y) genügt $f(x,y)$ einer Lipschitzbedingung bezüglich y. Andererseits liegen die (x_n, y_n), (x_n, y_n') in U für große n. Damit ist ein Widerspruch zur Ungleichung $(*)$ erreicht.

Aufgaben in § 7

IX. (a) $\phi(\alpha) = 1 - \sqrt{\alpha_+}$, $\quad \bar{\alpha} = \frac{1}{2}(3 - \sqrt{5}) = 0{,}382$.

(b) $\psi(\beta) = 1 + \sqrt{\beta_+}$, $\quad \bar{\beta} = \frac{1}{2}(3 + \sqrt{5}) = 2{,}618$.

Wegen $z' \ge 2x$ ist $z \ge x^2$, also $z' \ge 2x + 2\sqrt{x^2} = 4x$, d. h. $z \ge 2x^2$. Ebenso ergibt sich $z_2(x) \ge 2x^2$ unabhängig von z_0. Man kann also in der Differentialgleichung z_+ durch $\max\{z, 2x^2\}$ ersetzen und erhält die Bedingung von Rosenblatt mit $k = 1/\sqrt{2}$.

XIV. (a) Man erhält α als Lösung der Fixpunktgleichung $\alpha = \phi(\alpha) = e^{-\alpha h}$. Skizziert man $\phi(\alpha)$ für verschiedene Werte von h, so kann man die Monotonie von $\alpha(h)$ und die Limesrelation ablesen.

(b) $a_k = 1/k!$. Übrigens folgt aus (a) und (c), daß die Lösung $y(t)$ für $h \to 0$ gegen e^t, also gegen die Lösung für $h = 0$ strebt.

(d) Der Ansatz $y(t) = \sum \lambda^{\alpha_k} t^k / k!$ führt auch zum Ziel. Man bestimme α_k.

(e) Zur Vertiefung: Aus den Werten einer Lösung im Intervall $[0, \delta]$ lassen sich die Werte in $[0, 2\delta]$ bestimmen (man benutze die entsprechende Integralgleichung). Daraus folgt, daß die Lösung durch ihre Werte in $[0, \delta]$ in $[0, \infty)$ bestimmt ist. Man zeige: Jede Lösung ist entweder $\equiv 0$ oder in $(0, \infty)$ positiv.

Aufgaben in § 8

IV. (a) $y = x + x^2 + \frac{1}{6} x^3 - \frac{1}{12} x^4 \cdots$.

Für $x, y \in \mathbb{C}$ ist $|e^x| \le e^{|x|}$ und $|\cos y| \le \cosh |y|$ (das erkennt man an den Potenzreihen). Im Zylinder $Z : |x| \le a$, $|y| \le b$ ist also $|f| \le e^a + a \cosh b =: M$. Zum Beispiel ergibt die Wahl $a = 1/2$, $b = 2$, daß $b/M = 0,57$ und $\alpha = \min\{a, b/M\} = 1/2$ ist. Mit $a = 0,53$ und $b = 2$ kommt man auf $\alpha = 0,53$. Der Konvergenzradius der Reihe ist also $> 1/2$.

(b) $y = 1 + x + \frac{3}{2} x^2 + \frac{5}{2} x^3 + \frac{37}{8} x^4 \cdots$. Die Ungleichungen $0 \le b_k \le a_k$ ergeben sich sofort aus den Formeln zur Berechnung der Koeffizienten. Aus $u(x) = 1/\sqrt{1 - 2x}$ folgt $a \le 1/2$.

Mit dem Lohner-Algorithmus (vgl. 9.XVI) erhält man $y(0, 49829) < 3\,963\,275$, also $0, 49829 < a \le 0, 5$.

V. Aufgabe am Schluß. Man kann $h(t, y) = e^t + t \cosh y$ benutzen. Mit Hilfe von Theorem V erhält man dann eine bessere Schranke $|w(z)| \le \psi(|z|)$ gemäß $\psi' \ge e^t + t \cosh \psi$, $\psi(0) = 0$. Mit dem von R. Lohner entwickelten Algorithmus, der exakte Schranken für die Lösung des Anfangsproblems berechnet, erhält man $\psi(1) < 3, 3746$. Daraus folgt, daß die Potenzreihe einen Konvergenzradius > 1 besitzt. In 9.XVI findet man nähere Angaben über den Algorithmus.

Aufgaben in § 9

XI. $y = \eta + x^2$ für $\eta > 0$, $y = \eta - x^2$ für $\eta < 0$ (jeweils eindeutig), $y = cx^2$ mit $|c| \le 1$ für $\eta = 0$, also $y^* = x^2$, $y_* = -x^2$.

XII. (a) Daß $u = 1/\sqrt{1 - 2x}$ eine Unterfunktion ist, wurde schon in Aufgabe 8.IV.(b) gezeigt, und es folgt wegen $u' = u^3 < x^3 + u^3$ auch aus Satz VIII. Der Ansatz $w = 1/\sqrt{1 - bx}$ (mit $b > 2$) für eine Oberfunktion führt auf die Bedingung

$$\frac{b}{2\sqrt{1 - bx}^3} > x^3 + \frac{1}{\sqrt{1 - bx}^3} \iff \frac{b}{2} - 1 > x^3 \sqrt{1 - bx}^3 \quad \left(0 \le x < \frac{1}{b}\right).$$

Das Maximum von $x^2(1 - bx)$ wird für $bx = \frac{2}{3}$ angenommen, und es hat den Wert $\frac{1}{3}\left(\frac{2}{3b}\right)^2$. Die Bedingung ist also äquivalent mit

$$\frac{b}{2} - 1 > \frac{1}{3\sqrt{3}}\left(\frac{2}{3b}\right)^2 \quad \text{oder} \quad \frac{81}{8}\sqrt{3}\,b^3\left(\frac{b}{2} - 1\right) > 1.$$

Sie ist für $b = 2,015$ erfüllt. Es ist also

$$\frac{1}{\sqrt{1 - 2x}} < y(x) < \frac{1}{\sqrt{1 - bx}} \quad \text{mit} \quad b = 2,015$$

und $1/b = 0,4963 \leq a \leq 0,5$. Diese überraschend guten Schranken wurden mit geringer Mühe erzielt. Eine wesentlich genauere Abschätzung erhält man mit Hilfe des in Aufgabe XV zitierten Programms von Lohner, welches für das Anfangswertproblem exakte Schranken liefert. Man berechnet dazu die Lösung an einer Stelle c, wo der Funktionswert bereits groß ist, etwa $y(c) \in [\underline{y}, \bar{y}]$, und bestimmt dann für $x > c$ eine Unterfunktion v und eine Oberfunktion w sowie deren Asymptoten a_1 und a_0, welche zur Abschätzung $a_0 \leq a \leq a_1$ führen. Wir benutzen den Ansatz

$$v(c) = \underline{y}, \; v' = v^3 \quad \Longrightarrow \quad a_1 - c = 1/2\underline{y}^2,$$

$$w(c) = \bar{y}, \; w' = \alpha w^3 \quad \Longrightarrow \quad a_0 - c = 1/2\alpha\bar{y}^2.$$

Dabei ist $\alpha = 1 + (a_1/\bar{y})^3$, also $\alpha w^3 \geq a_1^3 + w^3 \geq x^3 + w^3$. Über die Güte der Abschätzung gibt

$$a_1 - a_0 = \frac{1}{2\underline{y}^2} - \frac{1}{2\bar{y}^2} + \frac{1}{2\bar{y}^2}\left(1 - \frac{1}{\alpha}\right) \approx \frac{\bar{y} - \underline{y}}{y(c)^3}$$

Aufschluß. Man muß bei der Rechnung alle Zwischenrechnungen mit Intervallarithmetik durchfüren und immer nach der sicheren Seite abschätzen. Z. B. erhält man für $c = 0,49829\,04344\,79713$ (Rundung einer exakten Dualzahl)

$$y(c) \in 3,4005^{13}_{04} \cdot 10^4$$

und daraus $a \in 0,49829\,04349\,121^{12}_{09}$.

(b) Offenbar ist $y > 1$ für $x > 0$. Mit Hilfe der Abschätzung

$$y < \sqrt{1 + y^2} < y + \alpha \quad \text{für} \quad y > \eta \quad \text{mit} \quad \alpha = \sqrt{1 + \eta^2} - \eta < \frac{1}{2\eta}$$

erhält man für $\eta = 1$ eine Unterfunktion v und eine Oberfunktion w aus den linearen Problemen

$$v' = x + v, \; v(0) = 1 \quad \text{und} \quad w' = x + \sqrt{2} - 1 + w, \; w(0) = 1.$$

Die lineare Differentialgleichung $u' = x + \alpha + u$ hat die Lösungen $u = \lambda e^x - x - (1 + \alpha)$. Also ist

$$v = 2e^x - x - 1 < y < w = (1 + \sqrt{2})e^x - x - \sqrt{2} \quad \text{für} \quad x > 0.$$

Für eine bessere Abschätzung der Wachstumsordnung von y berechnet man ähnlich wie in (a) die Lösung y an einer Stelle c. Für $c = 10$ erhält man

$$y(10) \in [\underline{y}, \bar{y}] = 48180, 4_{31}^{51}.$$

Aus $v' = x + v$, $v(10) = \underline{y}$ ergibt sich eine Unterfunktion $v = \underline{\lambda} e^x - x - 1$, wobei $\underline{\lambda}$ aus der Gleichung $\underline{\lambda} e^{10} - 11 = \underline{y}$ bestimmt wird. Entsprechend benutzt man $w' = x + \alpha + w$, $\alpha = 1/20$, und erhält eine Oberfunktion $w = \bar{\lambda} e^x - x - 21/20$; wieder wird $\bar{\lambda}$ aus der Anfangsbedingung $w(10) = \bar{y}$ berechnet. Es ist also

$$\lambda = \lim_{x \to \infty} e^{-x} y(x) \in [\underline{\lambda}, \bar{\lambda}] = 2, 19242_{76}^{85}.$$

XV. (e) Teil (iv). Ja. Die Funktion $v(x) = -\coth x$ ist Lösung von $v' = v^2 - 1$, also Unterfunktion im Intervall $(0, 1]$. Eine Lösung y mit $y(1) < v(1)$ bleibt nach links unterhalb v, da v nach links eine Oberfunktion ist. Sie existiert also höchstens in $(0, \infty)$. Die Funktion $v = -\coth(x - c)$ mit $0 < c < 1$ ist Unterfunktion in $(c, 1]$, und Lösungen unterhalb v existieren höchstens in (c, ∞). Man betrachte $v = -\alpha \coth(\alpha(x - c))$ für $c < \alpha$.

XVI. Aufgabe am Schluß. Mit Satz 9.XIII, angewandt auf $w = 0$ und $v = -1/\sqrt{x}$ ($v = x - c$ für kleine x, etwa $c = 9/4$, $0 \leq x \leq 1/4$) erhält man eine globale Lösung ϕ mit $-1/\sqrt{x} < \phi(x) < 0$ in $[0, \infty)$. Eine in $[0, b)$ existierende Lösung y gehöre zur Klasse A bzw. B, wenn es eine Stelle $\alpha > 0$ mit $y(\alpha) \geq 1/\sqrt{\alpha}$ bzw. $\leq -1/\sqrt{\alpha}$ gibt. Man zeige: (i)

$$y \in A \Longrightarrow \quad b = \infty, \; 1/\sqrt{x} < y(x) < 1/\sqrt{x} + 2/x^2 \text{ für große } x,$$
$$y \in B \Longrightarrow \quad b < \infty, \; y(b-) = -\infty.$$

(ii) Jede Lösung oberhalb bzw. unterhalb ϕ gehört zur Klasse A

Anleitung. Man betrachte die Gebiete, wo $y' > 0$ bzw. < 0 ist.

Aufgaben in § 10

XXII. Aufgabe am Schluß: $y^* = 0$; $y_* = x \log x - x$; $z = x \log x$ und $z = x$.

XXIV. (b) Es sei $y^*(x; \eta)$ die Maximallösung von Satz XXII. Aus diesem Satz folgt $y^*(x; \eta') \geq y^*(x; \eta)$ für $\eta' \geq \eta$. Strebt die Folge (η_n) von oben gegen η, so strebt die Folge der Lösungen $y^*(x; \eta_n)$ monoton fallend gegen $y^*(x; \eta)$.

Aufgaben in § 11

IX. (b) $D = 58, 469$; (c) $L = 205, 237$; (d) $L = 2, 371$ m.

XI. (b) (i) periodisch; (ii) $x(t) \to -\infty$ für $t \to \pm\infty$; (iii) $x(t) \to \pm\infty$ für $t \to \pm\infty$ im Fall $\eta > 0$ und $x(t) \to \mp\infty$ für $t \to \pm\infty$ im Fall $\eta < 0$.

(c) Für $A = B$.

(h) Für $h(x) = x^\alpha$ ist $V(r) = \gamma r^\beta$ mit $\beta = 1 - \frac{1}{2}(\alpha + 1)$.

(j) $a_1 = \frac{1}{4}$, $a_2 = \frac{9}{64}$.

Aufgabe in § 13

XIV. Die Anfangswertprobleme lauten

$$\ddot{w} + \dot{y} + \varepsilon\dot{w} + h'(y)w = 0, \quad w(0) = \dot{w}(0) = 0,$$

$$\ddot{z} + \varepsilon\dot{z} + h'(y)z = \cos\alpha t, \quad z(0) = \dot{z}(0) = 0.$$

Es ist $y(t;0,0) = 0$ und $y(t;\varepsilon,\beta) \approx \varepsilon w(t;0,0) + \beta z(t;0,0)$. Für $h(y) = y$ ist $y(t;0,\beta) = \lambda(\cos\alpha t - \cos t)$, $\lambda = \beta(1 - \alpha^2)$.

Aufgabe in § 15

VI. (c) Da L selbstadjungiert ist, ist $Z = Y$ ein Fundamentalsystem von (14). Nach (a) ist $Y^*(t)Y(t)$ konstant, also $= E$ für alle t.

Aufgaben in § 16

IV. Es ist $c(t) = a(t) + ib(t)$; für $v = z\bar{z}$ ergibt sich $v' = 2at$. Im Beispiel ist $c = e^{it}$, also $z' = e^{it}z$ mit den Lösungen $z = c \cdot \exp(-ie^{it})$. Insbesondere ist

$$z(t) = \exp(i - ie^{it}) = e^{\sin t}(\cos(1 - \cos t) + i\sin(1 - \cos t))$$

die Lösung mit $z(0) = 1$; für sie ist $v(t) = e^{2\sin t}$, also $e^{-2} \leq v(t) \leq e^2$. Faßt man z als Spaltenvektor $\binom{x}{y}$ auf, so ist $X(t) = (z, iz)$ ein Fundamentalsystem mit $X(0) = E$ und $\det X(t) = e^{2\sin t}$.

Aufgaben in § 17

XII. Normalformen sind (der Fall $A = 0$ ist nicht interessant)

$$R(\lambda,0) = \begin{pmatrix} \lambda & 0 \\ 0 & 0 \end{pmatrix}, \quad \text{allgemeine Lösung } (x(t),y(t)) = (ae^{\lambda t}, b)$$

$$R_a(0) = \begin{pmatrix} 0 & 1 \\ 0 & 0 \end{pmatrix}, \quad \text{allgemeine Lösung } (x(t),y(t)) = (a + bt, b);$$

dabei sind a, b beliebige reelle Zahlen. Kritische Punkte sind die Punkte der y-Achse bzw. x-Achse, die Trajektorien sind waagrechte Halbgeraden bzw. Geraden. Übrigens erhält man für beliebige Matrizen A mit $\det A = 0$ sofort

$$A = \begin{pmatrix} a & b \\ \lambda a & \lambda b \end{pmatrix} \implies (\lambda x(t) - y(t))' = 0 \implies y = \lambda x + c.$$

Aufgabe in § 18

VII. (b) Es ist $f(s)g(t) = \sum a_{ij}s^it^j$ und $h(s+t) = \sum b_{ij}s^it^j$ mit $a_{ij} = f_ig_j$ und $b_{ij} = \binom{i+j}{i}h_{i+j}$. Dabei ist $a_{ij} = b_{ij}$. Setzt man hier A und B anstelle von s und t in die Doppelreihen ein, so kann man diese wegen der absoluten Konvergenz beliebig umordnen und erhält $f(A)g(B)$ bzw. $h(A + B)$.

Aufgaben in § 20

VII. Die Ansätze $x = y = \phi$ (die Pendel schwingen parallel) und $x = -y = \psi$ (die Pendel schwingen gegeneinander) führen auf

$$m\ddot{\phi} = -\alpha\phi \quad \text{und} \quad m\ddot{\psi} = -\alpha\psi - 2k\psi.$$

Hieraus ergeben sich vier linear unabhängige Lösungen

$$\begin{pmatrix} x \\ y \end{pmatrix} = \begin{pmatrix} \cos\beta t, & \sin\beta t, & \cos\gamma t, & \sin\gamma t \\ \cos\beta t, & \sin\beta t, & -\cos\gamma t, & -\sin\gamma t \end{pmatrix}$$

mit $\beta = \sqrt{\alpha/m}$, $\gamma = \sqrt{(\alpha + 2k)/m}$. Die „angestoßene" Lösung lautet

$$\begin{pmatrix} x \\ y \end{pmatrix} = \begin{pmatrix} \beta'\sin\beta t + \gamma'\sin\gamma t \\ \beta'\sin\beta t - \gamma'\sin\gamma t \end{pmatrix} \quad \text{mit} \quad \beta' = 1/2\beta, \; \gamma' = 1/2\gamma.$$

VIII. $L = c/2a\omega$ für $a \neq 0$; $L = \infty$ für $a = 0$.

XI. Für die Gleichung $u'' - 2u' + 5u = 0$ ist $u = ae^x \cos 2(x - c)$ die allgemeine Lösung, und aus

$$u' = e^x yu = ae^x(\cos 2(x - c) - 2\sin 2(x - c))$$

folgt $y = e^{-x}(1 - 2\tan 2(x - c))$. Der Anfangwert $y(0) = \eta$ ergibt sich für $c = \frac{1}{2}\arctan(\eta - 1)/2$.

Aufgabe in § 22

VIII. Für $w = w_1$ ist $w'' = \alpha w/z^2$. Aus dem Ansatz $w = z^c$ und einer Zusatzüberlegung im Fall $\alpha = -1/4$ erhält man

$$w = z^{c_1} \quad \text{und} \quad w = z^{c_2} \quad \text{mit} \quad c_{1,2} = \frac{1}{2} \pm \sqrt{\alpha + \frac{1}{4}} \quad \text{für} \quad \alpha \neq -\frac{1}{4},$$

$$w = z^{1/2} \quad \text{und} \quad w = z^{1/2}\log z \quad \text{für} \quad \alpha = -\frac{1}{4}.$$

Für $\alpha = n(n - 1)$ $(n = 1, 2, 3, \ldots)$ sind alle Lösungen rationale Funktionen.

Aufgaben in § 25

XII. $z^2 u'' + (3z + 1)u' + u = (z^2 u' + (z + 1)u)' = 0$. Die Stelle $z = 0$ ist stark singulär, die Stelle $z = \infty$ schwach singulär. Zu lösen ist die Gleichung $z^2 u' + (z + 1)u = c = $ const.

Eine Lösung der homogenen Gleichung $(c = 0)$ ist $u_1(z) = \dfrac{1}{z}e^{1/z}$, eine Lösung der inhomogenen Gleichung mit $c = 1$ ist

$$u_2(z) = u_1(z) \int \frac{1}{z^2 u_1(z)} \, dz.$$

Durch gliedweise Integration des Integranden $\frac{1}{z}e^{-1/z} = \sum_{0}^{\infty}(-1)^n/(n!\,z^{n+1})$
erhält man

$$u_2(z) = u_1(z)(\log z + h(z)) \quad \text{mit} \quad h(z) = \sum_{n=1}^{\infty}\frac{(-1)^{n+1}}{n\cdot n!\,z^n}.$$

Die Funktionen u_1, u_2 bilden ein Fundamentalsystem von Lösungen der ursprünglichen Gleichung.

Die Transformation $\zeta = 1/z$, $w(\zeta) = u(1/\zeta)$ führt auf

$$\zeta^2 w'' - \zeta(\zeta+1)w' + w = 0, \quad \text{Indexgleichung} \quad P(\lambda) = (\lambda - 1)^2 = 0.$$

Für Indizes $\lambda_1 = \lambda_2 = 1$ ist $\lambda_1 - \lambda_2$ ganzzahlig, d. h. es kann ein log-Term auftreten (24.XIII). Der Potenzreihenansatz $w = \sum_{0}^{\infty} w_k \zeta^{k+1}$ führt auf $k^2 w_k - k w_{k-1} = 0$ $(k \geq 0)$ mit $w_{-1} = 0$. Setzt man $w_0 = 1$, so folgt $w_k = 1/k!$. Damit hat man die frühere Lösung $w = \zeta e^{\zeta} = u_1(1/\zeta)$ erhalten.

Die zweite Lösung erhält man mit der Transformation $v(s) = w(e^s)$ (24.VII), wobei die Differentialgleichung in $v'' - (2 + e^s)v' + v = 0$ übergeht. Mit dem Ansatz

$$v(s) = \sum_{k=0}^{\infty} \frac{a_k + b_k s}{k!} e^{(k+1)s} \quad \text{(vgl. (24.19))}$$

wird man auf die Rekursionsformeln

$$k^2 b_k - k^2 b_{k-1} = 0 \quad \text{und} \quad k^2 a_k - k^2 a_{k-1} + 2k b_k - k b_{k-1} = 0$$

$(k \geq 0,\ a_{-1} = b_{-1} = 0)$ geführt. Mit $b_0 = -1$ und $a_0 = 0$ ergibt sich $b_k = -1$ für alle k und $a_k = 1 + \frac{1}{2} + \cdots + \frac{1}{k}$, also

$$w(\zeta) = -\zeta e^{\zeta} \log \zeta + \sum_{k=1}^{\infty} \frac{a_k}{k!} \zeta^{k+1}, \quad a_k = 1 + \frac{1}{2} + \cdots + \frac{1}{k}.$$

Wir haben b_0, a_0 so gewählt, daß $w(1/z) = u_2(z)$ ist (der log-freie Term in u_2 beginnt mit $1/z^2$). Ein unabhängiger Nachweis, daß $u_1 \cdot h$ gleich der obigen Summe ist, führt auf die an sich interessante Beziehung

$$a_k = \sum_{i=1}^{k} \frac{(-1)^{i+1}}{i}\binom{k}{i},$$

die sich z. B. durch Induktion beweisen läßt.

XV. Aufgabe am Schluß. (i) $u(t) = \exp(\lambda e^{t/2})$ ist Unterfunktion für $\lambda < 2$ (t groß).

(ii) $v(t) = e^t$.

(iii) Ja, $v(t) = (a + t)^{\lambda}$ ist obere Schranke, wenn $0 < a \ll 1$ und $\lambda > 0$, $\lambda(\lambda - 1) > 4(e \cdot \cos \alpha)^{-2}$ ist.

Aufgaben in § 26

XVII. (a_1) Aus der allgemeinen Lösung $u = a \cos x + b \sin x + \frac{1}{2} e^x$ erhält man nach einfacher Rechnung

$$u = -\frac{1}{2} \cos x + \frac{\cos 1 - e}{2 \sin 1} \sin x + \frac{1}{2} e^x.$$

(a_2) Mit der Greenschen Funktion von Aufgabe XVI ergibt sich

$$(\sin 1)u(x) = \sin(x - 1) \int_0^x e^\xi \sin \xi \, d\xi + \sin x \int_x^1 e^\xi \sin(\xi - 1) \, d\xi.$$

Mit $2 \int e^\xi \sin(\xi - \alpha) \, d\xi = e^\xi (\sin(\xi - \alpha) - \cos(\xi - \alpha))$ erhält man

$$\begin{aligned}
2(\sin 1)u(x) &= \sin(x - 1)[e^x(\sin x - \cos x) + 1] \\
&\quad - \sin x[e^x(\sin(x - 1) - \cos(x - 1)) - e].
\end{aligned}$$

Wegen $\sin x \cdot \cos(x - 1) - \cos x \cdot \sin(x - 1) = \sin 1$ ergibt sich

$$u(x) = \frac{1}{2} e^x + \frac{\sin(x - 1)}{2 \sin 1} - \frac{e \sin x}{2 \sin 1}.$$

Mit dem Additionstheorem des Sinus erhält man die in (a_1) angegebene Form der Lösung.

(b) Für $v(t) = u(e^t)$ ergibt sich $4\ddot{v} - 4\dot{v} = 0$, also $v = e^{t/2}$ und $v = te^{t/2}$, d. h. $u = \sqrt{x}$ und $u = \sqrt{x} \log x$. In der in V angegebenen Konstruktion kann man $u_1 = \sqrt{x} \log x$, $u_2 = \sqrt{x} \log \frac{x}{2}$ setzen und erhält $c = \log 2$,

$$(\log 2)\Gamma(x, \xi) = \begin{cases} \sqrt{\xi} \log \xi \cdot \sqrt{x} \log \dfrac{x}{2} & \text{für } 1 \le \xi \le x \le 2, \\[2mm] \sqrt{x} \log x \cdot \sqrt{\xi} \log \dfrac{\xi}{2} & \text{für } 1 \le x \le \xi \le 2. \end{cases}$$

(c) $u_1 = 1$, $u_2 = 1 - x$, $c = -1$. Man benutze die Formel (10).
(d) Man benutze Satz IX.

XXIV. (b) Formel (10) mit $u_1 = x^{1-\alpha}$, $u_2 = 1$, $c = \alpha - 1$ bzw. $u_1 = 1$, $u_2 = 1 - x^{1-\alpha}$, $c = \alpha - 1$.

Aufgaben in § 27

XV. Oszillatorisch für $\gamma > \alpha^2/4$ im Fall $\alpha = \beta$ und für $\gamma > 0$ im Fall $\alpha < \beta$.

XVI. (a) Aus $u(1) = 0$ folgt $u = c \cdot \sin \sqrt{\lambda}\,(x - 1)$, und aus $u(0) = u'(0)$ dann $-\sin \sqrt{\lambda} = \sqrt{\lambda} \cos \sqrt{\lambda}$ oder $\sqrt{\lambda} = -\tan \sqrt{\lambda}$. Man erkennt am besten anhand einer Skizze der Tangensfunktion, daß die Gleichung $-s = \tan s$ abzählbar viele positive Lösungen $s_0, s_1, \ldots$ mit $(n + \frac{1}{2})\pi < s_n < (n + 1)\pi$ und $s_n - (n + \frac{1}{2})\pi \searrow 0$ besitzt. Die Zahl s_n läßt sich aus der äquivalenten

Fixpunktgleichung $s = -\overline{\text{arc}}\tan s + (n+1)\pi$ durch Iteration bestimmen (Kontraktionsprinzip 5.IX, die Abbildung $s \to \overline{\text{arc}}\tan s$ ist im Intervall $\left(\frac{\pi}{2}, \infty\right)$ kontrahierend). Der n-te Eigenwert und die n-te Eigenfunktion sind also durch

$$\lambda_n = s_n^2, \quad u_n = \sin s_n(x - 1) \quad (n = 0, 1, 2, \ldots)$$

gegeben. Der Leser überzeuge sich, daß für $\lambda \leq 0$ keine Eigenwerte existieren.

(b) Die Bedingung $u(0) = u'(0)$ wird durch $u = \sin(\sqrt{\lambda}\,x + a)$ mit $a = \arctan\sqrt{\lambda}$ befriedigt, und die entsprechende Bedingung an der Stelle $x = 1$ führt auf die Gleichung $\tan a = \tan(\sqrt{\lambda} + a)$, also $\sqrt{\lambda} = n\pi$. Es ergibt sich also ($n = 1, 2, \ldots$)

$$\lambda_n = n^2\pi^2 \quad \text{und} \quad u_n = \sin(n\pi x + a_n) \quad \text{mit} \quad a_n = \arctan n\pi.$$

Die Funktion $u_1 = \sin(\pi x + \arctan \pi)$ hat eine Nullstelle in $(0,1)$, die Numerierung der λ_n stimmt also mit Satz II überein. Es fehlt uns demnach noch λ_0 und u_0. Man sieht sofort, daß $u_0 = e^x$ den Randbedingungen genügt und daß $\lambda_0 = -1$ ist. Weitere Eigenwerte $\lambda \leq 0$ treten nicht auf.

(c) Für $v(t) = u(e^t)$ lautet das Eigenwertproblem $\ddot{v} + \lambda v = 0$, $\dot{v}(0) = \dot{v}(2\pi) = 0$ mit der Lösung $v_n(t) = \cos\frac{n}{2}t$, $\lambda_n = \frac{1}{4}n^2$ für $n = 0, 1, 2, \ldots$. Es ist also

$$\lambda_n = \frac{1}{4}n^2 \quad \text{und} \quad u_n(x) = \cos\left(\frac{n}{2}\log x\right) \quad (n = 0, 1, 2, \ldots),$$

insbesondere $\lambda_0 = 0$, $u_0(x) \equiv 1$.

XVII. Oszillatorisch für $\alpha > 1/4$.

Aufgabe in § 28

XIV. (c) Das Problem der schwingenden Saite

$$\phi_{tt} = \phi_{xx} \quad \text{für} \quad 0 < x < \pi, \quad t > 0,$$

$$\phi(t, 0) = \phi(t, \pi) = 0, \quad \phi(0, x) = f(x), \quad \phi_t(0, x) = g(x)$$

hat die Lösung

$$\phi(t, x) = \sum_{n=1}^{\infty} (c_n \cos nt + d_n \sin nt) \sin nx$$

mit

$$c_n = \frac{2}{\pi}\int_0^\pi f(x) \sin nx \, dx, \quad d_n = \frac{2}{n\pi}\int_0^\pi g(x) \sin nx \, dx.$$

Literatur

Zitierte Arbeiten

Arenstorf, R.F.: *Periodic solutions of the restricted three body problem representing analytic continuations of Keplerian elliptic motions.* Amer. J. Math. **85**, 27–35 (1963).

Banach, S.: *Sur les opérations dans les ensembles abstraits et leur application aux équations intégrales.* Fund. math. **3**, 133–181 (1922).

Bessaga, C.: *On the converse of the Banach "fixed point principle".* Colloq. Math. **7**, 41–43 (1959).

Bompiani, E.: *Un teorema di confronto ed un teorema di unicità per l'equazione differenziale* $y' = f(x, y)$. Atti Accad. Naz. Lincei Rend. Classe Sci. Fis. Mat. Nat. (6) **1**, 298–302 (1925).

Četaev, N.G.: *Un théorème sur l'instabilité.* Dokl. Akad. Nauk SSSR **2**, 529–534 (1934).

Grobman, D.: *Homeomorphisms of systems of differential equations.* Dokl. Akad. Nauk SSSR **129**, 880–881 (1959).

Gronwall, T.H.: *Note on the derivatives with respect to a parameter of the solutions of a system of differential equations.* Ann. Math. **20**, 292–296 (1918).

Harris, W.A.Jr., Sibuya, Y., Weinberg, L.: *Holomorphic solutions of linear differential systems at singular points.* Arch. Rat. Mech. Anal. **35**, 245–248 (1969).

Hartman, P.: *On the local linearization of differential equations.* Proc. Amer. Math. Soc. **14**, 568–573 (1963).

Hirsch, M.: *Systems of differential equations that are competitive or cooperative, II. Convergence almost everywhere.* SIAM J. Math. Anal. **16**, 423–439 (1985).

Holmes, R.B.: *A formula for the spectral radius of an operator.* Amer. Math. Monthly **75**, 163–166 (1968).

Hopf, E.: *A remark on linear elliptic differential equations of second order.* Proc. Amer. Math. Soc. **3**, 791–793 (1952).

Kamke, E.: *Zur Theorie der Systeme gewöhnlicher Differentialgleichungen, II. Acta Math.* **58**, 57–85 (1932).

Krasnosel'skii, M.A., Krein, S.G.: *On a class of uniqueness theorems for the equation* $y' = f(x, y)$. Usp. Mat. Nauk (N.S.) **11**, No. 1, (67), 209–213 (1956).

LaSalle, J.P.: *Stability theory for ordinary differential equations.* J. Diff. Eqs. **4**, 57–65 (1968).

Lazer, A.C., McKenna, P.J.: *Large-amplitude periodic oscillations in suspension bridges: Some new connections with nonlinear analysis.* SIAM Review **32**, 537–578 (1990).

Lohner, R.: *Einschließung der Lösung gewöhnlicher Anfangs- und Randwertaufgaben und Anwendungen.* Dissertation, Universität Karlsruhe 1988.

Lohner, R.: *Enclosing the solutions of ordinary initial and boundary value problems.* Computer Arithmetic—Scientific Computation and Programming Languages. Ed. E. Kaucher, U. Kulisch, Ch. Ullrich, pp. 255–286. Stuttgart: Teubner 1987.

McKenna, P.J., Walter, W.: *Nonlinear oscillations in a suspension bridge.* Arch. Rat. Mech. Anal. **98**, 167–177 (1987).

McNabb, A.: *Strong comparison theorems for elliptic equations of second order.* J. Math. Mech. **10**, 431–440 (1961).

Morgenstern, D.: *Beiträge zur nichtlinearen Funktionalanalysis.* Dissertation, Technische Universität Berlin 1952.

Müller, M.: *Über das Fundamentaltheorem in der Theorie der gewöhnlichen Differentialgleichungen.* Math. Z. **26**, 619–645 (1926).

Müller, M.: *Über die Eindeutigkeit der Integrale eines Systems gewöhnlicher Differentialgleichungen und die Konvergenz einer Gattung von Verfahren zur Approximation dieser Integrale.* Sitz.-Ber. Heidelberger Akad. Wiss. Math.-Naturwiss. Kl. 1927, 9. Abh.

Ni, W.-M.: *On the elliptic equation $\Delta u + K(x)u^\sigma = 0$, its generalisations, and application in geometry.* Indiana Univ. Math. J. **31**, 493–529 (1982).

Olech, C.: *Remarks concerning criteria for uniqueness of solutions of ordinary differential equations.* Bull. Acad. Polon. Sci. Sér. Sci. Math. Astron. Phys. **8**, 661–666 (1960).

Osgood, W.F.: *Beweis der Existenz einer Lösung der Differentialgleichung $dy/dx = f(x,y)$ ohne Hinzunahme der Cauchy–Lipschitzschen Bedingung.* Monatsh. Math. Phys. **9**, 331–345 (1898).

Ostrowski, A.: *The round-off stability of iterations.* Zeitschr. Angew. Math. Mech. **47**, 77–82 (1967).

Peano, G.: *Démonstration de l'integrabilité des équations différentielles ordinaires.* Math. Ann. **37**, 182–228 (1890).

Perron, O.: *Ein neuer Existenzbeweis für die Integrale der Differentialgleichung $y' = f(x,y)$.* Math. Ann. **76**, 471–484 (1915).

Perron, O.: *Über Ein- und Mehrdeutigkeit des Integrals eines Systems von Differentialgleichungen.* Math. Ann. **95**, 98–101 (1926).

Prüfer, H.: *Neue Herleitung der Sturm-Liouvilleschen Reihenentwicklung stetiger Funktionen.* Math. Ann. **95**, 499–518 (1926).

Reichel, W., Walter, W.: *Radial solutions of equations and inequalities involving the p-Laplacian.* J. of Inequal. and Applic. **1**, 47–71 (1997).

Reichel, W., Walter, W.: *Sturm-Liouville type problems for the p-Laplacian under asymptotic nonresonance conditions.* J. Diff. Eqs. **156**, 50–70 (1999).

Rosenblatt, A.: *Über die Existenz von Integralen gewöhnlicher Differentialgleichungen.* Arkiv Mat. Astron. Fys. **5**, Nr. 2 (1909).

Sauvage, L.: *Sur les solutions régulières d'un system.* Ann. Sci. École Norm. Super. (3) **3**, 391–404 (1886).

Walter, W.: *There is an elementary proof of Peano's existence theorem.* Amer. Math. Monthly **78**, 170–173 (1971).

Walter, W.: *A note on contraction.* SIAM Review **18**, 107–111 (1976).

Walter, W.: *Bemerkungen zum Kontraktionsprinzip.* Elemente d. Math. **31**, 90–91 (1976).

Walter. W.: *A theorem on elliptic differential inequalities with an application to gradient bounds.* Math. Z. **200**, 293–299 (1990).

Walter, W.: *Minimum principles for weak solutions of second order differential equations.* In: General Inequalities 6, Birkhäuser Verlag 1992, pp. 369–376.

Walter, W.: *A useful Banach algebra.* Elemente d. Math. **47**, 27–32 (1992).

Walter, W.: *A new approach to minimum and comparison principles for nonlinear ordinary differential operators of second order.* Nonlinear Analysis **25**, 1071–1078 (1995).

Walter, W.: *Enclosure methods for capricious solutions of ordinary differential equations.* LAM 32 "The Mathematics of Numercial Analysis", ed. J. Renegar, M. Shub, S. Smale. Amer. Math. Soc. 1996, 867–878.

Walter, W.: *A note on Sturm type comparison theorems for nonlinear operators.* J. Diff. Eqs. **135**, 358–365 (1997).

Walter, W.: *On strongly monotone flows.* Ann. Polon. Math. **66**, 269–274 (1997).

Walter, W.: *Sturm-Liouville theory for the radial Δ_p-operator.* Math. Z. **227**, 175–185 (1998).

Walter, W.: *Ordinary functional differential equations and inequalities in the sense of Carathéodory.* Applicable Analysis **70**, 85–95 (1998).

Lehrbücher und Monographien

Amann, H.: *Ordinary Differential Equations. An Introduction to Nonlinear Analysis.* Berlin–New York: deGruyter 1990.

Arnold, V.I.: *Ordinary Differential Equations.* Berlin–Heidelberg: Springer 1992.

Brauer, F., Nohel, J.A.: *The qualitative theory of ordinary differential equations. An introduction.* New York–Amsterdam: W.A. Benjamin, Inc. 1969.

Braun, M.: *Differential Equations and their Applications,* 2nd ed. Applied Math. Sciences 15. New York: Springer 1978.

Burckel, R.B.: *An Introduction to Classical Complex Analysis,* Bd. 1. Basel: Birkhäuser 1979.

Carathéodory, C.: *Vorlesungen über reelle Funktionen.* Leipzig: Teubner 1918.

Cesari, L.: *Asymptotic behavior and stability problems in ordinary differential equations.* 3rd ed. Berlin–Göttingen–Heidelberg: Springer 1971.

Coddington, E.A., Levinson, N.: *Theory of ordinary differential equations.* New York–Toronto–London: McGraw-Hill Book Co. 1955.

Collatz, L.: *The numerical treatment of differential equations.* 3rd ed. Berlin–Heidelberg–New York: Springer 1966.

Collatz, L.: *Differentialgleichungen. Eine Einführung unter besonderer Berücksichtigung der Anwendungen,* 7. Aufl. Stuttgart: Teubner 1988.

Drazin, P.G.: *Nonlinear Systems.* Cambridge: Cambridge Univ. Press 1992.

Galileo, Galilei: *Unterredungen und mathematische Demonstrationen über zwei neue Wissenszweige, die Mechanik und die Fallgesetze betreffend.* Übers. von A. von Oettingen. Darmstadt: Wissenschaftl. Buchgesellschaft 1985. Das Buch wird meistens nach dem Anfang des italienischen Titels als *Discorsi* zitiert.

Hahn, W.: *Stability of Motion.* Die Grundlehren der mathematischen Wissenschaften, Bd. 138. Berlin–Heidelberg–New York: Springer 1967.

Hale, J.K., Koçak, H.: *Dynamics and Bifurcations.* New York: Springer 1991.

Hartman, P.: *Ordinary differential equations,* 2. Ed. Boston: Birkhäuser 1982.

Heuser, H.: *Gewöhnliche Differentialgleichungen,* 3. Aufl. Stuttgart: Teubner 1995.

Jones, D.S., Sleeman, B.D.: *Differential Equations and Mathematical Biology.* London: Allen and Unwin 1983.

Jordan, D.W., Smith, P.: *Nonlinear Ordinary Differential Equations,* 2nd ed. Oxford: Clarendon Press 1988.

Kamke, E.: *Differentialgleichungen reeller Funktionen,* 2. Aufl. Leipzig: Akademische Verlagsgesellschaft 1945.

Kamke, E.: *Differentialgleichungen. Lösungsmethoden und Lösungen,* Bd. 1, 10. Aufl. Stuttgart: Teubner 1983.

Kamke, E.: *Differentialgleichungen, I. Gewöhnliche Differentialgleichungen,* 5. Aufl. Leipzig: Akademische Verlagsgesellschaft 1964.

Knobloch, H.W., Kappel, I.: *Gewöhnliche Differentialgleichungen.* Stuttgart: Teubner 1974.

Krasovskii, N.N.: *Stability of Motion.* Palo Alto, California: Stanford Univ. Press 1963.

Pólya, G., Szegő, G.: *Aufgaben und Lehrsätze aus der Analysis I,* 4. Aufl. Berlin–Heidelberg–New York: Springer 1970.

Redheffer, R.: *Differential Equations, Theory and Applications.* Boston: Jones and Bartlett 1991.

Reissig, R., Sansone, G., Conti, R.: *Qualitative Theorie nichtlinearer Differentialgleichungen.* Roma: Edizioni Cremonese 1963.

Remmert, R.: *Funktionentheorie 1.* Grundwissen Mathematik, Bd. 5, 4. Aufl. Berlin–Heidelberg–New York–Tokyo: Springer 1995.

Titchmarsh, E.C.: *Eigenfunction Expansions associated with Second-order Differential Equations,* Part I. Oxford: Clarendon Press 1962.

Walter, W.: *Differential- und Integral-Ungleichungen.* Springer Tracts in Natural Philosophy, Vol. 2. Berlin–Göttingen–Heidelberg–New York: Springer 1964.

Walter, W.: *Differential and Integral Inequalities.* Ergebnisse der Mathematik und ihrer Grenzgebiete, Bd. 55. Berlin–Heidelberg–New York: Springer 1970.

Walter, W.: *Analysis 1 und 2.* Grundwissen Mathematik, Bd. 3 und 4,. 5. bzw. 4. Aufl. Berlin–Heidelberg–New York–Tokyo: Springer 1999 bzw. 1995. Wird als Walter 1 bzw. 2 zitiert.

Werner, H., Arndt, H.: *Gewöhnliche Differentialgleichungen.* Berlin–Heidelberg–New York–London–Paris–Tokyo: Springer 1986.

Wiggins, S.: *Introduction to Applied Nonlinear Dynamical Systems and Chaos.* New York: Springer 1990.

Literatur

Namen- und Sachverzeichnis

Bezeichnungen

Mengen. Mit $N = \{1, 2, 3, \ldots\}$ wird die Menge der natürlichen, mit Z die der ganzen, mit $\mathbb{R}$ die der reellen, mit $\mathbb{C}$ die der komplexen Zahlen bezeichnet. Es ist $\mathbb{R}^n$ bzw. $\mathbb{C}^n$ die Menge aller n-Tupel reeller bzw. komplexer Zahlen (n-dimensionaler Euklidischer bzw. komplexer oder unitärer Raum); vgl. S. 49. Für eine Menge A ist $\overline{A}$ die abgeschlossene Hülle, ∂A der Rand, A° das Innere (Menge der inneren Punkte) von A.

Intervalle. Intervalle reeller Zahlen werden wie üblich mit $[a, b]$, (a, b), $[a, b)$, $(a, b]$ bezeichnet. Ein „Intervall" ohne nähere Spezifizierung kann offen, abgeschlossen, halboffen, beschränkt oder unbeschränkt sein; $\mathbb{R}$ und

$$[a, \infty) = \{x \in \mathbb{R} : x \geq a\}$$

sind also ebenfalls Intervalle.

Funktionen. Ist $f : D \to E$ eine Funktion, so wird mit graph f der Graph von f, also die Menge aller Paare $(x, f(x)) \in D \times E$ mit $x \in D$ bezeichnet. Ist $A \subset D$, so heißt $g = f|A$ die *Restriktion* oder *Einschränkung* von f auf A. Für diese Funktion $g : A \to E$ gilt also $g(x) = f(x)$ für $x \in A$. Jede Funktion $h : B \to E$ mit $B \supset D$ und $h|D = f$ heißt *Fortsetzung* von f. Ferner ist

$$f(A) := \{y \in E : \text{es gibt ein } x \in A \text{ mit } y = f(x)\}$$

die Bildmenge von A bei der Abbildung f.

Funktionenklassen. Für $M \subset \mathbb{R}^n$ ist $C(M)$ die Klasse der auf M stetigen (je nach dem Zusammenhang reell- bzw. komplex- bzw. vektorwertigen) Funktionen. Die Klasse der auf dem Intervall J k-mal stetig differenzierbaren Funktionen wird mit $C^k(J)$ bezeichnet; es ist $C^0(J) = C(J)$. Ist G eine offene Menge im $\mathbb{R}^n$, so bezeichnet $C^k(G)$ die Klasse der Funktionen, welche mit Einschluß aller partiellen Ableitungen der Ordnung $\leq k$ in G stetig sind; es ist $C^0(G) = C(G)$. Einige weitere Klassen sind unten aufgeführt; sie werden im Text erklärt.

Trajektorien. Auf manchen Trajektorien sind Punkte markiert. Diese entsprechen äquidistanten t-Werten; vgl. S. 38.

$AC(J)$	(absolut stetig auf J) 128	
B_r	(Kugel im $\mathbb{R}^n$ oder Banachraum)	
$C^k(\overline{G})$	(stetig differenzierbar in $\overline{G}$) 159	
$C_p(I)$	(Lösungsklasse für Sturm-Liouville-Problem) 275	
D_-, D^-	(Dini-Derivierte) 97, 360	
Δ	(Laplace-Operator) 74	
Δ_p	(p-Laplace-Operator) 165	
dist (x, A)	(Abstand Punkt – Menge) 342	
dist (A, B)	(Abstand zwischen Mengen) 342	
(E)	69	
E, e_i	(Einheitsmatrix, Einheitsvektor) 168	
Ext (C)	(Äußeres einer geschlossenen Kurve C) 355	
$H(G)$	(holomorph in G) 90	
$H_0(G)$	(holomorph und beschränkt in G) 57	
H_δ	236	
H_δ^q	241	
I_α	(Integraloperator) 73	
Int (C)	(Inneres einer geschlossenen Kurve C) 355	
K_r	(Kreisscheibe $|z| < r$) 233	
K_r^0	(punktierte Kreisscheibe $0 < |z| < r$) 227	
K_r^-	(aufgeschnittene Kreisscheibe) 231	
L_α	(radialer Laplace-Operator) 73	
L_α^p	(radialer p-Laplace-Operator) 165	
$L(J)$	(integrierbar über J) 128	
$L^2(J)$	(quadratisch integrierbar) 318	
$L_{\text{loc}}(J)$	(lokal integrierbar)	
P_q	(Polynom vom Grad $\leq q$) 240	
R_α	(Halbebene Re $z < \alpha$) 227	
S	(Funktionenklasse) 297	
(S)	(Bedingung für Sturm-Problem) 260	
(SL)	(Bedingung für S-L-Problem) 286	
(S_C)	(Bedingung für Sturm-Problem) 282	
sp A	(Spur der Matrix A) 175	
$\sigma(A)$	(Spektrum der Matrix A) 185	
(U)	(Eindeutigkeitsbedingung) 152	
(V)	16	
$|x|_e$	(Euklid-Norm) 57	
$(x)_m$	250	
$(.,.)$	(Innenprodukt) 306, 307	
$(.,.)_r$	(bewichtetes Innenprodukt) 315